PERSONAL MANAGEMENT UND FÜHRUNG

RALF P. WÜSTERMANN

Bibliografische Information der Deutschen Nationalbibliothek

Die Deutsche Nationalbibliothek verzeichnet diese Publikation in der Deutschen Nationalbibliografie; detaillierte bibliografische Daten sind im Internet über http://dnb.de abrufbar.

Wir sind ein relativ junger Verlag und sehr dankbar für jede Art von Feedback. Sollten Sie daher Anregungen oder Fragen haben, würden wir uns sehr freuen, von Ihnen zu lesen: info@lemonmedia-verlag.de

Erstauflage

ISBN 978-3-96645-761-3 Taschenbuch
ISBN 978-3-96645-762-0 eBook

Redaktion: Bleikolm Reinhardt
Satz: Dębowski Tomasz
Lektorat: Lana Kramer
Druck/Auslieferung: KNV Zeitfracht

Impressum:
BMU Media GmbH
Koppenstraße 93
10243 Berlin
Deutschland

Weitere Informationen zum Verlag finden Sie unter:

www.lemonmedia-verlag.de

Wir wünschen Ihnen viel Vergnügen beim Lesen!

PERSONAL MANAGEMENT UND FÜHRUNG

RALF P. WÜSTERMANN

Unsere Bücher wollen gelesen werden ...

... deshalb gibt es zu jedem Taschenbuch

das e-Book gleich kostenlos mit dazu!

Gehen Sie dazu einfach auf
epub.lemonmedia-verlag.de
oder scannen Sie den
abgebildeten QR Code.
Auf der Website können Sie dann
Ihren Zugangscode eingeben.

Den Code für Ihr eBook finden Sie
auf der Seite: 672

epub.lemonmedia-verlag.de

Wir wünschen viel Freude mit Ihren zusätzlichen Inhalten!

Haben Sie Fragen zu Ihrem eBook? Wir sind gerne für Sie da!
Sie erreichen Sie uns unter info@lemonmedia-verlag.de

Inhaltsverzeichnis

Abbildungs- und Tabellenverzeichnis

1 Einleitung

Agile Umwelt, „War for Talents" und Digitalisierung haben das Personalmanagement und die Personalführung verändert. Die Arbeitswelt der Zukunft ist ungebundener, flexibler, vernetzter und schneller. Jedoch sind die Unternehmensprozesse und Strukturen vielfach immer noch klassisch aufgestellt und der Umwandlungsprozess hat häufig gerade erst begonnen. Gerade in einer Wissensgesellschaft und wegen der wirtschaftlichen Umbrüche sind die Mitarbeitenden – mehr denn je – ein entscheidender Faktor für den strategischen und nachhaltigen Erfolg eines Unternehmens.

Herausforderungen wie der demografische Wandel und Fachkräftemangel erfordern eine Neuausrichtung des operativen und strategischen Handelns im Personalmanagement, denn mit der Zunahme an Personalrisiken wie beispielsweise Ausfall-, Gesundheits-, Bleibe- und Motivationsrisiko kann die Handlungsfähigkeit eines Unternehmens existenzgefährdend erschüttert werden. Daher stehen Personaler heute vor großen Herausforderungen. Um die wertvolle und knappe Personalressource im Zeitalter der Flexibilisierung und Digitalisierung wertschöpfend einzusetzen, zu erhalten und zu fördern, ist einerseits eine Investitionsstrategie ins Human- und Sozialkapital, andererseits eine Änderung der Denkweisen erforderlich. Es sind also neue Denk- und Sichtweisen in einer zunehmend agilen Umwelt und einem zunehmend agilen Arbeitsmarkt bei einem schrumpfenden Arbeitskräfteangebot erforderlich.

Um für die aktuellen Herausforderungen eines modernen Personalmanagement gewappnet zu sein, beschreibt dieses Buch neue agile Strategien der Personalbeschaffung und -entwicklung sowie die Methoden einer zeitgemäßen Personalführung und adäquaten Personalkommunikation.

Darüber hinaus werden die Instrumente des Personalcontrollings dargestellt. Zudem soll ein Verständnis dafür geweckt werden, wie Arbeiten 4.0 zukünftig die Arbeitswelt und das Personalmanagement verändern wird.

Zum besseren Verständnis werden in diesem Buch alle Bereiche des Personalmanagements mit Praxisbeispielen und Fallstudien aus der Praxis des Autors versehen. Seit 1990 hat der Autor umfangreiche

Führungserfahrung von bis zu 52 Mitarbeitern erworben und schon mehrfach die Personalabteilungen geleitet.

Die Praxisbeispiele und Fallstudie aus der Praxis sollen die praxisgerechte Umsetzung eines agilen Projektmanagements und einer modernen Personalführung ermöglichen, damit Personaler und Führungskräfte die anstehenden Herausforderungen meistern können.

2 Personalmanagement

Bevor Sie dieses Buch in die Hand genommen haben, haben Sie sich vielleicht gefragt: Wie kann ich das Personalmanagement nutzen und für welches Unternehmen ist das Personalmanagement interessant?

Jedes Unternehmen kann und sollte vorausschauendes Personalmanagement nutzen. Firmen aller Branchen ähneln sich in ihren Leistungen und Angeboten auf dem weltweiten Markt immer mehr. Darum ist es erforderlich, sich durch Qualitätsmanagement, Kundenorientierung und ein effektives Wirtschaften auf dem Markt vorteilhaft zu positionieren.

Das Personalmanagement beschäftigt sich mit dem Produktionsfaktor Arbeit und ist der Teilbereich eines Unternehmens, der eine effiziente Verteilung des verfügbaren Personals zum richtigen Zeitpunkt, in der richtigen Menge, mit der richtigen Qualifikation, zu möglichst niedrigen Kosten und zu jedem Zeitpunkt gewährleisten soll.

Das Personalmanagement und die Personalarbeit haben einen wesentlichen Einfluss auf die Wertschöpfung des Unternehmens durch die vorhandenen personellen Ressourcen im Unternehmen. Qualifiziertes Personal stellt einen wichtigen Erfolgs- und Wettbewerbsfaktor für die Unternehmen dar.

In der Fachliteratur wird das Humankapital eines Unternehmens daher immer wieder auch als immaterieller Vermögensfaktor aufgefasst. Daher ist das Personal eines Unternehmens primär nicht nur ein Kostenfaktor, sondern ist zugleich ein entscheidender Erfolgsfaktor für die Erreichung von Unternehmenszielen. Der Produktionsfaktor Arbeit unterscheidet sich dabei von anderen Produktionsfaktoren Boden und Kapital, weil der Produktionsfaktor Arbeit einen individuellen Beitrag zum Unternehmenserfolg leistet.

Das Personalmanagement lässt sich unterteilen in operatives und strategisches Personalmanagement.

Operatives Personalmanagement umfasst einen kurzfristigen Planungszeitraum. Die Begriffe kurz- und langfristig sind jedoch nicht eindeutig definiert. Es kann jedoch auf die allgemeine Auffassung von Fristigkeiten zurückgegriffen werden. Unter kurzfristig wird im Allgemeinen ein Zeitraum von einem Monat bis 2 Jahre angenommen. Dagegen wird unter einem langfristigen Zeitraum ein Planungszeitraum von über 2 Jahren angenommen.

Operatives Personalmanagement ist die Umsetzung und der praktische Umgang mit Personalthemen, die Einhaltung einer Vielzahl von gesetzlichen Rahmenbedingungen sowie die Verwaltung und Bearbeitung administrativer Vorgänge. (vgl. Schmidt, D., 2020) Das operative Personalmanagement bezieht sich auf einzelne Mitarbeiter oder Mitarbeitergruppen.

Weil sich die Umweltbedingungen und die Mitarbeitereinstellungen kontinuierlich ändern, ist daher das operative Personalmanagement überwiegend prozessorientiert und dynamisch.

2.1. Die Rollen des Personalmanagements als Business-Partner

„Das Personalmanagement muss zum Business-Partner des Top-Managements werden – und einen Beitrag zur Wertschöpfung leisten", so die Forderung von Dave Ulrich im Jahr 1997. (Ulrich, 1997, S. 255) Dazu hat das Personalmanagement vier Schlüsselrollen einzunehmen: (vgl. Ulrich, 1997, S. 255–271)

- **Administrativer Experte**: Entwickelt und sichert effektive Prozesse für die Kernaufgaben des Personalmanagements und fördert effektive Prozesse in den anderen Unternehmensbereichen.
- **Employee Champion:** Fördert die Leistungserbringung und Motivation und managt die Weiterentwicklung und Zufriedenheit des Personals
- **Change-Agent:** Gestaltet und unterstützt Veränderungsprozesse und den Unternehmenswandel.
- **Strategischer Partner:** Berater fürs Management in der Unterstützung und Umsetzung der Unternehmensziele durch geeignete strategische Personalmanagementmaßnahmen

Auch nach beinahe 25 Jahren hat dieses Modell nichts an Aussagekraft verloren und kann hinsichtlich des strategischen und operativen Fokus sowie nach dem Fokus auf Prozesse und dem Fokus auf die Mitarbeitenden unterteilt werden.

Somit können mit dem Modell von Ulrich sowohl das operative und strategische Personalmanagement als auch die Unternehmensprozesse und die Bedürfnisse aller Beteiligten des Personalwesens berücksichtigt werden, indem die Leistungsfähigkeit, die Motivation und das Engagement der Mitarbeitenden gefördert werden.

Nach Ulrich ergeben sich folgende grundlegende rollenbedingte Aufgaben und Funktionen des Personalmanagements:

Die Rollen des Personalmanagements als Business-Partner

Abb. 1: Rollen des Personalmanagements, Quelle: Eigene Darstellung, basierend auf Ulrich, 1997, S. 255–271

2.2. Der Einfluss der Bedürfnisse auf das Personalmanagement

Stellen wir uns doch mal die Frage: Warum arbeiten wir eigentlich?

Wer an dieser Stelle denkt, was diese philosophische Frage soll, springt zu kurz, denn wer den grundlegenden Mechanismus und die Gesetzmäßigkeiten hinter dem Verhalten, den Motivationen und Entscheidungen der Beteiligten nicht sieht, dem fehlt ein grundsätzliches Verständnis für die Beteiligten und für das Personalwesen.

Eine Gruppe der Beteiligten sind die Unternehmer, die das Eigenkapital und die unternehmerischen Entscheidungen treffen, wobei die unternehmerischen Entscheidungen teilweise auch auf angestellte Manager delegiert werden können. Damit sind wir schon beim zweiten Teil der Beteiligten. Die Mitarbeitenden stellen dem Unternehmen ihre Arbeitsleistung gegen Bezahlung zur Verfügung.

Soweit der Sachverhalt. Dies beantwortet aber noch nicht die gestellte Frage. Ein Antrieb ist sicher, dass sowohl die Mitarbeitenden als auch die Mitarbeitenden schlicht Geld verdienen müssen und wollen, um einen bestimmten sozialen Status in der Gesellschaft zu wahren, oder zu erlangen. Es ist den Beteiligten also ein zwingendes Bedürfnis durch Arbeit Geld zu verdienen. Ein Bedürfnis ist das Verlangen oder der Wunsch, einen empfundenen oder tatsächlichen Mangel zu beseitigen. (vgl. Metz-Göckel, H., 2020)

Doch Bedürfnis ist dabei nicht gleich Bedürfnis. Dies erkannte Abraham Maslow, der die menschlichen Bedürfnisse als ein aufeinander aufbauendes kognitives System bezeichnet. Demnach ist immer ein Bedürfnis verhaltensbestimmend, bis dieses Bedürfnis vollständig, oder zumindest nahezu vollständig, befriedigt ist. Erst dann gewinnt das nächsthöhere Bedürfnis an Bedeutung und wird zunehmend verhaltensbestimmend. (vgl. Maslow, A., 1943, S. 370–396)

Dargestellt hat Maslow die Bedürfnisstruktur von Menschen in der Form einer Pyramide. (vgl. Maslow, A., 1943, S. 370–396)

Ziel des Personalmanagements sollte es daher sein, auf die Bedürfnisse des Unternehmers und der Mitarbeitenden einzugehen. Um gleich ein aufkommendes Missverständnis zu vermeiden:

Bedürfnispyramide nach Maslow

Wachstum

Streben nach Befriedifung von Defiziten

Selbstwirklichung

Strukturbedürfnis

Sozialbedürfnis

Sicherheit

Grund- und Existenzbedürfnisse

Abb. 2: Modell der Bedürfnispyramide, Quelle: Eigene Darstellung basierend auf: Maslow, 1943, S. 370–396

Die Berücksichtigung der Bedürfnisse der Beteiligten durch das Personalmanagement erfolgt immer unter dem Aspekt der Wirtschaftlichkeit. Dies bedeutet, dass jede Maßnahme des Personalmanagements darauf geprüft werden muss, ob eine realisierte oder geplante Maßnahme den Rentabilitätszielen entspricht.

a aber jede Maßnahme Vor- und Nachteile hat und erst eine genaue Analyse, oder besser gesagt eine genaue Investitionsrechnung, die Wirtschaftlichkeit einer personalwirtschaftlichen Maßnahme zeigt, sind neben den wirtschaftlichen und finanziellen Maßnahmen auch die Wechselwirkungen auf die Mitarbeitenden bei der Analyse zu berücksichtigen. Auch diese Wechselwirkungen haben quantitative Auswirkungen und können daher auch bei einer Investitionsrechnung berücksichtigt werden.

Somit betreffen alle Maßnahmen des Unternehmens auch immer die Bedürfnisse der Beteiligten und damit auch das Personalmanagement. Dadurch ist das Personalmanagement auch als Querschnittabteilung direkt oder indirekt an den Veränderungen von Prozessen und Strukturen im Unternehmen beteiligt.

Grundsätzlich berücksichtigt dabei das Personalmanagement einerseits die Bedürfnisse des Unternehmers, um den nachhaltigen Unternehmenserfolg zu sichern und andererseits die Mitarbeiterbedürfnisse, damit die Werterhaltung und Wertschöpfung des Unternehmens realisiert werden kann.

Bisher haben wir nur die Bedürfnisse betrachtet, aber in der Realität gibt es nicht nur unterschiedlich stark wirkende Bedürfnisse, sondern auch verschiedene Optionen, diese Bedürfnisse zu befriedigen. Es stehen den Personen also verschiedene Handlungsalternativen zur Verfügung. Welche Handlungsoption die Person wählt, ist abhängig von ihrer Motivation. Motivation ist der „Zustand einer Person, der sie dazu veranlasst, eine bestimmte Handlungsalternative auszuwählen, um ein bestimmtes Ergebnis zu erreichen, und der dafür sorgt, dass diese Person ihr Verhalten hinsichtlich Richtung und Intensität beibehält. Im Gegensatz zu den, beim Menschen begrenzten biologischen Antrieben sind Motivation und einzelne Motive gelernt bzw. in Sozialisationsprozessen vermittelt. Der Begriff der Motivation wird oft auch im Sinne von Handlungsantrieben oder Bedürfnissen verwendet." (Kirchgeorg, 2021)

Die Motivation und Bedürfnisse einer Person sind jedoch nicht statisch, sondern von den Umweltreizen abhängig. Dabei hat eine Person eine latente Bereitschaft, emotional auf Reize und Ereignisse zu reagieren die, die Annäherung an einen Zielzustand signalisiert.

Dadurch wird auch deutlich, dass Personalmanagement und Personalführung nicht nur rein sachliche Vorgänge sind, sondern auch mit Emotionen und mit Empathie, also der Bereitschaft und Fähigkeit, sich in die Einstellungen anderer Menschen einzufühlen, zu tun hat. Da sowohl die Motive der Mitarbeitenden und der Führungskräfte, als auch die Situationen individuell sind, machen diese Umstände die Tätigkeit im Personalwesen interessant, aber auch komplex.[1] Die Richtung, Intensität und die Dauer des Verhaltens von Motivationen und Handlungen werden durch fünf Verhaltensebenen gesteuert.

[1] Um diese Komplexität zu nehmen und besser zu verstehen, wurde unter anderem dieses Buch geschrieben.

Motivation: Zusammenspiel von Mensch und Situation

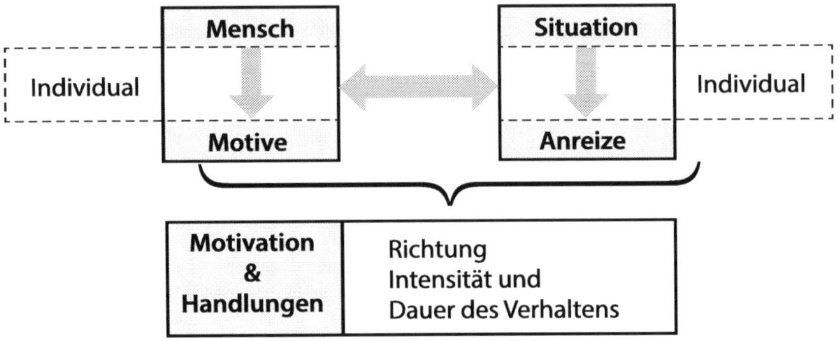

Abb. 3: Motivation: Zusammenspiel von Mensch und Situation, Quelle: Eigene Darstellung

Eine Verhaltensebene sind Reflexe und Instinkte. Reflexe und Instinkte können Handlungen auslösen. Ein Reflex ist eine automatische Reaktion auf den Eintritt eines bestimmten Reizes und dient dem Schutz des Menschen. Im Unterschied dazu verlaufen Instinkthandlungen zwar wie Reflexe starr und ohne eigene Beteiligung von kognitiven Leistungen ab, jedoch erfolgt die Instinkthandlung aus einem inneren Antrieb heraus und basiert auf eine gezielt ungerichtete Suche nach einem vorherigen Reiz.

Die zweite Verhaltensebene ist assoziatives Lernen. „Assoziatives Lernen ist jene Form des Lernens, das Verbindungen herstellt, bzw. im Gehirn festlegt, dass bestimmte Ereignisse zusammengehören. Bei den Ereignissen kann es sich um zwei Reize wie bei der klassischen Konditionierung oder aber um eine Reaktion und ihre Folgen wie bei der operanten Konditionierung handeln." (Stangl, 2021) Ein Beispiel für assoziatives Lernen ist, dass sich Taxifahrer auch ohne Navigationsgerät fast alle Strecken in ihrer Stadt merken. Assoziatives Lernen existiert auch im Tierreich, wie das bekannte Experiment von Iwan Pawlow bezüglich von Reiz und Futteraufnahme bei Hunden zeigt.

„Assoziatives Lernen beruht auf folgenden Annahmen:

- Die Stärke assoziativer Verknüpfungen schwankt zwischen Null und einem endlichen Wert, der maximalen Assoziationsstärke.
- Wenn zwei Ereignisse gemeinsam auftreten, dann erhöht sich die Stärke der Assoziation um einen konstanten Anteil des maximal möglichen Lernbeitrages, woraus sich der typische Verlauf von Lernkurven erklärt, die abbilden, dass bei gleichbleibendem Lernstoff zunächst viel und im weiteren Verlauf immer weniger gelernt wird.
- Wenn eines der beiden Ereignisse ohne das andere auftritt, dann verringert sich die Assoziationsstärke um einen konstanten Anteil ihrer bisherigen Größe. Vergessen wird also nicht dadurch erklärt, dass die Spuren der gelernten Inhalte sich im Laufe der Zeit abschwächen, sondern durch Interferenzen, d. h., das Überlagern von früher Gelernten durch spätere Erfahrungen.“ (Stangl, 2021)

Auch beim assoziativen Lernen wird deutlich, dass Personalmanagement und Personalführung niemals nur ein rein formaler Akt sind, sondern auch emotionale Faktoren enthält, die durch emotionale Schlüsselreize ausgelöst und durch emotionales Lernen aufgrund des gleichzeitigen Zusammentreffens von Ereignissen und starken Emotionen umgesetzt werden.

Die dritte Verhaltensebene ist die Motivation eines Menschen. Beim motivierten Verhalten empfindet der Mensch ein Bedürfnis (z. B. Einkommenserzielung) und richtet seine Verhaltensschritte auf Bedürfnisbefriedigung solange aus, bis das Ziel erreicht ist. Das motivierte Verhalten kann einmalig sein (z. B. Maßnahmen der Mitarbeitenden zur Erreichung einer Prämie), oder kontinuierlich vorkommen (z. B. Maßnahmen der Mitarbeitenden zur Erreichung eines kontinuierlichen Einkommens).

Die vierte Verhaltensebene sind intentionale Handlungen. Intentionale Handlungen sind vorausschauende oder vorweggenommene Handlungen, die unabhängig von den aktuellen Bedürfnissen durch die Antizipation zukünftiger Bedürfnisse vorgenommen werden. (z. B. bereitet ein Buchhalter den Monatsabschluss vor, damit dieser nicht am folgenden Monatsanfang bis in die Nacht arbeiten muss, um den Monatsabschluss termingerecht fertigzustellen). Zu den intentionalen Handlungen gehören also auch alle Formen von Planungen, aber auch Kommunikationsformen, wie beispielsweise die Vorwegnahme von Gegenargumenten oder die Verknüpfung eines Emotionsausdrucks mit den kommunikativen Intentionen um ein Kommunikations- und Handlungsziel zu erreichen.

Die fünfte verhaltenssteuernde Ebene ist die volitionale Selbststeuerung. Mit Volition wird die Phase zwischen der Motivation und der Ausführung einer Handlung beschrieben. Dabei beeinflusst die Motivation die Zielsetzung, während die Volition die treibende Kraft auf die Zielerreichung durch geplante Handlungen und selbstreflektierende Beeinflussung darstellt. Dies bedeutet aber auch: Ein Mensch kann zu vielem motiviert sein, aber ob und wann der Mensch der Motivation auch nachkommt, ist eine ganz andere Frage. Somit bedeutet Volition die Umsetzungswillenskraft und damit die Umsetzungskompetenz durch die Überwindung von äußeren und inneren Widerständen.

Beispiel für Willenskraft und Umsetzungskompetenz

Abb. 4: Beispiel für Willenskraft und Umsetzungskompetenz, Quelle: Unbekannt

Zwischen Motivation und Volition bestehen Zusammenhänge und Abhängigkeiten hinsichtlich der Variablen: Leistung, Person und Prozess. Die Stärke und Intensität der Volition ist abhängig von der intrinsischen und extrinsischen Motivation sowie von den Unternehmenskompetenzen. Aufgrund der individuellen Situationsbewertung, der Bewertung der Handlungseffekte und der vorhandenen Motivationstendenz durch die Handelnden führt das individuelle Leistungspotential zu einem individuellen Leistungserfolg.

Dieser Zusammenhang zwischen Motivation und Volition ist grundsätzlich sowohl bei Mitarbeitenden als auch bei Führungskräften anzutreffen.

Zusammenhang zwischen Motivation und Volition

Leistung
Person
Prozess

Leistungs-Potential

Intrinsische Motivation
(interne Standards, Ideale, Werte, Aufgabenstellung, Flow)
Extinsische Motivation
Externe Standards, Erwartungen Dritter

Situation

Ziel
Plan
Aktion

Umsetztungskompetenzen
(1) Aufmerksamkeitssteuerung und Fokussierung aufs Wesentliche
(2) Emotions- und Stimmungsmanagement
(3) Selbstvertrauen und Durchsetzungsstärke
(4) Vorausschauende Planung und kreative Problemlösung
(5) Zielbezogene Selbstdiziplin durch tieferen Sinn der Aufgabe (Ethik)

Effektabschätzung
Motivationstendenz
Handlung

Ergebnis (Erfolg)

Ziel

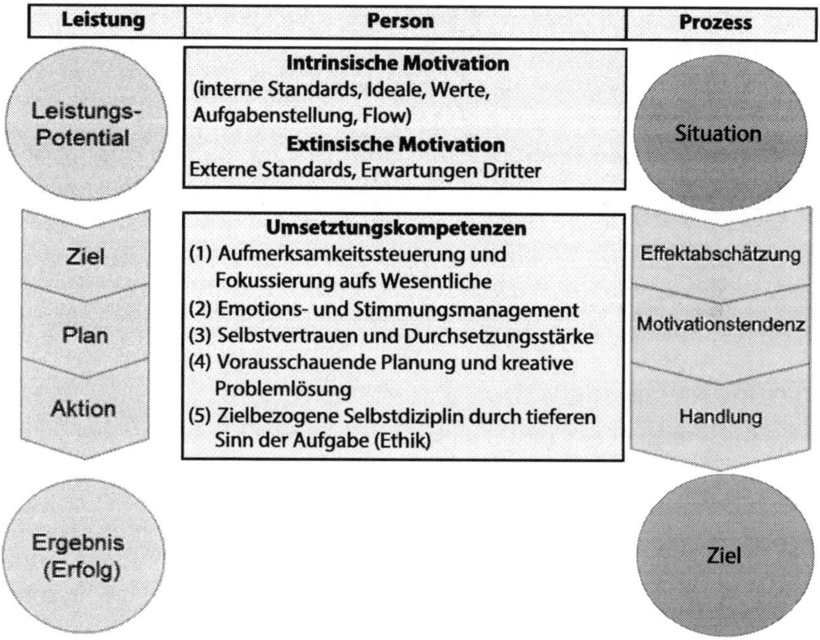

Abb. 5: Zusammenhang Motivation und Volition, Quelle: Eigene Darstellung basierend auf: Pelz, 2017, S. 103–123

Den Führungskräften eines Unternehmens steht also nicht nur die extrinsische Motivation als Führungsinstrument zur Verfügung.

Viel mehr haben Führungskräfte auch die Möglichkeit, eine Einflussnahme und Gestaltung in den folgenden Punkten wahrzunehmen:

- Einen Einfluss auf die jeweilige Handlungssituation auszuüben,
- Eine Steigerung der Motivationstendenz der Mitarbeitenden zu bewirken,
- Smarte Ziele[2] zu formulieren,
- Einen realistischen und umsetzbaren Plan zu erstellen und
- Einen Einfluss auf die Umsetzungskompetenzen zu nehmen.

Allgemein und unabhängig, ob Mitarbeitender oder ob Führungskraft, gilt: Für Menschen, die ihre Umsetzungskompetenzen verbessern möchten, ergeben sich Verbesserungspotentiale in den 5 Variablen der Umsetzungskompetenzen und in der Hinterfragung und in der möglichen Änderung der intrinsischen Motivation.

Eine Verbesserung der Umsetzungskompetenzen bewirkt eine sich verstärkende Eigendynamik und im Vergleich zu den umsetzungsschwachen Menschen schneiden die umsetzungsstarken Menschen besser ab, weil diese: (vgl. Pelz, 2017, S. 103ff.)

- Durch gute Leistungen Anerkennung für das Team erarbeiten. (Fokus)
- Bei neuen Herausforderungen die Erfahrung machen, dass auf ihre Fähigkeiten Verlass ist. (Selbstvertrauen)
- Die Energien bewusst auf klar formulierte Ziele lenken, bis messbare Ergebnisse vorliegen. (Selbstdisziplin)
- Eine negative Stimmung gezielt verbessern können. (Stimmung)
- In ihnen einen tieferen Sinn und Zweck sehen, als „nur" Spaß, Lob, Einkommen oder (sozialen) Status. (Werte-Orientierung)

---

[2] Smarte Ziele sind spezifisch formulierte Ziele, als nicht unklar und vage. Diese Ziele sind messbar und attraktiv. Ein Ziel ist attraktiv, wenn das Ziel motiviert, dieses auch zu erreichen. Zudem sollen diese Ziele realistisch, also erreichbar sein. Smarte Ziele sind terminiert, haben also einen Zeitrahmen mit einem Endpunkt.

Darüber hinaus ergibt sich ein Zusammenhang zwischen Alter und Umsetzungskompetenzen. Nach einer Studie von Pelz ergibt sich, dass die Umsetzungskompetenzen mit zunehmendem Alter steigen.

Da aber deutsche Unternehmen in der Praxis älteren Bewerbern kaum eine Chance im Unternehmen anbieten, wird durch diese Studie belegt, dass den Unternehmen dadurch Potential und Wettbewerbsvorteile entgehen, wenn bei komplexen Projekten und Aufgaben auf ältere Mitarbeitende verzichtet wird.

Zusammenhang Alter und Umsetzungskompetenzen

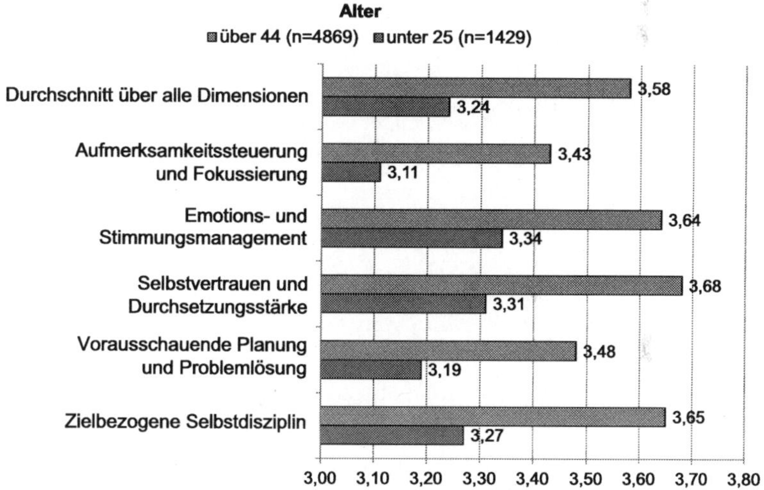

Abb. 6: Zusammenhang Alter und Umsetzungskompetenzen, Quelle: Pelz, 2017, S. 103–123

Die Studie von Pelz zeigt zudem, dass mit steigender Führungserfahrung auch die Umsetzungskompetenzen zunehmen (Abb. 7).

Die Studie hat ebenfalls die Frage beantwortet, ob es geschlechterspezifische Unterschiede bei den Umsetzungskompetenzen gibt. Danach gibt es im Durchschnitt über alle Umsetzungskompetenzen keine geschlechtlichen Unterschiede, wohl unterscheiden sich die Umsetzungskompetenzen im Detail.

Zusammenhang Führungserfahrung und Umsetzungskompetenzen

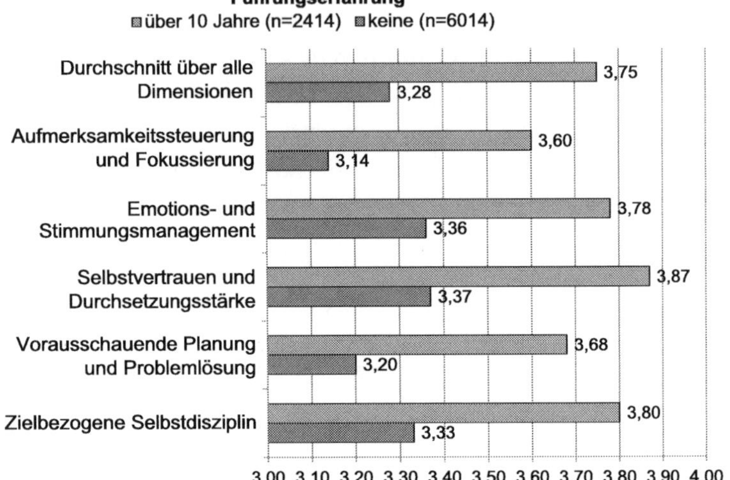

Abb. 7: Zusammenhang Führungserfahrung und Umsetzungskompetenzen, Quelle: Pelz, 2017, S. 103ff.

Gendertypische Umsetzungskompetenzen

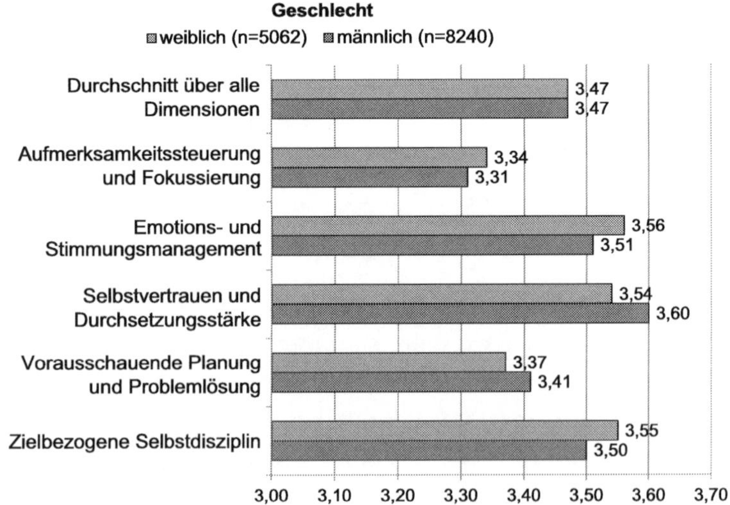

Abb. 8: Gendertypische Umsetzungskompetenzen, Quelle: Pelz, 2017, S. 103ff.

Während Frauen bei der Aufmerksamkeitssteuerung und der Fokussierung, sowie bei dem Emotions- und Stimmungsmanagement und bei der zielbezogenen Selbstdisziplin die Nase vorne haben, liegen Männer beim Selbstvertrauen und bei der Durchsetzungsstärke sowie bei der vorausschauenden Planung und Problemlösung vorne (vgl. Pelz, 2017, S. 103ff.).

2.2.1. Die Bedürfnisse der Mitarbeitenden

Die Bedürfnisstrukturen der Mitarbeitenden eines Unternehmens können durch das sozialpsychologische Modell der Bedürfnispyramide nach Maslow erklärt werden, welche die menschlichen Bedürfnisse in drei Grundbedürfnisse:

- Physiologische Bedürfnisse,
- Sicherheitsbedürfnisse und
- Sozialbedürfnisse

gliedert.[3]

Diese Bedürfnisse müssen laut Maslow befriedigt sein, damit man überhaupt so etwas wie Zufriedenheit empfindet. (vgl. Maslow, A., 1943, S. 370–396) Die nachfolgende Abbildung zeigt anhand der Bedürfnispyramide nach Maslow den Zusammenhang von Mitarbeiterbedürfnissen, Mitarbeitermotivationen und Mitarbeiterverhalten. Hierbei wird deutlich, dass die Mitarbeiterbedürfnisse einen Einfluss auf die Motivation der Mitarbeitenden und auf die Mitarbeiterbindung zum Unternehmen haben. Die Art und Stärke der zugrundeliegenden Bedürfnisse der Mitarbeitenden bestimmen deren Motivation und Verhalten, um diese zu befriedigen.

Nach der Gallup-Studie haben motivierte Mitarbeiter mit hoher emotionaler Bindung an das Unternehmen: (vgl. Gallup (Hrsg.), 2016)

---

[3] Das Strukturbedürfnis und die Selbstverwirklichung gehören nach Maslow nicht zu den Grundbedürfnissen. (vgl. Maslow, 1943, S. 370–396)

- **41 % weniger Fehltage**; das bedeutet auch 41 % weniger Kosten durch Abwesenheit,
- Eine bis zu **59 % geringere Fluktuation** und bleiben somit deutlich länger im Unternehmen,
- Verursachen im Durchschnitt **28 % weniger Schwund**,
- Sind im Vergleich zu **70 % weniger in Arbeitsunfälle** involviert,
- Fallen um **40 % weniger durch Qualitätsmängel** auf,
- Führen um durchschnittlich **10 % bessere Kundenrelationen**,
- Sind um **20 % produktiver** und
- Sind für eine um **21 % höhere Gesamtrentabilität** mitverantwortlich.

Modell der Mitarbeiterbedürfnisse und Einstellungen nach Maslow

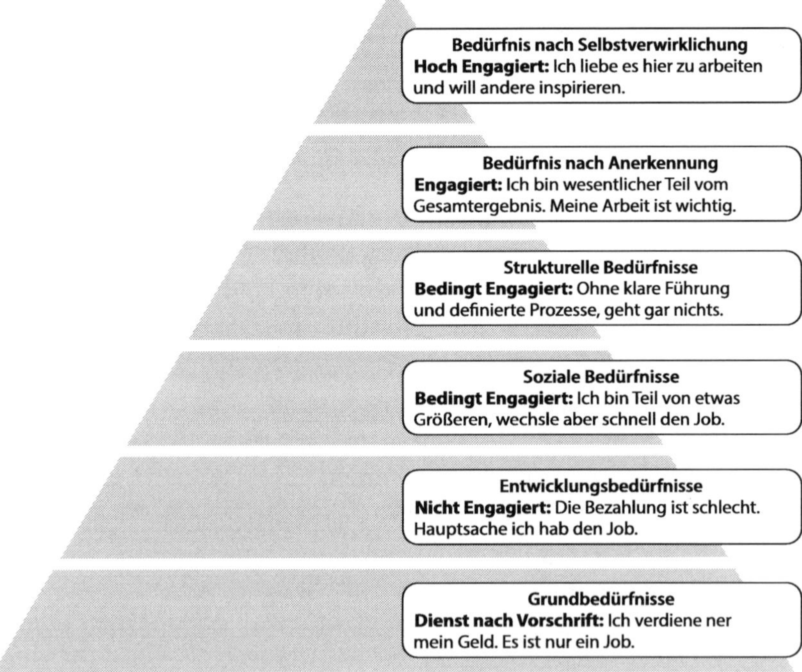

Abb. 9: Modell der Mitarbeiterbedürfnisse und Einstellungen nach Maslow, Quelle: Eigene Darstellung

Daher sollte das Personalmanagement bestrebt sein, die Bedürfnisbefriedigung der Mitarbeitenden gemäß den Unternehmenszielen und unter wirtschaftlichen Aspekt zu steuern, weil dies handfeste und messbare wirtschaftliche Vorteile bedeutet.

2.2.2. Die Bedürfnisse des Unternehmers

Auch die Bedürfnisse der Eigentümer und Anteilseigner eines Unternehmens können durch das sozialpsychologische Modell der Bedürfnispyramide nach Maslow erklärt werden.

Dabei unterscheiden sich die Grundbedürfnisse der Eigentümer und Anteilseigner nicht von den Bedürfnissen der Mitarbeiter, weil die Unternehmer zunächst ebenfalls die Grundbedürfnisse befriedigen, bevor die höheren Bedürfnisse, also die kognitiven Individualbedürfnisse und Wachstumsbedürfnisse, befriedigt werden.

Auch beim Unternehmer werden die Grundbedürfnisse durch den erwirtschafteten Gewinn gedeckt. Abhängigkeit davon, ob die Unternehmensgewinne die einzige Einkunftsart des Unternehmers darstellen oder ob die Unternehmensgewinne nur eine Teileinkunft sind, steigt oder sinkt die Bedeutung der Gewinne aus der Sicht des Unternehmers für die Sicherung der Grundbedürfnisse. Sind die Grundbedürfnisse befriedigt, strebt der Unternehmer nach einer nachhaltigen Entwicklung des Unternehmens, was durch das Streben nach Gewinnmaximum erreicht werden soll.

Gesellschaftliche und soziale Anerkennung kann der Unternehmer durch die Schaffung von Arbeitsplätzen, die Unternehmensgröße und die Bedeutung, Anerkennung, den Ruf und den Markenwert der erstellten Produkte und Dienstleistungen erlangen. Damit befriedigt der Unternehmer seine sozialen Bedürfnisse. Inhaltlich beziehen sich die höheren Bedürfnisse der Unternehmer auf wirtschaftliche Aspekte, Strukturen und Prozesse. Um das Bedürfnis nach Anerkennung zu befriedigen, strebt der Unternehmer nach gesellschaftlicher Anerkennung durch gesellschaftliches Engagement, sowie durch die Übernahme von sozialer Verantwortung und durch die Übernahme von Verantwortung für die Mitarbeitenden. Bei der Übernahme von Verantwortung steht jedoch der wirtschaftliche Daseinszweck des Unternehmens immer im Vordergrund. Dabei wird die Übernahme von sozialer und gesellschaftlicher Verantwortung dem Bedürfnis des Unternehmers zwar nach Anerkennung dienen und ist auch zugleich Maßstab des Erfolgs der Bedürfnisbefriedigung, steht aber weiterhin unter dem Diktat der Wirtschaftlichkeit.

Um auch die gewünschte Anerkennung zu erhalten, verhalten sich Unternehmer häufig nach dem Motto: „Tue Gutes und sprich drüber."

Daher sollte das Personalmanagement über alle Maßnahmen sprechen, die zusätzlich zu den gesetzlichen Maßnahmen freiwillig geleistet werden. Dadurch wird das Unternehmen in den Augen der

Modell der Unternehmerbedürfnisse nach Maslow

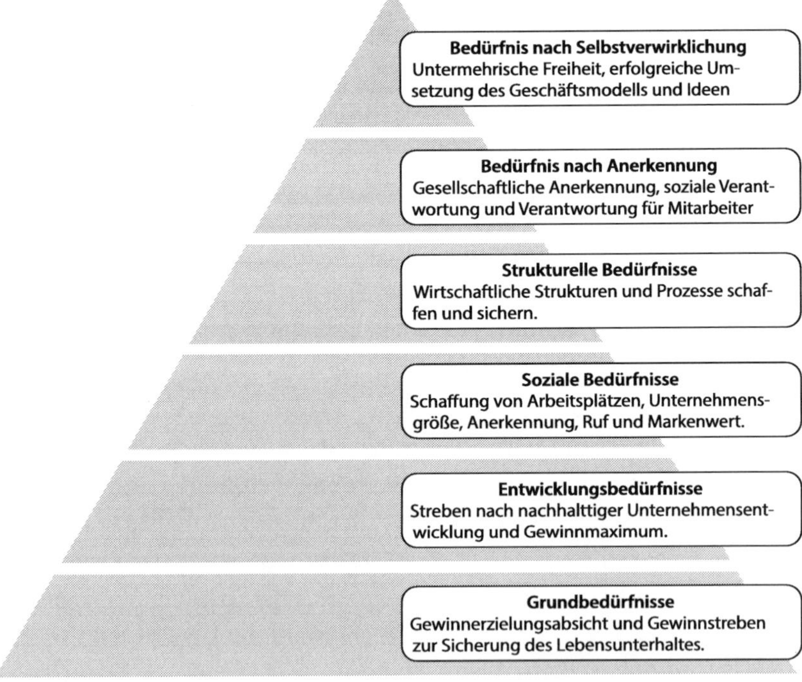

Abb. 10: Modell der Unternehmerbedürfnisse nach Maslow, Quelle: Eigene Darstellung

Mitarbeitenden wertvoller, weil zugleich auch ein Teil der individuellen Bedürfnisse der Mitarbeitenden befriedigt wird. Dies trägt zur Mitarbeiterbindung an das Unternehmen bei.

Die Bedürfnisbefriedigung nach Selbstverwirklichung des Unternehmers strebt vornehmlich nach unternehmerischer Freiheit, sowie nach der erfolgreichen Umsetzung des Geschäftsmodells und der unternehmerischen Ideen. Auch die Bedürfnisse nach Selbstverwirklichung richtet sich bei den Unternehmern nach dem wirtschaftlichen Daseinszweck. Das Ziel dabei bleibt weiterhin die Gewinnerzielungsabsicht und das Streben nach Gewinnmaximum. Der Gewinn wird damit zugleich auch zum Maßstab, wie erfolgreich die Selbstverwirklichung des Unternehmers ist.

2.2.3. Die Bedürfnisse des Unternehmens

Das Unternehmen kann als eine Organisation definiert werden, welche mit Hilfe von Ressourceneinsatz, Entscheidungsvorgängen und Planungsinstrumenten die Verwirklichung der wirtschaftlichen Ziele verfolgt. Um die wirtschaftlichen Ziele zu realisieren, benötigt der Unternehmer die Ressource Personal. Dadurch beeinflussen sowohl die Mitarbeitenden als auch der Unternehmer die Unternehmensentwicklung.

Wie hoch wiederum der Einfluss der Mitarbeitenden und des Unternehmers am Erfolg und an der Entwicklung des Unternehmens ist, hängt vom Willen und der Motivation der Beteiligten ab. Der Willen und die Motivation der Beteiligten werden durch den Grad der Bedürfnisbefriedigung der Beteiligten bestimmt.

Somit ist das Unternehmen zwar per Definition keine eigene Persönlichkeit und kann daher auch keine eigenen Bedürfnisse haben, doch die wirtschaftlichen Ergebnisse des Unternehmens sind das Ergebnis aus der Kombination und der Intensität der Bedürfnisse der Mitarbeitenden und des Unternehmers. Somit beeinflussen indirekt die Bedürfnisse und die bedürfnisorientierten Handlungen der Mitarbeitenden und des Unternehmers die Unternehmens-

Personalmanagement im Spannungsfeld der Bedürfnisse

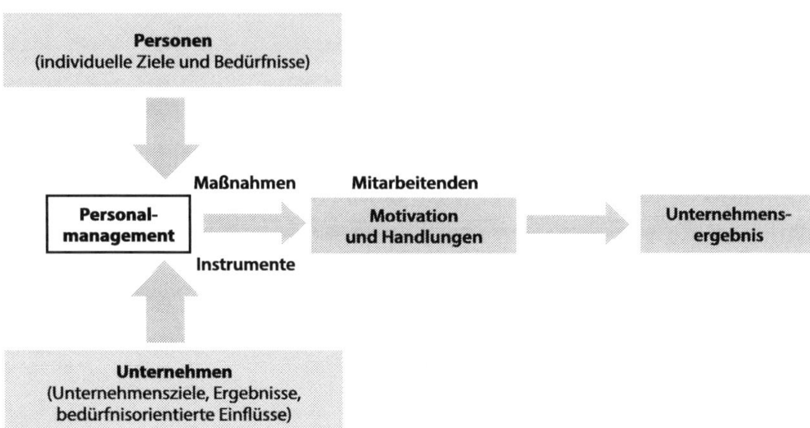

Abb. 11: Personalmanagement im Spannungsfeld der Bedürfnisse, Quelle: Eigene Darstellung

entwicklung, Unternehmensstrukturen, Unternehmensprozesse, die Realisierung der wirtschaftlichen Unternehmensziele und die Unternehmensergebnisse.

Aus diesen Gründen bewegt sich das Personalmanagement als Teil der Organisation Unternehmen im Spannungsfeld der Bedürfniss e und Ziele, weil das Personalmanagement einerseits die wirtschaftlichen Rahmenbedingungen und andererseits das Konglomerat der individuellen Ziele und Bedürfnisse der Mitarbeitenden und des Unternehmers mit Hilfe von Maßnahmen und Instrumenten berücksichtigen muss, um die Motivation und Handlungen der Mitarbeitenden so zu steuern, dass die operativen bzw. die erwarteten oder geplanten Unternehmensergebnisse erzielt werden können.

Das Personalmanagement agiert dabei einerseits zwischen den Bedürfnissen der Mitarbeitenden und den Bedürfnissen der Eigentümer und Anteilseigner des Unternehmens und hat andererseits die Aufgabe, die sich teilweise widersprechenden Interessen- und Bedürfniskonflikte der beiden Gruppen unter wirtschaftlichen Aspekten auszugleichen.

Interessen- und Bedürfniskonflikte entstehen dadurch, dass einerseits der Ressourceneinsatz von Personal Kosten verursacht, die den Gewinn reduzieren und andererseits, dass sich Differenzen zwischen der tatsächlichen oder wahrgenommenen Leistungserbringung und Leistungsbezahlung ergeben. In diesem Spannungsfeld bewegt sich das Personalmanagement.

Daher hat das Personalmanagement auch die Aufgabe, aufkommende Interessen und Bedürfniskonflikte auszugleichen. Dass dies in der Praxis überwiegend im Interesse des Unternehmens geschieht, ist nachvollziehbar. Allerdings kann es durchaus wirtschaftlich sein, Kompromisse einzugehen, um ein möglichst optimales wirtschaftliches Ergebnis zu realisieren.

Modell der Unternehmensziele in Abhängigkeit der Bedürfnisse nach Maslow

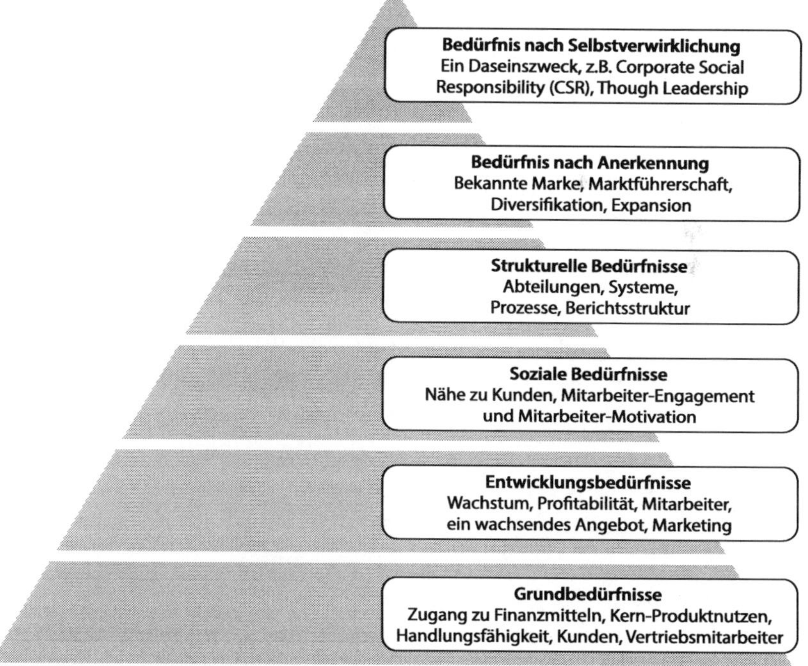

Abb. 12: Modell der Unternehmensbedürfnisse in Abhängigkeit der Bedürfnisse, Quelle: Eigene Darstellung

Wer an dieser Stelle gerade denkt: „Was für ein humanes Geschwafel", der irrt sich. Alle Maßnahmen des Personalmanagements können als Investition aufgefasst werden, mit denen ein Gewinn erzielt werden soll, denn motivierte Mitarbeitenden bewirken regelmäßig höhere Betriebsergebnisse (vgl. Gallup (Hrsg.), 2016).

Ob ein Kompromiss zwischen dem Gewinnstreben des Unternehmens und den bedürfnisorientierten Handlungen und Motiven tatsächlich wirtschaftlich ist, kann mit Hilfe einer Investitionsrechnung analysiert und bewertet werden. Dazu sind die, durch die Maßnahmen des Personalmanagements erwarteten Motivationseffekte der Mitarbeitenden, zu quantifizieren. Die quantitativen Werte können in der Investitionsrechnung berücksichtigt werden und ermöglichen die Planung, Steuerung und Kontrolle der Personalmanagementmaßnahmen.[4]

2.2.4. Die Mitarbeiterbedürfnisse bei strategischen Unternehmenszielen

Ein Unternehmen kann strategische, also langfristige, Ziele und operative, also kurzfristige, Ziele verfolgen. Die Aufgabe des Personalmanagements ist es, die vorhandenen Bedürfnisse der Mitarbeitenden so zu steuern, dass die Ressource Personal die Motivation und Handlungen so abrufen kann, dass die strategischen und operativen Unternehmensziele möglichst optimal erfüllt werden können.

Nachfolgend wird die Steuerung der Bedürfnisse der Mitarbeiter durch das Personalmanagement bei strategischen Zielen betrachtet. Ein Bestandteil des strategischen Personalmanagements ist die Nutzung der Personalpotentiale durch das Performance Management. Performance Management ist die Steuerung von Leistung. Es geht darum, die persönliche Entwicklung der Mitarbeiter positiv voranzutreiben, um das Potenzial des Unternehmens voll auszuschöpfen. (vgl. von Hülsen, Kopiske, 2017, S. 7)

Dabei stehen dem Personalmanagement für jedes Bedürfnis strategische Instrumente und Interaktionen zur Verfügung, welche

[4] Siehe hierzu die weiteren Ausführung im Kapitel 6 „Personalcontrolling".

langfristig und nachhaltig wirken sollen. Bei den Grundbedürfnissen der Mitarbeiter ist das Einkommen ein hoher Motivator und für die Befriedigung der Grundbedürfnisse der Unternehmer sind niedrige Personalkosten von Bedeutung, um Kosten zu sparen.

Unternehmen, die ein strategisches Personalmanagement mit Hilfe von Performance-Management-Instrumenten gestalten, liegt im Trend. Laut einer Studie der Unternehmensberatung Kienbaum gehen 64 % der Befragten davon aus, dass die Bedeutung des Themas in Zukunft steigen wird. (vgl. von Hülsen, Kopiske, 2017, S. 8)

Sowohl für die Unternehmer als auch für die Mitarbeiter können beispielsweise Schulungen und Weiterbildungen die Befriedigung der Entwicklungsbedürfnisse ermöglichen.

Die Befriedigungen der strukturellen Bedürfnisse sind für die Unternehmer von Bedeutung und können durch entsprechend qualifiziertes Personal realisiert werden. Darüber hinaus steigt die Motivation der Mitarbeitenden, wenn die Führung den Mitarbeitenden Strukturen geben und die Mitarbeitenden in definierten Prozessen arbeiten können.

Das Personalmanagement kann durch Maßnahmen sowohl die Anerkennungsbedürfnisse der Unternehmer als auch der Mitarbeiter befriedigen, indem besondere Leistungen durch symbolische Handlungen oder gesellschaftliche Anerkennung honoriert werden.

Die Grundbedürfnisse der Mitarbeitenden können durch eine leistungsorientierte und am Arbeitsmarkt strategisch ausgerichtete Bezahlung befriedigt werden, wodurch auch die Mitarbeiterbindung steigt.

Die sozialen Bedürfnisse der Mitarbeitenden können durch verschiedene Interaktionen gesteuert und befriedigt werden. Dabei können beispielsweise die folgenden Gestaltungsmöglichkeiten geeignet sein:

- Anforderungen an Weiterbildung zu persönlichem Wachstum berücksichtigen,
- Repräsentation des Bereichs oder der Unternehmung bei wissenschaftlichen Nebentätigkeiten oder Publikationen oder in Vorträgen,

- Einfluss auf Prozesse und Entscheidungen gestatten,
- Sabbaticals,
- Weitgehende Gestaltungsfreiheit bei den Arbeitsaufgaben,
- Mitbestimmungsrechte,
- Einbindung in Entscheidungsprozesse.

Bei der Wahl der Instrumente hat das Personalmanagement jeweils zu prüfen, ob das gewählte Instrument geeignet ist und die strategische Ausrichtung des Personalbedarfs der Personalentwicklung entspricht. Zudem ist jede Maßnahmen auf ihre Wirtschaftlichkeit zu bewerten.

Die Selbstverwirklichungsbedürfnisse der Unternehmer können auch durch unternehmerische Sozialverantwortung befriedigt werden. Unternehmerische Sozialverantwortung (CSR) umschreibt den freiwilligen Beitrag eines Unternehmens, der über die gesetzlichen Forderungen hinausgeht. CSR steht also für verantwortliches unternehmerisches Handeln. Hierzu kann das Personalmanagement den Unternehmer unterstützen, indem freiwillige soziale Leistungen angeboten werden. Freiwillige soziale Leistungen können auch als Instrument der Personalbindung genutzt werden.[5] Darüber hinaus kann das Personalmanagement durch personaltechnische Maßnahmen die Geschäftsführung bei der Umsetzung der Unternehmensvision unterstützen.

Auf der Mitarbeiterseite kann das Personalmanagement durch Maßnahmen zur Bedürfnisbefriedigung der Mitarbeitenden eine höhere Mitarbeitermotivation und Mitarbeiterbindung ermöglichen.

Die Befriedigung der Grundbedürfnisse der Unternehmer nach Gewinn kann marktseitig und hinsichtlich der unternehmerischen Entscheidungen nicht durch das Personalmanagement beeinflusst werden. Allerdings kann das Personalmanagement das Jahresergebnis durch die richtige strategische Auswahl und Entwicklung der Mitarbeitenden positiv beeinflussen.

---

[5] Siehe hierzu die weiteren Ausführungen im Kapitel 5.4. „Personalbindung".

Sowohl die Mitarbeitenden als auch die Unternehmer können durch Schulungen und Weiterbildung in ihrem Entwicklungsbedürfnis unterstützt werden. Schulungen sind dann besonders effektiv, wenn die neu gewonnenen Erkenntnisse in der Praxis umgesetzt werden.

Das Personalmanagement kann das Streben der Mitarbeiter nach Selbstverwirklichung einerseits zur Optimierung der unternehmerischen Leistungserstellung, andererseits zur Mitarbeitermotivation nutzen. Auch bei den Mitarbeitenden kann das Streben nach Selbstverwirklichung durch die Maslowsche Bedürfnispyramide erklärt werden und stellt ebenfalls die höchste Ebene dar. Zur Erreichung des persönlichen Wachstums streben die Mitarbeitenden nach Unabhängigkeit und nach Autonomie.

Stufe um Stufe, von der Anerkennung über die Wertschätzung bis zur Würdigung der Mitarbeitenden und deren Leistung entwickeln dabei die Mitarbeitenden Wissen und Kompetenz. Somit ist das Selbstverwirklichungsbedürfnis einerseits ein Leistungsanreiz, andererseits durch die Anerkennung Dritter ein Leistungsansporn, wofür der Mitarbeitende Energie, Aufwand oder Anstrengungen aufwendet. Aufgabe des Personalmanagements ist es, entsprechendes Belohnungs- oder Erfüllungsangebot anzubieten, welches zur Leistung motiviert.

Jedoch beinhaltet die angestrebte Anerkennung durch Dritte immer auch eine Art Abhängigkeit. So, wie den Mitarbeitenden durch Dritte Anerkennung zuteilwird, kann diese durch Dritte auch genommen werden. Anerkennung ist also extrinsisch; sie wirkt von außen durch Dritte auf einen Menschen. Anerkennungs- und Statussymbole werden von Dritten gegeben und gegebenenfalls von Dritten weggenommen. Dieser Umstand ist eine Möglichkeit für das Personalmanagement die Leistungssteigerung der Mitarbeitenden durch Anerkennung der Arbeitsleistungen zu erreichen.

Allerdings sind die Möglichkeiten für das Personalmanagement zur Gestaltung von Maßnahmen hinsichtlich der Selbstverwirklichungsbedürfnisse begrenzt, denn Autonomie oder Selbstverwirklichung streben nach Freiheit und zwar nach der Freiheit des

Einzelnen, selbst zu entscheiden, ob und inwieweit der Einzelne unabhängig ist.

Autonomie hat somit einen intrinsischen Charakter: Sie wirkt von innen nach innen. Der Wunsch nach Autonomie entsteht intrinsisch und die darauf basierenden Entscheidungen trifft die Person ebenfalls intrinsisch. Die intrinsische Wirkung ist jedoch außerhalb der Person, also für Externe, beispielsweise für das Personalmanagement, nicht direkt sichtbar.

Modell strategische bedürfnisorientierte Interaktionen des Personalmanagements

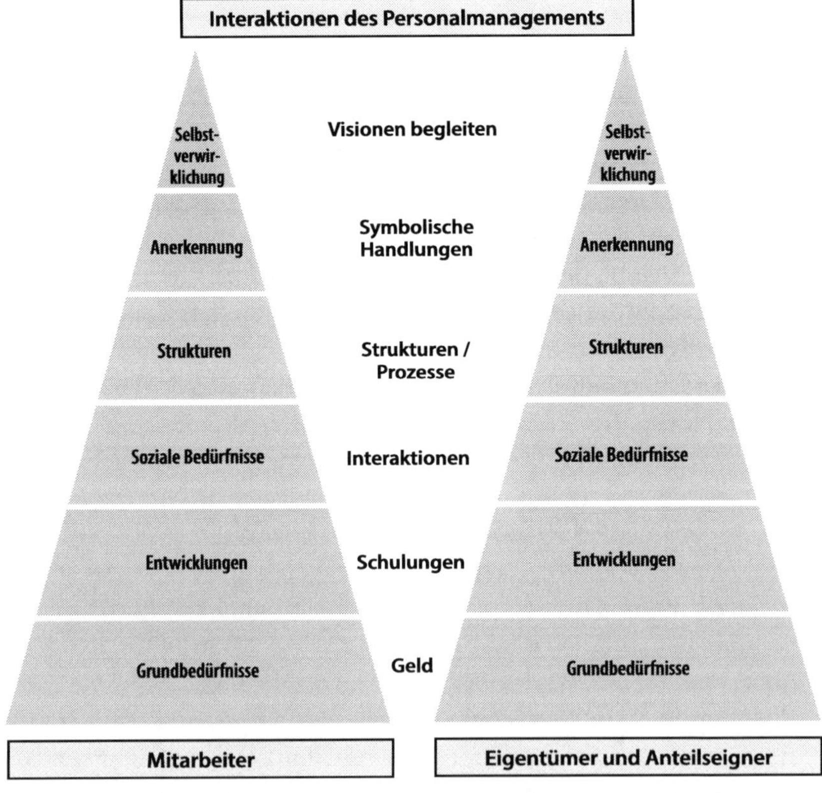

Abb. 13: Modell strategische bedürfnisorientierte Interaktionen Personalmanagement, Quelle: Eigene Darstellung

Für das Personalmanagement sind die intrinsischen Motive der Mitarbeitenden eine Black Box und können nur durch Kommunikation oder Befragung näherungsweise ermittelt werden. Brauchbare Ergebnisse und die Erhellung der Black Box ist daher nur möglich, wenn die Mitarbeitenden ihr Selbstverwirklichungsbedürfnis kundtun. Dazu müssen sich die Mitarbeitenden aber ihrer Selbstverwirklichungsbedürfnisse bewusst sein. Auch dies ist nicht immer gegeben. In der Praxis ist daher zu erwarten, dass die Mitarbeitenden allenfalls nur indirekt über ihre Selbstverwirklichungsbedürfnisse reden werden.

Hier besteht aufgrund dessen eine Schwierigkeit in der Schaffung eines Leistungsanreizes. Ein Leistungsanreiz für Selbstbefriedigungsbedürfnisse kann nur indirekt gestaltet werden. Dem Mitarbeiter sind dabei Wege und Mittel zu eröffnen, wie er den erreichten Grad an Kompetenz anwenden und vor allem demonstrieren kann.

Um dies zu ermöglichen, kann das Personalmanagement dafür sorgen, dass Management Tätigkeiten delegiert und die Mitarbeitenden in Entscheidungsprozesse integriert. Allerdings kann angenommen werden, dass es für das Personalmanagement mit steigender Kompetenz und Expertise der Mitarbeitenden zunehmend schwieriger wird, die Kompetenzen der Mitarbeitenden zu beurteilen.

2.2.5. Die Mitarbeiterbedürfnisse bei operativen Unternehmenszielen

Eine Aufgabe des Personalmanagements ist es, die vorhandenen Bedürfnisse der Mitarbeitenden so zu steuern, dass die Ressource Personal die Motivation und Handlungen so abrufen kann, dass die operativen Unternehmensziele möglichst optimal erfüllt werden können. Die Maßnahmen des Personalmanagements zur Steuerung der Bedürfnisse der Mitarbeiter hinsichtlich der operativen Ziele können alle Bereiche der Bedürfnispyramide betreffen.

Wichtiger Bestandteil der Grundbedürfnisse der Mitarbeitenden ist die Gesundheit. Gesunde Mitarbeiter sind zufriedener und effektiver. Um die Gesundheit der Arbeitnehmer zu erhalten und zu fördern, können beispielsweise folgende operative Maßnahmen getroffen werden:

- Ergonomische Arbeitsplätze,
- Gesunde Ernährung in der Kantine,
- Richtige Beleuchtung,
- Sportangebote,
- Gesundheits- und Vorsorgeangebote.

Bei den vorgenannten Beispielen wird ebenfalls deutlich, dass die Befriedigung der Mitarbeiterbedürfnisse nicht zwingend mit umfangreichen Investitionen einhergehen müssen.

Das Sicherheitsbedürfnis der Mitarbeitenden kann befriedigt werden, indem das Unternehmen den Mitarbeitenden einen sicheren Arbeitsplatz bietet. Dazu sind verschiedene Maßnahmen zur Befriedigung des Sicherheitsbedürfnisses möglich.

- Unbefristete Arbeitsverträge zeigen, dass das Arbeitsverhältnis auf Dauer angelegt ist.
- Faire, den Mitarbeiterqualifikationen entsprechende Gehälter signalisieren, dass das Arbeitsverhältnis auf Dauer angelegt ist.
- Vorgesetzte agieren transparent und geben regelmäßig Feedback zu den Leistungen der Mitarbeitenden.
- Freiwillige betriebliche Versicherungen fördern das Sicherheitsgefühl der Mitarbeitenden. Daher können betriebliche Rentenversicherungen, Direktversicherungen, Unfallversicherungen und Krankenzusatzversicherungen die Mitarbeiterzufriedenheit fördern.

„9,7 % aller Vollzeiterwerbstätigen arbeiten mehr als 48 Stunden pro Woche." (Statistisches Bundesamt, 2020, Wiesbaden) Logisch, dass den Mitarbeitenden die sozialen Beziehungen zu ihren Kollegen wichtig sind. Zugehörigkeit und Kontakt am Arbeitsplatz sollten von Führungskräften gelebt und für die Mitarbeitenden möglich gemacht werden.

Das Personalmanagement kann die sozialen Bedürfnisse der Mitarbeitenden befriedigen, indem die Mitarbeitenden in die sozialen Strukturen eingebunden und integriert werden. Dabei kann das Personalmanagement den Hawthorne-Effekt zunutze machen. Der Hawthorne-Effekt besagt, dass Menschen ihr Verhalten ändern, wenn sie wissen, dass sie beobachtet werden. (vgl. Roethlisberger et al., 1939) Somit wird die Arbeitsleitung eines Mitarbeitenden einerseits durch die tatsächlichen und wahrgenommenen Arbeitsinhalte, Kollegen und Führungskräfte geprägt. Andererseits ist sie von diesen Faktoren abhängig. In der Betriebswirtschaftslehre ist der Hawthorne-Effekt der Mitauslöser für die Erkenntnis, dass die Arbeitsleistung wesentlich von sozialen Faktoren geprägt ist. Somit ist der Arbeitsplatz ein soziales System, bei dem Mitarbeitenden nicht nur als Individuen, sondern auch als Teil einer Gruppe sozial agieren. (vgl. Stangl, 2020a)

Die folgenden Maßnahmen kann das Personalmanagement zur Befriedigung der sozialen Bedürfnisse der Mitarbeitenden ergreifen:

- Teambuilding erhöht die Produktivität der Mitarbeiter. Maßnahmen können sein: Betriebsausflüge; Aufenthaltsräume, die ein Gemeinschaftsgefühl steigern; Freizeitangebote und Unterhaltungsangebote.
- Kontinuierliches und aktives Zuhören der Vorgesetzten erhöht die Mitarbeiterbindung, weil sich die Mitarbeitenden wahrgenommen und respektiert fühlen.

Zu den Individualbedürfnissen zählen vor allen Dingen Anerkennung und Achtung. Ehre wem Ehre gebührt! Anerkennung spielt eine große Rolle bei der Mitarbeiterzufriedenheit. Gemäß der Studie Jobzufriedenheit 2017 ist es für 91 % der Befragten wichtig, dass der direkte Vorgesetzte seine Wertschätzung zum Ausdruck bringt. Genauso viele wünschen sich regelmäßiges und ehrliches Feedback vom Vorgesetzten. 88 % wären im Job zufriedener, wenn ihre Vorgesetzten öfter auch Interesse an ihnen als Person zeigen würden. (vgl. Christ-Brendemühl, S., 2017, S. 6)

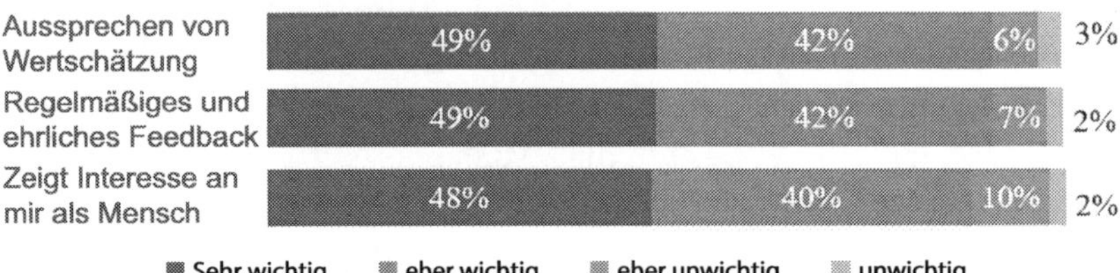

Abb. 14: Individualbedürfnisse der Mitarbeitenden, Quelle: Christ-Brendemühl, S., 2017, S. 6

Somit können die Vorgesetzten vor allem durch Wertschätzung, ehrliches Feedback und Interesse am Menschen die Jobzufriedenheit ihrer Mitarbeiter steigern. Auch durch einen erweiterten Handlungs- und Entscheidungsspielraum sowie klare Unternehmensstrukturen für die Mitarbeitenden kann das Bedürfnis befriedigt werden. Ebenso können innerhalb des Unternehmens Auszeichnungen und Gratifikationen für besondere Leistungen das Individualbedürfnis zusätzlich erfüllen. Fehlende Anerkennung führt dagegen in der Regel zur Demotivation und damit zur Reduzierung der Leistungsbereitschaft durch die Mitarbeitenden.

Die Selbstverwirklichung stellt die höchste Stufe der Bedürfnisbefriedigung dar. Die Mitarbeitenden können sich im Beruf entwickeln, indem diese sich herausfordernde Tätigkeiten suchen und damit kontinuierlich ihre Fähigkeiten und Fertigkeiten erweitern. Diese Herausforderungen in der Arbeit führen mittel- bis langfristig zu einem steigenden Qualifikationsniveau, was wiederum die Möglichkeit des beruflichen Aufstiegs verbessert.

Es gibt verschiedenen Möglichkeiten, die Mitarbeitenden beim Streben nach Selbstverwirklichung zu unterstützen und dadurch die Mitarbeitenden an das Unternehmen zu binden, sowie die Unternehmensergebnisse zu verbessern:

- Interne Weiterbildungsangebote: Die meisten Menschen streben nach Wissen. Dieses Streben sollte in den Dienst der gemeinsamen Sache gestellt werden, denn qualifizierte Mitarbeiter sind wertvolle Mitarbeiter.

- Maßnahmen sind: Training on the Job (Schulungen während der Arbeitszeit durch andere Mitarbeitende) und Training Inhouse (innerbetriebliche Weiterbildungen).
- Externe Weiterbildungsangebote
- Regelmäßiges Feedback und Mitarbeitergespräche.

Aus den vorherigen Ausführungen ergibt sich folgendes Modell des operativen bedürfnisorientierten interaktiven Personalmanagements:

Modell operative bedürfnisorientierte Interaktionen des Personalmanagements

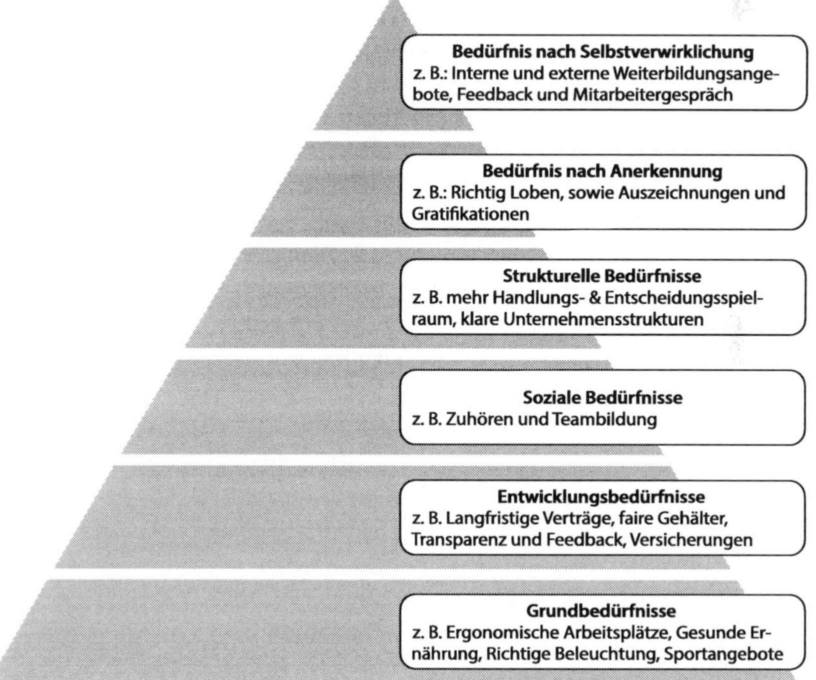

Abb. 15: Modell operative bedürfnisorientierte Interaktionen Personalmanagement, Quelle: Eigene Darstellung

2.3. Operatives Personalmanagement

Basis für das operative Personalmanagement ist die kurzfristige Personal- und Unternehmensplanung. Mit Hilfe der kurzfristigen Planung kann auf unvorhergesehene, kurzfristige Ereignisse reagiert werden (z. B. der krankheitsbedingte Ausfall eines Mitarbeiters), weil Engpässe frühzeitig erkannt und mögliche Gegenmaßnahmen vorbereitet werden können. Darüber hinaus umfasst das Personalmanagement alle weiteren Maßnahmen und Tätigkeiten, die mit dem Produktionsfaktor Arbeit und damit mit den Mitarbeitern zusammenhängen.

Somit umfasst das operative Personalmanagement die Summe aller kurzfristigen personellen Aktivitäten, die mit der Führung von Personal, der Personalverwaltung, Personalbeschaffung, Personalplanung, Personalentwicklung, aber auch Personalkommunikation und Personalcontrolling zusammenhängen.

Praxisbeispiel 1: Operatives Personalmanagement

Beim Möbelhaus Große Couch GmbH[6] liegt die Gewinnmarge deutlich unter den Planwerten. Eine Analyse ergab, dass die Möbel mit dem geringsten Deckungsbeitrag und dem zugleich niedrigsten Preis am meisten verkauft wurden. Für die Möbelverkäufer ist es viel einfacher, über einen niedrigen Preis Möbel zu verkaufen, um ihre Verkaufsprovision zu erhalten, als wenige hochpreisige Möbel zu verkaufen. Dabei war die Verkaufsprovision über alle Möbel gleich hoch und dies unabhängig von dem Deckungsbeitrag. Die Geschäftsleitung vereinbarte daher mit dem Betriebsrat eine Änderung der Verkaufsprovisionen. Zukünftig sollten die Möbelverkäufer eine geänderte Verkaufsprovision erhalten. Für Möbel mit einem Deckungsbeitrag von 1 % – 5 % wurde eine Verkaufsprovision von 5 % und für Möbel mit einem Deckungsbeitrag > 5 % eine erhöhte Verkaufsprovision von 11 % vorgeschlagen.

[6] Alle Namen der beteiligten Personen und Unternehmen sind zum Schutz von Unternehmensgeheimnissen geändert worden. Dies gilt auch für Orte und andere Angaben, aus denen möglicherweise reale Unternehmen identifiziert werden können. Nur der tatsächliche Sachverhalt entspricht den Gegebenheiten.

Aufgabe des operativen Personalmanagements war es, alle Möbelverkäufer von der Notwendigkeit der Vertragsänderungen des individuellen Arbeitsvertrages zu überzeugen und einen Änderungsvertrag mit den neuen Konditionen aufzusetzen. Die freiwilligen Vertragsänderungen werden als Änderungskündigung bezeichnet, weil der Arbeitsvertrag zunächst gekündigt wird und dann wieder neu aufgesetzt wird. Kann die Veränderung der Arbeitsbedingungen nicht einvernehmlich vorgenommen werden, kann der Arbeitgeber das Beschäftigungsverhältnis auch ordentlich kündigen.

Dies ist jedoch häufig nur die zweitbeste Lösung, weil die Arbeitnehmer auch die Möglichkeit haben, gegen den Änderungsvertrag gerichtlich vorzugehen. Um eine möglichst optimale wirtschaftliche Lösung zu erreichen, die Gewinnziele der Große Couch GmbH zu erreichen und um die bisherigen Möbelverkäufer weiter zu beschäftigen, sowie um eine Fluktuation zu vermeiden, ist es Aufgabe des operativen Personalmanagements, mit Verhandlungsgeschick eine Änderungskündigung bei allen Möbelverkäufer zu erreichen.

Fazit:

Die Höhe und die Schnelligkeit einer verbesserten Ertragssituation der Große Couch GmbH hängt wesentlich vom Verhandlungsgeschick des operativen Personalmanagements ab. Im vorliegenden Praxisfall hatten alle Möbelverkäufer die Änderungsverträge angenommen und die Ertragssituation änderte sich nach einem Monat nachhaltig, so dass die gewünschten Planerträge realisiert werden konnten. Auch die Möbelverkäufer konnten ihre Provisionen steigern, Somit wurde, dank des operativen Personalmanagements, eine Win-Win-Situation erreicht.

2.4. Strategisches Personalmanagement

Das strategische Personalmanagement ist dagegen auf eine langfristig vorausschauende Handlungsweise und Planung ausgerichtet. Damit beschäftigt sich das strategische Personalmanagement mit der Zukunft der personellen Strukturen in einem Unternehmen, unter Berücksichtigung der langfristigen Planung und der Unternehmensumwelt und damit mit der Unternehmenszukunft. Künftige Markt- und Umfeldveränderungen sowie unternehmensinterne Entwicklungen sind dabei zu berücksichtigen. Strategische Personalarbeit geht daher weit über das operative Tagesgeschäft von Unternehmen hinaus und erfordert ein vorausschauendes und proaktives Handeln der Verantwortlichen. Dabei werden die Aufgaben und die Ausrichtung des strategischen Personalmanagements zunächst durch die vorhandenen Unternehmensstrukturen und -aufgaben definiert. Mit den Veränderungen der Märkte auf denen das Unternehmen agiert, sowie durch veränderte Prozesse, Produkte, sowie sonstige Entwicklungstrends, ändert sich auch die Ausrichtung des strategischen Personalmanagements.

Strategische Personalmanagementkonzepte zielen darauf ab, die personalspezifischen Stärken eines Unternehmens zu identifizieren und auszubauen und Veränderungen im Umfeld eines Unternehmens besser Rechnung zu tragen. Dabei umfasst das strategische Personalmanagement die Planung, Steuerung und Kontrolle von grundsätzlichen Handlungsmöglichkeiten zum langfristigen Aufbau, Erhalt oder zum Abbau von Personalpotentialen.

Strategische Personalarbeit ist eine der wichtigsten Aufgaben der Führungskräfte. Auf Basis der Herausforderungen und Prioritäten des Geschäfts ist die Entwicklung einer Personalstrategie ein wichtiger Startpunkt, um die Prioritäten für Führungskräfte und die Unterstützung durch das strategische Personalmanagement zu bestimmen. In der Personalstrategie werden wesentliche geschäftsrelevante Stoßrichtungen und Projekte definiert, um die strategischen Ziele des Unternehmens zu erreichen.

Das strategisches Personalmanagement schafft einen klaren Mehrwert für das Unternehmen, denn als Personalplaner, Regulator bei Vergütungsplänen, Makler auf Talent- oder internen Arbeitsmärkten oder Risiko- und Asset-Manager in der Altersvorsorge übernimmt das strategische Personalmanagement umfangreich strategische Managementaufgaben und leistet damit einen klaren Beitrag zum Unternehmenserfolg. Eine Personalstrategie ermöglicht zudem auch eine Orientierung für alle Mitarbeiter und agiert in einem Spannungsverhältnis zwischen den Bedürfnissen der Eigentümer und Anteilseigner eines Unternehmens und der Mitarbeiter.

Damit strategisches Personalmanagement für das Unternehmen und für die Mitarbeiter gewinnbringend durchgeführt werden kann, bedarf es einer ausführlichen strategischen Planung des Personalmanagements. Trotz sonst guter Personalarbeit wird der Teil der strategischen Planung des Personalmanagements in vielen Unternehmen vernachlässigt, da das strategische Personalmanagement zunächst nur abstrakt und theoretisch klingt.

Gerade viele kleine und mittlere Unternehmen gehen auch häufig davon aus, dass sich in ihren schnell veränderten Märkten oder aufgrund der guten Überschaubarkeit des Unternehmens eine strategische Planung speziell in diesem Bereich nicht lohnen würde.

Diese Einstellung beruht vielleicht auf einem Missverständnis von dem, was strategisches Personalmanagement eigentlich bedeutet. Strategisches Personalmanagement ist kein Wert an sich und findet nicht losgelöst vom Unternehmen statt. Vielmehr gilt: Strategisches Personalmanagement macht nur in Verbindung mit der Gesamtunternehmensstrategie Sinn. (vgl. Öhlschlegel-Haubrock, S. 22)

Am Anfang steht jedoch die Vision des Unternehmens. Die Vision zeichnet ein Zukunftsbild eines Unternehmens. Mit der Vision wird die Frage beantwortet, wozu ein Unternehmen aktiv wird. Aus der Vision leitet die Unternehmensleitung die Unternehmensziele ab. Unternehmensziele sind die Grundlage für das gesamte unternehmerische Handeln und damit auch für Zielvereinbarungen, die mit Fach- und Führungskräften aus den Unternehmensbereichen geführt werden. Verbreitete Unternehmensziele sind die Gewinnmaximierung und die Erschließung neuer Märkte.

Um die Unternehmensziele zu erreichen, werden Unternehmensstrategien entwickelt. Bei einer Unternehmensstrategie handelt es sich um einen langfristigen Ansatz zur Umsetzung des Businessplans eines Unternehmens, um die gewünschten Unternehmensziele und die langfristige Sicherung des wirtschaftlichen Erfolges des Unternehmens zu erreichen. Mit der Unternehmensstrategie werden die langfristigen Unternehmensziele definiert.

Ausgehend von der Unternehmensstrategie werden die Strategien der einzelnen Unternehmensbereiche abgeleitet. Die hier betrachtete Teilstrategie ist die Personalstrategie.

Vision, Ziele, Unternehmensstrategie und Teilstrategien

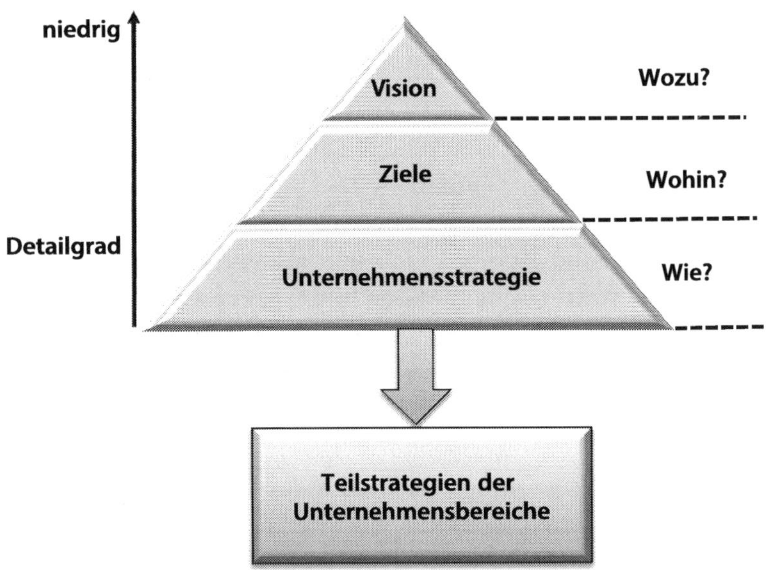

Abb. 16: Vision, Ziele, Unternehmensstrategie und Teilstrategien, Quelle: Eigene Darstellung

Aufgabe des strategischen Personalmanagements ist es, aus der Unternehmensstrategie die erforderliche Personalstrategie abzuleiten. Somit definiert die Unternehmensstrategie die strategische Personalarbeit und bestimmt die Richtung der Personalarbeit.

Ein weiterer Aspekt des strategischen Personalmanagements ist es, die Verfügbarkeit der strategischen Ressourcen über das Verhalten der Unternehmensmitglieder hinsichtlich des langfristigen

Unternehmenserfolgs zu steuern. Strategisches Personalmanagement kann ohne ausdrücklich definierte strategische Unternehmensziele und ohne einen definierten strategischen Rahmen die Unternehmensstrategie nicht erfüllen. Dies bedeutet letztendlich eine Verschwendung der Ressource Arbeit und eine Gefährdung der Unternehmensziele. Daher besteht eine Wechselwirkung zwischen Unternehmensstrategie und strategischem Personalmanagement.

Wechselwirkung Unternehmensstrategie und Personalstrategie

Abb. 17: Wechselwirkung Unternehmensstrategie und Personalstrategie, Quelle: Eigene Darstellung

Die Wechselwirkung zwischen Unternehmensstrategie und Personalstrategie soll beispielhaft dargestellt werden. Dabei werden die grundlegenden Ausrichtungen einer Unternehmensstrategie dargestellt und möglichen Ausrichtungen einer Personalstrategie gegenübergestellt.

Nachfolgend wird der Zusammenhang zwischen einer Unternehmensstrategie und der Personalstrategie bei der AS Tech Industrie- und Spannhydraulik GmbH, Geilenkirchen, dargestellt. (vgl. Kaschny, M. et al., 2015, S. 417f.)

Bei dem nachfolgenden Praxisbeispiel soll die Wechselwirkung zwischen einer Unternehmensstrategie und Personalstrategie deutlich werden. Diese Wechselwirkung kann zu einer Verstärkung und Optimierung der Unternehmensstrategie durch die Personalstrategie, oder aber zu einer abgeschwächten bzw. nicht optimalen Umsetzung der Unternehmensstrategie führen.

Unternehmensstrategie	Personalstrategie
Expansion (Ausweitungsstrategie)	■ Entwicklung der Mitarbeiterqualifikation gemäß der Expansionsziele ■ Personalwachstumsplanung ■ Neue Personalstrukturen
Diversifikation (horizontale Strategie)	■ Entwicklung der Mitarbeiterqualifikation gemäß der Diversifikationsziele ■ Organisatorische und kulturelle Integration der Mitarbeiter des gekauften Unternehmens ■ Neuorganisation des gekauften Unternehmens ■ Neue Personalstrukturen in beiden Unternehmen
Konsolidierung (Halten-Strategie)	■ Erhaltung der Mitarbeiterqualifikation ■ Ggf. Anpassung der Mitarbeiterqualifikation an soziale und technische Gegebenheiten ■ Kontrolle der Fluktuation
Digitalisierung	■ Mitarbeiterqualifikation hinsichtlich der Erfordernisse aus Digitalisierung ■ Neu- und Umorganisation von Abteilungen und Positionen
Kooperation	■ Optimierung der Mitarbeiterqualifikation hinsichtlich der Kooperation ■ Neu- und Umorganisation von Abteilungen und Positionen hinsichtlich der Kooperation

Abb. 18: Wechselwirkung der Strategien, Quelle: Eigene Darstellung basierend auf Haubrock, et al., S. 22

Praxisbeispiel 2: Strategisches Personalmanagement

„Die AS Tech Industrie- und Spannhydraulik GmbH[7] wurde 1997 in Geilenkirchen, im westlichen Nordrhein-Westfalen, gegründet und beschäftigt ca. 50 Mitarbeiter. Zwei Mitarbeiter werden in einer im Jahre 2009 gegründeten US-Tochter in Lake Zurich beschäftigt. Das inhabergeführte Unternehmen entwickelt, projektiert und fertigt hydraulische Einrichtungen und Systeme zum Bewegen und Befestigen (Schraub- und Klemmverbindungen mit Betriebsdrücken bis zu 4.000 bar) im Schwermaschinenbau. Außerdem ist AS Tech Spezialist im Bereich Hochdruckhydraulik, ein Nischensegment, in dem mit Drücken bis 4.000 bar gearbeitet wird.

2007 wurde zusätzlich die GWS Tech gegründet, ein Tochterunternehmen, welches sich auf Dienstleistungen rund um die eigenen hydraulischen Produkte konzentriert. Hierzu zählen neben Inbetriebnahme, Wartung und Service der installierten Anlagen auch Schulungen und Trainings.

Im Jahr 2012 entwickelte AS Tech für ihr Unternehmen die Vision 2020 mit dem Namen „Lust auf eine spannende Zukunft". Dabei hat der Ausdruck „spannende Zukunft" bewusst eine doppelte Bedeutung, da sich das Unternehmen u. a. auch mit Spannvorrichtungen beschäftigt. In dieser Vision 2020 werden inhaltliche Themen beschrieben, wie z. B. die technische und kommerzielle Aufstellung und Unternehmensentwicklung in den nächsten Jahren." (Kaschny, M. et al., 2015, S. 417)

Die Unternehmensstrategie der AS Tech zielt somit auf die Qualitätsführerschaft durch Innovationen. Zudem agiert die AS Tech im Markt für Schraub- und Klemmverbindungen und dort in der Marktnische für hydraulische Einrichtungen und Systeme zum Bewegen und Befestigen im Schwermaschinenbau, also hydraulische Schraub- und Klemmverbindungen. Für die Umsetzung der Innovationsprozesse im Rahmen der Unternehmensstrategie benötigt die AS Tech jedoch technisches Personal, welches auf dem Arbeitsmarkt nicht im benötigten Umfang vorhanden ist. Durch die ländliche Lage der AS Tech und den demografischen Wandel wird die Situation noch verschärft.

[7] Alle Namen und Gegebenheiten beruhen auf: Kaschny, M., Nolden, M., Schreuder, S., Innovationsmanagement im Mittelstand, 2015, Wiesbaden. Die Homepage der AS Tech Industrie- und Spannhydraulik GmbH ist: http://www.astech-hydraulik.com/

Um die Unternehmensstrategie der AS Tech zu sichern, verfolgt die AS Tech einerseits die Personalstrategie mit Maßnahmen außerhalb der üblichen Personalbeschaffung an die benötigten und erforderlichen Mitarbeiter zu kommen, andererseits die Mitarbeiter langfristig und nachhaltig an das Unternehmen zu binden. (vgl. Kaschny, M. et al., 2015, S. 417)

Um akademisch ausgebildete technische Fachkräfte anzuwerben, hält die AS Tech enge Kontakte zu Professoren und Dozenten der Fachhochschule Aachen und der RWTH Rheinisch-Westfälischen technischen Hochschule Aachen. Dabei erfolgt die Zusammenarbeit bei der Erforschung relevanter Themen und unterstützt bzw. hilft bei der Betreuung von Bachelor- und Masterarbeiten. Zur Anwerbung nicht akademischer technischer Fachkräfte, wie beispielsweise Elektroinstallateure und Industrieelektroniker, nutzt die AS Tech Anzeigen in Printmedien bzw. Anzeigen in elektronischen Stellenportalen. Auch hat die AS Tech den Vorteil, dass in der Industrie höhere Gehälter gezahlt werden als im Handwerk. (vgl. Kaschny, M. et al., 2015, S. 417f.)

Zur Mitarbeiterbindung und zur Steigerung des „Wir-Gefühls" hat die AS Tech folgende Maßnahmen ergriffen:

- Jeden Tag stehen Kaffee, Wasser und Obst zur freien Verfügung bereit.
- Im Sommer wird oft freitagnachmittags gemeinsam gegrillt oder
- im Winter oft eine Bowlingbahn gemietet.
- Beschaffung und gemeinsame Restaurierung eines Oldtimers, mit privaten Nutzungsmöglichkeiten.
- Ein Mitarbeiter als ausgebildeter Wanderführer führt Wanderungen im Nationalpark.
- Ein Firmenhandy, welches privat auch genutzt werden darf.
- Qualitativ hochwertige Arbeitskleidung, auf die die Mitarbeiter stolz sind. (vgl. Kaschny, M. et al., 2015, S. 418)

Fazit:

„Alle diese Maßnahmen haben dazu geführt, dass die Fluktuationsrate bei nahezu 0 % liegt. Der technische Leiter, Christoph Graf, räumt aber auch ein, dass es schwer ist, abzuschätzen, welchen Beitrag diese Personalstrategie zur Innovationsfähigkeit des Unternehmens beiträgt.

Er ist aber davon überzeugt, dass die Mitarbeiter dadurch motivierter sind, Verbesserungspotenziale und neue Ideen zu erkennen und diese an die Unternehmensleitung weiterzugeben. Die Mitarbeiter entdecken auch bei Kunden immer wieder selbständig neue Geschäftsmöglichkeiten und bringen diese ins Vorschlagswesen ein oder diskutieren sie direkt mit ihren Kollegen und Führungskräften."[8] (Kaschny et al., 2015, S. 418)

Das strategische Personalmanagement umfasst die Summe aller langfristigen personellen Aktivitäten, die mit der Personalführung, Personalbeschaffung, Personalplanung, Personalentwicklung, aber auch mit dem Personalcontrolling zusammenhängen.

Der geneigte Leser wird festgestellt haben, dass die Funktionen Personalcontrolling und Personalplanung sowohl beim operativen, als auch beim strategischen Personalmanagement genannt wurden. Dies hängt damit zusammen, dass diese beiden Funktionen gemischte Personalmanagementfunktionen sind.

Die Personalplanung wird sowohl kurzfristig für die operative Zielerreichung, als auch langfristig für die strategische Unternehmenszielerreichung eingesetzt. Bei der strategischen Personalplanung werden die Unternehmensvision und die strategischen Ziele umgesetzt. Entsprechend ist die operative Personalplanung auf die operativen Ziele ausgerichtet.

Als unternehmerische Querschnittsfunktion ermöglicht dabei das Personalcontrolling die operative und strategische Planung, Steuerung und Kontrolle der Personalmanagementaufgaben.

Aufgrund der zunehmenden Digitalisierung gewinnt der Aspekt Arbeiten 4.0 immer mehr an Bedeutung und beeinflusst einerseits die operative Ausführung der Arbeit im Unternehmen und das Verhältnis von Arbeit zu Maschine und andererseits die strategische Ausrichtung der Arbeitsstrukturen und Produktivität der Unternehmen. Die langfristige Ausrichtung und Umsetzung der Digitalisierung ist

[8] Die Wirkungsweise der Personalstrategie der AS Tech kann zudem wissenschaftlich begründet werden, wie im Kapitel 3 Personalführung beschrieben wird.

eine eindeutig strategische Aufgabenstellung. Diese strategische Aufgabenstellung muss natürlich auch operativ umgesetzt werden. Daher hat auch Arbeiten 4.0 einen gemischten Einfluss und hat zugleich auch eine gemischte Funktion im operativen und strategischen Personalmanagement.

Operatives und strategisches Personalmanagement		
Operativ	**Gemischt**	**Strategisch**
Personalführung	Personalcontrolling	Personalführung
Personalbeschaffung	Personalplanung	Personalbeschaffung
Personalentwicklung	Arbeiten 4.0	Personalentwicklung
Prersonalkommunikation		
Personalverwaltung		

Abb. 19: Operatives und strategisches Personalmanagement, Quelle: Eigene Darstellung

Alle Unternehmen benötigen für den jeweiligen Aufgabenzweck qualifizierte Mitarbeiter und zwar unabhängig davon, ob es sich dabei um ein Großunternehmen oder ein kleines und mittelständisches Unternehmen handelt. Vor allem für mittelständische Betriebe spielt die Wahl der richtigen Mitarbeiter eine entscheidende Rolle, damit das Unternehmen langfristig und erfolgreich am Markt operieren kann und weil diese Unternehmen häufig spezialisiert sind, bzw. in Nischenmärkten agieren, werden entsprechend qualifizierte Mitarbeiter benötigt. Diese Unternehmen stehen zugleich im Wettbewerb mit Großunternehmen, die häufig bessere Löhne und Gehälter zahlen und ein besseres Image haben. Dabei stehen die Unternehmen nicht völlig hilflos den Entwicklungen auf dem Arbeitsmarkt gegenüber. Es kommt darauf an, wie und ob das Personalmanagement die vorhandenen oder neuen Instrumente des Personalwesens nutzt und welche Einstellung die Entscheidungsträger in einem Unternehmen zum Produktionsfaktor Arbeit hat. Wie bei allen anderen Produktionsfaktoren auch, muss ein Unternehmen in den Produktionsfaktor Arbeit investieren, um langfristig und nachhaltig am Markt erfolgreich zu sein und zu bleiben. Um dauerhaft in dem Wettbewerb um Talente und Fachkräfte zu bestehen, sollte dem drohenden Fachkräftemangel rechtzeitig vorgesorgt werden.

Dabei kann das Unternehmen entweder auf bestehende und adäquat ausgebildete Fachkräfte zurückgreifen oder den professionellen Nachwuchs selber im eigenen Unternehmen aus- oder weiterzubilden, um weniger vom Arbeitsmarkt abhängig zu sein. Welche Vorgehensweise (make or buy) wirtschaftlicher ist, lässt sich durch eine Investitionsrechnung berechnen. Auch kann die Wahl der Instrumente durch das Personalmanagement variiert werden, um dem demografischen Wandel und technischen Änderungen entgegenzuwirken. Diese Überlegungen verdeutlichen die Bedeutungen und den Einfluss des Personalmanagements auf die unternehmerische Entwicklung.

Darüber hinaus schätzen Personaler und Geschäftsführer die Bedeutung des demografischen Wandels anders ein als Mitarbeiter und Führungskräfte. (vgl. Felgner, 2020) Diese differente Wahrnehmung über den demografischen Wandel beruht darauf, dass Arbeitgeber als Nachfrager eher von dem Arbeitskräfte- und Fachkräftemangel bedroht sind, während die Arbeitskräfte den Vorteil eines Überangebotes und des steigenden Einkommens haben.

2.5. Personalmanagement im Spannungsfeld von Umwelt, Markt und Digitalisierung

Treibt Ihnen eine Personalanfrage aus dem Unternehmen die Schweißperlen auf die Stirn?

Sind Sie vielleicht auch über die Informationen zum Fachkräftemangel irritiert?

Welche der sich widersprechenden Informationen sind wahr und welche betreffen das eigene Unternehmen?

Nun ja, bei diesen Fragen besteht einerseits ein operatives Problem, andererseits sind die Informationen über die Ursachen zu diesem Problem widersprüchlich.

Die eine oder andere Information und Statistik sind zudem auch interessengesteuert, da die verschiedenen Branchen und Berufsgruppen, aber auch politische Parteien und Organisationen um die immer knapper werdende Ressource Arbeitskräfte buhlen oder bestimmte politische Interessen und Ziele verfolgen und mit den Statistiken und Aussagen entsprechende Aufmerksamkeiten erreichen wollen.

Daher können Entscheidungsträger nicht wissen, ob solche Statistiken aus bestimmten Interessen heraus erstellt und ausgewertet wurden. Basierend auf solchen interessengesteuerten Statistiken können aber keine verlässlichen und nachhaltigen Personalstrategien entwickelt werden, weil diese interessengesteuerten Daten und Statistikergebnisse die Personalstrategien verfälschen und nicht zu den gewünschten Zielen des Personalmanagements führen.

Darüber hinaus kann die eine oder andere Statistik auch schlicht falsch sein. So ist die Statistik der DIHK Deutsche Industrie und Handelskammer 2018 zur Verbreitung des Fachkräftemangels aufgrund einer fehlenden Gewichtung widersprüchlich und deutlich überhöht. (DIHK 2018a) „Weder können derzeit 48 Prozent der Unternehmen offene Stellen längerfristig nicht besetzen, noch gibt es 1,6 Millionen offene Stellen. Zweitens wird die Behauptung des DIHK, der Fachkräftemangel sei gerade in Branchen mit niedrigen Qualifikationsanforderungen (Leiharbeit, Gastgewerbe, Straßengüterverkehr, Sicherheitswirtschaft) verbreitet, zurückgewiesen. Diese Branchen weisen lediglich eine hohe Personalfluktuation auf, was sich in zahlreichen offenen Stellen niederschlägt, aber keinen Mangel an Fachkräften indiziert." (Seils, 2018, S. 1) Zur Ehrenrettung des DIHK sei gesagt, dass die Studie aus 2018 wieder zurückgezogen wurde und die statistischen und qualitativen Fehler der Studie in den nachfolgenden Studien vermieden wurden. Nichtsdestotrotz können solche fehlerhaften Studien zur Verwirrung von Entscheidungsträgern im Personalmanagement beitragen und Fehlentscheidungen provozieren.

Aus dem vorgenannten Grund soll dieses Buch den Entscheidungsträgern helfen, einen objektiveren Blick auf die Statistiken zu werfen, damit die Möglichkeit gegeben wird, wirtschaftliche und qualitative Strategien für das Personalwesen zu entwickeln.

Zudem bewegen sich die Unternehmen in einer agilen und sich ständig verändernden Umwelt mit einer Vielzahl von dynamischen Variablen, Marktentwicklungen und technologischen Trends, wie z. B. die Digitalisierung.

Zunächst sollen daher die Ursachen und die Auswirkungen für einen möglichen Fachkräftemangel analysiert werden. Danach sollen die möglichen Maßnahmen und Instrumente vorgestellt werden, die dem Personalmanagement zur Verfügung stehen. Damit sollen die Schweißperlen auf Ihrer Stirn vermieden werden ...

2.5.1. Allgemeine Ursachen des Arbeitskräfte- und Fachkräfteengpasses

„Wer den Wettbewerb um die Fachkräfte gewinnt, sichert sich Innovationen, Wachstum, hohe Löhne und Wohlstand." (Halm, 2020) Das Thema Fachkräftemangel hat in den letzten Jahren an Bedeutung gewonnen und in den Medien wird zunehmend über einen Fachkräftemangel diskutiert. Es stellt sich aber die Frage, ob es tatsächlich einen Arbeitskräfte- und Fachkräftemangel gibt oder ob ein solcher droht.

Zunächst ist zwischen Hilfsarbeit und Facharbeit zu unterscheiden. Der Begriff der Fachkraft gilt keinesfalls nur für Hochqualifizierte. Fachkräfte gibt es in allen Tätigkeitsbereichen, außer in Bereichen, die keine speziellen Kenntnisse erfordern, z. B. Hilfsarbeiten. (vgl. Kettner, A., 2012, S. 16) Fachkräfte sichern die Innovationsfähigkeit und das Wirtschaftswachstum, schaffen Neues und generieren Beschäftigungschancen auch für geringer qualifizierte Arbeitskräfte. (vgl. BMAS 2011a, S. 11)

Facharbeit hingegen wird von Facharbeitern, Angestellten bzw. Beamten für qualifizierte Tätigkeiten, die eine abgeschlossene Lehre oder eine vergleichbare Berufsausbildung, entsprechende Berufserfahrung oder einen Hochschulabschluss erfordern, ausgeführt. (vgl. BMAS 2011a, S. 7) Es besteht ein negativer Zusammenhang zwischen Facharbeit und Einfacharbeit. Wenn Fachkräfte fehlen, schmälert das meist auch die Chance der Erwerbstätigkeit von Personen mit geringeren Qualifikationen am Arbeitsmarkt. (vgl. BMAS 2011a, S. 6) Zum besseren Verständnis der Ursachen für einen möglichen Fachkräftemangel werden nachfolgend die Begriffe:

- Arbeitskräftemangel,
- Fachkräftemangel und
- Arbeitskräfte- bzw. Fachkräfteengpass
- definiert.

Arbeitskräftemangel wird wie folgt definiert: Ein Arbeitskräftemangel liegt vor, wenn „die Zahl der benötigten Arbeitskräfte die Zahl der verfügbaren Arbeitskräfte über längere Zeit hinweg übersteigt. In der betrieblichen Realität würde sich dies regelmäßig darin äußern, dass es keine oder nur wenige Bewerbungen auf offene Stellen gibt." (Kettner, A., 2011, S. 1)

„**Fachkräftemangel** dagegen ist dadurch gekennzeichnet, dass Qualifikationsprofile, bzw. Qualifikationspotentiale betriebsinterner und -externer Arbeitskräfte, die rein quantitativ durchaus in ausreichendem Umfang vorhanden sein können, über längere Zeit hinweg nicht den Anforderungsprofilen der vorhandenen Arbeitsplätze genügen. Dabei kann es sich sowohl um formale Qualifikationen als auch um Soft Skills oder Zusatzkenntnisse handeln." (Kettner, 2011, S. 1) „Formale Qualifikationen werden von Individuen in standardisierten (Aus-)Bildungsprozessen erworben und durch Bildungsabschlüsse wie Zeugnisse oder Zertifikate belegt. (Mytzek 2004, S. 17–41) Kann eine Person einen bestimmten Abschluss vorweisen, so signalisiert sie damit, dass sie bestimmte Aufgaben mit einem bestimmten Niveau an Kenntnissen und Produktivität erfüllen kann. Personen ohne diesen Abschluss können die Tätigkeiten dagegen nicht oder nur mit geringerer Produktivität ausüben. In Deutschland stehen die formalen Berufsabschlüsse in engem Zusammenhang mit den einzelnen Berufsbildern, d. h. für die Ausübung eines Berufes ist der entsprechende Berufsabschluss oft unabdingbar, was einen Wechsel zwischen Berufen ohne zusätzliche formale Qualifizierung erschwert oder unmöglich macht. (Seibert 2007)" (Kettner, 2012, S. 19f.)

Je weniger innerbetriebliche Arbeitsabläufe standardisiert sind, desto größere Bedeutung erhalten neben den formalen Qualifikationen die nichtformalen Kenntnisse, die in der neueren Literatur häufig als Kompetenzen bezeichnet werden. (vgl. Arnold / Schüßler 2001, S. 52–74) Sie umfassen kognitive, wertende und emotional-motivationale Handlungsfähigkeiten. Im betrieblichen Alltag drücken sie sich beispielsweise in Kreativität, Problemlösungsfähigkeit und Teamfähigkeit aus sowie in der Fähigkeit, sich an neue Anforderungen anzupassen. Im Englischen werden diese Qualifikationsbestandteile häufig als Soft Skills bezeichnet, da diese schwer operationalisierbar und stark von persönlichen Eigenschaften und Fähigkeiten bestimmt sind. (vgl. Salvisberg, 2010; Gensicke, Kuwan, 2004, S. 91–123) Tendenziell nimmt ihre Bedeutung im Arbeitsalltag zu, denn der Anteil von Routinetätigkeiten sinkt, während der Anteil von Berufen, die analytisches und interaktives Arbeiten verlangen, steigt. (vgl. Zeller, Richter, Dauser, 2004, S. 43–90)

Beispiel 3:

Der Inhaber des mittelständischen Bäckerei Golden-Toast GmbH hat keine Arbeitsabläufe organisiert. Als in einer Filiale der langjährige Meister ausfällt, kann der Geselle nicht die Leitung der Filiale übernehmen, da er keine Kenntnisse über die Arbeitsabläufe hat. Daher ist der Inhaber der Golden-Toast GmbH gezwungen anstatt einen neuen (gehaltlich günstigeren) Gesellen, einen neuen Meister einzustellen. Zudem geht unternehmensspezifisches Wissen mit dem Abgang des Meisters verloren.

Mangelhafte Organisationsprozesse sind die wesentlichen Ursachen für die zögerliche oder verspätete Einführung von Technologien, Prozessen und der Digitalisierung. (vgl. Spitz-Oener, 2006, S. 235–270; Levy / Murnane, 1996, S. 258–262)

Aufgabe des Managements ist es daher, die betrieblichen Prozesse zu optimieren, indem diese standardisiert werden. Wie betriebliche Prozesse standardisiert werden können, wird in Kapitel 2.1.4. dargestellt.

Fachkräfteengpass wird wie folgt definiert: „Im Gegensatz zu einem Fachkräftemangel liegen Fachkräfteengpässe vor, wenn eine vorübergehende Diskrepanz zwischen Fachkräfteangebot und -nachfrage besteht, die Besetzung von offenen Stellen und der produktive Einsatz der Beschäftigten aber dennoch erfolgreich gelingen können, wenn Unternehmen und Arbeitssuchende bzw. Beschäftigte ausreichend hohe Kompromiss- und Investitionsbereitschaft zeigen. Fachkräfteengpässe können sich auch in Hinblick auf den Qualifikationsstand der Beschäftigten entwickeln, wenn diese nicht (mehr) in der Lage sind, neuen Anforderungen an die Produktion oder den Dienstleistungsbetrieb zu entsprechen. Dieser Situation können Unternehmen mit betrieblichen Investitionen in die Aus- und Weiterbildung unmittelbar entgegenwirken. Insgesamt sind Engpässe weniger durch ein quantitatives Missverhältnis zwischen der Nachfrage und dem Angebot gekennzeichnet als vielmehr durch qualitative Unterschiede zwischen beiden Marktseiten, denen mit geeigneten Maßnahmen kurz- und mittelfristig begegnet werden kann." (Kettner, 2012, S. 20)

Wenn Sie sich nun fragen, warum das Unternehmen in Aus- und Weiterbildung investieren soll, wenn die Mitarbeiter danach doch wieder zum Wettbewerber wechseln, dann wird deutlich, dass nachhaltige und erfolgreiche Personalarbeit nur durch eine Kombination der verschiedenen personalen Instrumente erfolgreich ist (siehe Kapitel 5).

Anhand der Definitionen Fachkräftemangel und Fachkräfteengpass wird deutlich, dass die Kenntnis über diese Definitionen hilfreich ist, um sachliche operative und strategische Personalentscheidungen zu treffen und darüber hinaus die Entscheidungsträger zu befähigen, interessengesteuerte oder politische Statistiken und Aussagen differenziert zu bewerten. Die undifferenzierte, interessengesteuerte und politische Darstellung der Begriffe Fachkräftemangel und Fachkräfteengpass, die in der Regel auch keine dynamischen Veränderungen berücksichtigen, dass Entscheidungsträger im Personalmanagement verunsichert werden und „aus einer Mücke ein Elefant gemacht wird":

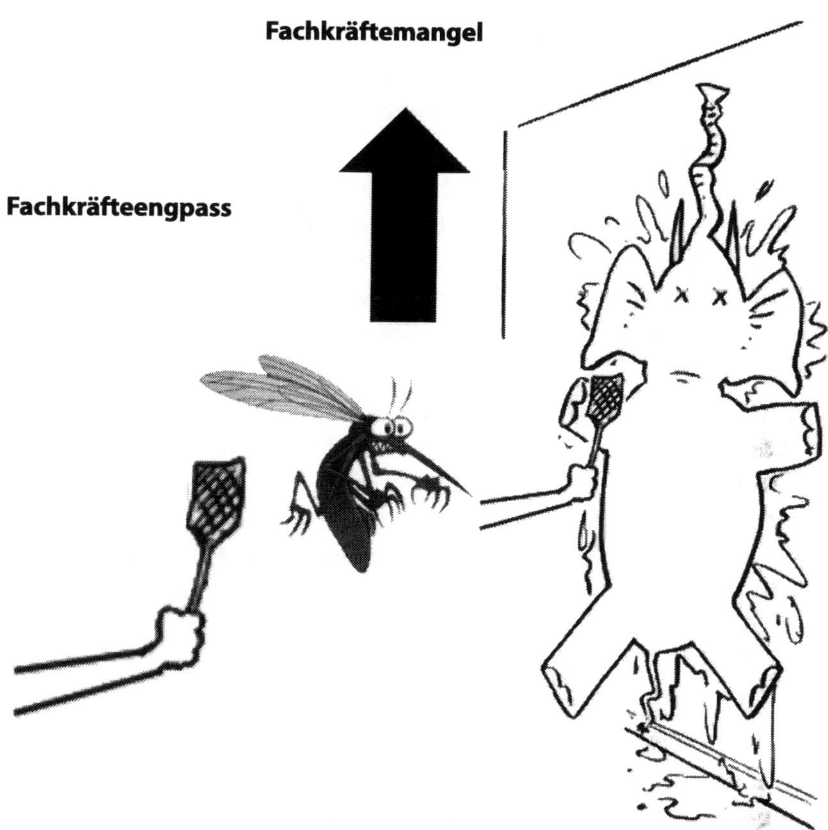

Abb. 20: Fachkräfteengpass – Fachkräftemangel, Quelle: Eigene Darstellung

„Dem Trend der vergangenen Jahre folgend, wird die wirtschaftliche Entwicklung der nächsten Jahre durch eine weitere Tertiarisierung von Wirtschaft und Tätigkeiten gekennzeichnet sein. (vgl. Heidemann. 2012, S. 14) Zurzeit erlebt die Nachfrage nach Arbeitskräften einen regelrechten Boom. (vgl. BfA, 2011, S. 3) Die Arbeitslosigkeit erreichte 2012 den niedrigsten Wert seit 1992 und die Zahl der Erwerbstätigen den höchsten Stand seit der Wiedervereinigung. (vgl. BfA, 2011, S. 3) Die Nachfrage nach Arbeitskräften wird durch wirtschaftliches Wachstum und das ausscheidende Personal aus den Unternehmen bestimmt. Insgesamt ergibt sich der Nachfragesaldo an Arbeitskräften aus dem Bestand an vorhandenen

Beschäftigten abzüglich vorhandenen unbesetzten offenen Stellen. (vgl. BMAS, 2011, S. 14)“ (Halm, H. 2020)

Es wird unterschieden zwischen der quantitativen und qualitativen Arbeitskräftenachfrage.

„Rein rechnerisch ergibt sich ein Arbeitskräftemangel, wenn das Erwerbspersonenpotential (EPP), d. h. Erwerbstätige, Erwerbslose und stille Reserve, kleiner als der Arbeitskräftebedarf ist. Bei dieser Rechnung geht es letztlich nur um die quantitativ verfügbaren Arbeitskräfte. Die wirtschaftliche Entwicklung stellt im Allgemeinen die bedeutendste Einflussgröße der quantitativen Arbeitskräftenachfrage dar. (vgl. Kayat, 2006, S. 63) Das Wirtschaftswachstum erhöht die quantitative Nachfrage, während wirtschaftlicher Abschwung meist mit einem Einstellungsstopp oder Entlassungen verbunden ist. Darüber hinaus wird die quantitative Nachfrage durch den Produktivitätsfortschritt, die Arbeitskosten sowie die Arbeitsmarkt- und Tarifpolitik determiniert. (vgl. Kayat, 2006, S. 61)“ (Halm, 2020)

Vor allem bei naturwissenschaftlich-technischen Berufen und bei Facharbeiterqualifikationen wird immer wieder auf einen Facharbeitermangel hingewiesen. Allerdings sind die, diesen Aussagen zugrundeliegenden Studien, häufig interessengesteuert und berücksichtigen nicht die dynamischen Veränderungen aufgrund der häufig plakativen Fachkräftemangelmeldungen. Aufgrund dessen ergibt eine Studie von Brenke keine negative Prognose hinsichtlich eines Fachkräftemangels. „Für einen aktuell erheblichen Fachkräftemangel sind in Deutschland kaum Anzeichen zu erkennen. Dies ergibt sich sowohl hinsichtlich der aktuellen Entwicklung auf dem Arbeitsmarkt als auch hinsichtlich der Situation bei der akademischen und betrieblichen beruflichen Ausbildung. Zudem sind die Löhne – ein Indikator für Knappheiten auf dem Markt – bei den Fachkräften in den letzten Jahren kaum gestiegen. Auch in den nächsten fünf Jahren ist angesichts stark gestiegener Studentenzahlen noch nicht damit zu rechnen, dass in technisch-naturwissenschaftlichen Berufsfeldern ein starker Engpass beim Arbeitskräfteangebot eintritt.“ (Brenke, K., 2010, S. 2) Auch der Verein Deutscher Ingenieure (VDI) kommt bei seinen Studien zu der Erkenntnis, dass der Bedarf an Ingenieuren zunimmt und dass sich die Lücke zwischen Angebot und Nachfrage auch weiter vergrößert, was zu deutlich länger offenen Vakanzen führt, aber nicht zu einem Fachkräftemangel, sondern nur einen Fachkräfteengpass darstellt. (vgl. Osman, J., 2017) Auch ist Deutschland nach einer Studie der Europäischen Kommission bei einem EU-Vergleich von 23 Staaten nicht einmal besonders stark vom Fachkräfteengpass betroffen und liegt im EU-Vergleich unter dem Durchschnitt. (vgl. McGrath, J., 2019) Trotzdem kann es eine sinnvolle Strategie sein, entweder Fachkräfte aus dem Ausland anzuwerben, oder aber über die Verlagerung der Produktion und weiterer Unternehmensfunktionen auf Fachkräfte im Ausland zurückzugreifen. Die Unternehmen nutzen zudem die Option der Anwerbung von Fachkräften aus dem Ausland. „So wird das Beschäftigungsplus 2019 von insgesamt fast 540.000 Personen mehr als zur Hälfte von Ausländern getragen – 2011 war es ein Fünftel. In der hier vorliegenden Umfrage berichtet jedes dritte der antwortenden Unternehmen (31 Prozent), dass es in den letzten Jahren Fachkräfte aus dem Ausland (EU und Drittstaaten) eingestellt habe." (DIHK, 2020, S. 14)

Neben der quantitativen Arbeitskräftenachfrage beeinflusst auch die qualitative Arbeitskräftenachfrage den Fachkräfteengpass. „Die qualitative Arbeitskräftenachfrage basiert insbesondere auf dem Fortschreiten des Strukturwandels, der Globalisierung sowie der technologischen Entwicklung. (vgl. Kayatz, 2006, S. 61) Der Strukturwandel hin zu einer Dienstleistungsgesellschaft führt dazu, dass es zu einer Zunahme von dispositiven, analytischen, konzeptionellen, komplexen, strategischen, interkulturellen sowie forschenden, entwickelnden und beratenden Tätigkeiten kommt. (vgl. Kayatz, 2006, S. 62) Diese Tätigkeiten werden von Arbeitskräften mit einer hohen formalen und beruflichen Qualifikation am ehesten erfüllt. In der Summe erhöht sich die Nachfrage nach Personen mit einem Hochschulabschluss. Der zunehmende Globalisierungsprozess übt einen wesentlichen Einfluss auf die erforderliche Qualifikation der Mitarbeiter aus. Die Globalisierung erfordert Mitarbeitende, die multilingual, mobil und tolerant sind. (vgl. Kayatz, 2006, S. 62) Zudem konfrontiert der technologische Fortschritt die Unternehmen und Mitarbeitenden stetig mit neuen Herausforderungen. Kürzere Produktlebenszyklen, sowie immer schnellere Entwicklungszyklen tragen zu einer reduzierten Halbwertszeit des technologischen Wissens bei. (vgl. Kayatz, 2006, S. 62) Um sich den schnell ändernden Arbeitsinhalten und -bedingungen anpassen zu können, sind Mitarbeitende notwendig, die über die Fähigkeit und Bereitschaft zum lebenslangen Lernen verfügen. (vgl. Kayatz, 2006, S. 62) Weitere Anforderungen, die an die Mitarbeitenden der Zukunft gestellt werden, sind eine gute Auffassungsgabe, Flexibilität, Kreativität und Abstraktionsvermögen. (vgl. Kayatz, 2006, S. 62)" (Halm, 2020)

Grundsätzlich gibt es verschiedene Gründe für den Fachkräftemangel. Die Einflussfaktoren können durch Umweltfaktoren verursacht werden, die nicht oder nur marginal von den Unternehmen beeinflusst werden können und aus Einflussfaktoren bestehen, die von den Unternehmen beeinflusst werden können.

Der Strukturwandels hin zu einer Dienstleistungs- und Wissensgesellschaft erfordert eine entsprechender Höherqualifizierung der Arbeitskräfte. (vgl. Kolodziej, 2012, S. 4) Die Höherqualifizierung wird durch technologische Veränderungen und durch die zunehmende Digitalisierung notwendig. Auch der demographische Wandel wird zu einem Rückgang der Erwerbspersonen führen. Darüber hinaus beeinflusst die Politik die Entwicklung eines möglichen Arbeitskräfte- und Fachkräftemangels und den Arbeitsmarkt. Auch die Traditionen haben einen Einfluss auf den Mangel an Arbeits- und Fachkräften.

Der Wille und der Zwang zur Digitalisierung führen zu einer Arbeits- und Fachkräftenachfrage der Unternehmen, die nicht unbedingt vom Arbeitsmarkt gedeckt werden kann und eine quantitative und qualitative Nachfragelücke verursacht. Die Digitalisierung ist daher sowohl Umwelttreiber als auch Unternehmenstreiber. Darüber hinaus beeinflusst die individuelle Marktlage des Unternehmens den Arbeitskräfte- und Fachkräftebedarf und kann zu einer individuellen Mangelsituation des Unternehmens führen. Auch kann ein Wandel der Mitarbeiterbedürfnisse sowie Bedürfnisänderungen der Erwerbspersonen zu einem Arbeitskräfte- und Fachkräftemangel führen. Zudem hat auch die Entlohnung der Unternehmen einen Einfluss auf einen möglichen Arbeitskräfte- und Fachkräftemangel.

Somit ergeben sich insgesamt 8 unterschiedliche Hauptursachen für einen möglichen Arbeitskräfte- und Fachkräftemangel:

Abb. 21: Haupteinflussfaktoren von Arbeits- und Fachkräftemangel, Quelle: Eigene Darstellung

2.5.2. Umweltbedingte Ursachen des Arbeitskräfte- und Fachkräfteengpasses

Nunmehr wenden wir uns den umweltbedingten Einflussfaktoren eines möglichen Arbeitskräfte- und Fachkräftemangels zu. Auf seine Makroumwelt hat ein Unternehmen keinen Einfluss, denn die Umwelt beeinflusst die Entwicklung eines Unternehmens erheblich, kann jedoch umgekehrt nur sehr wenig oder gar nicht vom Unternehmen beeinflusst werden. Trotzdem wird nachfolgend eine Analyse der Umweltbedingungen erstellt, damit der Einfluss auf die Ursachen eines möglichen Arbeitskräfte- und Fachkräftemangels verstanden werden kann.

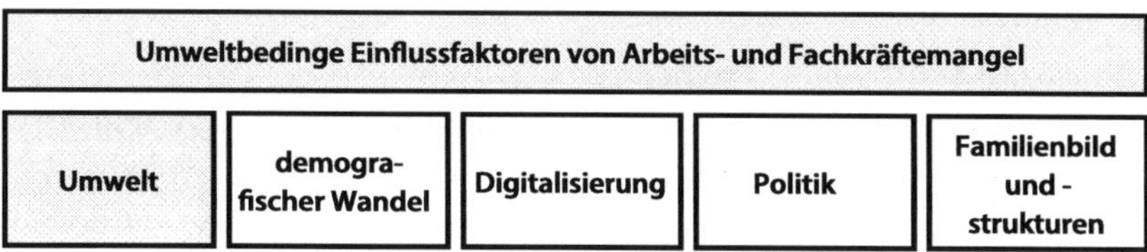

Abb. 22: Umweltbedingte Faktoren von Arbeits- und Fachkräftemangel, Quelle: Eigene Darstellung

Eine der wesentlichen Ursachen für einen möglichen Arbeitskräfte- und Fachkräftemangel ist der demographische Wandel. Schlagwörter wie Geburtenrückgang, Alterung und schrumpfende Bevölkerung sind in den letzten Jahren in den Fokus der politischen Diskussion geraten und definieren den demographischen Wandel.

Der demographische Wandel ist in aller Munde und wirkt sich auf verschiedenste Lebensbereiche, wie z. B. den Arbeitsmarkt, das Bildungswesen oder das Gesundheitssystem, aus. (vgl. Statistisches Bundesamt, 2011, S. 6) Die Bevölkerung im erwerbsfähigen Alter (20- bis 65-Jährige) sinkt und gleichzeitig steigt die Zahl der älteren Bevölkerung (> 65 Jahre) an. Der demographische Wandel ist in vollem Gange. „Seit fast vier Jahrzehnten reicht die Zahl der neu geborenen Kinder nicht aus, um die Elterngeneration zu ersetzen." (Statistisches Bundesamt, 2011, S. 4) Ohne Zuwanderung aus dem Ausland wäre die deutsche Bevölkerung schon seit Jahren geschrumpft. Seit 2003 nimmt die deutsche Bevölkerung durch zurückgehende Zuwanderungsgewinne ab. (vgl. Statistisches Bundesamt, 2011, S. 6) Die Geburtenhäufigkeit liegt in Deutschland bei 1,4 Kindern je Frau. Dadurch fällt die neue Generation um ein Drittel kleiner aus, als die der Elterngeneration. (Statistisches Bundesamt, 2009, S. 13) Die Altersstruktur weicht schon lange von der Form der klassischen Bevölkerungspyramide ab, bei der die Kinder die stärksten Jahrgänge stellen. (vgl. Statistisches Bundesamt, 2011, S. 14) Diese Form wird sich in den nächsten Jahrzehnten noch weiter verändern. Wie die Abbildung 23 zeigt, sind heutzutage die mittleren Altersklassen am stärksten vertreten. Die Bevölkerung besteht zu 19 % aus Kindern und jungen Menschen, zu 61 % aus 20- bis unter 65-Jährigen und zu 20 % aus 65-Jährigen und Älteren. (vgl. Statistisches Bundesamt, 2011, S. 14)" (Halm, 2020)

Damit führt der demografische Wandel grundsätzlich zu einer Verknappung an Arbeitskräften, weil durch die zunehmende Alterung immer mehr Erwerbspersonen aus dem Erwerbsleben ausscheiden. Diese Entwicklung lässt sich klar aus den statistischen Angaben zu den demografischen Trends ermitteln.

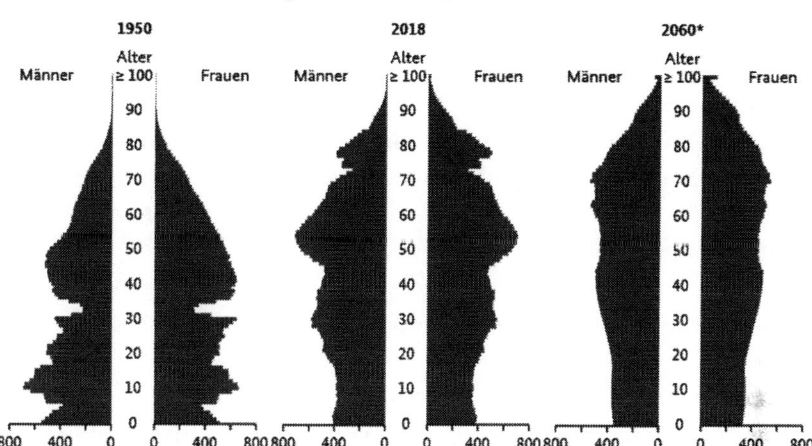

Abb. 23: Altersstruktur der Bevölkerung in Deutschland bis 2060, Quelle: Statistisches Bundesamt, 2019

„Die Alterung der Bevölkerung zeigt sich in zwei Entwicklungen: an der zunehmenden Zahl an Menschen im Rentenalter und an ihrem steigenden Anteil an der Gesamtbevölkerung. Der Alterungsprozess begann in Deutschland, lange Zeit unbemerkt, bereits gegen Ende des 19. Jahrhunderts mit dem ersten Geburtenrückgang. Seit den 1970er Jahren verstärkt die rückläufige Sterblichkeit im höheren Alter die Dynamik." (Statistisches Bundesamt (Hrsg.), 2019)

„Für Unternehmen ist der demografische Wandel auf mehreren Ebenen eine Herausforderung. Produkt- und marktstrategisch ergeben sich veränderte Kundengruppen, auf die sie ihre Leistungen abstellen müssen. Belegschaftsbezogen sind die Konsequenzen ähnlich massiv:

Erstens bildet sich die rechtsschiefe Altersstruktur der Gesellschaft auch in den Unternehmen ab. Das Durchschnittsalter steigt und die Belegschaften altern – jedes Jahr um ein Jahr. Unternehmen stehen dadurch vor der Aufgabe, die Leistungsfähigkeit ihrer alternden Mitarbeiter langfristig in den Blick zu nehmen und zu verbessern.

Zweitens schrumpft die Gruppe der Berufseinsteiger und Bewerber mit dem Rückgang der Geburtenrate immer weiter. Für

Unternehmen wird es immer schwieriger, geeignete Bewerber und Neueinsteiger zu finden. Sie stehen vor der Aufgabe, andere Wege der Rekrutierung zu finden, um die für die Leistungserbringung wichtigen Mitarbeiter zu finden und zu binden.

Drittens gibt es – bedingt durch den mit dem demografischen Wandel zusammenhängenden Wertewandel – Veränderungen in der Berufswahl, was in vielen Arbeitsmarktsegmenten zu einem deutlichen Fachkräfteengpass führt. Für Unternehmen ist es darum eine Notwendigkeit, sich als Arbeitgeber in den Augen stark nachgefragter Arbeitskräftegruppen besonders attraktiv zu präsentieren." (Armutat et al., 2018, S. 25)

Die **Digitalisierung** ist ein weiterer Treiber aus der Unternehmensumwelt für einen möglichen Arbeitskräfte- und Fachkräftemangel. Der anstehende Wandel der wirtschaftlichen Strukturen durch die Digitalisierung führt auch zu einem geänderten quantitativen und qualitativen Bedarf an Arbeitskräften. Nach einer Studie der IHK Berlin und WifOR ergeben sich zwei gegenläufige Entwicklungen durch die Digitalisierung. Einerseits werden Arbeitsplätze abgebaut, andererseits entstehen völlig neue Berufsbilder mit neuen Qualifikationen. Dadurch kann ein Fachkräftemangel entstehen, da die neuen Qualifikationen noch nicht auf dem Arbeitsmarkt verfügbar sind.

„Das Spannungsfeld aus neuen Geschäftsmodellen, der Bindung des Arbeitsplatzes an neue Technologien und den neuen digitalen Möglichkeiten der informationsbasierten Arbeitsorganisation hat direkte Auswirkung auf die Fachkräftenachfrage der Berliner Unternehmen. Wo neue Geschäftsmodelle entstehen, können ganze Arbeitsplätze verschwinden und neue entstehen. Wo neue Technologien eingesetzt werden, ändern sich die Anforderungen an die Kompetenzen der Bestandsbelegschaften. Diese Effekte zusammengenommen, hat das Darmstädter WifOR Institut genutzt, um die isolierte Wirkung der Digitalisierung auf die Beschäftigungsentwicklung in Berlin zu prognostizieren." (IHK Berlin (Hrsg.), 2017)

Die Studie ergab, dass die Beschäftigung durch die Digitalisierung sinken wird. „Der isolierte Effekt der Digitalisierung auf die

Beschäftigungsentwicklung in Berlin ist negativ. Mit Blick auf alle Berufe führt die Digitalisierung schon heute zu einer Verminderung der Beschäftigungsmöglichkeiten (–26.000 Beschäftigte). Der Effekt verdoppelt sich nahezu im Prognosezeitraum bis 2030. In Bezug auf die gesamte Beschäftigung ist der Effekt jedoch weniger stark als vermutet. Sind heute 1,6 % aller Beschäftigungsverhältnisse betroffen, werden im Jahr 2030 3,6 % weniger Beschäftigte durch Digitalisierungseffekte benötigt. Hauptsächlich betroffen von negativen Beschäftigungseffekten sind niedrigqualifizierte Helfertätigkeiten. Bis zu 15 % aller Beschäftigungsmöglichkeiten können hier wegfallen. Für ausgebildete Fachkräfte (beruflich Qualifizierte und Akademiker) beträgt der Effekt maximal –1,1 % bis zum Jahr 2030." (IHK Berlin (Hrsg.), 2017) Somit führt die Digitalisierung nicht zu einem quantitativen Arbeitskräftemangel. Im Gegenteil: An Arbeitskräften wird es dann nicht mangeln.

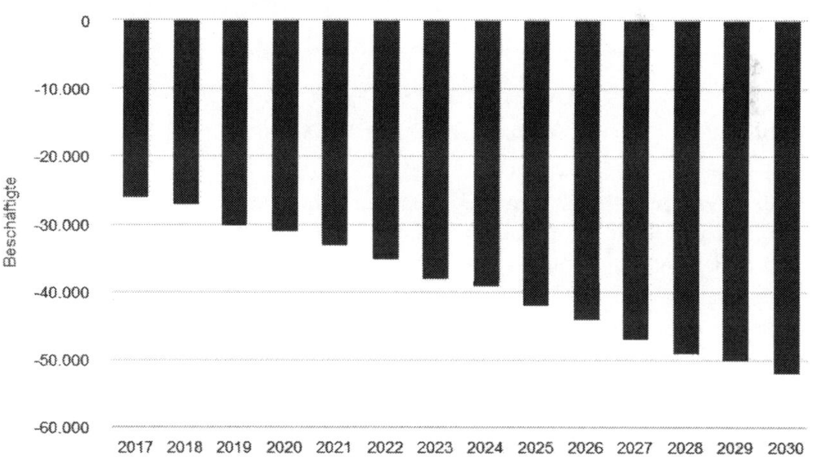

Abb. 24: Beschäftigungswirkung der Digitalisierung in Berlin, Quelle: WifOR GmbH (Hrsg.), 2017

Dem quantitativen Rückgang an Arbeitskräften steht eine qualitative Nachfragesteigerung an Fachkräften gegenüber. Durch die Digitalisierung werden neue Kompetenzen bzw. zusätzliche Kompetenzen nachgefragt, was zu einem qualitativen Fachkräftemangel führen kann. (vgl. IHK Berlin (Hrsg.), 2017)

Daher führt die Digitalisierung zu den gleichen Effekten wie bei den anderen industriellen Revolutionen[9], wie beispielsweise bei der Erfindung der Dampfmaschine, der Elektrifizierung oder der Mikroelektronik. Auch hier verschwanden innerhalb kürzester Zeit ganze Berufsbilder, die durch neue Berufe und Qualifikationen ersetzt wurden.

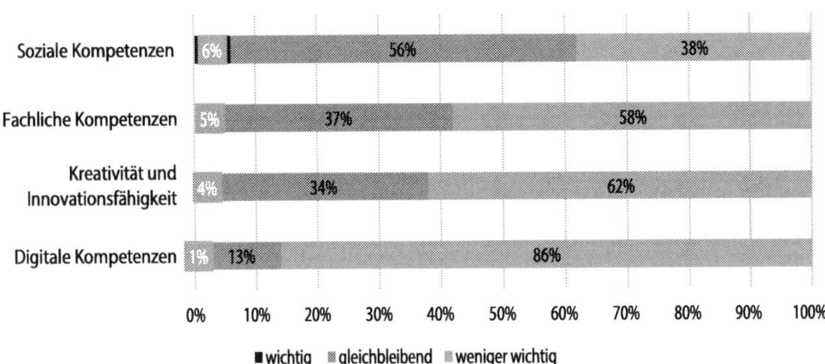

Abb. 25: Bedeutung von Kompetenzen, Quelle: WifOR GmbH (Hrsg.), 2017

[9] Als industrielle Revolution wird die tiefgreifende und dauerhafte Umgestaltung der wirtschaftlichen und sozialen Verhältnisse, der Arbeitsbedingungen und Lebensumstände bezeichnet, die in der zweiten Hälfte des 18. Jahrhunderts begann und verstärkt im 19. Jahrhundert, zunächst in England, dann in ganz Westeuropa und den USA, seit dem späten 19. Jahrhundert auch in Japan und weiteren Teilen Europas und Asiens zum Übergang von der Agrar- zur Industriegesellschaft geführt hat. (vgl. Frick, W. T., 2017, S. 1) In der ersten industriellen Revolution war es die Mechanisierung durch die Wasser- und Dampfkraft, der in der zweiten industriellen Revolution die Elektrizität als Antriebskraft und Treiber folgte und in der dritten Computer und die Mikroelektronik als Treiber hatte. Die schon begonnene 4. industrielle Revolution hat als Treiber die Digitalisierung früherer analoger Techniken und der Integration cyber-physischer Systeme. (vgl. Frick, W. T., 2017, S. 1)

Dass die Digitalisierung nicht zwingend notwendig mit einer Arbeitsplatzvernichtung, sondern vielmehr mit geänderten Qualifikationsanforderungen und einer Effizienzsteigerung einhergehen kann, zeigt folgendes Beispiel:

Beispiel 4:

Ein Handwerksbetrieb statt seine Handwerker mit mobilen Erfassungsgeräten aus, die den Arbeitsfortschritt, die Arbeitsergebnisse, Arbeitszeiten und die Auftragsabnahme durch den Kunden erfassen und dokumentieren. Diese Daten werden dann automatisch im Büro verarbeitet. Dadurch hat die Mitarbeiterin weniger mit verwaltungstechnischen Arbeiten zu tun und kann sich dafür intensiver um den Vertrieb kümmern. Auch für die Handwerker entfallen bürokratische Tätigkeiten, so dass diese mehr Handwerksleitungen durchführen können und diese somit produktiver sind.

Die **Politik** beeinflusst ebenfalls die verfügbaren Arbeits- und Fachkräfte und damit einen möglichen Mangel.

Darüber hinaus wird der Fachkräftebedarf von der wirtschaftlichen Entwicklung und durch die Zuwanderung beeinflusst. Wie groß der Einfluss der Zuwanderung auf den zukünftigen Fachkräfteengpass ist, lässt sich jedoch nicht genau prognostizieren. „Mittel- und langfristige Migrationsprognosen sind nach Einschätzung des IAB nicht möglich, weil sich die zu Grunde liegenden wirtschaftlichen und institutionellen Variablen für Deutschland, konkurrierende Zielländer und die Herkunftsländer nicht zuverlässig prognostizieren lassen. Grundsätzlich gilt, dass Deutschland als Zielland der Migration durch die günstige Arbeitsmarktentwicklung seit den Hartz-Reformen deutlich attraktiver geworden ist, während sich die Arbeitsmarktbedingungen in den meisten konkurrierenden europäischen Zielländern, aber auch den USA zum Teil dramatisch verschlechtert haben." (Brücker, et al., 2013, S. 12) Es besteht aber weitestgehend Einigkeit darüber, dass die Art der Migration einen Einfluss auf die bedarfsgerechte Struktur von Fachkräften hat.

Während bei Flüchtlingen andere Gründe als die Arbeitsaufnahme im Vordergrund der Migration stehen, ist bei dieser Gruppe häufig ein Nachqualifizierungsbedarf gegeben. Werden jedoch Fachkräfte gezielt und gesteuert über ein Einwanderungsgesetz angeworben, kann sich daraus eine deutlich höhere passgenaue und bedarfsgerechte Deckung des Fachkräfteengpasses ergeben. Diesbezüglich haben Länder mit einem Einwanderungsgesetz einen strategischen und wirtschaftlichen Vorteil.[10]

Möglichkeiten, die Tendenz des Arbeitskräftemangels aufzuschieben und zu verzögern, bestehen in der Zuwanderung von Fachkräften und indem schlummernde Arbeitsmarktressourcen erschlossen werden. Nach über 30-jährigem politischem Ringen wurde das längst fällige Fachkräfteeinwanderungsgesetz verabschiedet. (vgl. Hagelüken, A., 2018) Das Gesetz tritt zum 1. März 2020 in Kraft. Das Gesetz regelt klar und transparent, wer zu Arbeits- und zu Ausbildungszwecken nach Deutschland kommen darf und wer nicht. (vgl. Die Bundesregierung, 2019) Damit hat die Bundesregierung, wenn auch schon fast zu spät, wenigstens den Unternehmen die Möglichkeit gegeben, weltweit gezielt Fachkräfte anzuwerben. Es sollte aber dabei auch klar sein, dass nicht jeder Zuwanderer auch eine perfekt ausgebildete Fachkraft ist und von den Unternehmen noch ausgebildet werden muss.

„Der Erfolg des Fachkräfteeinwanderungsgesetzes hat also einen wesentlichen Einfluss auf die verfügbaren Arbeits- und Fachkräfte. Die Höhe des Erwerbspersonenpotentials wird unter anderem durch überregionale Zu- und Abwanderungen bestimmt. (vgl. Kettner 2012, S. 43) Auslöser von Wanderungsbewegungen sind vielfältig. In Bezug auf den Fachkräftemangel gelten vor allem regional unterschiedliche Lohnangebote und Beschäftigungschancen als Hauptgründe. (vgl. Kettner 2012, S. 43) Insgesamt verschiebt sich der Wanderungssaldo seit der Jahrtausendwende nicht zugunsten Deutschlands. 2009 stellt mit 734.000 Abwanderungen und nur 721.000 Zuwanderungen vorerst den negativen Höhepunkt der

---

[10] Beispielsweise: USA, Kanada, Australien, Neuseeland usw.

Wanderungsbewegungen dar. (vgl. BfA, 2011, S. 36) Der starke Anstieg der Ausländer, die Deutschland wieder verlassen, deutet darauf hin, dass die dauerhafte Integration, sowohl in den Arbeitsmarkt als auch in die Gesellschaft, noch nicht ausreichend gelingt. (vgl. BfA, 2011, S. 44) Seit 2010 gibt es wieder einen positiven Trend zu verzeichnen. Die Nettozuwanderung beträgt 130.000 Personen in 2010, 280.000 Personen in 2011 und im ersten Halbjahr 2012 182.000 Personen. (vgl. BMAS, 2012, S. 9) Die neuen Zuwanderer sind im Vergleich zu früher im Durchschnitt rund zehn Jahre jünger und haben häufiger einen Hochschulabschluss als die einheimische Bevölkerung. Somit leisten diese Zuwanderergruppen einen wichtigen Beitrag zur Fachkräftesicherung. (vgl. BMAS, 2012, S. 9) Insgesamt sind die Prognosen zur Entwicklung von Zu- und Abwanderungen eher unsicher. Es gibt sehr viele unvorhersehbare Faktoren, wie z. B. Kriege, Unruhen, politische, wirtschaftliche und ökologische Entwicklungen, die einen Einfluss auf die Wanderungsbewegungen haben. (vgl. Kayatz, 2006, S. 70)“ (Halm, 2020)

„Auf politischer Ebene gibt es mehrere Stellschrauben in der Bildungspolitik. Ein großes Fachkräftepotential birgt die Verringerung der Schulabbrecher. Eine Senkung der Schulabbrecher um 10 % ab 2015 entspräche einem zusätzlichen Potential von 50.000 Personen, eine Reduzierung um 50 % sogar 300.000 Personen bis 2025. Bereits heute gibt es Initiativen, wie z. B. „Schulverweigerung – Die 2. Chance“, eine Initiative der Bundesministerien, die dazu geführt hat, dass es in Westdeutschland rückläufige Zahlen gibt. (vgl. BfA, 2011, S. 19) Wichtig ist ein verbesserter Übergang von der Schule in den Beruf. Sinnvoll ist deshalb der Ausbau der Kooperationen zwischen Schule und Wirtschaft. Praxiserfahrungen bereits in der Schulzeit zu sammeln, erleichtert den Übergang in den Beruf und ermöglicht eine verkürzte Berufsfindungsphase. (vgl. BfA, 2011, S. 20) Die nächste Stellschraube ist die Vermeidung von Ausbildungsabbrechern. In 2008 wurde jeder fünfte Ausbildungsvertrag frühzeitig aufgelöst. Das sind 140.000 Ausbildungsabbrüche, wobei 70.000 Personen daraufhin eine zweite Ausbildung beginnen. (vgl. BfA, 2011, S. 22) Auch eine Verringerung der Ausbildungsabbrecher würde ein zusätzliches

Fachkräftepotential von 100.000 bis 300.000 Personen bis 2025 bedeuten. (vgl. BfA, 2011, S. 23)“ (Halm, 2020)

Zu den schlummernden Arbeitsmarktressourcen gehören Frauen in der Familienphase, Ältere oder Teilzeitarbeitnehmer. Die Politik kann durch die Förderung der Arbeitsmarktressourcen zur Reduzierung des Mangels beitragen. Hierzu haben die Bundesagentur für Arbeit und das Bundesministerium für Bildung und Forschung bereits Strategien entwickelt. (vgl. Peters, B., 2020, S. 1)

Auch auf anderen Politikfeldern hat die Bundesregierung noch viele Aufgaben vor sich, die sie bisher noch nicht angegangen hat. „Als hinderlich erweist sich auch das deutsche Bildungssystem. Was einer wird und verdient, hängt stark von der Herkunft ab. Wenn jeder achte junge Mensch ohne Berufsausbildung bleibt, mangelt es schnell an Fachkräften. Das Bildungssystem sollte sich weniger an den eloquent vorgetragenen Klagen von Akademikereltern ausrichten und verstärkt sozial Benachteiligte fördern. Etwa durch mehr Geld für Schulen in Problemvierteln und mehr Nachhilfe, sowie durch Schultypen, in denen Kinder lange gemeinsam lernen, statt früh auf Gymnasium und andere Formen aufgeteilt zu werden.

Das **Familienbild** und die **Familienstrukturen** beeinflussen auch die verfügbaren Arbeits- und Fachkräfte, die den Unternehmen zur Verfügung stehen. Mehr Fachkräfte lassen sich auch gewinnen, wenn die Deutschen das konservative Familienbild vergangener Jahrzehnte überwinden. Die Vorstellung, Mütter sollten keinen Beruf ausüben, prägt bislang die Gesetze. Ja, es arbeiten inzwischen mehr Frauen. Doch der Staat nimmt ihnen als Zweitverdienern durch Ehegattensplitting und andere Regeln so viel vom Lohn weg wie in kaum einem anderen vergleichbaren Land.“ (Hagelüken, 2018)

Dadurch beeinflussen die Unternehmensumwelt und die Politik die verfügbaren Arbeitskräfte. Aber auch die Unternehmen haben Möglichkeiten, die Arbeitsbedingungen in der Familienphase von Mitarbeitenden, sowie für ältere Mitarbeitende oder Teilzeitarbeitnehmer zu bessern. Dies erfordert aber einerseits den Willen der Entscheidungsträger zur Umsetzung und andererseits die wirtschaftliche Notwendigkeit. Solange Unternehmen ausreichend Arbeitskräfte auf dem Arbeitsmarkt finden, wird die wirtschaftliche Notwendigkeit fehlen. Zudem müssen sich die Investitionen in die Arbeitskräfteressourcen rechnen. Dabei stehen den Investitionskosten der entgangene Umsatz gegenüber. Eine Investition in Arbeitskräfte werden die Entscheidungsträger nur dann umsetzen, wenn eine Investition in die Arbeitskräfteressourcen geringere Kosten verursacht, als der erwartete Umsatzverlust.

2.5.3. Unternehmensbedingte Ursachen des Arbeitskräfteengpasses

Als Nachfrager auf dem Arbeitsmarkt beeinflussen Unternehmen einen möglichen Arbeitskräfte- und Fachkräftemangel und sind zugleich auch die Ursache für einen potentiellen Mangel. Die Mikroumwelt der Unternehmen steht in einer Beziehung zu den Unternehmensaktivitäten und kann, in Abhängigkeit von der Marktposition des Unternehmens, unterschiedlich intensiv beeinflusst werden.

Tab. 26: Unternehmensbedingte Faktoren: Arbeits- und Fachkräftemangel, Quelle: Eigene Darstellung

„In einer digitalisierten Welt sind digitale Kompetenzen unbestritten eine Grundvoraussetzung für gesellschaftliche und berufliche Teilhabe. Der kompetente Umgang mit Informations- und Kommunikationstechnologien wird heute neben Rechnen, Lesen und Schreiben bereits als vierte Kulturtechnik bezeichnet." (Sasse, Driessen, 2018, S. 80)

Merkmal von Industrie 4.0 ist die Digitalisierung. Die Digitalisierung erfordert neue Qualifikationen der Arbeits- und Fachkräfte und daher beeinflussen die Entwicklung und Dynamik digitaler Innovationen die Nachfrage und Qualifikation nach Arbeits- und Fachkräften. Die Digitalisierung beeinflusst als allgemeiner Trend und damit durch die Makroumwelt des Unternehmens die Nachfrage nach Arbeits- und Fachkräften, die für die Digitalisierung der Unternehmen qualifiziert sind. Zugleich bewirkt der allgemeine Trend der Digitalisierung aus der Makroumwelt des Unternehmens einen Pull-Effekt auf die Unternehmen, die Digitalisierung voranzutreiben. Von der Stärke dieses Pull-Effektes hängt die Nachfrage der Unternehmen nach qualifizierten Fachkräften ab, um den Digitalisierungsprozess umzusetzen. Je stärker der Pull-Effekt aus der Makroumwelt auf die Unternehmen wirkt, desto stärker fragen die Unternehmen qualifizierte Fachkräfte im Rahmen ihrer Digitalisierung nach. Somit hat die Makroumwelt des Unternehmens einen Einfluss auf die Mikroumwelt des Unternehmens und umgekehrt.

„Laut einer aktuellen Studie von IDG haben 89 % der Organisationen Pläne, eine „Digital first"-Geschäftsstrategie einzuführen, oder haben dies bereits umgesetzt. Laut der Studie von Infosys gaben über 35 % der Befragten an, dass mangelnde Fachkenntnisse der Mitarbeiter ein wesentliches Hindernis für Unternehmen auf dem Weg der digitalen Transformation seien." (Karlstetter, Kavanaugh, 2020) In dieser Situation haben die Unternehmen sowohl einen quantitativen als auch qualitativen Fachkräftemangel.

Die individuelle Marktlage des Unternehmens beeinflusst den Bedarf an Arbeits- und Fachkräften. Veränderungen des Marktes können ein Grund sein, warum manche Unternehmen unter einem Fachkräftemangel leiden, wenn das Unternehmen zur Befriedigung der Marktnachfrage Fachkräfte benötigt. Darüber hinaus kann der technologische Wandel zu einem zusätzlichen Bedarf an Fachkräften führen. Auch dieser Mangel lässt sich entweder über den Arbeitsmarkt oder durch Aus- und Weiterbildung beheben.

Grundsätzlich kommen für Abweichungen zwischen dem Angebot und der Nachfrage von Arbeits- und Fachkräften mehrere Ursachen in Betracht:

1. „Veränderungen der Wirtschaftsstruktur und die implizit erforderlichen Anpassungen der Produktionsprozesse für Güter und Dienstleistungen führen zu einer Änderung der Nachfragepräferenzen auf den Faktormärkten.
2. Nach der Intensivierungs- und Höherqualifizierungsthese steigen die Anforderungen an die Qualifikation, da die Nutzung neuer Technologien den Arbeitskräften mehr abstrakte, theoretische, systematische, dispositive und planerische Denkleistung sowie Verständnis für komplexe Sachverhalte abverlangt.
3. Die Veränderung der Unternehmensorganisation beeinflusst ebenfalls die qualifikatorischen Anforderungen, die an Erwerbstätige gestellt werden. Die fortschreitende Dezentralisierung im organisatorischen Bereich erhöht die Anforderungen an die Mitarbeiter, speziell an ihre Kooperationsfähigkeit und Selbständigkeit.
4. Nach der Mismatch-Hypothese (Jackman, Roper, 1987, S. 9–36) entsteht ein Ungleichgewicht auf dem Arbeitsmarkt durch das Auseinanderklaffen von Qualifikationsanforderung auf der Arbeitsnachfrageseite und den vorhandenen Qualifikationen auf der Arbeitsanbieterseite. Wenn sich die Qualifikationsanforderungen der Arbeitsnachfrage im Zeitverlauf erhöhen oder auf andere Berufsfelder beziehen als am Arbeitsmarkt angeboten werden, kann es dazukommen, dass in einigen Bereichen die Beschäftigung trotz steigender Arbeitsnachfrage nicht steigt, während es in anderen Bereichen sogar zu Unterbeschäftigung kommt." (Kayser, Wimmers, Hauser, 2000, S. 44)

Auch die Bedürfnisse der Mitarbeiter beeinflussen die dem Unternehmen zur Verfügung stehende Quantität und Qualität der Fachkräfte. Bedürfnisse werden definiert als Zustand oder Erleben eines empfundenen oder tatsächlichen Mangels, verbunden mit dem Wunsch, ihn zu beheben. (vgl. Stangl, 2020b)

„Es ist nicht selbstverständlich, dass Mitarbeiter in Unternehmungen Arbeitsleistungen erbringen, sie müssen angemessene Arbeitsbedingungen und Ressourcen zur Verfügung gestellt bekommen, sie müssen zur Leistung geeignet und vor allen motiviert sein. Motivation als Wille zur Leistung ist die Schlüsselvariable im Leistungsprozess: Erst Motivation ermöglicht Leistungsverhalten und Arbeitsleistungen der Mitarbeiter. Eignung, Ressourcen und Arbeitsbedingungen reichen nicht aus. Dieser Zusammenhang lenkt das Interesse auf die Frage, wie Motivation entsteht und ob sie beeinflusst oder sogar gesteuert werden kann. Unter den unterschiedlichen Antworten auf diese Fragen herrscht die Auffassung vor, dass Motivation an Bedürfnissen des einzelnen Mitarbeiters anknüpft.

Wenn erwünschtes, zielorientiertes Verhalten durch eine Beteiligung des Mitarbeiters an Potentialen zur Bedürfnisbefriedigung belohnt werden kann, so wirkt die Aussicht auf diese Belohnung motivierend. Motivation wird nicht allein durch Aussicht auf diese Befriedigung von Mitarbeiterbedürfnissen ausgelöst. Motivation zur Leistung wird auch durch Werthaltungen des Mitarbeiters gesteuert. Werthaltungen können die Entstehung und das Gewicht von Bedürfnissen beeinflussen. Werthaltungen besitzt der Mitarbeiter in Form von Verhaltensleitbildern, die er als wichtig ansieht. Werthaltungen werden durch Sozialisation übertragen oder entstehen durch die Verfestigung von Bedürfnissen." (Drumm, 1995, S. 363)

Die Werthaltungen, Bedürfnisse, Motivationen und Verhaltensweisen der Mitarbeiter beeinflussen die Produktivität und Effizienz der Unternehmen. Allerdings verhalten sich nicht alle Mitarbeiter einheitlich und werden nachfolgend die Bedürfnisse, Verhaltensleitbilder, Werthaltungen, Motivationen, Ziele und Sozialisation nach Generationen differenziert. Zwar können einzelne Mitglieder einer Generation abweichende Bedürfnisse, Verhaltensleitbilder, Werthaltungen, Motivationen, Ziele und Sozialisationen haben, aber die Merkmalsausprägungen sind signifikant prägend für eine Generation.

Die Einteilung in verschiedene Generationen versucht dabei nur, die Hauptmerkmale zu benennen und zusammenzufassen. Es lassen sich folgende Merkmale und Kriterien unterscheiden:

- Neue Generationen grenzen sich immer wieder, bewusst oder unbewusst, von der bestehenden ab (Generationenkonflikt).
- Generationen lassen sich nur grob nach Geburtenjahrgängen klassifizieren: Innerhalb einer Generation gibt es teilweise eine Streuung, also eine Intragenerationsvarianz bezüglich der Merkmalsausprägungen der jeweiligen Generation.
- Dennoch lassen sich klare Unterschiede zwischen den Mittelwerten der verschiedenen Generationen feststellen, so dass sich zwischen den Generationen eine klar abgrenzbare Intergenerationsdifferenz ergibt.

Generationen können dabei durch Generationserlebnisse beeinflusst werden, also prägende Erlebnisse in der Kindheit oder Jugend, die einen Einfluss auf den ganzen Geburtsjahrgang haben. Beispiele hierfür sind Krieg oder aber auch verschiedene Phasen von Nachkriegszeiten, welche die jeweilige Generation stark in ihrem täglichen Handeln beeinflusst haben.[11] (vgl. Klaffke, (Hrsg.), S. 3–25) Zu den Generationen Babyboomer und den Generationen X, Y, Z wurden umfangreiche sozialwissenschaftliche Untersuchungen vorgenommen und können qualifiziert beschrieben werden. Aus der Vielzahl an Studien wurden die Zusammenfassungen von Petersohn, 2019 und Scholz, 2016 verwendet. Nachfolgend werden daher zunächst die Grundlagen der Generationen Babyboomer, Generation X, Y, Z dargestellt, damit das Personalmanagement ein Verständnis für die einzelnen Generationen bekommt und daraufhin Instrumente für eine adäquate und praxisgerechte mehrgenerationenorientierte Personalarbeit entwickeln kann.

In einem weiteren Schritt werden die arbeitsrelevanten Einstellungen und Haltungen der Generationen betrachtet und damit die bevorzugten Haltungen, Ziele und Werte dargestellt. Ein Vergleich dieser sozialen Variablen zeigt auch, dass die einzelnen Generationen

---

[11] Bei den nachfolgenden Analysen wird die Generation „Maturitas", also alle vor 1945 Geborene, nicht berücksichtigt, weil diese Generation nur einen Anteil von 3 % der Arbeitskräfte ausmachen.

	BABYBOOMER B	GENERATION X X
Geboren	1956 - 1965	1966 - 1980
Anteil arbeitender Bevölkerung	33%	35%
Prägende Erfahrungen	Kalter Krieg, Woodstoock, Wirtschaftswunder, Mondlandung, Familienorientierung	Reagan - Gorbatchow, Live Aid, der 1. PC, Thatcherismus, Zunahme von Scheidungen, Schlüsselkinder
Aufgewachsen	Wirtschaftswunder erstmals Bildungszugang für alle Schichten	Steigender Wohlstand, gute Ausbildung
Eigenschaften	Ehrgeizig, ernüchtert bis zynisch, erkennt Pendelbewegungen des Lebens	Ich-bezogen, selbstbewusst, hinterfragt Autoritäten, zielorientiert
Sozialverhalten	Persönliche Kontakte, erstmals Frauen mit Karriere- und Kinderwunsch	Ist sich seiner Rechte bewusst, skeptisch gegenüber Sytemen

Abb. 27: Grundlagen Generation Babyboomer, X, Y, Z, Quelle: Petersohn, 2019, Scholz, 2016

	GENERATION Y	GENERATION Z
Geboren	1981 - 1995	Nach 1996
Anteil arbeitender Bevölkerung	35%	29%
Prägende Erfahrungen	Terroranschläge 9/11, Playstation, Social Media, Invasion im Irak, Reality TV, Google Earth	Wirtschaftlicher Abschwung, Erderwärmung, Globalisierung, Mobile Devices, Wikieleaks
Aufgewachsen	In Wohlstand geboren, Bildung ist Selbstverständlichkeit	Aufgewachsen in Wohlstand, dabei Versicherung und Zukunftsangst
Eigenschaften	Idealistisch, kurze Aufmerksamkeitsspanne, benötigt viel Abwechslung	Denkt global ohne geografische Grenzen, Sehnsucht nach Struktur
Sozialverhalten	Virtuos mit Technologie & Web2.0, Teil einer weltweiten Community	Ständig mit seinen Peers verbunden, unsicher im persönlichen Kontakt

Abb. 27a: Grundlagen Generation Babyboomer, X, Y, Z, Quelle: Petersohn, 2019, Scholz, 2016

	BABYBOOMER	GENERATION X
Geboren	1956 - 1965	1966 - 1980
Haltung zur Karriere	Karriere im Unternehmen wird von den Angestellten mitgestaltet	Karriere bezieht sich auf den Beruf, nicht mehr auf den Arbeitgeber
Haltung zur Technologie	Erste IT-Erfahrungen	Digital Immigrants
Ziel	Jobsicherheit	Work-Life-Balance
Bevorzugter Führungsstil	Skeptisch gegenüber Absolutismen, reagiert sensibel auf Feedback	Partizipativer, zielorientierte Führungsstil, will flexibel arbeiten
Werte	Leistung, Geld, Status, persönliches Wachstum, Entschleunigung	Freunde ersetzen (fehlende) Familie, finanzielles Auskommen

Abb. 27b: Grundlagen Generation Babyboomer, X, Y, Z, Quelle: Petersohn, 2019, Scholz, 2016

	GENERATION Y	GENERATION Z
Geboren	1981 - 1995	Nach 1996
Haltung zur Karriere	Digitale Unternehmer, Arbeit „mit“ und nicht „für“ Organisationen	Multitasking-Karriere, Wechsel von Unternehmen & Pop-Up-Business
Haltung zur Technologie	Digital Natives	„Technoholics“, abhängig von der IT, nur begrenzte Alternativen
Ziel	Freiheit und Flexibilität	Sicherheit und Stabilität
Bevorzugter Führungsstil	Alle auf Augenhöhe, Du Kultur, erwartet sofortiges Feedback	Fordert Flexibilität und Mitsprache - will aber nicht entscheiden
Werte	Gesellschaftliche Verantwortung misstraut bestehenden Systemen	Ungeduldig fordernd, immun gegen traditionelle Medien

Abb. 27c: Haltungen und Werte Babyboomer, X, Y, Z, Quelle: Petersohn, 2019, Scholz, 2016

eine andere Ansprache und Handhabung durch das Management benötigen, um optimale Arbeitsergebnisse und Motivationen zu erzielen. Eine einheitliche Vorgehensweise über alle Generationen hinweg entspricht daher nicht mehr einem modernen Personalmanagement.

Aber die Realität sieht anders aus. So sieht man heute noch in fast allen Stellenanzeigen einheitliche Standardtexte. „In Stellenanzeigen verwenden Personaler oft ähnliche Argumente und Floskeln. Damit gehen sie nicht auf die spezifischen Bedürfnisse verschiedener Zielgruppen ein. Besonders Fachkräfte mit Berufsausbildung fühlen sich oft nicht angesprochen, was zu einem unbefriedigenden Bewerbungsrücklauf führt. Unabhängig vom gesuchten Funktionsprofil setzen Arbeitgeber in ihren Jobinseraten häufig auf die gleichen standardisierten Schlagworte." (Wolter, 2019, S. 1)

Zu 80 % greifen Personaler beim Verfassen von Stellenanzeigen auf Textbausteine zurück. (vgl. Wolter, 2019, S. 1) „Zu den immer wiederkehrenden Leistungsversprechen gehören unter anderem ‚attraktive Karrierechancen', ‚spannende Herausforderungen' und ‚hervorragende Entwicklungsmöglichkeiten'. Das zeigt eine Umfrage des Stellenmarkts meinestadt.de, an der 116 Personaler teilgenommen haben.

Tatsächlich finden nur 8 % der Fachkräfte mit Berufsausbildung die vorgefundenen Stellenanzeigen sehr überzeugend. Die Unternehmen wiederum sind oft nicht mit den Rückläufen bei Bewerbungen zufrieden. Mehr als jeder zweite Personaler (55 %) ist mit der Qualität der Bewerbungen unzufrieden, fast 40 % bemängeln die Quantität. Arbeitgeber können dem entgegenwirken, indem sie bereits in den Stellenausschreibungen mit passgenauen Argumenten werben und Bewerber bei ihren konkreten Erwartungen abholen." (Wolter, 2019, S. 1)

Es empfiehlt sich aber nicht nur, die gesuchten Tätigkeiten genau darzustellen, die erforderlichen Qualifikationen sowie die Entlohnung und die sonstigen sozialen Vergünstigungen oder Werte in den Stellenanzeigen darzustellen, sondern eine zielgruppenorientierte Ansprache zu wählen. Dadurch steigt die Wahrscheinlichkeit, ausreichende Bewerber für die gesuchte Position zu finden. Darüber hinaus kann das Personalmanagement viel schneller und gezielter die Bewerber selektieren, die am ehesten den Zielwerten der gewünschten

Position entsprechen, weil diese Zielwerte in bestimmten Generationen häufiger auftreten als in anderen Generationen.

Die Generationen haben differente Werte, Einstellungen, Ziele, bevorzugen bestimmte Führungsziele und haben eine unterschiedliche Haltung zur Technologie.

Das Personalwesen hat die differenten Motivatoren der verschiedenen Generationen durch eine spezifische Ansprache und differenzierte zusätzliche Sozialleistungen zu berücksichtigen. Dazu können die festgelegten Gehälter um zusätzliche Sozialleistungen ergänzt werden und diese Sozialleistungen generationengerecht je nach generationstypischer Motivation und entsprechend dem Arbeitsumfeld organisatorisch, oder durch sonstige Maßnahmen angeboten werden.

Aus wirtschaftlichen Gründen und zur Vereinheitlichung der Maßnahmen können die zusätzlichen Sozialleistungen in Bausteine unterteilt werden (je Generation ein angepasster Baustein). Solche vorab entwickelten Bausteine haben den Vorteil, dass die Arbeitsprozesse in der Personalabteilung standardisiert werden und dadurch sowohl Personalkosten einsparen können, als auch mehr zeitliche Kapazitäten für andere Tätigkeiten im Personalwesen ermöglicht werden. Darüber hinaus können diese Bausteine als Katalog angeboten werden. Dabei können dann die Mitarbeitenden entsprechend dem Arbeitsvertag eine vorgegebene Anzahl freiwilliger Sozialleistungen auswählen, Dies ermöglicht individuelle freiwillige Sozialleistungen und verhindert Gerechtigkeitsdiskussionen. Zudem können dann Mitarbeitende auch generationsuntypische freiwillige soziale Sozialleistungen auswählen. Durch diese Maßnahmen können generationengerecht die Wechselbereitschaft der Mitarbeitenden reduziert und die Karrierezielplanung gestaltet werden.

Die Generationen unterscheiden sich zudem in der Kommunikation, weil die wesentlichen Kommunikationsmedien und die bevorzugte Kommunikation different sind. Auch unterscheiden sich die präferierten Entscheidungsformen.

Welche Werte und Einstellungen eine Generation hat, lässt sich anhand von typischen Zitaten beschreiben. Die Zitate verdeutlichen

	BABYBOOMER B	GENERATION X X
Geboren	1956 - 1965	1966 - 1980
Motivatoren	Geld, Prämien Status, persönliches Wachstum, Entschleunigung	Muss an die Mission glauben (uneingestandenes) Sicherheitsbedürfnis
Ideales Arbeitsumfeld	Mehrheitlich Büro, hohe Überstundenbereitschaft	Büro, Home-Office, freie Zeiteinteilung
Wechselbereitschaft	Zwei bis fünf Berufe, Arbeitgeberwechsel alle 10-Jahre	Kein Interesse an Langzeitkarriere, häufige Job- und Arbeitgeberwechsel
Karriereziel	Kaminkarriere definiert sich über den Beruf	Durchgehende Beschäftigung trotz Brüchen, Sprüngen und Pausen

Abb. 27d: Grundlagen Generation Babyboomer, X, Y, Z, Quelle: Petersohn, 2019, Scholz, 2016

	GENERATION Y	GENERATION Z
Geboren	1981 - 1995	Nach 1996
Motivatoren	Work-Life-Blending, Technologie, Selbstbestimmung	Technologie, Freiheit, 9- bis 17-Uhr-Einstellung
Ideales Arbeitsumfeld	Überall, fluider Wechsel zwischen Arbeit und Freizeit	Klare Grenze zwischen Arbeit und Leben
Wechselbereit-schaft	Wechselt noch häufiger als Vorgängergeneration, bindungslos	In Ausbildung überfordert mit der Angebotsfülle
Karriereziel	Mehrere Jobs und Berufe gleichzei-tig, skeptisch gegenüber Konzernen	Sich nicht festlegen müssen

Abb. 27e: Haltungen und Werte Babyboomer, X, Y, Z, Quelle: Petersohn, 2019, Scholz, 2016

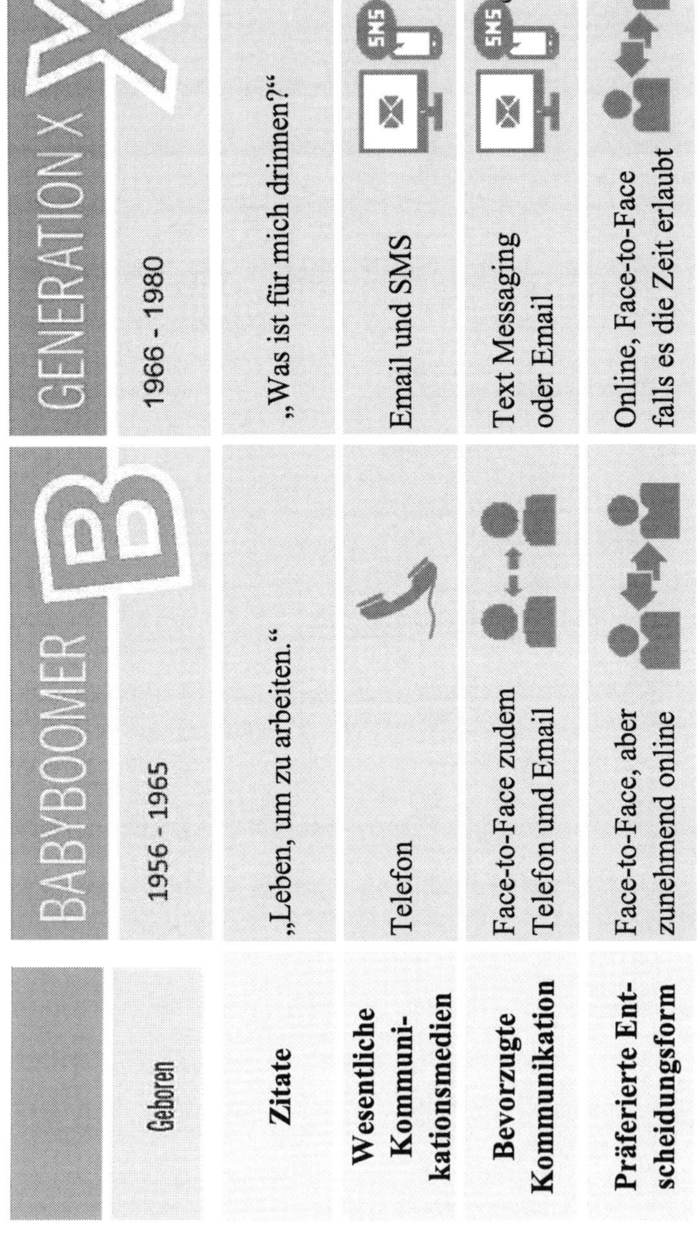

	BABYBOOMER	GENERATION X
Geboren	1956 - 1965	1966 - 1980
Zitate	„Leben, um zu arbeiten."	„Was ist für mich drinnen?"
Wesentliche Kommuni-kationsmedien	Telefon	Email und SMS
Bevorzugte Kommunikation	Face-to-Face zudem Telefon und Email	Text Messaging oder Email
Präferierte Ent-scheidungsform	Face-to-Face, aber zunehmend online	Online, Face-to-Face falls es die Zeit erlaubt

Abb. 27f: Haltungen und Werte Babyboomer, X, Y, Z, Quelle: Petersohn, 2019, Scholz, 2016

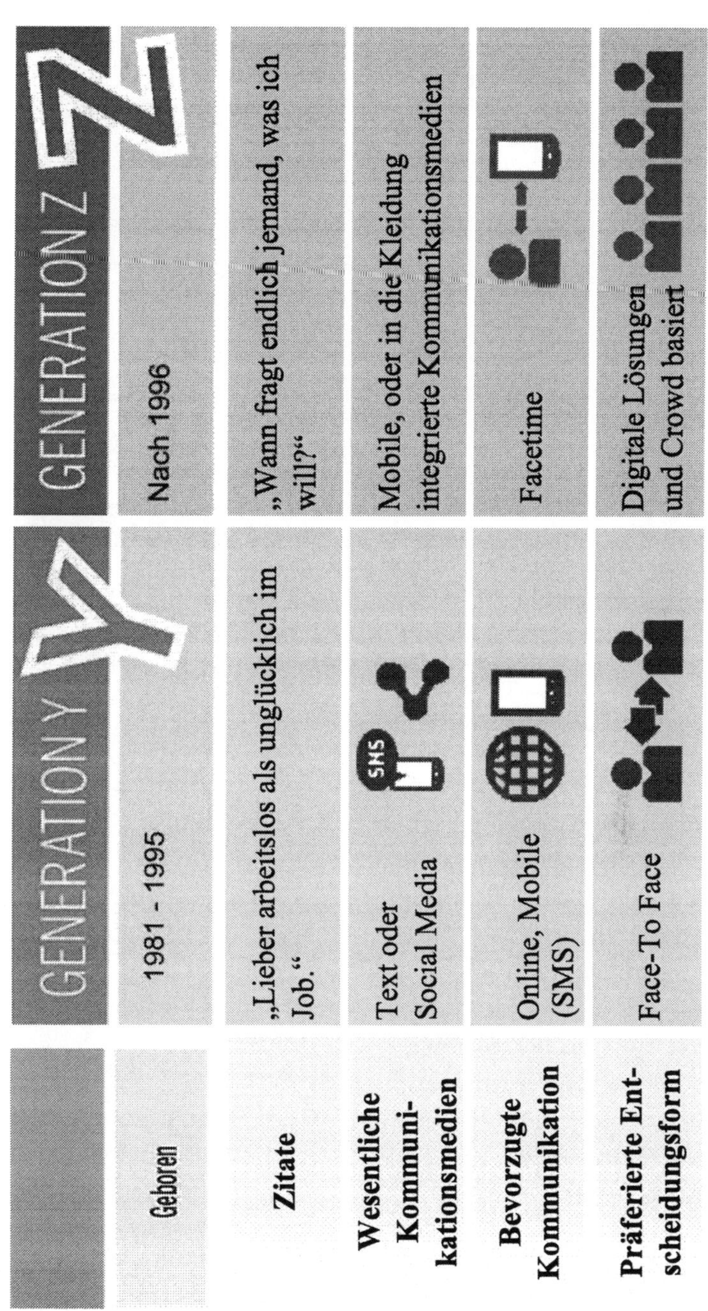

	GENERATION Y	GENERATION Z
Geboren	1981 - 1995	Nach 1996
Zitate	„Lieber arbeitslos als unglücklich im Job."	„Wann fragt endlich jemand, was ich will?"
Wesentliche Kommuni-kationsmedien	Text oder Social Media	Mobile, oder in die Kleidung integrierte Kommunikationsmedien
Bevorzugte Kommunikation	Online, Mobile (SMS)	Facetime
Präferierte Ent-scheidungsform	Face-To Face	Digitale Lösungen und Crowd basiert

Abb. 27g: Haltungen und Werte Babyboomer, X, Y, Z, Quelle: Petersohn, 2019, Scholz, 2016

Zitate und Arbeitseinstellungen	
Babyboomer	**Bedeutung**
„Leben, um zu arbeiten."	Die Arbeit ist der Mittelpunkt des Lebens; viele Überstunden.
Generation X	**Bedeutung**
„Was ist für mich drinnen?"	Egoistische Einstellung; eigene Ziele stehen im Vordergrund.
Generation Y	**Bedeutung**
„Lieber arbeitslos als unglücklich im Job."	Eigene Bedürfnisbefriedigung im Vordergrund. Aktive Personalarbeit erforderlich, um die Mitarbeiter dieser Generation zu halten.
Generation Z	**Bedeutung**
Wann fragt mich endlich jemand, was ich will?	Starkes Selbstbewusstsein und Wille, sich einzubringen. Aktive Personalarbeit erforderlich, um die Mitarbeiter dieser Generation zu halten.

Abb. 27h: Zitate und Arbeitseinstellungen, Babyboomer, X, Y, Z, Quelle: Eigene Darstellung

die überwiegenden und typischen Arbeitseinstellungen der Mitarbeitenden aus der jeweiligen Generation.

„Das zukünftige Zusammenwirken verschiedener Altersgruppen in der Arbeitswelt wird von Vielfalt geprägt sein und neue Herausforderungen in der Personalführung mit sich bringen." (Klaffke, M. (Hrsg.), S. 227) Zugleich wurde die ja schon bestehende Vielfalt bisher kaum vom Personalwesen berücksichtigt. „Manager werden mehr denn je als Führungskräfte gefordert sein und dürfen daher nicht nur nach ihren rein fachlichen Qualifikationen ausgewählt werden. Des Weiteren wird das Thema Generationen-Management stark im Kontext der zukünftigen Unternehmenskultur zu sehen sein. Die Balance der verschiedenen Generationen in der Zusammenarbeit wird nur durch eine Unternehmenskultur der Wertschätzung im sozialen Miteinander zu erreichen sein. Die Unternehmensführung und alle Führungskräfte haben daran bisher schon einen entscheidenden Anteil. Dieser wird in Zukunft noch wichtiger." (Klaffke, (Hrsg.), S. 227) Durch die Berücksichtigung der differenten und generationenbezogenen Werthaltungen, Bedürfnisse, Motivationen und Verhaltensweisen der Mitarbeitenden können das Personalmanagement und die Personalführung einen nachhaltigen Beitrag zur effizienten Leistungserstellung und zum Erfolg eines Unternehmens leisten.

Auch die Bezahlung kann eine weitere Ursache des Arbeitskräfte und Fachkräftemangels sein. „In Debatten über das Phänomen des Fachkräftemangels verweisen Kritiker häufig darauf, dass es sich dabei um ein Scheinproblem handle. Dahinter stecke nämlich eigentlich nur die mangelnde Bereitschaft der Arbeitgeber, über höhere Löhne dafür zu sorgen, dass sich eine Engpasslage bei der Rekrutierung auflöst bzw. eine Überschussnachfrage abbaut und den Arbeitsmarkt wieder ins Gleichgewicht bringt. Soweit Arbeitgeber, um auf Engpassmärkten im Wettbewerb um Arbeitskräfte erfolgreich zu sein, höhere Gehälter zahlen müssen, reduziert sich wegen steigender Arbeitskosten die Arbeitsnachfrage. Zugleich senden engpassbedingte Lohnsteigerungen Signale an Arbeitnehmer, dass es sich lohnt, in einem Marktsegment aktiver zu werden. So kann sich kurzfristig das Angebot an Arbeit ausweiten, indem geeignete Personen, die bisher nicht am Erwerbsleben teilnehmen, angeregt werden nach Beschäftigung zu suchen, oder indem Erwerbstätige durch höhere Entlohnung motiviert werden länger zu arbeiten oder aus angrenzenden Arbeitsmarktsegmenten in den Engpassmarkt wechseln. Längerfristig kann das Arbeitsangebot steigen, weil ein höheres Lohnniveau die Investitionen in berufliche Qualifikationen anregt, die für die Tätigkeit in einem Engpassmarkt gebraucht werden. Die Erwartung, dass die Löhne in Engpassarbeitsmärkten besonders stark steigen, wird jedoch von den statistischen Daten nur schwach gestützt, wenngleich die Gehälter in Deutschland seit einigen Jahren wieder stärker zunehmen, wovon besonders Beschäftigte in der oberen Hälfte der Lohnverteilung profitieren. (vgl. Brenke 2010, Card et al., 2013, S. 967–1.015; SVR, 2018)" (Bonin, 2020, S. 64f.) Häufig basieren niedrige Löhne auf historisch niedrigen Bewertungen von Arbeitsleistungen, wie beispielsweise in den Pflegeberufen, die sich aus freiwilligen Tätigkeiten heraus entwickelt haben. Insbesondere in Branchen mit niedrigen Löhnen haben Unternehmen daher trotz guter Konjunktur besonders große Stellenbesetzungsprobleme, weil Arbeitskräfte in besser bezahlte Arbeitsmärkte abwandern. (vgl. Seils, 2018, S. 6) (vgl. DIHK, 2019) (vgl. DIHK, 2018b, S. 9)

Branchen mit den größten Stellenbesetzungsproblemen

Abb. 28: Stellenbesetzungsprobleme 2018, Quelle: Eigene Darstellung basierend auf: DIHK, 2018b, S. 9

„Stellt der Fachkräftemangel also für gerade solche Unternehmen ein echtes Geschäftsrisiko dar, in denen die Qualifikationsanforderungen gering sind?

Um dieser Frage nachzugehen, können die Daten des DIHK zum Geschäftsrisiko „Fachkräftemangel“, welche für zehn Wirtschaftszweige zur Verfügung stehen (DIHK 2018c), genutzt werden. Außerdem kann auf Angaben der Bundesagentur für Arbeit zum Anforderungsniveau (BfA, KldB, 2010) von Tätigkeiten zurückgegriffen werden, die aufsteigend zwischen Helfern, Fachkräften, Spezialisten und Experten unterscheiden und tief nach Branchen gegliedert sind (Bundesagentur für Arbeit, 2017). Es zeigt sich in der Tat, dass die Sorgen der Unternehmen bezüglich des sogenannten „Fachkräftemangels“ umso verbreiteter sind, je niedriger der Anteil qualifizierter Tätigkeiten (Fachkräfte, Spezialisten, Experten) in einer Branche ausfällt!

Ein solch überraschendes Ergebnis verlangt nach einer Erklärung. Warum sorgen sich die Unternehmen gerade in Niedriglohnbranchen mit geringen Qualifikationsanforderungen in besonderem Maße um den Mangel an Fachkräften?

Unternehmen in Niedriglohnbranchen, wie z. B. dem Gastgewerbe, leben vom Verkauf einfacher Arbeit bzw. Dienstleistungen. Die Dienstleistungen der verschiedenen Unternehmen sind oftmals austauschbar, sodass sie in einem scharfen Preiswettbewerb stehen. Die Gewinne hängen in einem solchen Kontext in hohem Maße von der Höhe der Arbeitskosten ab. Die Unternehmen werden daher selbst bei guter wirtschaftlicher Lage versuchen, an den Arbeitsbedingungen und den Löhnen zu sparen. Die geringe Bedeutung von betriebs- und branchenspezifischem Wissen begünstigt in den Arbeitsbeziehungen eine hohe Fluktuation.[12] Die Unternehmen sind also beständig auf der Suche nach möglichst günstigem Personal, was sich in einer hohen Zahl offener Stellen niederschlägt.[13]" (Seils, 2018, S. 6)

Was ebenso deutlich wird, ist der Zusammenhang zwischen niedriger Entlohnung in einer Branche und den Stellenbesetzungsproblemen. Treiber dieser Entwicklung ist das Gesetz von Angebot und Nachfrage auf dem Arbeitsmarkt. Einerseits orientieren sich Arbeitskräfte bereits schon bei der Ausbildung an Berufen und Branchen mit hohen Einkommen und werden bei Veränderungen der Gehaltsstrukturen sich weiterhin an Berufe und Branchen mit hohen Einkommen orientieren und andererseits stehen Unternehmen in Branchen mit niedrigen Einkommensstrukturen im Wettbewerb mit Unternehmen in Branchen mit hohen Einkommensstrukturen.

---

[12] „Die Personalfluktuation ist bei Helfertätigkeiten weitaus höher als bei qualifizierten Tätigkeiten. Da aber neben der Art der Tätigkeit auch andere Faktoren wie die Bedeutung betriebsspezifischen Wissens, Saisonarbeit usw. eine Rolle spielen, soll hier nicht in Abrede gestellt werden, dass es auch Wirtschaftszweige wie den IKT-Bereich gibt, in denen die Personalfluktuation trotz hoher Qualifikationsanforderungen hoch ist." (Seils, 2018, S. 6)

[13] „Man beachte, dass hier nicht geleugnet wird, dass es in Branchen mit niedrigem Anforderungsprofil höhere Anteile offener Stellen gibt als in Branchen mit einem höheren Anforderungsniveau. Es wird vielmehr erklärt, warum offene Stellen in Branchen mit geringen Qualifikationsanforderungen kein Indiz für Fachkräftemangel sind." (Seils, 2018, S. 6)

So zeigen Studien, dass öffentliche Unternehmen gegenüber Unternehmen aus der Privatwirtschaft größere Abweichungen im Einkommensniveau haben, was zu Stellenbesetzungsproblemen führt. Gerade bei Berufen, die nicht typisch für den öffentlichen Sektor sind, wie beispielsweise bei den MINT-Berufen, macht sich das geringere Gehaltsniveau durch einen verschärften Wettbewerb mit der Privatwirtschaft bemerkbar. Nachteilig für den öffentlichen Sektor ist, dass ausgerechnet bei den besonders wettbewerbsintensiven Berufsgruppen die Verdienststrukturen im öffentlichen Dienst niedrig sind. (vgl. PWC, 2017, S. 60, S. 77)

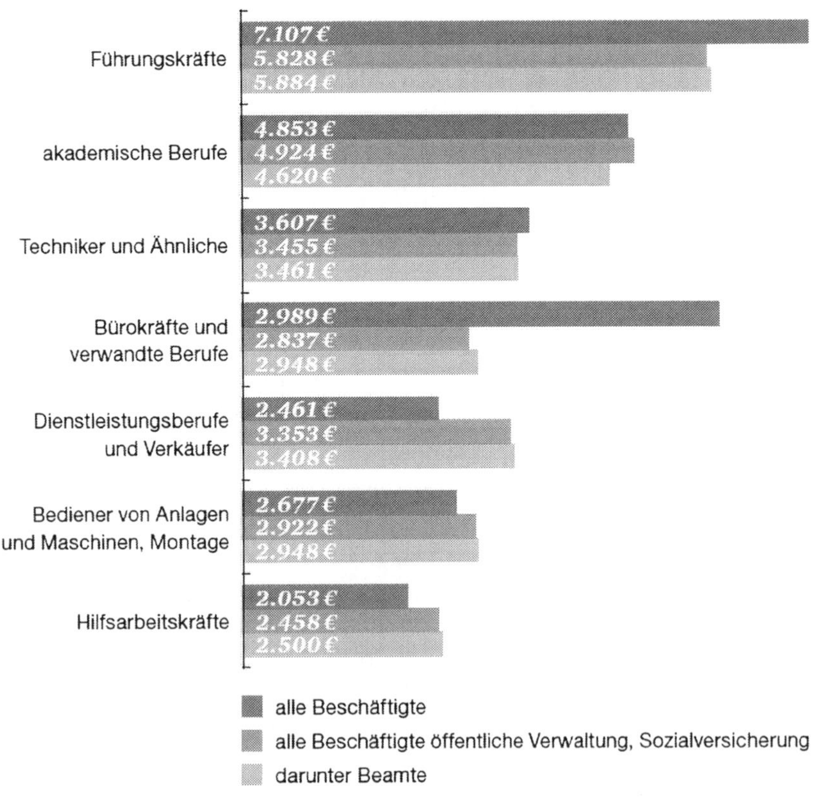

Abb. 29: Bruttomonatsverdienste nach Berufsgruppen 2014, Quelle: PwC, 2017, S. 77

„Geringe Attraktivität entfaltet der öffentliche Dienst (außerhalb der Wissenschaft) bei Wirtschaftswissenschaftlern und Ingenieuren. Es ist anzunehmen, dass das Bild bei den anderen MINT-Fächern ähnlich ist. Der öffentliche Dienst hat also – mit Ausnahme der Juristen – ausgerechnet bei jenen Berufsgruppen einen Wettbewerbsnachteil, bei denen bis 2030 der Wettbewerb besonders hoch sein wird." (PWC, 2017, S. 56)

Es wird aber auch deutlich, dass die mangelnde Bereitschaft, marktgerechte Löhne und Gehälter zu zahlen, einen deutlichen Einfluss auf einen Fachkräfteengpass hat. Dies bedeutet aber auch, dass ein Fachkräfteengpass von der Höhe der Bezahlung abhängt (vgl. Priesing, 2018, S. 7).

An dieser Stelle soll ein Appel für eine genderneutrale Bezahlung angetreten werden. Nach wie vor besteht in Deutschland ein Gender Pay Gap. Der Gender Pay Gap beschreibt den geschlechtsspezifischen Verdienstunterschied zwischen Frauen und Männern. Dies bedeutet, dass Frauen für die gleiche Tätigkeit, bei gleicher Qualifikation und Erfahrung weniger verdienen als ihre männlichen Kollegen.

Gender Pay Gap-Entwicklung 2006–2019 in Deutschland

Jahr	Deutschland	Westdeutschland	Ostdeutschland
		%	
2019	20	21	7
2018	21	22	7
2017	21	22	7
2016	21	23	7
2015	22	23	8
2014	22	24	9
2010	22	24	7
2006	23	24	6

Abb. 30: Gender Pay Gap 2006–2019, Quelle: Statistisches Bundesamt, 2020a

Deutlich erkennbar ist an der obigen Statistik, dass der Gender Pay Gap im wirtschaftlich stärkeren Westdeutschland um ca. das Dreifache größer ist als in Ostdeutschland. Tendenziell verringert sich der Gender Pay Gap kontinuierlich jährlich in kleinen Raten. Von einer wirklichen Veränderungen kann jedoch nicht die Rede sein.

Aufgrund der sozialistischen Diktatur in Ostdeutschland wurden die Löhne und Gehälter einheitlich und über alle Geschlechter weitestgehend einheitlich gezahlt. Diese historischen Strukturen wirken bis heute auf dem Arbeitsmarkt und in der Bezahlung nach.

Die geringere Bezahlung von Frauen bei gleichwertigen Tätigkeiten und gleicher Qualifikation, sowie Erfahrung bringt durchaus kurz- und mittelfristig Vorteile für ein Unternehmen. Langfristig und aus strategischer Sicht ist diese Vorgehensweise nachteilig, denn dadurch gehen den Unternehmen potentielle qualifizierte Arbeitskräfte verloren.

Der Grund liegt darin, dass viele Frauen im Laufe ihres Erwerbslebens in Teilzeit gearbeitet haben (Beschäftigungs-Gap), vor allem in der Phase der Familiengründung, also genau in den Jahren, die auch für die Karriere von entscheidender Bedeutung sind (vgl. Behrens et al., 2018, S. 66ff.). Diese Abweichung von den, als Standard etablierten, männlichen Arbeitszeitarrangements rächt sich beim Gehalt, da die männlichen Wettbewerber auf dem Arbeitsmarkt einen zeitlichen Vorteil haben.

Zudem werden Erziehungszeiten häufig als Argument verwendet, um ein geringeres Entgelt zu zahlen. Allerdings ist dieses Argument nur vordergründig vorgeschoben, weil nach §16 Bundeselterngeld- und Elternzeitgesetz (BEEG) auch Väter Elternzeit beantragen können. Daher kann nur empfohlen werden, durch Betreuungsangebote, wie beispielsweise einen Betriebskindergarten, die Potentiale der Mitarbeiterinnen zu nutzen.

Grundsätzlich bewirken alle bisher aufgezeigten Ursachen einen drohenden Arbeitskräfte- und Fachkräftemangel. Ein Arbeitskräfte- und Fachkräfteengpass ist daher grundsätzlich zu erwarten. Es stellt sich also nicht die Frage, ob der Arbeitskräfte- und Fachkräfteengpass eintritt, sondern in welchem Umfang er eintritt.

Aus den bisherigen Ausführungen wird deutlich, dass ein Arbeitskräfte- und Fachkräfteengpass, aufgrund der Vielzahl der Ursachen, nicht einheitlich auf alle Unternehmen zutrifft. So sind Unternehmen in den verschiedenen Branchen auch unterschiedlich stark betroffen. Zudem wirkt sich der Fachkräftemangel unterschiedlich stark in den einzelnen Berufsbildern aus. Daher zeigt sich auch eine unterschiedliche Betroffenheit der Unternehmen beim Fachkräftemangel.

Interessant ist, dass auch die per Gesetz eingeführte Gehaltstransparenz nicht viel zur Beseitigung dieser Ungleichheit beiträgt: Denn Unternehmen zahlen Frauen jetzt nicht unbedingt mehr. Stattdessen stiegen die Gehälter der Männer weniger. (vgl. Cullen, Bobak, 2019)

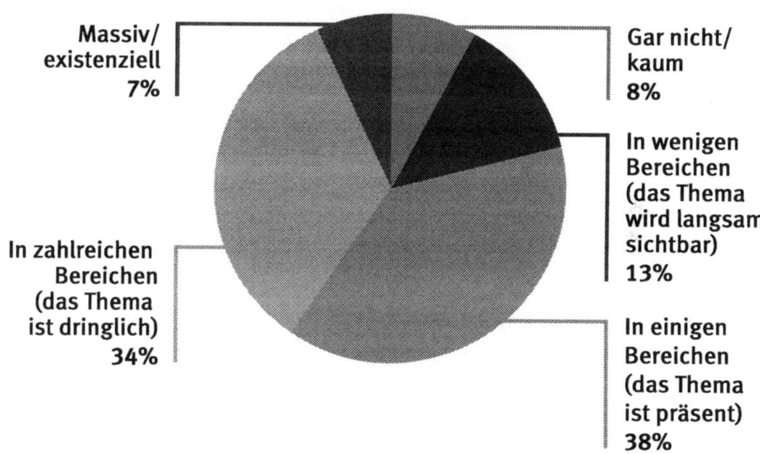

Abb. 31: Betroffenheit vom Fachkräfteengpass, Quelle: Stippler, et al., 2019, S. 16

Auch die Unternehmensgröße kann einen Einfluss auf den Arbeitskräfte- und Facharbeitermangel haben. Die Studie von Stippler et al. konnte jedoch keine signifikanten Unterschiede bei der Betroffenheit vom Fachkräfteengpass in Abhängigkeit der Unternehmensgröße feststellen.

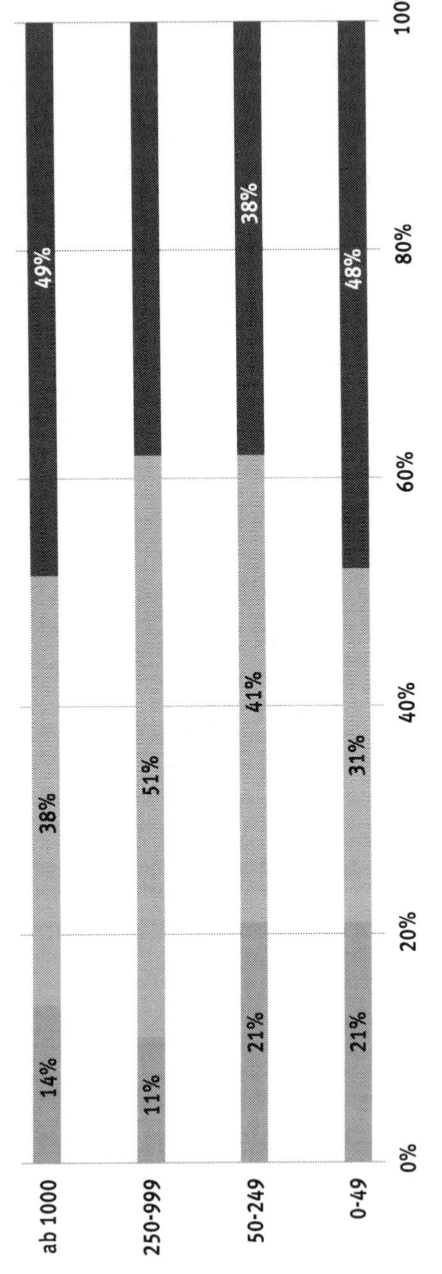

Abb. 32: Fachkräfteengpass nach Unternehmensgröße, Quelle: Stippler et al., S. 17

„Der Fachkräftemangel betrifft dabei Unternehmen aller Größenklassen. Hierbei fällt auf, dass die sehr kleinen sowie die sehr großen Unternehmen stärker von Fachkräftemangel betroffen sind. So gibt fast die Hälfte (48 Prozent) der Kleinunternehmen mit weniger als 50 Mitarbeiter*innen an, massiv oder in vielen Bereichen vom Fachkräftemangel betroffen zu sein, genau wie 49 Prozent der befragten Großunternehmen mit über 1.000 Mitarbeiter*innen.

Die Auswirkungen dürften allerdings jeweils unterschiedlicher Natur sein: Während bei Großunternehmen die Betroffenheit vom Fachkräftemangel aufgrund ihrer Größe und Struktur in mehreren Bereichen per se wahrscheinlicher ist, betrifft ein nicht besetzter Arbeitsplatz Kleinunternehmen massiver und existenzieller." (Stippler et al., 2019, S. 16) Somit trifft ein Fachkräfteengpass alle Unternehmen in allen Unternehmensgrößen in etwa gleich, jedoch kann ein Großunternehmen eher eine Vakanz durch Stellenumbesetzung oder durch andere Arbeitskräfte temporär und hinreichend überbrücken.

Darüber hinaus ist der Arbeitskräfte- und Fachkräfteengpass regional unterschiedlich verteilt. Somit wirkt sich der Unternehmensstandort auf die verfügbaren Fachkräfte aus. Dabei ist die Verteilung des Fachkräftebedarfs grundsätzlicher und struktureller Art.

„Zwar hat die Auswertung der Ergebnisse der DIHK-Unternehmensbefragung (2007) nach Regionen gezeigt, dass besonders der Süden Deutschlands mit seiner verhältnismäßig geringen Arbeitslosigkeit von Stellenbesetzungsproblemen betroffen ist (ca. 40 % der Unternehmen), während die Situation in Nord-, West- (jeweils ca. 30 %) und Ostdeutschland (ca. 25 %) etwas weniger problematisch zu sein scheint.

Unter Berücksichtigung von Wirtschaftsbereichen stellt sich die Lage jedoch etwas differenzierter dar: Stellenbesetzungsprobleme im Dienstleistungsbereich sind insbesondere im Norden ausgeprägter, während der Industriebereich und die Baubranche im Westen und Osten Deutschlands von Engpässen betroffen sind.

Im Süden zeigt sich laut DIHK der Fachkräfteengpass als nahezu branchenübergreifendes Phänomen (vgl. DIHK, 2007, 9f.)." (Mesaros, et al., 2007, S. 17f.)

Vakanzraten in den deutschen Bundesländern – IV. Quartal 2006

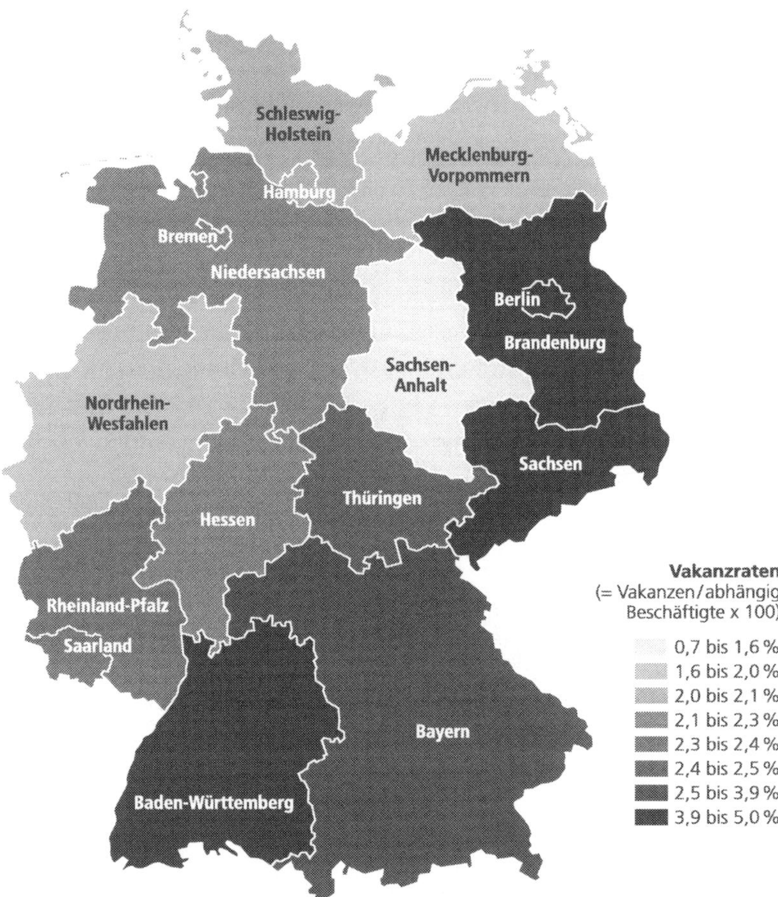

Abb. 33: Vakanzraten in den deutschen Bundesländern, Quelle: Mesaros et al., 2007, S. 17

$$\text{Vakanzraten} = \frac{\text{Vakanzen}}{\text{abhängig Beschäftigte}} \times 100$$

Neben den Vakanzraten in den einzelnen deutschen Bundesländern ist die regionale Lage des Unternehmens von Bedeutung. Dabei sind Unternehmen in Großstädten mit mindestens 100.000 Einwohnern offensichtlich erfolgreicher im Wettbewerb um knappe

Fachkräfte als in ländlichen Regionen, weil Städte für Fachkräfte attraktiver sind. Der Umfrage von Leifels zufolge haben 44 % der Mittelständler mit Sitz in einer großen kreisfreien Kommune Pendler in der Belegschaft gegenüber 26 % der Unternehmen auf dem Land. Allerdings bemühen sich mit 37 % der Mittelständler in großen Städten auch aktiver um Fachkräfte aus anderen Regionen als ländliche Unternehmen (20 %). (vgl. Leifels, 2019, S. 1). Ob also die Lage des Unternehmens bedeutsamer als, die Einstellungsbemühungen des Unternehmens ist, kann also nicht eindeutig gesagt werden.

Wie sich der Fachkräftebedarf entwickeln wird, wurde durch verschiedene Studien und Berechnungen untersucht. Die wohl übersichtlichste Studie ist von Bott. Aus der Studie von Bott geht eindeutig hervor, dass sich das Erwerbspersonenpotenzial und die Menge an Erwerbspersonen ab 2020 wieder annähern werden.

Allerdings fallen die unterschiedlichen Prognosen über den zu erwartenden Arbeits- und Fachkräfteengpass auch unterschiedlich aus und sind abhängig von den Rahmenbedingungen der Wirtschaft sowie von einmaligen Ereignissen, welche die wirtschaftlichen Entwicklung beeinflussen.

So führt beispielsweise eine externe Krise, wie z. B. die Corona-Pandemie, oder eine Rezession zu einer signifikant geringeren Nachfrage an Arbeits- und Fachkräften und damit auch zu einem geringen Arbeits- und Fachkräftebedarf. Externe Faktoren und die Rahmenbedingungen der Wirtschaft können die Vorhersagekraft der Prognosen beeinflussen.

Die aktuelle Verfügbarkeit von Fachkräften ist ebenfalls vom Arbeitsmarkt abhängig. Jedoch können Unternehmen auf einen möglichen Fachkräfteengpass durch Aus- und Weiterbildung Einfluss nehmen.

Ob Investitionen in Aus- und Weiterbildung wirtschaftlich sind, lässt sich wie beim Arbeitskräfteengpass durch eine Investitionsrechnung berechnen. Dabei kann ermittelt werden, wann sich eine Weiterbildung amortisiert.[14]

---

[14] Siehe Details in Kapitel 6. „HR-Controlling".

Kostet beispielsweise eine Weiterbildung 2.500 € und der Mitarbeitende kann durch die Weiterbildung monatlich seine Produktivität um 500 € steigern, dann hat sich die Weiterbildung bereits nach 5 Monaten amortisiert.[15]

Ebenso kann errechnet werden, ob die Ausbildung eines Auszubildenen wirtschaftlich ist. Auch die Wirtschaftlichkeit der weiteren Mitarbeitenden kann individuell oder abteilungsweise ermittelt werden.[16]

Erwerbspersonenpotenzial und Erwerbspersonen (Arbeitskräfteangebot) sowie Erwerbstätige (realisierter Arbeitskräftebedarf) (in Tausend)

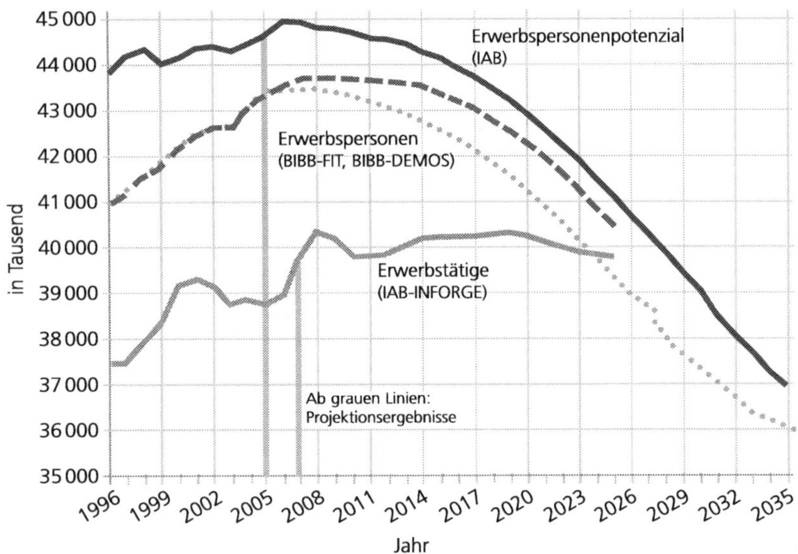

Abb. 34: Erwerbspersonenpotential, Quelle: Statistischen Bundesamts, Bott et al., 2011, S. 13

Zudem hängt die Beseitigung eines möglichen Fachkräfteengpasses auch von der Einstellung und dem Willen des Unternehmens ab. Warum manche Entscheidungsträger in der Geschäftsführung und im

[15] Siehe Details in Kapitel 6. „HR-Controlling".

[16] Siehe Details in Kapitel 6. „HR-Controlling".

Personalmanagement nicht einen Arbeitskräfte- oder F Fachkräfteengpass wahrnehmen oder nicht die ihnen zur Verfügung stehenden Instrumente zur Beseitigung des Fachkräfteengpasses ändern, kann durch das sogenannte Ellsberg-Paradoxon erklärt werden. Da sich der Fachkräfteengpass langsam entwickelt und zunächst die Instrumente zur Beseitigung des Fachkräfteengpasses erfolgreich sind, haben die Entscheidungsträger zunächst positive Erfahrungen gemacht.

„Hat ein Entscheidungsträger bereits Erfahrung in gleichen oder ähnlichen Entscheidungssituationen sammeln können, so werden die Risiken der Entscheidungssituation subjektiv als steuerbarer und geringer empfunden als die Risiken unbekannter Entscheidungssituationen und dies auch dann, wenn die Eintrittswahrscheinlichkeit der unbekannten Risiken geringer sind, als bei den bekannten Risiken. (Ellsberg, 1961, S. 643–669) Dieses Entscheidungsverhalten wird als Ellsberg-Paradoxon bezeichnet." (Wüstermann, Çağlar, 2016, S. 12) Durch die zuvor positiven Erfahrungen mit den zur Verfügung stehenden Instrumenten zur Beseitigung des Fachkräfteengpasses schätzen die Entscheidungsträger das Risiko der falsch nagewendeten Instrumente falsch ein und ändern diese nicht. Dies kann zu einer kognitiven Verzerrung und zu steigenden und schwerwiegenden Risiken für das Unternehmen führen. (vgl. Wüstermann, Çağlar, 2016, S. 12)

2.5.3.1. Staatliche Maßnahmen gegen einen möglichen Fachkräfteengpass

Nach einer Studie sehen rund 40 % der befragten Führungskräfte einen Fachkräfteengpass nur auf eine Branchen und 44 % nur auf einzelne Tätigkeitsfelder beschränkt. (vgl. Hays AG, 2019, S. 24) Gemäß dem Hays Global Skills Index 2019 steigt die Lücke zwischen den von Bewerbern mitgebrachten und den von den Arbeitnehmern gesuchten Qualifikationen zunehmend. (vgl. Hays AG, 2019a, S. 1)

„Für Deutschland hebt der Index als kritischen Punkt hervor: Die Balance zwischen den Fähigkeiten von Kandidaten und den

Anforderungen der Unternehmen an Spezialisten sei verbesserungswürdig. Denn auf der einen Seite gebe es eine hohe Anzahl an Langzeitarbeitslosen, auf der anderen Seite trotzdem viele offene Stellen, die nicht besetzt werden können. Gibt es also eher einen Kompetenz- als einen Fachkräfteengpass?

Zumindest hält das Bildungssystem dem Tempo, in dem neue Kompetenzen gerade in der digitalen Welt entstehen, nicht stand. Daher lautet der Rat aus dem Global Skills Index folgerichtig: Gesellschaften wie Unternehmen müssen in Bildung investieren, lebenslanges Lernen fördern und in Umschulungen beziehungsweise Weiterbildungen von Menschen investieren." (Hays AG, 2019, S. 24)

Die deutsche Wirtschaft verdankt ihr Wirtschaftswachstum der letzten Jahrzehnte insbesondere dem starken Ausbau der Wissensgesellschaft. (Baethge, 2006, S. 13ff.) Weil Deutschland kaum Rohstoffe hat, ist Wissen im globalen Wettbewerb ein entscheidender Wirtschaftsfaktor und Garant für Wirtschaftswachstum.

Zwar steigen die Ausgaben für Bildung kontinuierlich, jedoch bliebt Deutschland dabei weit hinter seinen Möglichkeiten zurück.

Bildungsausgaben 2013–2020 in Deutschland

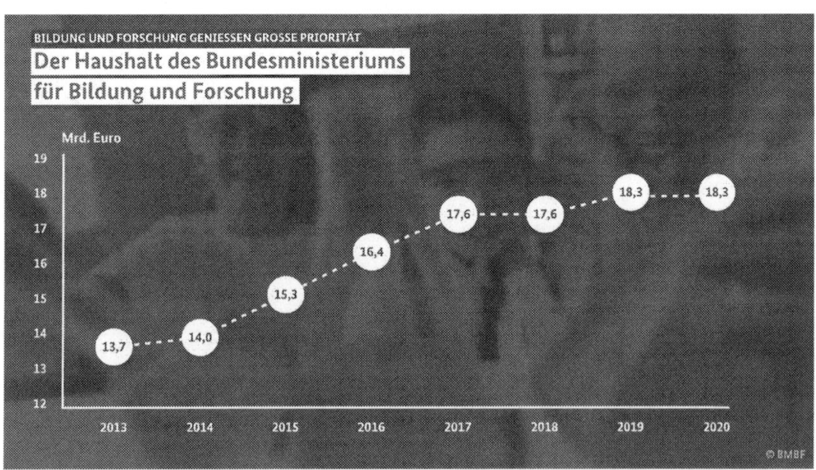

Abb. 35: Bildungsausgaben 2013–2020 in Deutschland, Quelle: BMBF, 2020

So investiert Deutschland mit nur 4,2 % des BIP deutlich weniger als der EU-Durchschnitt (4,9 % des BIP) und nur noch Italien investiert mit 4 % des BIP weniger als Deutschland in Bildung und Forschung.

So viel geben die europäischen Länder für Bildung aus

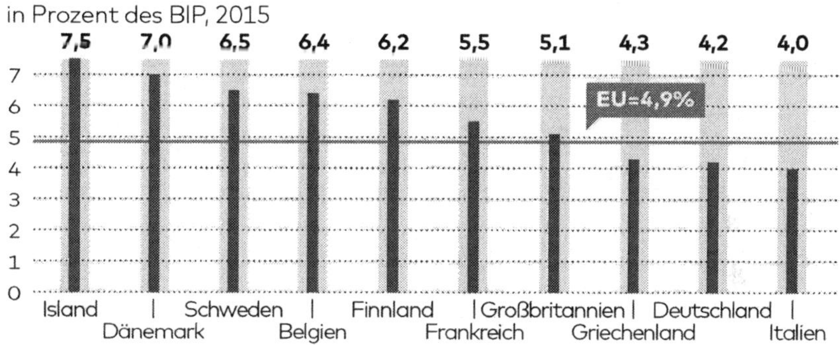

Abb. 36: Bildungsausgaben und BIP, Quelle: Siems, Eurostat, 2017

Da die Gesellschaften sich weltweit zu Wissensgesellschaften entwickeln, ist die staatliche Förderung von Bildung und Forschung erforderlich, um die Wettbewerbsfähigkeit der deutschen Wirtschaft zu erhalten und um die Wirtschaft mit den benötigten Fachkräften zu versorgen. Damit stellt die staatliche Förderung von Bildung und Forschung auch eine Maßnahme gegen einen möglichen Fachkräfteengpass dar. Ein Fachkräfteengpass hat gravierende Folgen für die deutsche Wirtschaft. So geben 42 % der Unternehmen 2019 an, dass neue Stellen nicht optimal besetzt werden können und 20 % geben sinkende Umsätze aufgrund von Fachkräfteengpässen an. (vgl. Hays AG, 2019, S. 24)

Darüber hinaus sichert und fördert die staatliche Unterstützung in der Forschung nicht nur die Innovations- und Wettbewerbsfähigkeit der Wirtschaft, sondern zugleich auch eine Qualifikationssteigerung und Innovationsfähigkeit der Forschungs- und Entwicklungsmitarbeitenden. Daher ist auch unter diesem Gesichtspunkt ein Zurückhalten der Fördermittel für Bildung und Forschung kontraproduktiv für die wirtschaftliche Entwicklung Deutschlands und fördert zudem den Fachkräfteengpass, weil Qualifikationen nicht gefördert werden.

Das Patentportfolio einer Volkswirtschaft bildet daher eine wichtige Grundlage für die Innovations- und damit auch Zukunftsfähigkeit eines Landes. Von Bedeutung ist dabei nicht Gesamtzahl der angemeldeten Patente, sondern die angemeldeten Weltspitzenpatente und hierbei ergibt sich nach einer Studie der Bertelsmann Stiftung für Deutschland ein bedenklicher Negativtrend. „Deutschland ist immer noch die stärkste europäische Patentmacht, fällt aber weltweit allmählich zurück: Gemessen an seiner Einwohnerzahl, schlägt sich Deutschland nach wie vor beachtlich über nahezu die gesamte Breite der Technologien. Sein Anspruch, eine führende Technologienation zu sein, gerät aber immer stärker unter Druck. Gehörte Deutschland 2010 in 47 der 58 Technologien noch zu den drei Nationen mit den meisten Weltklassepatenten, hat sich dieser Anteil 2019 auf 22 Technologien mehr als halbiert.

Diese Entwicklung betrifft auch Deutschlands traditionelle Stärken in den Bereichen Industrie und Mobilität. Im Bereich Umwelt oder auch bei den für die Energiewende wichtigen alternativen Energieträgern spielt die Musik immer mehr in Ostasien." (Breitinger et al., 2020, S. 6f.) Die sinkende Innovationsfähigkeit Deutschlands steht dabei in einem eindeutigen Zusammenhang mit den unterdimensionierten Ausgaben für Bildung und Forschung.

Der Grund für die unterdimensionierten und im Vergleich deutlich gegenüber anderen Nationen geringeren Ausgaben für Bildung und Forschung liegt dabei in der seit 2011 bestehenden „schwarze Null"-Politik der Bundesregierung. Die „schwarze Null"-Politik basiert auf der im Grundgesetz verankerten Schuldenbremse. Gemäß Artikel 109 Grundgesetz wurde für die Länder und gemäß Artikel 115 Grundgesetz für den Bund eine Schuldenbremse festgelegt. Die Schuldenbremse ist ein finanzpolitisches Instrument und begrenzt die Höhe der strukturellen Neuverschuldung. Ziel der Schuldenbremse ist es, die langfristige Tragfähigkeit der Haushalte von Bund und Ländern und die finanziellen Handlungsspielräume zur Erfüllung der staatlichen Aufgaben zu sichern. Dabei wird die konjunkturelle

Situation berücksichtigt bzw. herausgerechnet. Die Schuldenbremse soll dafür sorgen, dass Bund und Länder nicht wesentlich mehr Geld ausgeben, als sie einnehmen. Da die Schuldenbremse Teil der Verfassung ist, darf sie nur in absoluten Notlagen gelockert werden, etwa bei wirtschaftlichen Schieflagen, Naturkatastrophen oder eben bei der Corona-Krise.

Für den Bund liegt die Schuldenbremse bei 0,35 % des Bruttoinlandsprodukts (BIP). Gemessen am BIP von 2019 bedeutet das, dass der Bund maximal rund 12 Milliarden Euro neue Schulden aufnehmen darf. Das gilt jedoch nur bei einer guten Konjunktur. Gibt es beispielsweise einen Abschwung, ist der Spielraum für neue Schulden geringer. Dadurch kann der Staat nicht in dem Umfang gegensteuern, der nötig wäre, um die Wirtschaft zu stabilisieren. Die Tendenz des Abschwungs wird somit verstärkt. Damit wirken die gesetzlichen Vorgaben der Schuldenbremsen entgegen keynesianischen Theorie nicht antizyklisch. Nach der antizyklischen Wirtschaftspolitik sollen die Staatsaugaben entgegen dem Konjunkturverlauf verausgabt werden, um die Konjunktur nachfrageorientiert zu stützen. (vgl. Keynes, 1983)

Die schwarze Null geht jedoch noch einen Schritt weiter als die Schuldenbremse. Während die Schuldenbremse immer noch Neuverschuldung zulässt – wenn auch in stark begrenzter Höhe –, muss bei der schwarzen Null der Haushalt ausgeglichen sein. Das heißt: Die Ausgaben dürfen die Einnahmen nicht überschreiten. Das war in Deutschland 2014 zum ersten Mal nach seit 45 Jahren der Fall. Seitdem wurde jedes Jahr eisern an der schwarzen Null festgehalten. Auch für 2020 hatte die Bundesregierung einen ausgeglichenen Haushalt geplant, dann jedoch im Rahmen der Corona-Krise die Schuldenbremse ausgesetzt und neue Schulden gemacht. Schon jetzt gibt es Forderungen, so schnell wie möglich zur schwarzen Null zurückzukehren, wenn die Krise überstanden ist.

Bleiben die jetzige und die zukünftigen Regierungen bei der schwarzen Null, kann davon ausgegangen werden, dass Deutschland weiter an Innovationskraft verlieren wird und auch der Fachkräftemangel steigen wird, weil der Staat weiterhin Qualifikationen nur unzureichend fördert.

2.5.3.2. Unternehmerische Maßnahmen gegen einen Fachkräfteengpass

Auch wenn der Staat nur unzureichend Maßnahmen gegen einen Fachkräftemangel vornimmt, entbindet dies nicht die Unternehmen, selber Maßnahmen zu ergreifen.

Nach dem Hays Global Skills Index 2019 ist nicht nur das träge deutsche Bildungssystem, welches mit dem Tempo des digitalen Wandels und den erforderlichen neuen Kompetenzen nicht nachkommt, schuld an Fachkräften mit den fehlenden nachgefragten Kenntnissen und Fähigkeiten, sondern auch die Unternehmen haben ihren Anteil an den fehlenden Fähigkeiten von Mitarbeitenden, weil zu wenig in Aus- und Weiterbildung investiert wird. (vgl. Hays AG, 2019a, S. 1)

Dass das Bildungssystem träge ist, spiegeln auch die empirischen Ergebnisse der Hays Global Skills Index 2019 wider. (vgl. Hays AG, 2019a, S. 1) „Für die Befragten ist dieses System neben dem demografischen Wandel der wesentliche Grund für den Fachkräftemangel. Deshalb die Hände in den Schoß zu legen und auf externe Rahmenbedingungen zu verweisen, greift jedoch zu kurz." (Hays AG, 2019, S. 24) So gaben die Befragten der Hays Global Skills Index 2019 an, dass Hauptaugenmerk auf:

- der Attraktivitätssteigerung als Arbeitgeber,
- der strategischen Personalplanung,
- der Forcierung der Rekrutierung und der Nachwuchsförderung sowie
- in der Weiterentwicklung der Mitarbeiterkompetenzen
- liegen sollte.

  (vgl. Hays AG, 2019, S. 24)

„Gesagt, getan? Nein. Die empirischen Ergebnisse belegen: Viele Unternehmen tun zu wenig, um in diesen Handlungsfeldern voranzukommen. So konstatieren über 70 %, dass ihr Unternehmen die vier Bereiche derzeit nur mangelhaft oder verbesserungswürdig umsetzt. Hier gibt es also noch jede Menge zu tun." (Hays AG, 2019, S. 24) Gründe dafür können sein, dass in den Führungsetagen häufig der Druck noch nicht angekommen ist, solange sich immer noch Arbeitskräfte mit den benötigten Fähigkeiten und Kenntnissen finden lassen, oder aber den Personalabteilungen fehlt es an Know-how und Instrumenten für ein zeitgemäßes Schulungskonzept.

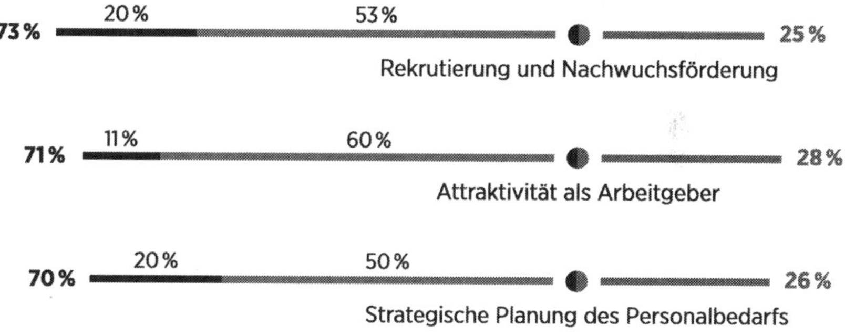

Abb. 37: Unternehmerische Maßnahmen gegen Fachkräfteengpass, Quelle: Hays AG, 2019, S. 25

Fehlende Fachkenntnisse und Fähigkeiten, sowie die Umsetzung von personaltechnischen Instrumenten sind, entgegen der gängigen Meinung, für die IT-Industrie weniger das Problem. (Hays AG, 2019, S. 24) „Ein Blick in die Tiefen der empirischen Daten bringt jedoch Erstaunliches zutage. Die von uns Befragten aus der IT-Branche empfinden ihn als weniger gravierend als die Vertreter aus anderen Industrien. Denn gerade die IT-Unternehmen mussten sich schon früh auf den Fachkräftemangel einstellen und haben daraus ihre Lehren gezogen. Sie sind folglich besser gewappnet und gehen als gutes Beispiel voran." (Hays AG, 2019, S. 24) Dies bestätigt die zuvor aufgestellte These, dass bei vielen Unternehmen offensichtlich der notwendige Druck zu Investitionen in die Fort- und Weiterbildung von Mitarbeitenden noch nicht angekommen ist. Fehlendes Knowhow der Personalabteilung scheint dabei nur von untergeordneter Bedeutung zu sein.

2.5.4. Einfluss standardisierter Prozesse auf das Personalmanagement

In diesem Abschnitt wird der Einfluss standardisierter Prozesse und Strukturen auf das Personalmanagement beschrieben. Dazu wird zunächst definiert, was Standardisierung ist. Standardisierung kann auf allen verschiedenen Ebenen erreicht werden. Von einem einheitlichen und integrierten Business-Management-System über ähnliche und miteinander gut harmonierende Prozessabläufen bis hin zu vollständig standardisierten Prozessen in Verbindung mit Werkzeugen, Systemen, Management-Regeln und formalen sowie standardisierten Strukturen.

Dabei sollte zwischen Harmonisierung und Standardisierung unterschieden werden. Harmonisierung bedeutet, eine Basis für ein einheitliches und integriertes Prozessmanagement-System zu schaffen.

Unter Harmonisierung von Prozessen soll die Vereinheitlichung und Anpassung bisher verschiedenartiger Prozesse an einheitliche und integrationsfähige Strukturen verstanden werden. Das wichtigste Ziel der Harmonisierung ist es, Geschäftsabläufe zu vereinfachen, Prozesse zu verkürzen und zu beschleunigen und dadurch Aufwand und Kosten zu senken. Damit wird nochmals deutlich, dass das Personalmanagement einen Beitrag zur Wirtschaftlichkeit und Effizienz des Unternehmens leistet und durch seine Expertise die Unternehmensprozesse unterstützt sowie einen Beitrag zur optimalen Unternehmensstruktur und zur Entwicklung der Unternehmenskultur leisten kann.

Die Harmonisierung stellt die Vorstufe der Standardisierung dar. Erst wenn ein harmonisierendes Prozessmanagement-System aufgebaut ist und ein Prozessmodell definiert wurde, kann mit der Standardisierung begonnen werden. Daher erfolgt die Standardisierung von Prozessen in der Praxis überwiegend schrittweise.

Die entwickelten Standardprozesse werden dann über alle Abteilungen, an allen Standorten mit den gleichen Werkzeugen und Management-Regeln durchgeführt. Damit entspricht der Harmonisierungsprozess dem Fließprinzip. Das Fließprinzip besagt nichts „anderes, als dass alle Produktions- und Arbeitsschritte so miteinander zu kombinieren und zu gestalten sind, dass nach Möglichkeit keinerlei Stillstands- und Verlustzeiten zwischen diesen einzelnen Prozessschritten entstehen." (Springer, R., Meyer, F., 2010, S. 2) Standards haben die folgenden Vor- und Nachteile:

Vor- und Nachteile von Standardisierung

Vorteile	Nachteile
Stabilisierung durch Verhaltenserwartung (Erwartungen darüber, wie Personen sich in bestimmten Situationen verhalten werden).	Ein statischer Rahmen kann dazu führen, dass Veränderungen und Anpassungen nicht durchgeführt werden. (z. B. bei Behörden)
Objektivierung durch Reduktion des individuellen Handlungsrisikos.	Festlegung kann hohe Kosten verursachen.
Reduktion der persönlichen Eingriffe des Vorgesetzten.	Abstimmungssituationen werden künstlich standardisiert.
Erleichterung der Einstellung, Versetzung, Nachfolge und Personalbeurteilung.	Inhalte, die nicht standardisiert werden können, werden teilweise vernachlässigt.

Abb. 38: Vor- und Nachteile von Standardisierung, Quelle: Eigene Darstellung

Wie bereits schon ausgeführt, beeinflussen nicht standardisierte Prozesse die Arbeit des Personalmanagements vielseitig und reduzieren die Wirtschaftlichkeit des Unternehmens, weil Skaleneffekte und die Erfahrungskurve nur eingeschränkt oder gar nicht genutzt werden kann. Der Grund liegt darin, dass das Personalmanagement zum einen als Querschnittsabteilung durch die vorhandenen Unternehmensprozesse und -strukturen beeinflusst wird, zum anderen haben standardisierte Unternehmensprozesse und -strukturen einen direkten Einfluss auf die Arbeit des Personalmanagements.

Der wesentliche Vorteil der Harmonisierung und Standardisierung liegt aus der Sicht des Personalmanagements darin, dass die Standards bei einem Fachkräfteengpass die Qualifikationserfordernisse reduzieren können, indem dokumentiertes Know-how und standardisierte Prozesse an andere Arbeitnehmer übertragen werden können. Dadurch kann fehlendes oder unternehmenstypisches Fachwissen durch eigene Schulungen oder durch die Dokumentation auf neue Mitarbeitenden übertragen werden.

Darüber hinaus wird durch Standardisierung die interne und externe Neubesetzung von Stellen erleichtert, weil Standards die erforderlichen Qualifikationen eindeutig definieren. Gerade bei der Übergabe an Nachfolger und bei der Übergabe an die nächsten Mitarbeitergeneration haben Standards wirtschaftliche Vorteile und reduzieren die Kosten der Umstellung.

Dieser Vorteil der Harmonisierung und Standardisierung gilt für alle Abteilungen des Unternehmens, auch für die Personalabteilung.

Zur Standardisierung von Prozessen empfehlen sich folgende Umsetzungsschritte:

1. **aktive Einbindung der Mitarbeitenden**, wo der Ideenbringer der Prozessdurchführungsexperte ist,
2. **Abstimmung mit dem Prozessdurchführungsexperten** und **detaillierte Beschreibung des optimalen Prozesses,**
3. **Klärung und Zieldefinition der Prozessoptimierung,**
4. **Planprozessoptimierung**: Fehler- und Problembeseitigung, Schnittstellenreduzierung, Wirtschaftlichkeitsberechnung,
5. **Entscheidung und Umsetzung des optimierten Prozesses,**
6. **Aufnahme des optimierten Prozesses in die Dokumentation,**
7. **Umsetzung der Prozessoptimierung.**

Basierend auf den Standards können die Mitarbeitenden die Prozesse (auch die komplexen) kontinuierlich überprüfen, verbessern, planen und verbessert ausführen. Dadurch kann ein kontinuierlicher Verbesserungsprozess (KVP) umgesetzt werden. KVPs sollen kontinuierliche Verbesserungsprozesse bewirken. Durch die kontinuierliche Verbesserung sollen die Effizienz und die Qualität der Prozesse gesteigert werden. Im Vordergrund stehen dabei viele kleine Verbesserungen an den Arbeitsplätzen, die von den Mitarbeitenden selbst im Team entwickelt und umgesetzt werden.

Standardisierung und KVP

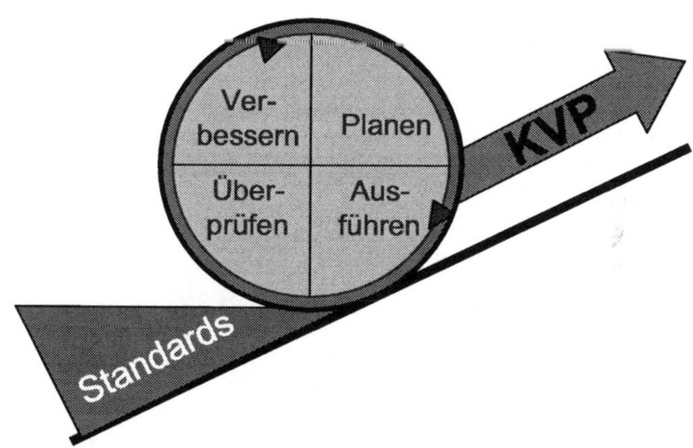

Abb. 39: KVP und Standardisierung, Quelle: Springer, Meyer, 2010, S. 10

Allerdings kann der größte Vorteil der Harmonisierung und Standardisierung auch ein wesentlicher Nachteil der Standards sein, weil die Flexibilität der Prozesse verloren gehen kann. „Flexibilität und Standardisierung stehen zwar in einem Spannungsverhältnis zueinander, sie bilden aber keinen Gegensatz. Im Gegenteil kann man sogar sagen, dass ohne die Standardisierung eines komplexen Prozesses dessen Flexibilität eher leidet." (Springer, Meyer, 2010, S. 2) Erst durch die Beherrschung bestimmter Standards und Routinen haben die Mitarbeitenden die Möglichkeit, flexibel auf Probleme und Planabweichungen zu reagieren. (vgl. Springer, Meyer, 2010, S. 10)

Die Beherrschung von Arbeitsprozessen ist umso bedeutender, je komplexer die Arbeitsprozesse sind. Je komplexer ein Arbeitsprozess ist, desto mehr werden Standards und Routinen zur Beherrschung benötigt. Dadurch wird verhindert, dass aufgrund der Vielfalt der Anforderungen die Kontrolle über die Prozesse verloren geht und die

Prozesse schlimmstenfalls im Chaos versinken. (vgl. Springer, Meyer, 2010, S. 10) „Genau in diesem Punkt unterscheidet sich der Dilettant vom Profi, der sehr wohl weiß, dass es nicht reicht, Unterschiedliches miteinander zu kombinieren, sondern darauf ankommt, die Unterschiede mit Grundmustern (Standards) zu unterlegen, die überhaupt erst das Verbindende erzeugen." (Springer, Meyer, 2010, S. 10)

„Die Fähigkeit, dies zu tun, zeichnet gewiss jeden professionellen Facharbeiter oder Angestellten aus, der gelernt hat, komplexe Arbeitsprozesse zu beherrschen. Im Laufe der Zeit entwickelt jeder Fachmann seine Standards und Routinen, die ihn überhaupt erst zu einem Meister seines Metiers machen. Diese behält er üblicherweise aber für sich, da er gerade dieses Wissen als einen wesentlichen Garanten seiner, wie man heute sagt, Employability betrachtet. Um sie zu schützen, wird das persönliche Wissen um Standards und Routinen komplexer Prozesse nicht selten wie der eigene Augapfel gehütet und unter keinen Umständen preisgegeben. Dazu gehört unter anderem, so zu tun, als könne es solche Standards und Routinen gar nicht geben, denn was es nicht gibt, kann auch nicht preisgegeben werden. Daher liegt in diesen Fällen gleichsam eine persönlich geschützte Form von Tacit Knowledge vor, das sich einer Formalisierung und einer systematischen Qualifizierung entzieht." (Springer, Meyer, 2010, S. 10)

Tacit Knowledge ist das implizierte Wissen einer Person, welches nicht, oder von der Person nicht gewollt verbalisierbar, formalisierbar, erfahrungsgebunden und darüber hinaus noch durch das persönliche Wertsysteme geprägt ist. Hinzu kommt, dass beim bewusst zurückgehaltenen Tacit Knowledge die „jeweiligen Standards und Routinen relativ schnell erstarren, da sie als persönliches Eigentum vor Außeneinflüssen und Veränderungen möglichst abgeschottet werden und deswegen leicht zu persönlichen Gewohnheiten werden, die kaum mehr abzulegen sind. Erst der offene Umgang mit Standards und Routinen schiebt dem einen gewissen Riegel vor und ermöglicht es, die Entwicklung und Anwendung von Standards zu einem festen Bestandteil kontinuierlicher Verbesserung zu machen.

Flexible Standardisierung von Arbeit bedeutet insofern nichts anderes als die systematische Offenlegung und ständige Weiterentwicklung von Standards und Routinen jenseits persönlicher und individueller Gewohnheiten. Beides ist ohne die jeweiligen Prozesseigner, die das entsprechende Wissen für gewöhnlich vor fremden Zugriffen jedoch eher verbergen und schützen, in komplexen Arbeitsprozessen nicht möglich. Kein Arbeitsplaner ist nämlich in der Lage, ohne die aktive Mitwirkung des jeweiligen Prozesseigners solche Arbeitsprozesse stärker zu standardisieren. Die strenge Arbeitsteilung zwischen Planung, Standardisierung und Ausführung von Arbeit ist hier daher nicht möglich." (Springer, Meyer, 2010, S. 11) Da eine flexible Standardisierung ein kontinuierlicher Prozess ist, ist somit ein nachhaltiges Changemanagement erforderlich, welches die Prozesseigner des Tacit Knowledge motiviert, ihr bisher zurückgehaltenes Fachwissen offenzulegen. Daher stellt sich die Frage, wie die Prozesseigner dafür gewonnen werden können, am Prozess der flexiblen Standardisierung der Arbeit aktiv mitzuwirken und ihr diesbezügliches Tacit Knowledge preiszugeben.

Nachhaltige Changemanagement-Maßnahmen zur Nutzung des vorenthaltenden oder verdeckten Tacit Knowledge sind: (vgl. Springer, Meyer, 2010, S. 11)

1. Die **systematische Beschäftigung mit den Arbeitsprozessen**, aus der der Prozesseigner unter anderem seine Wertschätzung der Arbeit ableiten kann und dem Management ermöglicht, die Prozesse kontinuierlich den geänderten Bedingungen anzupassen.
2. Die **aktive Mitwirkung des Prozesseigners an der Vorbereitung und Durchführung von Workshops und Optimierungsmaßnahmen**, vor allem wenn diese gemeinsam mit internen und externen Spezialisten sowie mit dem Management erfolgt, was eine Gleichbehandlung mit meist akademisch gebildeten Fachleuten darstellt.
3. Die **konsequente Identifizierung und Beseitigung von Hindernissen** in den jeweiligen Arbeitsabläufen, die zu einer Erleichterung der Arbeit führen, was dem Prozesseigner direkt zugutekommt und dem Unternehmen wirtschaftliche Vorteile generiert.

4. Der **fachliche Vergleich mit ähnlichen oder gleichen Arbeitsprozessen**, um weitere Prozesse zu optimieren, was den professionellen Ehrgeiz und die Motivation des Prozesseigners fördert und
5. Die **bessere Beherrschung des eigenen Arbeitsprozesses**, was die Beteiligten und den Prozesseigner weiter motiviert.

„Diese Vorteile überwiegen aus der Sicht vieler qualifizierter Mitarbeiter mögliche Nachteile, die vor allem in einer höheren Leistungsdichte und in geringeren individuellen Freiheitsgraden liegen. Wer sein Wissen aufgrund dieser Nachteile nicht preisgeben will, verweigert sich normalerweise offen dem Prozess flexibler Standardisierung. Dies ist in aller Regel jedoch eine Minderheit, die den Prozess flexibler Standardisierung eher bremst. Ihr steht meist eine andere Minderheit gegenüber, für die die Vorteile überwiegen und die deswegen den Prozess flexibler Standardisierung aktiv mit vorantreiben. Dazwischen bewegt sich meist die Mehrheit der Abwartenden, die zunächst beobachten, zu welchen Resultaten eingeleitete Maßnahmen führen und ob eher die Bremser oder eher die Treiber mit ihren Erwartungen Recht behalten. Erst wenn für sie anhand praktischer Beispiele offenkundig geworden ist, dass komplexe Prozesse sich mittels Standardisierung besser und wirtschaftlicher beherrschen lassen, lösen sich allmählich die Vorbehalte und Vorurteile auf, die gerade qualifizierte Facharbeiter gegenüber jeglicher Standardisierung haben." (Springer, Meyer, 2010, S. 11) Die Abwartenden verhalten sich daher risikoavers nach dem Prinzip des sozialen Lernens und kopieren bzw. adaptieren dann erst dann einen erfolgreichen Prozess, wenn dieser Prozess praktisch bewiesen hat, dass der neue Prozess besser und fehlerfreier ist als der bisherige Prozess und damit weniger Risiken für schlechte oder umständliche Arbeitsergebnisse birgt.

Auch haben standardisierte Unternehmensprozesse und -strukturen einen direkten Einfluss auf die Arbeit des Personalmanagements, indem die Prozesse der Personalabteilung optimiert werden können. Dies soll durch folgendes Praxisbeispiel verdeutlicht werden:

Praxisbeispiel 5:

Die Personalabteilung hat die Aufgabe bekommen, effizienter im Recruiting zu werden. Im Zuge dessen wurde der Recruiting-Prozess vom Personalbedarf bis zur Stellenanzeige analysiert. Dabei stelle sich heraus, dass ein Teil-Recruiting-Prozess unkoordiniert verläuft, und deswegen digitalisiert werden soll.

1. Strukturierung der Stellenprofile

Zuerst wurden die vorhandenen Stellenprofile strukturiert und systematisiert. Danach wurden die Stellenprofile in ein digitales Formular überführt.

2. Bedarfsermittlung und Bedarfsmeldung

Basierend auf dem Stellenprofil werden die Anforderungen für die Stellen definiert. Aufgrund des Stellenplans und des Auslastungsgrades eines Arbeitsbereiches kann der Personalbedarf berechnet werden. Die Bedarfsmeldung erfolgt ausschließlich via einem digitalen Formular und via einem elektronischen Workflow.

3. Stellenanzeige

Die Stellenanzeige wird im neuen Prozess nach vorgefertigten Textbausteinen erstellt, die zuvor detailliert ausgearbeitet wurden. Auch dieser Prozess läuft automatisiert über den Workflow ab. Der Workflow prüft, ob alle Berechnungen und Genehmigungen vorliegen, und stellt anhand der strukturierten Bedarfsanforderung via Schlagworte aus dem Stellenprofileformular die Textbausteine für eine Stellenanzeige zusammen. Die fertiggestellte Stellenanzeige wird automatisiert an das Stellenportal versendet.

2.6. Aufgaben des Personalmanagements

Im Wesentlichen hat das Personalmanagement die Aufgabe, Arbeitskräfte den Unternehmenszielen entsprechend auszuwählen, einzusetzen und zu fördern. Um diese Aufgabe zu erfüllen, wird das Personalmanagement in der Praxis häufig in mehrere Teildisziplinen unterteilt. Diese Teildisziplinen werden in den folgenden Kapiteln des Buches im Detail behandelt und können sich in die folgenden Personaltätigkeitsbereiche gliedern:

- Führung,
- Beschaffung,
- Entwicklung des Personals,
- Kommunikation,
- Personalverwaltung,
- Planung,
- Controlling.

Die Kernaufgaben des Personalmanagements liegen in der Bereitstellung und in dem zielorientierten Einsatz und der Entwicklung von Personal. Dies macht das Personalmanagement zu einem wichtigen Teil des Unternehmensmanagements, weil das Personalmanagement für den nachhaltigen, langfristigen Erfolg des Unternehmens mitverantwortlich ist, indem die aktuelle und zukünftige Unternehmensentwicklung (Business Development) und die damit einhergehenden Veränderungsprozesse (Organisationsentwicklung) geplant, gesteuert und kontrolliert werden. Dadurch ist das Personalmanagement sowohl operativ, als auch strategisch für das Unternehmen von Bedeutung und kann als die Summe der mitarbeiterbezogenen Gestaltungsmaßnahmen zur Erreichung der Unternehmensziele definiert werden. Die strategischen Ziele definieren sich durch die Visionen der Geschäftsführung und deren langfristige Ausrichtung die strategischen Aufgaben des Personalmanagements. Aus den strategischen Zielen werden die operativen Ziele des Unternehmens abgeleitet. Die operativen Ziele definieren das Tagesgeschäft des Personalmanagements und deren kurzfristige Ausrichtung die operativen Aufgaben des Personalmanagements. Dadurch besteht ein Zusammenhang zwischen den strategischen und operativen Unternehmenszielen und den strategischen und operativen Aufgaben des Personalmanagements.

Zusammenhang zwischen Zielen und Personalmanagementaufgaben

Abb. 40: Zusammenhang Ziele und Personalmanagementaufgaben, Quelle: Eigene Darstellung

Zudem stehen die strategischen und operativen Ziele in der Praxis nicht einfach nebeneinander, sondern immer in einer Beziehung zueinander. Daher wird es in der Praxis nicht immer eine eindeutige Zuordnung der strategischen und operativen Aufgaben geben, oder es ergeben sich gemischte Aufgaben. Trotzdem macht die Unterscheidung zwischen strategischen und operativen Aufgaben einen Sinn, weil jede Aufgabenstellung die Verwendung von differenten Instrumenten zur abgestimmten und erfolgreichen Aufgabenlösung erfordert. Darüber hinaus erfordern die unterschiedlichen zeitlichen Perspektiven auch eine differente Zeitraumbetrachtung für die strategischen und operativen Aufgaben

2.6.1. Die strategischen Aufgaben des Personalmanagements

Zu unterscheiden ist zwischen den langfristigen, strategischen Aufgaben des Personalmanagements, die sich aus der Unternehmensstrategie ergeben, und den kurzfristigen, operativen Aufgaben des Personalmanagements, die einen optimalen Personaleinsatz anstreben.

Umsetzung operativer Personalmanagementaufgaben

Abb. 41: Umsetzung der operativen Personalmanagementaufgaben, Quelle: Eigene Darstellung

„Die zentrale Aufgabe des strategischen Personalmanagements ist es, Wege und Möglichkeiten zu finden, die Mitarbeiter mit ihren wertvollen Kompetenzen langfristig im Unternehmen zu halten und dadurch einen Beitrag zum Erhalt der Organisation zu leisten. Es wird deutlich, dass der Unternehmenserfolg nicht nur von harten Faktoren wie Planung, Strategie, Strukturen und Systemen abhängt, sondern auch von weichen Faktoren wie Fähigkeiten, Qualifikation und Personal, die eine wichtige Rolle spielen. Interessant ist, dass der strategische Wettbewerbsvorteil Humanressource ausgebaut werden kann, wenn sich die Unternehmensführung und das Personalmanagement an den Bedürfnissen ihrer Mitarbeiter orientieren. Dies belegt auch eine empirische Studie von Schuster (vgl. Schuster, 1986), in der 1.000 Großunternehmen untersucht wurden. Die Unternehmen, die besonders mitarbeiterorientiert waren und viel Geld in die Personalentwicklung investierten, hatten eine um 11 Prozent höhere durchschnittliche Eigenkapitalrentabilität, als die Unternehmen, deren Mitarbeiterorientierung unterdurchschnittlich war.

Auch andere Studien kamen zum Ergebnis, dass Investitionen in Personalentwicklungsmaßnahmen nicht nur das Human Kapital („Human Capital“) erhöhen, sondern sich darüber hinaus positiv auf den Unternehmenserfolg auswirken. Hierdurch kommt auch dem Personalmanagement eine bedeutende Funktion zu. Zum einen kann das Personalmanagement durch richtige Personalbeschaffung hochqualifizierte Kräfte akquirieren und mit Hilfe der Personalentwicklung dafür sorgen, dass die Mitarbeiter weiterqualifiziert werden. Dadurch wird der strategische Wettbewerbsvorteil ausgebaut und der Unternehmenserfolg positiv beeinflusst. Dies belegt auch eine Metanalyse von 61 Primärstudien in Asien, Europa und den USA von Gmür / Schwerdt. (vgl. Gmür, Schwerdt, 2005, S. 221–251)“ (Merk, 2018, S. 23)

Dagegen ist es die zentrale Aufgabe des operativen Personalmanagements, Wege und Möglichkeiten zu finden, die Mitarbeitenden mit ihren wertvollen Kompetenzen so zu motivieren, dass die Mitarbeitenden ihre täglichen Tätigkeiten möglichst optimal und zum Wohle des Unternehmens zielgerichtet, optimiert und möglichst nachhaltig einsetzen. Damit einerseits das operative Wissen eines Unternehmens nicht verloren geht und andererseits die Kosten für Personalrekrutierung möglichst gering bzw. optimal sind, ist es Aufgabe des Personalmanagements, die Mitarbeitenden an das Unternehmen zu binden und nicht an die Konkurrenz zu verlieren. „Folglich ist es für die Mitarbeiterretention[17] und damit den Unternehmenserfolg wichtig, auf Wünsche und Bedürfnisse von Mitarbeitenden einzugehen. So steigt das Maß an Zufriedenheit, was auch Studien von Huselid (Huselid, 1995, S. 635–672), Scholz, Stein (Scholz, Stein, 2000, S. 1ff., 2001, S. 1ff.) und PWC (PWC, 2019, S. 35) belegen konnten.“ (Merk 2018, S. 23)

Die Aufgaben des Personalmanagements verändern sich im Zeitablauf, weil durch die Unternehmensumwelt, die Marktlage, das

[17] Mitarbeiterretention bedeutet Mitarbeiterbindung.

Mitarbeiterverhalten, sowie der Arbeitsmarkt, aber auch durch die Digitalisierung des Unternehmens die Aufgaben des Personalmanagements ständigen Veränderungen unterlegen ist. Veränderungen der Unternehmensumwelt ergeben sich aus makro- und mikroökonomischen Entwicklungen. Die Marktlage kann ebenfalls, aufgrund veränderter Wettbewerberstrukturen und veränderter Kundenverhalten, die Ergreifung differenter Maßnahmen und Instrumente durch das Personalmanagement erfordern, weil sich Prozesse ändern, oder geändertes Know-How der Mitarbeitenden erfordert. Einen nicht unerheblichen Einfluss hat auch die zunehmende Digitalisierung der Unternehmen. Durch den Wandel im Selbstverständnis der Mitarbeitenden fordern die Mitarbeitenden zunehmend mehr Freiräume für Gestaltung und Ideen, die Lernformen und die Mitarbeiterentwicklung, sowie eine Flexibilität der Arbeitsinhalte. Zudem ändern sich die Verhaltensweisen der Mitarbeitenden. (vgl. Reinhardt, 2000, S. 209–41) Die Arbeitsmarktentwicklung ist durch den demografischen Wandel, die Gesellschaftsentwicklung und durch die zunehmende Mobilität der Informationsgesellschaft geprägt. (vgl. Fichtel, 2020)

„Damit Unternehmen die Herausforderungen der Zukunft der Arbeit meistern und gleichzeitig von den sich ergebenden Chancen bestmöglich profitieren können, müssen Personalverantwortliche im Schulterschluss mit dem Topmanagement die digitale Transformation gestalten. Die Kernaufgaben des Personalmanagements bestehen verstärkt darin, eine zukunftsorientierte Personalstrategie zu entwerfen, flexible Arbeits- bzw. Organisationsformen zu gestalten und die Mitarbeitenden auf die digitale Arbeitswelt der Zukunft vorzubereiten." (Stock-Homburg, Groß, 2019, S. 5)

„Vor dem Hintergrund der skizzierten Veränderungen in der Arbeitswelt kommt eine Studie mit 591 Führungskräften in Deutschland, Österreich und Schweiz zu dem Schluss, dass derzeit die beiden wichtigsten Aufgaben des Personalmanagements in der Flexibilisierung der Arbeitsstrukturen und der Vorbereitung der Mitarbeitenden auf die digitale Transformation liegen. Die jahrelangen Topthemen des Personalmanagements „Führung ausbauen" und

„Unternehmenskultur entwickeln" hingegen haben im Vergleich zu den Vorjahren leicht an strategischer Relevanz eingebüßt (vgl. Eilers et al., 2017, S. 2)." (Stock-Homburg, R., Groß, M., 2019, S. 12)

Personalmanagement in einer agilen Umwelt

Abb. 42: Personalmanagement in einer agilen Umwelt, Quelle: Eigene Darstellung

„Vor dem Hintergrund der skizzierten Veränderungen in der Arbeitswelt kommt eine Studie mit 591 Führungskräften in Deutschland, Österreich und Schweiz zu dem Schluss, dass derzeit die beiden wichtigsten Aufgaben des Personalmanagements in der Flexibilisierung der Arbeitsstrukturen und der Vorbereitung der Mitarbeitenden auf die digitale Transformation liegen. Die jahrelangen Topthemen des Personalmanagements „Führung ausbauen" und „Unternehmenskultur entwickeln" hingegen haben im Vergleich zu den Vorjahren leicht an strategischer Relevanz eingebüßt. (vgl. Eilers et al., 2017, S. 2)" (Stock-Homburg, Groß, 2019, S. 12)

Wandel der Top-HR-Themen 2011–2016

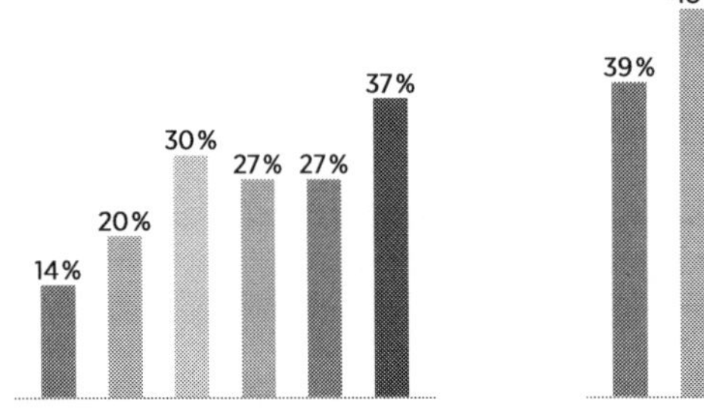

Flexibilisierung der Arbeitsstrukturen

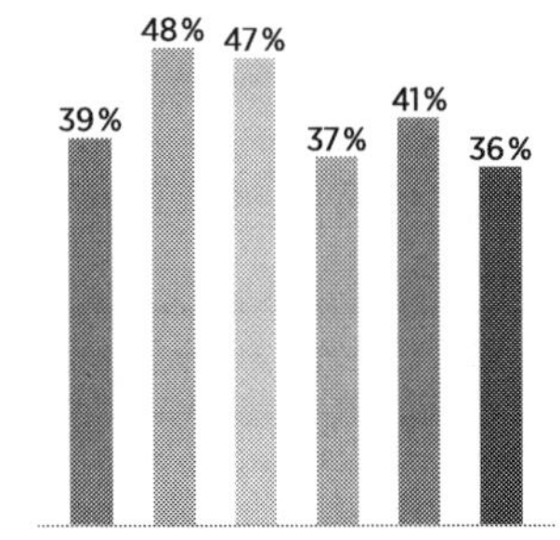

Weiterentwicklung der Unternehmenskultur

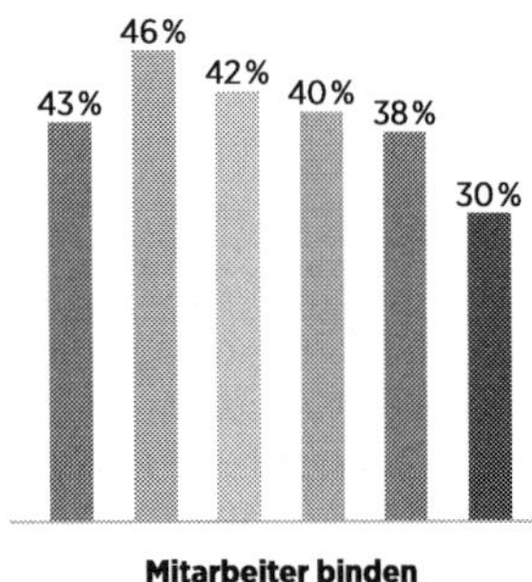

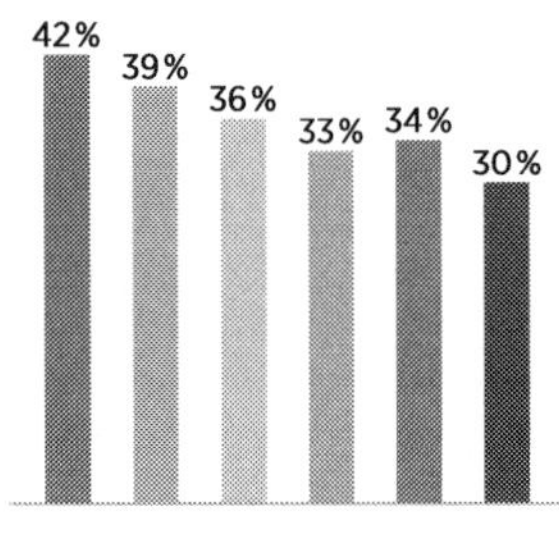

Mitarbeiter binden

Förderung der eigenen Beschäftigungsfähigkeit

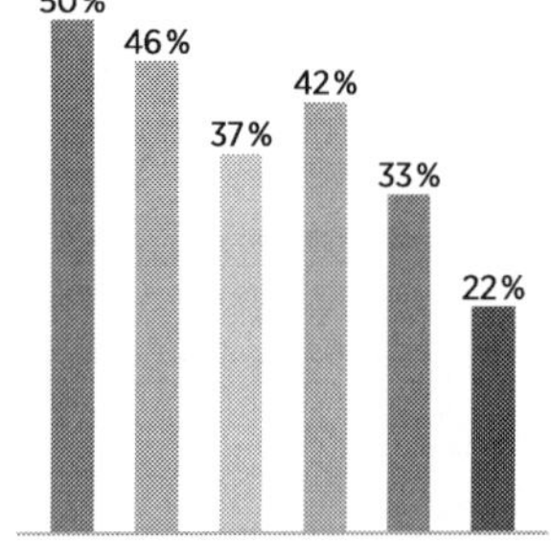

Führung im Unternehmen ausbauen

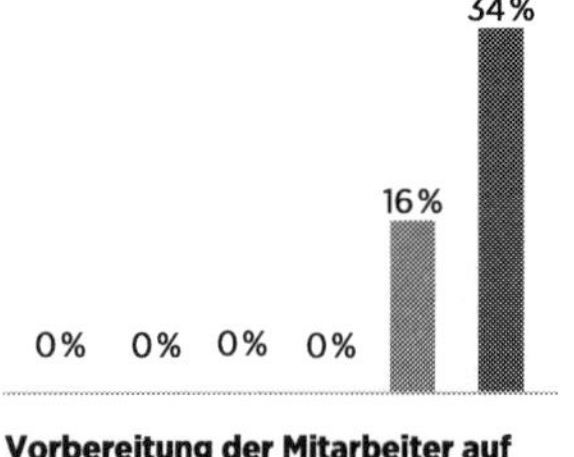

Vorbereitung der Mitarbeiter auf die digitale Transformation
(wird erst seit 2015 abgefragt)

Abb. 43: Wandel der Top-HR-Themen, Teil 2, Quelle: Eilers et al., 2017, S. 8

Zugleich wird aber auch deutlich, dass in einer agilen und sich permanent ändernden Umwelt das Personalmanagement sich an diese Veränderungen kontinuierlich anpassen muss. In der Folge unterliegen auch die Aufgaben des Personalmanagements einem kontinuierlichen Wandel.

2.6.2. Die operativen Aufgaben des Personalmanagements

Alle Personaltätigkeiten, die kurzfristig im Tagesgeschäft zu erledigen sind, werden zu den operativen Aufgaben des Personalmanagements gezählt.

Während in vielen anderen Bereichen eines Unternehmens die betriebswirtschaftlichen Aspekte am meisten im Fokus stehen, stellt das Personalmanagement eine Sonderrolle dar. In einer Personalabteilung wird nicht nur der Produktionsfaktor Arbeit wirtschaftlich geplant, gesteuert und kontrolliert, sondern erfordert auch die Interaktion mit den Mitarbeitenden und Kollegen des Unternehmens. Allgemein umfasst daher das operative Personalmanagement:

- Planungs-,
- Steuerungs- und
- Kontrollaufgaben,

die im Zusammenhang mit den Mitarbeitenden eines Unternehmens anfallen.

Abgeleitet von den operativen Zielen ergeben sich daher die operativen Personalmanagementaufgaben, indem durch die Planung, Steuerung und Kontrolle die operativen Personalmanagementaufgaben umgesetzt werden. Die Planungs-, Steuerungs- und Kontrollaufgaben sind Bestandteile des Personalcontrollings. Das operative Personalmanagement beschäftigt sich somit mit den gesamten mitarbeiterbezogenen unternehmerischen Gestaltungs- und Verwaltungsaufgaben im kurzfristigen Tagesgeschäft.

Umsetzung der operativen Personalmanagementaufgaben

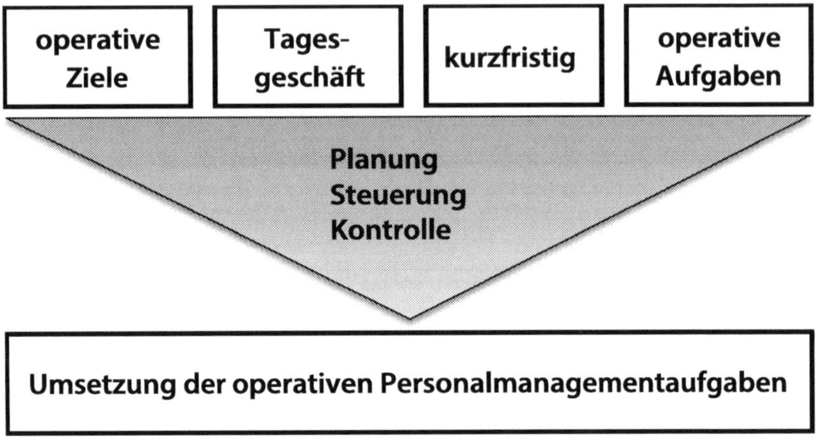

Abb. 44: Umsetzung der operativen Personalmanagementaufgaben, Quelle: Eigene Darstellung

2.6.3. Organisatorische Einbindung der Personalmanagementaufgaben

An dieser Stelle wird sich der Leser fragen: Warum soll ich mich mit Organisation beschäftigen, wo doch beim Personalmanagement der Mensch im Vordergrund teht?

Nun, die Antwort ist: Gerade deswegen. Die organisatorische Einbindung des Personalmanagements in ein Unternehmen entscheidet darüber, wie das Personalmanagement im Unternehmen respektiert, sowie akzeptiert wird und nicht nur als überflüssiges oder lästiges Beiwerk zur Erfüllung der Aufgaben Personaleinstellung, -bereitstellung, -entlassung und Gehaltszahlung verstanden wird. Einen Mehrwert für das Unternehmen ergibt sich, wenn das Personalmanagement als wesentlicher Mitgestalter einer nachhaltigen unternehmerischen Entwicklung gesehen wird. Diese Wahrnehmung des Personalmanagements entscheidet auch über die Einstellung der Unternehmensleitung, des Managements und der Mitarbeitenden zu den operativen und strategischen Aufgaben und Funktionen des Personalmanagements im Unternehmen. Damit hat

Beispiel Einbindung der Personalabteilung in einer Linienorganisation

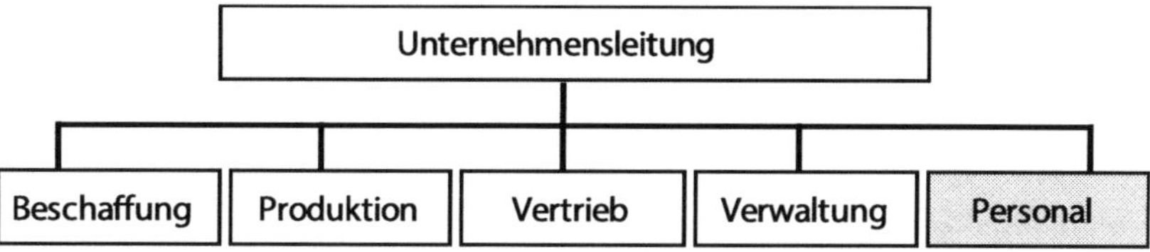

Abb. 45: Beispiel Einbindung der Personalabteilung in einer Linienorganisation, Quelle: Eigene Darstellung

die organisatorische Einbindung des Personalmanagements in die Unternehmensorganisation einen unmittelbaren Einfluss auf Qualität und Intensität der Personalarbeit in einem Unternehmen.

Zur Aufgabenerfüllung kann das Personalmanagement auf verschiedene Art und Weise in die Unternehmensorganisation eingebunden werden. In der Praxis gibt es die verschiedensten Organisationsformen und Aufgabenzuteilungen, wie die Personalabteilung in die Unternehmensstruktur integriert wird. Dabei sollte die Organisation sowie der Aufbau der Personalabteilung auf die speziellen Gegebenheiten des Unternehmens und hinsichtlich der Unternehmensgröße angepasst werden. (vgl. Scholl, 1994, S. 2)

Ein mögliche organisatorische Einbindung der Personalabteilung in die Unternehmensorganisation ist die Integration in eine Linienorganisation. Als Linienorganisation wird die hierarchische Ordnung der Aufbauorganisation in einem Unternehmen beschrieben. Sie ist die in der Praxis am häufigsten anzutreffende Organisationsform. Linear bedeutet, dass es eine klare Struktur der Abteilungen gibt, in der jeder Mitarbeitende einen unmittelbaren Vorgesetzten hat. An oberster Stelle im Organigramm befindet sich in der Regel die Unternehmensleitung.

Linienorganisationen sind klar auf Effizienz ausgelegt. Der Vorteil der Linienorganisation beruht in der schnellen Kommunikation und Entscheidungsfindung und der klaren Kompetenzverteilung. Die Hierarchie ist eindeutig. Es gibt keine Überschneidungen bezüglich der Weisungsbefugnisse, da jede Organisationseinheit genau eine übergestellte Stelle hat. Damit wird ein „Kompetenzgerangel" verhindert.

Doch wo Licht ist, ist auch Schatten: Wenn Entscheidungsträger ausschließlich „top down" und autoritär leiten, dann können Entscheidungsträger unter Umständen auch überfordert werden, da jede Entscheidung alleine getroffen werden muss und jeder Arbeitsschritt der Mitarbeitenden kontrolliert wird. Dies führt zur Überlastung und zu höheren Durchlaufzeiten. In dieser Führungssituation werden auch die Kreativität und die persönliche Entfaltung der Mitarbeitenden gehemmt. Je mehr Organisationsebenen es gibt, desto größer werden die Nachteile der Einlinienorganisation: Mit jeder Ebene dauert es länger bis eine Weisung oder Information die Kette durchlaufen hat. Zudem besteht die Gefahr, dass Informationen verfälscht werden oder verloren gehen („Stille Post-Problem").

Ein Vorteil der Einbindung der Personalabteilung in eine Linienorganisation ist, dass durch die Gleichstellung auf der zweiten Führungsebene eine hohe Akzeptanz im Unternehmen für das Personalmanagement ermöglicht wird. Die Unabhängigkeit und Neutralität gegenüber den anderen Linienfunktionen ermöglicht eine hohe Durchsetzungskompetenz und die direkte Kommunikation. Eine Abstimmung mit den Bereichsleitern und der Unternehmensleitung gewährleisten eine effiziente und schnelle Realisierung von Personalmaßnahmen. In der Praxis ist die Einbindung der Personalabteilung in eine Linienorganisation die häufigste Organisationsform.

„Die starren Hierarchieregelungen führen unter Umständen zu langen Kommunikations- und Entscheidungswegen, möglicherweise zur unvollständigen Weitergabe von Informationen zur nächsten Hierarchiestufe, Behinderung der Zusammenarbeit, Überbelastung der Instanzen (Stelle mit Leitungsbefugnis) oder bei unzureichenden Informationsaustausch zu Frustration bei den Mitarbeitenden. Allerdings sind die Kommunikationswege und Aufgaben klar, eindeutig und nachvollziehbar zu gegliedern." (Margeit, 2018, S. 16)

Eine weitere mögliche Organisationsform, in der das Personalmanagement integriert werden kann, ist die Mehrlinienorganisation.

„Im Mehrliniensystem ist ein Stelleninhaber, im Gegensatz zum Einliniensystem, mindestens zwei spezialisierten Vorgesetzten untergeordnet, die ihm gegenüber gleichberechtigt weisungsbefugt sind, aber ebenso bei Rückfragen zur Verfügung stehen. Da einem Mitarbeitenden mindestens zwei Leitungsfunktionsinhaber als Ansprechpartnervorgesetzt sind, können die nachteiligen langen Kommunikations- und Entscheidungswege des Liniensystems verkürzt werden.

Allerdings birgt diese Organisationsform zusätzliches Konfliktpotenzial, wenn die Stelleninhaber verschiedene, sich widersprechende Anweisungen, als Folge einer nicht ausreichenden Kompetenzregelung, erhalten." (Margeit, 2018, S. 17) Dies kann zu unternehmensinternen Machtkämpfen zwischen den Führungskräften und Verwirrung bei den Mitarbeitenden führen. Darüber hinaus kann das Personalmanagement nicht immer eindeutig und stringent agieren und Maßnahmen umsetzen.

Beispiel Einbindung des Personalwesens in einer Mehrlinienorganisation

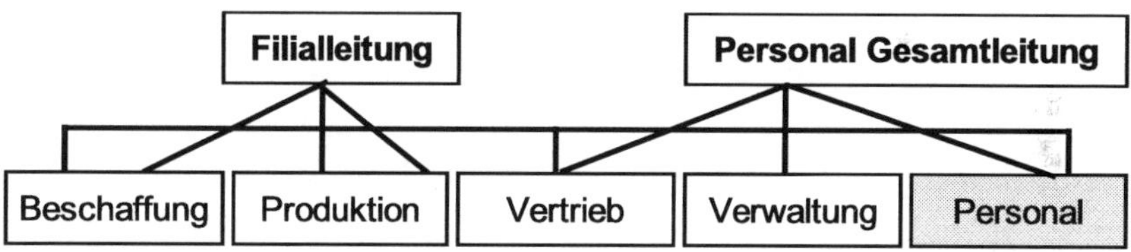

Abb. 46: Beispiel Einbindung des Personalwesens in einer Mehrlinienorganisation, Quelle: Eigene Darstellung

Das Personalmanagement kann auch als Stabsstelle in das Unternehmen eingebunden werden. „In der Stablinienorganisation wird die mögliche Überbelastung der Leitungsfunktionsinhaber durch Zuordnung einer unterstützenden, beratenden, aber ohne eigene Weisungsbefugnis ausgestatteten Stabsstelle entschärft" (Margeit, 2018, S. 17). Der Stab, meistens Spezialisten, entlastet die Instanzen und hilft bei der Lösung von Problemen. (vgl. Margeit, 2018, S. 17)

„Nachteilig wirkt sich ein problematisches Verhältnis zwischen Stab und Linie auf die Effektivität der Arbeit aus. Dasselbe gilt für ein personelles „Aufblähen" der Stabstellen". (Margeit, 2018, S. 17)

Eine Stabsstelle hat eine direkte Anbindung an die Unternehmensleitung durch kurze Kommunikations- und Informationswege. Dadurch werden die Unternehmensleitung und die Abteilungen von der Planung und Kontrolle entlastet.

Beispiel Einbindung der Personalabteilung als Stabsstelle

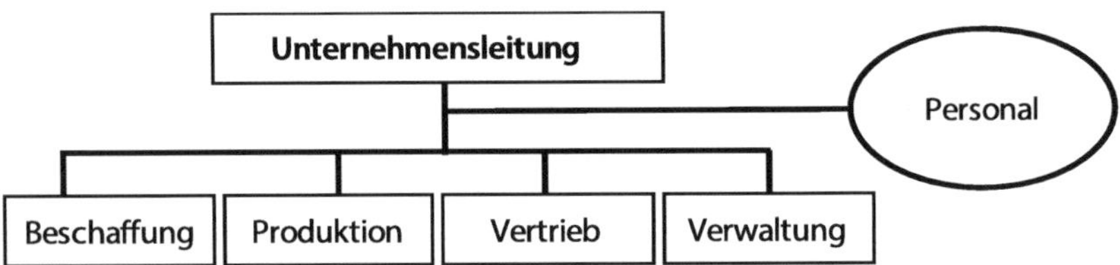

Abb. 47: Beispiel Einbindung der Personalabteilung als Stabsstelle, Quelle: Eigene Darstellung

Allerdings ist der Erfolg der Personalabteilung bei dieser Organisationsform stark von dem Kooperationswillen abhängig und kann durch eine Informationsblockade der Fachabteilungen an Effizienz verlieren. Stabstellen haben in der Praxis tendenziell eher eine beratende und unterstützende Funktion. Zudem weder Weisungsbefugnisse gegenüber den Linien noch Entscheidungsbefugnisse, wodurch Autoritätsprobleme entstehen können.

Mit der Größe der Unternehmen wächst auch der Umfang und die Detailtiefe der Personalarbeit. „In größeren Unternehmen muss entschieden werden, welche Aufgaben der Personalwirtschaft in den einzelnen Zweigwerken vor Ort übernommen werden." (Scholl, 1994, S. 2) In diesem Fall ist die Entscheidung zu treffen, ob die Personalmanagementaufgaben besser als zentrale Abteilung oder als dezentrale Abteilung erfüllt werden können.

Eine Zentralabteilung kann die Aufgaben des Personalwesens effizient durch die konzentrierte Erledigung der Aufgaben und durch spezialisierte Experten umsetzen. Daher erledigen zentrale

Personalabteilungen ihre Aufgaben häufig wirtschaftlich effizienter. Nachteilig an einer zentralen Personalabteilung ist die fehlende Nähe zu den Mitarbeitenden, die zu Missverständnissen und Unzufriedenheit führen kann, wenn bestimmte Aufgaben nicht schnell genug, oder nicht zur Zufriedenheit der Mitarbeitenden durchgeführt werden.

Um die Vor- und Nachteile einer Zentralabteilung und von dezentralen Personaleinheiten haben sich in der Praxis verschiedene Organisationsformen herausgebildet. Wesentliches Merkmal dieser Organisationsformen ist die Objektbezogenheit. Bei objektbezogenen Organisationsformen existiert immer eine Zentralabteilung und zusätzlich noch dezentrale Personalabteilungen, welche beispielsweise nach Berufsgruppen, Verkaufsgebieten, Regionen oder Produktgruppen organisiert sind. Dadurch kann die Personalarbeit besser an den objektspezifischen Gegebenheiten und an den objektspezifischen Mitarbeiterbedürfnissen ausgerichtet werden, als es in einer rein funktionsorientierten Personalarbeit möglich ist.

Dabei wächst die zentrale Personalabteilung um Referentenstellen. „Bei dem Referentenmodell wird die objektorientierte Organisation um Spezialgebiete erweitert. Der Referent ist der Gesamtleitung des Personalwesens unterstellt, betreut die Mitarbeitenden einer Sparte (Objekt) und übernimmt zusätzliche, für alle anderen Referenten des Unternehmens wichtige Spezialaufgaben." (Margeit, 2018, S. 20)

Sowohl bei den Mitarbeitenden in den Unternehmensabteilungen als auch bei den Referenten kann eine objektorientierte Organisation Motivationssteigerungen durch die Spezialtätigkeiten und -entscheidungen auslösen. Darüber hinaus ist die Bindung der Mitarbeitenden zur Personalabteilung enger, weil die Referentenstelle eine Anlaufstelle ist, welche die Bedürfnisse und Sorgen der Mitarbeitenden besser kennt, als die (weit entfernte) Zentralabteilung. Auch kann eine spezialisierte Personalentwicklung und die ortsnahen sozialen Dienste können zur Motivationssteigerungen bewirken. Nachteilig kann ein mögliches Abteilungsdenken und die differente Einschätzung derselben Sachverhalte sein.

Beispiel Einbindung des Personalwesens in eine Matrixorganisation

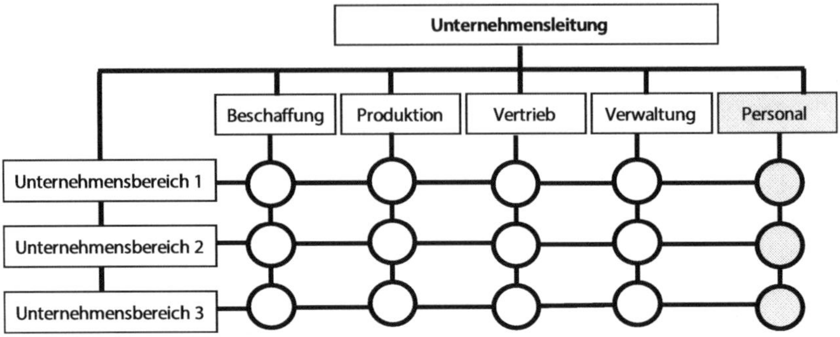

Abb. 48: Beispiel Einbindung des Personalwesens in eine Matrixorganisation, Quelle: Eigene Darstellung

Objektorientierte Organisationsformen sind Matrixorganisationen, Spartenorganisationen und Dotted-Line-Organisationen.

In Großunternehmen und Konzernen mit verschiedenen Geschäftseinheiten können Personalabteilungen in eine Matrixorganisation eingebunden werden.

„Oft wird die Matrixorganisation von großen und international agierenden Unternehmen genutzt, um durch Spezialisierung auf mehrere Bereiche konkurrenzfähig zu bleiben. Bei der Matrixorganisation handelt es sich um eine mehrdimensionale Organisationsstruktur, welche innerhalb eines Unternehmens oder einer Organisation angewendet werden kann. Hierbei werden die Handlungskomplexe der Aufgaben im Unternehmen nach verschiedenen Kriterien zerlegt und den jeweiligen Bereichen zugeordnet. Dabei fungieren für eine Teilhandlung immer zwei zuständige Entscheidungseinheiten, die zu fassende Beschlüsse gemeinsam treffen. So werden gleichzeitig mehrere Aspekte einer Handlung berücksichtigt, da die einzelnen Handlungsaspekte gleichberechtigt in zwei Entscheidungssystemen organisatorisch verankert sind." (Schroer, 2020b)

Jedoch steigt der Abstimmungsbedarf zwischen den anderen Unternehmensbereichen und der Leitungsebene und kann daher zeitaufwändiger sein, als bei einer Linienorganisation. Dies ist also

Vor- und Nachteile einer Matrixorganisation

Vorteile	Nachteile
Wegfall von Hierarchien zwischen den einzelnen Unternehmensbereichen	Langwierige Entscheidungsprozesse aufgrund eines erhöhten Abstimmungsaufwandes
Vermeidung von Einseitigkeit und Förderung von interdisziplinärem Handeln	Innerbetriebliche Konflikte können insbesondere bei Meinungsverschiedenheiten der beiden weisungsbefugten Stellen auftreten.
Mehrere Ansprechpartner für einen Handlungsbereich	Kompetenzüberschneidungen
Kurze Kommunikationswege	Erfolg und Misserfolg sind nur schwer einer Abteilung zuzuordnen.
Interaktion der einzelnen Abteilungen und damit Förderung des gegenseitigen Verständnisses	Insbesondere für Externe oder neue Mitarbeitende kann die Organisation verwirrend wirken.

Abb. 48a: Vor- und Nachteile einer Matrixorganisation, Quelle: Eigene Darstellung

der Preis für eine komplexe Organisation. Die Vor- und Nachteile einer Matrixorganisationen lassen sich daher wie folgt zusammenfassen (Abb. 48a).

Zudem kann das Personalmanagement in eine Spartenorganisation integriert werden. Eine Spartenorganisation gliedert das Unternehmen objektorientiert, in eigenständig operierende kleinere Unternehmensbereiche. Damit entspricht der organisatorische Aufbau des Unternehmens dem Einliniensystem, dieser wird aber aufgrund der Unternehmensgröße anders organisiert.

Weil die einzelnen Sparten unabhängig voneinander agieren, erfolgt zwischen den Sparten kein, oder nur ein rudimentärer Informationsaustausch. Dadurch kann es zu unnötigen Mehrfachbearbeitungen gleicher oder ähnlicher Vorgänge kommen, da die Mitarbeitenden „in einer Sparte nicht von bereits erarbeiteten Problemlösungen einer anderen Sparte profitieren können. Dadurch steigt einerseits der Bedarf an gut ausgebildetem Personal;

andererseits wird ein leistungsorientierteres Arbeiten durch zunehmendes Konkurrenzdenken gefördert. Entscheidungsfreiheit und mehr Verantwortung können die Motivation der Mitarbeitenden zusätzlich steigern. Personalaufgaben, wie z. B. die Einführung neuer Arbeitszeitregelungen, müssen aber wegen fehlender Kommunikationswege von jeder einzelnen Spartenabteilung neu entwickelt werden. Eine weitere Folge, die sich aus der Eigenständigkeit einer Sparte ergibt, ist die aufwändige Kontrolle zur Vermeidung einer uneinheitlichen Personalpolitik." (Margeit, 2018, S. 18)

Beispiel Einbindung des Personalwesens in eine Spartenorganisation

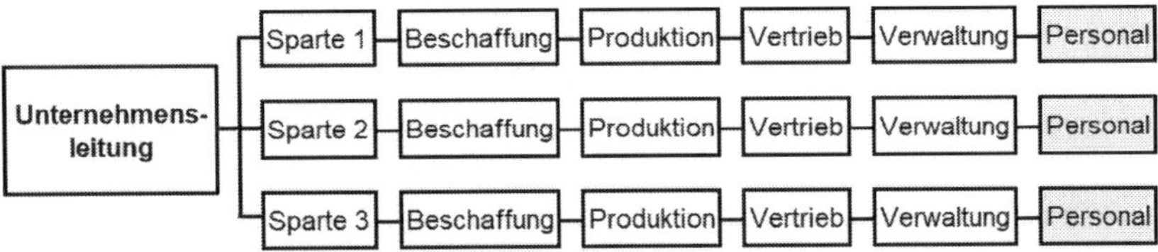

Abb. 49: Beispiel Einbindung des Personalwesens in eine Spartenorganisation, Quelle: eigene Darstellung.

Von Vorteil ist aber, dass die Personalarbeit in dieser Organisationsform präzise und daher bedarfsgerecht auf die Erfordernisse der Spartenmitarbeitenden zugeschnitten werden kann.

Eine weitere Möglichkeit, das Personalmanagement in das Unternehmen einzubinden, ist die Integration in eine sogenannte Dotted-Line-Organisation. Das Dotted-Line-Prinzip bezeichnet in der Organisationslehre eine Teilung der fachlichen und disziplinarischen Unterordnung. Die jeweilige Organisationseinheit hat, wie beispielsweise das Personalwesen, zwei übergeordnete Leitungen und zwar je eine Leitung für das Zentralpersonalwesen und für das Bereichspersonalwesen. Dieses Prinzip der Unterstellung kann im Rahmen des dezentralen Personalwesens zur Anwendung kommen. So können beispielsweise die dezentralen Personalfunktionsbereichsmitarbeiter fachlich dem zentralen Personalmanager und disziplinarisch dem jeweiligen Funktionsbereichsleiter Personal

Beispiel Einbindung des Personalwesens in eine Dotted-Line-Organisation

Unternehmensleitung

Beschaffung | Produktion | Vertrieb | Verwaltung | Personal

Bereichs-HR | Bereichs-HR | Bereichs-HR | Bereichs-HR

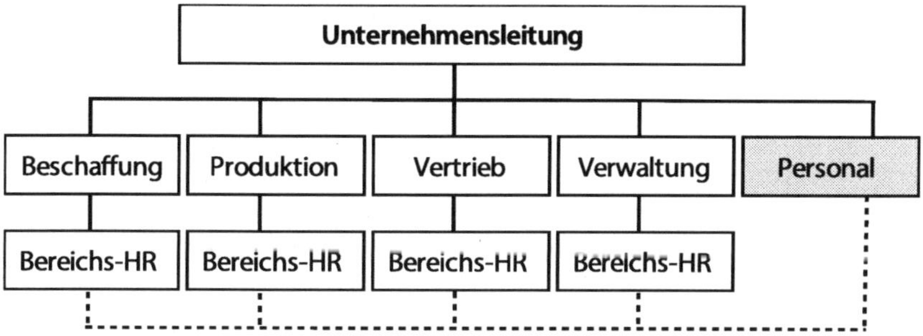

Abb. 50: Beispiel Einbindung des Personalwesens in eine Dotted-Line-Organisation, Quelle: Eigene Darstellung

unterstellt werden. Hierbei werden im Organigramm die fachliche Unterstellung durch eine gestrichelte Linie (dotted line) und die disziplinarische Unterstellung durch eine durchgezogene Linie (solid line) gekennzeichnet.

Die Vorteile der Dotted-Line-Organisation liegen für das Personalmanagement in den einheitlichen Prozessen, sowie in der einheitlichen Vorgehensweise, Dokumentation und den Reports. Auch besteht ein Durchgriff auf dezentrale und zentrale Informationen und das Personalwesen ist unabhängig gegenüber den Geschäftsbereichen. Zudem können hohe Fachkompetenzen sowie eine Menge Spezialistenwissen im Funktionsbereich durch die direkte Anbindung aufgebaut werden. Dadurch kann das Personalmanagement qualifizierter, effizienter und zielgerechter den Bedürfnissen der Führungskräfte und Mitarbeitenden entsprechen, weiterbilden und den Prozess der Neueinstellung optimieren. Zudem ist das Zentral-HR unabhängig vom Bereichs-HR und kann daher auch strategische Aufgaben intensiver bearbeiten, als wenn operative und strategische Aufgaben in einer Abteilung liegen.

Ein Nachteil der Dotted-Line-Organisation kann in der mangelnden Neutralität und Objektivität liegen, bei der das Bereichs-HR die Bereichsinteressen vor die Gesamtunternehmensinteressen stellt. Dies kann zu Informationsblockaden seitens des Bereichs-HR führen.

Auch kann es an Akzeptanz des zentralen Personalmanagements in den Geschäftsreichen mangeln, wodurch die Umsetzung von Strategien behindert werden kann. Zudem kann ein Konfliktpotenzial zwischen fachlicher und disziplinarischer Weisungsbefugnis bestehen.

Bisher haben wir die funktions- und objektorientierte Organisationsformen betrachtet. Funktions- und objektorientierte Organisationsformen sind klar auf eine optimale Effizienz ausgerichtet. Dabei kann jedoch die Kundenorientierung in den Hintergrund treten, weil sich die Sichtweise einer funktions- und objektorientierten Organisationsform auf die technische Abwicklung einer Produktion oder Dienstleistung konzentriert. Es kann aber dadurch in der Praxis immer wieder zu einem Abteilungsdenken kommen, weil die Mitarbeitenden sich zu stark auf ihre Funktion konzentrieren.

In der beruflichen Praxis drückt sich ein ausgeprägtes Abteilungsdenken häufig durch den

- Aufbau von Herrschaftswissen in den Abteilungen,
- in der mangelhaften Weitergabe von Informationen und
- einer mangelnden Zusammenarbeit zwischen den Abteilungen
- aus.

Wirtschaftlich kann Abteilungsdenken zu Nachteilen in der Form von Gewinneinbußen oder Verlusten für das Unternehmen führen.

Bei einer zunehmend agiler werdenden Umwelt reicht jedoch eine funktions- und objektorientierten Organisationsform nicht mehr aus. Vielmehr muss das Unternehmen in die Lage versetzt werden, sich flexibel an die agile Umwelt anzupassen.

„Um Entscheidungen richtig treffen zu können, reicht es nicht aus, zu wissen, welche Abteilungen es gibt und wie diese hierarchisch verbunden sind, sondern wie die einzelnen Abteilungen bei der Aneinanderreihung ihrer Leistungen ineinandergreifen und damit zur Endleistung beitragen.

Das Problem erstreckt sich auf alle hierarchischen Ebenen: Ist auch jedem Mitarbeitenden der Abteilungen klar, wie er als Person an der Leistungserstellung beteiligt ist? Oder enden die Erkenntnisse der Zusammenhänge der einzelnen Tätigkeiten an der Abteilungsgrenze? Ist jedem Mitarbeitenden klar, was die im Ablauf folgende Abteilung wirklich braucht?

Symbolische Darstellung von Abteilungsdenken

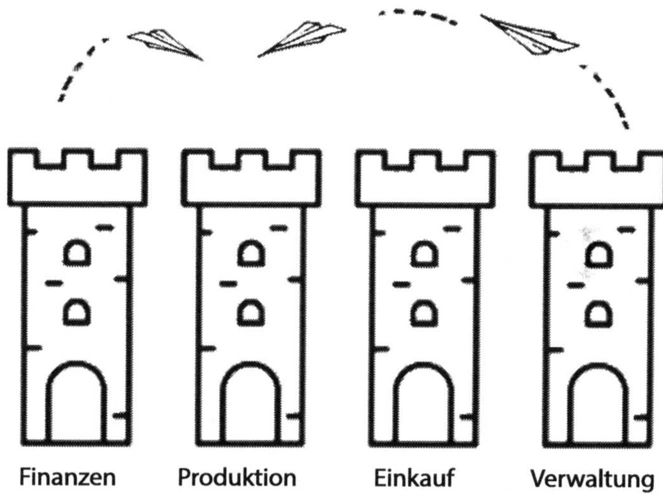

Abb. 51: Abteilungsdenken, Quelle: Eigene Darstellung

Und sind die Schnittstellen zwischen den einzelnen Tätigkeiten so weit definiert und festgelegt, dass die Übergänge keine Fehlerquellen mehr sind. In diesem traditionellen, funktionsorientierten organisatorischen Umfeld entsteht oftmals ein Effekt, der sich als „Silo-Effekt" beschreiben lässt. Das bedeutet im übertragenen Sinne, dass hohe, dicke und fensterlose Strukturen rund um die jeweilige Abteilung hochgezogen werden. Es wird funktionsorientiert agiert, d. h. nur auf die eigene Abteilung Rücksicht genommen – der Blick auf das Gesamte geht verloren. Durch den Ansatz der Prozessorientierung kommt man weg von diesem Denken in „Silos" – dem Arbeiten innerhalb der Kompetenzbereiche, die über Jahre aufgebaut wurden und deren oberste Maxime die eigene Budgeterreichung ist, auch wenn dies auf Kosten anderer Unternehmensbereiche geht." (Wagner, Käfer, 2017, S. 3f.)

„Ein Prozess ist aber nicht nur zeitlich abgegrenzt, sondern auch inhaltlich. Um die sogenannten Schnittstellen zu definieren, ist für jeden Prozess festzuhalten, welches Ergebnis in welcher Form vom vorhergehenden Prozess übergeben, wie dieses Ergebnis weiterverarbeitet und in welcher Form das weiterverarbeitete Ergebnis an den anschließenden Prozess weitergegeben bzw. übernommen wird – egal, ob es materiell (Produkte, Werkstoffe, Halbfertigprodukte etc.) oder immateriell (Information, Signal, Datensatz etc.) ist." (Wagner, Käfer, 2017, S. 4)

Prozessorientierte Unternehmen orientieren sich nicht nur an den Kunden, sondern können sich auch flexibel an eine agile Umwelt anpassen, indem sie die Prozesse an den geänderten Umwelt- und Marktbedingungen anpassen. Eine Prozessorientierung erfordert von dem Mitarbeitenden eine vorausschauende und komplexe Denkweise.

Die vorausschauende Denkweise ist erforderlich, um einen gesamten Prozess bereichsübergreifend zu überblicken und um steuernd eingreifen zu können. Eine komplexe Denkweise ist erforderlich, um die Zusammenhänge der Prozesse zu erkennen und mögliche Schnittstellenprobleme bei den Prozessketten zu erkennen. Dazu sind Kenntnisse der Ablauforganisation und bereichsübergreifende Fachkenntnisse erforderlich.

Aufgabe des Personalmanagements ist es die Mitarbeitenden durch Schulungen in die Lage zu versetzen, dass diese eine vorausschauende und komplexe Denkweise ermöglicht wird, indem bereichsübergreifende Fachkenntnisse vermittelt werden. Dies gilt auch für die Mitarbeitenden der Personalabteilung selbst. Schulungen können auch „inhouse" erfolgen.

Auch die Personalführung kann die Prozessorientierung des Unternehmens fördern, indem

- eine offene Kommunikation gefördert wird,
- die Mitarbeitenden über die Prozessketten informiert werden,
- bereichsübergreifendes Wissen vermittelt wird und
- eine offene Unternehmenskultur gelebt wird.

Funktionsorientierte Sichtweise

Prozessorientierte Sichtweise

Abb. 52: Funktionsorientierung versus Prozessorientierung, Quelle: Wagner, Käfer, 2017, S. 3

Mit dem Wachstum eines Unternehmens und aufgrund von Markt- und Umweltänderungen ändern sich ebenfalls die personellen Anforderungen. Somit verändert sich im Laufe der Zeit natürlich auch das Aufgabenspektrum der Personalabteilung in den Unternehmen. Diese Veränderungen können durch das Personalwesen in den Unternehmen, oder durch einen externen Personaldienstleister getragen werden. Bei dieser Betrachtung des Personalwesens stehen Funktionen und die mögliche Austauschbarkeit der Funktionen im Vordergrund. So wird zunehmend das Personalwesen eher zu einer Art Dienstleistungsanbieter, der einen großen Stellenwert besitzt. Diese geänderte Sichtweise ermöglicht andere Formen der Integration des Personalmanagements im Unternehmen.

Eine Dienstleistung wie das Personalmanagement kann daher in der Praxis auch für andere Lösungen in die Unternehmensstruktur eingebunden werden. Bei einer möglichen Auslagerung hat die Unternehmensleitung eine Entscheidung zu treffen, ob und in welchem Umfang das Personalmanagement die Aufgaben selbst erfüllt, oder ob Teile von Externen übernommen werden: „So gibt es Unternehmen, bei denen die Lohn- und Gehaltsberechnung zum Personalwesen, zum Bereich Rechnungswesen gehört, oder aber außer Haus vergeben an Dritte wird (z. B. Durchführung von DATEV)." (Scholl, 1994, S. 2)

Ob die Auslagerung von Aufgaben wirtschaftlich ist, beruht auf einer Make-or-buy-Entscheidung. Eine Make-or-buy-Entscheidung im Personalwesen ist die Entscheidung, ob bestimmte Aufgaben besser von externen Anbietern bezogen oder im eigenen Unternehmen durchgeführt werden sollen. Diese Entscheidung muss nach den Kriterien Kosten, Qualität, Zeit, Ressourcenverfügbarkeit und Risiken (z. B. mangelnde Mitarbeiterzufriedenheit) gefällt werden. Daher ist eine Make-or-buy-Entscheidung eine grundsätzliche Entscheidung über den Lösungsansatz für die Aufgabenstellung des Personalmanagements. Die Wirtschaftlichkeit der Make-or-buy-Entscheidung wird durch eine Vergleichsrechnung berechnet. Mögliche Kriterien für eine Make-or-buy-Entscheidung sind:

- Kosten,
- Zeit,
- Qualität,
- Ressourcenverfügbarkeit,
- Risiken.

„Wir müssen sparen." Diesen Satz hören die Mitarbeitenden in wirtschaftlich schwierigen Zeiten von ihren Vorgesetzten oft. Personal aus dem Unternehmen auszulagern oder zu entlassen, das ist nicht selten die Folge solcher Sparbemühungen. Auch die Personalabteilung ist mitunter davon betroffen. Externe Personaldienstleister übernehmen in diesem Fall die Aufgaben der Personalabteilung, wie etwa die Personalbeschaffung oder -entwicklung. Dabei gelten externe Personaldienstleister als kostengünstigere Alternative zur internen Personalabteilung. Doch sowohl die Arbeit mit einer internen Personalabteilung, als auch mit einem externen Personaldienstleister hat Vor- und Nachteile, die es sorgsam abzuwägen gilt. Es ist hier eine Make-or-buy-Entscheidung zu treffen.

Die Personalabteilung eines Unternehmens ist für die Organisation und Entwicklung der Mitarbeitenden im Unternehmen verantwortlich. Auch dient die Personalabteilung der Geschäftsführung als Mittler zwischen der Mitarbeiter- und der Managementebene und ist bei allen betriebsinternen Anliegen direkter Ansprechpartner für alle Mitarbeitenden.

Durch die Präsenz vor Ort sind persönliche Nachfragen und Absprachen mit der Personalabteilung jederzeit möglich. Dies gilt gerade für den angemessenen Umgang mit Konflikten. Häufig herrscht zwischen Mitarbeitenden und der Personalabteilung auch ein engeres Vertrauensverhältnis als zu externen Personaldienstleistern. Dies liegt nicht zuletzt daran, dass die Mitarbeitenden der Personalabteilung als Kollegen wahrgenommen werden. Dieses enge Vertrauensverhältnis und Zugehörigkeitsgefühl fördert die Mitarbeiterbindung.

Bei der Stellenbesetzung können Personalabteilungen neben externen Bewerbern auch verstärkt auf interne Mitarbeitende zurückgreifen. Bei dieser internen Personalbeschaffung gibt es sowohl Vor- als auch Nachteile. Offene Stellen sind zügig besetzt, ohne dass es langwierige externe Auswahl- und Bewerberverfahren gibt. Stellen betriebsintern zu vergeben hat außerdem den Vorteil, dass der Mitarbeitende schnell eingearbeitet ist. Nachteilig ist, dass Personaler mit Kollegen unter Umständen zu freundschaftlich umgehen. Aufgrund des fehlenden Abstandes zu dem Mitarbeitenden ist es teilweise schwierig, unabhängige Personalentscheidungen zu treffen. Dadurch können entweder betriebsinterne Spannungen oder Neid entstehen oder aber nicht die fachlich und qualitativ optimale Personalauswahl getroffen werden.

Entscheidender Nachteil sind die Kosten der Personalabteilung. Hier gilt: Je größer die Personalabteilung ist, desto teurer ist diese für das Unternehmen. Neben Gehältern sind etwa die Kosten für die entsprechenden Räumlichkeiten, Arbeitsgeräte oder Weiterbildungsmaßnahmen zu bedenken. Dabei werden von der Geschäftsführung häufig die wichtigen Funktionen und Aufgaben unzureichend und nur aus Kostensicht bewertet.

Eine Alternative zur internen Personalabteilung ist die Auslagerung des Personalbereichs. In diesem Fall kommen externe Personaldienstleister zum Einsatz. Dies sind Mitarbeitende unabhängiger Unternehmen, die sich um die gesamte Personalorganisation und -wirtschaft eines Unternehmens kümmern. Bei der Entscheidung über den Einsatz eines Personaldienstleisters handelt es sich um eine Make-or-buy-Entscheidung, die nach Kostengesichtspunkten und nach weiteren qualitativen Kriterien getroffen werden kann.

Die Personaldienstleister handeln nach bestimmten Qualitäts- oder Personalvorgaben des jeweiligen Unternehmens und treffen aufgrund von Stellenprofilen eine Bewerbervorauswahl. So verschaffen sich Personaldienstleister häufig zunächst vor Ort einen Überblick über die notwendige Personalarbeit des jeweiligen Unternehmens.

Externe Personaldienstleister übernehmen für Unternehmen auch eigenverantwortlich personalintensive Verwaltungsarbeiten wie beispielsweise die Lohnabrechnungen. Personaldienstleister bieten beispielsweise den Vorteil, dass Personalengpässe in Unternehmen durch flexibel einsetzbare Mitarbeitende schnell überbrückt werden können. Zudem können Personaldienstleister dabei häufig aus einer Vielzahl von infrage kommenden Bewerbern aus einem Kandidatenpool schöpfen. Als Vermittlungsstelle zwischen Bewerbern und Unternehmen entscheiden externe Dienstleister unvoreingenommen über neu zu besetzende Stellen. Unternehmen schätzen daher Personaldienstleister häufig als unabhängige Instanz, um die optimale Personalbeschaffung zu gewährleisten.

Doch externe Personaldienstleister bringen auch Nachteile mit sich. Funktionen, wie die Beratung der Geschäftsführung oder die Mitarbeiterführung, sind von Personalabteilungen nur indirekt auszuüben und vor Ort kaum angemessen durchführbar. Externe Personaldienstleister können so auch nicht mit der Geschäftsführung zusammenarbeiten. Eine enge Abstimmung oder gar das Konfliktmanagement ist schon durch die räumliche Trennung nur sehr eingeschränkt möglich.

Externe Personaldienstleister als preisgünstigere Alternative? Diese Rechnung geht häufig nicht auf. Denn auch Personaldienstleister kosten Geld. Die Kosten liegen zwar in der Regel unter denen einer eigenen Personalabteilung, doch sollte jedes Unternehmen sorgsam überlegen, ob der Kostenunterschied Nachteile, wie die räumliche Trennung, aufwiegt.

Ob die Make-or-buy-Entscheidung für oder gegen einen Personaldienstleister unter Berücksichtigung der operativen, strategischen und sonstigen qualitativen Aufgaben auch wirtschaftlich die optimalste Entscheidung ist, lässt sich durch eine Kostenvergleichsrechnung ermitteln. Um eine möglichst vollständige Entscheidung zu treffen, sind dabei gerade auch die sonstigen qualitativen Aufgaben zu quantifizieren, um diese in die Kostenvergleichsrechnung einzubinden. Dies hört sich komplizierter an, als es ist.

Die Berechnung der benötigten personellen und materiellen Ressourcen für die Personalarbeit ist einfach vorzunehmen. Schwieriger wird es bei der Berechnung der Kosten zu den sonstigen qualitativen Aufgaben. Für die Berechnung der gewichteten und bewerteten Kosten, die durch das Fehlen bestimmter sonstiger qualitativer Aufgaben entstehen, sind die Personalmanagementaufgaben zu quantifizieren und als Kosten zu bewerten. Dazu werden die Kosten, die durch das Fehlen von Personalmanagementaufgaben entstehen, mit den Kosten verglichen, die durch einen externen Personaldienstleister verursacht werden.

Beispielsweise können die vermeidbaren Kosten einer Stellenneubesetzung, welche durch die Unkenntnis eines Personaldienstleisters über die internen Unternehmensverhältnisse entstehen können, berechnet und mit den Kosten des Personaldienstleisters verglichen werden. Für eine richtige Bewertung ist zudem noch die geschätzte Eintrittswahrscheinlichkeit des vorgenannten Ereignisses erforderlich, um die erwarteten Kosten situationsgerecht zu bewerten.

An dieser Stelle wird deutlich, dass die Make-or-buy-Entscheidung für oder gegen einen Personaldienstleister recht komplex ist. Daher bestehen folgende Optionen:

Option 1: Keine Berechnung vornehmen und davon ausgehen, dass es schon gut gehen wird.

Option 2: Die partielle Verteilung der Aufgaben auf Personaldienstleister und Personalabteilung und eine Kostenvergleichsrechnung vornehmen.

Die Option 1 ist jedoch die schlechteste Option, weil bei der Beibehaltung der bisherigen Personalabteilung unnötige Kosten verursachen können, wenn diese nicht analysiert werden und bei der Wahl eines Personaldienstleisters kann es später zu unangenehme Überraschungen kommen, die nicht berücksichtigt und berechnet wurden.

Da die Berechnung komplex ist und die Option 2 die bessere Option zu sein scheint, neigen die Unternehmen in der Praxis dazu, Personaldienstleistungen nur partiell zu vergeben und dies nur, solange die Kostenvergleichsrechnung den Kostenvorteil gut errechnen kann, die Vorteile der Dienstleistungsvergabe klar und eindeutig erkennbar sind und die frei werdenden Kapazitäten im Personalwesen nicht zu Leerkosten führen, also zu ungenutzten Kapazitäten im Personalwesen nach der Vergabe der Personaldienstleistung.

Mit der (partiellen) Integration eines Personaldienstleisters in die Unternehmensprozesse ist es jedoch nicht getan. Vielmehr muss das Unternehmen auch die zukünftige Zusammenarbeit mit dem Personaldienstleister bei der Entscheidung berücksichtigen.

Ein möglicher Risikofaktor kann in der Abhängigkeit zum Personaldienstleister liegen. Wenn der Personalbereich ausgegliedert wird, erfordert dies den unternehmerischen Ressourceneinsatz von Personal, Zeit, Beratung und Kapital. Es ist dabei zu bedenken, dass es sich bei der Ausgliederung von Personalabteilungen auch immer um eine Investition handelt. Wenn der Personaldienstleister im Unternehmen erst einmal etabliert ist, führt auf die Schnelle kein Weg einfach wieder zurück, weil bei einer Rückholung die Prozesse, Strukturen und das erforderliche Fachpersonal erst wieder geschaffen werden müssen und dies dauert seine Zeit.

Dies weiß natürlich auch der Personaldienstleister und kann diese Situation entsprechend zu seinem Vorteil ausnutzen. Je komplexer die zu erbringende Dienstleistung ist, umso schwieriger wird die Wiedereingliederung des Bereichs zurück ins Unternehmen. Viele Unternehmen befürchten auch eine Verringerung der Dienstleistungsqualität, Personalengpässe und stetige Preiserhöhungen durch den Dienstleister. Einige Unternehmen erwarten eine schnelle Kostenreduzierung durch eine Ausgliederung. Dies trifft aber nicht immer zu. Es gibt Unternehmen, denen sogar höhere Kosten als vor der Ausgliederung entstehen, insbesondere dann, wenn keine Investitionsrechnung vorgenommen wurde und die Entscheidung systematisch entwickelt wurde. Daher erfordert die Integration eines Personaldienstleisters auch Vertrauen in die Leistungsfähigkeit und Zuverlässigkeit.

Um dieses mögliche Risiko zu reduzieren, sollte die geplante Auslagerung der Personalabteilung nur partiell erfolgen. Dadurch kann eine Auslagerung mit einem relativ geringen Aufwand wieder rückgängig gemacht werden und die Abhängigkeit vom Personaldienstleister reduziert werden.

2.7. Ziele des Personalmanagements

Warum beschäftigen wir uns im Personalmanagement mit Zielen?

Weil die Unternehmensziele die Ausrichtung und die Qualität des zukünftigen Personals, sowie den zukünftigen Personalbedarf des Unternehmens definieren. Die Unternehmensziele bestimmen damit die Arbeit des Personalmanagements.

Personalziele im Unternehmenszielsystem

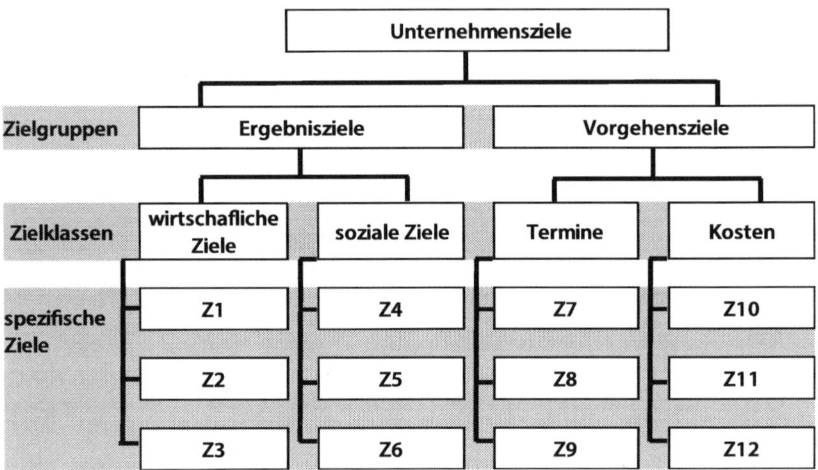

Abb. 53: Personalziele im Unternehmenszielsystem, Quelle: Eigene Darstellung

Die Ziele des Personalmanagements ergeben sich aus dem Zielsystem des Unternehmens. Zuoberst stehen die Unternehmensziele. Hieraus leiten sich die Zielgruppen in der Form von Ergebniszielen, welche sich auf die zu erreichenden Unternehmensziele beziehen und in der Form von Vorgehenszielen ab, welche sich auf den Prozess bzw. die Vorgehensweise, wie das Unternehmensergebnis erreicht werden soll, beziehen.

Die Ergebnisziele des Personalmanagements werden differenziert bzw. in wirtschaftliche und soziale Ziele unterschieden, welche nachfolgend beschrieben werden. Daneben stehen die Vorgehensziele.

Die Vorgehensziele definieren, in welchem Zeitraum und mit welchen geplanten Kosten die Unternehmensziele umgesetzt werden sollen. Somit sind die Vorgehensziele operativ ausgerichtet.

Aus den Ergebniszielen werden die Teilziele des Personalwesens abgeleitet. Die abgeleiteten Ziele des Personalwesens können, je nach Fristigkeit, operativer und damit kurzfristiger, oder strategischer und damit langfristiger Natur sein.

Operative und strategische Personalziele im Unternehmenszielsystem

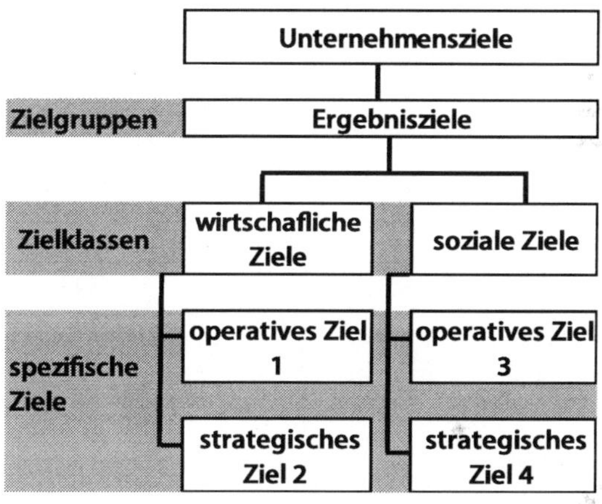

Abb. 54: Operative und strategische, spezifische Personalziele, Quelle: Eigene Darstellung

Zudem haben nicht nur die Ergebnisziele und die daraus abgeleiteten Teilziele einen Einfluss auf die Ziele des Personalmanagements. Auch andere Personengruppen aus dem Unternehmen, nämlich die Führungskräfte, üben einen Einfluss auf die Ziele des Personalwesens aus. „Die Ziele des Personalmanagements werden nicht nur von den Mitarbeitenden der Personalabteilung verfolgt, auch die Unternehmensleitung, die Führungskräfte und der Betriebsrat eines Unternehmens sind maßgeblich an der Verfolgung der personalwirtschaftlichen Ziele beteiligt." (Langa, A. 2020)

Die wirtschaftlichen Ziele werden unterschieden in die Ziele nach dem Minimal-, Maximal- und dem Extremumprinzip.

Im Gegensatz zu den anderen Funktionsbereichen eines Unternehmens verfolgt daher das Personalmanagement nicht nur wirtschaftliche, sondern noch zusätzlich soziale Ziele. Somit hat das Personalmanagement wirtschaftliche und soziale Ziele.

Da das Personalmanagement zwar primär unternehmerische und wirtschaftliche Ziele verfolgt und erfüllt, aber noch zusätzlich die Bedürfnisse der Mitarbeitende zu berücksichtigen hat, werden die rein wirtschaftlichen Gesichtspunkte durch humanitäre, rechtliche, soziologische und psychologische Perspektiven erweitert. Aus diesen vier zusätzlichen Perspektiven leiten sich humanitäre, soziologische und psychologische Ziele ab. Die rechtlichen Aspekte kommen immer nur bei juristischen Streitigkeiten zum Tragen.

Die spezifischen Ziele des Personalmanagements setzten sich somit aus den wirtschaftlichen und sozialen Zielen zusammen.

Die Ziele des Personalmanagements

Abb. 55: Die Ziele des Personalmanagements, Quelle: Eigene Darstellung

2.7.1. Wirtschaftliche Ziele des Personalmanagements

Dass die wirtschaftlichen Ziele den Unternehmenszielen dienen, ist ersichtlich. Wieso sollen, bzw. können die sozialen Ziele für die Erreichung der Unternehmensziele erforderlich sein?

Während die Produktionsfaktoren Boden und Kapital sachlich zur Wertschöpfung eines Unternehmens beitragen und zudem deren Wert objektiv durch Angebot und Nachfrage bestimmt wird, hängt die Wertschöpfung des Produktionsfaktors Arbeit von der zielgerichteten und planmäßigen, körperlichen und geistigen Tätigkeit der Mitarbeitenden ab.

Ob die Wertschöpfung durch den Produktionsfaktor Arbeit erfolgreich und wirtschaftlich ist, hängt von den sozialen Eigenschaften des Trägers des Produktionsfaktors Arbeit, nämlich von den Mitarbeitenden, ab. Diese sozialen Eigenschaften gilt es durch das Personalmanagement zu steuern, indem die Mitarbeitenden in den Mittelpunkt des wirtschaftlichen Handels gestellt werden. Dadurch dienen soziale Ziele ebenfalls den Unternehmenszielen und zugleich sind aus den Unternehmenszielen die sozialen Ziele abzuleiten, um durch den Produktionsfaktor Arbeit die Unternehmensziele zu realisieren.

Wirtschaftliche und soziale Ziele

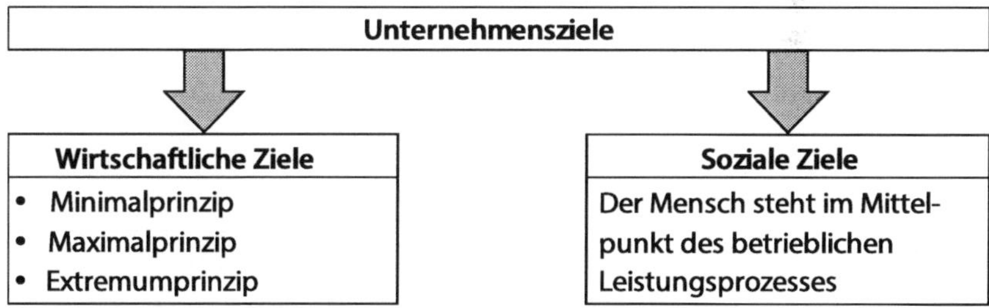

Abb. 56: Wirtschaftliche und soziale Ziele, Quelle: Eigene Darstellung

Anzumerken ist, dass in jüngerer Zeit die Erkenntnis betont wird, dass neben den drei klassischen Produktionsfaktoren Arbeit, Boden und Kapital auch Wissen zu einem vierten, überaus wichtigen Produktionsfaktor geworden ist, weil in immer mehr Arbeitsbereichen der Einsatz der körperlichen Arbeitskraft auf Maschinen und Computern übertragen wird.

Für die Bedienung der Maschinen und Computer ist jedoch Wissen notwendig, um diese Maschinen und Computer zu konstruieren, zu programmieren und zu bedienen. Somit gewinnt der Produktionsfaktor Wissen zunehmend an Bedeutung.

„Im Gegensatz zu den anderen Ressourcen ist Wissen die einzige, die sich vermehrt, wenn man sie teilt und sie kann nicht eins zu eins von Mitbewerbern kopiert werden." (Sutter, A. 2018, S. 10) Da jedoch der Produktionsfaktor Wissen an den Produktionsfaktor

Arbeit gebunden ist, wird an dieser Stelle nicht weiter auf den Produktionsfaktor Wissen als separater Produktionsfaktor eingegangen, sondern Wissen als Bestandteil des Produktionsfaktors Arbeit betrachtet, welches durch das Personalmanagement gesteuert und genutzt werden kann.

Wie sich die Ziele des Personalmanagements auf das Unternehmen auswirken können und welche Instrumente das Personalmanagement zur Umsetzung der wirtschaftlichen Ziele verwenden kann, wird anhand der folgenden Grafik beispielhaft deutlich:

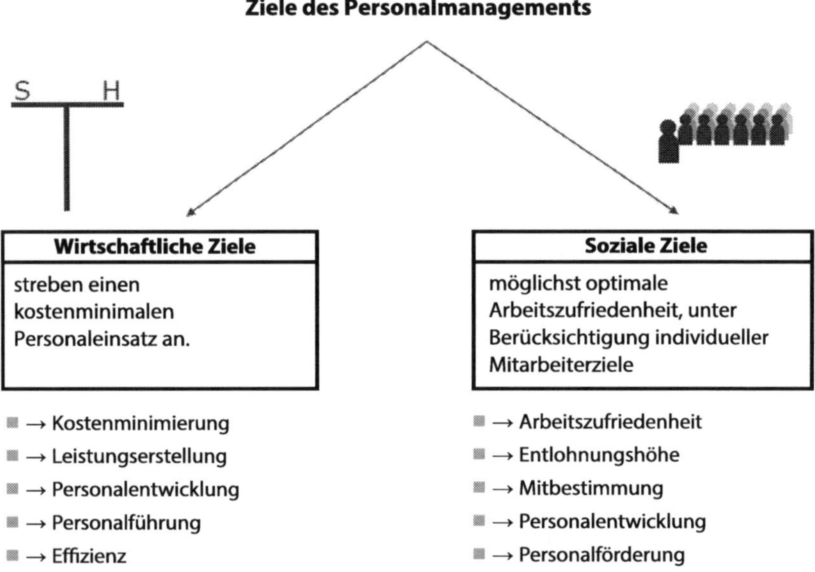

Abb. 57: Ziele des Personalmanagements, Quelle: Eigene Darstellung basierend auf: Huber, 2017, S. 11

„Ausgangspunkt der Überlegungen bezüglich der wirtschaftlichen Ziele ist die bestmögliche Versorgung des Unternehmens mit den geeigneten Mitarbeitenden unter der Berücksichtigung des ökonomischen Prinzips." (Langa, 2020)

Unter dem **ökonomischen Prinzip** versteht man die Annahme, dass Menschen zweckrational handeln. Dabei werden die gegebenen

Mittel und der Ertrag in ein Verhältnis gesetzt und versucht, den Nutzen oder den Gewinn zu maximieren.

Das ökonomische Prinzip, auch wirtschaftliches Prinzip genannt, beeinflusst die Ziele und Handlungen des Personalmanagements. Handelt das Personalmanagement nach dem ökonomischen Prinzip, orientieren sich alle Handlungen und Ziele nach dem wirtschaftlichen Erfolg und das Personalmanagement strebt ein wirtschaftliches Optimum an.

Ein wirtschaftliches Optimum kann einerseits durch das Streben nach einem optimalen wirtschaftlichen Beitrag durch die Mitarbeitenden oder andererseits durch möglichst geringe Kosten erreicht werden.

Beispiel 6: Wirtschaftliche Ziele und Personalmanagement

Ist es das wirtschaftliche Ziel des Personalmanagements, einen möglichst optimalen wirtschaftlichen Beitrag für das Unternehmen durch die Mitarbeitenden zu erzielen, so kann das Unternehmen beispielsweise die Mitarbeitenden der Produktion optimal je Produktionsschicht einsetzen, indem die Mitarbeitenden in einem optimalen Maschinen-Personal-Verhältnis eingesetzt werden.

Ist es das wirtschaftliche Ziel des Personalmanagements, möglichst geringe Personalkosten zu erreichen, sollten die Mitarbeitenden gemäß der Produktionsauslastung so flexibel eingesetzt werden, dass in schwachen Auslastungszeiten weniger Mitarbeitenden eingesetzt werden.

Beim ökonomischen Prinzip wird nach den Ausprägungen: Minimalprinzip, Maximalprinzip und dem Extremumprinzip unterschieden.

Beim Minimalprinzip gibt es ein gegebenes Ziel, dass mit möglichst geringem Einsatz erreicht werden soll. Das Ziel ist also genau festgelegt und die eingesetzten Mittel sind variabel. Das Minimalprinzip wird oft von Unternehmen, bzw. in der Unternehmensführung genutzt. Es werden Kosten und Umsätze geplant, die dann später mit den tatsächlich angefallenen Kosten (Ist-Kosten) und den tatsächlichen Umsatz (Ist-Umsatz) vergleichen werden. Dadurch können Ziele entweder neu definiert, oder die gegebenen Ziele validiert werden.

„Sofern ein Unternehmen das Ziel hat, wenige Mitarbeiter einzustellen, um die Personalkosten gering zu halten, wird das Minimalprinzip angewendet. Die Anwendung dieses Prinzips ist unter anderem sinnvoll, wenn:

- eine Leistungsbereitschaft gewährleistet werden soll sowie
- die zur Verfügung stehenden Kapazitäten voll genutzt werden sollen.

Beispiel 7: Anwendung Minimalprinzip beim Personalmanagement

Der Nutzen dieses Prinzips lässt sich am besten anhand von Beispielen erklären. Sofern ein Unternehmen sich außerhalb der regulären Öffnungszeiten dazu bereit erklärt, im Krankheitsfall bzw. bei Störungen zu helfen, verfolgt das Unternehmen nicht das Ziel während dieser Zeit einen hohen Umsatz zu erzielen.

Vielmehr möchte das Unternehmen während dieser Zeit möglichst die Kosten reduzieren. Aus diesem Grund wird es versuchen, die Leistungsbereitschaft unter Einsatz möglichst geringer Personalkosten zu erreichen. Deshalb wird der Arbeitnehmer nur im Bedarfsfall abgerufen. Das Unternehmen muss dem Mitarbeiter lediglich einen Bereitschaftszuschlag zahlen.

Viele Unternehmen haben begrenzte Kapazitäten und eine bestimmte Zahl an Arbeitsplätzen. Arbeitsplätze sind vor allem im produzierenden Gewerbe teuer. Aus diesem Grund sollten die vorhandenen Kapazitäten vollständig genutzt werden und die Maschinen rund um die Uhr laufen.

Der wirtschaftliche Einsatz der Maschinen, ist ein des Unternehmens. Das Unternehmen versucht, dieses Ziel mit möglichst geringen Kosten umzusetzen. Aus diesem Grund wird versucht, die Mitarbeiterzahl gering zu halten.

Sofern sich ein Unternehmen für die Anwendung des Minimalprinzips entscheidet, versucht es mit einem minimalen Aufwand bzw. Mitteleinsatz ein bestimmtes Ziel zu erreichen. Im Gegensatz dazu wird bei der Anwendung des Maximalprinzips versucht, mit einem bestimmten Aufwand bzw. Mitteleinsatz ein möglichst hohes Ergebnis zu erzielen." (Strack, B. 2020)

Beispiel 8: Anwendung Minimalprinzip beim Personalmanagement

Ein weiteres Beispiel für das Minimalprinzip kann im adäquaten Einsatz des Personals liegen. Will beispielsweise ein Unternehmen auch bei schwankenden Umsätzen einen zeitnahen und qualitativen Service anbieten, so kann das Unternehmen die Auslastungsgrade innerhalb eines Zeitraums ermitteln und das Personal entsprechend der Auslastungsgrade beschäftigen, um einen kontinuierlichen, zeitnahen und qualitativen Service anbieten zu können. Anstatt einen gleichmäßig hohen Personaleinsatz vorzuhalten, wird in nachfrageintensiven Zeiträumen mehr Personal eingesetzt als in nachfragearmen Zeiten. Dadurch kann das Unternehmen das gegebene Ziel eines kontinuierlichen, zeitnahen und qualitativen Services mit den geringsten Personalkosten realisieren.

Wie aber kann das Personalmanagement in der Praxis das Minimalprinzip beim Personaleinsatz anwenden?

Indem das Personal wirtschaftlich eingesetzt wird. Dabei ist das Personal quantitativ, qualitativ und zeitlich optimal einzusetzen. Daraus ergeben sich logistische und fachliche Aufgaben für das Personalwesen. Ein optimaler Personaleinsatzes lässt sich berechnen. Nach dem Minimalprinzip ist das Ziel gegeben (z. B. eine bestimmte Produktmenge, oder die Erfüllung eines Projektes) und gesucht wird der optimale Personaleinsatz.

Für die betriebswirtschaftlichen Berechnung sind vier Prozessschritte erforderlich:

1. Definition der Serviceziele und Servicezeiten,
2. Analyse der zeitlichen Verteilung der Kundennachfrage,

3. Berechnung der zeitlichen Verteilung des Personalbedarfs in Abhängigkeit der Nettoarbeitszeit,
4. Einsatzplanung des Personals in Abhängigkeit der Personalqualifikation und Nettoarbeitszeit.

Die Nettoarbeitszeit errechnet sich wie folgt:

Bruttoarbeitszeit
– durchschnittliche Krankheitstage pro Mitarbeitender
– Urlaubstage pro Mitarbeitender
– Feiertage
– Zeiten für Besprechungen (in Tagen)
– Zeiten für Betriebsversammlungen (in Tagen)
– weitere spontane Fehlzeiten (in Tagen)
= **Nettoarbeitszeit**

Beispiel 9: Strategisches Minimalprinzip beim Personalmanagement

Das Minimalprinzip wird strategisch umgesetzt, wenn beispielsweise ein Unternehmen das bestehende strategische Unternehmensziel hat, in einem neuen Markt zu wachsen und das Personalmanagement dieses Marktwachstum ohne zusätzlichem Personalaufwand, mit dem bestehenden Personal realisiert. Dadurch wird das gegebene Ziel des Marktwachstums mit möglichst geringem Einsatz erreicht. Diese Vorgehensweise ist strategisch, weil dieses Unternehmensziel strategische Bedeutung hat und zudem langfristig ausgerichtet ist.

Das **Maximalprinzip** ist genau die gegensätzliche Situation, die beim Minimalprinzip vorliegt. Hierbei sind die Mittel gegebenen und es soll das bestmögliche Ergebnis erzielt werden. Die Mittel sind also begrenzt, beziehungsweise genau festgelegt und das Ziel ist variabel. Das Maximalprinzip wird daher auch als Ergiebigkeitsprinzip bezeichnet.

Beispiel 10: Anwendung Maximalprinzip beim Personalmanagement

Neben dem Minimalprinzip kann bei der unternehmerischen Personalarbeit auch das Maximalprinzip angewandt werden. Das Unternehmen versucht dann mit dem bestehenden Personal einen möglichst hohen Ertrag zu erzielen. Um einen möglichst hohen Ertrag zu realisieren und um einen optimalen Personaleinsatz zu erreichen, kann beispielsweise in Großserien gefertigt werden, um durch geringe Rüstzeiten eine möglichst hohe Produktivität zu erzielen.

Allerdings empfiehlt sich eine Fokussierung auf die Produktionsmenge nur bedingt, da die Waren letztendlich auch am Markt abgesetzt werden müssen. Auch ist eine Produktion auf Lager über einen längeren Zeitraum nicht sinnvoll, da dadurch Kapital im Lager gebunden wird und zudem die Gefahr besteht, dass die produzierte Ware später nicht oder nur zu einem geringeren Preis abgesetzt werden kann. Es ist daher wenig sinnvoll, bedenkenlos in Großserien zu fertigen. Vielmehr sollte die optimale Losgröße berechnet werden, um den optimalen Personaleinsatz zu finden.

Die optimale Losgröße berechnet sich nach Andler, wie folgt: (Andler, 1929)

(1) Optimale Losgröße $\dfrac{\sqrt{200 \times \text{Absatzmenge} \times \text{Rüstkosten je Serie}}}{\text{Lagerkostensatz} + \text{Zinskostensatz}}$

Durch die Berechnung und Verwendung der optimalen Losgröße kann das gegebene Personal optimal und damit kostenoptimal eingesetzt werden.

Beispiel 11: Strategisches Maximalprinzip beim Personalmanagement

Das Maximalprinzip wird strategisch umgesetzt, wenn beispielsweise ein Unternehmen mit dem bestehenden Personal erfolgreich einen neuen Auslandsmarkt durchdringt. Dabei ist die Auslandsmarktdurchdringung von strategischer Bedeutung und ist zudem langfristig ausgerichtet.

Das **Extremumprinzip** als eine der drei Ausprägungsformen des ökonomischen Prinzips besagt, dass ein möglichst optimales Verhältnis zwischen Ertrag und Aufwand hergestellt werden soll. Die Frage ist also, wie etwas Gutes mit einem angemessenen Aufwand und einer weitestgehenden Zielerreichung entstehen kann.

Es wird also bei Extremumprinzip nicht das absolute Optimum wie beim Maximal- und beim Minimalprinzip angestrebt, sondern ein relatives Optimum. Da in der Praxis ein absolutes Optimum selten erreicht werden kann, ist das Extremumprinzip das Prinzip mit der größten Praxisnähe.

Beispiel 12: Anwendung des Extremumprinzips beim Personalmanagement

Das Extremumprinzip im Personalwesen kann anhand des folgenden Beispiels darstellen:

Damit ein Unternehmen langfristig am Markt existieren kann, müssen neue Produkte entwickelt werden, um das Ziel langfristige die Teilnahme des Unternehmens am Markt zu gewährleisten. Dazu stellt das Unternehmen zielgerichtet Entwicklungsingenieure mit den erforderlichen Qualifikationen ein, um mit einem angemessenen Aufwand das Unternehmensziel zu realisieren. Durch den zielgerichteten Einsatz der Entwicklungsingenieure mit den erforderlichen Qualifikationen wird eine günstige Relation zwischen Personalkosten und Personalleistung gestrebt, um die Ziele des Unternehmens zu erreichen. Da aber nicht alle Innovationen optimal gesteuert werden können, kann die Zielerreichung in der Praxis nur bedingt umgesetzt werden. Das Extremumprinzip ist somit erfüllt.

Das Extremumprinzip kann nicht nur beim operativen, sondern auch beim strategischen Personalmanagement angewendet werden.

Beispiel 13: Strategisches Extremumprinzip beim Personalmanagement

Eine strategische Ausrichtung nach dem Extremumprinzip liegt vor, wenn beispielsweise ein Unternehmen eine Auslandsmarktdurchdringung anstatt mit der Sprinkler-Strategie, oder Wasserfall-Strategie, mit der Wassertropfen-Strategie umsetzt. Bei der Sprinkler-Strategie werden mehrere anvisierte Auslandsmärkte simultan und innerhalb eines kurzen Zeitraumes durchdrungen. Diese Strategie bedarf jedoch eines großen Personalaufwands mit speziellen Marktkenntnissen. Dagegen werden bei der Wasserfall-Strategie die neuen Auslandsmärkte sukzessiv zeitlich nacheinander betreten. Dadurch ist der Personalaufwand zwar deutlich niedriger, aber es besteht der Nachteil, dass durch die langsame Marktdurchdringung das Unternehmensziel Marktführer im Auslandsmarkt möglicherweise verfehlt wird. Dagegen ist die Wassertropfen-Strategie eine Mischform der Sprinkler-Strategie und der Wasserfall-Strategie. Bei der Wassertropfen-Strategie entscheidet sich ein Unternehmen für eine bestimmte Region und vollzieht den Markteintritt zunächst in einem Land innerhalb der gewählten Region und weitet anschließend das Auslandsengagement auf weitere Länder dieser Region aus. Dadurch realisiert das Unternehmen zwar die Auslandsmarktdurchdringung nicht schnellstmöglich, kann aber die Marktdurchdringung mit einem angemessen Personalaufwand und situationsgerechten personellen Ressourcen realisieren. Dadurch wird das Extremumprinzip eingehalten.

Neben den wirtschaftlichen Prinzipien findet man immer wieder auch die Behauptung, dass es das Mini-Max-Prinzip gibt.

Die Tage erhielt ich folgende unaufgeforderte Werbemail mit der Aussage: „Wir beschaffen Ihnen Fachpersonal zum niedrigsten Gehalt." Damit würde die Personalbeschaffung von hochqualifiziertem Fachpersonal (maximaler Erfolg) mit dem minimalsten Aufwand erfolgen. Nach der Aussage der ominösen Werbemail würde also die Personalbeschaffung von hochqualifiziertem Fachpersonal nach dem Mini-Max-Prinzip erfolgen. Jedoch:

Das Mini-Max-Prinzip gibt es nicht.

Die obige Werbemail ist ungefähr so, als ob man eine Zitrone auspressen wollte, ohne die Zitrone zu zerschneiden.

Darüber hinaus führt der Versuch, das Mini-Max-Prinzip im Personalwesen anzuwenden, regelmäßig zu moralischen, wirtschaftlichen und juristischen Problemen. Hierzu ein Praxisbeispiel:

Beispiel 14: Nicht funktionierendes Mini-Max-Prinzip im Personalwesen

„Wieder einmal musste ein Arbeitgeber erfahren, dass er nicht alles mit seinen Mitarbeitern machen kann, was er will. Eine Arbeitnehmerin arbeitete für 6,00 Euro pro Stunde. Sie war gelernte Fachverkäuferin für Dessous-Mode. Der ortsübliche Tariflohn lag bei 12,34 Euro. Zwar war sie nicht tarifgebunden, wollte jedoch mindestens 2/3 dieses Tariflohns haben. Daher klagte sie gegen ihren Arbeitgeber und verlangte 8,50 Euro. Zu Recht, wie das Arbeitsgericht Leipzig mit Urteil vom 11.03.2010, Az.: 2 Ca 2788/09, feststellte. Es bestehe ein erhebliches Missverhältnis zwischen der geleisteten Arbeit und der Entlohnung. Immerhin sei die Arbeitnehmerin in der Warenannahme, der Warenpräsentation, der Kundenberatung, an der Kasse, in der Abrechnung, im Umtausch, bei Reklamationen und der Gewährung von Preisnachlässen bei Mängeln beschäftigt gewesen. Daher sei der Tariflohn von 12,34 Euro als übliche Vergütung anzusehen. Die Hälfte weniger zu zahlen, sei sittenwidrig." (Rentrop, 2010, S. 1)

Aus dem vorherigen Beispiel wird deutlich, dass die Anwendung des Mini-Max-Prinzips weder erfolgreich ist, weil sich die Arbeitgeberin zu Recht gegen die sittenwidrige Bezahlung erfolgreich gewährt hat, noch wirtschaftlich und nachhaltig zum Ziel führt.

Auch moralisch ist die Vorgehensweise des Arbeitgebers zu verurteilen. Durch die Unterbezahlung fehlt es dem Arbeitgeber an Respekt vor der Leistung der Arbeitgeberin und verhält sich nicht wie ein ehrbarer Kaufmann. Darüber hinaus führt die sittenwidrige Bezahlung zu einer fehlenden extrinsischen Motivation, weil die Bezahlung durch den Arbeitgeber als ungerecht empfunden wird und zu einer fehlenden intrinsischen Motivation der Mitarbeitenden führt, weil der Arbeitgeber die geleistete Arbeit offensichtlich nicht wertschätzt.

Die aufgrund der sittenwidrigen Bezahlung fehlende Motivation fördert mit Sicherheit nicht optimale Arbeitsergebnisse. Daher kann die sittenwidrige Bezahlung auch nicht wirtschaftlich sein. Somit wird deutlich, dass Mini-Max-Prinzip allein schon deshalb nicht funktioniert, weil die erwartete niedrige Motivation der Arbeitgeberin nicht zu optimalen Arbeitsleistungen führt. Schon im Kern kann also das nicht existierende Mini-Max-Prinzip nicht funktionieren.

Zudem ist das nicht existierende Mini-Max-Prinzip auch nicht nachhaltig, weil die Arbeitnehmerin sich selbstverständlich und vollkommen zu Recht gegen die sittenwidrige Bezahlung juristisch erfolgreich wehrt. Auch kann angenommen werden, dass Arbeitsverhältnis der Arbeitnehmer langfristig und damit nachhaltig einen Schaden genommen hat, und die Wahrscheinlichkeit steigt, dass Arbeitsverhältnis in irgendeiner Art und Weise beendet wird.

2.7.2. Soziale Ziele des Personalmanagements

Das Personal eines Unternehmens wird in der betrieblichen Praxis zunehmend als entscheidende Ressource in einem sich verschärfenden globalen Wettbewerb gesehen (vgl. Vahs, Schäfer-Kunz, 2015, S. 283 ff.). Die materiellen unternehmerischen Produktionsmittel, wie beispielsweise Maschinen und Werkstoffe, bieten hinsichtlich ihrer Leistungsfähigkeit kaum noch Differenzierungsmöglichkeiten. Diese materiellen unternehmerischen Produktionsmittel können zudem von jedem Wettbewerber zu jeder Zeit erworben werden und stellen damit kein Alleinstellungsmerkmal dar. (vgl. Daum, Petzold, Pletke, 2016, S. 263) Dagegen ist das Personal in einem Unternehmen aufgrund der individuellen normativen Verhaltensmerkmale und Ausbildung einmalig und stellt somit ein Alleinstellungsmerkmal gegenüber den Wettbewerbern dar.

Daher können gut ausgebildete, motivierte und innovative Mitarbeitende als entscheidender Wettbewerbsfaktor wesentlich zum Unternehmenserfolg beitragen (vgl. Oechsler, Paul, 2015, S. 1). Zudem ist das Personal allein schon deswegen ein marktentscheidender Wettbewerbsfaktor, weil der Produktionsfaktor Arbeit nicht von Wettbewerbern kopiert werden kann. Die Einmaligkeit und die Wettbewerbsrelevanz des Produktionsfaktors Arbeit erfordern die Berücksichtigung sozialer Ziele nach dem Humanitätsprinzip und sind nicht nur eine Ergänzung der wirtschaftlichen Unternehmensziele.

Die sozialen Ziele beruhen auf dem **Humanitätsprinzip**. Beim Humanitätsprinzip wird der Mensch in den Mittelpunkt des betrieblichen Leistungsprozesses stellt. Dies geschieht beispielsweise durch menschengerechte Arbeitsbedingungen, entsprechende Organisationsformen und Führungsmethoden. Soziales Hauptziel des Personalmanagements ist daher, die Arbeitsumstände für die Mitarbeitende bestmöglich zu gestalten. Dies ist zugleich auch die Grundlage für einen möglichst wirtschaftlichen und nachhaltigen Umgang mit dem Produktionsfaktor Arbeit, weil motivierte Mitarbeitende einen positiven Beitrag zur Rentabilität eines Unternehmens leisten und die Mitarbeitenden länger im Unternehmen verbleiben. Beide Faktoren tragen nachhaltig zur Entwicklung eines Unternehmens bei.

„Deutsche Unternehmen sind sozialer eingestellt als vielfach behauptet. Zu diesem Ergebnis kommt eine Umfrage der Beratungsgesellschaft M&A Consultants unter rund 150 mittelständischen Unternehmen. In der Befragung nannten 76 Prozent der Firmen die langfristige Sicherung der Arbeitsplätze im Unternehmen als wichtigstes Ziel.

Anlass für die Studie war die von SPD-Chef Franz Müntefering angestoßene Diskussion um den sogenannten Shareholder-Kapitalismus. Der Vorwurf, Wertmaximierung sei Unternehmen wichtiger als die Sicherung der Arbeitsplätze im Unternehmen, ist durch unsere Ergebnisse weitgehend widerlegt", sagt Studienleiter Mathias Weidner. Zumindest für den Mittelstand treffe der Vorwurf nicht zu. Der größte Teil der befragten Unternehmen verzeichnet Jahresumsätze zwischen zehn und 50 Mio. Euro und gehört somit laut der offiziellen Definition der Europäischen Union dem Mittelstand an.

Lediglich 19 Prozent der Befragten nannten die Wertmaximierung als Unternehmensziel. Ein weiteres Ergebnis der Studie, die sich schwerpunktmäßig mit dem Thema Unternehmensnachfolge befasst: Neue Finanzierungsformen wie privates Beteiligungskapital (Private-Equity) stellen nach Einschätzung der meisten Befragten keine Gefahr für die Arbeitsplätze in mittelständischen Unternehmen dar.

Kritischer als ihr eigenes Handeln sehen die Mittelständler laut einer anderen Studie hingegen die Großkonzerne. In punkto Moral stellen sie den großen Unternehmen ein schlechtes Zeugnis aus. Einer Umfrage der Nürnberger Unternehmensberatung Weissman & Cie. Zufolge, sagte mehr als die Hälfte der 500 befragten Firmenchefs mittelständischer Unternehmen, Großunternehmen kämen ihrer sozialen und gesellschaftlichen Verantwortung in der Regel nur mäßig nach. 11,5 Prozent meinen sogar, die großen Konzerne kämen ihrer Verantwortung überhaupt nicht nach.

Auch in der Weissman-Studie kommen die mittelgroßen Betriebe nach Einschätzung der Befragten besser weg. Dem Mittelstand gestehen 35 Prozent der Interviewten zu, seine gesellschaftliche und soziale Rolle in hohem Maße verantwortlich erfüllt. Weitere 54,5 Prozent der Befragten meinten, dass der Mittelstand seiner Verantwortung nachkommt." (Welt (Hrsg.), 2020)

Somit ist das Thema soziale Ziele zwar in der Wirtschaft präsent, jedoch werden soziale Ziele in kleinen und mittelständischen Unternehmen stärker verfolgt als in Großunternehmen. Soziale Ziele können innerhalb und außerhalb des Unternehmens verfolgt werden und gehen dabei mit sozialer Verantwortung innerhalb und außerhalb des Unternehmens einher. Die sozialen Ziele außerhalb des Unternehmens sollen zur Verbesserung der sozialen, gesellschaftlichen und oftmals regionalen Situation rund um das Unternehmen beitragen. Auch können Unternehmen die sozialen Ziele sowohl operativ als auch strategisch verfolgen und umsetzen.

Ausrichtung soziale Ziele

soziale Ziele		
Umwelt	intern	extern
Zeit	strategisch	operativ

Abb. 58: Ausrichtung soziale Ziele, Quelle: Eigene Darstellung

Dadurch verfolgen Unternehmen soziale Ziele sowohl nach dem zeitlichen Aspekt, d. h. kurzfristig und damit operativ, oder langfristig und damit strategisch, als auch ausgerichtet auf die interne oder externe Umwelt.

2.8. Integriertes Personalmanagement

Die Träger des Personalmanagements sind neben den Mitarbeitenden der Personalabteilung auch die Führungskräfte in einem Unternehmen. Die Führungskräfte bestimmen in einem hohen Maße die Mitarbeiterzufriedenheit und die Weiterentwicklung von Mitarbeitenden.

Das moderne Personalmanagement ist keine Aufgabe, die ein einzelner Mitarbeitenden oder eine einzige Abteilung alleine stemmen kann. Vielmehr geht es darum, dass die gesamte Führungsebene, von der Geschäftsleitung bis hin zu den leitenden Mitarbeitenden und Vorgesetzten, durch ihren direkten Kontakt zu den Mitarbeitenden die Mitarbeitenden motivieren (möglichst aber nicht demotivieren) und zugleich in die Tätigkeiten des Personalmanagements einbezogen werden und entsprechende Abläufe des Personalwesens in die betrieblichen Prozesse implementieren. Damit ist die Personalfunktion des Managements als Teil des übergreifenden Managementsystems und -prozesses zu verstehen. Diese sind in allen Phasen und in allen Elementen von personellen Aspekten durchwoben. Alle Führungskräfte tragen schon per Definition stets Personalverantwortung und müssen im Rahmen der Wahrnehmung ihrer Führungsaufgabe – quasi zwangsläufig – auch Personalentscheidungen treffen. Dadurch sind Personalangelegenheiten nicht alleine nur eine Angelegenheit der Personalabteilungen. In der Praxis besteht die Integration der Führungskräfte beispielsweise darin, dass durch die Führungskräfte ein Führungsstil gepflegt wird, der Mitarbeitende zum selbständigen und zielorientierten Handeln motiviert.

Zudem ist es Aufgabe der Führungskräfte, beispielsweise durch Zielvereinbarungen, Qualifizierungsmaßnahmen und Mitarbeitergespräche dem Personalwesen zuzuarbeiten, um dem Personalmanagement die erforderlichen Informationen zur Personalsteuerung zur Verfügung zu stellen. Mit der Integration der Führungskräfte in das Personalmanagement wird nicht nur ein ganzheitlicher Ansatz verfolgt; es bedeutet auch, dass das Personal nicht nur verwaltet wird, sondern mit dem Personal gemeinsam gearbeitet wird, um die unternehmerischen Ziele nachhaltig zu erreichen. Somit sind beim ganzheitlichen Ansatz die Führungskräfte, aufgrund der Umsetzung von sozialen Zielen in ihrem Verantwortungsbereich, sowohl Akteure als auch Unterstützer des Personalwesens.

Nachfolgend wird anhand eines Fallbeispiels aus der unternehmerischen Praxis die Bedeutung der Personalführung als Bestandteil des Personalmanagements dargestellt.[18]

Fallbeispiel 15: Integriertes Personalmanagement

Bei einer Besprechung am 29.11. der Harry Hirsch GmbH zwischen Frau Hansen-Sonnenschein, Leiterin der Personalabteilung und dem Geschäftsführer Herrn Hirsch herrscht schlechte Laune: Frau Hansen-Sonnenschein teilt mit, dass zwei Finanzbuchhalterinnen heute gekündigt haben und damit die Abteilung nur noch aus dem Leiter Rechnungswesen, Herrn Ritter, besteht. Der Geschäftsführer Herr Hirsch fällt aus allen Wolken und verweist darauf, dass der Jahresabschluss nicht mehr fristgerecht durchgeführt werden kann. Frau Hansen-Sonnenschein schlägt

---

[18] Die Namen der beteiligten Personen, Unternehmen, Orte und andere Angaben sind zum Schutz von Unternehmensgeheimnissen geändert worden, damit reale Unternehmen nicht identifiziert werden können. Nur der tatsächliche Sachverhalt entspricht den Gegebenheiten.

als Ad-Hoc-Maßnahme den Einsatz von zwei kaufmännischen Leiharbeiter als Finanzbuchhalter vor, um den Personalbedarf zu decken. Zudem verweist sie darauf hin, dass bereits früher die Fluktuation in der Finanzbuchhaltung hoch war.

Die hohe Fluktuation ist durch den Führungsstil von Herrn Ritter verursacht. Eine Finanzbuchhalterin hatte dies auch als Kündigungsgrund angegeben. Die andere Finanzbuchhalterin hatte sich nicht geäußert. Es ist aber davon auszugehen, dass der gleiche Kündigungsgrund vorliegt, da sie eine langjährige Mitarbeiterin war. Bisher hat die Geschäftsführung jedoch eine Bewertung der Führungskräfte abgelehnt. Um zukünftig nicht in eine ähnliche Situation, auch aus anderen Unternehmensbereichen, zu geraten, schlägt Frau Hansen-Sonnenschein zukünftig ein 360-Grad-Feedback vor, bei dem die Kompetenzen und Leistungen von Fach- und Führungskräften aus unterschiedlichen Perspektiven, wie zum Beispiel aus dem Blickwinkel der Mitarbeitenden, der Vorgesetzten, der Kollegen, Teammitglieder oder Kunden, bewertet werden. Zudem sollte ein Mitarbeitergespräch mit Herrn Ritter geführt werden, um den Führungsstil zu ändern. Sollten die eingeleiteten Maßnahmen nicht erfolgreich sein, so werden personale Konsequenzen folgen, weil die Neueinstellung von Mitarbeitenden ein nicht unerheblicher Kostenfaktor ist und die Motivation und Arbeitsleistung der restlichen Mitarbeitenden sinkt.

Fazit:

Die Führungskräfte eines Unternehmens beeinflussen durch ihre Führung einerseits das Mitarbeiterverhalten, andererseits sind die Führungskräfte näher an den Mitarbeitenden, als die Personalabteilung. Da zudem Personalführung zu den Führungsaufgaben gehört, ist diese Aufgabe zugleich Bestandteil des Personalmanagements. Dadurch kann eine integrierte Zusammenarbeit unnötige Kosten vermeiden. Ein modernes Personalmanagement ist daher integriert.

Das vorherige Beispiel zeigt, dass eine Wechselwirkung zwischen dem Management auf jeder Ebene und dem Personalmanagement besteht, denn die Führungstätigkeit beeinflusst die Personalarbeit hinsichtlich der Fluktuationsrate, sowie hinsichtlich Personalbeschaffung und Personalentwicklung und die Personalarbeit beeinflusst die Führungstätigkeit hinsichtlich des verfügbaren Personals und der angebotenen Qualifizierung der Führungskräfte hinsichtlich deren Führungsfähigkeiten. Diese Wechselwirkung erfordert jedoch eine integrierte Zusammenarbeit mit dem Personalmanagement und damit ein Personalmanagement, dass durch die integrativen Bestandteile eine Querschnittsfunktion im Unternehmen erhält.

Nachfolgend wird ein integriertes Personalmanagement schematisch dargestellt:

Schemata eines integrierten Personalmanagements

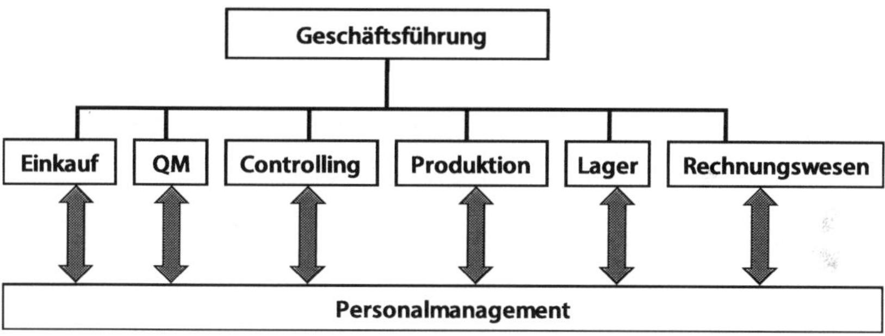

Abb. 59: Schemata eines integrierten Personalmanagements, Quelle: Eigene Darstellung

Die Integration des Personalmanagements kann operativ und strategisch erfolgen.

Aus operativer Sicht bedeutet die Integration des Personalmanagements, dass das Personalmanagement frühzeitig auf kommende Veränderungen reagieren kann. Je frühzeitiger eine Veränderung oder ein Bedarf zur personellen Änderung erkannt wird, desto geringer ist der Anpassungsaufwand. So kann Personal beispielsweise frühzeitig geschult werden, um dann rechtzeitig und situationsgerecht eingesetzt zu werden. Auch kann durch eine rechtzeitige Schulung eine Integration des Personalmanagements mögliche Entlassungen, mit einer nachfolgenden Neuanstellung, vermeiden. Damit hat eine erfolgreiche Integration des Personalmanagements einen direkten positiven Einfluss auf den Unternehmenserfolg.

Ein wesentlicher Integrationsfaktor für das strategische Personalmanagement ist die Unternehmenskultur, da einerseits alle Mitarbeitenden durch die Unternehmenskultur hinsichtlich Verweildauer im Unternehmen, Verhalten und Motivation beeinflusst werden, andererseits die Unternehmenskultur auch bestimmte Mitarbeitenden anzieht und hält die, die vorherrschende Unternehmenskultur bevorzugen oder diese zumindest akzeptieren und somit sich damit arrangieren können.

Basis für die Unternehmenskultur ist das normative Management. „Inhalt des normativen Managements sind Prinzipien, Normen und Spielregeln, die darauf gerichtet sind, die Lebens- und Entwicklungsfähigkeit der Organisation langfristig sicher zu stellen." (Siller, 2017, S. 694) Normatives Management besteht einerseits aus den bewusst oder unbewusst gelebten Prinzipien, Normen und Spielregeln des Managements und in der Umsetzung und Anwendung von Regeln, so dass sich das normative Management auch in den Unternehmensstrukturen wiederfindet.

Dabei ist das normative Management die Basis für das strategische Management. „Das normative Management hat eine sachlogische Vorsteuerungsfunktion für das strategische, und diese weiter für das operative Management; normatives Management weist somit die größten Hebeleffekte auf:

- Was auf der normativen Ebene versäumt wird, kann auch durch noch so große Anstrengungen auf strategischer Ebene nicht mehr aufgeholt werden.
- Und was auf strategischer Ebene versäumt wird, kann auch durch noch so große Anstrengungen auf der operativen Ebene nicht mehr aufgeholt werden (vgl. Siller, 2015, S. 68; vgl. Stierle et al., 2014, S. 589)." (Siller, 2017, S. 6)

Neben den operativen Führungstätigkeiten des Managements beeinflusst daher auch die Unternehmenskultur die Personalarbeit des Personalmanagements, weil die Unternehmenskultur den vorhandenen Führungsstil und damit das Mitarbeiterverhalten und auch die Produktivität des Unternehmens beeinflusst. Dieser Einfluss der Unternehmenskultur wirkt langfristig auf das Unternehmen und ist zugleich Ausfluss der Unternehmensvision sowie der daraus abgeleiteten Unternehmensziele und Unternehmensstrategien. Aufgrund der langfristigen Wirkung der Unternehmenskultur hat diese einen Einfluss auf das strategische Personalmanagement.

Somit besteht einerseits ein Einfluss und Wechselwirkung zwischen Unternehmenskultur, Unternehmenszielen und Unternehmensstrategien, andererseits ein Einfluss und Wechselwirkung auf die Produktivität und das Mitarbeiterverhalten durch die Unternehmenskultur, Unternehmensziele und Unternehmensstrategien. Mehrere Studien können einen statistisch signifikanten Zusammenhang zwischen einer positiven Unternehmenskultur und der Produktivität nachweisen. (vgl. Bellet, et al., 2020, S. 14ff.) (vgl. Gallup, 2015)

Dadurch besteht ein strategischer Zusammenhang zwischen den Aktivitäten der Geschäftsführung und der Personalabteilung. Die erfolgreiche und wirtschaftlich optimale Umsetzung der Wechselwirkung zwischen Unternehmenskultur, Unternehmenszielen und Unternehmensstrategien erfordert die Integration und die Zusammenarbeit der Geschäftsführung mit dem Personalmanagement.

Diese Zusammenarbeit und Integration eines strategischen, integrierten Personalmanagements wird in der folgenden Abbildung 60 dargestellt.

Durch die Integration des Personalmanagements mit den einzelnen Unternehmensbereichen auf Managementebene und bei der Geschäftsführung können die Wechselwirkungen bestmöglich berücksichtigt werden und ermöglichen einen hohen Zielerreichungsgrad der Aufgaben des Personalmanagements.

Darüber hinaus besteht das Personalmanagement aus den Teilbereichen:

- Personalführung,
- Personalbeschaffung,
- Personalentwicklung,
- Personalkommunikation,
- Personalverwaltung,
- Personalplanung und
- Personalcontrolling,

welche wiederum integrale Bestandteile des Unternehmens sind, denn bei einem modernen Personalmanagement stehen diese Teilbereiche nicht einfach so unabhängig nebeneinander, sondern sind integraler Bestandteil der operativen und strategischen Personalarbeit und ermöglichen dadurch einen hohen Zielerreichungsgrad der Aufgaben des Personalmanagements.

Integriertes Personalmanagement im strategischen Zusammenhang

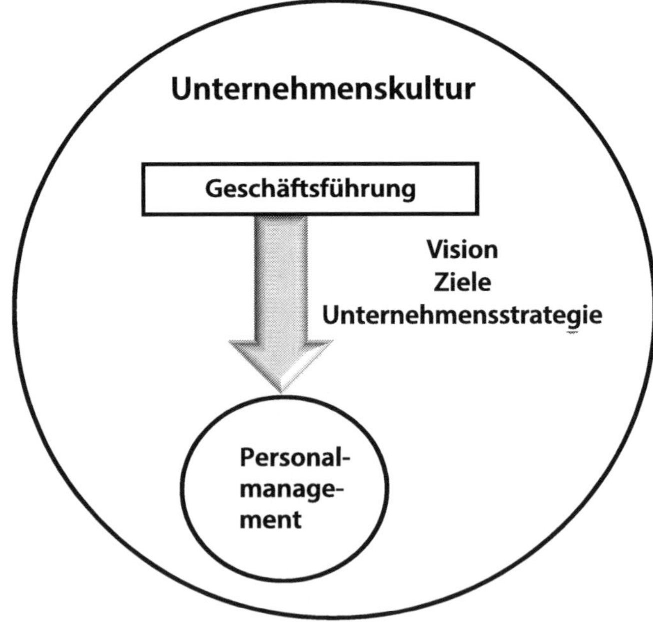

Abb. 60: Integriertes strategisches Personalmanagement, Quelle: Eigene Darstellung

Integriertes Personalmanagement

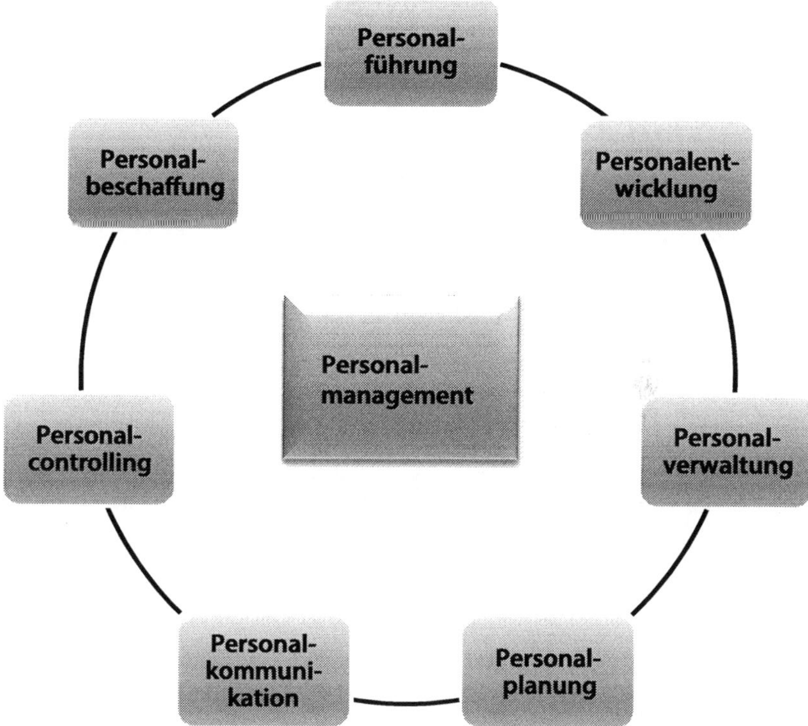

Abb. 61: Integriertes Personalmanagement, Quelle: Eigene Darstellung

Somit ermöglicht ein integriertes Personalmanagement die Berücksichtigung der Wechselbeziehungen zwischen den einzelnen Unternehmensbereichen, der optimalen Aufgabenerfüllung und der optimalen Zielerreichung der Personaltätigkeiten.

2.9. Die Rollen des Personalmanagements

Wie jede andere Fachabteilung im Unternehmen hat auch das Personalmanagement durch die Mitarbeitenden des Personalwesens bestimmte Rollen auszufüllen und auszuüben.

Aus den bisherigen Beschreibungen des Personalmanagements ergeben sich zusammenfassend folgende Rollen des Personalmanagements:

Die Rollen des Personalmanagements als …

Gestalter

- Sorgt für die Verzahnung der Unternehmensstrategie mit dem Personalmanagement.
- Sorgt für die wirtschaftliche Ressourcenausstattung.
- Bringt das Unternehmen nach vorne.

Verwalter

- Sorgt für die Einhaltung der gesetzlichen Bestimmungen.
- Ist für die operative Abwicklung des Personalwesens verantwortlich.
- Nimmt repräsentative Aufgaben wahr.

Vermittler

- Vermittelt zwischen Geschäftsführung, Manager und Mitarbeitenden.
- Vermittelt, unterstützt und berät das Management bei den Führungsaufgaben.

Visionär

- Übersetzt die Unternehmensvision in eine Personalvision und entwickelt aus der Unternehmensvision eine Personalvision.
- Setzt die Personalvision in Personalziele um.
- Entwickelt Personalstrategien aus den Personalzielen.
- Erkennt selbst, welche Kräfte und neuen Qualifikationen das Unternehmen braucht, und begibt sich auf die Suche.
- Ist in der Lage, nach wirtschaftlichen, sozialen, gesellschaftlichen und technologischen Trends zu forschen, um zu wissen, was kommt.

Businesspartner

- Tritt in die Rolle des Moderators und des Mediators.
- Berät mit strategischer und konzeptioneller Kompetenz.
- Berät und unterstützt das Management und die Fachabteilung bei der Entwicklung der Mitarbeitenden.
- Vertritt überzeugend die Personalmanagementphilosophie des Unternehmens.

3
Führung

Es gibt eine Vielzahl von Definitionen zur unternehmerischen Führung. Unternehmerische Führung soll hier definiert werden als die direkte und indirekte Verhaltensbeeinflussung von Führungskräften von Mitarbeitenden und Mitarbeitergruppen zur bestmöglichen Realisierung vorgegebener Unternehmensziele und beinhaltet asymmetrische soziale Beziehungen der Über- und Unterordnung.

Das Wechselspiel aus legitimierter Machtausübung (Herrschaft) und Unterwerfung bzw. Hierarchie, als Beziehung zwischen Führer und Geführten, sind Kennzeichnen sozialer Gemeinschaften. Die Ausübung von Führung bedient dabei unterschiedliche Funktionen, etwa kann sie den Geführten Sicherheit und Orientierung vermitteln. In arbeitsteiligen Organisationen haben Führungsbeziehungen darüber hinaus unter anderem den Zweck, Koordination und Zielerreichung zu befördern. (vgl. Bartscher, Huber, 2007, S. 188ff., vgl. Kaehler, 2017, S. 10ff., vgl. Weibler, 2012, S. 1ff., vgl. Treier, 2019, S. 457ff.)

Neben der Orientierung auf die Erreichung von Zielen durch Individuen und Gruppen in Organisationen, Unternehmen, Betrieben etc. bestehen Führungsfunktionen in der Motivation der Mitarbeitenden und in der Sicherung des Gruppenzusammenhalts.

Führung wird allgemein als psychologische und soziale Fähigkeit einer Person im Umgang mit Menschen betrachtet. Neben den Persönlichkeitseigenschaften der Führungskraft haben weitere Faktoren wie die fachliche Kompetenz, die situativen Bedingungen, der Einsatz von Führungstechniken und die sozialen Beziehungen eine entscheidende Bedeutung für eine erfolgreiche Führung, die dadurch zu einem komplexen sozialen Prozess wird. (vgl. Bartscher, Huber, 2007, S. 188ff., vgl. Kaehler, 2017, S. 10ff., vgl. Weibler, 2012, S. 1ff., vgl. Treier, 2019, S. 457ff.)

Führungskompetenz ist durch die formelle Organisation definiert und abgegrenzt (formelle Führung). In Arbeitsgruppen kann sich eine informelle Führung herausbilden; diese erfolgt durch Mitarbeitende ohne formelle Führungsposition, die aufgrund ihrer Persönlichkeit, Fachkompetenz und Erfahrung bes. geachtet werden und daher Einfluss ausüben. (vgl. Bartscher, Huber, 2007, S. 188ff., vgl. Kaehler, 2017, S. 10ff., vgl. Weibler, 2012, S. 1ff., vgl. Treier, 2019, S. 457ff.)

Personalführung ist eine Managementfunktion und wird allgemein definiert als zielgerichtetes soziales Einflusshandeln durch die zielorientierte Einbindung der Mitarbeitende in die Aufgaben des Unternehmens. Führungskräften kommt dabei die Verantwortung zu, die Unternehmensziele durch ihre Einflussnahme bei den Mitarbeitenden umzusetzen. Dabei ist es das Ziel, das Verhalten der Mitarbeitenden so zu beeinflussen und zu motivieren, dass diese eine bestmögliche Arbeitsleistung erbringen, die gestellten Aufgaben optimal bewältigen sowie auftretende Problemsituationen möglichst eigenständig lösen können.

3.1. Zusammenhang zwischen Ziele und Führung

Grundlage der unternehmerischen Führung ist die Umsetzung der unternehmerischen Ziele. Die vorgegebenen unternehmerischen Ziele können dabei in monetäre, also quantitative, Ziele und nicht monetäre, also qualitative, Ziele unterteilt werden.

Unternehmerische Zielinhalte - Beispiele	
Monetäre Ziele = quantitative Ziele	**Nicht monetäre Ziele = qualitative Ziele**
▪ Gewinnmaximierung ▪ Umsatz ▪ Kostensenkung ▪ Sicherung der Liquiditätsfähigkeit ▪ Sicherung der Kapitalerhaltung	▪ Marktanteilsvergrößerung ▪ Wachstumserhöhung ▪ Macht- bzw. Prestigestreben ▪ Unabhängigkeitsstreben ▪ Dienste für Kunden ▪ Verbesserung der Produktqualität ▪ Markteinfluss vergrößern

Abb. 62: Beispiele unternehmerische Zielinhalte, Quelle: Eigene Darstellung

Ziele können zudem in Ober-, Unter- und Zwischenzeile sowie nach dem zeitlichen Bezug und nach dem Ausmaß der Zielerreichung unterschieden werden.

Zielarten		
Rangordnung	**zeitlicher Bezug**	**Ausmaß der Zielerreichung**
Oberziel	langfristig	unbegrenzte Ziele (Gewinnmaximierung)
Unterziele	mittelfristig	begrenzte Ziele (Benchmarkt)
Zwischenziele	kurzfristig	in Abhängigkeit vom Anspruchsniveau

Abb. 63: Zielarten, Quelle: Eigene Darstellung

Der zeitliche Bezug hat sowohl einen Einfluss auf die Führung als auch auf die Personalarbeit. Das Personalwesen hat, je nach Kurzfristigkeit und Dringlichkeit, einen mehr oder weniger starken Druck, ein Problem zu lösen. Die Problemlösung benötigt aber aufgrund von der Arbeitsmarktsituation oder aufgrund von der zeitlichen Umsetzung schlicht Zeit. Dabei zeigt die Realisierung der kurzfristigen Ziele kurzfristige wirtschaftliche Wirkungen und der langfristigen Ziele langfristige wirtschaftliche Wirkungen.

Das Management hat die Aufgabe, die definierten Unternehmenszeile umzusetzen. Die Umsetzung der definierten Unternehmensziele hat einen Einfluss auf die Unternehmensstrukturen, auf die Arbeitsprozesse sowie auf die Unternehmenskultur. Der Einfluss der Ziele auf die Personalarbeit soll durch die folgenden Beispiele dargestellt werden:

Ziele und Führung

zeitlicher Bezug	Ausrichtung	Beispiele Personalführung
kurzfristig	operativ	Personaleinsatzplanung
mittelfristig	taktisch	Zielvereinbarungen
langfristig	strategisch	Trainings zur Unternehmenskulturänderung

Abb. 64: Ziele und Führung – Beispiele, Quelle: Eigene Darstellung

In der Praxis existieren überwiegend mehrere Unternehmensziele nebeneinander. Dabei können die Zielbeziehungen:

- Komplementär
- Konkurrierend
- Gegenteilig (antinom) oder
- Indifferent

sein.

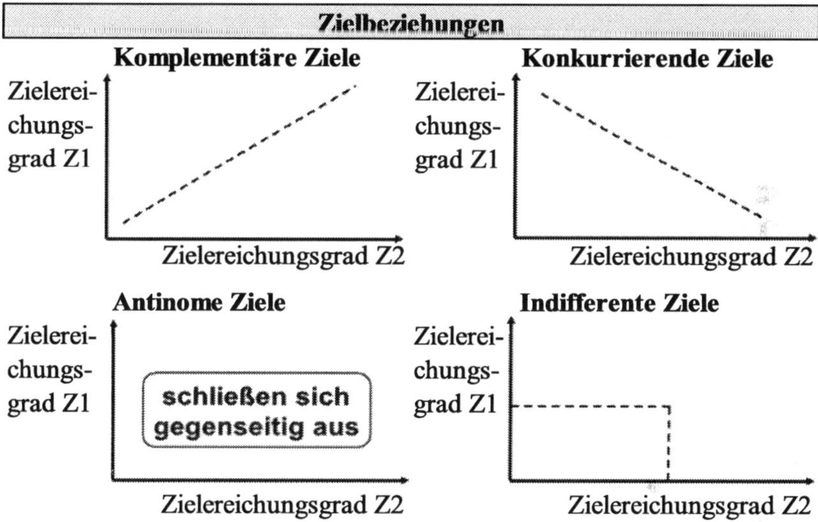

Abb. 65: Zielbeziehungen, Quelle: Eigene Darstellung

Wenn komplementäre Ziele vorliegen, gibt es zwei Unternehmensziele, bei denen sich das Verfolgen von Ziel 1 positiv auf das Erreichen von Ziel 1 auswirkt. Je näher ein Unternehmen dem Erreichen des einen Ziels kommt, desto leichter wird es auch das andere Ziel zu erreichen. Das Gegenteil von komplementären Zielen sind konkurrierende Ziele.

Beispiel 16: Komplementäre Zielbeziehungen der Führung

Ein Beispiel für eine komplementäre Zielbeziehung ist das Einstellen von zusätzlichen Vertriebsmitarbeitern (Ziel 1), um die gleichzeitige Erhöhung des Umsatzes (Ziel 2) zu erreichen. Die Beschäftigung von mehr

Vertriebsmitarbeitenden verursacht Kosten, aber zugleich steigt durch die Tätigkeit der Vertriebsmitarbeitenden auch der Umsatz. Wenn der Umsatz durch die neuen Vertriebsmitarbeitenden stärker steigt, als die zusätzlichen Personalkosten, dann eine Gewinnsteigerung erreicht. Der Gewinn ergibt sich aus Umsatz minus Kosten.

Beispiel 17: Konkurrierende Zielbeziehungen der Führung

Ein Unternehmen aus der Automobilbranche möchte die Produktionsqualität erhöhen (Ziel 1) und gleichzeitig die Personalkosten verringern (Ziel 2). Hierbei handelt es sich um konkurrierende Ziele. Da viele gut ausgebildete Mitarbeitende notwendig sind, um die Produktqualität zu erhöhen, ist es nahezu unmöglich für das Unternehmen, die Kosten für das Personal zu senken. Die Ziele wirken sich also negativ aufeinander aus. Die Unternehmensführung muss dementsprechend entscheiden, welches Ziel stärker verfolgt werden soll.

Antinome Ziele sind sich gegenseitig ausschließende Ziele. Dies bedeutet, dass sich Entscheidungsträger für ein Ziel entscheiden müssen. Bei der Entscheidung für ein Ziel entstehen Opportunitätskosten.

Als Opportunitätskosten wird der entgangene Nutzen einer alternativen Handlung zugunsten einer anderen Handlungsalternative beschrieben. Bei Opportunitätskosten entstehen dadurch Kosten, dass die Zielerreichung des anderen Ziels, also des nicht gewählten Zieles nicht genutzt wird, da man sich ja für eine andere Möglichkeit entschieden hat.

Beispiel 18: Antinome Zielbeziehungen der Führung

Die Personalabteilung soll entscheiden, ob Personalbedarf für die Produktionstätigkeiten durch eigene Mitarbeiter oder durch Zeitpersonal durchzuführen ist (Make-or-buy-Entscheidung). Eigene Mitarbeitende haben den Vorteil, dass diese sich mit dem Unternehmen weiterentwickeln können und ständig verfügbar sind. Allerdings sind Personalkosten regelmäßig Fixkosten, die sich bei Umsatzrückgängen nicht beliebig reduzieren lassen, weil Kündigungszeiten zu beachten sind. Zeitarbeiter sind dagegen flexibel einsetzbar, im Krankheitsfall des Zeitarbeiters stellt das Zeitarbeitsunternehmen Ersatz, der Zeitaufwand und die Kosten für die Personalakquise entfallen und bei Bedarf kann das Zeitpersonal auch fest übernommen werden. Nachteilig am Zeitpersonal ist, dass ein ständiger Personalwechsel Unruhe bringt, jede Zeitarbeitskraft neu eingearbeitet werden muss und im Unternehmen keine Kompetenz aufgebaut wird.

Wenn indifferente Ziele vorliegen, besteht keinerlei Abhängigkeit zwischen dem Verfolgen von Ziel 1 und der Erreichung von Ziel 2. Die Ziele sind voneinander unabhängig. Kommt man dem einen Ziel näher, so ist die Auswirkung auf das andere Ziel weder positiv noch negativ.

In Unternehmen kann es immer wieder zu indifferenten Zielen kommen, da verschiedene Abteilungen unterschiedliche Ziele verfolgen, welche jedoch in keinem Zusammenhang stehen. Allerdings sind regelmäßig die Hauptziele der Abteilungen einheitlich, so dass die Auswirkungen der indifferenten Ziele überwiegend geringe Auswirkungen haben. Im Gegensatz dazu stehen komplementäre Ziele und konkurrierende Ziele. Bei diesen gibt es stets eine positive beziehungsweise negative Auswirkung auf das andere Ziel.

Beispiel 19: Indifferente Zielbeziehungen der Führung

Ein mittelständisches Unternehmen hat sich für das nächste Geschäftsjahr zwei wichtige Ziele gesetzt. Zum einen geriet das Unternehmen in der Vergangenheit oft wegen einer niedrigen Frauenquote von nur 20 % in Kritik. Dies soll unbedingt geändert werden, indem die Frauenquote im nächsten Jahr auf mindestens 30 % gesteigert wird (Ziel 1). Obendrein soll der Umsatz um mindestens 15 % gesteigert werden (Ziel 2).

Wenn davon ausgegangen wird, dass die Frauen den Job im Unternehmen genauso gut ausführen können wie die Männer, können konkurrieren beide Ziele nicht und können unabhängig voneinander realisiert werden. Es liegen also zwei neutrale bzw. indifferente Ziele vor.

Um die Unternehmensziele zu erreichen, hat die Führung die Aufgabe:

1. Die Erreichung eines sachlichen Zieles, d. h. die Erreichung definierter Leistungsergebnisse ohne Einschränkungen nicht arbeitsrelevanter Merkmale zu gewährleisten.
2. Durch eine Potenzialanalyse von Vorgesetzten und Mitarbeitende die Stärken der Arbeitskräfte zu ermitteln und diese möglichst optimal einzusetzen.
3. Die Mitarbeitende dauerhaft zur Mitarbeit zu motivieren, d. h. also Enttäuschungen weitgehend zu vermeiden und eine möglichst positive Einstellung und Zufriedenheit mit der Tätigkeit und ihren Bedingungen zu erhalten, sodass die Mitarbeitenden an das Unternehmen gebunden sind.
4. Die Förderung und Entwicklung der Mitarbeitenden.

Den Führungskräften in einem Unternehmen stehen direkte und indirekte Instrumentarien zur Verfügung, um die Aufgaben der Personalführung erfolgreich in der Praxis umzusetzen. Durch die direkten Führungsinstrumente nimmt eine Führungskraft unmittelbar Einfluss auf das Erleben und das Verhalten eines Mitarbeitenden, womit die direkte Führung unmittelbar von den individuellen Werten, Normen und Einstellungen, aber auch von den Erfahrungen und Führungsfähigkeiten der Führungskräfte abhängt.

Daher hat das Personalmanagement schon bereits bei der Auswahl und der Einstellung der Führungskräfte einen entscheidenden Einfluss auf die zukünftige Unternehmenskultur. Die Personalpolitik legt grundsätzliche Ziele und Handlungsnormen für den Personalsektor fest. Die Ziele der Personalpolitik sind in Maßnahmen umzusetzen. Bei diesem Prozess ist die Personalpolitik mit der Bereichspolitik der anderen Ressorts abzustimmen und umgekehrt – und zwar so, dass insgesamt die Ziele des Unternehmens erreicht werden.

Ein Teil der Personalpolitik beschreibt nicht nur Ziele, sondern er legt die Handlungsmaxime für alle Unternehmensbereiche und für alle Vorgesetzten in Sachen Personal fest. Dieser Teil der Personalpolitik wird meist mit dem Begriff personalpolitische Grundsätze (auch: Führungsleitbild) beschrieben. Dadurch soll erreicht werden, dass bestimmte Personalthemen im Unternehmen „einheitlich“ gehandhabt werden, ohne dass damit eine Gleichschaltung der Führungskräfte gemeint ist. In derartigen Grundsätzen finden sich beispielsweise folgende Inhalte wieder:

- Formulierung von Führungsleitlinien,
- Richtlinien zur Förderung der Mitarbeitenden,
- Prinzip der Nachwuchsentwicklung aus eigenen Reihen,
- Festlegung von Auswahlrichtlinien.

Die Personalführung ist einerseits das Ergebnis der Unternehmensstrategie und beeinflusst andererseits die realisierte Unternehmensleistung. Vereinfacht lässt sich daraus folgender Zusammenhang zwischen:

- Unternehmensvision,
- Unternehmensstrategie,
- Unternehmensziele,
- Personalpolitik,
- Führungsleitbild und
- erbrachter Unternehmensleistung

grafisch darstellen (Abb. 66).

Führungskräfte benötigen, in Abhängigkeit von ihrer Position in der Unternehmenshierarchie, verschiedene Schlüsselqualifikationen. „Unter Schlüsselqualifikation sind diejenigen Fähigkeiten und Kompetenzen zu verstehen, die es einer Person erlauben, die beruflichen Tätigkeiten und Aufgaben erfolgreich zu bewältigen.

Die Schlüsselqualifikationen lassen sich in folgende Kompetenzbereiche einteilen (Cesarz, Schaaf, Mundt-Neugebauer, S. 3f.):

- **Fachkompetenz**: Fähigkeit, fachbezogenes und fachübergreifendes Wissen zu verknüpfen, zu vertiefen, kritisch zu prüfen sowie in Handlungszusammenhängen anzuwenden.

- **Methodenkompetenz**: Fähigkeit zur Anwendung von Arbeitstechniken, Verfahrensweisen, Analysetechniken sowie von Lernstrategien.
- **soziale Kompetenz**: Fähigkeit den zwischenmenschlichen Umgang zu fördern.
- **strategische Kompetenz**: Fähigkeit der Führungskraft, langfristig, analytisch, kreativ und visionär zu denken und zu handeln.
- **Persönlichkeit und Authentizität**: Ausprägung individueller Wesenszüge und Verhaltensweisen, die die Aufgabenerfüllung unterstützen.

Zusammenhang zwischen Vision – Personalführung – Unternehmensleistung

Abb. 66: Zusammenhänge mit der Personalführung, Quelle: Eigene Darstellung

„Da diese Kompetenzbereiche aber nicht für alle Führungskräfte identisch dargestellt werden können, sind die Führungskräfte in drei Ebenen – obere, mittlere und untere Führungskräfteebene – einzuteilen. Die obere Führungsebene meint das Topmanagement

(Vorstände, Geschäftsführer) und die erste Führungsebene darunter (z. B. Pflegedienstleitung, leitender Oberarzt, Geschäftsbereichsleitung). Unter dem mittleren Management ist die Ebene der Abteilungsleiter und Fachbereichsleiter, in kleineren Unternehmen zu verstehen. Bei größeren Unternehmen können dies aber auch Sachgebietsleiter sein. Das untere Management beschreibt die Ebene mit der ersten disziplinarischen Führungsverantwortung und alle Mitarbeiter darunter, die mindestens in Teilen oder zeitweise einzelne Führungsfunktionen wahrnehmen (z. B. Leiter von Qualitätszirkeln, Projektleiter)." (Cesarz, Schaaf, Mundt-Neugebauer, S. 4)

Führungsebenen und Schlüsselqualifikationen

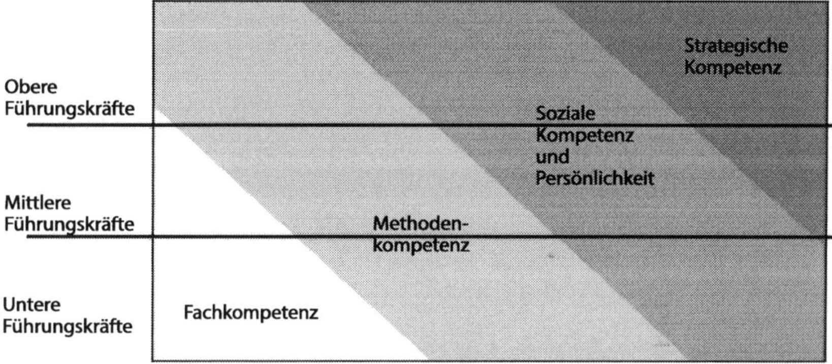

Abb. 67: Führungsebenen und Schlüsselqualifikationen, Quelle: Cesarz et al., 2006, S. 4

Je Führungsebene hat somit bestimme Führungsanforderungen. Dabei ist die jeweilige Bedeutung der einzelnen Kompetenzbereiche für die einzelnen Führungsebenen aufgezeigt. Es handelt sich nicht um eine absolute Betrachtung. Denn obere Führungskräfte haben in ihrem Berufsverlauf auch einmal als untere Führungskräfte begonnen und sind über mittlere Führungsfunktionen in das obere Management aufgestiegen. Auf diesem Weg haben sie in der Regel nicht ihre fachlichen Kenntnisse und Fähigkeiten verloren, sondern diese sogar regelmäßig weiterentwickelt. In ihren oberen Führungsfunktionen haben diese allerdings an Bedeutung verloren, da das Lösen der operativen fachlichen Alltagsaufgaben nicht mehr zu ihrem originären Aufgabengebiet gehört. Dafür gibt es entsprechende Sach- bzw. Fachbearbeiter." (Cesarz, Schaaf, Mundt-Neugebauer, 2006, S. 4)

3.2. Führungsstile

In den nachfolgenden Kapiteln werden die unterschiedliche Führungsstile und ihre Klassifikationen dargestellt, wird beschrieben, wie Führung von dem Mitarbeitenden wahrgenommen wird, welche Führungsstile es in Deutschland gibt und es wird der Frage nachgegangen und ob es den einen optimalen Führungsstil überhaupt gibt, bzw. ob ein möglichst optimaler Führungsstil in der Praxis gefunden und umgesetzt werden kann.

Bevor wir uns den einzelnen Führungsstilen zuwenden, ist zunächst der Begriff Führung zu definieren. Eine Suchabfrage bei Google zu „Führung" ergibt zurzeit rund 67,7 Millionen Einträge. Diese beeindruckende Zahl ist nicht verwunderlich, da allein in Deutschland über 4,9 Millionen Führungskräfte in der Privatwirtschaft tätig sind. (vgl. Holst, Friedrich, 2017, S. 3) Führung ist somit ein Thema von großer Relevanz. Aber was bezeichnet der Begriff Führung?

„Unter Führung wird im Allgemeinen ein sozialer Beeinflussungsprozess verstanden, bei dem eine Person (der Führende) versucht, andere Personen (die Geführten) zur Erfüllung gemeinsamer Aufgaben und Erreichung gemeinsamer Ziele zu veranlassen." (Steyrer, 2019, S. 19)

Dementsprechend lautet eine klassische Definition zur Führung: „Führung ist ein Prozess der Beeinflussung anderer, um Verständnis und Akzeptanz dahingehend zu erzeugen, was und wie es getan werden muss, sowie ein Prozess, der individuelle und kollektive Anstrengungen zur Erreichung gemeinsamer Ziele erleichtert." (Yukl, 2010, S. 26)

An dieser Stelle soll zwischen den Begriffen „Führung" und „Leitung" unterschieden, weil diese Begriffe umgangssprachlich häufig synonym verwendet werden, aber eine andere Bedeutung haben. Führung und Leitung brauchen wir, um mit einer Gruppe von Menschen gemeinsam Ziele zu erreichen. Ist allen klar, wie diese Ziele erreicht werden können (weil es Routinetätigkeiten sind, die klaren Abläufen folgen), ist die Leitung erforderlich, welche dafür sorgt, dass alles nach Plan läuft und dass die Ergebnisse den Anforderungen entsprechen. Für Leitung wird operatives Wissen für die praktische Umsetzung der Ziele benötigt. Die Rolle „Leitung" kann also theoretisch von jedem ausgeübt werden, der dieses Wissen hat. Und je besser die Zielklarheit, die Prozesse und die Transparenz, desto eher kann die Funktion Leitung auf ein Minimum reduziert werden.

Wie schon dargestellt wurde, gibt es eine Vielzahl an Definitionen zur Führung – und hinter jeder Definition steht ein Führungskonzept. Jedes Führungskonzept unterstellt dabei „implizit, dass es in Organisationen Führende und Geführte gibt, die in einer Über- und Unterordnung zueinander stehen, wobei die Geführten sozial beeinflusst werden müssen / sollen, damit es insgesamt zu einer Zielerreichung kommt. Mit dieser Sichtweise ist ein bestimmtes Alltagsverständnis verknüpft, wie Vorgesetzte, Kollegen und Mitarbeiter am Arbeitsplatz zusammenzuarbeiten haben. Die Unterscheidung in Führende und Geführte erscheint dabei ganz normal und wird nicht weiter hinterfragt.

Und doch liegt diesem Alltagsverständnis eine kaum hinterfragte ‚ideologische Begründung' von Führung zugrunde, die auf einem oder mehreren der folgenden Argumentationsansätze basiert:" (Steyrer, 2019, S. 19)

- „Führung gibt es, weil Menschen geführt werden wollen." Mit dieser Sichtweise ist die Vorstellung verbunden, dass die meisten Menschen unmündig sind und als Kompensation nach einer starken Hand in Form eines Führenden suchen.
- „Führung gibt es, weil Menschen geführt werden müssen." Der Einzelne, so die implizite Idee, habe nur einen beschränkten Einblick in die Zusammenhänge und können ohne Führung nicht wirksam mit anderen kooperieren.

- „Hierarchie ist ein universelles soziales Prinzip." Entsprechend dieser Annahme sind soziale Rangordnungen eine gesetzesartige Konstante des sozialen Lebens. „Entwicklung wird von Eliten vorangetrieben; sie sollen das Sagen haben." Es wird eine prinzipielle Ungleichheit in den Leistungsmöglichkeiten und Fähigkeiten von Menschen postuliert und solcherart der Führungsanspruch der „Begabteren" legitimiert.
- Schließlich lautet eine fünfte Sichtweise: „Führung ist funktional." Hier wird im Gegensatz zur vorherigen elitär-personalistischen Argumentation das Effizienzargument vorgebracht. Führung erscheint als notwendige Steuerungsvariable zur Handhabung von Arbeitsbeziehungen." (Neuberger, 2002, S. 58f.)

Allen Definitionen ist gemein, dass sie Führung nicht richtig erklären, sondern sie als quasi naturgesetzliches Faktum bzw. eine soziale Notwendigkeit darstellen, womit eine umfassende Rechtfertigung einer bestehenden oder angestrebten, zukünftigen Wirklichkeit beschrieben wird. Auch sind diese Auffassungen von Führung nicht neu, auch wenn dies der eine oder andere Management-Guru gerne mal behauptet.

„Niemand, weder Mann noch Weib, soll jemals ohne Führer sein. Auch soll niemandes Seele sich daran gewöhnen, etwas ernsthaft oder auch nur im Scherz auf eigene Hand allein zu tun. Vielmehr soll jeder, im Kriege und auch mitten im Frieden, auf seinen Führer blicken und ihm gläubig folgen. Und auch in den geringsten Dingen soll er unter der Leitung des Führers stehen."[19] (Platon, ca. 409 v. Chr.)

Aufgrund der Vielzahl an Definitionen entsteht sowohl bei den Führenden als bei den Geführten eine ebensolche Vielzahl an Führungsauffassungen und an Rollenbildern über die Führung.

Auch wenn das Bewusstsein und die Aufmerksamkeit der Führungstheorien auf die Mitarbeiterführung in Organisationen durch die Beeinflussung der Mitarbeitenden durch die Führungskräfte liegt,

---

[19] Nur eine Anmerkung: Und was machen die Führer?

so existiert in der Praxis ebenfalls eine Vielzahl an Formen gegenseitiger Beeinflussung von Mitarbeitenden und Vorgesetzten.

Führung

Abb. 68: Führung, Quelle: Wolpers, 2019

„Eine relativierende Perspektive ergibt sich aus einer stärker mitarbeiterorientierten Sicht. Dabei wird betont, dass es sehr wohl auf die Mitarbeiter ankommt, ob eine Führungskraft als einflussreich wahrgenommen wird und mit ihren Einflussversuchen erfolgreich ist. Bei dieser Sichtweise liegt das Augenmerk nicht auf denjenigen, die Einfluss ausüben, sondern auf den Rezipienten, die das Handeln einer Führungskraft erkennen und anerkennen müssen. Führung ist aus dieser Sicht ein Ergebnis sozialer Informationsverarbeitungsprozesse." (Felfe, 2009, S. 5)

Die Wahrnehmung der Führung hat wiederum einen Einfluss auf das Engagement und die Effektivität der Arbeit der Mitarbeitenden. Der wechselseitige Effekt ergibt sich durch die Werte und die Unternehmenskultur, weil diese sowohl das Mitarbeiter- als auch das Führungsverhalten beeinflusst.

So können Führungsstile nur in bestimmten Unternehmenskulturen wirken. Beispielsweise kann ein Laissez-faire Führungsstil nur in einer offenen Unternehmenskultur erfolgreich sein und ein A utoritärer Führungsstil erfordert eine eindeutige, klare und kontrollierende Kultur und Unternehmensstruktur.

Die Beeinflussung der Mitarbeitenden wird auch als Führungssubstitut bezeichnet und beschreibt die soziale personale Einflussnahme durch die Mitarbeitenden in dem Unternehmen sowie durch andere Personen, die nicht hierarchisch überstellt sind, wahrgenommen und ausgeübt werden und in entpersonalisierter Form durch Strukturen, die Hierarchie und die Unternehmenskultur.

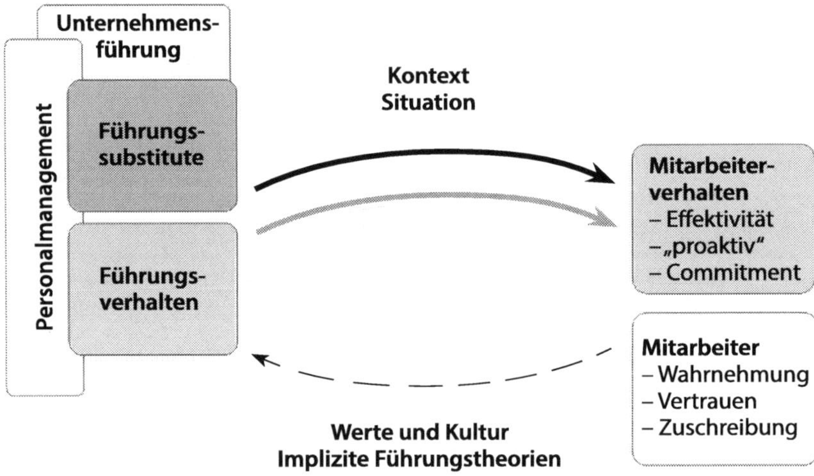

Abb. 69: Personeller und entpersonalisierter sozialer Einfluss auf die Führung, Quelle: Felfe, 2009, S. 5

Um nun ein besseres Verständnis von den möglichen Führungsstilen in einem Unternehmen zu bekommen, werden nunmehr nachfolgend die Führungsstile klassifiziert, nach ihren Vor- und Nachteilen bewertet und es wird nach einem handhabbaren und praktikablen Umgang mit den verschiedenen Führungsstilen gesucht.

3.2.1. Klassifizierung der Führungsstile

Die Führungstheorien zu den Führungsstilen lassen sich nach verschiedenen führungstheoretischen Ansätzen klassifizieren:

- Eigenschaftstheorien,
- Verhaltenstheorien,
- Situationstheorien,
- Interaktionstheorien.

Die Eigenschaftstheorie ist eine der ältesten Führungstheorien. Der eigenschaftstheoretische Ansatz legt den Fokus auf einen charakterologischen und individualpsychologischen Ansatz zur Erklärung von Führungsverhalten. (vgl. Kieser, 1987, S. 748) Dieser Ansatz geht davon aus, dass der Führungserfolg einer Führungskraft von dessen persönlichen Eigenschaften, Motiven, Werten und Fähigkeiten abhängt. (Yukl, 2010, S. 31)

Um Führungskräfte anhand ihrer individuellen Persönlichkeitseigenschaften einordnen zu können, wurde das „Big Five"-Modell entwickelt, anhand dessen die Führungseigenschaften in fünf Kategorien eingeteilt werden können: (vgl. John et al., 2008, S. 114–117)

- Offenheit für Erfahrungen (Aufgeschlossenheit),
- Gewissenhaftigkeit (Perfektionismus),
- Extraversion (Geselligkeit),
- Verträglichkeit (Rücksichtnahme, Kooperationsbereitschaft, Empathie) und
- Neurotizismus (emotionale Labilität und Verletzlichkeit).

„Der Führungserfolg hängt aus Sicht dieser Theorien ausschließlich von persönlichen Eigenschaften des Führenden ab, die überwiegend angeboren sind, aber auch im Laufe der Sozialisation erworben werden können." (Hautala, 2005, S. 11–12)

Diese Persönlichkeitsmerkmale müssten bei den Führenden zeitlich stabil und situationsunabhängig vorhanden sein. Daneben gehen eigenschaftsorientierte Führungsansätze von zwei impliziten Faktoren aus: Zum einen sind hierarchische Leitungs- und Entscheidungsstrukturen in Organisationen anderen Formen, wie etwa Gremien, oder partizipativer Führung überlegen, weil eine einzelne Führungskraft schnellere Entscheidungen treffen kann und zum anderen sind nur einzelne Führungspersönlichkeiten dazu fähig, Mitarbeitende zielorientiert zu beeinflussen. (vgl. Drumm, 2000, S. 491)

Die Unternehmensziele werden somit nach den Eigenschaftstheorien durch die individuellen Eigenschaften der Manager erreicht, welche eine zielorientierte Einflussnahme auf die Mitarbeitenden ermöglicht. Dadurch hängt die Erreichung der Unternehmensziele im Wesentlichen von den Eigenschaften der Manager ab.

Die Eigenschaftstheorien gehen von Eigenschaften der Führungskräfte als abstrakte psychologische Konstrukte aus, die relativ stabile und generelle Verhaltensdispositionen beschreiben und relativ unabhängig von situativen und zeitlichen Randbedingungen sind. Die Ausprägung der Eigenschaften erfolgt im Laufe der Entwicklung (Entwicklungspsychologie) und ist das Ergebnis der Wechselwirkung

Führung nach der Eigenschaftstheorie

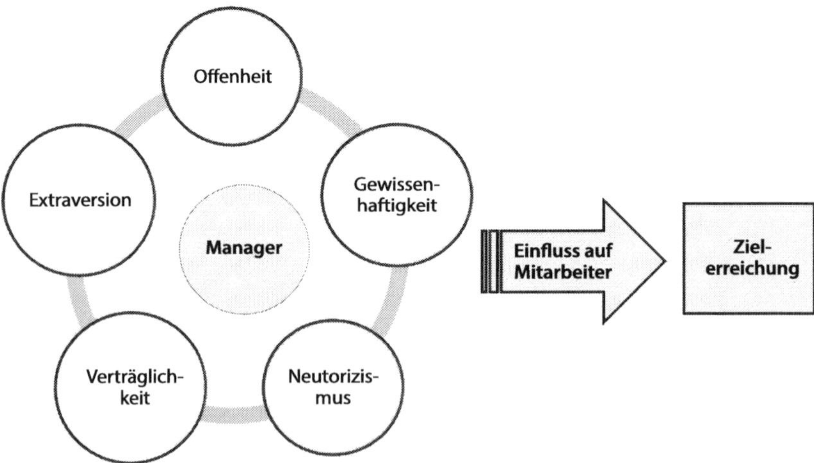

Abb. 70: Führungstheorie basierend auf der Eigenschaftstheorie, Quelle: Eigene Darstellung

zwischen Anlage- und Umweltfaktoren (Anlage-Umwelt-Problem, differentielle Psychologie, Persönlichkeit).

Da die Eigenschaftstheorien nur einen kleinen Aspekt von Führung beschreiben, aber die Realität deutlich komplexer ist, können die Eigenschaftstheorien Führung nicht vollständig beschreiben und allenfalls einen ersten Rahmen bieten, welcher zwar in der Praxis für die Erklärung mancher Phänomene verwendet werden kann, aber halt nicht vollständig ist.

Mangels weiterer theoretischer und empirischer Fundierung können aber keine fundierten Aussagen getroffen werden, dass allein vorhandene Führungseigenschaften der Manager geeignet sind, Führungserfolge vorherzusagen, oder ob sich fehlende oder vorhandene Führungseigenschaften überhaupt oder in einem bestimmten Umfang auf Führungserfolge positiv oder negativ auswirken. (vgl. Oechsler, 1982, S. 37–38)

Darüber hinaus sind zwar die Analyse und die Bewertung von Führungseigenschaften zwar grundsätzlich möglich, aber sehr aufwendig. Dies führt dazu, dass in der Praxis regelmäßig bei der Neueinstellung von Führungskräften auf Tests zu den Führungseigenschaften der Führungskräfte verzichtet wird. Zudem können sich die Führungseigenschaften im Zeitablauf verändern.

Auch die Vielzahl an möglichen und vorhandenen Eigenschaften bei den Vorgesetzten und bei den Mitarbeitenden erschweren die Unterscheidung und die Bewertung der persönlichen Eigenschaften. Zudem variiert die optimale Eigenschaftskombination, die ein Vorgesetzter besitzen muss, mit der jeweiligen Führungssituation von Fall zu Fall. Da die eigenschaftstheoretischen Führungstheorien starr sind, ignoriert der eigenschaftstheoretische Ansatz die Interaktionen zwischen dem Vorgesetzten und den Mitarbeitenden. (vgl. Bass, 1990, S. 511)

Werden zur Erklärung von Führung Verhaltenstheorien zugrunde gelegt, so basieren Führungserfolge auf dem Führungsverhalten der Führungskräfte. Die Führungskräfte beziehen danach die Mitarbeitenden in die Entscheidungsfindungen ein, um dadurch bessere Leistungen zu erzielen. (vgl. Dillerup, Stoi, 2011, S. 558f.)

Verhaltensorientierte Führungsstile werden unterschieden nach aufgaben- und mitarbeiterorientierten Führungsverhalten. (vgl. Yukl, 2010, S. 107)

Das aufgabenorientierte Führungsverhalten beinhaltet die Planung, Organisation, Terminierung und Koordination der Arbeit durch die Führungskraft für den Mitarbeitenden. Der Fokus der Führungskräfte liegt hierbei auf der effizienten und erfolgreichen Aufgabenerfüllung, bei gleichzeitig eindeutiger Rollentrennung zwischen Führungskraft und Mitarbeitenden. Dieser Führungsstil zielt darauf ab, eine kontinuierlich hohe Leistung umzusetzen und durch hohe Leistungsstandards zu verbessern.

Es handelt sich also um ein sachliches Austauschverhältnis zwischen den Mitarbeitenden und Unternehmen, wobei den Mitarbeitenden unterstellt wird, dass die Tätigkeiten aus rein extrinsischer Motivation erfolgen.

In anderen Worten: Die Mitarbeitenden arbeiten, um Geld zu verdienen, nicht mehr und nicht weniger. Der Mitarbeitende, der mehr leistet, erhält ein höheres Entgelt in der Form von Boni, Zulagen oder Gehaltsanpassungen und erarbeitet sich zudem bessere Karrierechancen. Andersherum wird mangelnde Leistung durch Sanktionen bestraft.

Der Vorteil einer aufgabenorientierten Führung liegt in den klaren Regeln und definierten Zielen, was bei den Mitarbeitenden zu Handlungssicherheit führt und besonders bei Routinetätigkeiten wirksam sein kann. Insbesondere eine vom Manager klar vorgegebene Struktur und eine transparente Kommunikation der Ziele können bei den Mitarbeitenden zu einer verbesserten und aufgabenorientierten Arbeitsweise führen.

Der Nachteil einer aufgabenorientierten Führung besteht darin, dass die Mitarbeitenden die Motivation für eine erfolgreiche und innovative Arbeit verlieren können. Des Weiteren stehen dem Manager bei einer aufgabenorientierten Führung nur zwei Möglichkeiten zur Verfügung, um auf die Arbeitsergebnisse der Mitarbeitenden einzugehen: Wer gut arbeitet, wird entsprechend entlohnt, und wer schlecht arbeitet, wird sanktioniert.

Aufgabenorientierte Führungstheorien

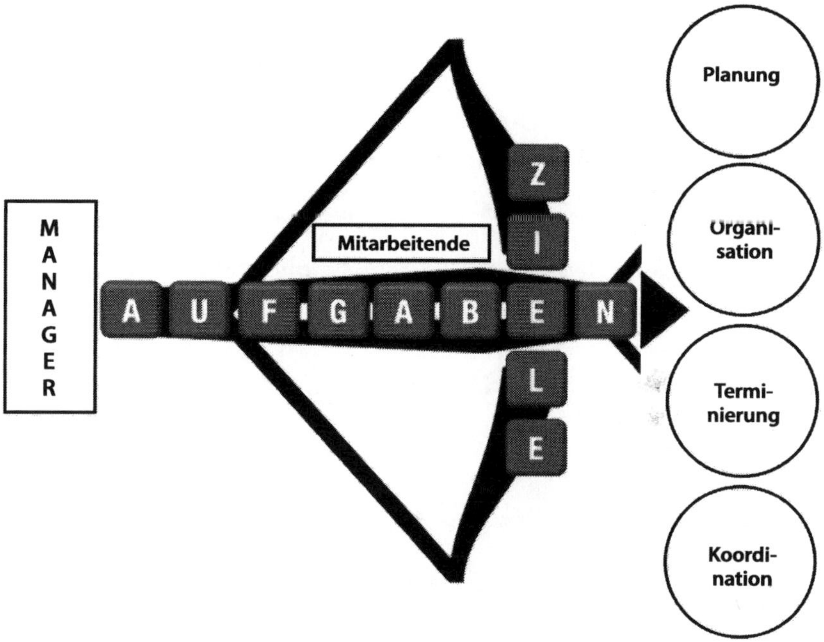

Abb. 71: Aufgabenorientiertes Führungsverhalten, Quelle: Eigene Darstellung

Bei einem so kleinen Führungsspektrum an Reaktionen bezüglich der erbrachten Arbeit ist zwar das Führungsverhalten für die Mitarbeitenden kalkulier- und erwartbar, aber es kann schnell passieren, dass Mitarbeitende emotional abstumpfen und die Motivation an der Arbeit verlieren, weil die Mitarbeitenden durch die konkreten Vorgaben kaum Möglichkeiten haben, ihre persönlichen Stärken zu nutzen und auszubauen. (vgl. Haas, 2015, S. 71ff.) Dies wiederum senkt dann die Motivation der Mitarbeitenden und kann schlechtere Arbeitsleistungen zur Folge haben.

Der aufgabenorientierte Führungsansatz ist somit nur einseitig ausgerichtet. Zwar kann eine rein aufgabenorientierte Führung durchaus erfolgreich und zielorientiert sein, jedoch wird spätestens bei Veränderungsprozessen eine reine aufgabenorientierte Führung nicht immer erfolgreich sein, weil eine motivierende und mitarbeiterorientierte Führung fehlt.[20]

Ein wesentlicher Punkt für die erfolgreiche Umsetzung von Veränderungsprozessen ist daher die Mitarbeitermotivation. Wer Veränderungsprozess erfolgreich gestalten will, muss die Mitarbeitenden für die Veränderungen motivieren und gewinnen können. (vgl. Mutaree, 2020, S. 6) Daher sehen 95 % der Mitarbeitenden in der Kombination von aufgabenorientierter und mitarbeiterorientierter Führung eine besondere Bedeutung für den Erfolg von Veränderungen: (vgl. Mutaree, Fraunhofer IPT, 2011, S. 6)

Bedeutung der mitarbeiterorientierten Führung bei Veränderungsprojekten

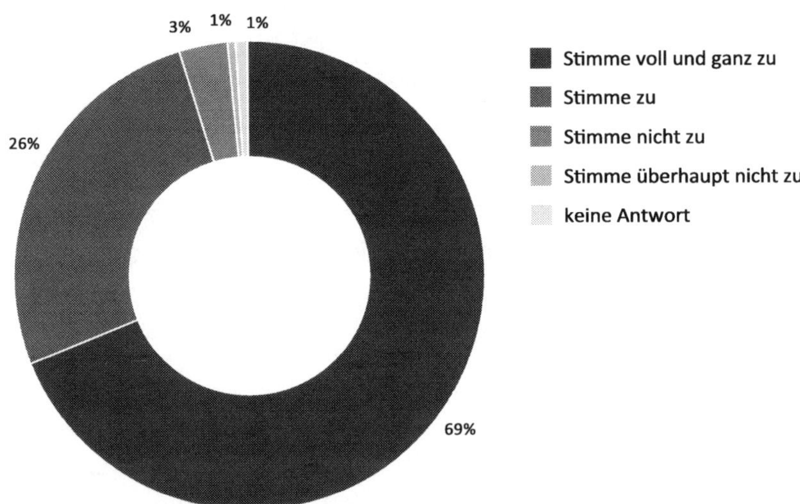

Abb. 72: Mitarbeiterorientierte Führung bei Veränderungsprojekten, Quelle: Mutaree, Fraunhofer IPT, 2011, S. 6

Entsprechend sehen 95 % der Mitarbeitenden in einer mitarbeiterbezogenen Führung einen signifikanten Erfolgsfaktor bei Veränderungsprozessen. (vgl. Mutaree, Fraunhofer IPT, 2011, S. 7)

---

[20] Zum Zusammenhang zwischen Personalführung und Changemanagement, siehe Kapitel 3.3

Der mitarbeiterorientierte Verhaltensansatz ist fokussiert auf die persönlichen Bedürfnisse und Erwartungen der Mitarbeitenden. Die Führungskräfte sind bestrebt ein vertrauensvolles Verhältnis zu ihren Mitarbeitenden aufzubauen, indem diese ein freundliches und rücksichtsvolles Verhalten zeigen und versuchen, die Probleme der Mitarbeitenden zu verstehen. (vgl. Yukl, 2010, S. 107)

Somit ist eine mitarbeiterorientierte Führung dadurch gekennzeichnet, dass sich der Manager um jeden Mitarbeitenden kümmert und nach dem Wohlergehen, nach den Sorgen und nach der häuslichen Situation etc. der Mitarbeitenden fragt. Dadurch soll eine möglichst hohe Arbeitszufriedenheit der Mitarbeitenden erreicht werden. Voraussetzung für die erfolgreiche Umsetzung einer mitarbeiterorientierten Führung ist eine Kommunikation, die von den Beteiligten (Führungskraft und Mitarbeitenden) auch verstanden wird.

Nach Schulz von Thun kann die Kommunikation bzw. können Nachrichten aus vier unterschiedlichen Richtungen gesendet und empfangen und auch unter vier unterschiedlichen Annahmen von den Beteiligten (Führungskraft und Mitarbeitenden) differenziert gedeutet werden. Die vier Aspekte der Kommunikation oder einer Nachricht sind: (vgl. Schulz von Thun, 1981, S. 25ff.)

Sachaspekt

- Die beschriebene Sache bzw. der Sachinhalt einer Nachricht.

Selbstaussage

- Der Nachrichtenteil, der etwas über den Nachrichtensender offenbart (Selbstoffenbarung).

Beziehungsaspekt

- Der Nachrichtenteil, der etwas über die Beziehung zwischen dem Sender und dem Empfänger einer Nachricht preisgibt.

Appell

- Dasjenige, zu dem der Empfänger veranlasst werden soll.

Hieraus ergibt sich das Vier-Seiten-Modell einer Nachricht von Friedemann Schulz von Thun. Da die vier Aspekte sowohl vom Sender als auch vom Empfänger wahrgenommen werden, ergibt sich daraus eine Vielzahl an Wahrnehmungsmöglichkeiten und -kombinationen einer Nachricht.

Das Vier-Seiten-Modell beschreibt jedoch doch nur die Kommunikation auf der individuellen und direkten Ebene. Beim Vier-Seiten-Modell wird immer von einem Sender und mindestens einem Empfänger ausgegangen. Es kann aber auch ein Sender und mehrere Empfänger, also eine Empfängergruppe, geben. Dabei bewertet jeder einzelne Empfänger der Gruppe die gesendete Nachricht individuell.

Der direkte Effekt einer Nachricht kann nur durch eine direkte Beobachtung analysiert und bewertet werden. Kommunikation hat auch indirekte Effekte, die sich zeitverzögert auswirken und das Verhalten und die Reaktionen des Empfängers einer Nachricht dementsprechend zu einem späteren Zeitpunkt verändern. Darüber hinaus kann eine gesendete Nachricht auch falsch verstanden oder interpretiert werden. Sowohl die Mitarbeitenden als auch die Führungskräfte können Sender und Empfänger einer Nachricht sein und Reaktionen sowie Verhaltensänderungen auslösen.

Aufgrund der Vielzahl der direkten und indirekten Effekte sowie der vielfältigen Möglichkeiten durch Missverständnisse, Kommunikationsfehler und Sender-Empfänger-Kombinationen kann der Anteil der Kommunikation am Zielerfolg bzw. an der Zielerreichung einer Führungskraft nur indirekt gemessen werden. Gleichwohl hat die, von einer Führungskraft genutzte, Kommunikation einen Einfluss auf die Zielerfolge bzw. die Zielerreichung einer Führungskraft.

Um die Kommunikation der Führungskraft zu optimieren, kann das Personalmanagement die Führungskräfte im Bereich Kommunikation trainiere oder schulen lassen.

Soweit ist das Vier-Seiten-Modell klar nachvollziehbar und kann mit Feld- und Laborstudien nachgewiesen werden. Allerdings steigt die Komplexität der Kommunikation bei einer mitarbeiterorientierten Führung, weil sich die Unternehmens- und Privatebene vermischen.

Die Vermischung der Unternehmens- mit der Privatebene entsteht dadurch, dass bei der mitarbeiterorientierten Führung durch die Berücksichtigung der Privatebene auch immer die Privatebene

Das Vier-Seiten-Modell einer Nachricht von Friedemann Schulz von Thun

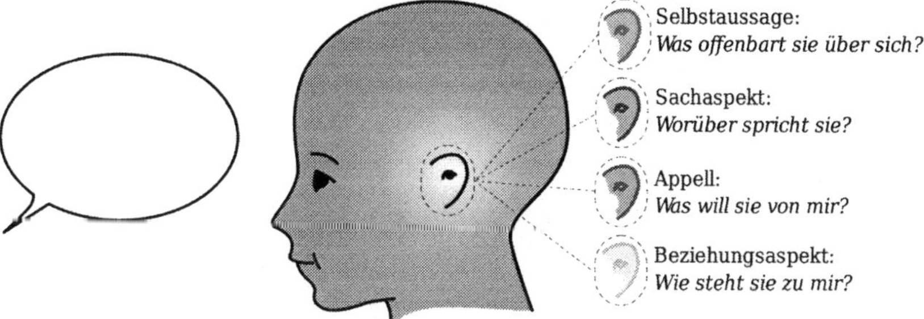

Abb. 73: Vier-Seiten-Modell einer Nachricht, Quelle: Schulz von Thun, 1981, S. 13ff.

immer eine Arbeit beeinflussende Rolle spielt und zugleich immer auch ein Teil des Privaten preisgegeben wird. Dies gilt sowohl für die Führungskraft als auch für die Mitarbeitenden. Dadurch steigt die Komplexität des Kommunikationsmodells und verringert die Aussagekraft über den Erfolg einer mitarbeiterorientierten Führung.

Somit kann das Vier-Seiten-Modell nach Schulz von Thun nur allgemeine Aussagen zu einer Kommunikation treffen. Es können, aufgrund von der Vielschichtigkeit der Beziehungsebenen, keine Aussagen zum Führungserfolg bzw. zur Zielerreichung einer

Das Vier-Seiten-Modell bei der mitarbeiterorientierten Führung

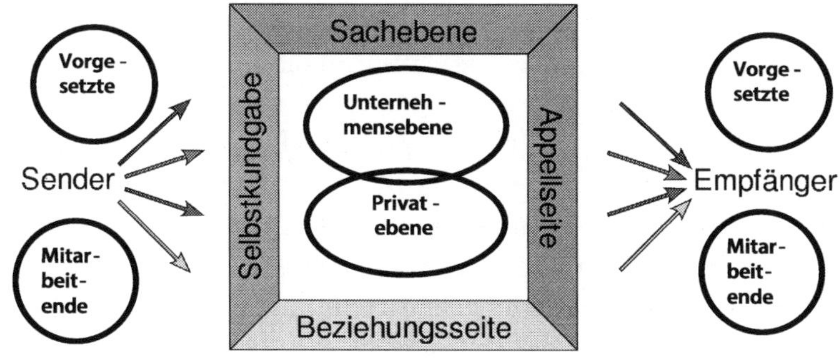

Abb. 74: Vier-Seiten-Modell bei der mitarbeiterorientierten Führung, Quelle: Eigene Darstellung

Führungskraft getroffen werden. Es müssen daher die unterschiedlichen Beziehungsebenen der Kommunikation betrachtet werden.

Neben den klassischen vier Nachrichtenebenen kommen bei den mitarbeiterbezogenen Führungstheorien noch weitere Aspekte hinzu, die sich aus der Machtverteilung der Führung ergeben. Die mindestens zwei Beteiligten bewegen sich dabei auf zwei Ebenen, die einerseits durch die Tätigkeiten im Unternehmen, durch die Unternehmensebene, andererseits durch die persönliche Ebene beeinflusst werden.

Weil die mitarbeiterorientierten Führungstheorien die vollumfängliche Integration der beiden zusätzlichen Ebenen annehmen bzw. voraussetzen, entstehen zusätzliche Aspekte und Beziehungsgeflechte, welche die Kommunikation komplexer werden lassen. Es ist anzunehmen, dass mit zunehmender Verweildauer der beteiligten Führungskräfte und der Mitarbeitenden im Unternehmen die Komplexität der Kommunikationsstrukturen zunehmen wird. Eine Analyse der bestehenden Kommunikationsstrukturen ist aufgrund der zusätzlichen beiden Ebenen entsprechend komplexer, als dies schon bei einer einfachen Kommunikation ist, und wird daher wahrscheinlich in der Praxis kaum eine Bewertung der mitarbeiterbezogenen Führung bezüglich der Zielerreichung ermöglichen oder Handlungsempfehlungen für die Führungskräfte abgeben können.

Ob der hehre Ansatz einer vollumfänglichen dienstlichen und privaten Kommunikation in der Praxis umsetzbar ist, ist von vielen Faktoren abhängig. So kann es durchaus möglich sein, dass die Mitarbeitenden keine so starke Beziehung zu ihrem Vorgesetzten wünschen und die fürsorglichen Fragen nach den Sorgen oder nach der häuslichen Situation als einen Eingriff in das Privatleben gewertet und lieber nicht preisgegeben werden. Um sich dieser unangenehmen Situation dann zu entziehen, kann es vorkommen, dass die Mitarbeitenden keine oder unwahre Aussagen treffen. Dies kann zu Missverständnissen und Problemen führen, welche die Zielerreichung erschweren oder gar verhindern.

Zudem wird auch der Manager im Rahmen der Kommunikation mit den Mitarbeitenden auch einen privaten Teil von sich preisgeben.

Ob der Manager dies auch will, ist nicht unbedingt klar. Sollte sich der Manager der Preisgabe seiner Privatizität verweigern, würde der Kommunikation nach dem Vier-Seiten-Modell ein Baustein fehlen und daher die Kommunikation nur eingeschränkt funktionieren. Zumindest würde der Kommunikation des Managers die Authentizität fehlen.

Auch verfolgen sowohl Manager als auch die Mitarbeitenden unterschiedliche Ziele. Zwar haben beide Parteien die gleichen wirtschaftlichen und sozialen Zielarten, jedoch unterscheiden sich diese inhaltlich voneinander.

Die wirtschaftlichen und sozialen Ziele der Manager haben einen Einfluss darauf, wie Manager ihre Führungsaufgaben wahrnehmen und wie sie der Führungsverantwortung gerecht werden bzw. gerecht werden können. Grundsätzlich können die Ziele der Manager bei einer mitarbeiterorientierten Führung nach den wirtschaftlichen Zielen, die der Manager im Rahmen seiner Tätigkeit zu erfüllen und zu verantworten hat, sowie nach den zeitlichen Aspekten unterschieden werden. Mitarbeiterorientierte wirtschaftliche Ziele streben nach gewinnmaximalen Ergebnissen und Prozessen sowie nach der Berücksichtigung sozialer Ziele zur Erreichung der Unternehmensziele. Mit welcher Intensität der Manager diese Ziele verfolgt, ist auch abhängig von dem zeitlichen Aspekt der Zeile. Während strategische und taktische Ziele eher langfristig ausgerichtet sind, sind operative Ziele kurzfristig ausgerichtet. Der zeitliche Aspekt beeinflusst die Intensität der Kommunikation und Beeinflussung der Mitarbeitenden durch den Manager. Dabei kann angenommen werden, dass die Intensität der Kommunikation und Beeinflussung bei langfristigen, also strategischen, und taktischen Ziele geringer ist als bei operativen Zielen. Mit welcher Intensität ein Manager die unternehmerischen Ziele verfolgt, ist auch abhängig von den privaten Zielen und hat nicht nur einen Einfluss auf die Art und Weise, wie ein Manager seine Mitarbeitenden führt und ob es Zielkonflikte mit den unternehmerischen Zielen gibt.

Darüber hinaus muss der Manager erst einmal das Vertrauen der Mitarbeitenden erwerben, um eine mitarbeiterorientierte Beziehung aufzubauen. Ob dies in der Praxis die Manager realisieren können, kann jedoch nicht gesichert prognostiziert werden.

Aufgrund von der Vielzahl an Zielkombinationen und der Zielmöglichkeiten können bzw. müssen die Manager eine Vielzahl von Instrumenten einsetzen oder beherrschen. Daher kann auch der mitarbeiterorientierte Führungsansatz keine allgemeingültigen Handlungsempfehlungen abgeben und somit bleibt dem Manager nur die Möglichkeit, individuelle Lösungen für seine Führungsaufgaben und Verantwortungen zu suchen und umzusetzen. Auch aus diesem Grund kratzt der mitarbeiterorientierte Führungsansatz nur an der Oberfläche der betrieblichen Praxis.

Somit wird durch die Vielzahl möglicher Zielausprägungen der Manager deutlich, dass die mitarbeiterorientierte Führungstheorie keine allgemeinen Vorhersagen zu dem, durch die Zielausprägungen beeinflussten, mitarbeiterorientierten Führungsverhalten eines Managers treffen kann.

Zielsystem eines mitarbeiterorientierten Managements

Abb. 75: Zielsystem eines mitarbeiterorientierten Managements, Quelle: Eigene Darstellung

Auch seitens der Mitarbeitenden gibt es eine Vielzahl an Zielen in einem individuellen Zielsystem. Ebenfalls verfolgen die Mitarbeitenden wirtschaftliche und soziale Ziele, die jedoch personen- und nicht unternehmenzentriert sind. Die wirtschaftlichen Ziele beeinflussen die Motivation und die Handlungen der Mitarbeitenden und definieren das vom Unternehmen geforderte Einkommen sowie die gegenwärtige und zukünftige soziale und gesellschaftliche Anerkennung sowie den Erfolg der Tätigkeiten.

Die sozialen Ziele des Mitarbeitenden beziehen sich auf den sozialen Status der Tätigkeit oder den durch die Tätigkeit zu gewinnenden sozialen Status, auf den Selbstverwirklichungsgrad durch die Tätigkeit sowie auf die soziale und wirtschaftliche Sicherheit durch die Tätigkeit. Somit dienen die sozialen und wirtschaftlichen Ziele der Befriedigung der Defizit- und der Wachstumsbedürfnisse der Mitarbeitenden. (vgl. Maslow, 1943, S. 370–396) Neben den wirtschaftlichen und sozialen Zielen verfolgen die Mitarbeitenden auch private Ziele. Auch dadurch steigt die Komplexität des Zielsystems der Mitarbeitenden.

Der Zielerreichungsgrad aller Ziele des Mitarbeitenden beeinflusst die Aufenthaltsdauer des Mitarbeitenden im Unternehmen. Je besser das Unternehmen die Ziele des Mitarbeitenden erfüllen bzw. befriedigen kann, desto eher und länger wird der Mitarbeitende dann im Unternehmen bleiben. Die mitarbeiterorientierten Führungsansätze zielen auf die Befriedigung der Defizit- und der

Zielsystem der Mitarbeitenden

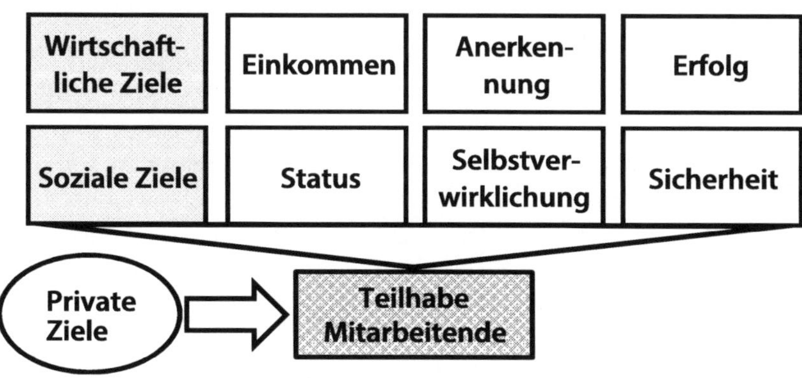

Abb. 76: Zielsystem der Mitarbeitenden, Quelle: Eigene Darstellung

Wachstumsbedürfnisse der Mitarbeitenden durch die intensive Hinwendung der Manager.

Aufgrund von der Vielzahl der möglichen wirtschaftlichen, sozialen und privaten Ziele der Mitarbeitenden ist es jedoch auch für den Manager nicht einfach, die richtigen Instrumente sowie die richtige Ansprache und Kommunikation zu finden. Hierzu können mitarbeiterorientiere Führungsansätze keine Handlungsempfehlungen oder Hinweise geben, so dass die mitarbeiterorientieren Führungsansätze auch an dieser Stelle nur oberflächlich bleiben und damit praxisfern sind. In der Praxis hat sich daher ein Manager durch Empathie und Versuche an die Mitarbeiterinteressen anzunähern.

Sowohl aus der Manager-, als auch aus der Mitarbeitendenperspektive können somit mitarbeiterorientierte Führungstheorien keine Handlungsempfehlungen geben, um diese Theorien in der Praxis umzusetzen. Aufgrund der vorgenannten Argumente ist daher zu erwarten, dass eine rein mitarbeiterorientierte Führung nur eingeschränkt und nicht vollumfänglich, gemäß der mitarbeiterorientierten Führungstheorie in der Praxis vorzufinden ist und angewendet wird.

Die Situationstheorien gehen davon aus, dass Führung situationsabhängig ist, wobei der Führungserfolg immer von dem situativen Kontext abhängig ist, in dem die Führung stattfindet. Auch die Situationstheorien werden aufgaben- und mitarbeiterorientiert betrachtet. (vgl. Lotter, 2009, S. 76) Nach Fiedler ist eine aufgabenorientierte Führung in sehr günstigen und sehr ungünstigen Situationen erfolgreich und eine mitarbeiterorientierte Führung dagegen in mittleren Situationen erfolgreich. (Fiedler, 1967, S. 619 – 632) „Eine günstige Situation besteht bei guten Führenden-Mitarbeiterbeziehungen, guter Aufgabenstrukturierung und hoher Positionsmacht. Eine ungünstige Situation liegt bei einer antagonistischen Ausprägung[21] dieser Merkmale vor. (vgl. Drumm, 2000, S. 482)“ (Lotter, 2009, S. 76)

Sollten Sie an dieser Stelle etwas verwirrt sein, so liegt es daran, dass aufgrund vieler möglichen Situationen die Aussagen der

---

[21] Als Antagonismus bezeichnet man das Verhältnis zweier gegensinnig wirkender Objekte.

Situationstheorien schwammig und unkonkret sind. Zudem können aus dem gleichen Grund kaum Aussagen zu den Führenden-Mitarbeitenden-Beziehungen getroffen werden. Es fehlt daher zwangsläufig der Praxisbezug.

„Die situative Lebenszyklustheorie nach Hersey / Blanchard (1982, S. 150–159) macht die Wahl eines Führungsstils von der ‚Reife' der Mitarbeiter als situative Variable abhängig. Hierbei sollen die Dimensionen der Aufgaben- und Personalorientierung in vier unterschiedlichen Zusammensetzungen für den je passenden Reifegrad der zu führenden Person angewendet werden." (Lotter, 2009, S. 77)

Der Reifegrad eines Mitarbeiters wird durch dessen Motivation (die psychologische Reife) und die Fähigkeit zur selbständigen Erledigung übertragener Aufgaben (die aufgabenbezogene Reife) bestimmt. (vgl. Wunderer, 2011, S. 310)

Reifegrade der Mitarbeitenden	
Entwicklungszustand 1	Geringe Motivation und wenig Kompetenz
Entwicklungszustand 2	Hohe Motivation und wenig bis einige Kompetenz
Entwicklungszustand 3	Geringe Motivation und hohe Kompetenz
Entwicklungszustand 4	Hohe Motivation und hohe Kompetenz

Abb. 77: Reifegrade der Mitarbeitenden, Quelle: Eigene Darstellung, basierend auf Wunderer, 2011, S. 310

„Je reifer der Mitarbeiter, desto mehr kann die personalorientierte Führung die aufgabenorientierte Führung ersetzen.

Während Delegating die Übertragung spezifischer Aufgaben und Handlungsanweisungen beinhaltet, meint Participating die Teilhabe des Geführten an Entscheidungsprozessen.

Beim Selling wird dies so erweitert, dass der Führende den Geführten von der Sinnhaftigkeit der Aufgabe überzeugt.

Telling weist Parallelen zum Delegating auf, zielt allerdings auf Mitarbeitenden in hohen Reifephasen ab. Das eher personalorientierte Participating bzw. Selling kann demnach in hohen Reifephasen der Geführten zum Einsatz kommen, wohingegen das aufgabenorientierte Delegating bzw. Telling in noch niedrigen bzw. degenerierenden Reifeprozessen des Geführten eingesetzt werden soll." (Lotter, 2009, S. 77)

Lebenszyklusmodell nach Hersey / Blanchard

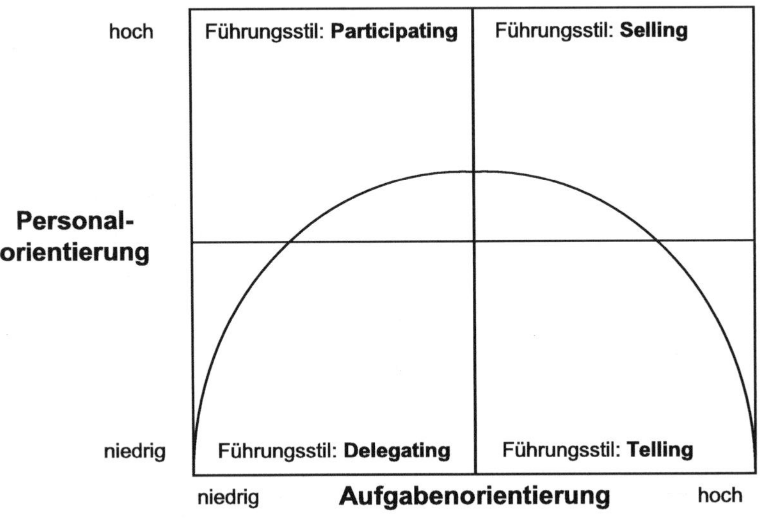

Abb. 78: Lebenszyklusmodell nach Hersey / Blanchard, Quelle: Lotter, 2009, S. 76

„Die Situationstheorien werden vor allem dahingehend kritisiert, dass die Auswahl der Situationsmerkmale aus der prinzipiell unendlichen Auswahl möglicher situativer Bedingungen zum einen willkürlich geschieht. Zum anderen sind die Situationsmerkmale auch nur sehr vage definiert. Der Führende wird ähnlich den personenzentrierten Führungstheorien als great man gesehen, der in der Lage sein muss, je nach Situation unterschiedliche Führungsstile bedarfsgerecht einzusetzen. Dies vernachlässigt die aktiven Gestaltungsmöglichkeiten der Situation durch die Führungsperson und macht sie zu einer lediglich auf die Situation reagierenden Person." (Rieder, 2014,

S. 157) Somit basieren die Situationstheorien auf dem antiquierten Führungsbild des great man, bei dem die Führenden über omnipotente Fähigkeiten verfügen, um jegliche Situation richtig zu identifizieren und über Kenntnisse zu verfügen, die richtigen Instrumente in der jeweiligen Situation korrekt anzuwenden. Darüber hinaus reduzieren die Situationstheorien die Mitarbeitenden auf Motivation und Kompetenz. Andere verhaltensbeeinflussenden Variablen, wie beispielsweise Ziele, oder Bedürfnisse der Mitarbeitenden werden nicht berücksichtigt. Daher besitzen die Situationstheorien ebenfalls eine eingeschränkte Praxisrelevanz.

Bei den Interaktionstheorien stehen die interaktiven Prozesse und der Austausch zwischen Führungskraft und Mitarbeitenden im Mittelpunkt. Interaktive Prozesse sind wechselseitige Beziehungen, Vorgänge und Aktionen zwischen zumindest zwei Parteien. Dabei agieren, beeinflussen sich in einem Unternehmen die Mitarbeitenden, Führungskräfte und weitere unternehmensrelevanten Gruppen wechselseitig. Unternehmensrelevante Gruppen können das eigene Team, oder Teams aus anderen Unternehmensbereichen sein für die, die Führungskraft die Verantwortung hat. Die zielorientierte Führung steuert unter agiler Berücksichtigung der jeweiligen Situation die unternehmerischen interaktiven Prozesse.

Unternehmerische interaktive Prozesse

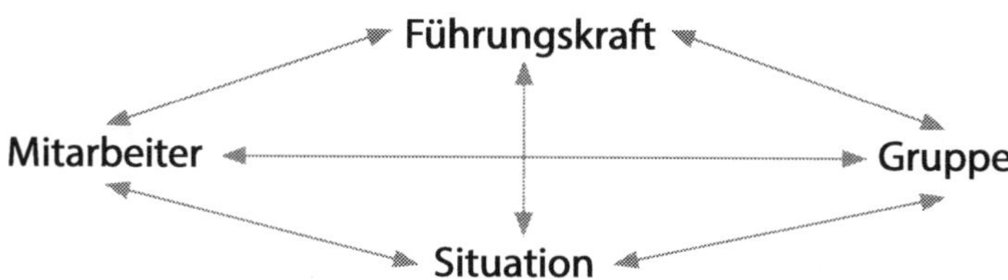

Abb. 79: Unternehmerische interaktive Prozesse, Quelle: Eigene Darstellung

Effektive Führung hängt der Interaktionstheorie zufolge mit der Beziehung zwischen Führungskraft und Mitarbeitenden zusammen und ist nicht primär durch Macht und Einfluss seitens der

Führungskraft charakterisiert. Die Interaktion und der Austausch zwischen der Führungskraft und den Mitarbeitenden sind zentral, z. B. indem der Mitarbeitende Engagement, Loyalität und Arbeitseinsatz zeigt und die Führungskraft den Mitarbeitenden unterstützt und ihm Aufmerksamkeit schenkt. Die Theorie unterscheidet zwischen 3 Phasen zur Entstehung von Mitarbeitenden-Führungskräfte-Beziehungen:

- In der ersten Phase sind sich die Mitarbeitenden und die Führungskraft weitgehend fremd. Beide schlüpfen in vorgegebene organisatorische Rollen und die Einflussnahme erfolgt vor allem einseitig durch die Führungskraft. Beide Parteien verfolgen ihre eigenen Interessen.
- Die Führungskraft und die Mitarbeitenden testen in dieser Phase ihre Rollen aus, verfolgen eigene und gemeinsame Interessen und entwickeln Vertrauen, Respekt und Loyalität.
- Die Beziehung zwischen Mitarbeitenden und Führungskraft ist in der dritten Phase partnerschaftlich. Beide Parteien haben ihre Rollen im Zeitablauf ausgehandelt, verfolgen gemeinsame Interessen und können sich aufeinander verlassen.

Gegenüber den bisher betrachteten Führungstheorien gehen die Interaktionstheorien von einem anderen Führungskrafttyp aus. Die Führungskräfte sind hierbei nicht mehr der „great man", sondern entsprechen in ihrem Verhalten mehr der Realität. Bei den Interaktionstheorien werden die Mitarbeitenden und die Führungskräfte nach ihren Rollen betrachtet. Zwar werden bei den Interaktionstheorien dann die Interaktionen deutlich, nicht jedoch die Machtverhältnisse im Führungsprozess. Dadurch kann aber auch nicht der Führungserfolg einer Führungskraft gemessen werden, weil das Augenmerk nur auf die Interaktionen und nicht auf die Absichten, die zielgerichtete Vorgehensweise und den Zielerreichungsgrad gerichtet wird. Die Interaktionen sind dabei so vielseitig, wie es Interaktionssituationen geben kann. Somit können auch die Interaktionstheorien nicht vollständig Führung und das Führungsverhalten erklären, oder gar vorhersagen. Auch kann nicht der Anteil der Führungskraft am Führungserfolg beschrieben werden, da eine vergleichende Messung nicht möglich ist.

3.2.3. Führungsstile nach Max Weber

„Kooperative Führung, Partizipation, Empowerment, selbststeuernde Gruppen, Shared Leadership oder Laterale Führung – sind das wirklich verschiedene Ansätze (vgl. Grote, 2012), um bestimmte praktische Probleme besser zu lösen? Oder versuchen alle das gleiche Kernproblem zu lösen, nämlich den Umgang mit Macht?

Führung und Macht gehören zusammen. Doch je nachdem, wie Führung mit Macht umgeht, hat das Auswirkungen auf die Zusammenarbeit und die Ergebnisse und führt zu bestimmten Problemen. Die Zusammenarbeit in und zwischen Unternehmen erfordert Koordination, das heißt eine vereinende Ausrichtung und Abstimmung der arbeitsteiligen Aktivitäten, was die Hauptaufgabe von Führung ist. Führung (Leadership) ist zu unterscheiden von der Vorgesetztenposition (Headship), die eher eine koordinierende Verwaltung ist. Führung kann jederzeit von jedem Beteiligten spontan versucht und durch Akzeptanz bestätigt werden. Sie kann durch gute Ergebnisse verfestigt werden, aber auch wieder abnehmen. Einer sieht als Erster ein Problem, hat eine Idee, wie man etwas besser machen kann, überzeugt die anderen und zieht sie mit. In besonderen Fällen handelt jemand allein für alle anderen, wenn keine Zeit zur Abstimmung ist und plötzlich eine Chance auftaucht oder ein Schaden droht. Wer initiativ wird und andere koordinierend einbezieht, der führt. Führung ist eine flexible Ressource guter Zusammenarbeit.

Eine Vorgesetztenposition wird dagegen für einen längeren Zeitraum von höheren Stellen verliehen und kann dann erst mal nicht mehr von anderen eingenommen werden. Sie wird mit Anweisungsbefugnissen und Sanktionsmöglichkeiten ausgestattet, was der Durchsetzung übergeordneter Ziele dienen soll. Natürlich kann eine Vorgesetzte/ein Vorgesetzter auch die Prinzipien flexibel verteilter

Führung praktizieren. Sie/Er kann die spontane Führung ihrer/seiner Mitarbeiter/innen fördern und seine Positionsmacht nur im Notfall heranziehen. Das mag den Unterschied zwischen der Vorgesetztenposition und Führung manchmal verwischen, aber das grundlegende Situationsverständnis ist ein anderes: Führung kristallisiert sich flexibel am aktuellen Bedarf heraus, basierend auf der Anerkennung derer, die sich führen lassen. Eine hierarchische Position ist dagegen eine Verpflichtung zur Führung, unabhängig von der Anerkennung der zu Führenden; sie ist daher ein eventuell ungedeckter Scheck auf die Zukunft." (Scholl, 2014, S. 1)

Mit seinen Studien hat der Soziologe Max Weber erstmals in den Jahren 1909 Führungsstile kategorisiert und dabei vier idealtypische Führungsstile identifiziert. (Weber, 2002, S. 122 ff.)

Weber ist dabei der Frage nachgegangen, welche Formen der Machtausübung in der Führung und Beherrschung von Menschen eine wichtige Rolle spielen.

„In fast allen Definitionen von Führung kommt das Wort ‚Beeinflussung' vor. „Macht" und damit das Potenzial, das Beeinflussung ermöglicht, wird dagegen sowohl in der Wissenschaft als auch in der Praxis selten thematisiert. Deutlich wird der Potenzialcharakter von Macht in der vielfach zitierten Definition von Max Weber: „Macht bedeutet jede Chance, innerhalb einer sozialen Beziehung den eigenen Willen auch gegen Widerstreben durchzusetzen, gleichviel, worauf diese Chance beruht." (Weber, 1972, S. 28) Dabei hat die Art, wie die Chance bzw. Macht auch genutzt wird, nämlich entweder ohne oder gegen das Widerstreben des Betroffenen, entscheidende Auswirkungen auf alle Beteiligten und die Ergebnisse. Wird Macht konstruktiv im Sinne einer wechselseitigen Einflussnahme (promotive control) zwischen Führenden und Geführten genutzt und unter Wahrung oder Förderung der beiderseitigen Interessen, dann hat dies sehr viel positivere Konsequenzen als wenn das Machtpotenzial zur Machtausübung (restrictive control), also zur einseitigen Durchsetzung eigener Interessen gegen die der anderen, eingesetzt wird. (Scholl, 1999, S. 101–118, 2012, S. 203–221)" (Scholl, 2014, S. 2)

Der autokratische Führungsstil ist von Befehl und Gehorsam geprägt. Er ist auf die Autorität einer einzigen Person zugeschnitten und wird auch mit Sanktionen durchgesetzt. Als Autokrat bezeichnet man einen Alleinherrscher und dementsprechend gestaltet sich dieser Führungsstil.

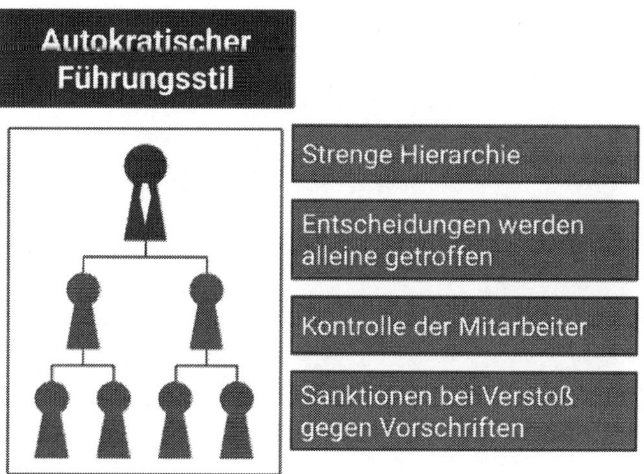

Abb. 80: Struktur Autokratischer Führungsstil, Quelle: Schroer, 2020a

Die Führungskraft trifft unabhängig von anderen alleine Einzelentscheidungen. Dabei erteilt die Führungskraft Anordnungen, denen unbedingt Folge zu leisten ist. In diesen Unternehmen existiert eine klare und strenge Hierarchie. Beim autokratischen Führungsstil fehlt jegliche persönliche Beziehung zu den Mitarbeitenden. In Praxis drückt sich ein autokratischer Führungsstil durch regelmäßige und häufige Kontrollgespräche und Reports aus. Meistens sind dann die Reports sehr umfangreich. Die Gründe liegen im fehlenden Vertrauen gegenüber den Mitarbeitenden und in der daraus resultierenden Kontrolle der Mitarbeitenden.

Die Kontrolle der Mitarbeitenden ist vollumfänglich und intensiv. Bei Verstößen gegen Vorschriften oder Befehlen erfolgen Sanktionen, gerne auch mal öffentlich, um die Macht des Autokraten zu demonstrieren und um die Kontrollen zu erleichtern.

Der Autokrat kann seine Führungsposition nutzen, um Entscheidungen über mehrere Instanzen, auch ohne persönlichen Kontakt, durchzusetzen. Der autokratische Führungsstil weist weder patriarchalische Wärme noch charismatische Begeisterung auf.

Zusammenfassend ergibt sich folgendes Bild des autokratischen Führungsstils:

Abb. 81: Autokratischer Führungsstil, Quelle: Eigene Darstellung basierend auf: Burghardt, 2020

Hinsichtlich der Leistungs- und Aufgabenorientierung ist der autokratische Führungsstil somit hoch angesiedelt und hinsichtlich Mitarbeiterorientierung und Beziehungsorientierung niedrig angesiedelt.

Beim autokratischen Führungsstil sind die Mitarbeiter- und Beziehungsorientierung niedrig und die Leistungs- und Aufgabenorientierung hoch.

Allerdings gehen die Vorgaben vom Vorgesetzten aus und daher sind die Leistungs- und Aufgabenorientierung der Mitarbeitenden extrinsischer Natur, weil diese nur auf Druck und Kontrolle basieren. Druck und Kontrolle sind aber schlechte Motivatoren. (vgl. Heckhausen, J., Heckhausen, H., 2018, S. 2)

Was kann aber eine Führungskraft daran hindern, unter Ausnutzung der Machtposition die relativ einfach anwendbaren Instrumente Druck und Kontrolle als Führungsinstrumente zu verwenden?

Ein echter Vorteil ist dabei, wenn eine Führungskraft selbst schon erlebt hat, wie destruktiv sich Druck und Kontrolle bei ihr selbst auswirkten. Die meisten Menschen reagieren mit Angst und Widerstand. Angst und Widerstand bringen aber nur kurzfristige Leistungssteigerungen und führen dann zu einem massiven Leistungseinbruch. Hinzu kommt, dass sich die Einstellung verändert. Niemand engagiert sich längere Zeit für einen Vorgesetzten oder für eine Firma, wenn er die Erfahrung des Ausgeliefertseins und der Angst erlebt. Er wird ein Notfallprogramm aktivieren, das ihm erlaubt, die Situation durchzustehen.

Wirkung des autokratischen Führungsstils

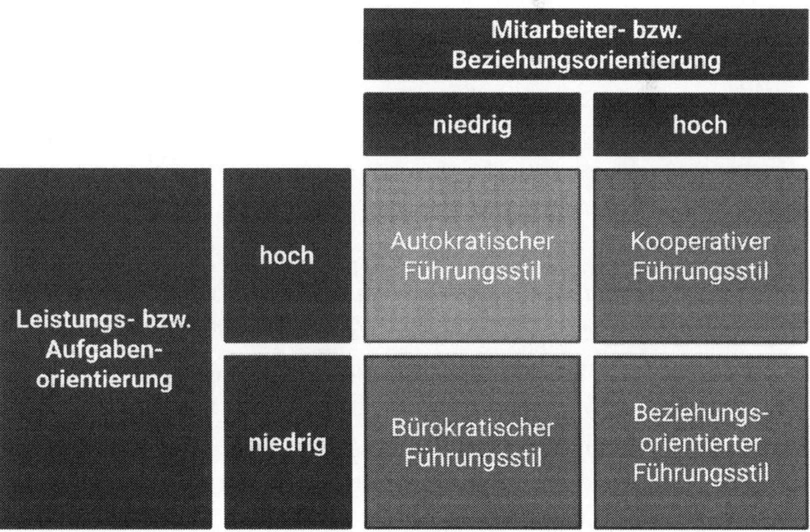

Abb. 82: Wirkung des autokratischen Führungsstils, Quelle: Schroer, 2020a

Als größten Vorteil des autokratischen Führungsstils ist die straffe und rasche Umsetzung von Entscheidungen zu nennen. Es gibt Situationen, in denen schnell entschieden werden muss, in denen Diskussionen kontraproduktiv wären. Aus Mitarbeitersicht kann ein autokratischer Führungsstil insofern entlastend sein, weil keine Verantwortung besteht und Entscheidungen abgenommen werden und die Mitarbeitenden klaren Anweisungen bzw. Vorgaben folgen müssen.

Jedoch steigt die Leistung der Mitarbeitenden nur kurzfristig an, solange die Leistung kontrolliert wird. Auf Dauer und langfristig kann die Leistung der Mitarbeitenden durch Druck nicht kontinuierlich steigen und wird bei sinkendem Kontrolldruck auch wieder sinken. Dadurch können sich Mitarbeitende überfordert fühlen. Weil es keine Freiräume zur Selbstbestimmung gibt, ist die intrinsische Motivation der Mitarbeitenden ebenfalls niedrig.

Durch die Einzelentscheidung sind die Entscheidungsoptionen eingeschränkt und können zu suboptimalen Entscheidungen führen. Zudem steigt das Risiko, falsche Entscheidungen zu treffen, da der Vorgesetzte durch die ständige Kontrolle gefordert oder gar überfordert ist.

In der Praxis trifft man den rein autokratischen Führungsstil heutzutage nur noch selten an, da die meisten Unternehmen heute auf eine gewisse Mitarbeiterbeteiligung setzen und eine andere Führungskultur haben. War es früher noch recht einfach, die einzelnen Schritte der Arbeits- und Produktionsabläufe sowie die Ergebnisse der Tätigkeiten zu kontrollieren, ist es heute aufgrund von vernetzten und immer komplexer werdenden Arbeitsabläufen eine umfassende Kontrolle durch einen autokratischen Führungsstil kaum möglich. Zudem sind die heutigen Märkte viel agiler, volatiler und vernetzter als zu Zeiten von Weber und daher ist ein autokratischer Führungsstil eher hinderlich als förderlich für den Unternehmenserfolg. Das bedeutet, der autokratische Führungsstil heute ist eigentlich nicht mehr durchsetzbar.

Beispiel 22: Autokratischer Führungsstil

Aktuell gibt es leider einige autokratische politische Führer – und dies nicht nur in Diktaturen, wie beispielsweise China, sondern auch in Demokratien, wie z. B. Türkei (Erdogan), Brasilien (Bolsonaro), Ungarn (Urban) oder USA (Trump). Gerade am Beispiel des ehemaligen Präsidenten Donald Tramp wird deutlich, dass ein solcher autokratischer Führer sich lieber auf seinen vermeintlich unfehlbaren, unternehmerischen Instinkt verlässt, anstatt auf externe Berater. Diese Einstellung kann ein Unternehmen (oder den Staat USA) viel Geld und Reputation kosten. Dies gilt auch für alle unternehmerischen Fehlentscheidungen. Aus diesen Gründen hat der ehemalige amerikanische Präsident auch nahezu alle seine Berater und Minister mindestens einmal ausgetauscht, sowie nahezu die gesamte professionale Administration gegen willige Befehlsempfänger gewechselt, sowie spontane Einzelentscheidungen getroffen. Darunter litt die Qualität der politischen Entscheidungen des ehemaligen Präsidenten.

Der patriarchalische Führungsstil ähnelt stark dem autokratischen Führungsstil. Auch hier ist die Herangehensweise der Führungskraft die eines Alleinherrschers. Im Unterschied zum Autokraten sieht sich der Patriarch eher als „Vater“ im übertragenen Sinne und trifft seine Entscheidungen ebenfalls allein.

Allerdings ist das Selbstverständnis der Führungskraft von Verantwortungsgefühl und Fürsorge für die Mitarbeitenden geprägt. Legitimiert wird die Position der Führungskraft beim patriarchalischen Führungsstil durch den Alters-, Wissens- und / oder Erfahrungsvorsprung.

Der patriarchalische Führungsstil findet sich in der heutigen Zeit eher selten. Dennoch gibt es immer noch kleine und mittelständische Familienunternehmen, die unter diesem Leitbild stehen.

Zusammenfassend ergibt sich folgendes Bild des patriarchischen Führungsstils:

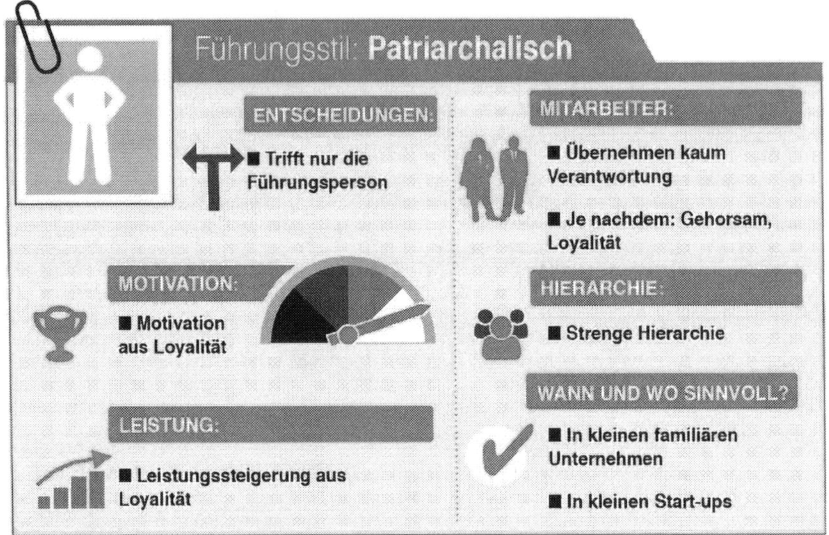

Abb. 83: Patriarchalischer Führungsstil, Quelle: Burghardt, 2020a

Auch beim patriarchalischen Führungsstil bestehen die Vorteile darin, dass die Mitarbeitenden wissen, welchen Regeln sie Folge zu leisten haben. Die Entscheidungsdauer bei wichtigen Unternehmensbeschlüssen ist äußerst kurz, weil die Mitarbeitenden nicht mitentscheiden dürfen. Viele Organisationen, die diese Art der Führung praktizieren, berichten über eine kurzfristige Leistungssteigerung der Angestellten, da deren Arbeit dank des patriarchalischen Führungsstils einfach überprüft werden kann.

Beim patriarchalischen Führungsstil überwiegen jedoch die Nachteile. Die Kreativität der Mitarbeitenden sowie deren Motivation durch eigene Ideen, das Unternehmen nach vorne zu bringen, werden vollkommen unterbunden. Dabei könnten die Mitarbeitenden mit ihrem Wissen zur Weiterentwicklung des Unternehmens beitragen. Es kann außerdem zu Fehlentscheidungen kommen, wenn die Entscheidungsbefugnis ausschließlich bei den Vorgesetzten liegt.

Beispiel 23: Patriarchalischer Führungsstil

Peter Dirks ist seit dem Ende seiner Schulzeit Schreiner. Unmittelbar nach dem Abschluss seiner Ausbildung hat er einen eigenen Betrieb gegründet, der mittlerweile seit über 30 Jahren besteht. Außer seinen zwei Söhnen arbeiten noch fünf weitere Mitarbeitende im Betrieb, von denen er drei bereits seit seiner Schulzeit kennt. Keiner der Mitarbeitenden stellt Autorität von Herrn Dirks jemals in Frage, da er auf den größten Erfahrungsschatz zurückgreifen kann und alle Mitarbeiter stets fair behandelt. Ihm ist wichtig, dass die Mitarbeitende zufrieden sind und ihre Arbeit gern machen.

Dafür fordert Herr Dirks Vertrauen und Disziplin von seinen Angestellten. Sobald Herr Dirks in Rente geht, soll einer seiner Söhne den Betrieb nach seinen Vorstellungen weiter führen.

Der charismatische Führungsstil lebt vom Charisma der Führungskraft und bietet den Mitarbeitenden ein hohes Maß an Motivation sowie Freude an den täglichen Aufgaben. Allerdings wird aber von der Führungskraft auch ein hohes Maß an Bereitschaft gefordert, sich für das Unternehmen einzusetzen.

Die Führungskraft lebt als Vorbild viele positive Emotionen und spornt durch einen gelebten Optimismus die Mitarbeitenden zu besseren Leistungen an. Ein charismatischer Führungsstil gibt somit der Führung ein Gesicht, erfordert aber auch von der Führungskraft, dass diese in der Lage ist, durch Visionen, Ideen und Erfahrung die Mitarbeitenden zu motivieren.

„Der charismatische Führungsstil basiert auf der Ausstrahlung der Führungsfigur. Sie ist Vorbild für die Mitarbeitenden und wird als Leitfigur angesehen. Aus diesem Grund folgen ihr die untergebenen Mitarbeitenden uneingeschränkt.

Grundsätzlich kann der charismatische Führungsstil mit dem autoritären Führungsstil verglichen werden, da Entscheidungen immer noch durch die Führungskraft allein getroffen werden. Aufgrund der hohen Identifikation der Mitarbeitenden mit der Führungskraft wird dieser Führungsstil von den Mitarbeitenden jedoch als wesentlich angenehmer empfunden." (Schroer, 2020)

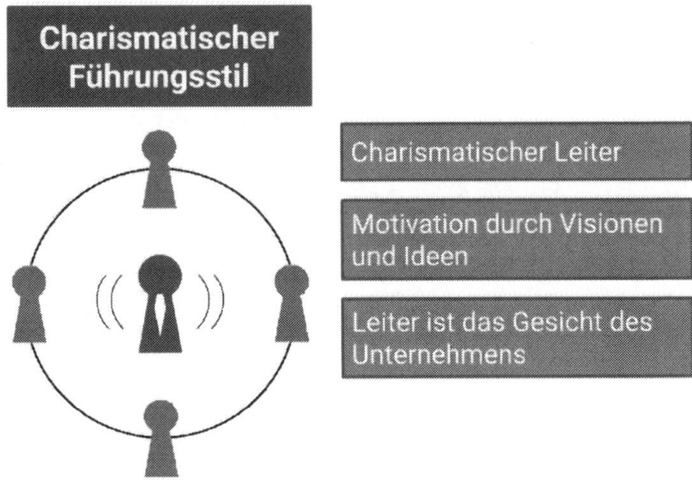

Abb. 84: Struktur Charismatischer Führungsstil, Quelle: Schroer, 2020

Der charismatische Führungsstil hat verschiedene Vorteile. So sind die Motivation und die Identifikation der Angestellten sehr hoch. Zudem sind die Führungskräfte in ihrem Handeln flexibel, da es kaum starre Vorgaben und Richtlinien gibt. (vgl. Schroer, 2020)

„Trotz der letztendlichen Entscheidungsgewalt bei der Führungskraft haben die Mitarbeiter ein hohes Maß an Selbstbestimmung in den ihnen zugeteilten Aufgabengebieten." (Schroer, 2020)

Von Nachteil ist, dass charismatisch geführte Mitarbeitende sich leichter ausbeuten lassen und diesen Umstand relativ spät erkennen, weil sich die Mitarbeitenden häufig von dem Charisma des Vorgesetzten blenden lassen.

Zudem nutzen die Vorgesetzten ihr Charisma überwiegend zum eigenen Vorteil und weniger für die Ziele des Unternehmens. Sind charismatische Führungskräfte nicht ehrlich und negativ gegenüber den Mitarbeitenden eingestellt, kann sich dies demotivierend auf die Mitarbeitenden und negativ auf das Unternehmensergebnis auswirken. (Schroer, 2020)

Zusammenfassend ergibt sich folgendes Bild des charismatischen Führungsstils:

Abb. 85: Charismatischer Führungsstil, Quelle: Burghardt, 2020a

Beispiel 24: Charismatischer Führungsstil

„Das bekannteste Beispiel für die Anwendung des charismatischen Führungsstils ist der ehemalige CEO und Gründer von Apple, Steve Jobs. Allein durch seine Person, seine Ausstrahlung und seine Visionen konnte er Mitarbeitende in seinen Bann ziehen und zur Arbeit motivieren. Sogar Kunden und potenzielle Kunden folgten seinem Charisma, mit Hilfe dessen er Apple zu einer der wertvollsten Marken der Welt aufbaute." (Schroer, 2020)

Der bürokratische Führungsstil ist nicht an eine bestimmte Person gebunden. Vielmehr dienen Vorschriften, Gesetze, Verordnungen oder Erlasse als bürokratische Instanzen auf die nahezu unabänderlichen (bürokratischen) Strukturen und für den vorgegebenen Ablauf der Tätigkeiten. Dadurch sind die Mitarbeitenden jedoch nicht der Willkür einer einzelnen Führungskraft ausgeliefert, denn die Macht liegt in den Strukturen. Daher trifft kein Vorgesetzter Entscheidung, sondern handelt ausschließlich nach den Vorschriften, Gesetzen, Verordnungen oder Erlassen. Darüber werden konkrete Führungspositionen nur auf Zeit vergeben und sind übertragbar.

Die klaren Regeln und Vorschriften geben wichtige Richtlinien vor, an die sich alle Mitarbeitende – auch die Führungskräfte – zu halten haben. Im Rahmen dieses Regelwerks wird den Mitarbeitenden Sicherheit vor der Willkür der Führungskräfte geboten. Außerdem entlastet der bürokratische Führungsstil auch die Führungskraft, da ihr durch das strenge Regelwerk zwar kaum Entscheidungsspielraum gegeben wird, gleichzeitig aber auch Verantwortung abgenommen wird. Dank starrer Strukturen und ausführlicher Stellenbeschreibungen sind die Verantwortungsbereiche klar abgegrenzt und für jeden nachvollziehbar. Die Führung des Unternehmens ist somit unabhängig vom Charakter und den Einstellungen einer einzelnen Führungskraft. Durch die klaren Regeln lässt sich die Führungskraft problemlos austauschen.

Hauptsächlich findet sich Bürokratie auf Behörden und in Ämtern. In Krisenzeiten kann die Bürokratie, aufgrund der starren Regelungen, nur eingeschränkt schnell reagieren. Auch dauern notwendige Veränderungen oftmals deutlich länger als beispielsweise in Unternehmen. Dies bedeutet auch, dass die Führungskräfte aufgrund des geringen Entscheidungsspielraums im Bedarfsfall nicht flexibel reagieren können. Aus diesem Grund ist der bürokratische Führungsstil sehr unflexibel. Daher bietet Bürokratie weniger Flexibilität und Effizienz als die anderen Führungsstile.

Beispiel 25: Bürokratischer Führungsstil

Ein Verwaltungsvorsteher möchte die Öffnungszeiten der Behörde an die Bedürfnisse der Bürger anpassen, sowie die Anschreiben an die Bürger so formulieren, dass sie auch von Laien problemlos verstanden werden können.

Aufgrund der Vorschriften ist dies jedoch nicht möglich. Auch wenn sich die Behörde für eine Änderung entscheidet, erfolgt jede Änderung auf dem Dienstweg und über die Vorgesetzten.

Die Vorgesetzten handeln jedoch streng nach Vorschrift und haben häufig kaum Ahnung von der Praxis. Daher entstehen ebenso häufig weltfremde neue Vorschriften.

Da der bürokratische Führungsstil sehr unflexibel ist, findet er in der freien Wirtschaft kaum Anwendung. Für Unternehmen ist ein zu hohes Maß an Bürokratie schädlich, da auf Marktveränderungen wenig bis kaum reagiert werden kann.

Abb. 86: Bürokratischer Führungsstil, Quelle: Schroer, 2020

Die Vorteile des bürokratischen Führungsstils liegen in den klaren Regeln und Vorschriften, an die sich alle zu halten haben. Zudem sind die Mitarbeitenden nicht der Willkür einer Führungskraft ausgesetzt.

Auch können Führungspositionen relativ schnell neu besetzt werden, wenn eine Führungskraft das Unternehmen oder die Behörde verlässt oder längerfristig ausfällt, weil klar und eng abgegrenzte Aufgabenbereiche vorliegen, was die Anforderungen an potentielle Führungskräfte reduziert.

Dank des konkreten Regelwerks finden sich neue Mitarbeitende schnell in neue Aufgabengebiete ein. Durch den geringen Entscheidungsspielraum der Führungskräfte ist auch die Gefahr von Fehlentscheidungen relativ gering.

Den Vorteilen des bürokratischen Führungsstils stehen schwerwiegende Nachteile gegenüber.

Aufgrund des geringen Entscheidungsspielraums können Führungskräfte nicht schnell und flexibel auf Veränderungen reagieren.

Die Prozesse für eine Entscheidungsfindung sind oft sehr langwierig, da die geltenden Regeln einzuhalten sind.

Der fehlende Freiraum kann für die Mitarbeitenden und für die Führungskräfte gleichermaßen erdrückend wirken und die Arbeitsmoral sowie die zu erbringenden Leistungen senken.

Hinsichtlich der Leistungs- und Aufgabenorientierung ist der bürokratische Führungsstil somit niedrig angesiedelt und auch die Mitarbeiterorientierung und die Beziehungsorientierung sind niedrig angesiedelt. Beim bürokratischen Führungsstil bestimmen

Leistung und Mitarbeitende beim bürokratischen Führungsstil

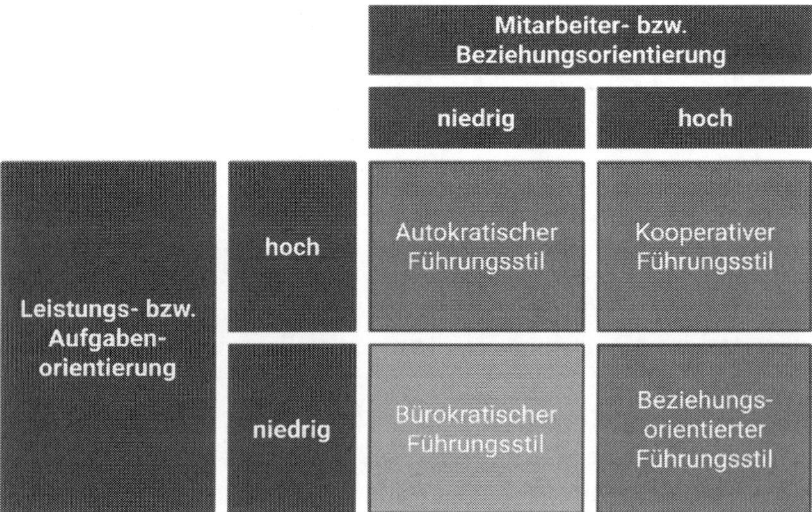

Abb. 87: Leistung und Mitarbeitenden beim bürokratischen Führungsstil, Quelle: Schroer, 2020

Vorschriften, Gesetze, Verordnungen oder Erlasse, sowohl die Mitarbeiterorientierung und Beziehungs-. als auch die Leistungs- und Aufgabenorientierung.

Zusammenfassend ergibt sich folgendes Bild zum bürokratischen Führungsstil:

Abb. 88: Bürokratischer Führungsstil, Quelle: Burghardt, 2020a

Ein weiteres Merkmal der unterschiedlichen Führungsstile ist, dass alle diese Stile sich in Bezug auf den Entscheidungsspielraum der Führungskraft und den der Gruppe unterscheiden.

Der Führungsstil mit dem größten Entscheidungsspielraum für den Vorgesetzten ist der autoritäre Führungsstil, weil hier der Vorgesetzte alleine entscheiden kann. Allerdings sind die Einzelentscheidungen auch immer nur so gut, wie der Vorgesetzte. Dagegen ist der alleinige Entscheidungsspielraum beim kooperativen Führungsstil geringer. Dafür werden die Entscheidungen häufig in Zusammenarbeit mit dem Team getroffen. Dadurch sind die Teammitglieder eher bereit Entscheidungen beim kooperativen Führungsstil zu akzeptieren und mitzutragen, was Changeprozesse erleichtert, zur Teambildung beiträgt und die Mitarbeitenden motiviert. Einzelentscheidungen werden beim kooperativen Führungsstil nicht so häufig getroffen, als beim autoritären Führungsstil.

Wie eine Gruppe oder ein Team zu leiten ist, hängt von der Persönlichkeit der Führungskraft, der Führungssituation im Unternehmen und der Zusammensetzung des Teams ab. Es muss also situativ entschieden werden, welche Maßnahmen zum Erreichen der gemeinsamen Ziele optimal sind.

Der Führungsstil hat zudem einen Einfluss auf den jeweiligen Entscheidungsspielraum der Manager und der Mitarbeitenden, welche wechselseitig, je nach Führungsstil, zu- oder abnehmen, wie aus der folgenden Abbildung deutlich wird.

Führungsstile und Mitarbeiterführung

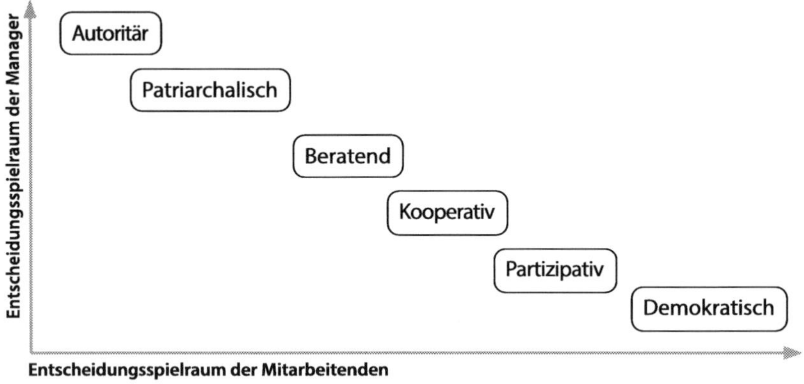

Abb. 89: Führungsstile und Mitarbeiterführung, Quelle: Eigene Darstellung

Auch die Gliederung der Führungsstile nach Max Weber ist eindeutig und nachvollziehbar. Genau wie die Führungsstile von Kurt Lewin sind die beschriebenen Führungsstile nach Max Weber in der Praxis in ihrer reinen Form so gut wie gar nicht anzutreffen.[22] Viel-

---

[22] Ausnahmen finden sich beim autokratischen Führungsstil, beispielswiese bei der Bundeswehr oder bei der Feuerwehr und beim bürokratischen Führungsstil, beispielsweise bei Behörden und bei öffentlich-rechtlichen Unternehmen.

mehr gibt es in der Praxis eine Vielzahl an Varianten, deren Identifizierung nicht immer einfach ist. Ohne eine Identifizierung des Führungsstils einer Führungskraft kann weder eine Beurteilung der Führungsqualitäten, noch eine Handlungsempfehlung zur Optimierung der Führung abgegeben werden. Auch kann nicht der Führungserfolg gemessen werden. Somit können die Gliederungen der Führungsstile nach Max Weber und Kurt Lewin allenfalls eine Orientierung und ein Verständnis von den Ausprägungen der Führungsstile bewirken.

Zudem sind die Gliederungen der Führungsstile nach Max Weber und Kurt Lewin einerseits normative Theorien, weil diese auf bestimmten Führungsbildern und -verständnissen beruhen, andererseits beruhen die Führungstheorien immer auf den beobachteten vorherrschenden Führungsstilen ihrer Zeit. Jedoch ändern sich die gesellschaftlichen, sozialen und wirtschaftlichen Rahmenbedingungen im Zeitablauf und damit auch die Führungsstile.

3.2.2. Führungsstile nach Kurt Lewin

Die Führungstheorie von Kurt Lewin (1890–1947) werden als klassische Führungsstile bezeichnet und wurden von Lewin in autoritäre, kooperative und Laissez-faire Führungsstile unterteilt. Lewin untersuchte an Jugendgruppen die Wirkung und Eigenschaften verschiedener Führungsstile. Dabei lag der Fokus auf der Produktivität, der Zufriedenheit, dem Gruppenzusammenhalt und der Effizienz der untersuchten Gruppen. (vgl. Lewin, 1936)

Der autoritäre Führungsstil zeichnet sich dadurch aus, dass der Vorgesetzte Entscheidungen trifft, ohne den Mitarbeitenden eine Mitsprache zu gewähren. Die Mitarbeitenden werden somit nicht in den Entscheidungsprozess einbezogen und vor eine feststehende Entscheidung gestellt. Zudem wird vom Vorgesetzten bedingungsloser Gehorsam erwartet. Wenn Fehler gemacht werden, wird bestraft und nicht geholfen. Zudem zeichnet sich der autoritäre Führungsstil durch extreme Strenge und Konsequenz aus.

Der autoritäre Führungsstil beruht auf dem Führungstyp great man und auf Einzelentscheidungen. „Dass Einzelentscheidungen die, in der Praxis am häufigsten angewandte Entscheidungsform ist, konnte mit der GLOBE-Studie (2004) nachgewiesen werden: So treffen 82 % der mittelständischen Entscheidungsträger in der Praxis Einzelentscheidungen. (House, Hanges, Javidan 2004, S. 65–75) Bei Einzelentscheidungen definiert ein Entscheidungsträger individuell das Zielsystem, das Entscheidungsfeld und damit die Entscheidungsmatrix. Die Entscheidung kann entweder auf einer autokratischen Entscheidung, oder auf eine beratende Unterstützung einer Gruppe beruhen. Bei einer beratenden Unterstützung durch eine Gruppe sind mehrere Personen an der Problemanalyse und Definition des Entscheidungsfeldes beteiligt. (Kühn & Grünig, 2013, S. 13) Die finale Entscheidung über das Entscheidungsfeld trifft bei einer Einzelentscheidung immer nur ein Entscheidungsträger, welcher damit aber mögliche Entscheidungsoptionen auf sein begrenztes Entscheidungsfeld einengt. Dadurch sind aber Einzelentscheidungen maximal nur so gut wie der Entscheidungsträger." (Wüstermann, 2017, S. 90f.)

Der Vorteil eines autoritären Führungsstils liegt in den schnell getroffenen Entscheidungen, da Verantwortungsbereich klar definiert ist. Dies ist gerade in Krisensituationen von Vorteil. Allerdings sind die Nachteile eines autoritären Führungsstils schwerwiegend. Ein autoritärer Führungsstil hat demotivierende Auswirkungen auf Arbeitsverhalten der Mitarbeitenden, weil von der Führungskraft keine Eigeninitiative gefordert wird. Zudem sind Vorgesetzte häufig bei einem großen Team überfordert, da alle Entscheidungen von der Führungskraft selbst getroffen werden müssen.

Auch wenn in der Historie bekannte Unternehmensführer wie Henry Ford den autoritären Führungsstil verwendet haben, so passt der autoritäre Führungsstil nicht mehr in die heutige Zeit und passt nicht zu den heutigen Einstellungen der Arbeitnehmer. Daher ist der autoritäre Führungsstil zunehmend auf den Rückzug. Allerdings sind bestimmte Arbeitsbereiche und -abläufe wie etwa beim Militär, der Polizei, der Feuerwehr oder auch im Rettungsdienst nicht denkbar, wenn es nicht klare Anweisungen und ebenso klare Umsetzungen gäbe. Wenn es brennt, muss gelöscht werden – da muss jeder Handgriff sitzen und die Rollenverteilung klar sein, da können keine aufwendigen Mitarbeiterbesprechungen anberaumt werden. Aber auch in diesen Bereichen gibt es zunehmend Abstufungen vom vollumfänglichen autoritären Führungsstil, indem die Führungskräfte die Entscheidungsprozesse agil an die, sich ändernden, Entscheidungssituationen anpasst.

Ein kooperativer Führungsstil zeichnet sich dadurch aus, dass die Führungskraft und die Mitarbeitenden sowohl in der Entwicklung von Ideen als auch in der Umsetzung von Projekten eng zusammenarbeiten und sich dabei in ihren Kompetenzen ergänzen. Verantwortlichkeiten und Aufgaben werden nach Konsensfindung aufgeteilt. Somit sind bei diesem Führungsstil auch Kritik und Vorschläge durch die Mitarbeitenden erwünscht und die Mitarbeitenden werden in die Entscheidungen mit einbezogen. Beim kooperativen Führungsstil ist der Umgang zwischen den Mitarbeitenden und dem Vorgesetzten respektvoll. Ohne Respekt kann die Kooperation nicht erfolgreich sein, weil dann die gegenseitige Kritik destruktiv wirkt und Vorschläge nicht beachtet werden. Zugleich erfordert dieser Führungsstil eine gewisse Stärke durch den Vorgesetzten.

Das Delegieren von Verantwortung und die Motivation seiner Mitarbeitenden sind wichtige Bestandteile dieses auf Mitbestimmung ausgerichteten Führungsstils. Eigeninitiative wird gefördert und Kreativität freigesetzt. Durch die Verteilung der Verantwortung auf mehrere Personen und deren Kenntnis über wichtige Vorgänge kann der Ausfall eines Verantwortungsträgers besser bewältigt werden.

Hinsichtlich der Leistungs- und Aufgabenorientierung ist der autokratische Führungsstil somit hoch angesiedelt und hinsichtlich Mitarbeiterorientierung und Beziehungsorientierung ebenfalls hoch angesiedelt. Beim kooperativen Führungsstil sind die Mitarbeiterorientierung und die Beziehungsorientierung die Basis für die Leistungs- und Aufgabenorientierung und bewirken dadurch eine hohe intrinsische Leistungs- und Aufgabenorientierung durch die Mitarbeitenden.

Abb. 90: Struktur kooperativer Führungsstil, Quelle: Schroer, K., 2020a

Leistung und Mitarbeitenden beim kooperativen Führungsstil

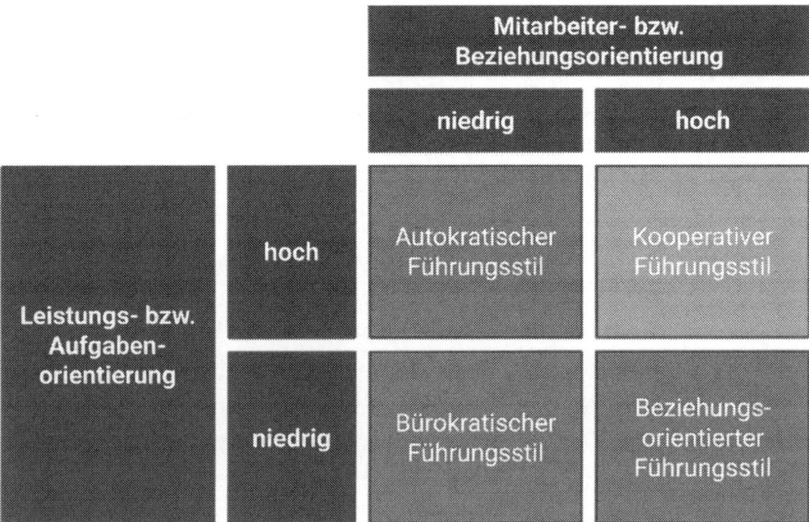

Abb. 91: Leistung und Mitarbeitenden beim kooperativen Führungsstil, Quelle: Schroer, 2020a

Gegenüber einem autokratischen Führungsstil, bei dem die Führungskraft alleinig die Leistungs- und Aufgabenorientierung definiert und kontrolliert, ist beim kooperativen Führungsstil der Entscheidungsspielraum der Mitarbeitenden größer und der Entscheidungsspielraum der Vorgesetzten kleiner als beim autoritären Führungsstil.

Zusammenhang zwischen autoritären und kooperativen Führungsstil

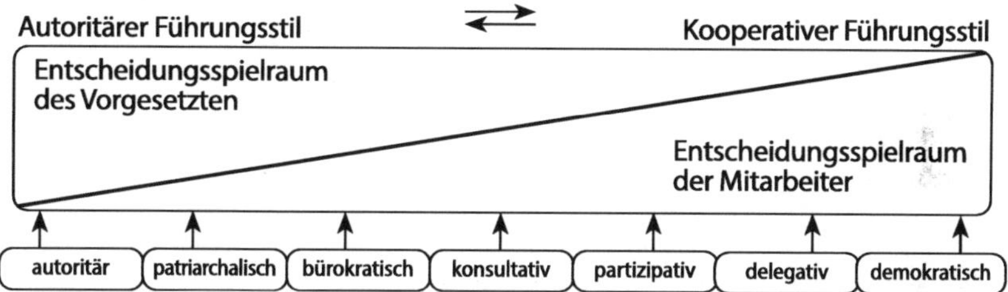

Abb. 92: Zusammenhang zwischen autoritären und kooperativen Führungsstil, Quelle: Eigene Darstellung

In der Praxis finden sich neben einem klar autoritären und einem klar kooperativen Führungsstil auch verschiedene Mischformen und graduelle Abstufungen. Dies erschwert für das Personalmanagement in der Praxis die Bewertung eines Führungsstils. Daher können alle hier vorgestellten Führungsstile auch nur zur Kategorisierung für die Praxis dienen.

Zusammenfassend ergibt sich folgendes Bild des kooperativen Führungsstils (Abb. 93).

Vorteilhaft am kooperativen Führungsstil ist, dass die Mitarbeitenden motivierter sind, als beim autoritären Führungsstil, da diese die Relevanz und die Bedeutung der eigenen Tätigkeit durch die Erklärungen und Begründungen des Vorgesetzten besser verstehen. Der Vorgesetzte wird entlastet, da er nicht alle Entscheidungen alleine getroffen muss. Die delegierte Entscheidungsbefugnis fördert das Verantwortungsbewusstsein der Mitarbeitenden und trägt somit zu einem guten Gesamtergebnis bei. Allerdings können die offene Kommunikation und die freie Meinungsäußerung auch zu

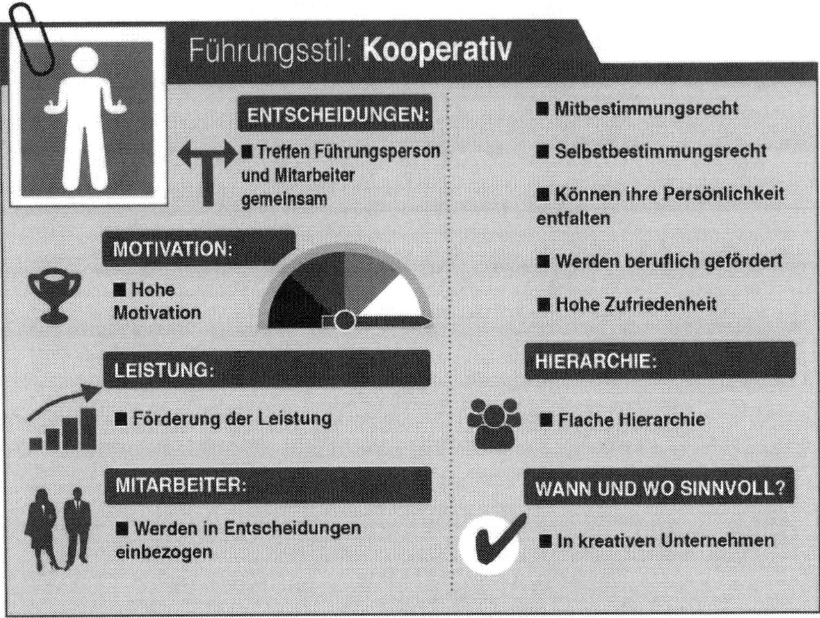

Abb. 93: Kooperativer Führungsstil, Quelle: Burghardt, 2020a

langwierigeren Entscheidungsprozessen, als bei einem autoritären Führungsstil führen. Daher ist es die Aufgabe der Führungskraft bei endlosen Diskussionen, diese zu beenden, damit Entscheidungen getroffen und Ergebnisse erzielt werden können. In bestimmten Situationen muss die Führungskraft daher in der Lage sein, ihre Autorität auch durchzusetzen. In diesen Fällen besteht die Gefahr, dass sich die Führungskraft nicht durchsetzen kann. Dies kann zu schleppender Entscheidungsfindung und mangelnder Disziplin unter den Mitarbeitenden führen. Somit kann der kooperative Führungsstil in der Praxis nicht immer zu 100 % umgesetzt werden.

Beispiel 20: Kooperativer Führungsstil

Die Nachfrage nach den Produkten eines Unternehmens steigt. Um diesem Anstieg gerecht zu werden, soll die Produktion um eine zusätzliche Schicht (8 Stunden) in der Woche erhöht werden.

In einer Befragung der Mitarbeitenden können die Mitarbeitenden abstimmen, ob sie dazu lieber jeden Tag eineinhalb Stunden länger arbeiten möchten oder eine zusätzliche Schicht am Samstag eingeführt wird.

Der Laissez-faire Führungsstil verzichtet weitgehend auf das Eingreifen des Vorgesetzten in die Arbeitsprozesse. Die Mitarbeitenden sind keinen Regeln unterworfen, entscheiden eigenständig und kontrollieren sich selbst oder im Team. Dadurch kann jedes Teammitglied sein Arbeitsumfeld nach seinen Vorlieben gestalten, was die Leistung des Einzelnen erheblich steigern kann. Die Merkmale des Laissez-faire Führungsstils sind:

- Die Führungskraft hat nur eine geringe Anteilnahme an den Arbeitsabläufen.
- Die Absprachen und Instruktionen sind oft unklar.
- Aufgrund der unklaren Strukturen ist der Umgang mit den Mitarbeitden unklar.
- Die Mitarbeiten fühlen sich oft sich selbst überlassen; es fehlen wahrnehmbare feste und definierte Strukturen.

Zusammenfassend ergibt sich folgendes Bild des Laissez-faire-Führungsstils (Abb. 94).

Wie sieht der Laissez-faire-Führungsstil im Arbeitsalltag aus? Zunächst einmal fehlen exakte Vorgaben durch den Vorgesetzten. Das heißt, auch hier liegt es in der Verantwortung der Mitarbeitenden, dass Informationen eigenständig weitergereicht und an alle mitgeteilt werden. Somit liegt der Vorteil des Laissez-faire Führungsstils im großen Freiraum und im selbstbestimmten Arbeiten für die Mitarbeitenden und kann sich positiv und motivierend auf manche Mitarbeitende auswirken, da sich jeder Mitarbeitende entsprechend seiner persönlichen Stärken einbringen kann.

Voraussetzung für einen Laissez-faire-Führungsstil ist der freie Informationsfluss. In einer idealen Welt erfolgt der Informationsfluss möglicherweise reibungslos. Üblicherweise gibt es allerdings

Abb. 94: Laissez-faire Führungsstil, Quelle: Burghardt, 2020

auch unter Kollegen durchaus Spannungen, so dass eine Weitergabe von Informationen willkürlich erfolgen und somit Abläufe und Prozesse behindert werden. Eine mangelnde Absprache und schlechte Koordination ist kontraproduktiv und führt zu einer schlechten Priorisierung von anstehenden Aufgaben, oder zu Fehlern. Da sich der Vorgesetzte auch ansonsten weitestgehend heraushält, können sich so ungünstige Dynamiken verfestigen. Dadurch können sich Betriebsabläufe verzögern, Außenseiter werden gemobbt, da das Verhalten der Mitarbeitenden nicht kontrolliert und Fehlverhalten auch nicht sanktioniert wird. Dadurch können sowohl die Kreativität, als auch die Motivation der Mitarbeitenden sinken.

Zudem können nicht alle Mitarbeitenden mit so viel Freiheit umgehen und erwarten, oder benötigen eine gewisse Hierarchie, um effizient zu arbeiten.

Beispiel 21: Laissez-faire-Führungsstil

Eine Werbeagentur soll für einen Hotel in der Karibik eine Werbekampagne entwickeln. Die Leiterin der Werbeagentur überträgt den Auftrag an ein Team mit unterschiedlichen Kompetenzen. Die einzige Vorgabe für die zu entwickelnde Werbekampagne ist der Zeitpunkt der Fertigstellung der Werbekampagne. Das Werbeteam entwickelt die Werbekampagne mithilfe der Scrum-Methode, bei der schrittweise und in Absprache mit dem Auftraggeber die Werbekampagne entwickelt wird.

Bei der Scrum-Methode werden zunächst alle Anforderungen an die zu entwickelnde Werbekampagne gesammelt und durch den sogenannten Product Owner organisiert und weiterentwickelt. Aus dem gesamten Anforderungskatalog wird eine Auswahl von Anforderungen getroffen, die im sogenannten Sprint abgearbeitet werden. Für jeden Sprint wird aus dem gesamten Anforderungskatalog eine Auswahl von Anforderungen getroffen. Diese werden innerhalb des entsprechenden Sprints bearbeitet. Jeder Sprint endet mit einem funktionsfähigen Zwischenprodukt. Dabei organisiert das Werbeteam die einzelnen Projektschritte und Aufgaben entsprechend seinen Fähigkeit selbst.

Bei der Scrum-Methode gibt es drei Funktionen. Der Product Owner ist für die Erstellung einer konkreten Produktversion zuständig und für den geschäftlichen Erfolg des Projektes verantwortlich, indem er fachliche Anforderungen an das Projekt stellt und diese priorisiert. Er steht in regelmäßigem Kontakt mit dem Auftraggeber und gibt Feedback an das Team. Der Scrum Master fungiert als Moderator im Projektteam. Er ist nicht der Projektleiter, sondern viel mehr dafür zuständig, dass Scrum funktioniert und die Regeln des agilen Projektmanagements eingehalten werden. Die erfolgreiche Kommunikation im Team, die Moderation von Meetings und das Abschirmen des Teams von externen Störungen fallen in seinen Aufgabenbereich. Das Scrum Team (Entwicklungsteam) entwickelt das Produkt. Das Team organisiert sich selbstständig und liefert die Produkteigenschaften, in der vom Product Owner vorgegebenen, Reihenfolge.

Der Vorgesetzte greift nicht in den Scrum-Prozess ein; wird jedoch regelmäßig durch den Product Owner über die Fortschritte des Projektes informiert.

Zwar strukturieren die Führungsstile nach Lewin mögliche Ausprägungen von Führungsstilen, können aber keine Aussagen zum tatschlichen Führungsstil in einem Unternehmen machen, weil eine Vielzahl von Varianten und Ausprägungen von Führungsstile vorliegen kann. Zudem können Führungsstile sich im Zeitablauf verändern. Auch können die Führungsstile nach Lewin nicht den Erfolgsbeitrag der Führungsstile an den Unternehmenszielen und am Unternehmenserfolg beschreiben.

„Die empirische Forschung zeigt bis heute eindeutig, dass es ein so genanntes „Führungsgen" nicht gibt, was die besondere Befähigung zur Übernahme und Ausführung von Führungspositionen sichern könnte. Auch gilt dies für eine feste Konstellation von Eigenschaften. Unstrittig ist jedoch, dass je nach Situation einzelne Eigenschaften notwendig oder begünstigend für die Gewinnung oder Ausübung einer Führungsrolle sind. Dabei sticht dort, wo beispielsweise eine analytische Problemlösung gefragt ist, die kognitive Befähigung, v. a. die Intelligenz, besonders hervor. Diese spielt neben der Bedeutung der Persönlichkeitsstruktur, die zurzeit meistens in Form der Big Five (Gewissenhaftigkeit, Verträglichkeit, Offenheit, Extraversion, Neurotizismus) gefasst wird, in der empirischen Führungsforschung eine besondere Rolle. Aber auch die, für eine konkrete Führungssituation identifizierten Größen, sind in der Regel in ihrer Summe nicht in der Lage, mehr als maximal 50 % zur Aufklärung der untersuchten und zu erklärenden Größen (Führungserfolg im weiteren Sinne) beizutragen. Am Ende gilt: Natürlich sind Dispositionen wichtig, aber es handelt sich um eine Vielzahl von Einflussfaktoren, die die Entstehung von Führung und ihre erfolgreiche Ausübung zu erklären hat." (Volgmann, 2020)

Lewin untersuchte zudem den Zusammenhang zwischen Führungsstil und Leistung. „Eine Teilnehmergruppe wurde sich selbst überlassen, eine andere arbeitete unter einer autoritären Führung.

Ergebnis: Die Gruppe ohne Führung schnitt deutlich schlechter ab in Bezug auf Aufgabeninteresse, Teamgeist und Zufriedenheit. Das bedeutet, dass eine wie auch immer geartete Führung für eine effiziente Leistung und Motivation notwendig ist." (Hesse, Schrader, 2020)

Dies bedeutet aber im Umkehrschluss noch lange nicht, dass jede noch so schlechte Führung erfolgreich für die Aufgabenerfüllung und für die Leistungserbringung eines Unternehmens ist. Im Gegenteil kann eine schlechte Führung dem Unternehmen größeren Schaden zufügen als gar keine Führung. Daher sollte die Betriebswirtschaftslehre den Führungskräften Führungstheorien zur Verfügung stellen, die nicht nur vorhandene Führungsstile normativ beschreiben, sondern auch Handlungsempfehlungen abgeben. Dies können aber die Führungstheorien von Kurt Lewin nicht.

3.2.4. Führen in einer agilen und disruptiven Umwelt

„Was genau unter Agilität im organisationalen Kontext zu verstehen ist, lässt sich nicht zweifelsfrei definieren. Die einen verstehen Agilität als ‚die Fähigkeit einer Organisation, rasch auf Veränderungen zu reagieren.' (Kienbaum, 2020) Andere Definitionen beschreiben Agilität hingegen als ‚die höchste Form der Anpassungsfähigkeit' (Fischer, 2020)." (Breitschopf, Rump, 2018, S. 6)

Nachfolgend soll daher von folgender Definition eines agiles Unternehmens ausgegangen werden: „Agile Organisationen zeichnen sich durch eine hohe und schnelle Anpassungsfähigkeit an veränderte Rahmenbedingungen und Marktsituationen aus. Flexibilität hinsichtlich der Anpassungen von Produkten, Prozessen und vor allem der Mitarbeiter mit ihren Kompetenzen sind entscheidende Kriterien für erfolgreiche agile Organisationen. Agile Organisationen sind in einem hohen Grad vernetzt und die Mitarbeiter organisieren sich selbst. Zudem sind die Arbeits- und Projektteams in der Lage, in gewissem Umfang autonom Entscheidungen zu treffen. Dies erfordert eine Unternehmenskultur, die auf Vertrauen basiert – auf Vertrauen der Führungskräfte zu ihren Mitarbeitern und der Mitarbeiter untereinander." (Breitschopf, Rump, 2018, S. 6)

Merkmale eines agilen Unternehmens

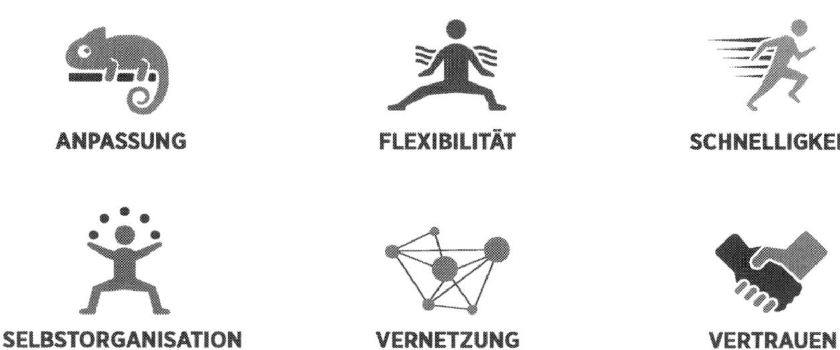

Abb. 95: Merkmale eines agilen Unternehmens, Quelle: Breitschopf, Rump, 2018, S. 6

Die Merkmale eines agilen Unternehmens sind auch zugleich die Gründe, warum Unternehmen agil sein wollen. Mit 55 % ist die Steigerung der Flexibilität das wichtigste Argument, ein agiles Unternehmen zu werden oder zu sein. (vgl. Breitschopf, Rump, 2018, S. 16)

Flexibilität versetzt das Unternehmen in der Lage, schneller die unternehmerische Leistungserbringung umzusetzen und besser auf kurzfristige Kunden- und Marktanforderungen zu reagieren. Daher ist mit 51 % die Schnelligkeit das zweitstärkste Argument für ein agiles Unternehmen. (vgl. Breitschopf, Rump, 2018, S. 16)

Dass agile Unternehmen vernetzt sein müssen, finden 46 % der Befragten wichtig. Durch digitale Vernetzung kann ein agiles Unternehmen durch elektronische Workflows schneller agieren als bei Unternehmen mit starren Strukturen und es können viele Prozesse automatisiert werden.

Für jeweils 43 % der Befragten ist die Anpassungsfähigkeitsfähigkeit an Markt-, Wettbewerbs- und Rechtsänderungen ein entschiedenes Argument für ein agiles Unternehmen. (vgl. Breitschopf, Rump, 2018, S. 16)

Anpassungsgründe für ein agiles Unternehmen

FLEXIBILITÄT – um eine höhere Flexibilität im Unternehmen zu erreichen, z. B. in der Produktentwicklung, der Bearbeitung von Projekten, beim Mitarbeitereinsatz etc.

55 %

SCHNELLIGKEIT – um schnellere Reaktionszeiten im Unternehmen zu ermöglichen, z. B. bei veränderten Marktbedingungen oder Kundenanforderungen

51 %

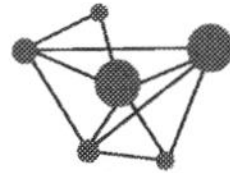

VERNETZUNG – um eine stärkere Vernetzung der Wissensträger/ Mitarbeiter, auch über Abteilungs- bzw. Bereichsgrenzen hinweg, zu erreichen

46 %

ANPASSUNG – um sich an veränderte Rahmenbedingungen (Markt, Wettbewerb, gesetzliche Rahmenbedingungen) anzupassen

43 %

SELBSTORGANISATION – um einen höheren Grad an Selbstorganisation der Mitarbeiter zu erreichen bzw. zu etablieren

43 %

Abb. 96: Anpassungsgründe für ein agiles Unternehmen, Quelle: Breitschopf, Rump, 2018, S. 6

Wie verändert sich aber Führung in der heutigen agilen Umwelt? Nun: Eine agile Umwelt erfordert einen agilen Führungsstil, damit das Unternehmen sich langfristig und nachhaltig der sich ständig verändernden Umwelt anpassen kann. Daher muss eine neue Führungstheorie agil sein.

Nach einer Studie von Neubauer et al. sind die Unternehmen mehrheitlich von einer disruptiven Unternehmensumwelt betroffen. (vgl. Neubauer et al., 2018, S. 4) Entsprechend geben auch 51 % der Befragten des Hays HR-Reports 2018 an, dass ein agiles Unternehmen für sie von großer Bedeutung ist. (vgl. Breitschopf, Rump, 2018, S. 9)

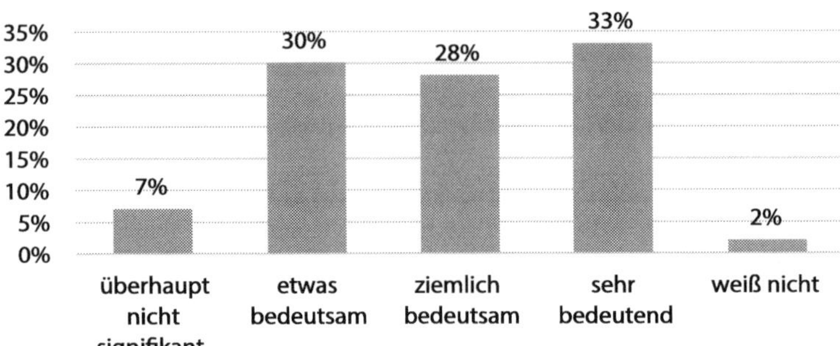

Abb. 97: Einfluss einer disruptiven Umwelt auf Unternehmen, Quelle: Neubauer et al., 2018, S. 4

Allerdings sind die Unternehmen weder mehrheitlich vollständig auf eine disruptive Umwelt vorbereitet, noch sind die Führungskräfte überwiegend agil eingestellt.

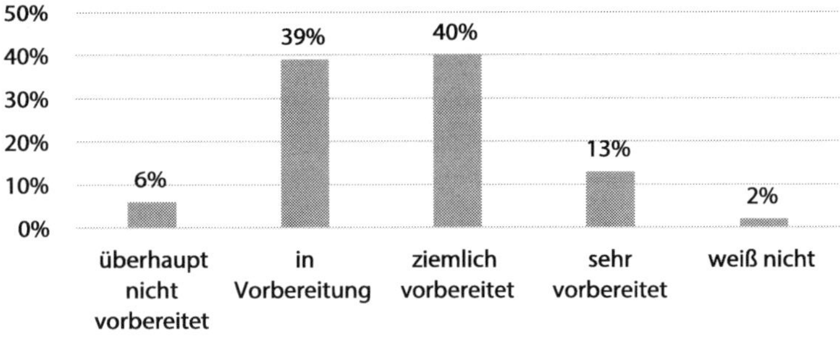

Abb. 98: Vorbereitungsstand der Unternehmen auf eine agile Umwelt, Quelle: Neubauer et al., 2018, S. 5

Eine agile Umwelt erfordert entsprechend agile Vorgesetzte, aber nur 29 % der Vorgesetzten bezeichnen sich als agil. Von den Vorgesetzten, die sich zu agilen Führungskräften entwickeln wollen, sind 7 % langsame Entscheider und weitere 6 % der Führungskräfte nutzen keine oder wenige technische Datensammlung und -analyse. (vgl. Neubauer et al., 2018, S. 5) Infolge dieser nicht ausreichenden Nutzung von digitalen Technologien für die Entscheidungsfindung laufen diese Führungskräfte Gefahr, ein Unternehmen nicht durch eine agile Umwelt führen zu können. Dies kann zum Ausscheiden eines Unternehmens vom Markt führen. Bei weiteren 7 % der Führungskräfte fehlen die Instrumente und wahrscheinlich auch die Fähigkeit die Veränderungen einer agilen Umwelt zu bewerten. (vgl. Neubauer et al., 2018, S. 5) Dadurch können möglicherweise Optionen und Chancen, aber auch Bedrohungen übersehen werden. Zudem können falsche Entscheidungen getroffen werden, oder Entscheidungen können nicht schnell genug umgesetzt werden, was zu Nachteilen für das Unternehmen führt. Bei 51 % der Führungskräfte konnte die Studie keine genaue Zuordnung vornehmen. (vgl. Neubauer et al., 2018, S. 5)

Agile Vorgesetzte

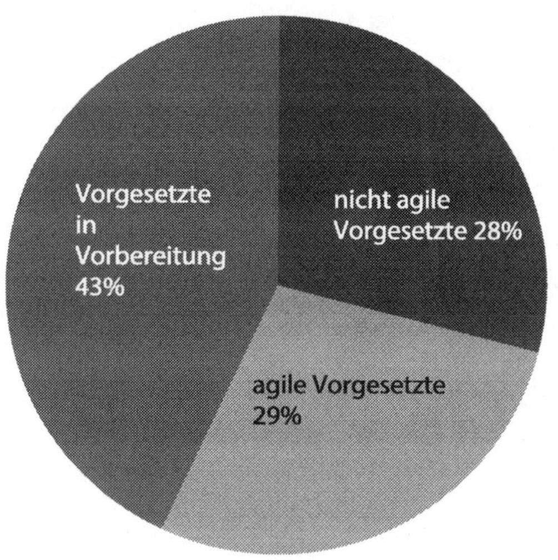

Abb. 99: Agilitätsgrad der Vorgesetzten, Quelle: Neubauer et al., 2018, S. 5

Was aber unterscheidet eine agile Führungskraft von einer nicht agilen Führungskraft? Der Unterschied liegt darin, wie die Führungskräfte mit der disruptiven Umwelt umgehen. Nach der Studie von

Neubauer et al. lassen sich vier Charakteristiken der Führungskräfte unterscheiden:

1. Die Demütigen (Humble) sind Führungskräfte, die ein Feedback akzeptieren und anerkennen und in der Lage sind, zu akzeptieren, dass andere mehr wissen als sie selber. Dabei sind 50 % der agilen Führungskräfte gewillt, dazu zu lernen, während dies nur 8 % der nicht agilen Führungskräfte dies wollen. Darüber hinaus unterstützen 86 % der agilen Führungskräfte die Teamentwicklung im Unternehmen, welche von den nicht agilen Führungskräften nur zu 14 % unterstützt wird. (vgl. Neubauer et al., 2018, S. 8f.)
2. Die adaptiven Führungskräfte (Adaptable) können auch den Wandel als etwas Fortwährendes akzeptieren und auch als die Tatsache, dass es eher eine Stärke ist, die Meinung durch neue Informationen zu ändern als eine Schwäche. 41 % der agilen Führungskräfte hören ihren Teams zu, aber nur 7 % der nicht agilen Führungskräfte. (vgl. Neubauer et al., 2018, S. 10f.)
3. Die visionären Führungskräfte (Visionary) haben einen klaren Sinn für langfristige Unternehmensentwicklungen und dies auch sogar angesichts kurzfristiger Unsicherheiten. Auch wenn kurzfristig Unsicherheiten bezüglich der Digitalisierung gibt, so ist die Digitalisierung eine andauernde und langfristige Entwicklung. 50 % der agilen Führungskräfte sind daher an digitalen Strategien beteiligt, aber nur 30 % der nicht agilen Führungskräfte. (vgl. Neubauer et al., 2018, S. 12f.)
4. Die engagierten Führungskräfte (Engaged) sind gewillt, internen und externen Stakeholdern zuzuhören, mit ihnen zu interagieren, zu kommunizieren und dies in Kombination mit einem starken Interesse an und Neugier für aufkommende Trends. 67 % der agilen Führungskräfte teilen Informationen mit ihren Teams, aber nur 15 % der nicht agilen Führungskräfte. Und 56 % der agilen Führungskräfte beobachten Kundenbedürfnisse, aber nur 11 % der nicht agilen Führungskräfte. (vgl. Neubauer et al., 2018, S. 14f.)

Darüber hinaus unterscheidet sich die Art und Weise, wie sich agile Führungskräfte an eine disruptive Umwelt anpassen. Die hyperaufmerksamen agilen Führungskräfte suchen das interne und externe Umfeld fortwährend nach Chancen und Bedrohungen ab. 62 % der agilen Führungskräfte beobachten neue Technologien, aber nur 13 % der nicht agilen Führungskräfte. (vgl. Neubauer et al., 2018, S. 18) Auch nutzen agile Führungskräfte Daten und Informationen, um evidenzbasierte Entscheidungen zu treffen. 27 % der agilen Führungskräfte nutzen Business-Simulationen oder -Szenarien zur Entscheidungsunterstützung, aber nur 1 % der nicht agilen Führungskräfte. (vgl. Neubauer et al., 2018, S. 20) Andere agile Führungskräfte sind in der Lage, sich schnell zu bewegen, und stellen Geschwindigkeit über Perfektion. 52 % der agilen Führungskräfte nehmen Risiken auf sich, um Umsetzungen und Veränderungen zu beschleunigen, aber nur 8 % der nicht agilen Führungskräfte zeichnen sich durch Schnelligkeit aus. (vgl. Neubauer et al., 2018, S. 22)

Wenn hier von agilen Unternehmen gesprochen wird, so sei darauf verwiesen, dass es das „eine“ agile Unternehmen nicht gibt, sondern eine Vielzahl von verschiedenen Ausprägungen und Abstufung agiler Unternehmen. Die Unternehmen, die noch nicht vollständig agil sind und die Abläufe agiler gestalten wollen, werden sich daher fragen, welche bisherigen Unternehmensstrukturen die Abläufe fördern und bremsen und wie alle Beteiligten in den Prozess hin zu einem agilen Unternehmen eingebunden werden können.

Dazu muss aber auch das Bedürfnis nach einem agilen Unternehmen bestehen. Dabei werden die verschieden Stakeholder eines Unternehmens auch verschiede Gründe haben, warum diese ein agiles Unternehmen anstreben. Voraussetzung für ein agiles Unternehmen sind flexible Arbeitsstrukturen, damit sich das Unternehmen an die Umweltveränderungen anpassen kann. Während die Geschäftsführung zu 28 % eine flexible Arbeitsstruktur präferiert, damit sich das Unternehmen agil, nachhaltig, sowie strategisch den Marktveränderungen anpassen kann, sehen 31 % der Führungskräfte in Personalabteilungen die Vorteile von flexiblen Arbeitsstrukturen eher in der besseren Mitarbeiterbindung und in der Förderung der Beschäftigungsfähigkeit der Mitarbeiter. (vgl. Breitschopf, Rump, 2018, S. 7f.) Somit hat die Geschäftsführung ein eher strategisches Interesse und die Personalabteilung ein eher operatives Interesse an flexiblen Arbeitsstrukturen. 40 % der Führungskräfte und 42 % der Mitarbeitenden wünschen sich ebenfalls flexible Arbeitsstrukturen, weil dadurch die tägliche Arbeit flexibler an veränderte Prozesse und Rahmenbedingungen angepasst werden kann. (vgl. Breitschopf, Rump, 2018, S. 16) Deutlich wird dabei, dass das Bedürfnis nach flexiblen Arbeitsstrukturen umso größer ist, je operativer die Tätigkeiten und das Arbeitsumfeld sind.

Wunsch nach flexiblen Arbeitsstrukturen

Abb. 100: Wunsch nach flexiblen Arbeitsstrukturen, Quelle: Breitschopf, Rump, 2018, S. 16

Auch wenn alle Beteiligten aus den verschiedensten Gründen flexible Arbeitsstrukturen anstreben, um ein agiles Unternehmen zu führen, stehen vor einem agilen Unternehmen mindestens drei bedeutsame Hürden: Die größte Hürde bilden für 36 % der Befragten zu starre Prozesse in ihrem Unternehmen und für 31 % der Befragten ist die mangelnde Veränderungsbereitschaft der Mitarbeiter die zweithöchste Hürde. 25 % sehen in der mangelnden Anpassung der Führungskultur an das agile Unternehmen. (vgl. Breitschopf, Rump, 2018, S. 17)

„Die Frage, wie die ideale agile Organisation aussieht, lässt sich nicht eindeutig beantworten. Klar scheint zu sein, dass künftig sowohl hierarchische als auch agile Organisationsformen ihre Berechtigung haben. Und klar ist auch, dass die agile Organisation nicht zwingend hierarchiefrei sein wird. Zwar orientiert sie sich vielmehr an den jeweiligen Marktgegebenheiten, als dass sie sich stur von den Top-down-Weisungen des Managements leiten lässt. Zudem führt eine abflachende Hierarchie immer auch dazu, dass die Hierarchie von den Mitarbeitenden intensiver wahrgenommen wird. Das Hierarchieprinzip wird also weiter bestehen bleiben, klassische Linienstrukturen werden auch in den nächsten Dekaden noch eine – wenn auch etwas differenziertere – Rolle einnehmen. (vgl. Kasch, 2013, S. 48 ff., vgl. Weilbacher, 2017) Dies hat nicht zu unterschätzende Konsequenzen für Führung und Unternehmenskultur. Die zentrale Anforderung an Führungskräfte im Kontext der agilen Organisation besteht nach Meinung der Befragten darin, die Eigenverantwortung der Mitarbeitenden zu fördern (42 %). Dieser Punkt steht mit großem Abstand ganz oben auf der Anforderungsagenda. Danach folgt, die Mitarbeitenden an Entscheidungsprozessen (35 %) aktiv zu beteiligen. Ebenfalls mit weitem Abstand folgt als drittwichtigste Anforderung an Führungskräfte, sich von Kontrolleuren hin zu Unterstützern der Mitarbeitenden (29 %) zu wandeln." (Breitschopf, Rump, 2018, S. 20f.) Jeweils 23 % der Befragten betrachten die Funktion der Führungskräfte als Manager der Schnittstellen zwischen der Linienorganisation und agiler Organisation, welche neuen Formen der internen Kommunikation erfordern. Die neuartigen agilen Koordinationsfunktionen können eine Herausforderung für Führungskräfte sein. (vgl. Breitschopf, Rump, 2018, S. 20)

Voraussetzung für die Beseitigung von Hindernissen auf dem Weg zu einem agilen Unternehmen ist eine grundlegende Änderung des bisherigen Führungsstils erforderlich, der zwar für starre Unternehmensstrukturen erfolgreich, aber hinderlich für agile Unternehmen ist. Nach Diehl ermöglichen acht Führungsmethoden eine agile Führung eines agilen Unternehmens: (vgl. Diehl, 2020, S. 2ff.)

1. Mitarbeitende zum (Problem-)Denken ermutigen, um konstruktiv über Probleme zu reden.
2. „Go and see yourself" (die Führungskraft soll sich selbst ein Bild verschaffen, anstatt sich auf Hörensagen zu verlassen).

3. Kundenzentrierung praktizieren.
4. Fehlerkultur vorleben, damit auch die Mitarbeitende konstruktiv mit ihren Fehlern umgehen.
5. „Einfach mal machen", statt zu lange zu planen.
6. Disagree and commit – Konsent statt Konsens, um nicht Konsens durch Kompromisse zu erreichen, sondern Entscheidungen erst bei schwerwiegenden Einsprüchen zu revidieren.
7. Regelmäßiges Feedback – Reviews und Retrospektiven.
8. Ziele und Leitbilder kommunizieren.

Der Hays HR-Report 2018 analysiert auch die bedeutendsten Stolpersteine für Führungskräfte auf dem Weg zu einem agilen Unternehmen. Diese Analyse ist deshalb interessant, weil die Führungskräfte durch diese Analyse Verbesserungspotentiale für ihre Führung erkennen und damit ihre Führung optimieren können. Dabei können einerseits die Führungskräfte aller Ebenen die Unternehmensorganisation und -prozesse so optimieren, damit diese flexibel werden, ihre Kommunikation verbessern, mehr Aufgaben an die Mitarbeitenden delegieren und ihren Führungsstil ändern, um ein agiles Unternehmen zu ermöglichen. Sowie andererseits kann die Unternehmensführung die Führungskräfte durch vielfältige Maßnahmen unterstützen, ihren Führungsstil anpassen und die Unternehmensstrukturen und -prozesse so optimieren, dass die Führungskräfte vollumfänglich ihre Führungsaufgaben wahrnehmen können.

Dass es für Führungskräfte in der Praxis schwierig ist in agilen Unternehmen erfolgreich zu sein, liegt häufig an den Führungskräften selbst, welche sich selbst Stolpersteine und Hindernisse in den Weg legen. Als bedeutendster Stolperstein wird mit 50 % zu wenig Kommunikation genannt. Fehlende Delegation wird zu 41 % als Stolperstein genannt. (vgl. Breitschopf, Rump, 2018, S. 22) Bei 39 % der Führungskräfte ist das Fehlen des richtigen Führungsstils ein Stolperstein. (vgl. Breitschopf, Rump, 2018, S. 22) Aber auch die Geschäftsführung hat ihren Anteil daran, ob Führungskräfte in agilen Unternehmen erfolgreich sind, denn immerhin erhalten 30 % der Führungskräfte zu wenig Unterstützung. (vgl. Breitschopf, Rump, 2018, S. 22)

Die fünf größten Stolpersteine für Führungskräfte

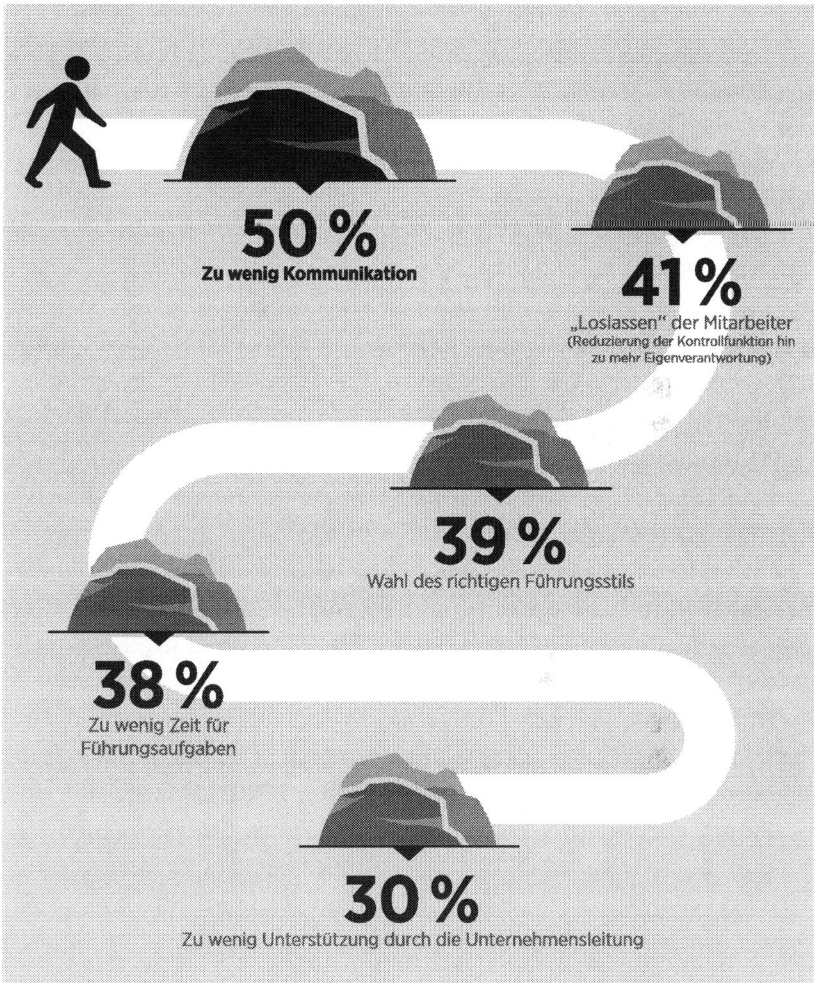

Abb. 101: Stolpersteine auf dem Weg zum agilen Unternehmen, Quelle: Breitschopf, Rump, 2018, S. 23

„Interessant sind hier die Auswertungsergebnisse nach der Position der Befragten sowie deren Alter. Traditionell unterscheiden sich die Einschätzungen der teilnehmenden Mitarbeiter deutlich von denen der Führungskräfte. 59 % der Mitarbeiter erachten zu wenig

Kommunikation als den zentralen Stolperstein, während dies nur 39 % der Vertreter der Unternehmensleitungen so auffassen.

Die befragten Topmanager meinen auch nicht, dass sie ihre Führungskräfte zu wenig unterstützen – nur 17 % von ihnen bejahen diesen Punkt. Umgekehrt sagen aber 38 % der befragten Führungskräfte aus den Fachbereichen, dass sie zu wenig von ihrer Unternehmensleitung unterstützt werden.

Bei den Altersgruppen fällt auf, dass die älteren Befragten offensichtlich die mangelnde Zeit für Führungsaufgaben und zu wenig Kommunikation stärker als Problem empfinden als die Gruppe der unter 40-Jährigen. Diese gibt beispielsweise nur zu 43 % an, zu wenig Kommunikation sei ein Stolperstein, während dies für 57 % der 40- bis 49-Jährigen und 55 % der über 50-Jährigen zutrifft.

Das,Loslassen' der Mitarbeiter ist vor allem für die über 50-Jährigen ein Thema (50 %), die unter 40-Jährigen erwarten es in deutlich geringerem Umfang (33 %).

Interessant ist der Vergleich des Antwortverhaltens der Teilnehmer in Relation zur Bedeutung der agilen Organisation: In Unternehmen, in denen die agile Organisation bereits heute eine große Bedeutung einnimmt, wird die Wahl des richtigen Führungsstils sehr viel unkritischer (36 % vs. 50 %) gesehen und auch in geringerem Umfang eine mangelnde Unterstützung durch die Unternehmensleitung benannt (23 % vs. 42 %)." (Breitschopf, Rump, 2018, S. 22)

Somit hat mehrheitlich das Alter der Führungskräfte einen Einfluss darauf wie stark sich mögliche Stolpersteine auswirken können. Dies bedeutet aber nicht, dass alle älteren Führungskräfte zwangsläufig nicht in der Lage sind, ein Unternehmen in ein agiles Unternehmen zu transferieren. Vielmehr sollten sich ältere Führungskräfte intensiver um ihre Wandlungsfähigkeit und den drohenden Stolpersteine kümmern, weil die Entwicklung hin zu agilen Unternehmen in einer agilen Umwelt nicht nur erforderlich, sondern auch unaufhaltsam ist.

Für die Anpassung eines Unternehmens in ein agiles Unternehmen stehen den Führungskräften verschiedene agile Methoden zur Verfügung. Die Verteilung der in der Praxis genutzten agilen Methoden sind:

Die zentralen Anforderungen an Führungskräfte in Abhängigkeit vom Alter

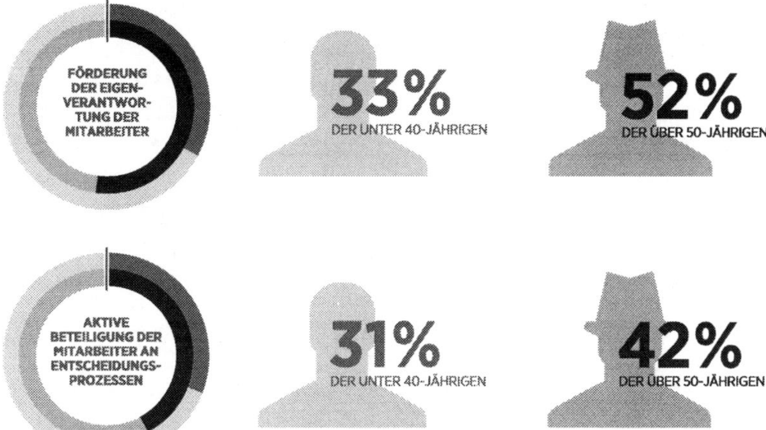

Abb. 102: Führungskräftealter und Anforderungen, Quelle: Breitschopf, Rump, 2018, S. 21

Agile Methoden in der Praxis

Design Thinking	30 % Wichtigkeit	19 % Nutzung

Design Thinking ist eine strukturierte Herangehensweise an Innovation, die durch multidisziplinäre Teams, flexible Arbeitsumgebungen, eine kreative Arbeitskultur und stetige Rückkopplung zwischen dem Entwickler einer Lösung und seiner Zielgruppe entsteht.

Innovationslabore	26 % Wichtigkeit	12 % Nutzung

Innovationslabore sind interdisziplinäre und themenbezogene Bereiche, die sowohl räumlich als auch arbeitstechnisch von anderen Unternehmensbereichen abgegrenzt bleiben, um dort innovative Prozesse ungestört fördern zu können.

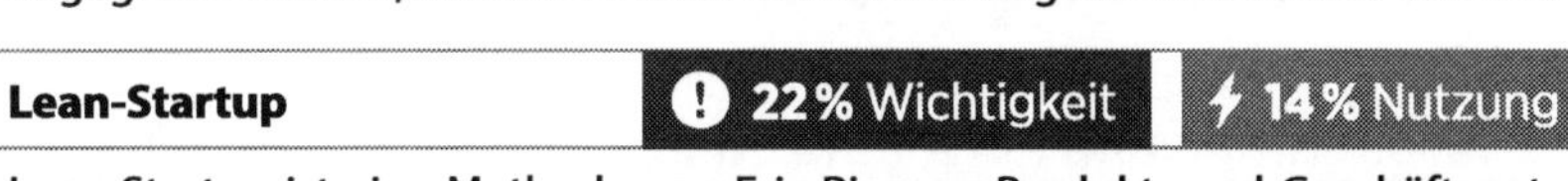

Lean-Startup	22 % Wichtigkeit	14 % Nutzung

Lean-Startup ist eine Methode von Eric Ries zur Produkt- und Geschäftsentwicklung, bei der eine Geschäftsidee oder ein Produkt schnellstmöglich auf den Markt gebracht wird, um anhand des Feedbacks der Nutzer auf validierter Basis Anpassungen vornehmen zu können.

Abb. 103a: Agile Methoden in der Praxis, Quelle: Breitschopf, Rump, 2018, S. 14

Agile Methoden in der Praxis

Personal Kanban	22 % Wichtigkeit	16 % Nutzung
Personal Kanban ist eine Methode zur Organisation des Tagesgeschäfts durch Visualisierung der Wertströme und der Prozessabläufe auf einem sogenannten Kanban-Board, das eine Statusbetrachtung und Priorisierung von Aufgaben ermöglicht und idealerweise täglich im Team kurz diskutiert werden sollte. Die Kanban-Methode wurde bereits in den 1940er Jahren von Toyota entwickelt.		
Instant Open Space	18 % Wichtigkeit	7 % Nutzung
Bei dieser Meeting-Methode nach Alexander Schilling werden bis zu 50 Teilnehmer zur eigenen Themensetzung angeregt, diskutieren frei über Themen, die von Interesse sind, entwickeln Ideen und planen Projekte.		
Scrum	16 % Wichtigkeit	11 % Nutzung
Scrum ist ein Rahmenwerk für multidisziplinäre Teams zur Entwicklung und Pflege qualitativ hochwertiger komplexer Systeme und Produkte, entwickelt von Jeff Sutherland. Kennzeichnend sind kurze Projektetappen (Sprints), festgelegte Rollen und regelmäßige Meetings in vordefinierten Zeitabschnitten.		
Delegation Poker	12 % Wichtigkeit	8 % Nutzung
Im Delegation Poker, einem von Jürgen Appelo entwickelten Spiel, können Führungskräfte und Teams erproben, wie und auf welche Ebenen bestimmte team- oder unternehmensrelevante Entscheidungen delegiert werden können.		
Lean Coffee	11 % Wichtigkeit	6 % Nutzung
Lean Coffee ist eine strukturierte Vorgehensweise für den kollegialen Wissensaustausch im eher kleinen Kreis, die sich an die Idee des World Cafés anlehnt. Entwickelt wurde sie von Jim Benson und Jeremy Lightsmith. Es gibt vorab keine Agenda, die Themen werden gemeinsam zu Beginn des Treffens festgelegt.		

Abb. 103b: Agile Methoden in der Praxis, Quelle: Breitschopf, Rump, 2018, S. 14

3.2.5. Personalführung und Kommunikation

Der Ton macht die Musik.

Diese alte Volksweisheit beschreibt jedoch nur einen, wenn auch wichtigen Teil, der Kommunikation. Kommunikation ist der Prozess und der Austausch von Botschaften oder Informationen zwischen

Personen und kann sowohl verbal als auch nonverbal ablaufen. Aber Kommunikation ist noch viel mehr als der reine Prozess und der Austausch von Botschaften.

Die meisten Autoren betrachten Kommunikation nur als einen technischen Ablauf, den auch eine beliebige Maschine vornehmen kann. Jedoch steht Kommunikation immer im Zusammenhang mit einer aktuellen oder weiter in der Vergangenheit liegenden Aktion oder Interaktion und steht im Zusammenhang mit der Umwelt in der die Interaktion stattfindet. Die Aktionen und Umwelteinflüsse prägen und beeinflussen die Gefühle, Emotionen, Bedürfnisse, Meinungen, Vorstellungen und Affekthandlungen der kommunizierenden Personen. Dabei wird Kommunikation vom Sender und Empfänger unterschiedlich wahrgenommen und aus unterschiedlichen Perspektiven bewertet.

„Grundsätzlich unterscheidet sich ein einzelner Kommunikationsprozess in Unternehmen nicht von einer Kommunikation im privaten Bereich, d. h., die allgemeinen Grundlagen der Kommunikation haben auch hier ihre Wirkung. Jedoch ergeben sich insgesamt Unterschiede durch bestimmte in Unternehmen bestehende Rahmenbedingungen. Die geplante Kommunikation in Unternehmen ist nicht frei gestaltbar, sondern determiniert sich durch die organisatorischen Vorgaben und Regeln, die sowohl Form und Inhalt als auch den Ablauf der Kommunikation vorgeben. Daher nennt man diesen organisierten Teil der internen Kommunikation formell.

Merkmal dieser formellen Kommunikation ist es, dass sie meist dauerhaft und personenunabhängig organisiert ist, um einen reibungslosen innerbetrieblichen Kommunikationsfluss zu gewährleisten. Die Pflicht zur formellen Organisation der Kommunikationsprozesse ergibt sich dabei beispielsweise aus dem Betriebsverfassungsgesetz. So sind nach §§ 81–83 die Arbeitgeber verpflichtet, die Arbeitnehmer über ihre Arbeitsaufgaben, Gefahren, Personalunterlagen, etc. zu informieren. Über diese Pflichtkommunikation hinaus werden jedoch alle Unternehmen versuchen, die interne Kommunikation zur Optimierung ihrer organisatorischen Abläufe zu nutzen.

In der Regel wird die formelle interne Kommunikation in bestimmter Art und Weise verschriftlicht (Protokolle, E-Mail, Gesprächsnotizen)." (Bicher, 2011, S. 16)

Neben der formalen Kommunikation existiert in den Unternehmen die informelle Kommunikation.

„Über die Merkmale der formellen Kommunikation hinaus zeichnet sich die interne Kommunikation noch durch einen informellen Anteil aus, der den gesamten, nicht vorgeschriebenen und organisatorisch geregelten Anteil umfasst. In der Vergangenheit wurde dieser häufig als Flurfunk bezeichnete Anteil als unzuverlässig, wenig berechenbar und daher als Störung der formellen Kommunikation verstanden, und es wurde versucht, diese informelle Kommunikation weitestgehend zu unterbinden." (Bicher, 2011, S. 16)

Die informelle Kommunikation kann gruppendynamische Effekte bei den Mitarbeitenden auslösen und ist bekannt unter dem Hawthorne-Effekt. Der Hawthorne-Effekt zeigt, dass die Arbeitsleistung der Mitarbeitenden nicht nur von objektiven Arbeitsbedingungen abhängt, sondern ganz wesentlich auch von sozialen Faktoren geprägt ist. (vgl. Lingenhöhl, 2021) Da auch die informelle Kommunikation die Leistung der Mitarbeitenden beeinflusst, haben Führungskräfte beim Führungsprozess die informelle Kommunikation zu berücksichtigen.

Praxistipp

Damit der Inhalt der informellen Kommunikation in einem gewissen Umfang gesteuert werden kann, haben sich wöchentliche Jour Fixe bewährt. Bei einem Jour Fixe haben die Mitarbeitenden die Möglichkeit, über Probleme, Erfolge und Projekte ihrer Arbeit zu sprechen und innerhalb des Teams und mit der Führungskraft zu diskutieren. Zudem hat die Führungskraft die Möglichkeit, Informationen über das Unternehmen, die einen Einfluss auf die Tätigkeit der Teammitgliedern haben, an die Teammitglieder weiterzureichen. Dies unterbindet in einem gewissen Umfang unkontrollierte, subjektive und spekulative informelle Kommunikation.

Die wöchentlichen Jour Fixe sollten zudem regelmäßig stattfinden. Werden Termine (meist kurzfristig) abgesagt, dann fehlt in der Praxis überwiegend der Wille, den Jour Fixe alleine durch die restlichen Teammitglieder durchzuführen. Wenn darüber hinaus die Termine über einen längeren

Zeitraum ausfallen, schläft dieses Führungsinstrument ein, weil die Mitarbeitenden dann auch nicht mehr vollständig und regelmäßig an einem Jour Fixe teilnehmen. Führungskräfte sollten daher diszipliniert und mit Priorität die Termine mit den Mitarbeitenden wahrnehmen oder, falls dies nicht möglich ist einen Vertreter entsenden. Dadurch wird die interne Kommunikation mit Hilfe des Jour Fixe nicht unterbrochen und der Austauschprozess gegenseitiger umfassender Informationen bleibt erhalten.

Eine wertvolle Besprechung zeichnet sich dadurch aus, dass Jour Fixe und Meetings Sachergebnisse liefern und dass die Teilnehmer zufrieden sind. Dabei hat eine Führungskraft sowohl Sach-, als auch Beziehungsebene gleichermaßen zu beachten. Somit sind nicht nur die Sachfragen zu klären und verbindlich zu protokollieren, sondern die Beziehungen der Teilnehmer zu berücksichtigen.

Eine Besprechung ist aus der Sicht vieler Teilnehmenden nicht zufriedenstellend, wenn ausschließlich Sachfragen geklärt und abgehakt werden. Für die Teilnehmenden ist es genauso wichtig, dass die eigenen Befindlichkeiten, Emotionen, Wünschen und Themen mitgebracht und eingebracht werden können. In der Besprechung treffen die Teilnehmenden dann vielleicht auf Gleichgesinnte und andere Gesprächspartner und versorgen sich dabei mit Anerkennung, Feedback und Betätigung oder sogar mit weiteren Anregungen, Impulsen oder sogar mit Lösungen und Antworten auf die Fragen und Wünsche mit den Personen, die ebenfalls zur Besprechung gekommen sind. Das zeigt sich daran, dass die Redebeiträge von einzelnen Teilnehmern sehr lang werden können. Diese Teilnehmer sprechen viele Dinge an, di gar nicht zu eigentlichen Thema, oder zur behandelten Sachfrage gehören. Es ist diesen Teilnehmern aber in diesem Moment sehr wichtig, genau über ihren Punkt zu sprechen. Manche Teilnehmer wollen aber auch sichtbar machen, um zu demonstrieren, dass sie dazugehören (wollen). Indem das bereits gesagte, nochmal wiederholt wird.

Dadurch kann die Gruppe schnell vom Thema abweichen. Es entsteht eine Kette von lose miteinander verknüpften Beiträgen, die mit dem eigentlichen Thema nur noch wenig zu tun haben. Ohne einen Moderator, der den ursprünglichen Faden wieder aufgreift und alle Teilnehmer zur Sachfrage der Besprechung zurückführt, ist die Zeit bald rum und kein Ergebnis da. Damit die Teilnehmer diszipliniert an der Sachfrage arbeiten hat sich in der Praxis bewährt, dass am Ende der Besprechung der Punkt „sonstiges" steht. Dann können die Teilnehmer ihre Bedürfnisse beim Punkt „sonstiges" befriedigen.

Gerade den subjektiven Teil der Kommunikation kann keine Maschine, auch nicht eine Maschine mit künstlicher Intelligenz darstellen. Dazu bedarf es den Menschen und wird in Unternehmen durch die Mitarbeitenden, das Management und weitere Stakeholder bewusst und unbewusst praktiziert. Oder anders ausgedrückt: Der Mensch kann nicht anders – er muss kommunizieren.

Der Kommunikationsprozess wird durch die Umwelt, Prozesse und Menschen angestoßen und führt zu einer Fragestellung aufgrund eines Problems oder einer erkannten Chance. Mit Hilfe der Kommunikation können Chancen erarbeitet und die Vor- und Nachteile von Chancen analysiert, diskutiert und bewertet werden. Die Kommunikation kann auch die Ideenfindung fördern und ist Bestandteil der vier Phasen der Ideenfindung:

1. sammeln,
2. spinnen,
3. auswählen und
4. ausarbeiten.

1. Sammeln

Zunächst geht es darum, alle wichtigen Informationen rund um die Problemstellung oder Aufgabe zu sammeln. Man muss so viel wie möglich wissen, in die Tiefe recherchieren. Das Sammeln und die Recherche gehen einher mit einer Kommunikation, die sich um die Lösung eines Problems oder um die Ergreifung einer Chance dreht.

2. Spinnen

Ja, genau, nun geht es um das Herumspinnen, das Assoziieren und um das Sammeln von Ideen. In dieser Phase wird alles zugelassen, auch scheinbar Sinnloses, diskutiert, kommuniziert und notiert, ohne es zu bewerten oder auszusieben. Je mehr Ergebnisse zusammenkommen, desto besser. Die Kommunikation ermöglicht dabei die Kreativität zu fördern und neue Ideen zu entwickeln.

3. Auswählen

In der Auswahlphase wird das massenweise gesammelte unsortierte Material durch die Kommunikation strukturiert, gegliedert, sortiert und bewertet. Damit ist die Kommunikation auch in dieser Phase nicht nur ein selbstverständlicher Begleiter, sondern auch ein Instrument in der Ideenfindung.

4. Ausarbeitung

An dem Punkt, an dem die Entscheidung für eine oder mehrere sehr gute Ideen getroffen wurde, geht es ans Ausarbeiten. Die Idee muss ausformuliert werden und Details müssen festgelegt werden. Auch hier ist die Kommunikation das entscheidende Mittel für den Erfolg der Ausarbeitung, weil die Kommunikation hilft, die gewählte Idee auszuarbeiten.

Allerdings muss die Personalführung damit leben können, dass die eigenen Ideen nicht in Stein gemeißelt sind, sondern eher auf Sand gebaut sind. Um dennoch zielführend eine Idee umzusetzen, hat die Personalführung zu verstehen und zu lernen, sich an die ursprünglich festgelegte Strategie zu halten und die Idee entlang einer konzeptionellen Linie umzusetzen. Damit dies gelingt, hat die Personalführung das angestrebte Ziel zu kommunizieren.

Eine Idee und deren Umsetzung mag noch so gut sein, wenn das Ergebnis der Ideenumsetzung nicht kommuniziert wird, wirkt sich dies demotivierend auf die Mitarbeitenden aus. Dabei hat die Personalführung nicht nur die Erfolge, sondern auch die Misserfolge zu kommunizieren. Zwar ist die Kommunikation von Erfolgen angenehmer, aber die Kommunikation von Misserfolgen eröffnet die Möglichkeit, dass die Personalführung und die Mitarbeitenden steuernd eingreifen und die Beteiligten motiviert die notwendigen Veränderungen vornehmen können.

Kommunikationsprozess im Unternehmen

Abb. 104: Kommunikationsprozess im Unternehmen, Quelle: Eigene Darstellung

Im Unternehmen ist es daher eine Teilaufgabe der Führung, durch die Schaffung einer offenen Unternehmenskultur und durch den respektvollen Umgang miteinander eine gute Kommunikation zu entwickeln und zu fördern.

Eine offene und respektvolle Unternehmenskultur ist aus wirtschaftlichen Gründen sinnvoll, weil diese die Mitarbeitermotivation und -leistungen erhöht und sogar zu einem nicht kopierbaren Wettbewerbsvorteil führen kann. Entscheidend dabei ist der gelebte Alltag, der Umgang mit Konflikten, Ideen und Kritik, die Art der Kommunikation und der Grad der Transparenz. Setzt die Personalführung bei der Kommunikation auf Vertrauen und Wertschätzung, erhöht dies das Zugehörigkeitsgefühl und damit die Mitarbeiterbindung.

Rein finanzielle Anreize reichen vielen schon lange nicht mehr aus, damit ein Mitarbeitender seinem Arbeitgeber auf Dauer treu bleibt. Um bei der Arbeit zufrieden zu sein, spielen zahlreiche weitere Faktoren eine Rolle. Kickertische im Pausenraum, Team-Ausflüge in den Freizeitpark, Massagen in der Mittagspause, bunte Büros oder kostenlose Mahlzeiten sind dabei schön und nett – viel wichtiger ist aber die gelebte Unternehmenskultur. Wie geht man miteinander um, wie werden Konflikte gelöst, wie wird Kritik kommuniziert? (vgl. Whitehurst, 2015, S. 1ff.)

Eine zentrale Rolle spielen die Werte und Normen, von denen sich Führungsriege und Mitarbeitenden bei allem leiten lassen. Stimmt die DNA eines Unternehmens, profitiert das Unternehmen von zufriedenen Mitarbeitenden, die engagiert die Strategien des Unternehmens umsetzen, eigene Ideen einbringen, Innovationen vorantreiben und sich wohlfühlen. (vgl. Whitehurst, 2015, S. 1ff.)

Da in der Praxis Personalgespräche nicht immer in entspannter Atmosphäre ablaufen, sollten sich Führungskräfte auf kritische Personalgespräche vorbereiten. Mal eben ein kritisches Personalgespräch zwischen Terminen zu packen, führt erwartungsgemäß nicht zu dem gewünschten Ergebnis, weil dann häufig die Vorbereitung fehlt.

Praxistipp

Ein Personalgespräch sollte idealtypisch einen bestimmten Verlauf nehmen. Dies erleichtert sowohl der Führungskraft als auch dem Mitarbeitenden die Kommunikation.

Gesprächseröffnung

Die Gesprächseröffnung dient dazu, Kontakt herzustellen, eine positive Atmosphäre zu schaffen und Spannung abzubauen.

Kommunikation des Sachverhalts

Der Hauptteil des Gesprächs soll als respektvolle Situation empfunden werden. Die Ansprache sollte offen, sachlich, ruhig und respektvoll erfolgen. Dem Mitarbeitenden soll genügend Raum für sachliche Argumente, aber auch für emotionale Reaktionen gegeben werden.

Gesprächsabschluss

Das Gespräch soll positiv – oder vielmehr nicht negativ – in Erinnerung bleiben. Zumindest sollte Verständnis für die jeweilige Situation oder Sichtweise entstanden sein. Dazu sollte das Gespräch freundlich, aber bestimmt abgeschlossen werden.

3.2.6. Generationengerechte Personalführung

Die bisher vorgestellten Führungstheorien können Führung allenfalls nur unvollständig erklären. Also gibt es dann keine verwendbaren Führungstheorien? Nicht ganz: Die Theorien von Max Weber und Kurt Lewin ermöglichen zumindest ein Verständnis von Führung. Sind dann moderne Führungstheorien besser? Solange diese Theorien auf ein starres Führungsbild der Führungskräfte beruhen und nicht die Mitarbeitenden in das Führungsverhältnis mit einer zugleich adäquaten und agilen Kommunikation berücksichtigen, ist eine praxis- und anwendungsorientierte Führungstheorie wissenschaftlich nicht gegeben. Oder anders ausgedrückt: Die Wissenschaft kann ohne eine neue Führungstheorie keine sinnvollen Handlungsempfehlungen geben und den Führungserfolg nicht messen.

Dabei ist der heutige Anspruch an die unternehmerische Führung hoch. „Die Führungsperson der Zukunft wird mehr als je zuvor proaktiv handeln und gleichzeitig die Fähigkeit zur Reaktion auf vielfältige kurzfristige Anforderungen einbringen müssen. Mannigfaltige technische und soziale Kompetenzen wie kommunikative Fähigkeiten im Umgang mit sozialen Medien und neuen Formen von Transparenz, Vernetzung, Kommunikation und Abstimmung werden als zentrale Führungskompetenzen eingestuft.

Veränderte Rahmenbedingen wie die digitale Transformation, die demografische Entwicklung und die globale Ausrichtung von Unternehmen erfordern und ermöglichen neue Formen der Zusammenarbeit zwischen Menschen mit ganz vielfältigem Background, vernetzt durch neue Formen der Kommunikation – und dies weltweit. Die Ansprüche und Möglichkeiten werden vielfältiger, es muss schneller gehen und es gibt eine Vielzahl an Handlungsoptionen. Organisationen, Gruppen und Einzelpersonen haben ihr Handlungsrepertoire nicht im gleichen Masse vergrößert, wie diese vielfältigen Ansprüche sich entwickelt haben:

Wir alle verfügen über ein bestimmtes (limitiertes) Handlungsrepertoire, das uns bisher immer geholfen hat und das wir auch für die Bewältigung neuer Aufgaben wieder aktivieren. Fraglich bleibt, ob uns für die Bewältigung künftiger Aufgaben unsere altbewährten Verhaltens- und Erfahrungsmuster ausreichen. Mit Blick auf den zunehmenden Leistungsdruck und immer schnelleren Wandel der Arbeitswelt ist dies fraglich. Aber nicht nur die Ansprüche aus der Unternehmensumwelt wie immer raschere Innovationszyklen, die technologische Entwicklung, die globale Ausrichtung der Unternehmen, neue Arbeitsformen etc. nehmen zu. Auch die individuellen Ansprüche der Unternehmensakteure werden vielfältiger, individueller und sie werden vermehrt eingefordert.

Für die Führungspersonen bedeutet dies zunehmende Komplexität in der Führung und eine Herausforderung, diese individuellen Ansprüche auf die Anforderungen der Organisation auszurichten." (Eberhardt, Majkovic, 2015, S. 12)

Welche Merkmale muss jedoch eine neue Theorie der Personalführung haben, damit diese in Praxis nutzbar ist? Zunächst muss man sich von einem vorgefassten Führungsverständnis bzw. Führungsbild lösen. Definitionen zur Führung gibt es wie Sand am Meer. Daher sollte es ein Grundverständnis darüber gegeben, dass es bei Führung um eine soziale Interaktion zwischen einem Machtinhaber und einer anderen Person geht, die der Machtinhaber disziplinarisch und/oder funktional beeinflussen kann. Mehr braucht es nicht.

Was soll aber eine neue Führungstheorie von den bisherigen Führungstheorien unterscheiden? Zunächst ist das Führungsbild, dass bei den bisherigen Führungstheorien immer von einer extrinsischen Beeinflussung, Motivierung und Steuerung durch die Führungskraft ausgeht. Dies ist auch bei einer mitarbeiterorientierten Führung so, weil hierbei zwar die Mitarbeitenden im Mittelpunkt stehen, aber der Vorgesetzte weiterhin die Mitarbeitende nur instrumentalisiert, um die gewünschten Führungsziele zu realisieren. Dies erfordert jedoch einen kooperativen Führungsstil.

Der kooperative Führungsstil kommt einer modernen Vorstellung von Führung am nächsten, kann aber nur erfolgreich sein, wenn sowohl die Mitarbeitenden als auch die Vorgesetzten auf gleicher Ebene agieren und kommunizieren können. Dazu benötigt der

Vorgesetzte ein ganzheitliches Verständnis von seinen Mitarbeitenden, denn diese handeln immer nur aus ihrer Perspektive heraus.

Die Perspektive der Mitarbeitenden ist geprägt durch die Generation, in der diese sozialisiert wurden. Daher macht eine generationenorientierte und generationengerechte Personalführung Sinn.

„Im soziokulturellen Verständnis werden Geburtenjahrgänge im Hinblick auf geteilte Attribute zu Generationen zusammengefasst. Betrachtet man die Phasen, in denen sich die jeweiligen Vertreter einer Generation befinden, über mehrere Jahre hinweg, wird deutlich, dass die Mitarbeiterstruktur eines Unternehmens zwei Wandlungsprozessen unterworfen ist." (Bechtel et al., 2018, S, 160) Einerseits resultiert der Wandel aus dem sich ändernden Alter der Mitarbeitenden und andererseits verändert sich die generationenspezifische charakteristische Zusammensetzung der Mitarbeitenden in einem Unternehmen im Zeitablauf.

„Ein erfolgreiches Personalmanagement muss sich auf beide demografischen Entwicklungen einstellen. So lassen sich zielgruppenspezifische Fragestellungen der Personalentwicklung skizzieren, die einerseits Aspekte des Lebenszyklus, andererseits Charakteristika der jeweiligen Generation bei der Wahl geeigneter Maßnahmen zur Weiterentwicklung von Mitarbeitenden berücksichtigen." (Bechtel et al., 2018, S. 160)

Die Gesellschaft wird derzeit in fünf Generationen unterteilt, allerdings finden sich nur vier der Generationen in der Arbeitswelt wieder. Die älteste Generation ist zwischen 1922 und 1945 geboren und bereits in Rente. Auch die Wirtschaftswunder-Generation, geboren im Zeitraum 1946–1955, wird nicht weiter betrachtet, weil diese Generation kurz vor der Rente steht und nur noch einen vernachlässigbaren geringen Anteil an der Belegschaft eines Unternehmens ausmacht.

Daher werden nur die Generationen:

- Babyboomer (1956–1965, mit einem Anteil an der arbeitenden Bevölkerung: 33 %),
- Generation X (1966–1980, mit einem Anteil an der arbeitenden Bevölkerung: 35 %),

- Generation Y (1981–1995, mit einem Anteil an der arbeitenden Bevölkerung: 16 %) und
- Generation Z (nach 1996, mit einem Anteil an der arbeitenden Bevölkerung: 11 %)

betrachtet und in die generationenorientierte Personalführung einbezogen. (vgl. Petersohn, 2019, Scholz, 2016)[23]

Aber: Ist es überhaupt passend, Menschen über ihre Generationszugehörigkeit zu „kategorisieren"? Sind das nicht große Schubladen, die einzelnen Menschen nicht gerecht werden? Vieles spricht dafür, dass gemeinsame Erlebnisse, sozusagen der manifestierte Zeitgeist, Menschen beeinflusst. Sprich: Menschen einer Generation erleben in ihrer Jugend und in der frühen Erwachsenenzeit oft ähnliche Ereignisse. Diese ähnlichen Ereignisse formen ähnliche Wertvorstellungen, was jedoch individuelle Unterschiede nicht ausschließt.

Für das Unternehmen und für die Führungskräfte ist es nicht nur von Interesse, Kenntnisse darüber zu haben, welche Eigenschaften und Merkmale eine Generation aufweist, damit entsprechend die richtigen generationenorientierten Führungsinstrumente genutzt werden können, sondern es ist ebenfalls von Interesse, wie lange die Generationen in einem Unternehmen tätig sein werden und wann die nächste Generation das Unternehmen betritt.

Die nachfolgende Grafik zeigt, welche Generationen in der heutigen Arbeitswelt aufeinander treffen können.

Jede Generation wird durch gesellschaftliche, wirtschaftliche, soziale und natürliche Ereignisse geprägt und sozialisiert. Daher weisen die Mitglieder einer Generation weitestgehend einheitliche Verhaltensweisen, Werte, Normen, Arbeitsweisen und Entscheidungsformen aus. Dies macht sich eine generationenorientierte Führung zunutze, indem die Führungsinstrumente generationentypisch, je Mitarbeitenden, angewendet werden. Das setzt voraus, dass die

[23] Details siehe Kapitel 2.1.3. „Unternehmensbedingte Ursachen des Arbeitskräftemangels".

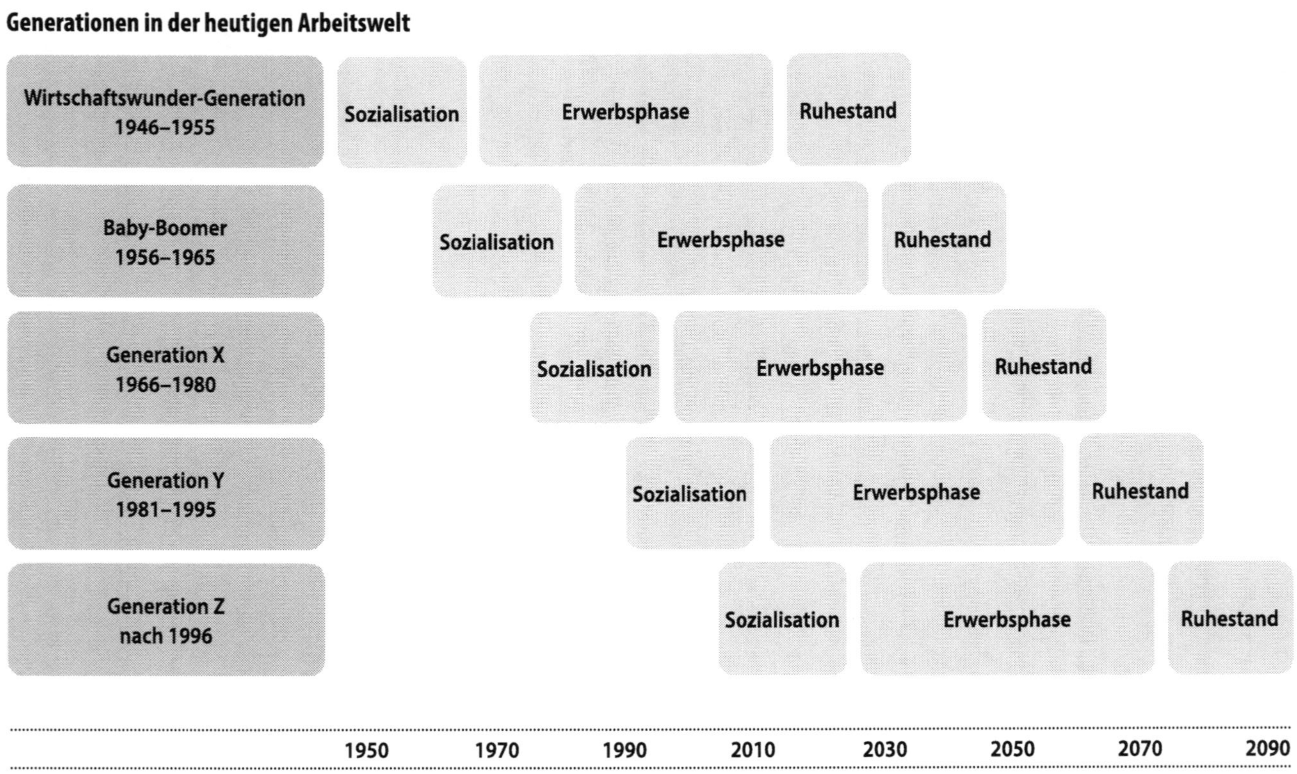

Generationen in der heutigen Arbeitswelt

Wirtschaftswunder-Generation 1946–1955
Sozialisation
Erwerbsphase
Ruhestand

Baby-Boomer 1956–1965
Sozialisation
Erwerbsphase
Ruhestand

Generation X 1966–1980
Sozialisation
Erwerbsphase
Ruhestand

Generation Y 1981–1995
Sozialisation
Erwerbsphase
Ruhestand

Generation Z nach 1996
Sozialisation
Erwerbsphase
Ruhestand

1950 1970 1990 2010 2030 2050 2070 2090

Abb. 105: Mögliche Generationen in einem Unternehmen, Quelle: Eigene Darstellung

Führungskräfte die Mitarbeitenden nach Generationen gliedern und beim anzuwendenden Führungsstil berücksichtigen.

Eine Einteilung in Generationen dürfte jedoch in der Praxis, dank den Daten aus der Personalabteilung, nicht schwierig sein. Vielmehr haben die Führungskräfte eine Einschränkung zu beachten: Mehrheitlich entsprechen die Mitarbeitenden ihrer Generation, aber sie sind immer noch Individuen. Das bedeutet, dass Mitarbeitenden auch generationenuntypische Verhaltensweisen, Werte, Normen, Arbeitsweisen und Entscheidungsformen haben können. Daher erfordert eine generationenorientierte Führung eine gewisse Flexibilität von den Führungskräften. Die Führungskräfte haben daher die generationsuntypischen Merkmale eines jeden Mitarbeitenden zu identifizieren und entsprechend andere angepasste Führungsinstrumente und Führungsstile anzuwenden.

Darüber hinaus gilt: Erst wenn die Führungskraft die Mitarbeitenden entsprechend ihrer Generation und damit entsprechend der Sozialisation wahrnehmen und diese entsprechend ihrer Sozialisation abholen, ist eine generationengerechte Personalführung umsetzbar. Damit eine generationengerechte Personalführung auch praxisorientiert ist, muss diese agil, also situativ, sein. Erst wenn eine Personalführung generationengerecht und situativ ist, ermöglicht eine moderne Personalführung agile Führungsziele, eine effektive Messung der Führungsziele und von der Wissenschaft Handlungsempfehlungen für die Führungskräfte.

Agile Führungsziele sind in der heutigen Unternehmenswelt von existenzieller Bedeutung, wollen die Unternehmen nachhaltig und langfristig am Markt existieren. Erst eine Messung der agilen Führung ermöglicht eine Bewertung des Führungserfolges und damit auch eine mögliche Korrektur von Führungsfehlern. Dadurch steigt auch die Effizienz von Führung. Bei den bereits vorhandenen Führungstheorien ist eine Messung kaum möglich. Durch die Unterteilung nach den Generationen der Mitarbeitenden ist eine detailliertere Messung des Führungserfolges möglich und zudem kann die Wissenschaft bessere Handlungsempfehlungen aussprechen.

Darüber hinaus hat eine Führungstheorie bestimmte Kriterien zu erfüllen, damit diese auch in Praxis anwendbar ist, Handlungsempfehlungen ausgesprochen werden können und der Führungserfolg gemessen werden kann. Diese Kriterien sind:

- Agile Anpassungsmöglichkeiten an Situationen,
- Richtige Wahl der Kommunikation zur Realisierung der Führungsziele,
- Eine Auswahl an Führungsinstrumenten,
- Agile Möglichkeiten zur Interaktionen mit den Mitarbeitenden.

Mitarbeitende sind individuelle Persönlichkeiten und die tägliche Arbeit verursacht differente Führungssituationen, sodass sich die Führungskraft ständig diesen Situationen anpassen muss. Daher ist eine situationsorientierte Führung erforderlich, will die Führungskraft erfolgreich und zielgerecht führen.

Eine starre Führung, die einheitlich und unangemessen auf differente Situationen reagiert, wird allein schon deswegen nicht erfolgreich sein, weil diese weder die Mitarbeitenden motiviert noch von den Mitarbeitenden akzeptiert und anerkannt wird. Starre Führungen kommen daher nur bei autokratischen und bürokratischen Führungsstilen vor und zeigen die bereits beschriebene geringe Leistungsbereitschaft und eine geringe Motivation der Mitarbeitenden. Aus diesem Grund fließt der bereits beschriebene situative und mitarbeiterorientierte Führungsstil, als praktischer Bestandteil der Führung, in die generationengerechte Personalführung mit ein.

Somit ist ein generationenorientierter Führungsstil im Wesentlichen nur eine andere, aber agile Art und Weise, die Mitarbeiterführung umzusetzen und zu betrachten. Dazu muss jedoch nicht das Rad neu erfunden werden, sondern die Führungskraft kann auf bereits bekannte Führungsinstrumente aus seinem Werkzeugkasten zurückgreifen.

Den Führungskräften stehen dabei direkte und indirekte Führungsinstrumente zur Verfügung. Bei den direkten Führungsinstrumenten übt die Führungskraft einen direkten Einfluss auf das

Verhalten und die innere Einstellung der Mitarbeitenden sowie auf deren Einstellung zur Führungskraft aus. Dagegen beeinflussen und steuern die indirekten Führungsinstrumente die Mitarbeitenden und setzen sich im Wesentlichen aus der Personalauswahl[24] und der Unternehmenskultur zusammen.

Beispiel 26:

Die Verkaufsleiterin Frau Sofia Boss hat die Aufgabe, den Umsatz zu steigern. Dazu beauftragt sie als direktes Führungsinstrument die besten Verkäufer, ein Projektteam zu bilden, um erfolgversprechende Maßnahmen zur Umsatzsteigerung zu entwickeln. Durch individuelle Zielvereinbarungsgespräche und ein Provisionssystem, welches den Verkauf von Produkten mit einem hohen Deckungsbeitrag belohnt, will Frau Boss zudem Anreize schaffen und die einzelnen Mitarbeitenden motivieren, höhere Umsätze zu realisieren. Die individuellen Zielvereinbarungsgespräche und das Provisionssystem sind direkte Führungsinstrumente. Zusätzlich nutzt Frau Boss ihr gutes Vorbild als indirektes Führungsinstrument.

Bei der Führung wird unterschieden zwischen der transformationalen und der transaktionalen Führung. Die transformationale Führung beruht auf die Fähigkeit der Führungskräfte, durch die Vorbildfunktion überzeugend von den Mitarbeitenden wahrgenommen zu werden und dadurch Vertrauen, Respekt, Wertschätzung und Loyalität zu erwerben. Die Mitarbeitenden werden dadurch intrinsisch motiviert und zur Veränderung (Transformation) ihres Verhaltens und ihrer Lern- und Leistungsbereitschaft inspiriert. (vgl. Pelz, 2016, S. 95)

Transaktionale Führung ist durch eine Austauschbeziehung zwischen Führungskraft und Mitarbeitenden gekennzeichnet. Der transaktional Führende lenkt das Mitarbeiterverhalten direkt durch bedingte Belohnung, insbesondere durch Zielvereinbarungen und Rückmeldungen. Zu den wesentlichen Führungsaufgaben gehören die klare und operationale Definition von Zielen und das Setzen von Anreizen.

---

[24] Zu den Details der Personalauswahl siehe Kapitel 4. Personalauswahl

Das Prinzip der transformationalen Führung

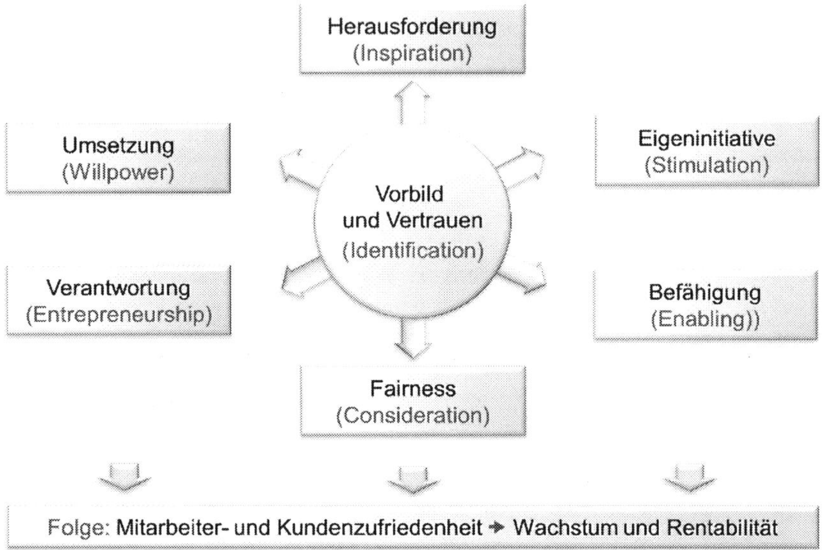

Abb. 106: Prinzip der transformationalen Führung, Quelle: Pelz, 2016, S. 95

Transaktionale Führung

Abb. 107: Transaktionale Führung, Quelle: Eigene Darstellung

Die Unterschiede zwischen transaktionalen und transformalen Führung lassen sich nach dem Koordinationsmechanismus, der extrinsischen und intrinsischen Mitarbeitermotivation, der Fristigkeit der Ziele, der Rolle der Führungskraft und nach der Wirkung der Führungsform auf die Mitarbeitenden definieren.

Eine Studie von Bühler belegt jedoch, dass die transaktionale Führung, die auf extrinsischen Anreizen basiert, hinsichtlich der Zufriedenheit der Mitarbeitenden mit der Führung, des Umfangs der Extraanstrengung der Mitarbeitenden und der Effektivität der

Führung allesamt Reliabilitätskoeffizienten von 0,27 aufweisen. (vgl. Bühler, 2019, S. 16) Die Reliabilität gibt die Genauigkeit oder Zuverlässigkeit einer Messung an. Je höher der Reliabilitätswert r ist, desto höher ist die Korrelation mit den anderen untersuchten Eigenschaften. Grundsätzlich gilt zudem: Eine hohe Reliabilität ist Voraussetzung für eine hohe Validität und damit für eine hohe Gültigkeit der These. Werte von r 0,27 - 0,37 zeigen jedoch keine nachweisebare Reliabilität für die transaktionale Führung.

Dagegen zeigt die transformationale Führung aufgrund der intrinsischen Motivation der Mitarbeitenden deutliche höhere r-Werte: Die Zufriedenheit der Mitarbeitenden mit der Führung (r = 0,71), der Umfang der Extraanstrengung der Mitarbeitenden (r = 0,88) und die Effektivität der Führung (r = 0,78). (vgl. Bühler, 2019, S. 16) Daher ist die transformationale Führung in der Praxis erfolgreicher, weil diese einerseits von den Mitarbeitenden mehr akzeptiert wird als die transaktionale Führung und andererseits zu einer höheren Anstrengung der Mitarbeitenden führt und damit eine höhere Effektivität der Führung ermöglicht. Aus diesen Gründen wird nachfolgend nur die transformationale Führung betrachtet.

Betrachten wir nunmehr die einzelnen Führungsstile hinsichtlich der Generationen und der Frage, welche Führungsstile die einzelnen Generationen bevorzugen.

„In keiner Generation wurden so viele Kinder geboren wie in der der Babyboomer. Dies bewirkt zwei Folgen: Zum einen sind sie Teamplayer und halten auch Besprechungen gern in großen Gruppen und zum anderen haben sie genaue Vorstellungen und setzen diese auch durch. Sie nehmen gern Vorbildfunktionen ein, halten aber auch viel von sich selbst und können ich-bezogen sein. Aufgrund dieses Konfliktes brauchen die Boomer ständig Lob durch den Vorgesetzten. (vgl. Klaffke, 2014, S. 39) Für die Babyboomer gilt das Wort des Vorgesetzten. Sie würden sich über seine Meinung nicht hinwegsetzen, da sie Respekt vor ihr haben. Trotzdem wollen sie in Prozesse und Entscheidungen mit einbezogen werden und bevorzugen deshalb einen demokratischen oder kooperativen Führungsstil." (Henze, 2014, S. 29f.)

Merkmale transformationaler und transaktionaler Führung

Führungsform / *Merkmale*	**Transaktionale Führung**	**Transformationale Führung**
Koordinationsmechanismus	Verträge, Belohnung, Bestrafung	Begeisterung, Zusammengehörigkeit, Vertrauen, Kreativität
Mitarbeitermotivation	*Extrinsische Anreize:* Erwartete oder besondere Leistung führt zu formeller Belohnung (z. B. finanzieller Bonus)	*Intrinsische Anreize:* Erwartete oder besondere Leistung führt zu einer informellen Belohnung (z. B. persönliche Anerkennung, gesteigertes Vertrauen)
Perspektive der Zielerreichung	Eher kurzfristig	Mittel- bis langfristig
Zielinhalte	Materielle Ziele (materielle Bedürfnisse)	Ideelle Ziele (Bedürfnisse zur Selbstverwirklichung
Rolle der Führungskraft	Instrukteur	Coach
Entwicklung der Mitarbeitenden	Durch gemeinsame Zielvereinbarung und Delegation innerhalb eines klar definierten Aufgabenbereichs	Durch Inspiration, Coaching und Förderung neuer Ideen
Korrelation mit Erfolgskriterien	Zufriedenheit mit Führung: r = .32 Extra Anstrengung: r = .32 Effektivität der Führung: r = .27	Zufriedenheit mit Führung: r = .71 Extra Anstrengung: r = .88 Effektivität der Führung: r = .76

Abb. 108: Transformationale und transaktionale Führung, Quellen: Bühler, 2019, S. 16

Babyboomer sind überwiegend skeptisch gegenüber Absolutismen, weil die Babyboomer dadurch ihre Erfahrungen und Erfolge sowie ihre Arbeitsbereitschaft nicht ausreichend wertgeschätzt sehen. Diese Generation benötigt somit das Gefühl, gebraucht zu werden. Zudem wünschen sich Babyboomer eine Führungskraft, die vor allem durch ihre hohen Fachkenntnisse überzeugt. Die hohen Fachkenntnisse haben dabei eine Vorbildfunktion und daher ist die transformationale Führung die bevorzugte Führungsform der Babyboomer. Aus diesen Gründen sollten die Führungskräfte ihre Vorbildrolle ernst nehmen und eine hohe Loyalität zum Unternehmen haben, um die Babyboomer zu überzeugen und um deren Vertrauen, Respekt, Wertschätzung und Loyalität zu erwerben.

Zudem sind Babyboomer „entwicklungsorientiert und stellen das Rückgrat der heutigen Erwerbsbevölkerung dar. Auch wenn schon die neue Generation Y nachrückt, dürfen ihre Bedürfnisse nicht missachtet werden. Aufgrund der Vielzahl von Mitbewerbern ist es diese Generation gewohnt, sich durchzusetzen. Sie mögen es, wenn ihre Leistung mit der von anderen Mitarbeitenden verglichen wird und haben auch das Durchhaltevermögen, sich in komplizierten Situationen zu behaupten. Doch auch soziale Kompetenzen gehören zu ihren Fähigkeiten am Arbeitsplatz. In der Gruppenarbeit sind sie kompromissbereit und können gut auf Kollegen einwirken. In der Zusammenarbeit mit mehreren Generationen sollten sie deshalb als Vermittler eingesetzt werden. Die Führungskräfte können den Babyboomern in diesem Bereich ein Teil ihrer Verantwortung abgeben (auch hierfür spricht der kooperative Führungsstil). Da sich die Mitglieder dieser Generation gerade in ihrer Lebensmitte befinden und sie rückblickend über das Erreichte Bilanz ziehen, nimmt die Führungskraft hier eine wichtige Rolle ein." (Henze, 2014, S. 30)

Die Generationen X, Y und Z bevorzugen mehrheitlich, nach einer Studie von Lieske, eine transformationale Führung. „Es zeigt sich, dass vor allem die Vertreter der Generationen Z und Y am liebsten bei einer Führungskraft arbeiten würden, die als Vorbild für Erfolg und Leistung gesehen wird, klare, anspruchsvolle Ziele formuliert, aber auch Freiraum und Selbstbestimmung bietet (transformationale Führung). Generation X hingegen tendiert noch mehr zu einer Führungskraft, die ihr Umfeld strategisch analysiert, daraus Ziele für die Mitarbeitenden festlegt, ihnen die nötigen Ressourcen zuteilt und ein konstruktives Feedback gibt (strategische Führung). Vor allem die jüngeren Generationen haben also eindeutig den Wunsch nach einer Führungskraft, die klare Ziele, aber auch Freiraum und Selbstbestimmung gibt." (Lieske, 2020, S. 14f.)

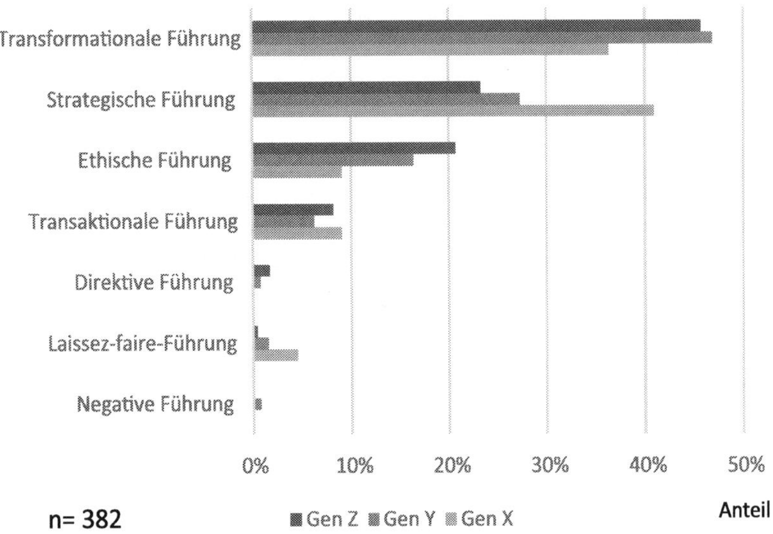

Abb. 109: Bevorzugte Führungsstile nach Generationen, Quelle: Lieske, 2020, S. 15

3.2.6.1. Generationengerechte Führungsinstrumente

Bei Führungsinstrumenten handelt es sich um Techniken und Mittel für Führungskräfte, um die Motivation sowie Leistung der Mitarbeitenden zu steigern. Zudem werden Führungsinstrumente genutzt, um innerbetriebliche Verhaltens- und Kommunikationsregeln aufzustellen und eine effektive Arbeitsplanung zu gestalten. Das Ziel ist dabei eine Entlastung der Führungskraft und eine Steigerung der Produktivität der zu führenden Mitarbeitenden.

Grundsätzlich können zwei Arten der Führungsinstrumente unterschieden werden:

- direkte Führungsinstrumente und
- indirekte Führungsinstrumente.

Mit direkten Führungsinstrumenten kann die Führungskraft einen direkten Einfluss auf die zu führenden Mitarbeitenden nehmen. Dies beeinflusst das Verhalten und die innere Einstellung der Mitarbeitenden, sowie die Einstellung gegenüber der Führungskraft.

Indirekte Führungsinstrumente sind Bestandteil der strukturellen Führung und dienen einer zielorientierten Einflussnahme von Führungspersonen auf das Handeln der Mitarbeitenden durch allgemeingültige und organisatorische Regeln, Vorbildfunktion des Vorgesetzten und soziale und unternehmerische Verhaltensregeln.

Während ein Großteil der Führungskräfte oft nur die direkten Führungsinstrumente bewusst einsetzt, können auch indirekte Führungsinstrumente bewusst gesteuert und genutzt werden.

Führungsinstrumente haben die folgenden 8 Aufgaben:

1. **Zielvorgaben festlegen:** Die Vereinbarung von Zielen mit den Mitarbeitenden dient sowohl zur Orientierung als auch zur Motivation der Mitarbeitenden. Des Weiteren werden Zielvorgaben als Bewertungsmaßstab verwendet, der Leistungen einfordert, allerdings auch gleichzeitig die Mitarbeiterentwicklung fördert.
2. **Aufgaben delegieren:** Das Übertragen von Aufgaben beziehungsweise Verantwortung entlastet die Führungskraft und fördert gleichzeitig das selbstständige Arbeiten der Mitarbeitenden. Auf mittel- und langfristige Sicht können durch das Delegieren die Motivation nachhaltig gesteigert und die Fertigkeiten der Mitarbeitenden gefördert werden.
3. **Kontrolle:** Bei der Kontrolle handelt es sich hierbei um die Prüfung, ob das zuvor festgelegte Ziel auch wirklich erreicht worden ist. Fehlt die Kontrolle durch die Führungskraft, so wirkt sich dies auf lange Sicht demotivierend auf die Mitarbeitenden aus. Im Umkehrschluss besteht allerdings bei zu viel Kontrolle die Gefahr, dass die Unselbstständigkeit gefördert wird. Das Führungsinstrument Kontrolle meint nicht Spionage oder Bespitzelung. Vielmehr handelt es sich hierbei um die Prüfung, ob das zuvor festgelegte Ziel auch wirklich erreicht worden ist. Fehlt die Kontrolle durch die Führungskraft, so wirkt sich dies auf lange Sicht

demotivierend auf die Mitarbeitenden aus. Im Umkehrschluss besteht allerdings bei zu viel Kontrolle die Gefahr, dass die Unselbstständigkeit gefördert wird.

4. **Feedback geben:** Beim Feedback fallen zum einen Lob und Anerkennung als auch konstruktive Kritik in punkto Führungsinstrument an. Die Mitarbeitenden sollen auf diese Weise eine direkte Rückmeldung zum spezifischen Verhalten erhalten. Mithilfe dieses Führungsinstrumentes kann die jeweilige berufliche Entwicklung maßgeblich beeinflusst werden.
5. **Förderung und Entwicklung:** Die Übernahme der Rolle des Coaches ist ebenfalls eine zentrale Aufgabe der Führungskraft. Hierdurch soll die Weiterentwicklung jedes einzelnen Mitarbeitenden ermöglicht werden. Durch die Steigerung der Fähigkeiten wie auch Fertigkeiten mithilfe von individuellen Entwicklungsplänen, Workshops und Seminaren wird das Ziel der Qualitätssteigerung verfolgt. Zudem wird mit der Förderung und Entwicklung der Mitarbeitenden die Wettbewerbsfähigkeit des Unternehmens langfristig gesichert.
6. **Informieren:** Für den Unternehmensalltag ist der Informationsfluss unersetzlich. Aus diesem Grund muss dieser kontinuierlich ausgebaut sowie optimiert werden. Führungskräfte nutzen hierfür Team- oder Mitarbeitergespräche, um den derzeitigen Status abzufragen oder relevante Informationen weiterzugeben.
7. **Motivieren:** Motivation erfolgt nicht allein durch die Führungskraft, sondern auch durch den Mitarbeitenden selbst. Diese wird maßgeblich vom Betriebsklima beeinflusst.
8. **Teams entwickeln:** Die Arbeit in Teams ist aus der heutigen Unternehmenswelt nicht mehr wegzudenken. Führungskräfte stehen daher vor der Herausforderung, Teams zu entwickeln und diese langfristig zu festigen. Mithilfe von Teambesprechungen, außerbetrieblichen Aktivitäten und speziellen Team-Events lassen sich Gemeinschaftsgefühl und Mitarbeitermotivation stärken.

Aus den Führungsaufgaben lassen sich die folgenden am häufigsten angewendeten Führungsinstrumente ableiten.

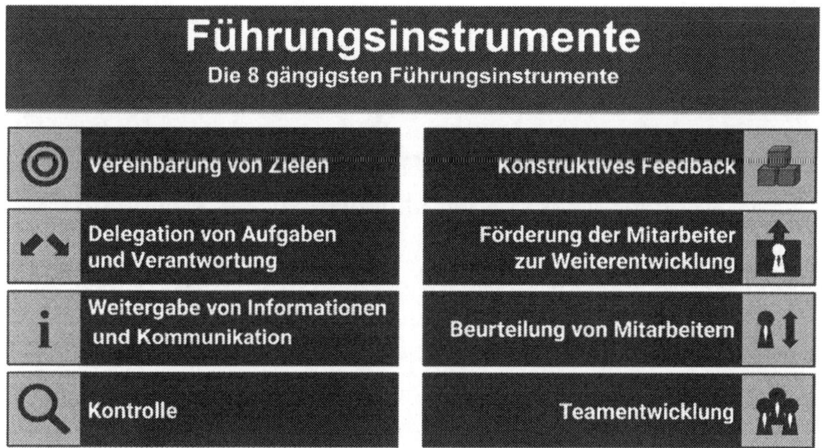

Abb. 110: Die 8 gängigsten Führungsinstrumente, Quelle: Darstellung, basierend auf Schroer, 2020

Studien zufolge erleben Unternehmen die Veränderung der Altersstruktur, aber auch die Veränderung der Wünsche innerhalb der Belegschaft als erste Folgen des demografischen Wandels. (vgl. Eberhardt, 2016, S. 14) Dessen ungeachtet, liegt die Priorität im Demografiemanagement oftmals immer noch auf Gesundheitsförderung und Nachwuchsgewinnung. Dies reicht jedoch nicht aus, um eine wettbewerbsfähige Belegschaft nachhaltig aufzubauen. Gerade Führung und Arbeitsorganisation bedingen nicht nur die Arbeitsfähigkeit, sondern auch das Engagement der Mitarbeitenden. Systematisches Generationen-Management schafft daher die Rahmenbedingungen, um das Unternehmen als attraktiven Arbeitgeber bei allen relevanten Mitarbeitergruppen zu positionieren und somit Wettbewerbsvorteile aus einer Generationenvielfalt zu ziehen. (vgl. Eberhardt, 2016, S. 14)

3.2.6.2. Generationengerechte Zielvereinbarung

Jedes Unternehmen verfolgt Ziele. Um diese Ziele zu erreichen, steht oftmals ein Change-Prozess im Unternehmen an. Die Führung der Mitarbeitenden spielt eine enorm hohe Rolle und benötigt sehr viel Aufmerksamkeit der Geschäftsführung. Engagement und der Einsatz jedes Mitarbeitenden bringen das Unternehmen zum Ziel. Jedoch müssen alle Generationen anders behandelt werden, denn jeder der Mitarbeitenden steckt in einer anderen Lebensphase und Berufsphase, daher sind unterschiedliche Führungsansätze von hoher Bedeutung. (vgl. Eberhardt, 2016, S. 14) Durch die unterschiedlichen Generationen können erste Merkmale und Eigenschaften festgehalten werden, jedoch muss immer beachtet werden, dass trotzdem jeder Mitarbeitender, egal aus welcher Generation, ein Individuum ist. Daher müssen die Führungskräfte darauf achten, keinen Mitarbeitenden in eine Schublade zu stecken. Zum Beispiel kann ein Mitarbeitender aus der Generation X oder Y eine typische Eigenschaft seiner Generation besitzen und aufweisen. Allerdings kann der gleiche Mitarbeitende auch untypische Charaktereigenschaften für seine Generation haben. (vgl. Schulenberg, 2016, S. 1)

Eine Zielvereinbarung ist eine Führungstechnik, bei der sich eine Führungskraft und die Mitarbeitenden auf die Realisierung gemeinsamer Zielvorstellungen einigen. Bei der Priorisierung von Unternehmenszielen orientieren sich die Führungskräfte regelmäßig an den globalen Zielen des Gesamtunternehmens. Dabei wird zwischen kurz-, mittel- und langfristigen Zielen sowie zwischen operativen und strategischen Zielen unterschieden. Die Zielvereinbarungen sollen die Mitarbeitenden motivieren und helfen, die Arbeit richtig zu priorisieren. So wird die Zielvereinbarung mit den Mitarbeitenden ein Erfolg.

Die Zielvereinbarung wird von der Führungskraft und dem Mitarbeitenden zusammen ausgearbeitet und beinhaltet Ziele in Form von Leistung, die in einem abgesteckten Zeitraum erreicht werden sollen. (vgl. Krämer, 2012, S. 236) Dies findet meist im Rahmen der Mitarbeitergespräche statt und sollte mit der Leistungsbeurteilung verbunden werden. (vgl. Krämer, 2012, S. 239)

Dabei sollte die Führungskraft darauf achten, dass das Gespräch auf Augenhöhe mit dem Mitarbeitenden stattfindet und die Ziele gemeinsam erarbeitet werden, (vgl. Schmitz, Billen, 2012, S. 96) Eigenes Mitwirken des Mitarbeitenden sollte von der Führungskraft unterstützt und auch gefordert werden (vgl. Schmitz, Billen, 2012, S. 96).

Die Vereinbarung von Zielen wird formal unterschieden in eine Zielvereinbarung in der Form einer vertraglichen Nebenabrede zwischen Arbeitgeber und Arbeitnehmer, welche bei der Zielerreichung mit einer Leistungsprämie verbunden ist, und in eine Zielvorgabe ohne eine zusätzliche Vergütungsvereinbarung.

Grundsätzlich kann zwischen quantitativen Zielen (z. B. Umsatzsteigerung um X %) und qualitativen Zielen (z. B. Verbesserung des Wissensmanagements durch die Einführung eines neuen Ablagesystems) unterschieden werden. In der Regel bestehen Zielvereinbarungen aus einer Mischung aus quantitativen und qualitativen Zielen. Weiter lassen sich drei Zielarten unterscheiden:

- Aufgabenbezogene Ziele,
- Verhaltensbezogene Ziele und
- Persönliche entwicklungsbezogene Ziele.

Zielvereinbarungen motivieren die Mitarbeitenden regelmäßig nur dann, wenn die Unternehmensziele auch den persönlichen Zielen entsprechen.

Die vereinbarten aufgabenbezogenen Ziele der Generation der Babyboomer sollten der Jobsicherheit dienen, weil die Jobsicherheit das Hauptziel der Generation Babyboomer ist. Dies kann beispielsweise die Vereinbarung von Weiterbildung sein. Alle Ziele, die eine Jobsicherheit ermöglichen, haben daher für die Babyboomer eine starke Motivationskraft und sie werden somit bestrebt sein, die Ziele umzusetzen.

Verhaltensorientierte Ziele sollen die Mitarbeitenden so beeinflussen, dass diese eine möglichst optimale Leistung erbringen und zugleich die Unternehmensziele erreicht werden. Um diese Ziele zu erreichen, kann eine Verhaltensänderung erforderlich sein, die dann durch eine Zielvereinbarung angepasst werden soll. Da den

Babyboomern eine ausgeprägte Teamkultur wichtig ist, kann beispielsweise eine Zielvereinbarung zur Verhaltensänderung getroffen werden, wenn der Mitarbeitende sich nicht teamgerecht verhält. Ein Babyboomer wird wahrscheinlich einer solchen Zielvereinbarung gerne zustimmen, gewährleistet diese doch die Jobsicherheit. Darüber hinaus bevorzugen Babyboomer konkrete Zielvereinbarungen. Aufgrund des Leistungs- und Arbeitsbezugs der Generation Babyboomer bevorzugen diese Zielvereinbarungen mit einer leistungsbezogenen Belohnung.

Persönliche entwicklungsbezogene Ziele streben eine Optimierung der zukunfts- und zweckorientierten Persönlichkeitsmerkmale der Mitarbeitenden durch eine nachhaltige Persönlichkeitsdisposition[25] über verschiedene berufliche Situationen hinweg, an. Hinsichtlich des Ziels der Jobsicherheit werden die Babyboomer einer entsprechenden Zielvereinbarung wahrscheinlich folgen.

Das zentrale Ziel der Generation X ist eine ausgewogene Work-Life-Balance. Der Begriff Work-Life-Balance spiegelt die Balance eines jeden Individuums zwischen dem Beruf (Work) und dem Privatleben (Life) wider. Weil das zentrale Ziel der Generation X eine ausgewogene Work-Life-Balance ist, motivieren die Generation X besonders alle aufgabenbezogenen Ziele, die einerseits nachhaltig eine erfolgreiche Arbeit, andererseits die Arbeit innerhalb der normalen Arbeitszeit ermöglichen. Dies sollten die Zielvereinbarungen für die Generation X sein und zudem entsprechende Perspektiven und Entwicklungsmöglichkeiten für eine ausgewogene Work-Life-Balance aufzeigen. Zu einer ausgewogenen Work-Life-Balance gehören beispielsweise die Anpassung der Dienstzeiten oder eine freie Pausengestaltung.

In vielen Unternehmen gehören Zielvereinbarungen zu den wichtigsten Bausteinen, die zum Unternehmenserfolg beitragen – oder wenigstens beitragen sollen. Doch sind Zielvereinbarungen für die Generation Y überhaupt noch zeitgemäß? Ja, aber nur solange die

---

[25] Eine Persönlichkeitsdisposition ist eine relativ stabile, zeitlich überdauernde Persönlichkeitseigenschaft einer Person, die bestimmte Aspekte des Verhaltens in einer bestimmten Klasse von Situationen beschreiben und vorhersagen.

Zielvereinbarungen den Zielen der Genration Y entsprechen und dieser Generation Freiheit und Flexibilität ermöglichen. Daher bevorzugt die Generation Y ein klares Zielsystem und Zielvereinbarungen, die flexibel an die Entwicklungen angepasst werden. Dazu passt beispielsweise eine quartalsweise Bewertung, damit gegebenenfalls die Zielvereinbarung angepasst werden kann.

Zu genau kennt die Generation Z die Auswirkungen der Leistungsgesellschaft, wie beispielsweise Stress, Burnout und Selbstausbeutung. Der ganze Rummel um den Leistungslohn als erbrachte Bezahlung für erbrachte Leistung ist für die Generation Z problematisch. Daher sind Zielvereinbarungen, die allein auf Leistungszulagen zielen, für die Generation Z nicht erstrebenswert. Weil jeder Mensch es wert ist, ein positives Feedback für sein Mitwirken im Unternehmen zu erhalten, gibt es keine stichhaltige Begründung mehr für einen Leistungslohn. Ein höherer Anteil an Fixgehalt und eine temporäre Aufgabenzulage für einen begrenzten Zeitraum wären eine Alternative – und dies solange, wie sich Leistung und Gegenleistung entsprechen. Dazu müsste es dann einen Zusatz zum Arbeitsvertrag geben, welcher auch Konsequenzen bei nichterreichter Zielvereinbarung enthält.

Für die Generationen X,Y, Z ist die Unterstützung durch den Arbeitgeber in der Karriere wichtig. (Generation X: MW 2,9, Generation Y: MW 2,9 und Generation Z: MW 3,4) (vgl. Bühler, 2019, S. 40) Regelmäßige Zielvereinbarungen und Mitarbeitendenbeurteilung sind den Generationen Y und Z wichtig. Regelmäßige Feedbackgespräche sind allen Generationen wichtig, der Generation Z ist es sehr wichtig. Verfolgung von Fach- und Projektlaufbahnen im Unternehmen ist den Generationen Y und Z wichtig. Die Möglichkeit zur Nutzung von Coaching- und Mentoring-Programmen ist der Generation Y wichtig. Die Möglichkeit, im Unternehmen schnell aufzusteigen, ist der Generation Z wichtig. Die Möglichkeit, sich kontinuierlich neues Wissen anzueignen und die eigenen Fachkenntnisse und beruflichen Kompetenzen zu verbessern, ist allen Generationen wichtig und den Generationen Y und Generation Z ist es sehr wichtig." (Bühler, 2019, S. 40)

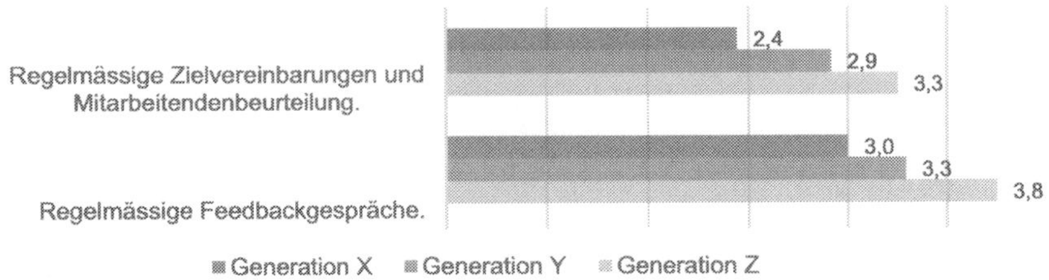

Abb. 111: Persönliche Entwicklung Generationen XYZ, Quelle: Bühler, 2019, S. 40

3.2.6.3. Generationenorientierte Aufgabendelegation

Delegieren bedeutet, dass Aufgaben, Verantwortung oder Kompetenzen an andere – in der Regel die Mitarbeitenden – durch Führungskräfte übertragen werden. Richtig delegieren bedeutet für eine Führungskraft, nicht nur Zeit zu sparen, sondern dass Führungskräfte die Mitarbeitenden motivieren und nachhaltig fördern können. Gute Delegation ist daher ein Schlüssel für gute Führung.

Manche Führungskräfte scheuen sich jedoch davor, Aufgaben zu delegieren, oder haben schlechte Erfahrungen gemacht und glauben, dass die Aufgaben „besser und schneller" erledigt werden, wenn man sich selbst darum kümmert. Dieser Weg führt jedoch in eine Sackgasse. Schließlich ist die Zahl der Aufgaben, die selbst erledigt werden können, begrenzt.

Die Führungskompetenz besteht darin, die Aufgaben sinnvoll weiterzugegeben. Andere Menschen zu befähigen, Aufgaben erfolgreich zu übernehmen, erfordert Vertrauen in die Fähigkeiten des Mitarbeitenden und auch Selbstdisziplin. Es gibt viele Gründe, warum Aufgaben an die Mitarbeitenden delegiert werden sollten:

- Die Führungskraft kann sich auf die Kernaufgaben konzentrieren und erhält mehr Spielraum für strategische Überlegungen.
- Die Mitarbeitenden erzielen bessere Ergebnisse, da die Potenziale der Teammitglieder besser ausgeschöpft werden.

- Führungskräfte können durch Delegation den Mitarbeitenden helfen, ihre Fähigkeiten weiterzuentwickeln.
- Durch erfolgreiches Delegieren erhalten die Führungskräfte die Möglichkeit, die Mitarbeitenden zu loben und zu motivieren.
- Durch Delegation können Führungskräfte die Kreativität und das Selbstvertrauen der Mitarbeitenden fördern und leisten damit einen wesentlichen Beitrag zur Zufriedenheit und Selbstverwirklichung.

Im Prinzip kann nahezu alles delegiert werden. Besonders gut geeignet sind Routine-, Verwaltungs-, Recherche- und fachspezifische Aufgaben. Es können aber auch Teilaufgaben oder Zuarbeiten für die Kernaufgaben der Führungskraft sein.

Was nicht delegiert werden sollte, sind Führungsaufgaben wie Mitarbeiterführung, Planung, Geschäftsaufbau und Kontrolle. Auch sollten keine Aufgaben delegiert werden, die vertrauliche Informationen erfordern, oder bei denen die Führungskraft sich selbst nicht im Klaren über die Aufgabenlösung ist und sich erst einen Überblick verschaffen muss.

Wenn jedoch die Delegation scheitert, hat dies Auswirkungen auf beiden Seiten, denn die Führungskraft ist unzufrieden und hat Stress, da die Aufgabe nun selbst korrigiert oder selbst erledigt werden muss. Gleichzeitig schwindet das Vertrauen in den Mitarbeitenden. Umgekehrt ist auch eine gescheitere Delegation für den Mitarbeitenden frustrierend, denn das Selbstbewusstsein des Mitarbeitenden sinkt. Der Mitarbeitende hat dann Angst, Fehler zu machen, und gleichzeitig schwindet die Freude, selbst Verantwortung zu übernehmen.

Wenn Delegation mehrfach misslingt, tangiert dies nicht nur die fachliche Zusammenarbeit zwischen der Führungskraft und dem Mitarbeitenden. Mindestens genauso schwerwiegend ist die langfristige Beeinträchtigung der Beziehungsebene zwischen der Führungskraft und dem Mitarbeitenden.

Für das richtige und erfolgreiche Delegieren sind die folgenden Fragen zu beantworten: (vgl. Petersohn, 2019, Scholz, 2016)

- An wen soll die Aufgabe delegiert werden, so dass das beste Ergebnis erzielt wird?
- Was ist zu tun und wie soll das Ergebnis aussehen? Dabei gilt: Je genauer die Aufgabe definiert wird, umso besser wird das Ergebnis.
- Warum ist diese Aufgabe wichtig? Erklärt die Führungskraft den Hintergrund einer Aufgabe, fördert dies nicht nur die Motivation der Mitarbeitenden, sondern erhöht auch die Attraktivität einer Aufgabe.
- Bis wann soll die Aufgabe erledigt sein? Die Angabe eines Zeitrahmens gehört zwingend zur Delegation von Aufgaben, denn dadurch kann sich der Mitarbeitende seine Arbeitszeit frei einteilen.
- Wieviel Anleitung braucht der Mitarbeitende? Mit dem Delegieren der Aufgabe wird die Verantwortung abgegeben und dem Mitarbeitenden werden Freiräume in der Ausgestaltung der Aufgabe eingeräumt. Je nach Situation und Erfahrungsschatz des Mitarbeitenden sollten jedoch die Verantwortung und die Spielräume variieren, damit es nicht zu einer Über- oder Unterforderung der Mitarbeitenden kommt.

Um Fehler bei der Delegation zu vermeiden, kann die Aufgabe von dem Mitarbeitenden wiederholt werden. Die Ergebnisse der delegierten Aufgabe sollten zeitnah kontrolliert werden. Besonders bei größeren Aufgaben sollten Meilensteine festgelegt werden, um die Ergebnisse zu kontrollieren. So kann die Führungskraft, wenn die Entwicklung nicht deren Vorstellungen entspricht, frühzeitig eingreifen und die Bearbeitung der Aufgabe in die richtige Richtung lenken.

Da in der richtigen Delegation der Schlüssel zu guter Führung liegt, ist es ratsam, nach jeder Delegation zu reflektieren, wie es gelaufen ist. Daher ist es erforderlich, dem Mitarbeitenden ein ehrliches und konstruktives Feedback zu geben. Besondere Leistungen, Fortschritte, die gemacht wurden, und außergewöhnliches Engagement sind zu loben. Allerdings ist es erforderlich, auch auf Verbesserung hinzuweisen.

Zwar ist der Vorgang der Delegation ein einheitlicher Prozess, jedoch ist auch bei diesem Führungsinstrument eine generationenorientierte Nutzung zu berücksichtigen, damit das Führungsinstrument Delegation erfolgreich angewendet werden kann. Damit soll berücksichtigt werden, dass jede Generation eine Delegation unterschiedlich wahrnimmt. Auch wirken die Motive und der Motivationsgrad für jede Generation anders, so dass die Kenntnisse über die jeweiligen Generationen helfen, die Mitarbeitenden nachhaltig zu fördern.

Für Babyboomer ist persönliches Wachstum wichtig und daher ist die Delegation für Babyboomer einerseits die Möglichkeit für persönliches Wachstum, andererseits die Gelegenheit, durch die neue Aufgabe ihre weiterhin bestehende Leistungsfähigkeit zu beweisen. Dies stellt die wesentlichen Motivationsgründe einer Delegation für die Babyboomer dar. Da jede Delegation auch ein Vertrauensbeweis der Führungskraft ist, wird das Delegieren auch als Leistungsanerkennung wahrgenommen. Zur Delegation gehört ebenfalls ein Feedback am Ende der Aufgabe. Babyboomer reagieren jedoch sensibel auf Feedbacks. Daher sollte eine Führungskraft bei Babyboomern das Feedback überlegt angehen und das Feedback sollte stets positiv formuliert werden.

Die Generation X will flexibel arbeiten und sich an den Aufgaben beteiligen. Daher wird die Generation X jede Delegation begrüßen und nicht als zusätzliche Last empfinden, die eine Beteiligung und zielorientierte Aufgabenerfüllung ermöglicht. Da diese Generation gerne flexibel arbeitet, werden mehrheitlich bei der Delegation wechselnde Aufgaben bevorzugt. Wenn dabei eine freie Zeiteinteilung möglich ist, wird dies die Motivation der Generation X steigern.

Delegation kommt der Generation Y entgegen, weil diese Generation lieber „mit“ und nicht „für“ das Unternehmen arbeitet. Die delegierten Aufgaben ermöglichen der Generation Y, mit dem Unternehmen zu arbeiten. Auch bei dieser Generation gilt, dass mehrheitlich wechselnde delegierte Aufgaben bevorzugt werden. Aufgrund der kurzen Aufmerksamkeitsspanne der Generation Y sollte die Aufgabenstellung präzise und prägnant durch die Führungskraft dargestellt werden.

Die Generation Z steht delegierten Aufgaben eher ambivalent gegenüber. Einerseits fordert die Generation Z Flexibilität, was durch wechselnde delegierte Aufgaben möglich ist und andererseits verhindern delegierte Aufgaben eine Mitsprache, da die delegierten Aufgaben von der Führungskraft vorgegeben werden. Um den Mangel der fehlenden Mitsprache zu verhindern oder zu reduzieren, kann jedoch der Vorgesetzte den Mitarbeitenden der Generation Z eine Auswahl an zu delegierenden Aufgaben zur Verfügung stellen. Was zudem eine Führungskraft nicht vergessen sollte, ist ein Feedbackgespräch, nachdem die delegierte Aufgabe absolviert wurde, denn der Generation Z sind Feedbackgespräche sehr wichtig.

3.2.6.4.1. Kommunikation und Informationsweitergabe bei Babyboomer

Ein wesentliches Merkmal einer generationenorientierten Personalführung ist die adäquate Kommunikation mit den Mitarbeitenden.

Das Ziel der Babyboomer-Generation ist die Jobsicherheit und die Werte sind Leistung, Geld, Status, persönliches Wachstum und Entschleunigung. Aufgrund der Sozialisation der Babyboomer ist ihre Aufmerksamkeitsspanne deutlich länger als die der Generation Z.

Ein längerer Text ist für die Babyboomer kein Problem, sofern dieser Text logisch und relevant ist. Diese Generation kämpft für das, was sie glaubt zu verdienen. Entgegen der weitläufigen Meinung können Babyboomer durchaus mit digitaler Technik umgehen. Das bevorzugte Kommunikationsmittel ist das Telefon und die bevorzugte Kommunikation ist persönlich, via Telefon und E-Mail. (vgl. Petersohn, M., 2019, Scholz, Ch., 2016)

Aufgrund des direkten und offenen Charakters dieser Generation sollten die Führungskräfte darauf reagieren und transparent kommunizieren.

Babyboomer schätzen aufgrund ihrer langfristigen Ziele planbare Abläufe und Situationen und daher sollten Führungskräfte mit dieser Generation rechtzeitig, das heißt möglichst frühzeitig kommunizieren. Zudem sollten die Mitarbeitenden immer über die Abläufe im Unternehmen informiert werden. Dies verbessert Change Prozesse und motiviert die Mitarbeitenden dieser Generation.

Bei der Generation mit Babyboomern ist es vollkommend ausreichend, diese über den Sachverhalt einer Aufgabe oder eines Problems aufzuklären. Die Führungskraft kann darauf vertrauen, dass die Babyboomer alt und weise genug sind, um selbst zu handeln. Schließlich sind die Babyboomer es auch. Babyboomer drücken ihre Wertschätzung in Zeit und Präsenz aus. Daher halten sie nichts von langwierigen Sitzungen und Besprechungen. Führungskräfte sollten darum nur das Notwendige in kurzen Besprechungen kommunizieren.

Bisher wurde die Kommunikation der Führungskraft mit den Mitarbeitenden der Generation Babyboomer betrachtet, nunmehr soll betrachtet werden, wie die Mitarbeitenden mit der Führungskraft kommunizieren, denn diese werden generationentypisch mit der Führungskraft und daher ein typisches Kommunikationsverhalten zeigen. Daher soll die Führungskraft in die Lage versetzt werden, die Kommunikation mit der Generation Babyboomer für sich verständlich zu dekodieren, auch wenn diese Führungskraft aus einer anderen Generation kommt oder in einem anderen Kontext zu den Mitarbeitenden steht.

Generationentypisches Kommunikationsmodell Babyboomer

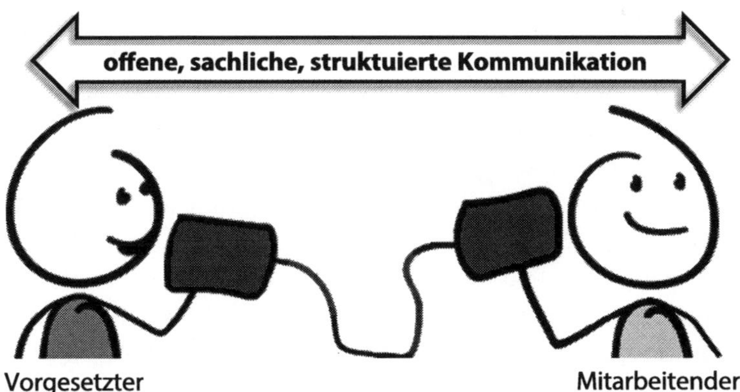

Abb. 112: Generationentypisches Kommunikationsmodell Babyboomer, Quelle: Eigene Darstellung

Babyboomer habe langjährige Erfahrung und umfangreiches Fachwissen. Dies wirkt sich auch auf die Kommunikation aus. Es kann daher angenommen werden, dass Babyboomer überwiegend strukturiert, sachbezogen und zielgerichtet kommunizieren. Bei der Kommunikation werden Babyboomer wahrscheinlich überwiegend und unbewusst von einem gleichwertigen Fachwissen des Vorgesetzten ausgehen, was gegebenenfalls zu Missverständnissen führen kann.

3.2.6.4.2. Kommunikation und Informationsweitergabe bei Generation X

Die Generation X nahm von ihren Eltern den Wunsch mit, „es besser zu haben als wir". Daher wird Bildung großgeschrieben. Diese Generation erlebte eine massive Jugendarbeitslosigkeit, aber auch der Lebensstandard dieser Generation nahm zu. Neben einem guten Gehalt legt diese Generation großen Wert auf Entwicklungsmöglichkeiten und Sinngebung am Arbeitsplatz. Zudem arbeitet die Generation X, um gut zu leben, und erfand den Begriff Work-Life-Balance. Entsprechend ist für die Generation X eine ausgeglichene Work-Life-Balance das erstrebenswerte Ziel. Die Werte der Generation X sind Freunde, welche die fehlende Familie ersetzen, und ein gutes finanzielles Auskommen. Die bevorzugten Kommunikationsmittel sind Internet und Handy und die bevorzugten Kommunikationskanäle sind E-Mail und SMS. (vgl. Petersohn, 2019, Scholz, 2016)

Über die Generation X wird gesagt, dass diese direkt, offen und konkret ist. Die Mitglieder der Generation X sind in der digitalen Arbeit zu Hause und mögen keine zeitintensiven Sitzungen, sondern erfreuen sich an kurzen Meetings, am liebsten digital. Auf den direkten und offenen Charakter der Generation X sollte die Führungskraft mit einer transparenten Kommunikation reagieren. Eine transparente Kommunikation hat die Generation X mit der Generation Babyboomer gemeinsam. Um ihre Work-Life-Balance zu planen, liebt die Generation X keine Überraschungen. Daher sollte die Führungskraft immer rechtzeitig kommunizieren und die Mitarbeitenden immer über die Abläufe im Unternehmen informieren. Zudem hält die Generation X nichts von langwierigen Sitzungen, weil diese nur unnötig

Zeit fressen. Daher sollte die Führungskraft das Notwendige nur in kurzen Besprechungen kommunizieren – und dies zudem noch bevorzugt digital.

Generationentypisches Kommunikationsmodell Generation X

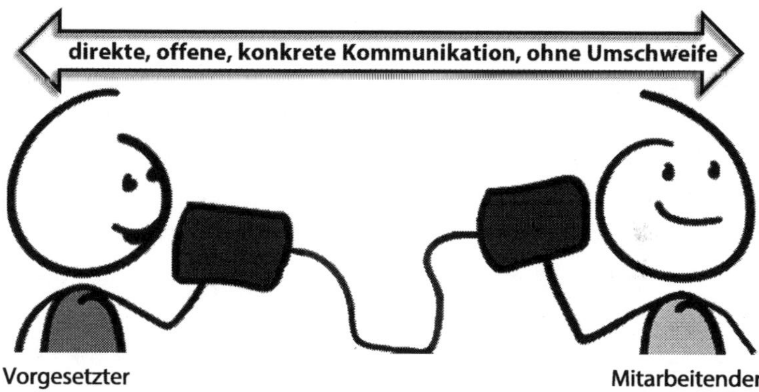

Abb. 113: Generationentypisches Kommunikationsmodell Generation X, Quelle: Eigene Darstellung

3.2.6.4.3. Kommunikation und Informationsweitergabe bei Generation Y

Die Ziele der Generation Y sind Freiheit und Flexibilität. Daher will die Generation Y lieber Spaß im Job als Karriere. Arbeit und Privatleben verschwimmen, es geht um Selbstverwirklichung, Freiheit und Flexibilität. Raum und Zeit spielen keine Rolle mehr – im realen Leben (Auslandssemester sind beispielsweise selbstverständlich) und virtuell im Cyberspace. (vgl. Petersohn, 2019, Scholz, 2016)

Die wesentlichen Werte der Generation Y bestehen aus der Übernahme von gesellschaftlicher Verantwortung, welche aber auch zugleich mit einem Misstrauen gegenüber bestehende Systeme gepaart ist. In der Arbeitswelt sind die Mitglieder der Generation Y gruppenorientiert und nicht abgeneigt, zusammenzuarbeiten, weil nach der Meinung der Generation Y, Arbeit auch einen sozialen Aspekt beinhaltet. Mit dem Internet ist die Generation Y aufgewachsen, Social Media und SMS sind daher die bevorzugten Kommunikationskanäle.

Daher erfolgt bei dieser Generation die bevorzugte Kommunikation online und mobil. (vgl. Petersohn, 2019, Scholz, 2016)

Bei der Generation Y gilt nicht: „Bier ist Bier und Schnaps ist Schnaps", und daher ist aufgrund des Verschwimmens der Grenzen zwischen Arbeit und Privatleben der unternehmerische Kommunikationsrahmen auch weiter gefasst. Darum sollte einerseits der Austausch von arbeitsrelevanten Informationen auch bei einem Feierabendbier mit den Kollegen erfolgen, andererseits sollten auch die Kommunikation und der Austausch von Dingen über die Arbeit hinaus beinhaltet werden.

Die Generation Y ist gruppen- und teamorientiert. Daher sollte die Führungskraft die Mitarbeitenden dieser Generation durch Kommunikation zur Zusammenarbeit ermutigen. Dazu sollte die Führungskraft beispielsweise den Mitarbeitenden die Verantwortung für eine Aufgabe delegieren und diese Arbeit selbstständig ausführen lassen.

Bisher wurde die Kommunikation der Führungskraft mit den Mitarbeitenden der Generation Y betrachtet, nunmehr soll betrachtet werden, wie die Mitarbeitenden mit der Führungskraft kommunizieren, denn diese werden generationentypisch mit der Führungskraft und daher ein typisches Kommunikationsverhalten zeigen. Daher soll die Führungskraft in die Lage versetzt werden, die Kommunikation mit der Generation Y für sich verständlich zu dekodieren, auch wenn diese Führungskraft aus einer anderen Generation kommt oder in einem anderen Kontext zu den Mitarbeitenden steht.

Die Generation Y kommuniziert nur eingeschränkt Face-to-Face und kommuniziert überwiegend digital. Dadurch kann die Kombination des gesprochenen Wortes mit der Körpersprache verloren gehen und damit Irritationen auslösen. Ohne eine wahrnehmbare Körpersprache wirkt die Kommunikation jedoch distanziert. (Freiermuth, 2017, S. 36f.) Darüber hinaus sollte die Kommunikation mit der Generation Y nicht wettbewerbsorientiert sein, da diese Generation teamorientiert ist. Da die Generation Y misstrauisch gegenüber bestehende Systeme ist, bleibt diese Generation solange skeptisch, bis der Sinn einer Aufgabe klar kommuniziert wurde.

Generationentypisches Kommunikationsmodell Generation Y

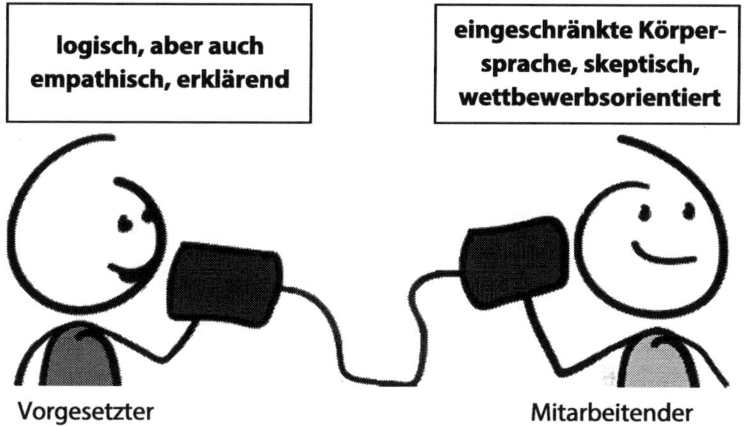

Abb. 114: Generationentypisches Kommunikationsmodell Generation Y, Quelle: Eigene Darstellung

3.2.6.4.4. Kommunikation und Informationsweitergabe mit Generation Z

Obwohl der Altersunterschied nicht so groß ist, tickt die nachfolgende Generation Z ganz anders. Scharf grenzt die Generation das Private vom Beruflichen ab. Selbstverwirklichung findet nur im Privatleben statt, das eng mit allen erdenklichen technischen Devices verknüpft ist. In anderer Hinsicht erfolgt eine Rückbesinnung auf alte Werte wie Sicherheit und Stabilität, aber auch auf Umwelt und Nachhaltigkeit. Wie keine andere Generation mag die Generation Z die geteilte Nutzung von Ressourcen. Dazu gehören alle Formen wie beispielsweise Sharing-Modelle (z. B.: Carsharing bis Desksharing). (vgl. Petersohn, 2019, Scholz, 2016) Dies bedeutet auch, dass die Generation Z gegenüber Arbeitsmodellen aufgeschlossen ist, die Tätigkeiten am Arbeitsplatz und im Home Office kombinieren.

Überraschend geht auch die Kommunikation wieder in Richtung eins zu eins: „In Echt", redet es sich doch am besten. Die Generation Z legt somit einen großen Wert auf Face-to-Face-Kommunikation sowie auf sinnvolle Kommunikation und nutzt dazu bevorzugt digitale Kommunikationsmedien. Dies ist ein großer Unterschied zu der vorherigen Generation, Generation Y, die überwiegend glaubt, dass persönlicher Kontakt am Arbeitsplatz weniger wichtig wird. (vgl. Petersohn, 2019, Scholz, 2016)

Die Generation Z wächst in einer 24/7-Informationsgesellschaft heran und ist Spezialist für das Finden und Filtern von Informationen. In der Folge hat die Generation Z nur eine kurze Aufmerksamkeitsspanne und einen kurzen Spannungsbogen aufgrund der 24/7-Informationsflut, in der diese entsteht. Informationen werden von dieser Generation gescreent, gefiltert, kurz gelesen und weiter „geswiped".

Die Mitglieder der Generation Z werden von älteren Generationen auch „Digital Natives" genannt, weil sie mit einem Smartphone in den Händen aufgezogen wurden. Diese Generation sucht nach Raum für persönliche Werte und Interessen am Arbeitsplatz. Verbundenheit am Arbeitsplatz ist für sie wichtig. Diese Generation ist vor allem eine Generation mit einer eigenen Vision. Die Generation Z braucht keine ausführliche Erklärung, will aber verstehen, was das Ziel und ihr Beitrag daran ist. Allerdings ist der Entscheidungswille in dieser Generation als gering zu bewerten. (vgl. Petersohn, 2019, Scholz, 2016)

Eine weitere wichtige Verschiebung gegenüber den anderen Generationen ist die Präferenz der Kommunikationsmittel. Während sich die Generation Y hauptsächlich für Mittel entscheidet, die Zeit sparen, wählt die Generation Z die Mittel, die dem gewünschten Ziel am besten dienen. Dies sind beispielsweise mobile Kommunikationsgeräte oder in die Kleidung integrierte Kommunikationsmedien. (vgl. Petersohn, 2019, Scholz, 2016)

Die Generation Z bewegt sich im Spannungsfeld zwischen Sicherheit und Stabilität, sowie Umwelt und Nachhaltigkeit und somit zwischen Arbeit und persönlicher Betroffenheit. Daher sollte die Kommunikation mit der jüngsten Generation immer auch persönliche Element enthalten. Copy-Paste-Nachrichten sollten jedoch vermieden werden.

Zwar reicht der Generation Z, aufgrund von der Erfahrung mit der Informationsflut, oft nur ein halbes Wort, um den Inhalt einer

Kommunikation zu erfassen, jedoch sollte die Kommunikation weiterhin aus ganzen Sätzen bestehen. Vor allem sollte die Kommunikation stets auf den Punkt kommen, da die Generation Z nicht die Muße und die Aufmerksamkeit für lange Kommunikationen hat.

Bisher wurde die Kommunikation der Führungskraft mit den Mitarbeitenden der Generation Z betrachtet. Nunmehr soll untersucht werden, wie die Mitarbeitenden mit der Führungskraft kommunizieren, denn diese werden generationentypisch mit der Führungskraft und daher ein typisches Kommunikationsverhalten zeigen. Daher sollte die Führungskraft in die Lage versetzt werden, die Kommunikation mit der Generation Z für sich verständlich zu dekodieren, auch wenn diese Führungskraft aus einer anderen Generation kommt oder in einem anderen Kontext zu den Mitarbeitenden steht.

Es kann angenommen werden, dass die Generation Z eher über eine vereinfachte Kommunikation verfügt, welche aber nicht zwingend notwendig restriktiv ist. Vielmehr wird häufig auf überflüssige Worthülsen und weitgreifende Erklärungen verzichtet. Dadurch wird die Kommunikation der Generation als vereinfacht empfunden.

Generationentypisches Kommunikationsmodell Generation Z

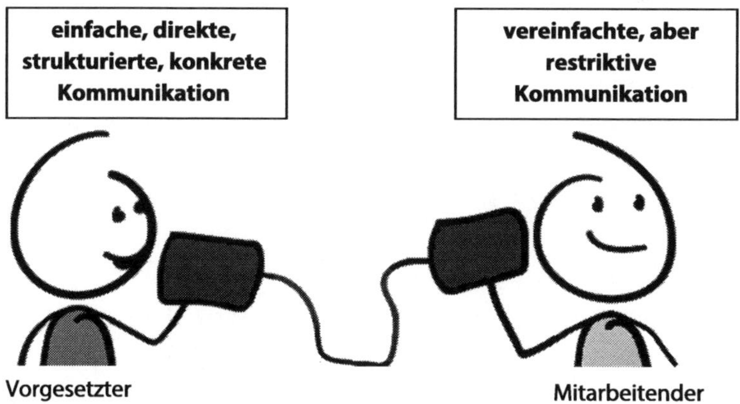

Abb. 115: Generationentypisches Kommunikationsmodell Generation Z, Quelle: Eigene Darstellung

3.2.6.5. Generationenorientierte Kontrolle der Mitarbeitenden

Kontrolle ist und bleibt ein wichtiges Führungsinstrument und ist eine Hauptaufgabe von Führungskräften. Die Erfüllung einer Aufgabe oder der Stand der Zielerreichung muss kontrolliert werden, da ansonsten die Ergebnisse zufällig sind. Daher meint das Führungsinstrument Kontrolle nicht Spionage oder Bespitzelung. Vielmehr handelt es sich hierbei um die Prüfung, ob das zuvor festgelegte Ziel auch wirklich erreicht worden ist. Jedoch ist die Art und Weise der Kontrolle von Bedeutung und hat einen Einfluss auf die Mitarbeitermotivation.

Allerdings wird Kontrolle heute überwiegend als negativ angesehen. Dabei ist Kontrolle per se nicht schlecht. Vielmehr hat die Führungskraft das richtige Maß der Kontrolle zu finden. Ein zu viel an Kontrolle kann Mitarbeitende unselbstständig machen und ein zu wenig an Kontrolle kann zu schlechten Ergebnissen führen. Zudem führt ungerechtfertigt empfundene Kontrolle zu Vertrauensverlust bei den Mitarbeitenden und beschädigt letztendlich das Unternehmen.

Damit die Kontrolle von den Mitarbeitenden akzeptiert wird und damit die Führungskräfte das Führungsinstrument Kontrolle effizient ausüben können, sind bestimmte Verhaltensweisen erforderlich.

1. Gerechte Behandlung

Die Führungskraft sollte darauf achten, dass bei der Beurteilung der Mitarbeitenden gleiche, also einheitliche Maßstäbe angelegt werden. Ausmaß und Prozess der Kontrolle sollten daher bei allen Mitarbeitenden gleich, oder möglichst ähnlich gestaltet sein.

2. Gerechte Entlohnung und Belohnung

Kontrolle wird vor allem dann akzeptiert, wenn die Führungskraft die Mitarbeitenden mit transparenten und nachvollziehbaren Bewertungsfaktoren vergleicht. Resultiert aus einem gleichwertigen Verhalten eine einheitliche und zutreffende Entlohnung oder Belohnung für die Mitarbeitenden, so steigt der Akzeptanzfaktor noch weiter an.

3. Stärkung der Autonomie

Eigenständiges Arbeiten und Entscheiden haben einen positiven Einfluss auf die Motivation und die Zufriedenheit der Mitarbeitenden. Allerdings sollten die Führungskräfte gemeinsam mit den Mitarbeitenden deren Autonomiespielraum festgelegen. Aufgabe der Führungskraft ist es dabei, sich mit den Mitarbeitenden über deren Kontrollerfahrungen auszutauschen und die angewendeten Kontrollverfahren zu kommunizieren. Dabei muss die Kontrolle nicht immer starr ablaufen und sollte vielmehr den Veränderungen im Unternehmen angepasst werden. Grundsätzlich gilt: Kontrolle, die Freiräume zulässt, wird akzeptiert, aber Kontrolle, die unter Druck setzt oder bevormundet, wird als störend empfunden und negativ bewertet.

4. Stärkung der Identifikation

Die Mitarbeitenden akzeptieren insbesondere dann Kontrollen, wenn die Kontrollen gemeinsam mit den Mitarbeitenden entwickelt werden und die Kontrollinstrumente transparent und nachvollziehbar sind. Dadurch kann die Identifikation der Mitarbeitenden mit den getroffenen Vereinbarungen und Kontrollmaßnahmen gestärkt werden. Auch das Einbeziehen der Mitarbeitenden in die Kontrollausübung stärkt die Identifikation der Mitarbeitenden mit den Kontrollen. So können dazu beispielsweise gemeinsam Kontrolltermine festgelegt oder Kontrollzeiträume geplant werden.

5. Stärkung der Kompetenz

Kontrolle ist kein Selbstzweck. Wenn eine Führungskraft in Einzelgesprächen ihre Mitarbeiterbeobachtungen kommuniziert und die Kontrollergebnisse mit einem zeitnahen und konkreten Feedback versieht, stärkt dies die Weiterentwicklung und Kompetenz der Mitarbeitenden. Durch das Feedback kann die Führungskraft den Mitarbeitenden die unternehmerischen Prioritäten und Erwartungen mitteilen. Durch die so kommunizierten Rahmenbedingungen können die Mitarbeitenden ihre Kompetenzen zielgerichtet weiterentwickeln und dadurch stärken.

6. Kein Misstrauen

Kontrolle, die auf Misstrauen beruht, beschädigt langfristig die Beziehung mit den Mitarbeitenden. Daher sollte eine Führungskraft durch ihr Verhalten verdeutlichen, dass die Kontrolle ein Teil der Führungsfunktion ist und nicht aufgrund persönlicher Merkmale des Mitarbeitenden geschieht.

Wie aber reagieren und verhalten sich die Generationen bezüglich der Kontrolle?

Babyboomer werden immer dann eine Kontrolle als gerecht und fair akzeptieren, wenn die Kontrolle die erbrachte Leistung berücksichtigt, auch wenn das angestrebte Ziel verfehlt wurde.

Die Generation X wird immer dann eine Kontrolle als gerecht und fair akzeptieren, wenn die Kontrolle berufsbezogen ist, denn schließlich ist dies die Karriereausrichtung dieser Generation. Zudem sollte die Kritik nur der Erfüllung der Mission dienen.

Die Generation Y erwartet von der Kontrolle möglichst ein sofortiges, zumindest ein zeitnahes Feedback zum Kontrollergebnis. Eine Kontrolle sollte möglichst digital erfolgen. Dadurch werden die Kontrollen eher akzeptiert.

Die Generation Z fordert Flexibilität und Mitsprache, will aber nicht entscheiden. Daher nehmen Kontrollen ein Stück weit die ungeliebten Entscheidungen ab. Um die gewünschte Flexibilität der Generation Z zu fördern, sollte das Kontrollfeedback zeitnah, beispielsweise nach dem Erreichen eines Meilensteins, erfolgen und flexible Problemlösungen ermöglichen.

3.2.6.6. Generationenorientiertes Feedback

„Das Motiv der Selbstwirksamkeit (Kompetenzerleben) ist verantwortlich für den Wunsch nach Feedback. Wir wünschen uns eine positive Bewertung unserer Leistung, aber auch eine Wertschätzung dessen, was uns als Mensch ausmacht." (Schröder-Kunz, 2019, S. 156)

Das Feedbackgespräch ist somit ebenfalls ein Führungsinstrument. In einem Feedbackgespräch tauschen sich die Führungskraft und die Mitarbeitenden regelmäßig in meist zuvor festgelegten Zeitintervallen darüber aus, inwieweit das Erreichen vereinbarter Ziele vorangeschritten ist. Somit kann durch ein Soll-Ist-Vergleich die unternehmerische Zielerreichung gesteuert werden.

Auch wenn der eine oder andere Mitarbeitende ein Feedbackgespräch als unangenehm empfindet, sind Feedbackgespräche für die Mitarbeitenden ebenfalls eine Chance zur Weiterentwicklung.

„Gespräche bauen eine Verbindung zwischen Menschen auf und so fördert eine angemessene Feedbackkultur nicht nur den Zusammenhalt, sondern auch das Vertrauen zueinander.

Die Vorteile von einem regelmäßigen Austausch auf einen Blick:

- Mitarbeitende bekommen frühzeitig die Möglichkeit, anzubringen, wenn sie etwas stört, sie mit bestimmten Arbeitsbedingungen unzufrieden sind oder sonstige Belange zum Ausdruck bringen möchten. So kann schnell darauf reagiert werden und eine Abwanderung von Mitarbeitenden möglichst verhindert werden. Dies gibt den Mitarbeitenden das Gefühl, gehört zu werden, und steigert die Arbeitszufriedenheit, sowie die Motivation.
- Durch ein zeitnahes Feedback können Fehler und Missverständnisse sehr früh erkannt und gelöst werden. Die Mitarbeitenden können besser einschätzen, was von ihnen erwartet wird und ob die Führungskraft mit der Arbeit zufrieden ist. vielleicht gibt es Verbesserungspotenzial. Darüber hinaus können die Ressourcen der Mitarbeitende besser genutzt und etwaige Verbesserungspotenziale bei den Tätigkeiten und etwaige Entwicklungspotenziale der Mitarbeitenden erkannt werden.
- Ist einmal eine vertrauensvolle Basis entstanden, kann eine Führungskraft ein Feedbackgespräch nutzen, um selbst Rückmeldung über eigene Leistungen und das Führungsverhalten zu erhalten.“ (Kerneder, 2020)

Um erfolgreiche Feedbackgespräche umzusetzen, sind die folgenden sieben Verhaltensweisen einzuhalten:

„1. Nur ein konstruktives Feedback ist ein gutes Feedback

Eine konstruktive Rückmeldung ist immer lösungsorientiert und nach vorne gerichtet. Im Mittelpunkt steht das Weiterkommen, die Entwicklung des Gegenübers, ohne besserwisserisch oder überlegen zu wirken. Es geht darum, dem Gegenüber neue Sichtweisen zu eröffnen und Lösungswege zu erkennen oder gemeinsam zu erarbeiten.

2. Bitte nicht psychologisieren

Versuchen Sie, den Gesprächspartner nicht zu analysieren. Sie können nicht in ihn hineinschauen. Ein: „Was ist denn mit Ihnen los in letzter Zeit, gibt es schon wieder Zoff zu Hause?", ist nicht angebracht. Empathie zeigen und ein einfühlsamer Umgang ist hier die bessere Lösung.

3. Nur beschreiben, nicht interpretieren

Haben Sie eine Vermutung, dann äußern Sie diese auch als Vermutung. Oft neigt man in einem Feedbackgespräch dazu, subjektive Wahrnehmungen als Tatsachen auszusprechen. Das Verhalten Ihres Gegenübers kann viele andere Gründe haben, urteilen Sie nicht vorschnell.

4. Auch positive Aspekte erwähnen

Es ist nicht sehr sinnvoll, in einem Feedbackgespräch nur negative Aspekte zu erwähnen. Dies kann extrem niederschmetternd und demotivierend wirken. Es sollte daher eine ausgeglichene Balance herrschen zwischen der Wertschätzung zu dem was bereits gut gemacht wurde und zu dem wo es noch Verbesserungsbedarf gibt.

5. Nicht um den heißen Brei herumreden

Viele Menschen tun sich schwer, negatives Feedback gut zu formulieren und reden dabei ewig um den heißen Brei herum. Dabei geht die ursprüngliche Message oft verloren. Versuchen Sie, Feedback so konkret wie möglich anzusprechen, so kann Ihr Gegenüber am besten nachvollziehen, was genau Sie meinen.

6. Verallgemeinerungen vermeiden

Mit Verallgemeinerungen wie: „Es stört mich wirklich sehr, dass Sie immer zu spät kommen!“, geben Sie Ihrem Gegenüber das Gefühl, sich rechtfertigen zu müssen. Dies sollte so gut wie möglich vermieden werden. Auch Aussagen wie: „Dass Sie immer zu spät kommen, ist schon allen in der Abteilung aufgefallen!“, sind ein No-Go.

7. Wertschätzung nicht vergessen

Die Wertschätzung ist für beide Gesprächspartner enorm wichtig. Sind Sie Feedbackgeber, ist es, wie in Punkt 4 bereits erwähnt, sehr wichtig, Leistungen anzuerkennen und wertzuschätzen, auch wenn es hier und da noch Schwierigkeiten gibt. Als Feedbackempfänger sollten sie ihre Wertschätzung zeigen, indem sie aufmerksam zuhören, nicht vorschnell antworten, einen Rat annehmen und Ihre Dankbarkeit dafür ausdrücken.“ (Kerneder, 2020)

Eine vollumfängliche Form des Feedbacks ist ein 360-Grad-Feedback. Dabei handelt es sich um ein Mehrperspektivenfeedback für Führungskräfte. Beim 360-Grad-Feedback werden die Führungskräfte aus unterschiedlichen Perspektiven bewertet. Bei einem 90-Grad-Feedback treten die Mitarbeitenden in die Feedback-Geber-Position (Bottom-Up-Perspektive) und beurteilen ihre direkte Führungskraft zu identifizierten Kernthemen. Neben den Mitarbeitenden werden die betrachteten Führungskräfte zusätzlich von ihren eigenen Vorgesetzten bewertet (Top-Down-Perspektive). Zusätzlich zu den Mitarbeitenden und Vorgesetzten bewerten sich die betrachteten Führungskräfte auf der gleichen Hierarchieebene gegenseitig. Das 360-Grad-Feedback bildet durch den zusätzlichen Einbezug von externen Feedbackgebern, wie beispielsweise Kunden, oder Geschäftspartner in das Führungskräfte-Feedback, die umfassendste Perspektive. Durch den Einbezug mehrerer relevanter Perspektiven wird das Feedback der Rollenvielfalt der Fokusperson im Arbeitsalltag gerecht.

Basierend auf dem so ermöglichten Selbst-Fremdbild-Abgleich unterstützt die Feedbackbefragung gezielt die Personal- und Organi-

Verhaltensweisen beim Feedbackgespräch

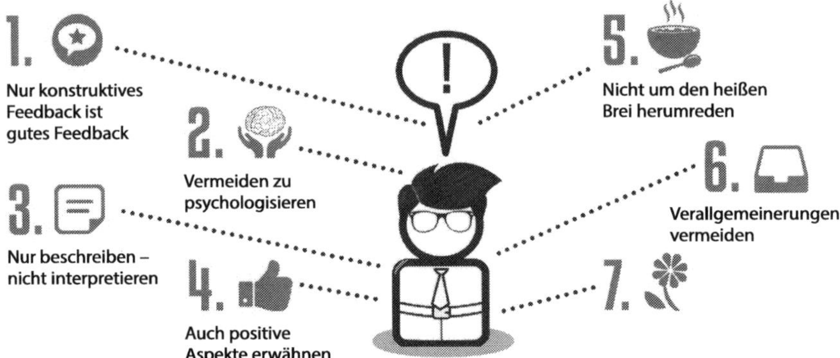

Abb. 116: Verhaltensweisen beim Feedbackgespräch, Quelle: Kerneder, 2020

sationsentwicklung: Auf individueller Ebene zeigen sich wahrgenommene Stärken und Verbesserungspotenziale, an denen persönliche Entwicklungsziele und -maßnahmen bedarfsgerecht und nachhaltig ausgerichtet werden können.

Zudem wird der teaminterne Austausch gegenseitiger Wahrnehmungen und Erwartungen gefördert, wodurch Leitplanken in der Interaktion gesetzt und Impulse für gemeinschaftliche Weiterentwicklung geboten werden. Übergreifende Analysen liefern darüber hinaus Anhaltspunkte für übergeordnete Handlungsfelder und Maßnahmen der Bereichs- oder Organisationsentwicklung.

Einer der wichtigsten Bausteine eines Feedbackgespräches ist die Wahrnehmung des zu Bewertenden und die Wahrnehmung des Wertenden. Dieser Vorgang ist individuell und damit subjektiv. Dabei nehmen mehrheitlich die Mitglieder einer Generation ein Feedbackgespräch einheitlich wahr, jedoch unterscheidet sich die Feedbackwahrnehmung zwischen den Mitgliedern.

Babyboomer vertreten mehrheitlich die Ansicht, dass Karrieren im Unternehmen von den Mitarbeitenden mitgestaltet werden, und daher können Babyboomer mit konstruktivem Feedback gut umgehen. Zudem sehen Babyboomer in einem die Gelegenheit, das dadurch nicht nur die eigene Karriere, sondern auch das Unternehmen weiterentwickelt werden kann. Dies kommt auch der angestrebten Jobsicherheit zugute. Auch sollte bei Rückmeldungen und Gesprächen die Wertschätzung bezüglich der gesammelten Erfahrungen der Babyboomer ausgedrückt werden. Besonders Babyboomer befürchten oftmals, dass ein intensives Feedback mit Misstrauen und Unselbständigkeit verknüpft ist. Somit sollte ein Feedback bei Babyboomer gut vorbereitet sein, da Babyboomer überwiegend sensibel auf Feedback reagieren. Daher sollte das Feedbackgespräch möglichst konstruktiv verlaufen. Zudem hat die Generation Babyboomer nur ein untergeordnetes Bedürfnis an häufigen Feedbacks. (vgl. Parment, 2009, S. 110) Somit ist es bei dieser Generation vollkommen ausreichend, nur ein Feedbackgespräch auf Jahresbasis vorzunehmen.

Auch bei der ich-bezogenen Generation X sollte ein möglichst konstruktives Feedback erfolgen, weil diese Generation weniger in einer persönlichen, sondern in einer sachlich-beruflichen Beziehung zum Unternehmen steht. Daher wird auch jegliches Feedback bevorzugt, das der Förderung der jeweiligen Aufgabenstellung dient. An einem Feedback zu langfristigen Fragestellungen ist die Generation X nicht interessiert, weil diese Generation ohnehin kein Interesse an einer Langzeitkarriere hat.

Bei der Generation Y verschwimmen die Grenzen zwischen Arbeit und Freizeit. Daher wird diese Generation beruflich bezogene Feedbacks auch auf ihr Gesamtverhalten beziehen, wodurch der pädagogische Aspekt des Feedbacks bei dieser Generation betont wird. Daher sollte die Führungskraft während des Feedbackgespräches zur Verstärkung der gewünschten Verhaltensänderung die gesamtheitlichen Vorteile der zu ändernden Verhaltensweisen betonen. Die Generation Y ist selbstbewusst und hat viel Lob in der Kindheit erfahren. Daher sollten bei dieser Generation in regelmäßigen Abständen Feedbackgespräche durchgeführt werden.

Auch erwartet die Generation Y nicht nur überwiegend ein schnelles, sondern auch ein positives Feedback. Das Ziel ist eine schnelle Bewertung sowie eine unmittelbare Belohnung der Arbeitsergebnisse. Selbst gerne Kritik äußernd, ist die Generation Y Kritik nicht gewöhnt, so dass kritisches Feedback dosiert werden sollte. Dabei bevorzugt diese Generation Feedbackgespräche, die zielgerichtet und in kurzen Abständen Rückmeldeprozesse über die Entwicklung der Mitarbeitenden geben. Da bei der Generation Y die Grenzen zwischen Arbeit und Freizeit verschwinden, sollte das Feedback nicht ausschließlich auf das Mitarbeiterjahresgespräch beschränkt bleiben.

Die Generation Z ist besonders geprägt von einer Zukunftsangst und ist zudem unsicher im persönlichen Kontakt. Daher sind Feedbackgespräche für diese Generation mehrheitlich eine Stresssituation. Daher ist bei dieser Generation eine besonders gründliche Vorbereitung des Feedbackgespräches erforderlich. Dabei sollte die Führungskraft besonders darauf achten, dass das Feedbackgespräch möglichst konstruktiv verläuft. Auch mit der Generation Z sollten in regelmäßigen Abständen Feedbackgespräche geführt werden. Zudem sollten bei der ungeduldigen Generation Z die Rückmeldeprozesse über die Entwicklung zielgerichtet und in kurzen Abständen erfolgen.

3.2.5.7. Generationenorientierte Weiterentwicklung der Mitarbeitenden

Einfach neue Mitarbeitende einzustellen, die die notwendigen Kompetenzen mitbringen, ist angesichts des oftmals vorherrschenden Fachkräfteengpasses kaum möglich. Wenn das Unternehmen erfolgreich bleiben und sich gegenüber den Wettbewerbern durchsetzen will, braucht es Personal, das entsprechend den unternehmerischen Anforderungen gezielt weiterentwickelt werden kann.

Das Führungsinstrument Personalentwicklung fördert und qualifiziert nicht nur die Mitarbeitenden, sondern ist auch ein Instrument, um die Mitarbeitenden an das Unternehmen zu binden. Zudem steigern Personalentwicklungsmaßnahmen die Motivation und Zufriedenheit bei den Mitarbeitenden. Auch das Unternehmen profitiert vom neu erworbenen Know-how.

Personalentwicklung sollte daher ein wichtiger Bestandteil des Personalwesens sein. Der Prozess der Personalentwicklung durchläuft dabei die folgenden Schritte:

1. Bedarfsermittlung für die Personalentwicklung,
2. Kommunikation der geplanten Maßnahmen zwischen Führungskraft und Mitarbeitenden,
3. Gemeinsame Definition der Personalentwicklungsziele,
4. Bestimmung der durchzuführenden Personalentwicklungsmaßnahmen,
5. Durchführung der Personalentwicklungsmaßnahme,
6. Evaluation der Personalentwicklungsmaßnahme, um die Wirtschaftlichkeit, den Erfolg und die Nachhaltigkeit der Maßnahme zu fördern,
7. Unmittelbare operative Umsetzung des Erlernten, damit das neu erworbene Wissen nicht verloren geht.

Alle Maßnahmen der Personalentwicklung, die des persönlichen Wachstums und Status sowie der Jobsicherheit der Babyboomer werden von dieser Generation bevorzugt angenommen und umgesetzt. Insbesondere sind Personalentwicklungen zu neuen Techniken und Entwicklungen für Babyboomer von Bedeutung, damit das theoretische Wissen auf dem Stand der Zeit bleibt.

Beim praktischen Wissen haben Babyboomer nur einen geringen Bedarf, da Babyboomer über umfangreiche Erfahrungen verfügen. Erfahrung wird definiert als das durch Wahrnehmung und Erleben erworbene Praxiswissen. Hieraus lässt sich ein Praxistipp ableiten:

Praxistipp

Babyboomer konnten in ihrem Berufsleben Erfahrungen sammeln, stehen jedoch nur bis maximal 2035 den Unternehmen zur Verfügung, weil dann auch die letzten Babyboomer in Rente gehen werden. Wenn die Babyboomer aus dem Unternehmen ausscheiden, geht auch die Erfahrung mit. Daher sollten die Unternehmen Maßnahmen ergreifen, um diese Erfahrungen auf die nächsten Generationen zu übertragen. Eine Maßnahme kann darin liegen, den Babyboomern im letzten Berufsabschnitt spezielle Fortbildungen anzubieten, welche den Babyboomern eine Berater-, Ko-Trainer- oder Moderatorenrolle ermöglichen. Dadurch kann der Wissenstransfer systematisch organisiert und die Leistungsfähigkeit des Unternehmens nachhaltig gesichert werden.

Bei der Generation X werden alle Personalentwicklungsmaßnahmen bevorzugt, die der beruflichen Weiterentwicklung dienen. Daher sollten den Mitarbeitenden der Generation X kontinuierlich fachliche Weiterbildungen und Aufstiegsmöglichkeiten angeboten werden. Maßnahmen zur Persönlichkeitsentwicklung werden dann gerne umgesetzt, wenn dies hilfreich für eine ausgeglichene Work-Life-Balance ist.

Für die Generation Y ist Bildung eine Selbstverständlichkeit. Daher werden Angebote zur Weiterbildung auch gerne angenommen. Umgekehrt sollte aber auch die Führungskraft kontinuierlich für die Weiterentwicklung dieser Generation sorgen. Maßnahmen können beispielsweise neben dem Erschließen einer Führungslaufbahn weitere Laufbahnmöglichkeiten wie Projekt- oder Fachlaufbahnen eine Option für die Generation Y sein. Wenn die Gegebenheiten vorhanden sind, kann eine weitere Möglichkeit darin bestehen, dass den Mitarbeitenden der Generationen Y die Möglichkeit von Auslandsaufenthalten oder internationalen Projekten angeboten wird. Natürlich sollte dann auch die gezielte Rückkehr der Nachwuchskräfte geplant werden. Somit dient die geplante Weiterbildung auch der Mitarbeiterbindung der Generation Y. Führungskräfte sollten zudem zu „Performance Coaches" werden und in dieser Rolle sich im regelmäßigen Austausch mit den Mitarbeitenden über deren Ziele, Ergebnisse und Vorstellungen austauschen, sowie den Mitarbeitenden helfen sich kontinuierlich weiterzuentwickeln. Grundsätzlich motivieren die Generation Y alle Entwicklungsmaßnahmen, die einen großen Freiraum für Innovation und Kreativität bieten. Darüber hinaus ist die Generation Y dankbar, wenn der Zugang zu sozialen Netzwerken ermöglicht wird.

Zudem sollte sowohl das an die Generation Y gegebene Feedback, als auch das von der Generation Y gegebene Feedback zu jederzeit über entsprechende digitale Plattformen oder Apps verfügbar und nutzbar sein. Dazu können auch mobile Technologien eingesetzt werden, die schnelles und intuitives Feedback erlauben. Die dabei entstehenden Daten können im Hintergrund analysiert und für die Optimierung des Talent Managements sowie des Performance Managements genutzt werden. Da die Generation Y ein zeitnahes Feedback bevorzugt, ist eine regelmäßige Bewertung für die Mitarbeitende dieser Generation hilfreich, um sich persönlich und professionell weiterzuentwickeln. Ein zahlenbasiertes und einmal jährlich festgelegtes Performance Rating, das direkt die Vergütung beeinflusst, wird damit eventuell überflüssig.

Die Generation Z besteht überwiegend aus „Technoholics“ und ist technikaffin. „Für die Vertreter der Generation Y ist organisatorische und technologische Innovation kein Zauberwort, sondern Vision und Ansporn. Zu den Entwicklungsmethoden, die sie besonders ansprechen, gehören daher Plattformen für die Entwicklung von Ideen zur Verbesserung von Abläufen, Produkten und Dienstleistungen, Unternehmens-Wikis, Lern- und Wissensplattformen sowie Experten-Pools über Bereichsgrenzen hinweg zwecks Erfahrungsaustausch und kollegialer Beratung. Dieser Umstand kann genutzt werden, um die Mitarbeitenden dieser Generation für die anstehende Digitalisierung weiterzuentwickeln.

Nicht nur die personellen, sondern auch die technischen Voraussetzungen spielen eine nicht unerhebliche Rolle bei der Entwicklung der jungen Nachwuchsgeneration. Zeit- und ortsunabhängiges Lernen ist hier ebenso gefordert wie ein anregender Mix aus verschiedenen Lehrmethoden (Blended Learning), die sowohl virtuelle und visuelle (vgl. Hulme, 2020, S. 4f.) Bestandteile als auch spielerisches, erfahrungsorientiertes Lernen mit anderen und in der Gruppendiskussion und -interaktion beinhalten. Traditionelle Lerntechniken sprechen die Mitglieder der Generation Y kaum an. Kurse oder Seminare sollten weniger das klassische Konsumieren und Zuhören, sondern das Erlebbarmachen des Erkenntnisgewinns verfolgen. Bei umfangreicheren Weiterbildungsprogrammen müssen gegebenenfalls die Rahmenbedingungen individuell angepasst werden können, z. B. durch flexible Arbeitszeitmodelle und Familienservices." (Armutat, 2011, S. 36f.) Zudem sollten Lernprozesse möglichst unter Nutzung von moderner IT und im besten Fall unter Einbeziehung von Interaktion in Social Media erfolgen.

Auch bei der Generation Z sollten die Feedbacks zu jederzeit über entsprechende digitale Plattformen oder Apps und durch alle Kollegen erlaubt und möglich sein. Dazu können auch mobile Technologien eingesetzt werden, die schnelles und intuitives Feedback erlauben. Die dabei entstehenden Daten können im Hintergrund analysiert und für die Optimierung des Talent Managements sowie des Performance Managements genutzt werden. Da die Generation Z ebenso ein zeitnahes Feedback bevorzugt, ist eine regelmäßige Bewertung in relativ kurzen Abständen, also mehrmals im Jahr, für die Mitarbeitende der Generation Z hilfreich, um sich persönlich und professionell weiterzuentwickeln.

3.2.6.8. Generationenorientierte Mitarbeiterbeurteilung

Die Mitarbeiterbeurteilung ist ein Instrument der Personalführung. Bei der Mitarbeiterbeurteilung werden Informationen über die Leistungen (Leistungsbeurteilung) und/oder über die Potentiale (Potentialbeurteilung) von den Mitarbeitenden gewonnen, verarbeitet und ausgewertet. Die Leistungsbeurteilung umfasst die Beurteilung und den Vergleich der vergangenheitsbezogenen, bereits erbrachten Ist-Leistung der Mitarbeitenden, mit den Soll-Leistungen. Der Übereinstimmungsgrad wird dann als Indikator für die Leistung bzw. den Erfolg von Mitarbeitenden gewertet.

Die Potentialbeurteilung besteht aus der Entwicklungs-, Eignungs- und Karrierebeurteilung und bewertet die Eignung des

Mitarbeitenden in Hinblick auf zukünftige Aufgaben und die Möglichkeiten seiner individuellen beruflichen Weiterentwicklung. Anhand einer differenzierten Personalanalyse kann die Arbeitsleistung der Mitarbeitenden bewertet werden. Dies kann aus verschiedenen Anlässen geschehen:

- **Bildung**

Im Rahmen einer Ausbildung, Fortbildung oder Umschulung werden die Leistungen des Arbeitnehmers bewertet. Dies geschieht meist in Form eines Abschlusszeugnisses.

- **Förderung**

Ein Mitarbeitender erhält ein Mentoring oder Coaching. Hier werden die Fortschritte festgehalten und überlegt, wie es von dort aus weitergehen kann. Zusätzlich verbessert eine Mitarbeiterbeurteilung die Führungsqualität des Vorgesetzten.

- **Entwicklung**

Auf dem neusten Stand gehaltene Mitarbeitende dienen dem Unternehmen dazu, den Qualitätsstandard zu halten oder zu verbessern. Gleichzeitig ist mit der gewonnenen Erkenntnis ein besserer Personaleinsatz gemäß den individuellen Fähigkeiten möglich.

- **Vergütung**

Eine Mitarbeiterbeurteilung dient dem Unternehmen dazu, eine leistungsgerechte Vergütung zu finden. Diese trägt neben der individuellen Förderung dazu bei, die Motivation der Mitarbeitenden zu verbessern.

- **Vertragsende**

Eine Mitarbeiterbeurteilung kann außerdem anstehen, wenn die Probezeit abläuft oder ein Arbeitnehmer gekündigt hat. In diesem Fall schlägt sich die Personalbeurteilung in einem Arbeitszeugnis nieder.

Babyboomer wünschen sich mehrheitlich eine respektvolle Zusammenarbeit mit dem Vorgesetzten und erwarten daher auch bei der Beurteilung einen respektvollen und sachlichen Umgang. „Neben ihrer Durchsetzungsfähigkeit hat diese Generation aber auch soziale Kompetenzen, die sie durch ihre frühzeitige Konfrontation mit der Begrenztheit von Ressourcen in der eigenen Altersgruppe entwickelt hat." (Bruch, et al., 2010, S. 120) Aus der Begrenztheit der Ressourcen resultieren soziale Kompetenzen, wie Geduld, Kompromissfähigkeit und nachhaltige Strategien, Diese sozialen Kompetenzen sollten daher in der Mitarbeiterbewertung berücksichtigt und in der Mitarbeiterbeurteilung genannt werden. Dadurch werden sich die Mitarbeitenden der Babyboomer-Generation verstanden fühlen.

Die Generation X mag zwar wie ihre Vorgängergeneration auch keine großen Hierarchien am Arbeitsplatz, ist jedoch nicht so konsensorientiert wie die Vorgängergeneration. (vgl. Bruch et al., 2010, S. 122) „Was diese Generation auszeichnet, ist eine zum Teil ‚brutale Ehrlichkeit'." (Bruch et al., 2010, S. 122) Dies bedeutet aber auch, dass die Mitarbeiterbeurteilungen dieser Generation klar und eindeutig ausfallen können, ohne dass die Generation X sich davon persönlich angegriffen oder nicht wertgeschätzt fühlt. Im Gegenteil: Diese Generation wird die Bewertung verstehen und sich sozial anerkannt fühlen. Besonders wichtig für die Generation X sind auch klare Karriereziele. Wenn die Mitarbeiterbeurteilung mit einer klaren Karriereentwicklung verbunden ist, leistet diese auch einen Beitrag zur Mitarbeiterbindung der Generation X.

Die Generation Y hat kein Interesse an einer Langzeitkarriere in einem Unternehmen und wechselt noch häufiger als Vorgängergeneration die Unternehmen. 66 % der Generation Y weltweit planten 2016, ihren aktuellen Arbeitgeber bis zum Jahr 2020 zu verlassen – in Deutschland gaben dies immerhin 48 % der Befragten an. (vgl. Deloitte, 2016, S. 4f.) Wenn also sowieso die Mehrheit der Mitarbeitenden dieser Generation bald das Unternehmen verlässt, sollte man für diese Generation überhaupt eine Beurteilung vornehmen? Eindeutig ja – und dies aus 3 Gründen:

Der wesentliche Grund, warum die Generation Y wechseln möchte, sind die fehlenden Entwicklungsmöglichkeiten als Führungskraft.

(vgl. Deloitte, 2016, S. 7) Dem können Unternehmen entgegenwirken, indem der Generation Y entweder eine Führungsposition angeboten oder, falls dies nicht möglich ist, ihr eine interessante, abwechslungsreiche und anspruchsvolle Sacharbeiterposition mit einer zukünftigen Führungsperspektive aufgezeigt wird. Der zweite Grund liegt im Mitarbeiterbranding. Unternehmen, die noch bei der Einstellung vollmundig mit Weiterbildung und Coaching werben und nunmehr noch nicht einmal eine Mitarbeiterbewertung vornehmen, sind in den Augen der potentiellen zukünftigen Mitarbeitenden nicht vertrauenswürdig.

Geschönte Angaben und vermeintlich heile Welten können durch einen Fakten-Check über Arbeitgeberbewertungsportale oder Soziale Netzwerke leicht identifiziert und dann durch entsprechende Kommentare in Foren und Blogs abgestraft werden. Solche Entwicklungen machen schnell die Runde und sind daher schädlich für das Mitarbeiterbranding.

Als Drittes ändern sich die Dinge. Dies wird besonders deutlich in der COVID-19-Pandemie. Aufgrund der wirtschaftlichen Krise in der Folge der COVID-19-Pandemie hat die Generation X nur im geringen Umfang einen Unternehmenswechsel vollzogen. Ursache dafür sind die Stressfaktoren aufgrund der COVID-19-Pandemie. Stressfaktoren haben negative Folgen für die Familien- (41 %), die finanziellen Zukunfts- (41 %) und Berufsaussichten (40 %). (vgl. Deloitte, 2020, S. 6)

Das Lieblingszitat der Generation Z ist: „Wann fragt endlich jemand, was ich will?" Dies kann bei der Mitarbeiterbeurteilung der Generation Z berücksichtigt werden, indem den Mitarbeitenden dieser Generation nicht nur die guten und schlechten Eigenschaften des Mitarbeitenden dargelegt, sondern auch die Entwicklungsmöglichkeiten des vorhandenen Ressourcenpotentials aufgezeigt werden. Danach können die Mitarbeitenden der Generation Z über ihre beruflichen Wünsche befragt und es kann über die gewünschte individuelle weitere Entwicklung der beruflichen Karriere diskutiert werden.

3.2.6.9. Generationenorientiere Teamentwicklung

Der Begriff Team wird in der Praxis mit den verschiedensten Bedeutungen angewandt. Oft spricht man von einem Team, meint aber eine Gruppe von Mitarbeitenden, die ähnliche Aufgaben haben. Gruppen arbeiten oft langfristig zusammen und übernehmen feste Aufgabenbereiche. Ein Team im eigentlichen Sinne ist eine Gruppe von Mitarbeitenden, die bereichsübergreifend zusammengezogen werden, um eine bestimmte Aufgabe zu lösen. Dabei geht es meist um Aufgaben oder Projekte, die so komplex sind, dass sie die Kompetenzen und das Know-how aus unterschiedlichen Arbeitsbereichen erfordern. Teams werden für unterschiedliche Zwecke und Zielsetzungen mit unterschiedlicher zeitlicher Dauer gebildet.

Folgende Merkmale kennzeichnen ein Team:

- Übernahme einer gemeinsamen Aufgabe mit definierten Zielen,
- Selbstständige Organisation und Kontrolle der Arbeitsabläufe,
- Gemeinsame Verantwortung für das Ergebnis,
- Hierarchiefreies, gleichberechtigtes Arbeiten.

Teamentwicklung ist eine klassische Führungsaufgabe und daher ein stetig wiederkehrendes Thema für Führungskräfte. Die Rolle der Führungskraft wandelt sich vom „Steuermann“ zum Coach, Berater und Supervisor. Führungskräfte tragen die Verantwortung für die Klärung von Aufgaben, Abläufen und Rollen und somit die Schaffung von „Spielregeln“ im Team.

Dabei ist es unabdingbar die Gruppendynamik und die Art und Weise, wie die Mitarbeitenden miteinander arbeiten, einschätzen zu können. Es ist eine nicht delegierbare Aufgabe der Führungskräfte, den Zusammenhalt und die Kommunikation in eigenem Team zu stärken. Gut funktionierende Teams können durchaus als Merkmal gelungener Führung bewertet werden.

Nach Bruce Tuckman durchläuft ein Team bis zu 5 Phasen. (vgl. Tuckman, 1965, S. 348–399)

In der Phase 1, dem Forming (Test-Phase), steht das Kennenlernen der Mitglieder im Vordergrund. Der Umgang der Teammitglieder ist in dieser Phase häufig noch reserviert, vorsichtig und höflich, weil diese sich noch nicht kennen. Klare Ziele und genaue Prozesse liegen noch nicht vor. Dementsprechend ist die fachliche Leistungsfähigkeit noch sehr gering. Der Teamleiter hat zunächst nur eine Moderatorenrolle, verteilt danach aber relativ direktiv die Aufgaben und Herausforderungen. (vgl. Tuckman, 1965, S. 348–399)

In der Storming-Phase (Kampfphase) kommen sich die Teammitglieder näher – und zwar sowohl positiv als auch negativ. Die Personen merken so langsam, „mit wem sie können" und mit wem eben nicht. Mit der Zurückhaltung und Freundlichkeit ist es in dieser Phase vorbei. Häufig bilden sich Fraktionen und unterschwellige Konflikte sowie Spannungen entstehen. In manchen Fällen wird deutlich, dass die Arbeitsaufgabe komplizierter ist, als ursprünglich angenommen. Der erste Motivationseffekt ist verpufft, und es herrscht eine hohe Orientierung auf Probleme. Doch statt diese sachlich zu lösen, werden die Konflikte auf einer persönlichen Ebene ausgetragen. Die Teamleitung legt in dieser Phase den Fokus auf das Konfliktmanagement, indem Interessen integriert, Regeln erarbeitet und transparent gemacht werden. Der Führungsstil ist kooperativ. (vgl. Tuckman, 1965, S. 348–399)

In der Norming-Phase (Organisationsphase) bilden sich die Prozesse und Regeln heraus, nach denen das Team miteinander arbeiten möchte, und es wird offen diskutiert. Dieses offene Miteinander ist positiv, denn es bilden sich die Rollen im Team und Arbeiten werden sinnvoll verteilt. Das Team arbeitet von da an deutlich lösungsorientierter, auch wenn es immer noch Schwierigkeiten geben kann. In dieser Phase ist die Führung normativ, da der Fokus auf der Beachtung von Regeln liegt. (vgl. Tuckman, 1965, S. 348–399)

In der Performing-Phase (Hochleistungsphase) ist das Team leistungsfähig und arbeitet effizient und eigenständig. Der Umgang der Teammitglieder ist geprägt von Wertschätzung und gegenseitigem Respekt.

Die in der Norming-Phase entwickelten Rollen und Spielregeln führen zu einem konstruktiven und lösungsorientierten Arbeitsstil. Der Projektleiter muss nunmehr kaum noch eingreifen und kann sich jetzt etwas zurückziehen. Zielvorgaben, Moderation und Weiterentwicklung der einzelnen Mitglieder stehen nun im Vordergrund. In dieser Phase ist die Führung partizipativ, da der Fokus auf das Potenzial der Teamaufgabe und auf der Selbstverantwortung des Teams liegt. (vgl. Tuckman, 1965, S. 348–399)

In der Adjourning-Phase geht das Team getrennte Wege. Daher ist diese Phase nur für Teams relevant, die nur temporär agieren.

Auch wenn das Team getrennte Wege geht, sollte das Team formal verabschiedet und die erbrachten Leistungen gewürdigt werden. Der klare Abschluss zum Prokjektende sollte auch deswegen gewürdigt werden, weil die Mitarbeitenden die Veränderung durch das Projekt größtenteils akzeptiert und neue Arbeitsroutinen entwickelt haben. Dies sollte auch gewürdigt werden. Vor allem dann, wenn es zu feststellbaren Verbesserungen kommt, von denen das Unternehmen profitiert. Zudem bietet sich hier die Gelegenheit, konstruktive Kritik zu üben, um aus den Phasen Forming, Storming und Norming zu lernen. Dadurch sollen die Leistungen der zukünftigen Projekte und Teams verbessert werden.

Und eins sollte nicht vergessen werden: Alle erreichten Ziele von wichtigen Etappenzielen bis hin zum Hauptziel sollten gefeiert werden, etwa mit einer hausinternen After-Work-Party oder einem Familientag. Eine weitere Möglichkeit sind Betriebs- oder Abteilungsausflüge, zum Beispiel zu einem wichtigen Auftritt der Firma auf einer Messe. Dadurch erleben die Mitarbeitenden, wie sich das Unternehmen neben den Wettbewerbern nach außen positioniert, etwa als innovativer Player.

Gerade wenn es um herbe Einschnitte mit Lohnkürzungen geht, tragen die Mitarbeitenden maßgeblich zum Erfolg des Unternehmens bei. Auch das hat Anerkennung verdient. Allerding sollte das Dankeschön bei zuvor erfolgten Lohnkürzungen klein ausfallen, schließlich gab es ja einen wirtschaftlichen Grund für diese Lohnkürzungen. Dazu bedarf es nicht großer Events, sondern eher symbolischer Gesten. So könnte der ausgesprochene Dank zugleich mit einem positiven Ausblick über die zukünftige Erholung des Unternehmens und der Arbeitsplatzsicherheit verbunden werden.

Teamphasen nach Tuckman

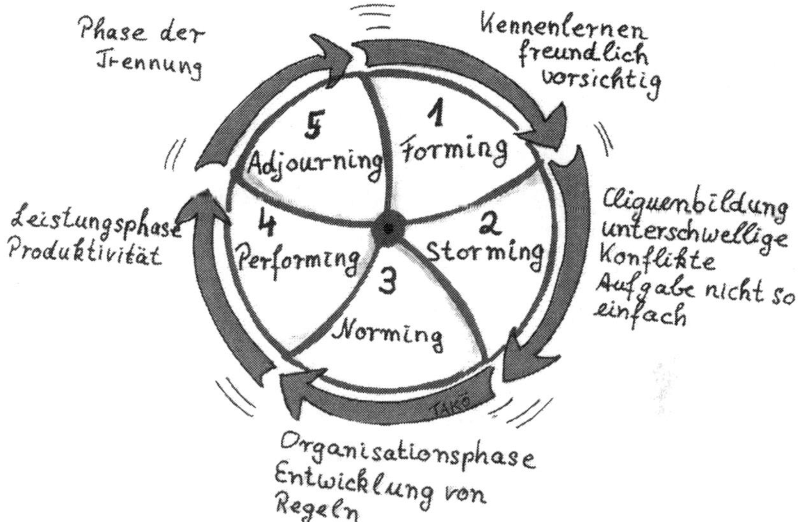

Abb. 117: Teamphasen nach Tuckman, Quelle: Königs, 2018, S. 1

Wie ticken jedoch die einzelnen Generationen bei der Teamentwicklung?

Babyboomer sind geprägt durch eine Vielzahl von Teilnehmern und Wettbewerbern bei ihren Tätigkeiten. Dadurch haben Babyboomer einerseits gelernt, sich durchzubeißen. Andererseits sind Babyboomer gute Teamplayer, weil sie gelernt haben, mit und in Teams zu arbeiten. Somit verfügen Babyboomer über langjährige Erfahrungen und haben zugleich bei Problemen im Team gelernt, damit umzugehen. Dies macht mehrheitlich die Babyboomer zu langjährig geübten, sehr guten Teamplayern.

Die Generation X ist geprägt durch Selbstständigkeit und durch einen größtmöglichen Freiraum sowie durch Individualismus. Dies sind aber genau die gegenteiligen Eigenschaften, die einen guten Teamplayer ausmachen. Mehrheitlich sind daher die Mitarbeitenden der Generation X eher schlechte Teamplayer. Daher kann erwartet werden, dass es insbesondere in der zweiten Phase der Teambildung, dem Storming, zu Problemen oder zu einer verzögerten Teambildung kommen kann. Die Personalführung kann bei Problemen im Rahmen der Teambildung an die Berufsorientierung der Generation X appellieren und auf die beruflich notwendige Teambildung verweisen. Zudem kann und sollte der Mangel an Teamfähigkeit durch Schulungsmaßnahmen ausgeglichen werden.

Bei der Generation Y steht Teamarbeit im Vordergrund, da diese Generation es gewohnt ist, in Gruppen zu interagieren. „Es gilt das Prinzip der Kooperation." (vgl. Künkel et al.„ 2014, 64f.) „Gemeinsam, statt alleine", lautet die Devise. Sie wollen zusammen etwas bewegen und Teil eines Ganzen sein, mit dem sie sich identifizieren können (vgl. Künkel et al., 2012, S. 39). „Auf Universitäten und Fachhochschulen werden die jungen Menschen darauf vorbereitet. So wird in Gruppen gelernt, Präsentationen vorbereitet und gemeinsam an Seminararbeiten geschrieben, um später den kollektiven Erfolg zu feiern." (Mahringer, S. 36) Somit sind auch die Mitarbeitenden der Generation Y mehrheitlich gute Teamplayer.

Zeichnet sich die Generation Y noch durch einen starken Wunsch nach der Nutzung von Homeoffice und eine hohe Teamfähigkeit aus, verfolgen die Mitglieder der Generation Z eher eine Einzelkämpfermentalität und legen mehr Wert auf klare Strukturen und einen langfristig gesicherten Arbeitsplatz. Diese Mentalitätsunterschiede können schnell zu Spannungen zwischen einzelnen Mitgliedern eines Teams führen und erschweren es dem Unternehmen, auf die Bedürfnisse der Teammitglieder einzugehen. (vgl. Winterer, S. 1)

Da die Mitarbeitenden der Generation Z mehrheitlich eher schlechte Teamplayer sind, sollte eine Führungskraft bei den Mitarbeitenden der Generation Z relativ direktiv führen und Grenzen und Deadlines setzen, aber den Mitarbeitenden der Generation Z innerhalb dieses Rahmens auch Freiheiten lassen. Dies kommt der selbständigen Ausrichtung der Generation Z entgegen. Allerdings werden diese Führungsmaßnahmen nicht ausreichen. Vielmehr kann und sollte der Mangel an Teamfähigkeit durch Schulungsmaßnahmen ausgeglichen werden.

An dieser Stelle sei nochmals darauf verwiesen, dass eine generationenorientierte Personalführung sich auf die mehrheitliche

Ausprägungen einer Generation fokussiert und es in der Praxis mit Sicherheit abweichende Verhaltensweisen von den typischen Generationsmerkmalen gibt. Zusammenfassend kann die Teamfähigkeit der Generationen wie folgt zusammengefasst werden:

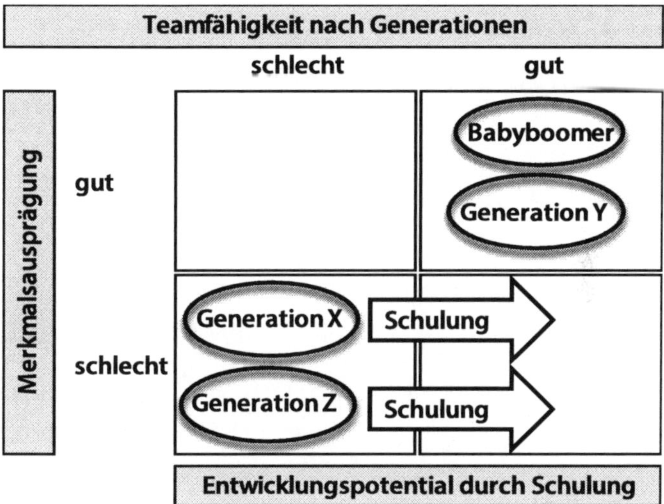

Abb. 118: Teamfähigkeit nach Generationen, Quelle: Eigene Darstellung

4

Der Einfluss der Führung auf Change-Prozesse

„Nichts ist so beständig wie der Wandel."
(Charles Darwin)

„Zunehmend bestimmt der Wandel den Unternehmensalltag. Um ihn optimal zu steuern, bedarf es spezieller Managementtechniken, die sich unter dem Begriff Change Management zusammenfassen lassen. Im Vordergrund steht bei allen Betrachtungen der Faktor Mensch, denn die Umsetzung von Wandel ist auf die aktive Unterstützung der Mitarbeiter angewiesen." (Lauer, 2019, S. 3)

Change Management bezeichnet das planvolle Management von Veränderungsprozessen von einem Ausgangszustand hin zu einem Zielzustand. Dabei ist die Hauptaufgabe von Change Management, gezielt und aktiv, strategisch klug und wirkungsvoll in die Anpassungsprozesse einzugreifen. In gelungenen Change-Prozessen werden die Einzelschritte strategisch sinnvoll geplant, gesteuert, kontrolliert und stabilisiert.

Dabei umfasst das Change Management alle Aufgaben, Maßnahmen und Tätigkeiten zur Planung, Steuerung und Kontrolle der Veränderungsprozesse und der bereichsübergreifenden und inhaltlichen Umsetzung von neuen:

- Strategien,
- Strukturen,
- Systemen,
- Kommunikationen,
- Prozessen oder
- Verhaltensweisen

in Unternehmen oder Organisationen.

Wesentlicher Einflussfaktor bei Change Prozessen sind also die Mitarbeitenden und zwar auf allen Unternehmensebenen. Die Geschäftsführung eines Unternehmens sollte daher den Einflussfaktor

Mitarbeiter berücksichtigen und eine Unternehmenskultur entwickeln, in der Change-Prozesse erfolgreich umgesetzt werden können. Aufgabe des Managements ist die Initialisierung, Planung und Koordination der Change-Prozesse. Change-Prozesse können aber nur dann erfolgreich realisiert werden, wenn die Mitarbeitenden die Change-Prozesse aktiv unterstützen und umsetzen. Damit Change-Prozesse von den Mitarbeitenden unterstützt werden und die Projekte erfolgreich sind, haben die Führungskräfte bei den Veränderungsphasen auf

- Klarheit und Transparenz
- Beteiligung der Mitarbeitenden
- Wertschätzung für die Umsetzungsarbeiten der Mitarbeitenden und
- Sinnhaftigkeit und Orientierung der Change-Prozesse

zu achten.

Darüber hinaus sollten Führungskräfte für eine Entlastung im Tagesgeschäft sorgen, damit die zusätzlichen Belastungen durch Change-Projekte ausgeglichen werden können. Ein weiterer interner Treiber für die erfolgreiche Umsetzung von Change-Projekten ist ein kontinuierlicher Dialog mit den Mitarbeitenden und das aktive Zuhören der Führungskräfte. Allen beteiligten Mitarbeitenden bei Change-Prozessen muss klar sein, warum die Veränderung alternativlos ist. Allerdings reichen Dialog und aktives Zuhören nicht aus, vielmehr müssen die Führungskräfte prüfen, ob die Botschaften ankommen. Daher sollten die Führungskräfte auf die Mitarbeiter zugehen und so lange mit diesen sprechen, bis die Führungskräfte sicher sind, dass alle Mitarbeitenden im Boot sind. Zudem sollten die Führungskräfte den Change-Prozess laufend monitoren.

Veränderungsprozesse können extern ausgelöst werden und zielen durch reaktive Veränderungsprozesse auf die Bewältigung von Krisen oder Übergangsphasen. Die Unternehmen unterliegen dabei einem ständigen Wandel durch externe Treiber. prüfen, ob die Botschaften ankommen. Dazu

Externe Treiber für Veränderungsprozesse

Globalisierung
- Ausweitung Beschaffungs- und Absatzmärkte
- Intensivierung des Wettbewerbs
- Aufstrebende Länder wie China und Indien
- ...

Technologie
- IT-Innovationen
- Verbreitung von IT-Instrumenten
- Nanotechnologie
- Gentechnik
- ...

Mediatisierung
- Bestehende Märkte werden "digital"
- Virtuelle Märkte entstehen
- Virtuelle Unternehmen entstehen

Strategische Erneuerung

Gesellschaft
- Demographie
- Bevölkerungswachstum
- Wertewandel (Work-Life-Balance)
- Ökologisches Bewusstsein

Politisch-rechtlich
- Privatisierung
- (De-)regulierung
- Corporate Governance
- Einfluss von NGO und Communities

Branchenstrukturen
- Wertschöpfungsketten verändern sich
- Neue Distributionskanäle
- Neue Branchen entstehen
- Allianzen und Netzwerke gewinnen an Bedeutung

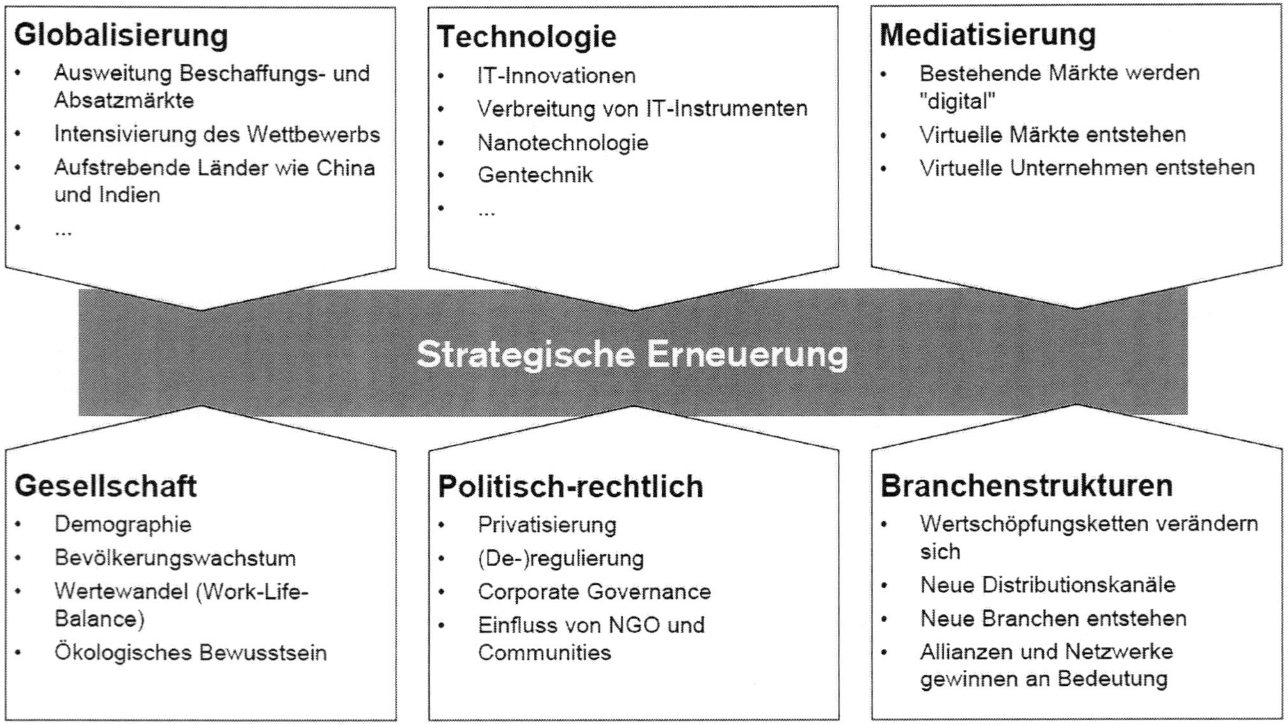

Abb. 119: Externe Treiber für Veränderungsprozesse, Quelle: Beutler, 2011, S. 2

Um langfristig am Markt zu existieren, muss sich daher ein Unternehmen an seine Umwelt anpassen. (vgl. Gergs, 2016, S. 18)

Was haben AEG, Grundig, Quelle, Texaco, Inc. und Lehman Brothers gemeinsam? Richtig! Sie sind insolvent. Angesichts des Untergangs vieler Unternehmen sagte Peter Brabeck-Letmathe (Nestlé, Vorstandsvorsitzender): „Es geht nicht darum nachzudenken, was uns bisher erfolgreich gemacht hat, es geht primär um die Frage, was wir tun müssen, damit wir auch in Zukunft erfolgreich bleiben. (...) Das ist vielleicht die schwierigste Aufgabe, insbesondere, wenn das Unternehmen bereits erfolgreich ist."

Dimensionen eines nachhaltigen unternehmerischen Change Managements

Dimension	Change Bereich	Personalmaßnahmen
Ökologische Nachhaltigkeit	Umweltfreundliche Produkte und Dienstleistungen	Aus- und Weiterbildung
	Umweltfreundliche Prozesse	Know-How-Plattform
Ökonomische Nachhaltigkeit	Sicherung und Weiterentwicklung des Eigenkapitals	Nachhaltige Investitionsprojekte
	Nachhaltiger Erhalt der ökonomischen Leistungsfähigkeit	Freiwillige soziale Leistungen
Soziale Nachhaltigkeit	Familiengerechte Arbeitsplätze	Betriebsrenten
	Flexible Arbeitsplätze	
	Freiwillige soziale Leistungen	

Abb. 120: Dimensionen eines nachhaltigen unternehmerischen Change Managements, Quelle: Eigene Darstellung

Proaktive Veränderungsprozesse werden unternehmensintern ausgelöst und ermöglichen erst die Bereitschaft des Unternehmens zu Veränderungsprozessen. Dabei zielen proaktive Veränderungsprozesse auf den langfristigen und geplanten Aufbau von Veränderungsfähigkeit und -bereitschaft. Daher ist nachhaltiges Change Management von existenzieller Bedeutung für Unternehmen aller

Größenordnungen. Ein nachhaltiges Change Management ist auf kontinuierliche Verbesserungen ausgerichtet und sichert die langfristige Marktteilnahme der Unternehmen durch ständiges Monitoring der Umwelt. Dabei kann nachhaltiges unternehmerisches Change Management in drei Dimensionen erfolgen.

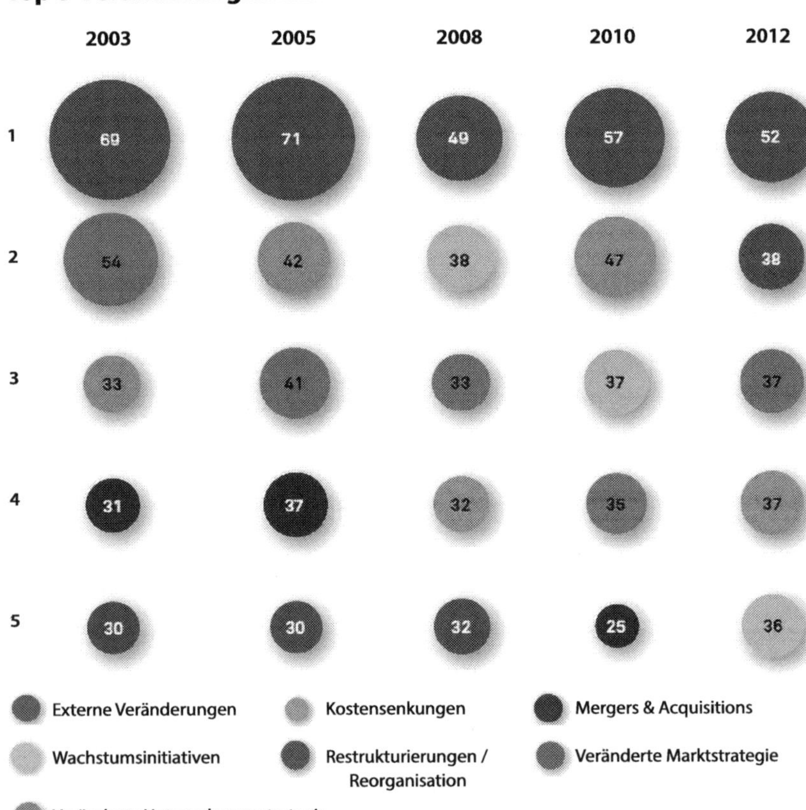

Abb. 121: TOP 5 Einflussfaktoren im Change Management, Quelle: Mutaree, 2020, S. 6

Für die Umsetzung eines nachhaltigen Changemanagements stehen den Entscheidungsträgern bekannte betriebswirtschaftliche Instrumente zur Verfügung. Durch Aus- und Weiterbildung stehen dem Unternehmen nicht nur langfristig die Mitarbeitenden zur Verfügung, sondern die Aus- und Weiterbildung versetzt die Mitarbeitenden auch in die Lage, sich den verändernden Markt- und Umweltbedingungen agil anzupassen. Know-how-Plattformen ermöglichen den nachhaltigen Wissenstransfer zwischen den Mitarbeitenden. Werden Investitionsprojekte nachhaltig geplant und umgesetzt, kann dadurch die ökologische und ökonomische Nachhaltigkeit des Unternehmens weiterentwickelt werden.

Die erfolgreiche Umsetzung von Veränderungsprozessen in Unternehmen beeinflusst in der Regel die strategische und nachhaltige Entwicklung in Unternehmen. Es gibt eine Vielzahl von Veränderungsanlässen. Studien belegen, dass mehrheitlich Restrukturierungs- und Reorganisationsprozesse Gegenstand von Veränderungsprozessen sind. (vgl. Capgemini Deutschland, 2012, S. 16) Zudem verändern sich die Veränderungsanlässe in Abhängigkeit vom Rhythmus der konjunkturellen Entwicklung: (vgl. Capgemini Deutschland, 2012, S. 16)

Die TOP 5 der Einflussfaktoren bei Veränderungsprozessen stellen aus Sicht der Befragten:

1. Die Beteiligung der Mitarbeitenden,
2. Ein professionelles Projektmanagement,
3. Die Übernahme von Verantwortung für die Veränderungen durch die Linie,
4. Die Motivationskraft der Führungskräfte und
5. Die Konfliktfähigkeit der Führungskräftedar. (vgl. Mutaree, 2020, S. 6)

Aus der nachfolgenden Tabelle werden die wichtigsten Top 5 Managementeigenschaften und -funktionen für Veränderungsprozesse aus der Sicht der Mitarbeitenden deutlich. Je mehr Mitarbeitende eine Funktion bejahen, desto wichtiger sind diese auf Managementeigenschaften und -funktionen basierenden Einflussfaktoren aus der Sicht der Mitarbeitenden.

TOP 5 Managereigenschaften und -funktionen im Changemanagement aus Sicht der Mitarbeiter

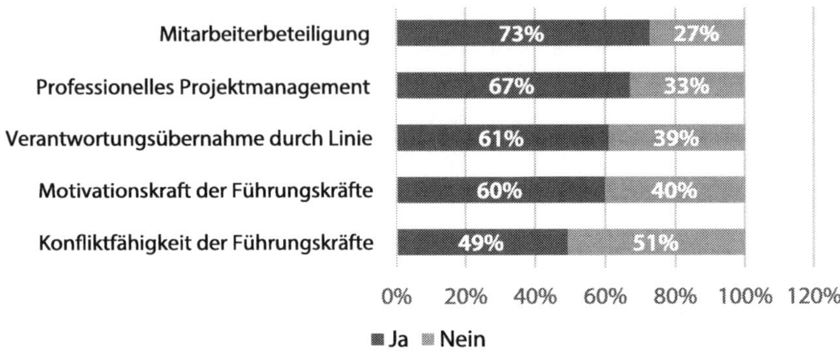

Abb. 122: TOP 5 Einflussfaktoren im Change Management, Quelle: Mutaree, 2020, S. 6

„Das Zusammenspiel von Mensch und Methode bestimmt das Ergebnis der Veränderung maßgeblich. Zwingende Erfolgsvoraussetzung für Veränderungsprojekten ist das Zusammenspiel von Führungskräften und Mitarbeitenden auf einer ganz persönlichen Ebene ergänzt durch einen Methoden-Mix, der die Veränderungsvorhaben unterstützt und fördert." (Mutaree, 2020, S. 7)

Veränderungsprozess und Führung

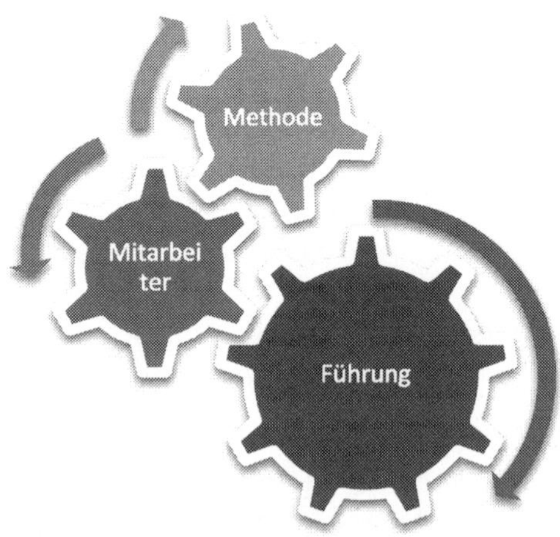

Abb. 123: Veränderungsprozess und Führung, Quelle: Mutaree, 2020, S. 7

Eigenschaften einer VUCA-Umwelt

Abb. 124: Eigenschaften einer VUCA-Umwelt, Quelle: Eigene Darstellung

Die heutige Unternehmendumwelt ist durch Volatilität, Unsicherheit, Komplexität und Ambiguität geprägt. Ursachen für die VUCA-Umwelt sind die zunehmende:

- Digitalisierung,
- Globalisierung,
- Anzahl an Wettbewerbern,
- Heterogenität der Kunden und
- Gesellschaftlichen Veränderungen.

In einer sich ständig wandelnden Umwelt steht dem Unternehmen aber auch eine Vielzahl von Optionen zur Umsetzung von Veränderungsprozessen zur Verfügung. Zugleich hat jedes Unternehmen nur beschränkte Ressourcen und daher hat das Change Management die Chancen und Risiken der erforderlichen Veränderungsprozesse zu identifizieren. Bei den erforderlichen Veränderungsprozessen sind die Eintrittswahrscheinlichkeiten und die Auswirkungshöhe gegenüberzustellen.

Das Ergebnis kann dann in einer kombinierten Chancen-Risiken-Matrix dargestellt werden.

Kombinierte Chancen-Risiken-Matrix

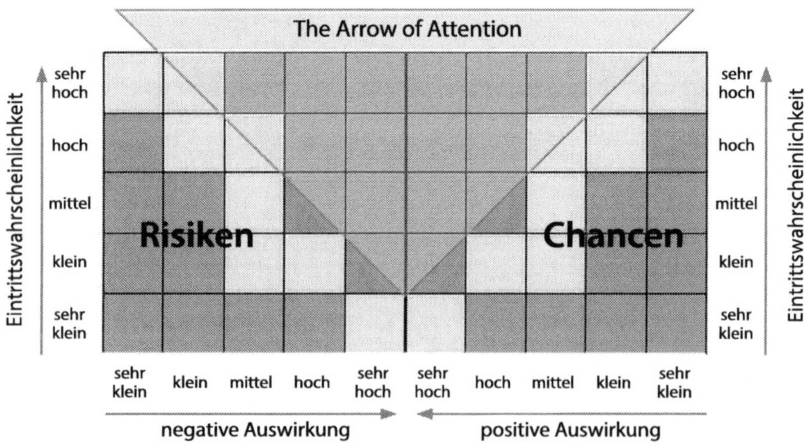

Abb. 125: Kombinierte Risiken-Chancen-Matrix, Quelle: Wanner, 2021

Die analysierten Chancen und Risiken werden einerseits nach der Eintrittswahrscheinlichkeit und andererseits nach dem Erfolgspotential[26] oder nach dem Schadensmaß[27] gewichtet. Daraus können dann Maßnahmen abgeleitet werden. Damit ermöglicht eine Chancen-Risiken-Matrix den Führungskräften sowohl die Identifizierung als auch die Umsetzung von Chancen und Risiken.

Matrix vor und nach Maßnahmen

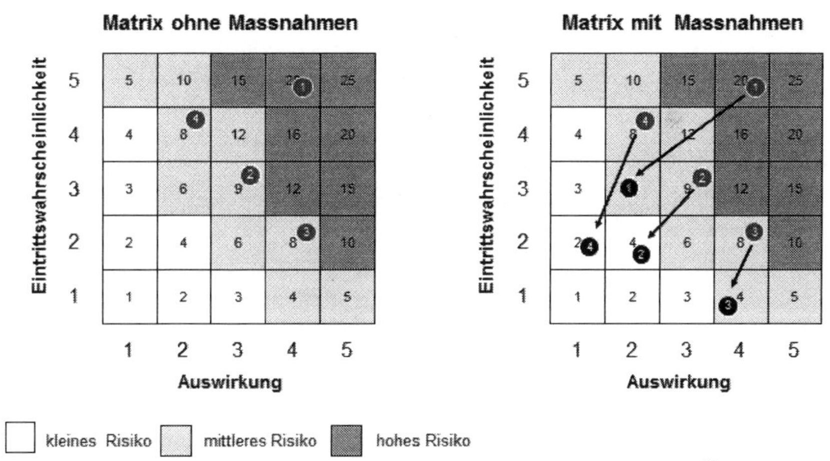

Abb. 126: Matrix vor und nach Maßnahmen, Quelle: Wanner, 2021

Die Risiko-Chancen-Matrix kann abgewandelt werden und zur Personalentwicklung verwendet werden. Zur Analyse und zur Personalentwicklung von Mitarbeitenden kann eine Matrix verwendet werden, die auf der einen Seite Kenntnisse und Fähigkeiten eines Mitarbeitenden und auf der anderen Seite die Qualifikationsanforderungen des Mitarbeitenden darstellt. Es entsteht dann eine Qualifikations-Bedarfs-Matrix. Mit Hilfe der Qualifikations-Bedarfs-Matrix können mögliche Qualifikationslücken aufgezeigt und zugleich die bestehenden Risiken für einzelne Projekte, oder für das Unternehmen

[26] Erfolgspotential = Chancen

[27] Schadensmaß = Risiken

bewertet werden. Darüber lassen sich gezielte Personalentwicklungsmaßnahmen umsetzen, sowie die Wirtschaftlichkeit der Personalentwicklungsmaßnahmen bewertet werden. Somit kann die Qualifikations-Bedarfs-Matrix vom Personalwesen genutzt werden und hilfreich und unterstützend bei Veränderungsprozessen sein.

Nach einer Studie von IBM beeinflussen zu 65 % die Mitarbeitenden die Veränderungsprozesse. (vgl. IBM, 2007) Erst an zweiter Stelle kommen knappe Ressourcen mit 41 %. (vgl. IBM, 2007) Daher haben die Personalführung und das Personalmanagement einen großen Einfluss auf die Veränderungsprozesse und beeinflussen die nachhaltige Veränderungsfähigkeit in einem Unternehmen.

„Aus Sicht der Mitarbeiter werden organisationale Veränderungsprozesse häufig als kritisches Ereignis erlebt, das mit Stressreaktionen und negativen Konsequenzen einhergeht. Aufgrund der sich ändernden Arbeitsumgebung kommen auf die Mitarbeiter neue Stressoren zu, mit denen sie umgehen müssen. Ein Veränderungsprozess verläuft fast nie linear und so wie geplant, so dass der am häufigsten erlebte psychologische Zustand in der Mitarbeiterschaft die Unsicherheit ist.

Zusätzlich wird ein Veränderungsprozess auch oft als Bedrohung der Arbeitsplatzsicherheit, der Karriere oder der finanziellen Absicherung erlebt wie auch als Bedrohung von Macht, Prestige und Wir-Gefühl. Mitarbeiter und Führungskräfte machen sich darüber hinaus Sorgen, welche Auswirkungen die Veränderung auf sie selbst, ihre Arbeit und die Kollegen haben wird." (Barghorn, 2010, S. 31f.)

Offenheit für Veränderungen und Mitarbeiterverhalten

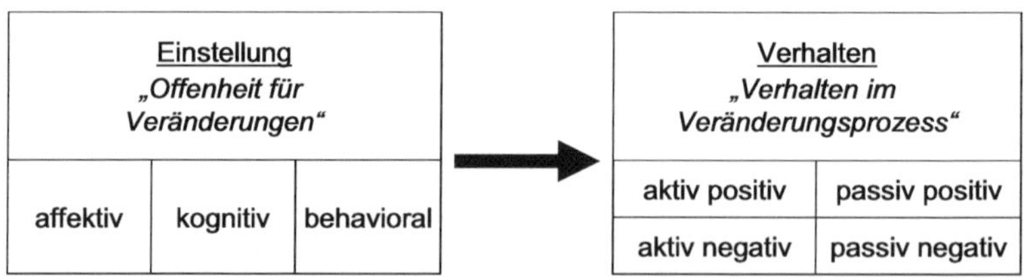

Abb. 127: Offenheit für Veränderungen und Mitarbeiterverhalten, Quelle: Barghorn, 2010, S. 34

Die Mitarbeitenden können auf Veränderungen gefühlsmäßig (affektiv), verstandsgemäß (kognitiv) und / oder verhaltensmäßig (behavioral) reagieren. In der Praxis wird es zudem auch Mischformen der Verhaltensweisen geben. Somit reagieren die Mitarbeitenden vielfältig auf Veränderungsprozesse. Diese Verhaltensweisen reichen von aktiv oder passiv positiv, bis hin zu aktiv oder passiv negativ.

Die Ausprägungen der Verhaltensweisen der Mitarbeitenden auf Veränderungsprozesse reichen dabei von der offenen Ablehnung bis hin zur aktiven Unterstützung. In der Konsequenz haben die Vorgesetzten daher ihre Mitarbeitenden zu beobachten, um die Verhaltensweisen zu identifizieren, zu verstehen und um dann steuernd einzugreifen.

Auf affektive Widerstände gegen Veränderungsprozesse kann die Führungskraft durch emotionale Reize, wie Belohnungen möglicher Widerstände der Mitarbeitenden aufheben, um die rationalen Veränderungsziele des Change-Projektes umzusetzen. Bei kognitiven Widerständen kann die Führungskraft mit Sachinformationen reagieren. Auf verhaltensbasierte Widerstände kann die Führungskraft auf die positiven Wirkungen der Veränderungsprozesse hinweisen und auf eine Verhaltensänderung zum Vorteil des Unternehmens drängen. Insbesondere wenn Mitarbeitende Gerüchte streuen, sollte die Führungskraft dagegen aktiv vorgehen und die Gerüchte zerstreuen. Im Zuge von Veränderungen steigt nämlich die Gefahr, dass sich Gerüchte ausbreiten, um ein Vielfaches. Führungskräfte tun gut daran, diesen aktiv entgegenzuwirken und immer wieder das Gespräch zu suchen.

Das wohl wissenschaftlich am häufigsten untersuchte Verhalten im Zusammenhang mit Veränderungsprozessen ist der Widerstand gegen Veränderungen. Der Widerstand wird häufig als Begründung für gescheiterte Change-Projekte angeführt, obwohl die Mitarbeitenden nicht immer generell gegen Veränderungen sind, sondern lediglich die damit verbundenen negativen Konsequenzen ablehnen. Außerdem hat ein Widerstand auch häufig eine Warnfunktion, die die Führungskraft nutzen sollte, um mögliche Gefahren, die mit einer Veränderung verbunden sind, zu erkennen. (vgl. Barghorn, 2010, S. 41)

Für die Führungskräfte ist die offene Ablehnung am offensichtlichsten und soll durch die möglichst umfangreichen Informationen begegnet werden. Wenn Mitarbeitende ihre offene Ablehnung zur Blockade von Veränderungsprozessen verwenden, sollte die Führungskraft dies konsequent unterbinden und klar dagegen vorgehen.

Eine Herausforderung für Führungskräfte ist eine verdeckte Ablehnung, die nicht direkt erkennbar ist, aber Veränderungsprozesse verhindern kann. Auch in dieser Situation können umfangreiche Informationen helfen, die vorhandenen Ablehnungen zu reduzieren.

Die Information bzw. die Botschaft, die eine Führungskraft aussendet sollte fünf Komponenten umfassen und kann bereits im Vorfeld einen Veränderungsprozess positiv beeinflussen.

„Die erste Komponente, Selbstwirksamkeit, ist die Zuversicht, dass sowohl die einzelnen Individuen als auch die Gruppe in der Lage ist, die Veränderung zu meistern.

Die zweite Komponente stellt die Zusicherung der Unterstützung durch die oberste Führungsebene dar.

Die dritte Komponente zeigt die Kluft zwischen dem Status Quo und dem gewünschten Zustand in der Organisation auf, die vierte Komponente stellt den Veränderungsprozess als das richtige Mittel zur Erreichung des gewünschten Zustands dar. Die fünfte Komponente macht den Organisationsmitgliedern deutlich, wie sie selbst von dem Veränderungsprozess profitieren." (Barghorn, 2010, S. 36)

Einen Schritt in Richtung positiver Einstellung zu Veränderungen ist die Verhaltensform beobachtender Zustimmung. Um die Mitarbeitenden für die Veränderungsprozesse zu motivieren, können auch in dieser Situation möglichst umfangreiche Informationen für die Mitarbeitenden helfen.

Eine Stütze für die Führungskräfte sind die mäßig begeisterten und die aktiv unterstützenden Mitarbeitenden. Bei diesen Mitarbeitenden kann die Führungskraft von einer Unterstützung ausgehen und zum Aufbau von zusätzlicher Unterstützung durch weitere Mitarbeitende nutzen.

Ziel einer Führungskraft sollte es daher sein, durch ihr Führungsverhalten und eine positive Atmosphäre in ihrem Einflussbereich möglichst viele begeisterten und die aktiv unterstützenden Mitarbeitenden zu sammeln, um die besten Ergebnisse zu erzielen.

Typische Verhaltensmuster bei Veränderungsprozessen

Abb. 128: Mitarbeiterverhalten bei Veränderungen, Quelle: Beutler, 2011, S. 18

Unternehmerische Change-Prozesse können durch interne oder externe Faktoren und Entwicklungen aufgelöst werden. Wie die Faktoren und Entwicklungen auf unternehmerische Change-Prozesse einwirken, kann durch das 3-Phasen-Modell von Kurt Lewin erklärt werden. (vgl. Lewin, 1963, S. 86–101) Das 3-Phasen-Modell von Kurt Lewin ist ein Modell für soziale Veränderungen von Unternehmen. Lewin geht davon aus, dass der Veränderungsprozess bzw. der Change innerhalb einer Gruppe aufgrund der Gruppendynamik effizienter abläuft als bei einzelnen Individuen. (vgl. Lewin, 1963, S. 86–101) Innerhalb des Change Managements soll ein schrittweiser Wandel von einer feindlicher Haltung zu einer freundlichen Haltung gegenüber Veränderungen vollzogen werden. Dabei betont Lewin, dass in Organisationen zwei grundsätzliche Kräfte vorherrschen:

- Die eine Kraft strebt nach Sicherheit, Gewohnheit und Stabilität und daher lehnt die Beharrungskraft jede Veränderung ab.
- Die Veränderungskraft treibt Veränderungsprozesse voran. Das können beispielsweise neue Wettbewerber, neue Technologien oder politische Veränderungen sein. Allgemein lässt es sich als eine Veränderung des wirtschaftlichen Umfeldes beschreiben.

Das 3-Phasen Modell nach Lewin

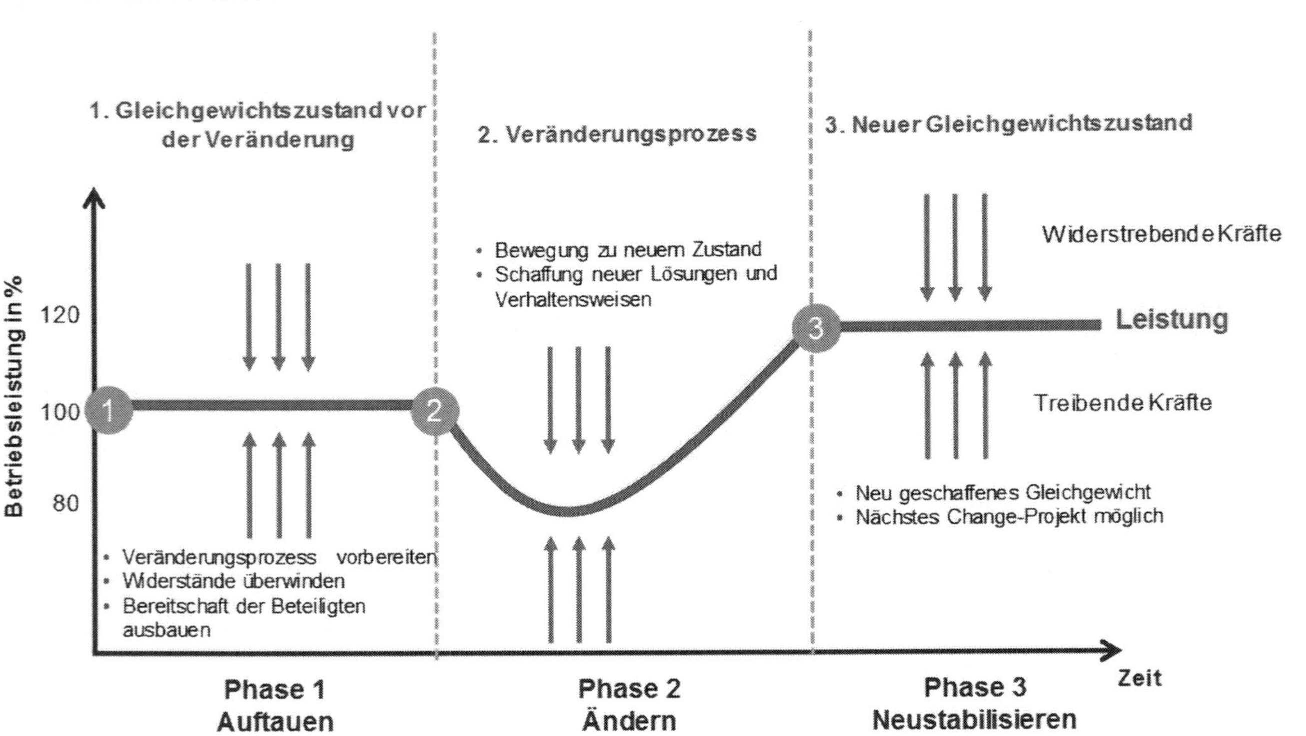

Abb. 129: 3-Phasen-Modell nach Lewin, Quelle: Grolman, 2014, S. 4

Nicht alle Veränderungen sind immer und bei jedem willkommen. Um auf unerwarteten oder von außen auferlegten Wandel konstruktiv zu reagieren, hilft es, den Prozess von Veränderung zu verstehen.

Normalerweise besteht ein Gleichgewicht zwischen der Veränderungskraft und der Beharrungskraft. Um eine Veränderung herbeizuführen, hat die Führungskraft es zu ermöglichen, dass die Veränderungskräfte gestärkt und die Beharrungskraft verringert werden. Dabei bestimmt und beeinflusst das Mitarbeiterverhalten den Erfolg der Veränderungsprozesse.

Ein erfolgreicher Veränderungsprozess hat nach Lewin drei Phasen: (Lewin, 1936)

1. Auftauen,
2. Verändern,
3. Stabilisieren.

In der Phase 1 beginnt die Vorbereitung der Veränderungsprozesse und setzt damit vor der eigentlichen Veränderung an. Die Aufgabe der Personalführung ist es, das Gleichgewicht in Richtung Veränderungskräfte zu verschieben und einerseits die Mitarbeitenden von der Notwendigkeit der Veränderungen überzeugen, andererseits die Widerstände gegen den Wandel aus dem Weg zu schaffen. Das Führungsziel der Phase 1 ist daher, die Wandelbereitschaft der Mitarbeitenden zu fördern. (vgl. Grolman, 2014, S. 5)

Um die anstehende Veränderung vorzubereiten, sind zunächst die Analyse und die Beschreibung der jeweiligen Ist-Situation vorzunehmen. Zudem sollte die Führungskraft die betroffenen Mitarbeitenden bereits in dieser Phase einbinden, damit bei den Mitarbeitenden das Problembewusstsein hergestellt bzw. erweitert wird.

Beispiel 27

In einem Unternehmen soll das bestehende 20 Jahre überalterte ERP-System gegen ein neues System ausgewechselt werden. Um das Problembewusstsein und das Verständnis für den Veränderungsprozess bei den Mitarbeitenden zu fördern, hilft es, wenn diese selbst ihre Erfahrungen mit dem alten ERP-System schildern können. Das neue ERP-System muss hier noch keine Rolle spielen.

Der nächste Schritt ist die Herstellung der Unterstützung durch die Mitarbeitenden in allen Unternehmensebenen. Damit soll eine breite Unterstützung für das Vorhaben erreicht werden. Bei diesem Schritt werden in der Praxis die meisten Fehler gemacht, weil die Mitarbeitenden nicht informiert und eingebunden werden.

Beispiel 27a

Nach der Entscheidung für ein neues ERP-System wird den Mitarbeitenden die Vorteile des neuen ERP-Systems für die tägliche Arbeit dargestellt. Dadurch sollen die Mitarbeitenden motiviert werden, die Einführung des neuen ERP-Systems zu unterstützen.

Danach gilt es die Ängste und Unsicherheiten der Mitarbeitenden abzubauen und die Motivation zu steigern.

Beispiel 27b

Den Mitarbeitenden wird der Einführungstermin für das neue ERP-System mitgeteilt und der Schulungsplan festgelegt. Dies soll den Mitarbeitenden die Ängste und Unsicherheiten nehmen. Darüber hinaus informieren die Führungskräfte die Mitarbeitenden kontinuierlich über den Einführungsprozesses des neuen ERP-Systems. Auch dies reduziert Ängste und Unsicherheiten.

In der Phase 2 werden die eigentlichen Veränderungen vorgenommen und die neuen Arbeits- und Verhaltensweisen eingeübt. Da in dieser Phase Veränderungen und Unsicherheiten auftreten und die Mitarbeitenden für den Wandel zusätzlich Energie aufbringen müssen, sinkt häufig die Leistungskurve zunächst ab und gegen Ende des erfolgreichen Veränderungsprozesses pendelt sich die

Leistungskurve dann auf höherem Niveau ein. (vgl. Grolman, 2014, S. 5, vgl. Streich, 1997, S. 237–254)

Ziel der Phase 3 ist es, die erreichten Veränderungen langfristig zu stabilisieren. „Die Mitarbeitenden dürfen nicht nach einer Weile in die alten Strukturen und Verhaltensweisen „zurückfallen". Um das zu erreichen, muss das Unternehmen den neuen Ist-Zustand überwachen und gegebenenfalls weitere Änderungen vornehmen." (Grolman, 2014, S. 5)

Dass Change-Prozesse möglichst frühzeitig, sowie möglichst offen und klar kommuniziert werden sollten, wird wahrscheinlich mehrheitlich von vielen Führungskräften unterschrieben. Jedoch sieht die Praxis häufig anders aus. Da befürchten manche Führungskräfte negative Konsequenzen für den unternehmerischen Konsens und für die Unternehmenskultur, oder aber halten es schlicht nicht für notwendig, die Mitarbeitenden zu informieren. Teilweise fehlt auch die Akzeptanz zu der Veränderung, das Umsetzungswissen, oder das Fachwissen.

In jeder der drei Phasen ist seitens der Personalführung eine unterschiedliche Kommunikation erforderlich. Aber nicht sämtliche von den Veränderungen Betroffenen befinden sich in der gleichen Phase und haben auch nicht die gleichen Informationen. Dies ist bei der Kommunikation zu berücksichtigen. Wenn beispielsweise die Geschäftsleitung ihre Führungsriege über den Beschluss unterrichtet, hat die Geschäftsleitung die emotionale Achterbahnfahrt selbst bereits größtenteils hinter sich. Die Geschäftsleitung befindet sich schon größtenteils in der Phase drei.

Anders sieht es bei den nachgelagerten Führungsebenen aus, für die zum Zeitpunkt der Verkündung die emotionale Achterbahnfahrt mit Stufe eins beginnt. Kaum eine Führungskraft möchte mit weniger Budget oder Personal auskommen, denn das Arbeitspensum dürfte mit weniger finanziellen und personellen Mitteln nicht geringer werden. Auch Kündigungsgespräche werden in der Regel nur ungern geführt. Wenn die Mitarbeitenden dann informiert werden, reagieren diese oft schockiert und zornig.

In dieser Situation spielt die interne Kommunikation eine wichtige Rolle. Ihre Aufgabe ist es, dem drohenden Leistungsabfall bei den betroffenen Mitarbeitenden mit adäquaten Informationsangeboten während des Veränderungsprozesses zu begegnen und Bereitschaft für den Wandel zu schaffen. In jeder dieser Phasen ist eine Kommunikation mit den geeigneten Kommunikationsformen erforderlich.

In der Phase eins geht es darum, eine grundsätzliche Bereitschaft für den Wandel bei den Betroffenen zu schaffen. Wichtig dafür ist eine Kommunikation, die erklärt, warum die Veränderung notwendig ist. Bei der Kommunikation sollte auch nicht davor zurückgeschreckt werden sowohl die erwarteten positiven als auch negativen Folgen zu beschreiben. Dies kann helfen Emotionen zu reduzieren.

Die Phase zwei wird die Veränderung entwickelt. Dabei kann es auch zu Rückschlägen kommen. Somit sind alle neuen Erkenntnisse, auch die über Fehlschläge, offen und klar zu dokumentieren.

In der Phase drei ist die Veränderung größtenteils überstanden und akzeptiert. Chaos und Unruhe sind neuen Arbeitsroutinen gewichen. Es geht nun darum, das kontinuierliche Leistungsniveau wieder herzustellen und zu vermeiden, dass die Mitarbeitenden in alte Arbeitsweisen zurückfallen. Damit dies nicht geschieht und die

Die 7 Phasen der Verhaltensänderungen bei Veränderungen

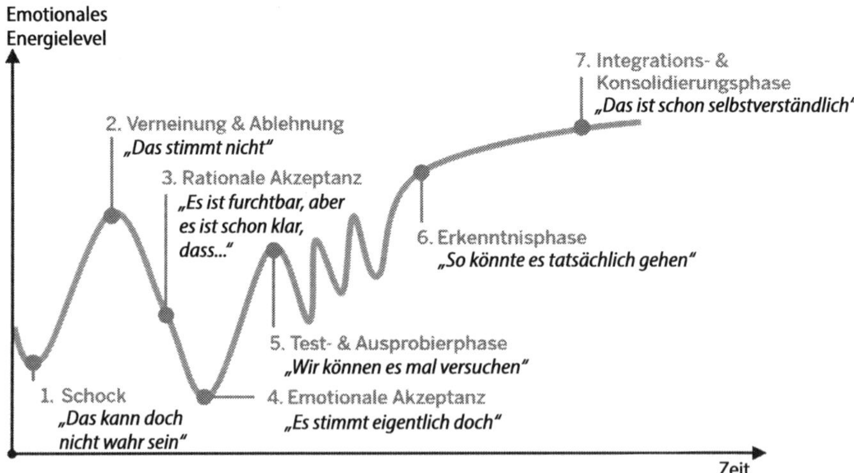

Abb. 130: 7 Phasen der Verhaltensänderungen bei Veränderungen, Quelle: Grolman, 2014, S. 5

neuen Arbeitsroutinen gelernt und kontinuierlich eingesetzt werden, sind alle Neuerungen in der Form von Dokumentationen zu kommunizieren und allen betroffenen Mitarbeitenden zur Schulung und zur weiteren Nutzung zur Verfügung zu stellen.

Ein weiteres Modell, das den Change-Prozess beschreibt, ist das 7-Phasen-Modell nach Richard K. Streich. Das 7-Phasen-Modell nach Streich setzt sich aus den folgenden Phasen zusammen: (vgl. Streich, 1997, S. 237–254)

1. Phase: Schock

Auf plötzlich eintretende Veränderung reagieren viele Menschen erst einmal irritiert. Dabei kann angenommen werden, dass mit zunehmenden Veränderungen die Irritationen ebenfalls zunehmen. Die Irritationen sind dabei umso größer, je umfangreicher die Veränderungen sind.

2. Phase: Verneinung

In der Phase der Verneinung dominiert die ablehnende Haltung: Denn auch notwendige Veränderungen verursachen anfangs meist Widerstand, weil die Mitarbeitenden verunsichert sind und Anpassungsleistung erforderlich ist.

3. Phase: Einsicht

Nach der ersten Reflexion folgt die Einsicht, dass die Veränderungen erforderlich sind. Diese Einsicht ist die Grundlage für alle kommenden Schritte im Rahmen der Veränderung. Die Mitarbeitenden beginnen zu verstehen: Die Situation kann nicht so bleiben, wie sie ist, und es wird Zeit, sich der Veränderung zu stellen.

4. Phase: Akzeptanz

Die Akzeptanz markiert den Wendepunkt im Prozess der Veränderung: Dabei wird Andersartigkeit der neuen Situation angenommen. In dieser Phase sehen die Mitarbeitenden die Notwendigkeit ein, dass alte Gewohnheiten oder Verhaltensweisen aufgegeben werden müssen, um mit dem neuen Szenario klarzukommen.

5. Phase: Ausprobieren

In dieser Phase beginnen die Mitarbeitenden das Auszuprobieren und das Herantasten an die neue Situation, um sicherer zu werden. Irrtümer und Rückschläge sind dabei natürlich nicht ausgeschlossen, und so mancher kann dann in die Phase 2 zurückfallen.

6. Phase: Erkenntnis

In der Phase der Erkenntnis lernen und verstehen die Mitarbeitenden die bisherigen Schritte der Veränderung. Es wird klar, warum der Wandel notwendig ist und wie die Zukunft aussehen kann.

7. Phase: Integration

Neue Verhaltensmuster werden langfristig integriert. Das Gefühl einer erweiterten Kompetenz beziehungsweise einer Bereicherung entsteht und dieses Gefühl kann weiter wachsen. Dadurch wird die Veränderung auch in Wahrnehmung der Mitarbeitenden nochmals gefestigt.

Das Change Management eines Unternehmens ist vor allem dann erfolgreich und nachhaltig, wenn das Unternehmen kontinuierlich:

- frühzeitig Umwelt- und Marktveränderungen erkennt.
- die richtigen Ideen und Strategien für die Veränderungsprozesse entwickelt und
- die Veränderungsprozesse wie geplant vollständig und agil umsetzt.

Dazu benötigt das Unternehmen Instrumente, die eine kontinuierliche Umwelt- und Marktbeobachtung ermöglichen. Zudem beeinflusst die Art und Weise, wie Ideen und Entscheidungen generiert werden, den Erfolg des Change Managements. Ist das Unternehmen in der Lage, die Mitarbeitenden in Veränderungsprozesse so einzubinden, dass diese akzeptiert werden, dann steigt der Erfolg der Veränderungsprozesse. Durch agiles Change Management werden Unternehmen in die Lage versetzt, durch kurze Prozesszyklen auf disruptive Marktveränderungen (z. B. durch die Digitalisierung) flexibel zu reagieren. (vgl. Frei, 2016, S. 62)

Veränderungen können disruptiv, wie z. B. durch den Corona-Virus, oder schleichend ablaufen. Während sich Entscheidungsträger häufig auf disruptive Veränderungen durch Planszenarien vorbereiten, werden schleichende Risiken häufig nicht, oder nur unzureichend von den Entscheidungsträgern wahrgenommen. (Wüstermann, 2017, S. 233ff., Renn, 2014, S. 335)

Es stellt sich jedoch die Frage: Wie nehmen Menschen Umweltveränderungen wahr?

Menschen können in keinem Falle alle Aspekte und Veränderungen ihrer Umwelt wahrnehmen. (vgl. Rost, 2014, S. 85) Die Aufmerksamkeit kann sich dabei immer nur auf kleine Umweltausschnitte ausrichten. (vgl. Rost, 2014, S. 85) Stets ist diese Ausrichtung in spezifischer Weise individuell, aber auch vornehmlich kulturell geprägt.

In der Sozialisation erworbene Sinnmuster richten die Wahrnehmung auf bestimmte Aspekte aus. (vgl. Rost, 2014, S. 85) In der Regel werden dabei bestehende Typen und Muster des Wahrnehmens quasi automatisch angewandt, die sich im Zuge ihrer problemlosen und erfolgreichen Anwendung immer wieder neu bewähren und bestätigen. (vgl. Rost, 2014, S. 85)

4.1. Der Einfluss von sozialem Lernen auf Change-Prozesse

Aus wissenssoziologischer Sicht ist die Aufmerksamkeit von Menschen in besonderer Weise auf jene Dinge ausgerichtet, die als problematisch erscheinen oder sich situativ durch Erleben aufdrängen. (vgl. Rost, 2014, S. 85) Wenn also subjektive und individuelle Eigenheiten der Entscheidungsträger die Aufdeckung der Veränderungen beeinflussen, dann ist Change Management nachhaltig, wenn der individuelle Einfluss der Entscheidungsträger nur gering ausfällt. Dazu werden wir nachfolgend die Analyse und Entscheidungsfindung in einer agilen Umwelt betrachtet. Ein guter Ort für die Identifizierung von komplexen und schnellen Änderungsprozesse ist die Börse. Pentland et al. haben in einer Studie die Transaktionen von Investoren auf der Online-Investmentplattform E-Toro untersucht. (vgl. Pentland et al., 2012)

Dabei stehen allen Teilnehmern grundsätzlich drei Entscheidungsformen zur Verfügung: Entweder sie vertrauen nur ihren eigenen Entscheidungen, oder sie vertrauen Gruppenentscheidungen und folgen der gewählten Gruppe, oder sie treffen Entscheidungen auf der Grundlage von sozialem Lernen. (Pentland, 2014, S. 35ff.) Pentland et al. konnten mit ihrer Studie nachweisen, dass die Akteure, die ausschließlich oder überwiegend Einzelentscheidungen treffen, und die Akteure, die sich ausschließlich oder überwiegend auf Gruppenentscheidungen stützen und unreflektiert dem Herdenverhalten folgen, eine um 30 % niedrigere Investitionsrendite aufweisen als bei Akteuren, deren Entscheidung auf sozialem Lernen beruht. (vgl. Pentland, 2014, S. 34)

Demnach haben Entscheidungen, die auf sozialen Lernen basieren, eine höhere Entscheidungseffizienz und sind damit die besseren Entscheidungen. (vgl. Wüstermann, 2015, S. 144)

Entscheidungserfolg und Entscheidungsverhalten

Abb. 131: Entscheidungserfolg und Entscheidungsverhalten, Quelle: Wüstermann, 2015, S. 144

„Theoretisch lässt sich soziales Lernen durch die kognitive Lerntheorie von Jerome Bruner erklären. Nach Bruner lernen Menschen mit Hilfe der Kultur in sozialen Strukturen zu agieren und zu kommunizieren. Darüber hinaus beeinflusst die Kultur die Lern- und Denkprozesse von Entscheidungsträger, da Menschen erst im kulturellen Kontext Umweltstrukturen erkennen können und lernen erfolgreich Strategien umzusetzen. (Bruner, 1997, S. 51ff.) Betriebliches soziales Lernen ist somit ein kognitiver Prozess, bei dem die Entscheidungsträger erfolgreiche Strategien anderer Akteure eines Marktes zunächst wahrnehmen und dann adaptieren.

Dieser kognitive Prozess bedingt, dass die Entscheidungsträger erfolgreiche Strategien identifizieren und diese erfolgreichen Strategien kopieren oder weiter modifizieren. Die Entscheidungsträger haben dabei die Optionen, die Strategien anderer Umweltmitglieder entweder zu kopieren, zu modifizieren oder vollständig neue Strategien zu entwickeln. Damit ist soziales Lernen nicht nur ein kognitiver, sondern auch ein sozialer Entscheidungsprozess. (Laux et al., 2014, S. 46ff.) Bestandteil des sozialen Lernens ist daher einerseits ein kognitiver Prozess der Identifizierung erfolgreicher Strategien, andererseits ein sozialer Prozess der Umsetzung in einer sozialen Umwelt. Der soziale Prozess besteht in der Entscheidung der Beteiligten, ob es effizienter ist, eine erfolgreiche Strategie anderer Beteiligter zu kopieren oder zu modifizieren.

Der Einsatz des betrieblichen sozialen Lernens beruht genau auf diesem Prinzip: der Identifikation von Umweltstrukturen, dem Erkennen der besten praktizierten Handlungsstrategie und der Adaption oder Modifikation bereits existierender Strategien. Dieser Prozess wird in der Entscheidungstheorie auch als Beobachtungslernen bezeichnet." (Wüstermann, 2015, S. 144)

Prozess des sozialen Lernens

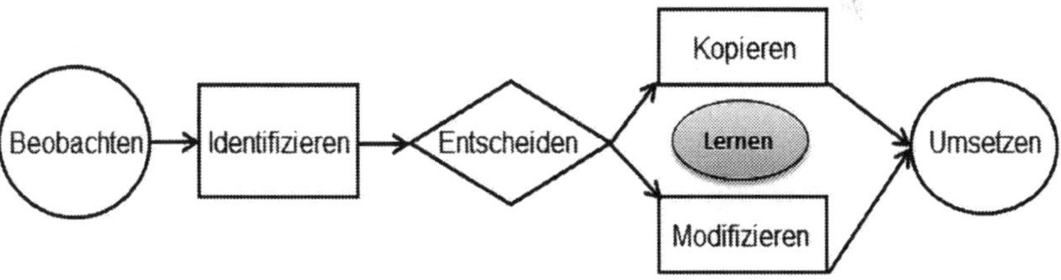

Abb. 132: Prozess des sozialen Lernens, Quelle: Wüstermann, 2015, S. 144

Wie sich mehrere Beteiligte gegenseitig beim sozialen Lernen beeinflussen, kann mit der Spieltheorie erklärt werden. Im Unterschied zur klassischen Entscheidungstheorie beschreibt die Spieltheorie Entscheidungssituationen, in denen der Erfolg des Einzelnen nicht nur vom eigenen Handeln, sondern auch von den Aktionen anderer

Beteiligter interdependent abhängt. Die Spieltheorie ist originär ein Teilgebiet der Mathematik und daher kann mit der Spieltheorie vor allem vorhergesagt werden, wie sich die Beteiligten entscheiden und verhalten werden. Der Prozess des sozialen Lernens wird dabei in der Spieltheorie als ein Spiel modelliert.

Der Begriff Spiel kann hier durchaus wörtlich genommen werden, weil bei der Spieltheorie ein Spiel theoretisch simuliert wird. Bei der Spieltheorie wird in einer mathematisch-formalen Beschreibung festgelegt, welche Spieler sich am Spiel beteiligen, welchen sequentiellen Ablauf das Spiel hat und welche Handlungsoptionen jedem Spieler in den einzelnen Stufen der Sequenz zur Verfügung stehen. (vgl. Braun, Saam, 2015, S. 331ff., vgl. ebenso Wüstermann, 2015, S. 144)

Einzelentscheidungen haben den Vorteil, dass diese schnell getroffen werden können und dass keine Kompromisse gemacht werden müssen. Dies bedeutet aber nicht, dass Einzelentscheidungen immer optimal sind. Im Gegenteil: Einzelentscheidungen basieren nur auf den selektierten Informationen des Entscheidungsträgers und der definierten Entscheidungsmatrix. Die Entscheidungsmatrix ist daher nur so gut wie die zugrunde gelegten Annahmen und wie die verwendeten Informationen des Entscheidungsträgers. Dadurch werden mögliche Entscheidungsoptionen durch den Entscheider eingeengt.

Im Gegensatz zur Strategie des Herdenverhaltens führt die Strategie des sozialen Lernens durch die Selektion und Adaption erfolgreich praktizierter Strategien anderer Akteure zu einem größeren Erfolg gegenüber der Strategie des Herdenverhaltens, bei der nur andere Strategien kopiert werden. Der Nachteil des Herdenverhaltens besteht darin, dass ein massenhaft gleichartiges Verhalten keine sichere Vorhersage des Entscheidungserfolgs erlaubt und dass ein gleichgerichtetes Verhalten durch den dadurch entstehenden Marktdruck nur eine durchschnittliche Rente gewährleistet. Zudem basiert das Herdenverhalten auf weitestgehend einheitlichen Informationen, die konforme Entscheidungen begünstigen. (Pentland, 2014, S. 36) (vgl. Wüstermann, 2015, S. 145) Zudem basiert das Herdenverhalten auf weitestgehend einheitlichen Informationen, die wiederum konforme Entscheidungen begünstigen. Herdenverhalten ist durch das Fehlen eines eigenen, selbständigen Urteils und eines massenhaft einheitlichen Verhaltens und Entscheidens geprägt. Dagegen beruht erfolgreiches soziales Lernen auf möglichst differenten und unabhängigen Informationsquellen, welche extrinsisch die Entscheidungsträger beeinflussen

Betriebliches soziales Lernen hat noch weitere Vorteile. Basieren betriebliche Entscheidungen auf sozialen Lernen, so ist es unerheblich, ob betriebliche Entscheidungen aufgrund von Einzel- oder Gruppenentscheidungen getroffen werden, da die Entscheidung auf einem adäquaten und relevanten Entscheidungsfeld beruht, welches von Externen bereits in gleicher, oder ähnlicher Weise erfolgreich entschieden wurde. Weil die Mitarbeitenden zu mindestens indirekt an den Unternehmensentscheidungen beteiligt sind, fördert soziales Lernen die gelebte Unternehmenskultur und die Identifikation der Mitarbeitenden mit dem Unternehmen. Durch die Beteiligung an den Entscheidungsprozessen steigt die Motivation der Mitarbeitenden. (vgl. Wüstermann, 2015, S. 145)

Es liegt in der Natur des sozialen Lernens, dass nicht nur die quantitativen Veränderungen beobachtet, sondern dabei auch die sozialen Prozesse und Veränderungen berücksichtigt werden. Durch das betriebliche soziale Lernen kann das Management nicht nur qualitativ bessere Entscheidungen aufgrund der Nutzung vieler Ideen der Mitarbeitenden und aus der Umwelt treffen, sondern kann sich auch frühzeitig flexibel auf Veränderungen der Marktsituationen einstellen. Die Reaktionszeit auf die sich ändernden Marktsituationen kann vor allem dann gesenkt werden, wenn die Marktentwicklung und die Problemlösungsstrategien der Wettbewerber regelmäßig einem Monitoring unterzogen werden. Diese Flexibilität ist auch ein Wettbewerbsvorteil. Produkteigenschaften und Fertigungsprozesse können von den Wettbewerbern kopiert werden, weiche Faktoren, wie eine hohe Flexibilität, sind aber von Wettbewerbern nur schwer kopierbare Wettbewerbsvorteile. (Ceyp, Scupin, 2013, S. 68) (vgl. Wüstermann, 2015, S. 145)

„Darüber hinaus kann soziales Lernen zur Reduzierung von Zielkonflikten beitragen, weil sich die Entscheidungsträger weniger egozentrisch auf die eigenen Ziele konzentrieren. Durch soziales Lernen konzentrieren sich die Entscheidungsträger weniger auf die individuellen Ziele und streben eher nach einer optimalen Problemlösung für das Unternehmen, indem nach erfolgreichen Strategien der Wettbewerber gesucht und umgesetzt wird." (Wüstermann, 2015, S. 145) Somit wirkt soziales Lernen indirekt auch als Führungsinstrument.

Soziales Lernen lässt sich auch für erfolgreiche unternehmerische Entscheidungen nutzen. Wird soziales Lernen angewendet, so ist die Qualität einer unternehmerischen Entscheidung davon abhängig, dass Entscheidungsträger die Strategien aktueller und potentieller Wettbewerber identifizieren und auf möglichst vielen und unabhängigen Informationsquellen basieren.

Ziel ist es daher, soziales Lernen im Unternehmen zu institutionalisieren. Dies kann die Entscheidungenqualität erhöhen, weil die Vielzahl der bereits im Unternehmen vorhandenen und entscheidungsrelevanten Ideen für die Definition des Entscheidungsfeldes verwendet werden kann. Daher ist es eine Aufgabe der Personalführung, die Unternehmensorganisation in die Lage zu versetzen kontinuierlich die Unternehmensmärkte und Wettbewerber zu beobachten.

Gerade in Zeiten diskontinuierlicher Märkte und wechselnder Wettbewerbssituationen ist es erforderlich, frühzeitig Veränderungen zu identifizieren, um wettbewerbsfähig zu bleiben. Im Markt etablierte Unternehmen verfügen in der Regel über Unternehmensstrukturen, die eher auf Effizienz als auf strategische Agilität optimiert sind. Mit einer auf Effizienz ausgerichteten Unternehmensstruktur ist die Fähigkeit, Chancen zu erkennen und sich an den Wettbewerb anzupassen, eher gering ausgeprägt. Unzureichende Fähigkeiten zu Marktanpassungen können aber zu einem Verlust der Wettbewerbsfähigkeit führen. (vgl. Kotter, 2012, S. 23)

Wenn aber die Unternehmensstrukturen es nicht ermöglichen, Wettbewerberstrategien zu identifizieren, kann das Unternehmen soziales Lernen auch nicht nutzen. Um einerseits möglichst effiziente Strukturen zu gewährleisten, andererseits Marktveränderungen zu erkennen, schlägt Kotter vor, sowohl die traditionelle Unternehmenshierarchie beizubehalten als auch ein internes Netzwerk zu installieren. Traditionelle Hierarchien und Prozesse bilden zusammen das Betriebssystem einer Organisation. Sie eignen sich gut zur Steuerung des operativen Geschäfts, sind aber zu unflexibel für Anpassungen an die schnellen Verschiebungen auf den Märkten von heute, mit denen die meisten Unternehmen kämpfen müssen. Die agilsten und innovativsten Unternehmen stellen diesem etablierten System deshalb ein zweites Betriebssystem mit einer flexiblen, netzwerkartigen Struktur zur Seite, das ständig an Fragen der Unternehmensstrategie arbeitet und diese umsetzt.

Dieses zweite und neue Betriebssystem verfügt über eigene Prozesse und arbeitet mit Freiwilligen aus dem gesamten Unternehmen, im Idealfall aus allen Hierarchiestufen." (Kotter, 2012, S. 26) In der Praxis zeigt sich, dass sich immer mehr Freiwillige als notwendig melden. Nach dem Konzept von Kotter ist das interne Netzwerk ein integraler Bestandteil der Unternehmenshierarchie und somit sind

Duale Unternehmensstruktur nach Kotter

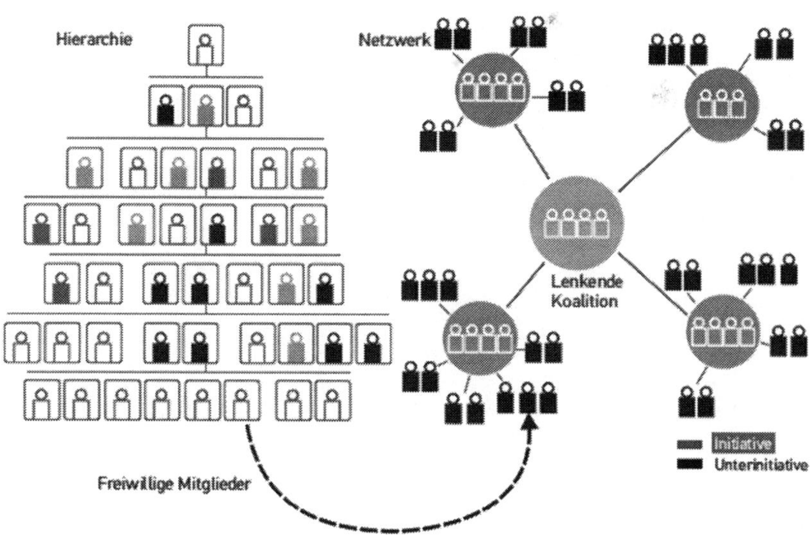

Abb. 133: Duale Unternehmensstruktur, Quelle: Kotter, 12/2012, S. 27

Hierarchie und Netzwerk untrennbar miteinander verbunden. Nur so lassen sich die gefundenen strategischen Lösungsansätze und Prozessoptimierungen auch nachhaltig umsetzen.

Wesentliche Aufgabe des internen Netzwerkes ist es somit kreative Problemlösungen und Strategien zu entwickeln. Darüber hinaus können die notwendigen Informationen für das soziale Lernen über das Netzwerk des Unternehmens und der Mitarbeitenden beschafft werden, wodurch soziales Lernen grundsätzlich im Unternehmen integriert wird.

Das interne Netzwerk besteht aus einer lenkenden Koalition, die zunächst die wichtigsten Initiativteams zusammenstellt. Die lenkende Koalition hat dabei nur eine Moderatorenrolle. Welche Initiativen gestartet werden, hängt von der Dringlichkeit und Bedeutung für das Unternehmen ab und wird von den Netzteilnehmern vorgeschlagen.

Aus den Initiativen können kontinuierlich weitere Unterinitiativen entwickelt werden. Dadurch wird die Integration des Netzwerkes in alle Unternehmenshierarchien ermöglicht und soziales Lernen wird in das Unternehmen integriert.

Daher ist neben den etablierten Strukturen eine zweite flexible netzwerkartige Struktur erforderlich. (Kotter, 2012, S. 26) Somit würden aber auch zwei Unternehmensstrukturen entstehen. Was sich

Kulturentwicklung von der Linienorganisation zur lenkenden Koalition

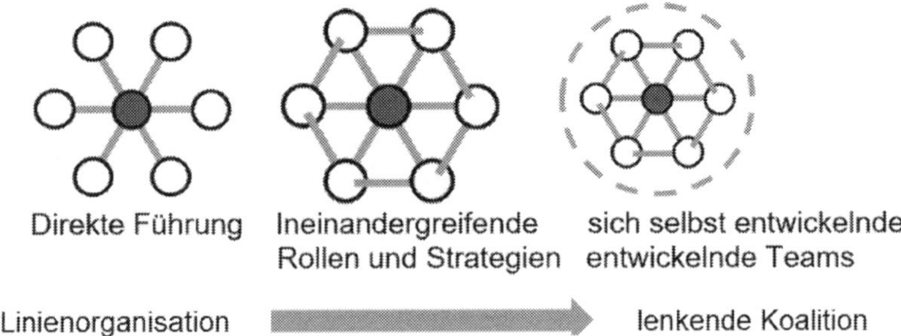

Abb. 134: Kulturentwicklung: Linienorganisation – lenkenden Koalition, Quelle: Eigene Darstellung

allerdings nicht besonders wirtschaftlich anhört, weil zwei Strukturen auch doppelte Kosten bedeuten.

Da aber die zusätzliche Unternehmensstruktur auf Freiwilligen beruht, entstehen dem Unternehmen keine zusätzlichen Kosten, aber es wird eine größere und nachhaltigere Flexibilität gewonnen. Die Einführung einer dualen Unternehmensstruktur beeinflusst die Unternehmenskultur und die Kommunikation.

Die duale Unternehmenskultur entwickelt sich dann schrittweise von der direkten Führung einer Linienorganisation, hin zu einer sich selbst entwickelnden Kultur der lenkenden Koalition (Abb. 134).

Auch die Kommunikation entwickelt sich schrittweise von der direkten Führung, wegen der Linienorganisation, hin zu einer sich selbst entwickelnden Kultur, aufgrund von der lenkenden Koalition:

Kommunikationsentwicklung: Linienorganisation – lenkende Koalition

Kommunikation		
Direkte Führung	**Vernetzte und ineinandergreifende Rollen**	**Sich selbst entwickelnde Teams**
überwiegend Top down	Top down und Button up	vernetzt und multidimensional
direkt überwiegend 1 zu 1	überwiegend direkt 1 zu n	direkt 1 zu n
überwiegend Einzelentscheidungen	überwiegend Gruppenentscheidungen	überwiegend Gruppenentscheidungen
überwiegend vertikal	überwiegend horizontal	vertikal und horizontal
überwiegend eingeschränkt	offen, auf Augenhöhe	überwiegend offen, auf Augenhöhe
überwiegend intransparent	eingeschränkt transparent	überwiegend transparent
eingeschränkte Feedback-kultur	Feedbackkultur gegeben	ausgeprägte Feedbackkultur

Abb. 135: Kommunikationsentwicklung, Quelle: Eigene Darstellung

Zusammenfassend kann festgehalten werden, dass die Personalführung einen strategischen Einfluss auf nachhaltige Change-Prozesse hat, indem eine duale Unternehmensstruktur initiiert wird und durch das Top-Management befürwortet wird. Die Umsetzung der dualen Unternehmensstruktur ermöglicht nicht nur nachhaltige und strategische Change-Prozesse, sondern auch eine schrittweise Kultur- und Kommunikationsentwicklung. Somit kann die Personalführung nicht nur Veränderungsprozesse verbessern und optimieren, sondern auch durch eine organisatorische Umstrukturierung für kontinuierliche und nachhaltige Veränderungsprozesse sorgen. Zugleich ermöglicht die duale Unternehmensstruktur eine veränderungsorientierte Unternehmenskultur, die nachhaltig zum Unternehmenserfolg beiträgt.

4.2. Der Einfluss der Motivation auf Change-Prozesse

Dass soziales Lernen ein dynamischer Prozess ist, lässt sich schon aus der Definition von sozialem Lernen erkennen. Mit welcher Intensität und mit welcher individuellen Ausprägung soziales Lernen auf Individuen wirkt, hat McClelland mit der Theorie der gelernten Bedürfnisse begründet. (vgl. McClelland, 1978, 1988) McClelland vertritt die Auffassung, dass diese Bedürfnisse in der Sozialisation eines Individuums und besonders durch die Bewältigung der kulturellen Umwelt seit der frühen Kindheit erlernt sind. Die in diesem Lernprozess entstehende Bedürfnisstruktur beeinflusst das Verhalten und die Arbeitsleistung des Individuums. Wird ein Arbeitsverhalten belohnt, wird das belohnte Arbeitsverhalten mit erhöhter Wahrscheinlichkeit erneut wieder auftreten und sich verfestigen. (vgl. McClelland, 1978)

Sozialbasiertes und sozialindiziertes Lernen basiert nach McClelland auf 20 grundlegenden menschlichen Bedürfnissen, welche die Existenz von Leistungsmotiven begründen. Aus diesen menschlichen

Bedürfnissen hat McCelland drei Schlüsselbedürfnisse abgeleitet. (vgl. McClelland, 1978)

McClelland geht dabei davon aus, „dass menschliche Bedürfnisse weniger angeboren sind, sondern erst im Laufe des Lebens „erlernt" werden. Drei Bedürfnisse und der Wunsch nach deren Befriedigung erklären nach McClelland, was Menschen motiviert: (vgl. McClelland, 1978)

- Leistungsstreben,
- Machtstreben und
- Zugehörigkeitsstreben.

Im Gegensatz zur Maslowschen (1943) Bedürfnishierarchie, die ein für alle Menschen gleiches Schema zur Kategorisierung von Motivationseinflüssen beschreibt, betrachtet die Theorie der erlernten Motivation insbesondere die Unterschiede in der Motivationsstruktur der Menschen.

Manche haben demnach vornehmlich ein Leistungsstreben, bei anderen hingegen ist das Bedürfnis nach Machterleben stärker ausgeprägt. Dafür sind sie vielleicht an Zugehörigkeit weniger ausgeprägt interessiert.

Die Theorie von McClelland steht dabei nicht isoliert im Raum, sondern es kann durchaus Überlappungen anderen Theorien geben, wie z. B. zur Selbstbestimmungstheorie der Motivation (vgl. Deci, Ryan, 2000, S. 227–268) und anderen Theorien. (vgl. Brell, 2021)

„Leistungsstreben heißt, dass ein Mensch gerne eine eigenerbrachte ‚hohe Leistung abliefern' möchte. Erfolg haben ist für sie wichtig, Misserfolg zu haben gilt es zu vermeiden. Anforderungen wollen sie gern gerecht werden. Dabei möchte sie sich als kompetent erfahren. Feedback zu den Leistungen (zumindest ein faires Feedback, noch besser ein gutes) ist ihnen wichtig. Personen mit einem hohen Leistungsmotiv bevorzugen Situationen, in denen sie sich verbessern können. Das trifft für Aufgaben zu, die weder zu einfach oder zu schwer sind. Außerdem bevorzugen sie Tätigkeiten, in welchen sie selber Verantwortung für das Ergebnis der Arbeit tragen. (vgl. McClelland, 1987, S. 595) Durch ein hohes Leistungsstreben sind vermutlich folgende Menschengruppen gekennzeichnet: engagierte Angestellte ohne Führungsambitionen, Programmierer, Künstler, auch Unternehmer.

Machtstreben heißt, dass ein Mensch gerne Entscheidungen trifft, insbesondere darüber, was andere Menschen tun oder lassen sollen. Einfluss auf das Verhalten anderer ist wichtig. Auch die Möglichkeit, Kontrolle über andere ausüben zu können, gehört dazu. Personen mit einem hohen Machtmotiv haben gerne ein Gefühl von physischer oder psychischer Stärke. Sie mögen Tätigkeiten, die einen Wettbewerbsgedanken beinhalten. In diesen können sie sich durchsetzen und ihrem Streben nach Prestige und Respekt nachkommen.

Durch ein hohes Machtstreben sind vermutlich folgende Menschengruppen gekennzeichnet: Manager, auch Unternehmer. Ein Manager hat typischerweise ein ausgeprägtes Machtstreben. Ein hohes Leistungssterben wäre für einen Manager eher kontraproduktiv, da er sonst Rückdelegation zulassen würde, anstatt sich auf Führungsaufgaben zu konzentrieren. Etwas Zugehörigkeitsstreben ist (inkl. Empathie) auch für einen Manager hilfreich, zu viel wäre jedoch kontraproduktiv, insbesondere z. B. bei einer notwendigen Sanierung eines Unternehmens.

Zugehörigkeitsstreben heißt, dass dem Kontakt und der Interaktion mit anderen Menschen „auf Augenhöhe" eine besondere Bedeutung zukommt. Menschen mit diesem Bedürfnis setzen sich für den Zusammenhalt in Teams ein und haben auch die Bedürfnisse von Kollegen und Mitmenschen im Auge. Manchmal stellen sie andere Bedürfnisse über ihre eigenen. Sie wollen Nähe erfahren und sind deswegen am Schaffen und Aufrechterhalten von zwischenmenschlichen Beziehungen interessiert.

„Durch ein hohes Zugehörigkeitsstreben sind vermutlich folgende Menschengruppen gekennzeichnet: Grundschullehrer, Menschen in Heilberufen (außer Ärzte), Menschen in Vereinen (außer

1. Vorsitzender), Menschen, die gerne Teamevents im Unternehmen unterstützen, Menschen in gemeinnützigen Organisationen (außer Leitungsebene)." (Brell, 2021)

Macht-, Leistungs- und Anschlussbedürfnis von Individuen

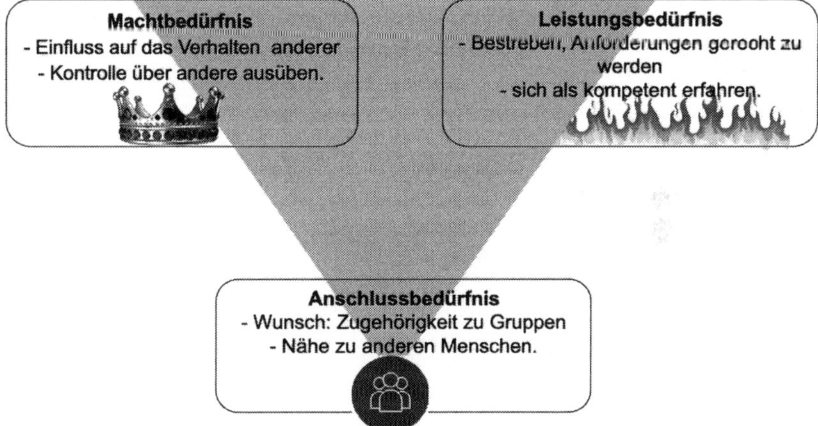

Abb. 136: Macht-, Leistungs- und Anschlussbedürfnis von Individuen, Quelle: Brell, 2021

„Eine starke Ausprägung in einer der drei Kategorien ist a priori weder gut noch schlecht. In Unternehmen und Projekten werden i. d. R. alle drei Komponenten benötigt. Wenn es z. B. darum geht, im Unternehmen die Rahmenbedingungen für die Motivation zu erhöhen, ist jedoch wichtig zu wissen, welchem Motivationstyp jeder Einzelne zugehört. Ein Mensch mit geringem Machtstreben wird sich nicht anstrengen, wenn ihm lediglich eine Führungsrolle in Aussicht gestellt wird. Ein Mensch mit ausgeprägtem Machtstreben wird seine Fähigkeiten in einer hierarchiefreien Umgebung, die keine Statussymbole zulässt, nicht adäquat einbringen können. Ein Mensch mit hohem Leistungsstreben wird sich nicht lange in trivialen Aufgabenbereichen wohlfühlen. Ein Mensch, dem Zugehörigkeit wichtig ist, wird ein harmonisches Kollegium langfristig über ein höheres Einkommen stellen." (Brell, 2021)

Praxistipp

Anstatt sich darüber zu ärgern, dass manche Mitarbeitenden kein Interesse an Change-Prozessen haben, sollte eine Führungskraft den Motivationstypus eines Mitarbeitenden identifizieren und dem Mitarbeitenden entsprechend dem im innewohnenden Motivationstyp die Vorteilhaftigkeit des Change-Prozesses aufzeigen.

Mitarbeitenden bei denen Machtmotive im Vordergrund stehen, kann beispielsweise aufgezeigt werden, dass diese durch die Change-Prozesse nunmehr eine bessere Kontrolle über ihre Tätigkeiten und einen besseren Einfluss auf die Ergebnisse der Tätigkeiten haben. Eine Führungskraft sollte daher alle Instrumente und Ausbildungen zur Verfügung stellen, die den Mitarbeitenden den Change-Prozess als kontrollierbar erleben lassen.

Das Leistungsbedürfnis eines Mitarbeitenden kann dadurch befriedigt werden, dass durch den Change-Prozess die Arbeiten effizienter erledigt werden können und dadurch eine höhere Anerkennung möglich ist, so dass der Mitarbeitende sich selbst als kompetent erfahren kann. Eine Führungskraft sollte daher alle Instrumente und Hilfsmittel zur Verfügung stellen, damit der Mitarbeitende seine optimale Leistung erbringen kann.

Mitarbeitenden bei denen Anschlussmotive im Vordergrund stehen, ist es von Bedeutung, von den Kollegen als gleichwertig wahrgenommen zu werden, um als Mitglied der Abteilung anerkannt zu werden. Dafür unterstützen Mitarbeitende mit Anschlussmotiven auch gerne die Kollegen bei der Umstellung und Anpassung auf die neue Situation. Die Anschlussmotive werden dann befriedigt, wenn die Mitarbeitenden den Change-Prozess verstehen und wenn diese Mitarbeitenden die Kollegen beim Change-Prozess unterstützen. Eine Führungskraft sollte daher den Mitarbeitenden bei der Integration in ein Team unterstützen.

Da jeder Mitarbeitende individuell geprägt ist, hat jeder Mitarbeitende auch verschiedene Motivationstypen, die den Mitarbeitenden ansprechen. Zudem können die Mitarbeitenden mehrere Motivationstypen und auch alle drei Motivationstypen in sich vereinigen. Bei diesen Mischformen kann es zu unterschiedlichen Ausprägungen der Motivationstypen kommen. Vielleicht ist teilweise eine eindeutige Identifizierung der Motivationstypen nicht möglich. Allerdings ist eine präzise Identifizierung auch nicht notwendig. Aber eine Führungskraft sollte trotzdem eine Analyse der individuellen Motive der Mitarbeitenden vornehmen, allein schon aus dem Grund, dass dadurch die Führungstätigkeit erleichtert wird und erfolgreicher sein wird.

Diese individuelle Vorgehensweise der Motivationsanalyse ist sicher aufwendiger als von der (bequemen) Annahme auszugehen, dass die Mitarbeitenden sicher den Change-Prozess mittragen werden. Dies ist nämlich nicht immer der Fall. Daher kann eine Änderung der Sichtweise den entscheidenden Unterscheid in der erfolgreichen Umsetzung eines Change-Prozesses ausmachen.

Zudem kann ein Team von der Führungskraft gemäß den individuellen und spezifischen Motivationstypen der Mitarbeitenden zusammengestellt werden, um bestimmte Aufgaben und Projekte erfolgreich zu absolvieren.

5

Der Einfluss der Unternehmenskultur auf die Mitarbeitenden

An dieser Stelle wird sich die eine oder der andere Lesende möglicherweise fragen, warum sich ein Personalbuch mit der Unternehmenskultur beschäftigt. Es stellt sich daher die Frage: Warum hat die Unternehmenskultur einen Einfluss auf die Personalarbeit und wie wirkt sich die Unternehmenskultur auf die Mitarbeitenden aus?

„Wenn Sie ein extrem gefragtes Produkt haben – gleich ob es Eintrittskarten für ein singuläres Ereignis sind, das neueste Hyper-Smartphone oder ein neues, hochwirksames Medikament für eine schwere Krankheit –, tritt die Bedeutung Ihrer Unternehmenskultur in den Hintergrund: Dann erdulden die Kunden ziemlich viel, um das heiß begehrte Produkt zu bekommen. Dann bilden sie schon am ersten Verkaufstag lange Schlangen vor Ihren Geschäften, manche übernachten vielleicht sogar auf der Straße davor. Sie schlucken schikanöse Geschäftsbedingungen ebenso wie unfreundliche Behandlung, Arroganz und Schlamperei. Und die meisten kommen sogar wieder – nicht wegen, sondern trotz Ihrer Unternehmenskultur, allein wegen Ihres Produkts.

Falls Ihre Produkte bei ehrlicher Betrachtung aber nicht zu denen zählen, die so einzigartige Wettbewerbsvorteile haben, dass sie Ihnen von den Kunden aus den Händen gerissen werden, dann muss Sie das Thema Unternehmenskultur interessieren. Denn dann hat Ihre Kultur mit ziemlicher Sicherheit Einfluss darauf, ob die Kunden bei Ihnen kaufen oder bei der Konkurrenz." (Berner, 2019, S. 21)

Darüber hinaus wirkt die Unternehmenskultur auch nach innen und hat einen Einfluss auf die Motivation der Mitarbeitenden, auf den Unternehmenserfolg und auf die Wahrnehmung im Markt des Unternehmens.

Als Unternehmenskultur werden „alle vorherrschenden Werte, Normen und Einstellungen, die Entscheidungen, Handlungen und Verhaltensweisen innerhalb eines Unternehmens bestimmen" bezeichnet. (Pietrasch, 2021) „Sie beeinflusst, wie ein Unternehmen funktioniert, wie Strukturen aufgebaut werden und wie die Mitglieder der Organisation untereinander kommunizieren und zusammenarbeiten. Jede Organisation besitzt eine spezifische

Unternehmenskultur. Die wenigsten wissen jedoch, wie wichtig diese Kultur für den langfristigen Erfolg des Unternehmens ist. Denn eine positive Organisationskultur stellt sicher, dass sich die Mitarbeitenden wohlfühlen und sich mit dem Unternehmen identifizieren. Das Resultat ist eine motivierte und engagierte Belegschaft, die gerne und langfristig im Betrieb arbeitet." (Pietrasch, 2021)

Eine Unternehmenskultur hat eine wechselseitige Wirkung auf die Mitarbeitenden, weil die Unternehmenskultur einerseits das Verhalten der Mitarbeitenden prägt und andererseits wird die Unternehmenskultur durch das Verhalten und die Gewohnheiten der Mitarbeitenden definiert und vermittelt. Mit anderen Worten: Jede Handlung eines Organisationsmitgliedes ist ihrerseits kulturell beeinflusst und beeinflusst in der Gesamtheit aller Handlungen auch die Organisationskultur.

Alle Mitarbeitenden tragen bewusst oder unbewusst zur Unternehmenskultur bei. Auf der einen Seite beeinflussen die Kommunikation, die Arbeitsweisen und die Konfliktlösungsstrategien die Unternehmenskultur und auf der anderen Seite sind es die Führungskräfte, die die Unternehmenskultur entscheidend durch vollzogene oder unterlassene Aktionen prägen. Die Unternehmenskultur beginnt somit schon bei der Personalauswahl und beeinflusst den Verbleib der Mitarbeitenden im Unternehmen. Zudem hat die Unternehmenskultur einen Einfluss auf die Motivation und das Zugehörigkeitsgefühl der Mitarbeitenden.

Die Führungskräfte können durch ihr Verhalten Einfluss auf die Unternehmenskultur nehmen und den Mitarbeitenden vorleben und damit nahebringen. Demzufolge ist Unternehmenskultur ein soziales Phänomen, das funktional, erlernbar und vor allem wandelbar ist. Ein Unternehmen verkörpert eine bestimmte Kultur, ähnlich wie ein Mensch eine Persönlichkeit besitzt. Kultur ist dabei kein festes System mit starren Verhaltensmustern und Strukturen, sondern befindet sich im „kulturellen Fluss" und ist somit lebendig, bei einem kontinuierlichen Wandel. (vgl. Herget, Strobl (Hrsg.), 2018, S. 5ff.)

Es sprechen daher verschiedene Gründe dafür, sich mit der Unternehmenskultur und deren Einfluss auf die Mitarbeitenden zu beschäftigen. Basierend auf der Kenntnis über die wesentlichen Einflussfaktoren der Unternehmenskultur lassen sich geeignete Maßnahmen der Personalführung entwickeln.

Wesentliche Einflussfaktoren auf die Unternehmenskultur

Ökonomische Faktoren	Soziokulturelle Faktoren	Organisatorische Faktoren
Wettbewerb als Verstärker	Wertewandel	Unternehmensentwicklung
Internationalisierung	Wertevielfalt	Produktivitätsprobleme
Strategische Allianzen	Rollenveränderungen	Entstehung von Subkulturen
Technologische Entwicklung	Multioptionsgesellschaft	Managementwechsel
Knappe Ressourcen	Demografischer Wandel	Mitarbeiterfluktuation

Abb. 137: Wesentliche Einflussfaktoren auf die Unternehmenskultur, Quelle: Eigene Darstellung

Ein Unternehmen befindet sich kontinuierlich im Wettbewerb. Dieser Wettbewerb erfordert eine agile Anpassung des Unternehmens an die Marktveränderungen. Die kontinuierlichen Marktveränderungen erfordern wiederum regelmäßig sowohl neue Fähigkeiten, als auch neues Wissen, welche jedoch nicht immer nur durch Weiterbildung erworben werden können. Teilweise ist es auch erforderlich, Fähigkeiten und Wissen von außen zuzuführen. Daher treten immer wieder neue Mitarbeitende in das Unternehmen ein. Zudem scheiden auch regelmäßig Mitarbeitende aus dem Unternehmen aus. Es kommt also regelmäßig zu Veränderungen in der Zusammensetzung der Organisationsmitglieder. Diese, sich regelmäßig verändernde Zusammensetzung der Organisationsmitglieder beeinflusst einerseits von außen die bestehende Unternehmenskultur und andererseits beeinflusst die bestehende Unternehmenskultur sowohl die neu eintretenden Mitarbeitenden als auch die Auswahl der neuen und zukünftigen Mitarbeitenden.

Sozialisationsprozess: Vom „Neuen" zum Kulturträger

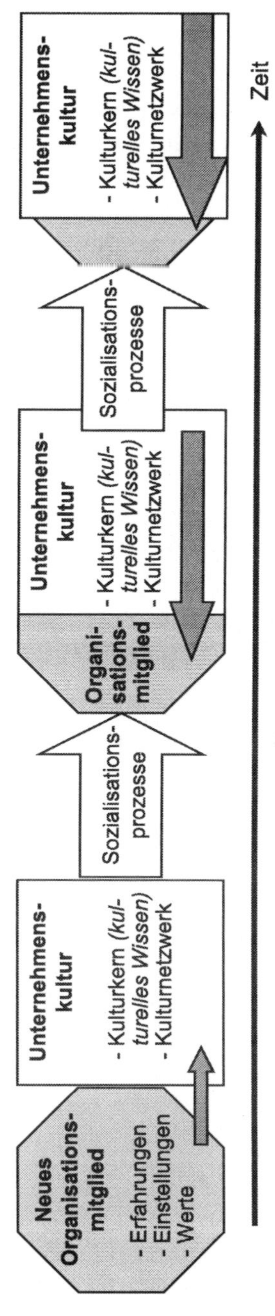

Abb. 138: Sozialisationsprozess: Vom „Neuen" zum Kulturträger, Quelle: Sackmann, 2017, S. 98

„Als soziales Phänomen wirkt Unternehmenskultur primär über ihre Kulturträger. Prinzipiell ist jedes Organisationsmitglied ein Kulturträger. Neue Organisationsmitglieder bringen mit ihren Erfahrungen aus anderen Organisationen und ihren spezifischen Praktiken, Einstellungen und Werthaltungen verschiedenste Einflüsse von außen mit ins Unternehmen die. die spezifische inhaltliche Ausgestaltung der Unternehmenskultur beeinflussen können. Jedoch können diese neuen Mitarbeitende auch bewusst in Bezug auf ihre Passung mit der Organisationskultur vom Personalwesen ausgewählt worden sein.

Mit zunehmender Dauer der Betriebszugehörigkeit wächst die Übereinstimmung zwischen persönlichen Vorstellungen darüber, wie gewisse Dinge „richtig" angepackt und bearbeitet werden, und denen der eigenen Gruppe oder Abteilung des Unternehmens. Hierfür sind mehr oder weniger subtile Sozialisationsprozesse verantwortlich (siehe z. B. Fischer und Wiswede 2002; Elbe 1997)." (Sackmann, 2017, S. 98)

Die Einflussnahme neuer Organisationsmitglieder auf die Unternehmenskultur ist schon allein aufgrund des quantitativen Verhältnisses zu den bestehenden Organisationsmitgliedern regelmäßig geringer als umgekehrt. Zudem nimmt die personenspezifische Erfahrung der neuen Mitarbeitenden im Zeitablauf ab, weil der Einfluss tagtäglich auf die neuen Mitarbeitenden einwirkt und dadurch zunehmend die personenspezifische Erfahrung überlagert.

„Dadurch nimmt auch der damit verbundene, von extern mitgebrachte Einfluss auf die Organisation ab. Im gleichen Zuge nimmt die Übereinstimmung zwischen Mitarbeitende und Organisation aufgrund von Sozialisationsprozessen zu. Diese Wirkung der Unternehmenskultur auf neue Mitarbeitende ist mit dem nach links gerichteten Pfeil dargestellt. Wie Studien um die Forschergruppe von Joannes Martin zeigten, lernen die neuen Organisationsmitglieder die spezifische Terminologie und den Jargon, der in ihrer Arbeitsgruppe benutzt wird, innerhalb von ungefähr einer Woche, da dies für die Verständigung in der täglichen Zusammenarbeit wichtig ist. Die Aneignung der organisationsspezifischen Arbeitspraktiken und vor allem deren Routinisierung dauern allerdings wesentlich länger.

Mit zunehmender Betriebszugehörigkeit wächst auch die Identifikation mit der Arbeit, der Arbeitsgruppe und dem Unternehmen. Zeitgleich verschwinden die von extern mitgebrachten „anderen" Vorstellungen über Vorgehensweisen oder sie werden in das bestehende unternehmenskulturelle Wissen integriert.

Wenn daher neue Mitarbeitende über die Probezeit hinweg im Unternehmen bleiben, schwindet ihr von extern mitgebrachter kritischer Blick und Einfluss auf die Unternehmenskultur allmählich und gleichzeitig wird der Einfluss der Unternehmenskultur auf die Person größer. Dies äußert sich beispielsweise darin, dass Organisationsmitglieder in diesem Stadium automatisch von „wir" – und damit unserer Abteilung, unserem Unternehmen – sprechen und keine spontane Abgrenzung mehr zwischen „ich" und „das Unternehmen" machen. Ist eine solche unreflektierte spontane Identifikation mit dem Unternehmen vorhanden, können die Organisationsmitglieder als Kulturträger betrachtet werden, die durch ihre Aktionen die von ihnen übernommenen Kulturcharakteristika leben und damit aufrechterhalten.

Diese Kulturcharakteristika werden an andere Organisationsmitglieder weitergegeben und beeinflussen so das Leben innerhalb der Organisation. Gleichzeitig beeinflussen die Kulturträger die Unternehmenskultur und sämtliche Aspekte des Kulturnetzwerkes durch ihre individuellen Erfahrungen, Fähigkeiten und Wahrnehmungen, die sie inner- und außerbetrieblich machen." (Sackmann, 2017, S. 98f.)

Auch durch die Internationalisierung und durch strategische Allianzen kann die Unternehmenskultur beeinflusst werden. Bei der Internationalisierung und bei strategischen Allianzen erfolgt ein möglicher Einfluss nicht von den Organisationsmitgliedern selbst, sondern von den Nichtorganisationsmitgliedern. Dabei treffen die Organisationsmitglieder auf bisher nicht gelebte Kulturen von außerhalb des Unternehmens. Mit welcher Intensität die Internationalisierung und strategische Allianzen eine bestehende Unternehmenskultur beeinflussen, ist einerseits von der Häufigkeit und der zeitlichen Dauer der Kontakte mit der anderen Kultur und andererseits von der Stärke der eigenen Unternehmenskultur abhängig. Je stärker eine Unternehmenskultur ist, umso intensiver muss, nach der Beharrungstheorie von Ludwik Fleck, der Einfluss von außen wirken, um eine Veränderung der Unternehmenskultur zu erreichen. (vgl. Fleck, 1980, S. 99)

Dabei kann das Aufeinandertreffen zweier Unternehmenskulturen zu vier möglichen Zuständen einer Unternehmenskultur führen.

Eine starke Unternehmenskultur hat den Vorteil eines klaren und eindeutigen Alleinstellungsmerkmals, wodurch sich das Unternehmen vom Wettbewerb abhebt. Zudem prägt eine starke Unternehmenskultur das Verhältnis der Mitarbeitenden zum Unternehmen und kann die Mitarbeitenden im besten Fall an das Unternehmen binden. Auch kennen nahezu alle Organisationsmitglieder die Regeln, was eine effektive Kommunikation ermöglicht. Regelverstöße werden zudem schnell kommuniziert. Durch eine starke Unternehmenskultur kann der Kontrollaufwand reduziert werden, da sich die Organisationsmitglieder weitestgehend an die Regeln halten. Dies wiederum hat einen positiven Einfluss auf die Motivation und auf die Wirtschaftlichkeit der Handelnden.

Allerdings kann eine starke Unternehmenskultur eine agile Anpassung an veränderte Marktverhältnisse möglicherweise verhindern, wenn die Orientierung an den vorhandenen Werten und Regeln dazu führt, dass Änderungsvorschläge oder Anpassungen nicht ernst genommen, oder ausgebremst werden. Nicht nur können dann gegenteilige Vorschläge ignoriert werden, sondern diese werden häufig auch abgewertet, weil eine andersartige Meinung eher als Neid empfunden wird. Bei einer starken Unternehmenskultur besteht zudem die Tendenz zur Abschottung und zum Widerstand gegen Änderungen.

Weitere Einflussfaktoren auf die Unternehmenskultur sind die technologische Entwicklung und knappe Ressourcen. Jede Unternehmenskultur hat immanente Werte und Regeln wie mit neuen Technologien und knappen Ressourcen umgegangen wird. Diese Werte und Regeln müssen nicht schriftlich fixiert sein, vielmehr werden diese in der Praxis häufig unbewusst gelebt und sind unternehmen-

Mögliche Ergebnisse beim Aufeinandertreffen zweier Unternehmenskulturen

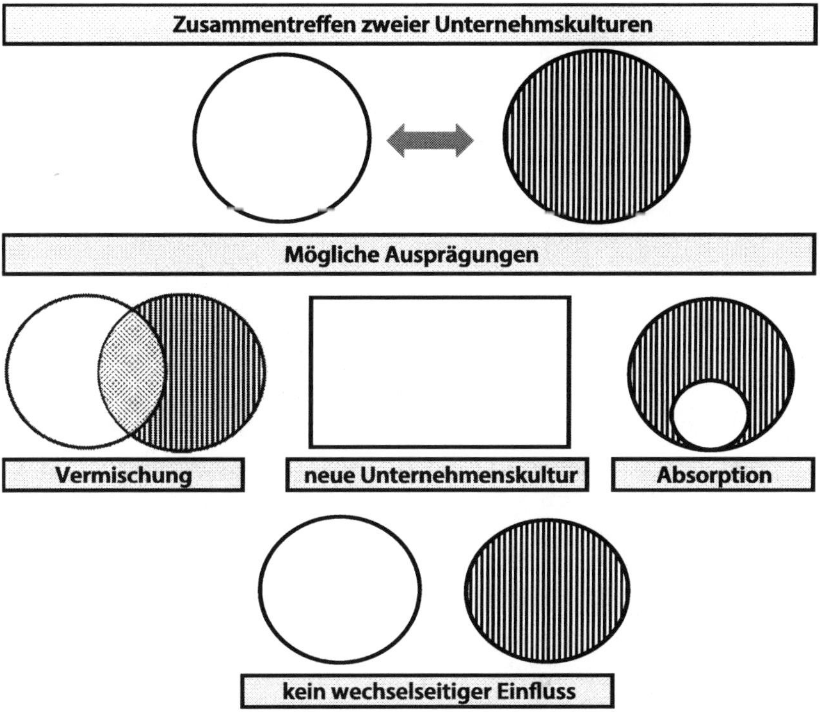

Abb. 139: Mögliche Ergebnisse beim Aufeinandertreffen zweier Unternehmenskulturen, Quelle: Eigene Darstellung

sindividuell. Neue Technologien ermöglichen dabei den Unternehmen regelmäßig auch neue Chancen. Auch knappe Ressourcen können einen Innovationsschub auslösen. Wie und welchen Umfang die Mitarbeitenden auf diese Veränderungen reagieren, ist abhängig von der Unternehmenskultur. Kulturprägend wirken aber auch Krisen und einschneidende Veränderungen durch neue Technologien und knappe Ressourcen auf die Art und Weise, wie diese Krisen und Veränderungen gemeistert werden.

Die Reaktionen auf neue Technologien und knappe Ressourcen können sich negativ oder positiv auf das Unternehmen auswirken. Negative Reaktionen sind das Unterlassen der regelmäßigen

Beobachtung der Unternehmensumwelt und das Verharren auf dem jeweiligen Status Quo. Dagegen sind positive Reaktionen das regelmäßige und systematische Beobachten der Unternehmensumwelt und die Schaffung einer agilen Unternehmensstruktur.[28]

Die soziokulturellen Faktoren beeinflussen ebenfalls die Unternehmenskultur. „Werte unterscheiden sich aus ökonomischer Perspektive nicht fundamental, aber doch signifikant von der Bedeutung, die Werten in den Nachbardisziplinen Soziologie oder Politikwissenschaft zukommt. Werte gelten als immaterielle Produktionsfaktoren, deren Auswahl und Wirkung rationalen ökonomischen Erklärungsansätzen zugänglich sind. Soweit sie nicht weltanschaulich oder religiös tradiert werden – wie etwa im Konfuzianismus oder im kapitalistischen Geist der protestantischen Ethik –, entstehen sie auf Märkten immer dann, wenn Akteure freiwillig darauf verzichten, ihre Handlungsfreiheit voll auszuschöpfen, weil sie sich davon Wettbewerbsvorteile versprechen." (Abelshauser, 2018, S. 58)

Geprägt und beeinflusst durch die sich stetig wandelnde soziale Umwelt der Mitarbeitenden unterliegen auch die Werte der einzelnen Mitarbeitenden einem Wandel und beeinflussen die Kultur eines Unternehmens. Im Zuge dieses Wandels haben sich auch die Ansprüche an die Arbeit geändert: Wichtiger geworden sind Kommunikation, Selbstbestimmung und Sinnerfüllung in der Arbeit, die Bereitschaft zur Unterordnung hat nachgelassen und materielle Leistungsanreize haben an Wert verloren. Aus diesen Entwicklungen ergeben sich unmittelbare Auswirkungen auf die Personalführung. Ein kooperativer Führungsstil und Partizipation bei Entscheidungen werden immer wichtigere Voraussetzungen für die Integration neuer Mitarbeitende.

Da der Wertewandel individuell bei jedem Mitarbeitenden verläuft, generiert sich daraus eine Wertevielfalt der Mitarbeitenden. Allerdings erlaubt die Unternehmenskultur nur in einem begrenzten Umfang das Ausleben der vollständigen Wertevielfalt. Auch unter

---

[28] Siehe hierzu die Ausführungen in Kapitel 4. „Der Einfluss der Personalführung auf Change-Prozesse".

diesem Aspekt sind die Unternehmensstrukturen und Unternehmensprozesse, sowie die Kommunikation und die Steuerungsinstrumente des Managements, an die individuellen und sich im Zeitablauf verändernden Bedingungen anzupassen.

Die Rollenveränderungen der Mitarbeitenden üben ebenfalls einen Einfluss auf die Unternehmenskultur aus. Eine Rolle ist die Summe aller kulturellen Muster, die eine gesellschaftliche Position beinhaltet. (Linton, 1936, S. 113) Eine soziale Rolle beinhaltet die Gesamtheit der Ansprüche, die die Gesellschaft an die jeweiligen Träger der Rolle bezüglich angemessenem Verhalten, Aufgaben, Charakter und Erscheinungsbild stellt, bezeichnet. (vgl. Dahrendorf, 2006, S. 37) Jedem Mitarbeitenden sind auch immer soziale Rollen immanent. Diese Rollen sind den Menschen meist nicht angeboren, sondern die Menschen werden hineinsozialisiert. (vgl. Preyer, 2012, S. 55) In der Betriebswirtschaftslehre wird der Rollenbegriff als funktionale Rolle definiert. Der mit diversen Aufgaben betraute Träger dieser Funktion wird unter diese Definition subsummiert. (vgl. Becker et al., 2009, S. 108) Der funktionale Rollenbegriff basiert somit auf den organisatorischen Kompetenzen und Aufgaben. (vgl. Turner, 1990, S. 87f.) Ein Rollenträger trägt in der Praxis meist nicht nur eine Rolle, sondern vielmehr ein Set aus mehreren Rollen. (vgl. Merton, 1957, S. 106–120) Der technische, soziale und marktbedingte Wandel führt zu geänderten Funktionen und Aufgaben der Mitarbeitenden und damit zu Rollenveränderungen, weil Rollen nicht starr sind, sondern sich den verändernden Umweltbedingungen und -strukturen anpassen. Jede Funktionsänderung und jede Aufgabenänderung führen zu veränderten Rollen und damit sukzessive auch zur Änderung der Unternehmenskultur.

Der Arbeitsmarkt wird durch den demografischen Wandel beeinflusst, weil in einem absehbaren Zeitraum umfangreich Mitarbeitende aus der Generation der Babyboomer aus den Unternehmen ausscheiden werden. Die ausscheidenden Babyboomer werden dann durch Mitarbeitende aus anderen Generationen ersetzt. Der demografische Wandel bewirkt jedoch weder eine Rollen-, noch eine Aufgabenänderung, aber aufgrund der sich ändernden Werte der

Generationen verändert sich die Einstellung zur Arbeit und die Art und Weise der Problemlösungsmethoden und der Kommunikation. Die verschiedenen Generationen beeinflussen auf unterschiedliche Art und Weise ebenfalls die Unternehmenskultur.[29] In der Summe aller Variablen bewirkt dies eine Änderung der Unternehmenskultur. Auch diese Änderung verläuft sukzessive, aber teilweise schneller, als von den Führungskräften erwartet.

Aufgrund der vorgenannten Entwicklung tendieren viele Unternehmen zu einer Multioptionsgesellschaft. Nach Peter Gross ist eine Multioptionsgesellschaft durch drei Faktoren bestimmt: (vgl. Gross, 2007, S. 153–184)

Enttraditionalisierung

Mit dem Prozess der gesellschaftlichen Enttraditionalisierung wird der Legitimationsverlust von Traditionen verstanden. In der Vergangenheit bildeten Traditionen und überlieferte Gewissheiten die strukturellen Bedingungen der Stabilität der alltäglichen Lebenswelt. Die erodierenden wertebasierten Unternehmensstrukturen führen dazu, dass Orientierungsmuster fehlen und Entscheidungen zwischen gleichwertig gewordenen Alternativen zu treffen sind.

Optionierung

Eng mit dem Prozess der Enttraditionalisierung verbunden ist die Optionierung, worunter die in allen Lebensbereichen beobachtbare Vervielfältigung von Orientierungs- und Handlungsmöglichkeiten verstanden wird. Nur die Erosion von Traditionen, kulturellen Handlungsvorgaben und gemeinschaftlichen Bindungen haben heute zur Multioptionsgesellschaft geführt, in der Entscheidungsträger jeden Tag bei alltäglichen Entscheidungen unter dem Druck von unzähligen Alternativen stehen.

---

[29] In den Kapiteln 3.2.6.1.–3.3.6.9. werden die Auswirkungen und die Einflüsse der verschiedenen Generationen dargestellt.

Individualisierung

Angesichts der Enttraditionalisierung und Optionierung wird das Individuum zunehmend auf sich selbst zurückgeworfen und sieht sich als Folge des Prozesses der Individualisierung plötzlich als höchste und wichtigste kulturelle Währungseinheit.

„Neben den veränderten Rollen von Kunden und Mitarbeitenden gilt es, das Aufbrechen von Wertschöpfungsketten zu beachten. Die Grenzen zu kooperierenden und konkurrierenden Organisationen werden geöffnet, um gemeinsam mehr Kundennutzen zu erarbeiten." (Cachelin, 2009, S. 101) Die Organisationen verschmelzen dadurch zu Netzwerken. „Unternehmensnetzwerke ermöglichen neue Arbeitsteilungen zwischen Unternehmen, Kundennetzwerke ermöglichen eine Kommunikation zwischen Kunden über Unternehmen, die sich von der unternehmensbestimmten Kommunikation ablöst, neue Unternehmens- und Kundennetzwerke ermöglichen neue Arbeitsteilungen zwischen Kunden und Lieferanten. Die einzelne Organisation kann heute schwerlich ohne Kooperationen überleben. Sie existiert in einem Verbund von Netzwerkpartnern, wobei Aktivitäten außerhalb der Kernkompetenzen an Partnerorganisationen ausgegliedert werden. Die Informations- und Kommunikationstechnologien forcieren das Zusammenwachsen der Organisationen und helfen traditionelle Wertschöpfungsprozesse und Branchengrenzen aufzubrechen." (Cachelin, 2009, S. 101)

Auch die Organisationsstruktur beeinflusst die Unternehmenskultur. Die Organisationsstruktur umfasst die vertikale Organisationsgestaltung, also die Aufbauorganisation und die Gestaltung der horizontalen Koordination der Unternehmensprozesse, also die Ablauf-organisation durch die Entscheidungsträger in einem Unternehmen, um eine optimale Arbeitsteilung und Spezialisierungsvorteile zu realisieren. Durch die Unternehmenskultur sollen die Unternehmensziele erreicht, sowie Wettbewerbsvorteile durch Differenzierung und Kostenreduzierung generiert werden. Da sich die Unternehmensziele ändern können und die Rahmenbedingungen des Unternehmens veränderlich sind, ist auch die Organisationsstruktur lebendig und passt sich den geänderten Markt- und Umweltbedingungen an. Während die Aufbauorganisation eines Unternehmens die Kommunikation[30] und die zukünftige Unternehmensentwicklung[31] beeinflussen kann, beeinflusst die Ablauforganisation die Wirtschaftlichkeit der Prozesse und Arbeitsabläufe[32]. Somit beeinflussen die organisatorischen Faktoren die Unternehmenskultur.

Aufgrund der Umwelt- und Marktdynamik passen sich die Unternehmen den Entwicklungen an und damit verändern sich auch die Mitarbeitenden des Unternehmens. Dadurch verändert sich ebenfalls die Unternehmenskultur kontinuierlich.

Durch veränderte Prozesse und mangelnde Ressourcen[33], vor allem beim Personal, können Produktivitätsprobleme entstehen und bewirken ebenfalls eine Veränderung der Unternehmenskultur. Unter bestimmten Umständen können zudem Subkulturen entstehen, die Abteilungsdenken fördern.[34] Auch diese Entwicklung beeinflusst die Unternehmenskultur negativ, weil dadurch Prozesse nicht optimal ablaufen können.

Ein Managementwechsel führt in der Praxis ebenfalls häufig zu einer veränderten Unternehmenskultur, da das neue Managementmitglied gestaltend in die Unternehmensorganisation eingreift. Die Veränderungsintensität aufgrund des Managementwechsels ist abhängig von der Stärke des neuen Managers, der Anzahl der neuen Manager und der Stärke der bisherigen Unternehmenskultur.

Durch Mitarbeiterfluktuation verändern sich die Prozesse und die Unternehmensstrukturen und bewirken eine Änderung der Unternehmenskultur, da entweder die freigewordenen Positionen nicht mehr besetzt und dadurch die Tätigkeiten anders verteilt werden, oder durch neue Mitarbeitende, weil diese neue Verfahren der Leistungserstellung, Erfahrungen, Kommunikation in das Unternehmen

---

30 Vgl. hierzu die Ausführungen in den Kapiteln: 3.2.6.4.1.–3.2.6.4.4.

31 Vgl. hierzu die Ausführungen im Kapitel: 4.

32 Vgl. hierzu die Ausführungen im Kapitel: 3.2.4. und die vorherigen Ausführungen in diesem Kapitel.

33 Vgl. hierzu die Ausführungen in den Kapiteln: 2.2.3., 2.3., 2.4., 2.5.2.–2.5.3., 2.9.

34 Vgl. hierzu die Ausführungen im Kapitel: 2.6.3.

einbringen. Somit verändert auch die Mitarbeiterfluktuation die Unternehmenskultur.

Wie eingangs des Kapitels beschrieben wurde, zieht jede Unternehmenskultur immer auch bestimmte Mitarbeitenden an oder definiert den Verbleib des Mitarbeitenden im Unternehmen, so dass die Unternehmenskultur bereits schon bei der Bewerbung einen Einfluss darauf hat, wer sich bei dem Unternehmen bewirbt. Im Zweifel bewirbt sich ein interessanter, oder wichtiger Kandidat erst gar nicht bei einem Unternehmen, wenn die Unternehmenskultur nicht seinen Vorstellungen entspricht.

Heute können auf verschiedenen Internetseiten die Mitarbeitenden ihr aktuelles oder ehemaliges Unternehmen bewerten. Somit können sich aber auch Bewerber bereits vor einer Bewerbung über das Unternehmen erkundigen. Dabei wird mit jeder Bewertung auch ein stückweit die Unternehmenskultur transportiert und hinterlässt damit auch einen ersten Eindruck bei den potentiellen Bewerbern.

Schon aus wirtschaftlichen Gründen sollten Führungskräfte um eine positive Unternehmenskultur bemüht sein oder diese, wenn nicht vorhanden bzw. als unzureichend empfunden wird, anstreben. Eine schlechte Unternehmenskultur beeinflusst nicht nur weiche Faktoren, wie z. B. das Betriebsklima, die Mitarbeitermotivation und die Mitarbeiterzufriedenheit, sondern beeinflusst auch harte Zahlen, wie z. B. das Betriebsergebnis eines Unternehmens und damit auch den Unternehmenserfolg. (vgl. Berner, 2019, S. 1) Somit hat die Unternehmenskultur, also die Art und Weise wie die Mitarbeitende miteinander und mit den Kunden umgehen, einen unmittelbaren Einfluss auf den Geschäftserfolg. (vgl. Berner, 2019, S. 1) Insbesondere bei Unternehmen mit einem hohen Fixkostenanteil hat schon ein geringer, durch eine schlechte Unternehmenskultur verursachter Umsatzrückgang einen überproportionalen negativen Effekt auf den Unternehmensgewinn, weil das Unternehmen die Fixkostendegression nur eingeschränkt nutzen kann. Ein rückläufiger Umsatz führt auch zwangsläufig zu sinkenden Marktanteilen.

„Gerade in mittelständischen Unternehmen, aber auch in vielen Großunternehmen wird großer Wert auf eine flexible, unbürokratische Unternehmenskultur gelegt. Flexibilität gilt dabei auf der einen Seite als Wegbereiter und Voraussetzung für Innovationskraft, Schnelligkeit in der Umsetzung sowie niedrige Kosten und damit für Wettbewerbsvorteile gegenüber Konkurrenten. Um effizient und effektiv arbeiten zu können, benötigen Unternehmen auf der anderen Seite jedoch auch Stabilität, das heißt stabile Prozesse und Strukturen. Weder Flexibilität noch Stabilität sind also per se gut oder schlecht, sondern Ausprägungen der, über viele Jahre entstandenen Struktur eines Unternehmens, die nur langsam geändert oder vom Management oder den Mitarbeitenden des Unternehmens gestaltet werden können." (Günther, 2019, S. 38) Daher ist eine Unternehmenskultur primär abhängig vom Verhalten und nicht von den Überzeugungen der Führungskräfte. Dabei werden Änderungen der Kultur durch Änderungen der Werte und Normen der Führungskräfte und Mitarbeitenden verursacht. (vgl. Günther, 2019, S. 42) Wie Studien belegen, zeigen dabei Führungskräfte Beharrungstendenzen, so dass sich Unternehmenskulturen überwiegend langsam vollziehen. (vgl. Günther, 2019, S. 43) Erklärt werden kann dies mit der Theorie der Beharrungstendenz nach Ludwik Fleck. (vgl. Fleck, 1980)

Nach der Theorie von Ludwik Fleck tendieren Gruppen, die den gleichen Denkstil haben, diesen Denkstil durch die Suche nach bestätigenden Tatsachen und durch gleiche Denkweisen zu legitimieren. (vgl. Fleck, 1980, S. 99, vgl. ebenso Antos, et al., 2014, S. 177) „Ein Meinungssystem entwickelt sich, weil mit ihm Anschauungen vertreten werden, die historisch plausibel sind, die in sich geschlossen sind, mit verschiedenen Vermittlungsformen verbreitet werden können." (Antos, et al., 2014, S. 177) Die Beharrungstendenz ist dabei umso stärker, je erfolgreicher das bisherige Verhalten war.

Praxisbeispiel 27

In einem Berliner Unternehmen im öffentlichen Dienst sollen die 3 besten Mitarbeitenden aus 10 Abteilungen eine Lohnerhöhung erhalten. Bisher hat der Bereichsleiter über solche Lohnerhöhungen selbst entschieden.

Nach einer Schulung möchte der Bereichsleiter einen neuen Führungsstil etablieren und die 10 Abteilungsleiter sollen je drei Top-Mitarbeitenden für die Lohnerhöhung vorschlagen. Nach einer zweistündigen Debatte hatten sich die 10 Abteilungsleiter auf die drei besten Mitarbeitenden aus den 10 Abteilungen geeinigt. Diese drei besten Mitarbeitenden kamen alle aus Buchhaltung. Allerdings gefiel diese Entscheidung dem Bereichsleiter nicht und er benannte drei völlig andere Mitarbeitenden.

Somit verfiel der Bereichsleiter wieder in alte Verhaltens- und Denkweisen. Dies löste Frustration bei den Abteilungsleitern aus und zeigt, dass sich Änderungen in der Unternehmenskultur in der Praxis häufig nur langfristig ändern.

Zudem hat die Unternehmenskultur auch einen Einfluss auf die neuen, potentiellen Mitarbeitenden in einem Unternehmen, wie das folgende Beispiel zeigt:

Praxisbeispiel 28

„Niemals will ich für dieses Unternehmen arbeiten", sagt der Bewerber Bernhard Fleißig, kurz nachdem er die Pforten des Unternehmens hinter sich gelassen hatte. Das Gespräch mit dem Personalleiter, dem Abteilungsleiter und zwei Kollegen, das er gerade hinter sich hatte, war abschreckend. „Wie die hier arbeiten – das ist nichts für mich." Ein anderer Bewerber sagt: „Ich fand es klasse." Unternehmen können polarisieren. Genauer gesagt ist es die Unternehmenskultur, die manche Bewerber abschreckt und andere fasziniert.

6

Von der Personalplanung bis zur Personalentlassung

Personalarbeit ist längst keine reine Verwaltungsfunktion mehr, sondern eine komplexe und zukunftsorientierte Tätigkeit, die ihren Beitrag zum Unternehmenserfolg leistet. Ein Denken in Prozessen und die regelmäßige Optimierung der Personalprozesse sind wichtige Bestandteile der Personalarbeit, um die Qualität der Arbeit zu erhöhen und die Durchlaufzeiten zu verkürzen. Da die Anforderungen an die Qualität, Schnelligkeit, Termintreue und an die Kosten der Personalarbeit immer weiter zunehmen, müssen Personalmanager verstärkt in Prozessen denken, um die Effektivität der Personalarbeit zu steigern.

In jeder Personalabteilung gilt es, wiederkehrende Aufgaben durchzuführen. Werden diese wiederkehrende Aufgaben modellhaft in der zeitlich logischen Abfolge beschrieben, so spricht man von einem Geschäftsprozess. Die Anforderungen an die Personalabteilung sind, eine detaillierte Prozessbeschreibung durchzuführen, die bestehenden Prozesse zu dokumentieren und daraus eine Prozesslandkarte zu erstellen. Jedoch beliebt es nicht bei der Erstellung und Dokumentation der Prozesse, denn das Prozessmodell ist regelmäßig auf den Prüfstand zu stellen. Ändern sich die Unternehmensabläufe oder die Rahmenbedingungen im Unternehmen, muss die Personalabteilung die Personalprozesse kontrollieren und gegebenenfalls anpassen.

Die Personalprozesse lassen sich in die folgenden Tätigkeitsfelder einteilen:

- Personalplanung,
- Personalbedarf und Personalbeschaffung,
- Personalauswahl,
- Personalverwaltung,
- Personalbindung,
- Personalentwicklung,
- Personalentlassung.

6.1. Personalplanung

Nach Müller ist die Planung eine gedankliche Vorwegnahme von Handlungsschritten, welche zur Erreichung eines Ziels notwendig sind. (vgl. Müller, 1990, S. 74)

Der Anstoß einer Planung leitet sich aus einer Neuentwicklung, einer Weiterentwicklung oder Verbesserung einer vorhandenen Situation ab. Auch ein vorhandenes Problem kann eine Zielplanung auslösen. (vgl. Günthner, 2000, S. 8ff.)

Neben der Planung können in Unternehmen auch Ad-Hoc-Maßnahmen erforderlich sein. Ad hoc[35] bedeutet „für diesen Augenblick gemacht" oder „zur Sache passend". Im übertragenen Sinne bezeichnet ad hoc improvisierte Handlungen, die speziell für einen Zweck entworfen wurden oder spontan aus einer Situation heraus entstanden sind.

Eine Ad-Hoc-Planung ist eine sehr kurzfristige Planung, die durch eine volatile Umwelt ausgelöst wird. Um eine erfolgreiche Ad-Hoc-Planung umzusetzen, ist diese Art der Planung agil. Dabei wird eine Maßnahme nicht bis zum Ende durchgeplant, sondern nur schrittweise. Häufig erfolgen auch Iterationen mit dem Auftragsgeber der Planung, um die Planung agil der veränderten Entwicklung anzupassen. In der Praxis stehen den Unternehmen drei Maßnahmen zur Optimierung der Planung zur Verfügung.

1. Planungstiefe verringern

Zum Ausgleich für den mit der Ad-Hoc-Planung verbundenen Mehraufwand wird häufig der Detaillierungsgrad für die regelmäßig erfolgende Kurz- und Mittelfristplanung reduziert.

2. Planungsprozess erleichtern

Durch die möglichst automatisierte und digitalisierte Informationsbeschaffung und -verarbeitung können Planungsprozesse erleichtert werden.

[35] Lateinisch für „zu diesem, hierfür"

3. Motivierte und mutige Controller

Der erfolgreiche Einsatz neuer Planungsinstrumente und der Einsatz von neuen Technologien erfordert engagierte Mitarbeitende, die diese Innovationen einsetzen und motiviert sind, neues Know-how zu erwerben.

Ein Teilbereich der Unternehmensplanung ist die Personalplanung. Die Personalplanung sorgt dafür, dass immer der Mitarbeiterbedarf eines Unternehmens quantitativ und qualitativ optimal gedeckt ist. Organisatorisch fällt die Personalplanung in den Aufgabenbereich des Personalmanagements und ist zentraler Bestandteil der Unternehmensplanung.

Ziel der Personalplanung ist es, einen idealen personellen Zustand zu erreichen, der sowohl die wirtschaftlichen operativen und strategischen Unternehmensziele, als auch die Mitarbeiterzufriedenheit wahrt. Das übergeordnete Ziel der Personalplanung ist es, das richtige Personal zur richtigen Zeit der richtigen Stelle zuzuführen.

Da sich dieser Soll-Zustand mit dem Unternehmen mitentwickelt und laufend verändert, müssen auch die Maßnahmen stetig angepasst und neu geplant werden. Wenn dies gelingt, arbeiten nicht nur die einzelnen Mitarbeitenden effizienter, sondern das gesamte Unternehmen kann nachhaltig seine wirtschaftlichen Ziele erreichen.

Bei der Personalplanung wird unterschieden nach der quantitativen Personalplanung, welche die Anzahl der benötigten Mitarbeitenden und Führungskräfte ermittelt, und nach der qualitativen Personalplanung, die ermittelt, über welche Qualifikation und Kompetenzen das benötigte Personal verfügen muss.

Zur Personalplanung zählt die grundlegende Entscheidung, wie viele Mitarbeitende für das Unternehmen arbeiten sollen. Allgemeine Fragen wie nach dem Altersdurchschnitt oder der Verteilung auf die einzelnen Abteilungen sind ebenfalls Bestandteil der Personalplanung.

Ebenso steuert die Personalplanung durch Soll-Ist-Vergleiche die ausreichende Verfügbarkeit des qualifizierten Personals. Wann immer Engpässe auftreten, ist das Personalwesen gefragt, den aktuellen Personalbestand mit dem ermittelten Bedarf zu vergleichen und entsprechende Maßnahmen einzuleiten. Viele Maßnahmen sind dabei auch kurzfristiger Natur, zum Beispiel der zeitweilige und kurzfristige Ersatz eines erkrankten oder in Elternzeit befindlichen Mitarbeitenden.

Der Einsatz von befristeten Mitarbeitenden oder Leiharbeitenden ist ebenso kurz- bis mittelfristiger Natur. Solche auf einer Personalplanung basierenden Entscheidungen beeinflussen die Flexibilität des Unternehmens in dynamischen Märkten, da Leiharbeiter je nach Auftragslage angeheuert oder an das Verleihunternehmen abgegeben werden können.

Die kurz- und mittelfristige Personalplanung basiert auf der erwarteten Marktentwicklung. Daher wird in der Praxis zunächst der Absatzplan der nächsten Periode und gegebenenfalls der nachfolgenden Perioden definiert. Daraus wird der quantitative und qualitative Personalbedarf der Planperioden ermittelt und auf die Planung übertragen. Die Personaljahresplanung richtet sich in der Praxis regelmäßig nach der Jahresabsatzplanung, weil der geplante Verkauf die quantitativ und qualitativ benötigen Mitarbeitenden definiert. Daher erfolgt die Personalplanung zeitlich immer nach der Absatzplanung. Die langfristige Personalplanung richtet sich nach der Unternehmensvision und den strategischen Zielen des Unternehmens. Somit beinhaltet die strategische Personalplanung den langfristen Personalbedarf und antizipiert die strategischen Personalmaßnahmen der Personalentwicklung und Personalbeschaffung. Dementsprechend führt die langfristige Personalplanung zu einem strategisch ausgerichteten Entwicklungsplan. Diese Sichtweise der langfristigen Personalplanung vertritt die Mehrheit der deutschen Unternehmen. Dabei wird aber der demografische Wandel, auch innerhalb der Belegschaft, nicht berücksichtigt. Somit wird weiterhin das Personal als eine beliebig verfügbare Ressource betrachtet. Wer jedoch von langfristig einheitlichen stabilen Trends ausgeht, wird sich nicht auf die neuen Entwicklungen am Arbeitsmarkt einstellen können. Eine strategisch ausgerichtete Personalplanung sieht daher anders aus. Somit wird deutlich, dass Strategien auf grundlegenden Einstellungen und Visionen der Unternehmensleitung beruhen.

Abhängigkeiten der Personalplanung

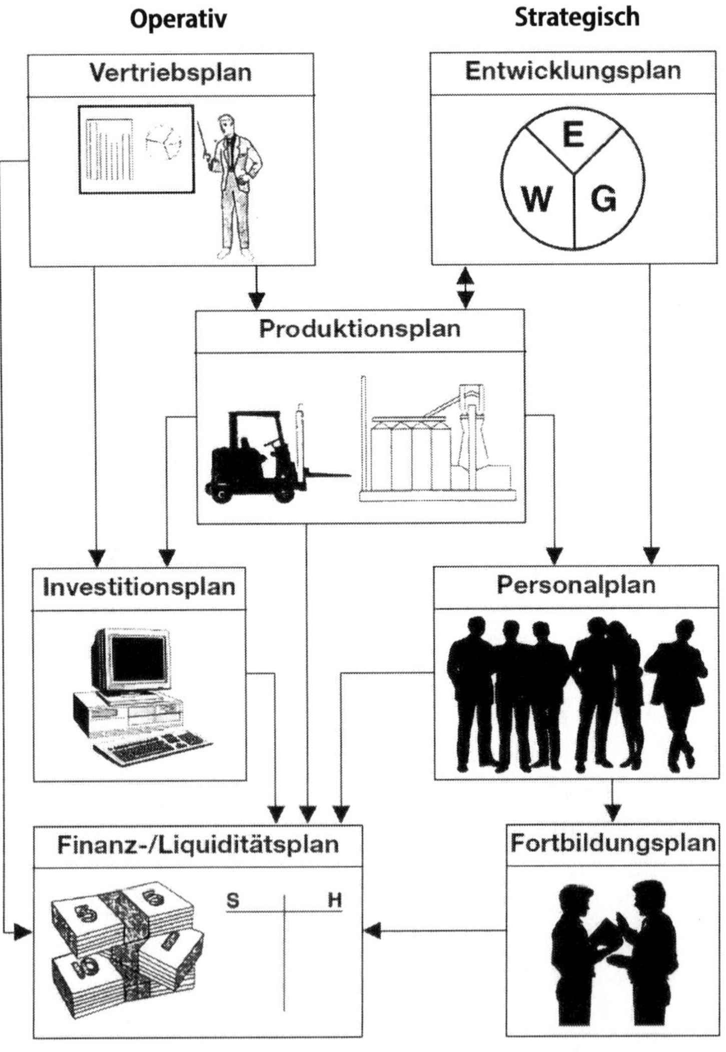

Abb. 140: Abhängigkeiten der Personalplanung, Quelle: Controller Verein, 2001, S. 10

Des Weiteren basiert die kurzfristige operative Planung auf der prognostizierten Auftragslage und definiert damit die benötigten quantitativen Mitarbeitenden und qualitativen Mitarbeiterkompetenzen.

Dagegen basiert die mittelfristige Planung auf der erwarteten Marktentwicklung. Daher hat die Personalplanung auch die zukünftigen Entwicklungen zu berücksichtigen und hat dabei einerseits neue Mitarbeitende mit den benötigten Qualifikationen einzustellen oder bedarfsorientiert weiterzubilden und andererseits gemäß der erwarteten Marktentwicklung quantitativ anzupassen. Auch die langfristig ausgerichtete Vision hat einen Einfluss auf die Menge und Qualifikation der benötigten Mitarbeitenden.

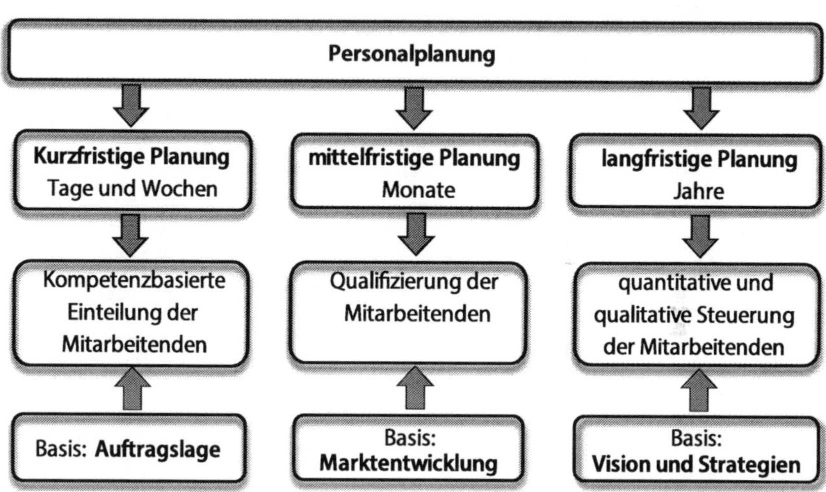

Abb. 141: Personaleinsatzplanung, Quelle: Eigene Darstellung

6.2. Personalbedarf

Der Personalbedarf wird definiert durch das benötigte oder erwartete quantitative und qualitative Personal, das zur zeitlichen Erfüllung der gegenwärtigen und zukünftigen unternehmerischen Aufgaben notwendig ist. Dabei errechnet sich der Personalbedarf aus der Differenz des notwendigen Personalbedarfs (Bruttopersonalbedarf) und dem verfügbaren Personalbestand (Nettopersonalbedarf).

Da der quantitative Personalbedarf von der Unternehmensentwicklung und der Marktsituation des Unternehmens abhängig ist, basiert die Personalplanung in der Praxis regelmäßig auf den geplanten Absatzmengen der zukünftigen Wirtschaftsperioden.

Um den Personalbedarf zu ermitteln, wird der Ist-Personalbestand mit dem aktuellen oder einem zukünftigen Soll-Personalstand verglichen und aus der Differenz der Personalbedarf ermittelt.

Bei einer positiven Abweichung sind Maßnahmen zur Personalbeschaffung, zum Personaleinsatz, zur Personalentwicklung und hinsichtlich der Personalkosten erforderlich.

Personalbedarf und Umsetzungsmaßnahmen

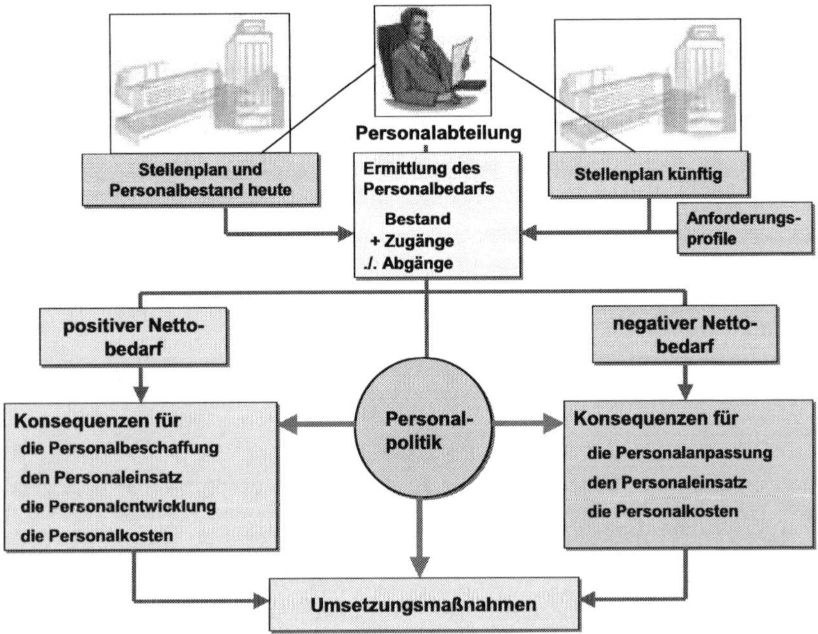

Abb. 142: Personalbedarfsplanung und Umsetzungsmaßnahmen, Quelle: von Känel, 2020, S. 2

Dagegen sind bei einer negativen Abweichung Maßnahmen zur Personalanpassung, zum Personaleinsatz und zur Reduzierung der Personalkosten zu ergreifen.

Der Personalbedarf wird einerseits durch direkt wirkende Einflussgrößen der unternehmerischen Leistungserstellung, also durch Primärdeterminanten und andererseits durch indirekte oder mittelbar wirkende Einflussgrößen, also durch Sekundärdeterminanten beeinflusst.

Daher sind Primärdeterminanten auch zugleich intern induzierte Faktoren und Sekundärdeterminanten zugleich extern induzierte Faktoren. Es kann erwartet werden, dass in der Praxis beide Faktoren den Personalbedarf beeinflussen. Letztendlich sind diese Überlegungen aber nebensächlich.

Determinanten des Personalbedarfs

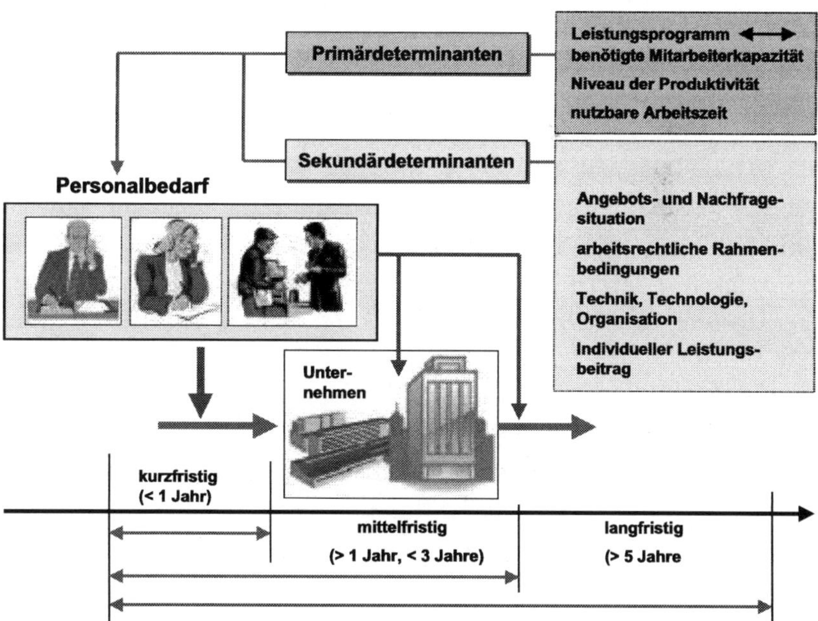

Abb. 143: Determinanten des Personalbedarfs, Quelle: von Känel, 2020, S. 3

Wichtig ist dagegen, dass die Personalabteilung in der Lage ist, den unternehmerischen Personalbedarf zu decken. Darüber hinaus kann der Personalbedarf zeitlich unterschiedlich kurz-, mittel- und langfristig anfallen und zudem zeitlich schwanken.

Bei der Personalbedarfsermittlung sind verschiedene Bedarfsarten zu berücksichtigen:

Arten des Personalbedarfs

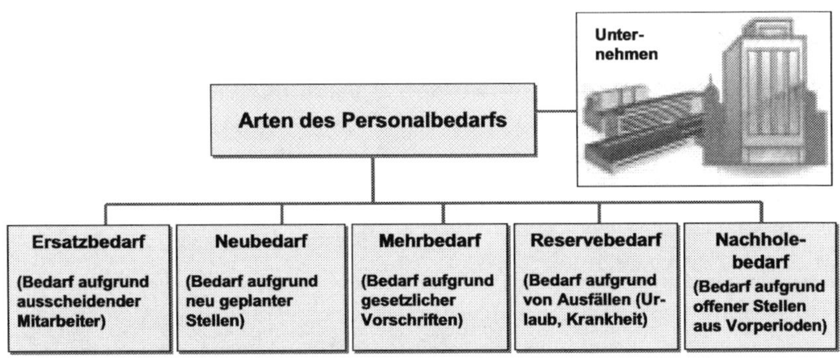

Abb. 144: Arten des Personalbedarfs, Quelle: von Känel, 2020, S. 3

„Unter Personalbedarf ist eine Stichtags- bzw. periodenbezogene Größe zu verstehen, die Auskunft darüber gibt, welche und wie viel Beschäftigte (Fachkräfte, Führungskräfte, Hilfskräfte) die betreffende Einrichtung (Unternehmen u. a.) als Personal für die Erfüllung seiner gegenwärtigen und/oder künftigen Aufgaben am gegeben Ort und für eine definierte Dauer (befristet und/oder unbefristet) benötigt. In der Regel wird der zu deckende Personalbedarf aus der Differenz zwischen dem Personalbedarf laut Stellenplan des Unternehmens und dem derzeit gegebenen oder absehbaren Ist-Personalbestand ermittelt." (von Känel, 2020, S. 1)

In der Praxis melden überwiegend die Fachabteilungen an das Personalwesen. Dabei neigen die Fachabteilungen immer wieder dazu, überhöhte Qualitätsforderungen an das neue Personal zu stellen oder quantitativ zu viel Personal anzufordern, um „auf Nummer sicher zu gehen". Daher hat die Personalabteilung sowohl den qualitativen als auch den quantitativen Personalbedarf zu ermitteln. Die Anforderungen an die Qualifikation ergeben sich aus der geplanten zukünftigen Leistungserstellung, wobei die zukünftige Leistungserstellung das Anforderungsprofil der Qualifikationen und Erfahrungen der neuen Mitarbeitenden definiert. Dafür ist eine genaue Analyse der Aufgaben und Verantwortungen notwendig. Die quantitativen Anforderungen sollen der quantitativen Leistungserstellung entsprechen, damit die Leistungserstellung wirtschaftlich ist. Einen Einfluss auf den quantitativen Personalbedarf haben auch die Unternehmensprozesse.

Soweit die nachvollziehbaren Anforderungen an die Ermittlung des Personalbedarfs. Jedoch sieht die Praxis häufig anders aus, weil:

- Die Fachabteilungen den Personalbedarf behaupten, aber nicht nachweisen.
- Prozesse nicht optimiert werden und somit Unwirtschaftlichkeiten weiter fortgeführt werden.
- Es teilweise vermeintlich einfacher ist, den Status quo beizubehalten, als Veränderungen zu initiieren
- Markt- und Umweltentwicklungen nicht berücksichtigt werden
- Einfach nicht die Personalabteilung eingeschaltet wird, sondern Leiharbeiter eingestellt werden und
- Die Personalabteilung vor vollendeten Tatsachen gestellt werden.

Praxistipp

Aus den vorgenannten Gründen ergibt sich für das Personalwesen die Handlungsempfehlung, den Prozess der Personalbedarfsermittlung zu strukturieren und verbindlich für alle Funktionsbereiche des Unternehmens festzulegen. Dabei ist die Personalbedarfsermittlung kontinuierlich an die sich verändernden Rahmenbedingungen anzupassen.

Zu Beginn der Personalbedarfsermittlung sollten die Funktionsbereiche und nicht die Personalabteilung den Personalbedarf ermitteln, weil die Kostenstellenverantwortlichen der Funktionsbereiche nur so ihrer Verantwortung gerecht werden und nicht mehr bei Fehlentwicklungen der Personalabteilung die Verantwortung zuschieben können.

Zur Ermittlung des Personalbedarfs stehen den Funktionsbereichen verschiedene Kennzahlen zur Verfügung.

$$\textbf{Einsatzbedarf} = \frac{\text{Menge} \times \text{Zeit der Leistungserstellung}}{\text{Regelarbeitszeit}}$$

Der Einsatzbedarf ist die Basis für die weiteren Berechnungen und errechnet den Personalbedarf in Abhängigkeit der aktuellen sowie der geplanten Leistungserstellung.

Neben dem Einsatzbedarf ist noch der Verteilzeitfaktor zu beachten. Ein Verteilzeitfaktor schließt alle Faktoren ein, die die Leistungserstellung verzögern oder verhindern. Verteilzeitfaktoren sind daher die üblicherweise auftretenden nicht produktiven Zeiten in einem Unternehmen, beispielsweise:

- Krankheitstage,
- Urlaubstage,
- Feiertage,
- Pausen,
- Besprechungen,
- Betriebsversammlungen etc.

$$\textbf{Verteilzeitfaktor} = \frac{\text{nicht produktive Zeiten}}{\text{reale Arbeitstage}}$$

Um den Verteilzeitfaktor berechnen zu können, fehlt jedoch noch die Anzahl der realen Arbeitstage (Tage, an denen die Leistungserstellung möglich ist). Diese berechnen sich unter Berücksichtigung aller vorkommenden Wochenenden. Bei einer 5-tägigen Arbeitswoche und insgesamt 52 Wochen im Jahr ergeben sich also 104 Tage des Arbeitsstillstands pro Jahr. Der Verteilzeitfaktor lässt sich auch für die dynamische Berechnung bei unterschiedlichen Auslastungen verwenden, um dadurch die unterschiedlichen Mehr- oder Minderbedarfe zu ermitteln und zu begründen.

Nach der Berechnung des Verteilzeitfaktors kann der Reservebedarf berechnet werden.

Reservebedarf = Einsatzbedarf x Verteilzeitfaktor

Dadurch kann der Bruttopersonalbedarf bzw. der Nettopersonalbedarf berechnet werden. Dabei ist zu beachten, dass sich aus der Ab- oder Aufrundung des benötigen Personals eine handhabbare Mannstärke (auch hinsichtlich von Teilzeitkräften) ergibt.

Bruttopersonalbedarf = Einsatzbedarf + Reservebedarf

Der Nettopersonalbedarf ergibt sich abzüglich des aktuell verfügbaren und vorhandenen Personalbestandes.

Nettopersonalbedarf = Bruttopersonalbedarf – Personalbestand

Allerdings ist es mit der einfachen Berechnung des Nettopersonalbedarfes nicht getan, denn das Personal eines Unternehmens kann nicht, wie bei Leiharbeitern beliebig, ausgetauscht oder entlassen werden. Diese Änderungsprozesse benötigen Zeit und daher haben Personalkosten einen Fixkostencharakter bzw. sind überwiegend fixe Kosten. Somit haben die Fachabteilungen ebenfalls in Abhängigkeit von der geplanten mittel- bis langfristigen Leistungserstellung den Personalbedarf zu begründen.

Kurzfristige Beschäftigungsschwankungen führen entweder zu Mehr- oder zu Leerkosten. Es ist aber in der Regel nicht wirtschaftlich, für definierte kurze Zeiträume Personal einstellen oder zu entlassen. Um kurzfristige Beschäftigungsschwankungen auszugleichen kann das Unternehmen bei Bedarf auf Leiharbeiter zurückgreifen.

Praxistipp

Auch wenn die Kosten für Leiharbeiter buchhalterisch als Materialkosten verbucht werden, sind Leiharbeiter immer über die Personalabteilung abzuwickeln. Nicht nur dass bei Leiharbeitern personalrechtliche Bestimmungen zu berücksichtigen sind, die Personalabteilung hat in der Regel auch die erforderlichen Fachkenntnisse bei den Dienstleistungsverträgen mit den Personalverleihern zu berücksichtigen. Zudem ergibt sich der Gesamtpersonalbestand aus dem vorhandenen Personal plus der Leiharbeiter. Entsprechend ist der Personalbedarf an Leiharbeitern, genauso wie beim vorhandenen Personal, über die Personalabteilung abzuwickeln und genauso wie beim vorhandenen Personal zu begründen.

Damit eine Kontrolle über das eingesetzte Gesamtpersonal, also die eigenen Mitarbeitenden und den Leiharbeiter, möglich ist, sollte es in der Praxis keine Nebenabsprachen zwischen den Fachabteilungen und dem Verleiher von Leiharbeitern geben. Alle Verhandlungen und Absprachen sind ausschließlich über die Personalabteilung zu führen, damit ein optimaler wirtschaftlicher Einsatz des Gesamtpersonals möglich ist. Selbstverständlich werden fachliche Anforderungen mit den Fachabteilungen abgestimmt.

Neben der Frage nach der Quantität der Mitarbeitenden hat das Unternehmen auch noch die Qualifikationen der Mitarbeitenden zu berücksichtigen. Hierzu fließen die Informationen und Daten aus der Mitarbeiterbewertung und aus den Mitarbeiterbefragungen ein, um den qualitativen Personalbedarf zu ermitteln. Die Qualifikationen der Mitarbeitenden limitieren einerseits die Besetzung eines Arbeitsplatzes auf bestimmte Mitarbeitenden oder Leiharbeiter und können andererseits eine Weiterqualifizierung der Mitarbeitenden erforderlich machen.[36] Daher sind bei der Ermittlung des Personalbedarfs sowohl fehlende Qualifikationen, also auch die temporären zeitlichen Einschränkungen für diejenigen Mitarbeitenden, zu berücksichtigen, die vorübergehend eine Weiterqualifizierungsmaßnahme absolvieren.

---

[36] Siehe hierzu die Ausführungen in Kapitel 6.6. Personalentwicklung

Ein weiterer Aspekt ist bei der Ermittlung des Personalbedarfs zu beachten: Bisher wurde der Personalbedarf nur relativ starr hinsichtlich der vorgegebenen und geplanten Leistungserstellung errechnet. Das Unternehmen unterliegt aber einem permanenten Wettbewerbsdruck. Um diesen permanenten Wettbewerbsdruck aushalten zu können, ist eine ebenso permanente Verbesserung der Leistungserstellung erforderlich. Verbesserungen der Leistungserstellung ergeben sich regelmäßig auch aus den Unternehmensprozessen. Zur Erhaltung der Wettbewerbsfähigkeit ist durch die Fachabteilungen vor jeder Personalbedarfsanforderung zu prüfen, wie sich Arbeitsprozesse verbessern lassen und ob dadurch Arbeitszeit und damit der Personalbedarf reduziert werden kann. Durch diese Vorgehensweise kann das Unternehmen sowohl seine Wettbewerbsfähigkeit erhalten, als auch eine nachhaltige und kontinuierliche Personalpolitik betreiben.

Bei der Analyse der zukünftigen Aufgaben und Prozesse in einem Unternehmen stellt sich auch regelmäßig die Frage, ob der Personalbedarf nicht durch Auslagerung von Prozessen und Teilleistungen, oder durch den Einsatz von Technik und Software obsolet wird.

Die Auslagerung von Prozessen und Teilleistungen an Subunternehmer kann aber nur für Leistungen erfolgen, die nicht Bestandteil der Kernkompetenzen des Unternehmens sind. Sollten auch Kernkompetenzen ausgelagert werden, freut sich nur einer: der Wettbewerb. Eine Auslagerung eines Teils der Kernkompetenzen stellt daher eine teilweise Aufgabe des Geschäftsmodells dar. Ob der Abbau von Arbeitsplätzen durch die Auslagerung von Leistungen wirtschaftlich ist, lässt sich durch eine Investitionsanalyse bewerten. Dabei sind nicht nur die reinen Zahlen von Bedeutung, sondern auch mögliche neue Abhängigkeiten und die Zuverlässigkeit der neuen vertraglichen Partnern. Dazu ist eine Abhängigkeitsanalyse (z. B. eine ABC-Analyse in der Kombination mit Szenarien) und eine Bonitätsanalyse sinnvolle und praktikable Instrumente. Diese Analysen sind Aufgabe der Fachabteilung und dienen der Fachabteilung zur Argumentation eines Mehr- oder Minderbedarfs an Personal. Den Fachabteilungen steht eine Vielzahl an Investitionsrechen- und Bewertungsverfahren zur Verfügung.

Auch die Bewertung ob Personaleinsatz oder Technik und Software eine bessere und wirtschaftlichere Alternative gegenüber einen Personaleinsatz ist, lässt sich durch eine Investitionsrechnung ermitteln. Wie bei der Personalauslagerung hat die Fachabteilung eine fachliche Bedarfsbewertung vorzunehmen und den Mehr- oder Minderbedarf an Personal der Personalabteilung zu melden. Den Fachabteilungen steht dabei eine Vielzahl an Investitionsrechen- und Bewertungsverfahren zur Verfügung.

Die Fachabteilungen sollten zudem in die Personalbedarfsermittlung eine weitere Prüfung einschließen. Der ermittelte Personalbedarf sollte mit den Fähigkeiten des vorhandenen Personals abgeglichen werden, um mögliche Qualifikationsabweichungen zu den zukünftig benötigten Qualifikationen zu ermitteln. Diese ermittelten Qualifikationsabweichungen werden dann darauf geprüft, ob die Abweichungen durch Aus- und Weiterbildung beseitigt werden können oder nicht. Auch diese Prüfung ist Bestandteil einer nachhaltigen Personalpolitik und trägt zur Mitarbeiterbindung und zur Festigung der Unternehmenskultur bei. Wenn die Mitarbeitenden das Vertrauen und die Gewissheit haben, dass sie nicht bei jeder Qualifikationsschwäche gleich entlassen werden, fördert dies die Personalbindung und die Bereitschaft und den Willen zur Aus- und Weiterbildung.

Ob sich eine Aus- und Weiterbildung des vorhandenen Personals wirtschaftlich lohnt, kann durch eine Kostenvergleichsrechnung ermittelt werden. Dabei werden die Kosten der Aus- und Weiterbildung mit den Kosten der Neueinstellung und ggf. den Entlassungskosten aufgrund von einem Personalaustausch verglichen. Der nachfolgenden Grafik können die möglichen Kosten und Berechnungen entnommen werden.

Kostenvergleichsrechnung Aus- und Weiterbildung vs. Neuanstellung / Entlassung

Kosten der Aus- und Weiterbildung	vs.	Neuanstellung oder Entlassung
Kosten der Bedarfsermittlung		Kosten der Bedarfsermittlung
Ausbildungs- und Seminarkosten		Kosten der Arbeitsplatzeinrichtung
Kosten der ausgefallenen Arbeitszeit		Suchkosten
Planungskosten Personalabteilung		Einarbeitungskosten
Planungskosten Fachabteilung		(anfängliche) Anpassungskosten
ggf. Reise- und Übernachtungskosten		ggf. Kündigungskosten
Σ Aus- und Weiterbildungskosten		**Σ Kosten Neuanstellung / Entlassung**

Abb. 145: Kostenvergleichsrechnung Personalbedarf, Quelle: Eigene Darstellung

Die Fachabteilungen haben das Personalwesen über alle Veränderungen zu informieren, damit Veränderungen nicht übersehen werden und Anpassungsmaßnahmen vorgenommen werden können. In der Praxis sitzen daher Mitarbeitende aus dem Personalwesen häufig in Teammeetings der Geschäftsführung, damit anstehende Veränderungen in dem Unternehmen zeitnah berücksichtigt und Personalmaßnahmen angepasst werden können.

In der Phase der Personalbedarfsermittlung hat das Personalwesen die Aufgabe, die erforderlichen Personalzahlen für die Fachabteilungen bereitzuhalten und die Fachabteilungen in Personalfragen zu unterstützen.

Eine klare Aufgabenverteilung bei der Personalbedarfsermittlung zwischen Personalabteilung und Fachabteilung bedarf also einer Zusammenarbeit zwischen den Abteilungen und ermöglicht effiziente und wirtschaftliche Ermittlung des Personalbedarfs.

6.3. Personalbeschaffung

Nachdem der Personalbedarf ermittelt wurde, der nicht durch Aus- und Weiterbildung gedeckt werden kann, folgt die Phase der Personalbeschaffung. Die Personalbeschaffung befasst sich mit der Deckung eines zuvor definierten Personalbedarfs durch neues Personal. Die Aufgabe der Personalbeschaffung besteht darin, das Unternehmen bedarfsgerecht und mit vertretbarem Aufwand mit Arbeitskräften in qualitativer, quantitativer, zeitlicher und räumlicher Hinsicht für bestimmte Aufgaben oder für eine definierte Stelle zu versorgen.

Prozess der Personalbeschaffung

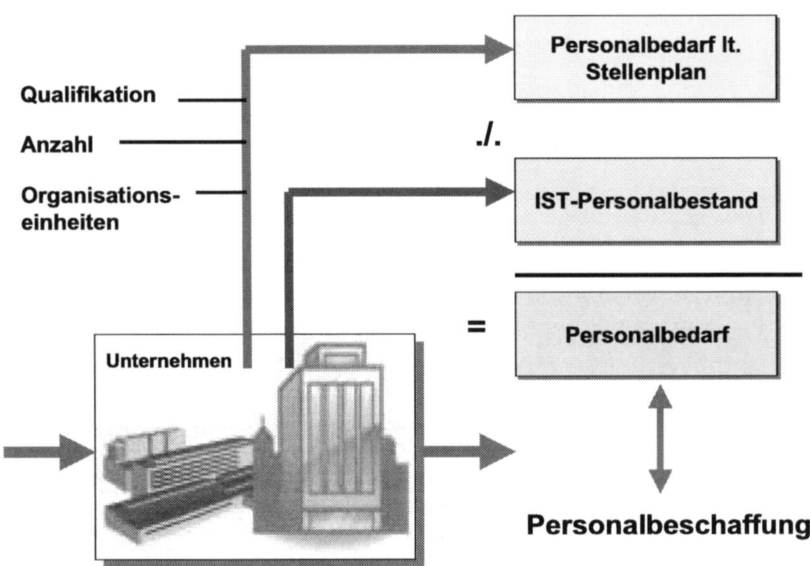

Abb. 146: Prozess der Personalbeschaffung, Quelle: von Känel, 2020, S. 1

Zum Personalbeschaffungsverfahren gehören die folgenden typischen Phasen:

Phasen der Personalbeschaffung

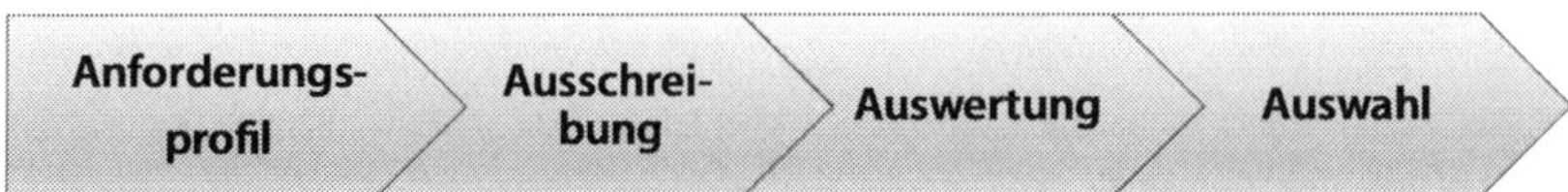

Abb. 147: Prozess der Personalbeschaffung, Quelle: Eigene Darstellung basierend auf von Känel, 2020, S. 1

Am Anfang war die Stellenbeschreibung …

Um ein Anforderungsprofil für die Personalbeschaffung zu haben, benötigt die Personalabteilung ein Stellenprofil, welches auf einer Stellenbeschreibung basiert.

Eine Stellenbeschreibung ist eine personenneutrale, verbindliche und schriftlich fixierte Beschreibung einer Arbeitsstelle mit den Arbeitszielen, Arbeitsinhalten, Aufgaben, Kompetenzen, Pflichten, sowie der organisatorischen Eingliederung einer Stelle im Unternehmen und den Beziehungen zu anderen Stellen. Zudem ist eine Stellenbeschreibung ein Instrument der Personalplanung. (vgl. Nissen, 2021)

Beispielhaft kann eine Stellenbeschreibung den folgenden Inhalt haben, wobei die Anforderungen an den Stelleninhaber weiter nach Grund- und Zusatzanforderungen unterteilt werden können. Das nachfolgende Beispiel kann beliebig erweitert werden.

Beispiel Stellenbeschreibung

Stellenbeschreibung

Anforderungsprofil	
Definition von Spezialisierung und Voraussetzungen	
Hard Skills	**Soft Skills**
Fach- und Methodenkompetenz	**Sozial- und Selbstkompetenz**
– Ausbildung – Berufserfahrung – Weiterbildung – Fertigkeiten – etc.	– Teamfähigkeit – Lernbereitschaft – Kommunikationsfähigkeit – Selbstorganisation – Selbstbewusstsein – etc.
Tätigkeitsbeschreibung	
Definition von Koordination und Delegation	
– Stellenbezeichnung – Unter- und Überstellung – Kompetenzen	– Stellvertretung – Aufgaben – Befugnisse

Abb. 148: Beispiel Stellenbeschreibung, Quelle: Eigene Darstellung

Bei der Erstellung des Anforderungsprofils ist darauf zu achten, dass die Anforderungen aus dem Stellenprofil nur die erforderlichen Anforderungen enthalten. Enthält das Anforderungsprofil höhere Anforderungen als notwendig, kann es sein, dass eine Stelle nicht besetzt werden kann, oder nur schwer ein adäquater neuer Mitarbeitender gefunden wird, oder das Unternehmen für nicht benötigte Qualifikationen bezahlen muss.

Die Anforderungsprofile sind regelmäßig zu überprüfen und an die geänderten Prozesse und Strukturen anzupassen. Die Fachabteilungen haben das Personalwesen über alle Veränderungen zu informieren, damit Veränderungen nicht übersehen werden und Anpassungsmaßnahmen vorgenommen werden können. In der Praxis sitzen daher Mitarbeitende aus dem Personalwesen häufig in Teammeetings der Geschäftsführung, damit anstehende Veränderungen in dem Unternehmen zeitnah berücksichtigt und Personalmaßnahmen angepasst werden können.

Nachdem der Bedarf ermittelt und das Anforderungsprofil erstellt wurde, folgt nun die Stellenausschreibung. Eine Stellenausschreibung kann intern und extern sowie digital und analog erfolgen. Die analoge Stellenausschreibung in der Form von Zeitungsanzeigen verliert zunehmend an Bedeutung.

Eine Stellenanzeige kann intern (z. B. über das Intranet) ausgeschrieben werden und die Stelle von einem bestehenden Mitarbeitenden besetzt werden. Es kann sich jedoch auch um eine Versetzung handeln. Interne Maßnahmen sowie die Annahme von Initiativbewerbungen sind kostengünstig. Es können hier Kosten für die Weiterbildung oder Gehaltserhöhungen anfallen. Externe Maßnahmen, die Kandidaten außerhalb des Unternehmens ansprechen, können wesentlich kostenintensiver sein.

Da die Art der Stellenausschreibung keinen Einfluss auf die Werte, Normen und Einstellungen der potentiellen Mitarbeitenden hat, gelten die nachfolgenden Ausführungen für alle Arten von Stellenausschreibungen. Bei einer Stellenausschreibung ist jedoch von Bedeutung, ob diese von den potentiellen Mitarbeitenden wahrgenommen, eine Bewerbung abgegeben wird und es zu einer Neueinstellung kommt.

Eine Stellenausschreibung ist nur dann erfolgreich, wenn durch die Stellenausschreibung der richtige Bewerber oder die richtige Bewerberin gefunden werden kann. Für eine erfolgreiche Stellenausschreibung sind sowohl die Platzierung als auch der Ausschreibungstext von Bedeutung. Zudem können Stellenausschreibungen intern und extern ausgeschrieben werden.

Für die Schaltung von Stellenanzeigen stehen verschiedene Recruiting-Kanäle zur Verfügung, auf denen potentielle Mitarbeitenden für ein Unternehmen identifiziert und angesprochen werden können. In den Jahren 2017–2019 verteilten sich die Veröffentlichungen von Stellenanzeigen wie folgt:

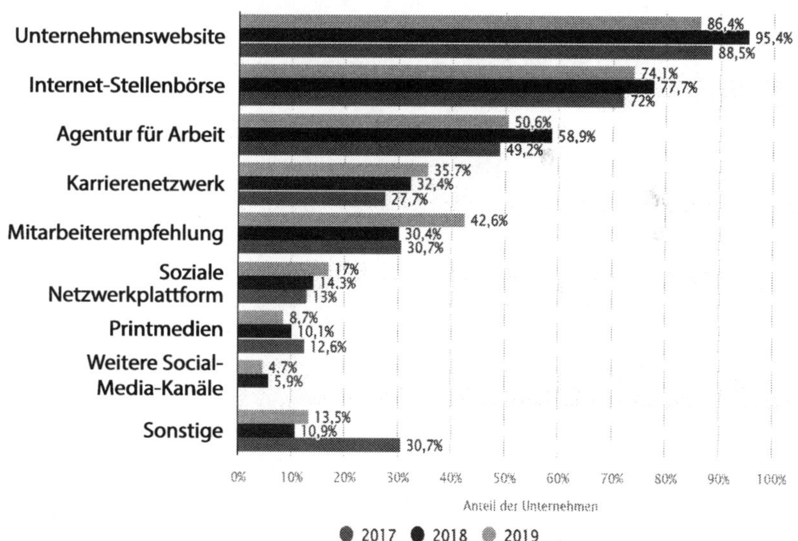

Abb. 149: Verteilung der Recruiting-Kanäle 2017–2019, Quelle: Statista, 2021

Am häufigsten werden Unternehmenswebseiten für Stellenanzeigen verwendet, weil einerseits durch die Stellenanzeige ein prosperierendes Unternehmen demonstriert wird, andererseits die

Erstellung einer Stellenanzeige auf der Unternehmenswebseite mit nur einem geringen Aufwand möglich ist. Danach folgen Internet-Stellenbörsen und erst dann die Agentur für Arbeit, obwohl diese als öffentliche Institution, mit der Aufgabe der Ordnungsfunktion für den Arbeitsmarkt, den Unternehmen kostenlos zur Verfügung steht. Karrierenetzwerke und Mitarbeiterempfehlungen werden ebenfalls im zweistelligen Prozentbereich genutzt. Soziale Netzwerkplattformen und Printmedien finden sich im unteren Bereich der genutzten Recruiting-Kanäle.

Zwar werden die einzelnen Recruiting-Kanäle in den Jahren 2017–2019 unterschiedlich intensiv genutzt, aber die Rangfolge ändert sich, außer bei der Mitarbeiterempfehlung nicht. Dies kann jedoch dadurch begründet werden, dass Mitarbeiterempfehlungen überwiegend aufgrund aktueller Stellenausschreibungen ausgesprochen werden und daher unregelmäßig anfallen.

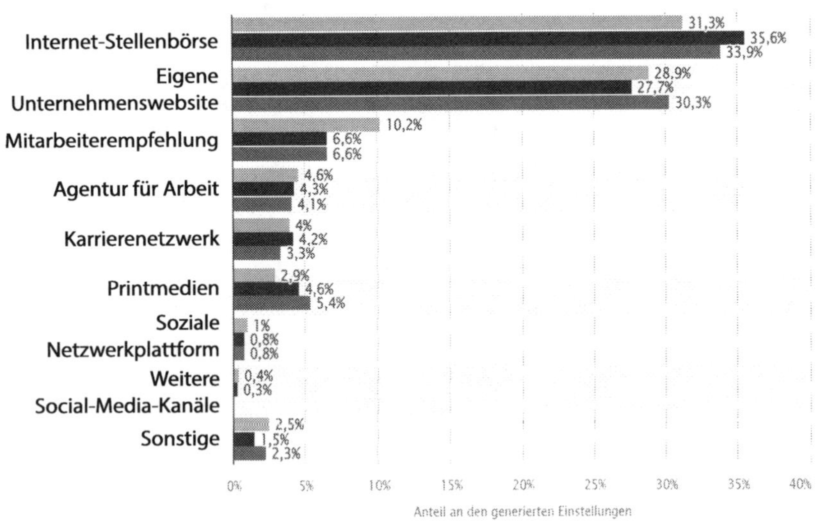

Abb. 150: Neueinstellungen nach Recruiting-Kanälen 2017–2019, Quelle: Statista, 2021a

Aus der vorherigen Abbildung wird ebenfalls deutlich: Da die Nutzung der Recruiting-Kanäle in Summe, aufgrund von der Mehrfachauswahl der Befragten, mehr 100 % entspricht, wird deutlich, dass in der Praxis die Unternehmen mehrere Recruiting-Kanäle nutzen.

In einem zweiten Schritt werden die generierten Neueinstellungen nach Recruiting-Kanälen analysiert. Dabei fällt eine Verschiebung in der Rangfolge der verwendeten Recruiting-Kanäle auf. Nunmehr stehen Internet-Stellenbörsen und die eigene Unternehmenswebseite an der obersten Stelle der generierten Neueinstellungen. Erst danach kommen die Mitarbeiterempfehlungen und die anderen Recruiting-Kanäle folgen mit einem weit geringeren Erfolg bei den Neueinstellungen.

Aus den beiden Statistiken können nunmehr die Effizienz und die Entwicklung der Recruiting-Kanäle errechnet werden. Dazu werden die genutzten Recruiting-Kanäle im Verhältnis zu den Neueinstellungen je Recruiting-Kanal gesetzt.

Effizienz von Recruiting-Kanälen

	Nutzung			Neueinstellung			Effizienz			
Recruiting-Kanal in %	2017	2018	2019	2017	2018	2019	2017	2018	2019	Rang
Soziale Netzwerkplattform	13,0	14,3	17,0	0,8	0,8	1,0	16,3	17,9	17,0	1
Agentur für Arbeit	49,2	58,9	50,6	4,1	4,3	4,6	12,0	13,7	11,0	2
Social Media-Kanäle		5,0	4,7		0,3	0,4		16,7	11,8	3
Karrierenetzwerk	27,7	32,4	35,7	3,3	4,2	4,0	8,4	7,7	8,9	4
Sonstige	30,7	10,9	13,5	2,3	1,5	2,5	13,3	7,3	5,4	5
Mitarbeiterempfehlung	30,7	30,4	42,6	6,6	6,6	10,2	4,7	4,6	4,2	6
Unternehmenswebseite	88,5	95,4	86,4	30,3	27,7	28,9	2,9	3,4	3,0	7
Printmedien	12,6	10,1	8,7	5,4	4,6	2,9	2,3	2,2	3,0	8
Internet-Stellenbörse	72,0	77,7	74,1	33,9	35,6	31,3	2,1	2,2	2,4	9
Keine Einstellung				13,3	14,4	14,2				

Abb. 151: Die Effizienz von Recruiting-Kanälen, Quelle: Eigene Darstellung

Dabei wird deutlich, dass nicht unbedingt die am häufigsten genutzten Recruiting-Kanäle am effizientesten zu einer Neueinstellung führen. Zugleich wird ebenfalls deutlich, dass auch bei Nutzung mehrerer Recruiting-Kanäle nicht immer die Schaltung einer Stellenanzeige erfolgreich ist. Im Zeitraum 2017–2019 konnten zwischen 13,3 %–14,4 % der Stellen auch bei der Nutzung mehrerer Recruiting-Kanäle nicht besetzt werden.

Jeder Recruiting-Kanal verursacht differente Kosten, welche je nach Anbieter oder Eigenleistung zu individuellen Kosten je Unternehmen führen. Daher ist es an dieser Stelle viel zu aufwändig, die Wirtschaftlichkeit je Recruiting-Kanal zu berechnen. Allerdings können die Entscheidungsträger die Wirtschaftlichkeit je Recruiting-Kanal eigenständig berechnen:

$$\textbf{Wirtschaftlichkeit je Recruiting-Kanal in €} = \frac{\text{Ausschreibungskosten}}{\text{Anzahl erfolgreicher Neubesetzungen}}$$

Ein weiterer wirtschaftlicher Aspekt ist der Zeitraum, bis eine Stelle besetzt werden kann, weil die Nichtbesetzung einer Stelle zu einer verminderten Leistungserstellung führt. Die anteilige verminderte Leistungserstellung lässt sich über den Deckungsbeitrag des fehlenden Mitarbeitenden ermitteln.

Leistungsbeitrag des Mitarbeitenden
Jahreseinkommen des Mitarbeitenden
Deckungsbeitrag des Mitarbeitenden

Die Gesamtkosten durch fehlenden Mitarbeitenden ergeben sich aus dem Zeitraum der nicht besetzten Stelle je Arbeitstag; wobei in der Regel von durchschnittlich 250 Arbeitstagen ausgegangen wird:

$$\textbf{Gesamtkosten nicht besetzter Stelle} = \frac{\text{Deckungsbeitrag des Mitarbeitenden}}{\text{Ø 250 Jahresarbeitstage}} \times \text{Zeitraum der offenen Stelle}$$

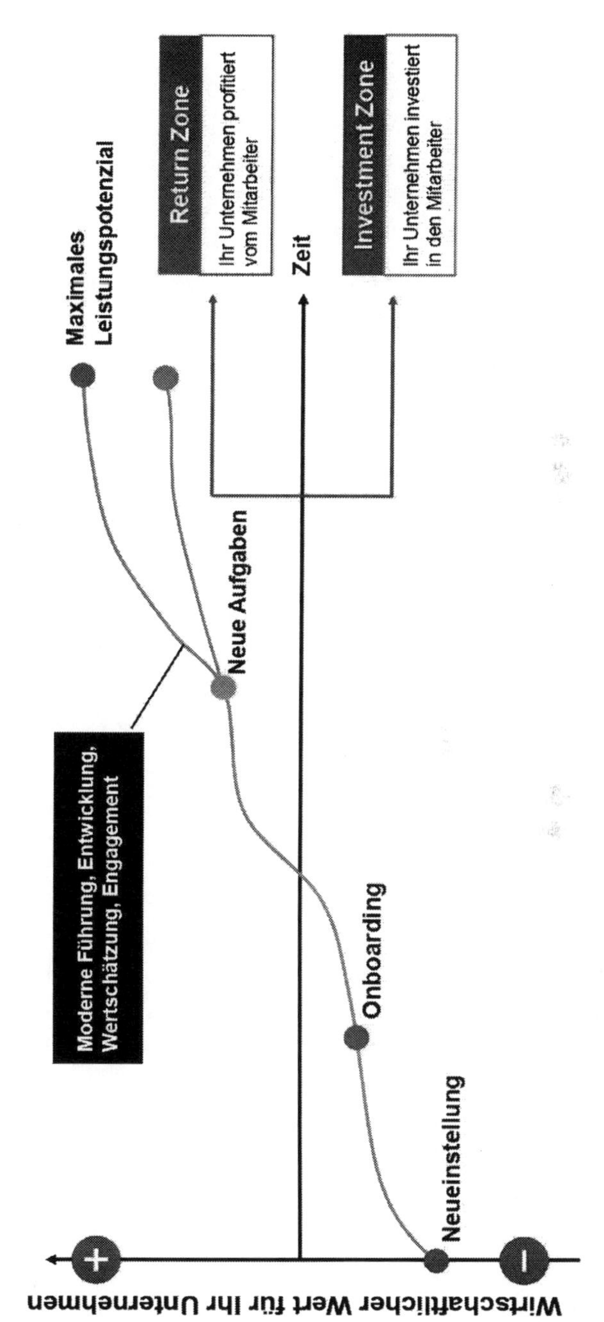

Abb. 152: Kosten-zu-Wert-Verhältnis eines Mitarbeitenden, Quelle: Tulsky, 2021, S. 7

Rechenbeispiel der Gesamtkosten einer nicht besetzten Stelle

Eine mit 85.000 € dotierte Position eines Ingenieurs kann für 140 Tage nicht besetzt werden. Der Deckungsbeitragsfaktor beträgt 1,5. Es wird mit durchschnittlich 250 Jahresarbeitstagen gerechnet. Wie hoch ist der wirtschaftliche Schaden des Unternehmens?

	€
Leistungsbeitrag des Mitarbeitenden	127.500
Jahres-Einkommen des Mitarbeitenden	85.000
Deckungsbeitrag des Mitarbeitenden	**42.500**

wirtschaftlicher Schaden $= \frac{42.500}{250} \times 140 = \mathbf{23.800\ €}$

Der wirtschaftliche Schaden des Unternehmens aufgrund der verminderten Leistungsfähigkeit durch die nicht besetzte Stelle beträgt somit 23.800 €.

Dies muss jedoch in der Praxis nicht zwingend bedeuten, dass ein Unternehmen bestimmte Leistungen gar nicht mehr erbringen kann. Es kann auch die Möglichkeit bestehen, dass zusätzliche Leistungen zugekauft werden müssen. Häufig sind jedoch dann die zugekauften Leistungen teurer, als die erbrachte Eigenleistung.

In den verschiedenen Phasen seiner Anwesenheit trägt ein Mitarbeitender in einem unterschiedlichen Umfang zum wirtschaftlichen Erfolg des Unternehmens bei. So verursacht die Phase der Neueinstellung und Einarbeitung Verluste. Danach wächst der Deckungsbeitrag durch die Mitarbeitenden und kann durch zusätzliche oder neue Aufgaben bis zum maximalen Leistungspotential gesteigert werden. Diese Phase wird als Return-Zone bezeichnet.

Da aber das Potential des Mitarbeitenden nicht immer für die neuen Aufgaben ausreicht, kann es erforderlich sein, über Weiterbildungen in die Mitarbeitenden zu investieren. Diese Phase wird Investmentzone genannt. Investitionen in die Mitarbeitenden senken vorübergehend den Deckungsbeitrag des Mitarbeitenden, ermöglichen aber nach der Investition die Erhaltung oder sogar die

Erreichung und Verbesserung des Leistungspotentials. Somit ist die Erreichung eines maximalen Leistungspotentials möglich.

Aus den bisherigen Überlegungen zu den Stellenbesetzungskosten lässt sich folgender Praxistipp aussprechen:

Praxistipp

Wie aus der Berechnung der Kosten zur Nichtbesetzung von Stellen deutlich wurde, steigen die Kosten mit zunehmender Dauer der Nichtbesetzung. Daher ist zu überlegen, wann es sinnvoll ist, die Stellensuche abzubrechen und das vorhandene Personal aus- oder weiterzubilden. Auch hierzu ist ein Kostenvergleich möglich. Dabei werden die Kosten der Nichtbesetzung einer Stelle mit den Kosten der Aus- oder Weiterbildung verglichen. Von den Aus- oder Weiterbildung werden die Leistungen der Mitarbeitenden abzuziehen. Auszubildene erwirtschaften durchschnittlich 75 % der Leistungen eines fertig ausgebildeten Mitarbeitenden. (vgl. Range, 2019)

Der Leistungseinbruch der Mitarbeitenden, die weitergebildet werden, beschränkt sich dann nur auf die Weiterbildungszeit, da die Mitarbeitenden ansonsten weiterhin vollständig ihre Leistung erbringen können.

Auch die schönste Stellenausschreibung ist nicht erfolgreich, wenn die Gestaltung einer Stellenanzeige nicht den Grundsätzen des Marketings folgt.

Ein grundlegendes Marketinginstrument ist die **AIDA-Formel**:

A	**Attention**	Aufmerksamkeit erzielen
I	**Interest**	Interesse wecken
D	**Desire**	Wünsche erzeugen
A	**Action**	Handlung durchführen

Abb. 153: AIDA-Formel, Quelle: Eigene Darstellung

Der obere Teil einer Stellenanzeige soll die Aufmerksamkeit der potentiellen Mitarbeitenden wecken. Der Bereich, der die Aufmerk-

Beispiel einer Google Trends-Suche

Abb. 154: Beispiel einer Google Trends-Suche, Quelle: Google Trends, 2021

samkeit der potentiellen Mitarbeitenden bei einer Stellenanzeige wecken soll, ist das Unternehmenslogo und der Jobtitel.

Einen Jobtitel zu finden, ist doch nicht so schwierig, denn das Unternehmen weiß doch, was es sucht, oder? Nun, der Teufel steckt im Detail.

Denn: Nicht jeder Jobtitel wird von den potentiellen Mitarbeitenden genauso verstanden und gesucht, wie vom Unternehmen angenommen, und so kann es vorkommen, dass sich entweder kein, oder kaum ein potentieller Mitarbeitenden, oder sich aber die falschen Mitarbeitenden bewerben. Bevor eine Stellenanzeige geschaltet wird, können mithilfe des kostenlosen Instruments Google Trends die am häufigsten gesuchten bzw. nachgefragten Jobtitel ermittelt werden. Diese am häufigsten nachgefragten Jobtitel können auch für Stellenanzeigen in Printmedien verwendet werden. Das nachfolgende Beispiel zeigt die Abfrage der Begriffe „Betriebswirt" und „Manager", an denen deutlich der häufiger gesuchte Begriff sichtbar wird.

Falsche und richtige Aufmerksamkeitsgewinnung

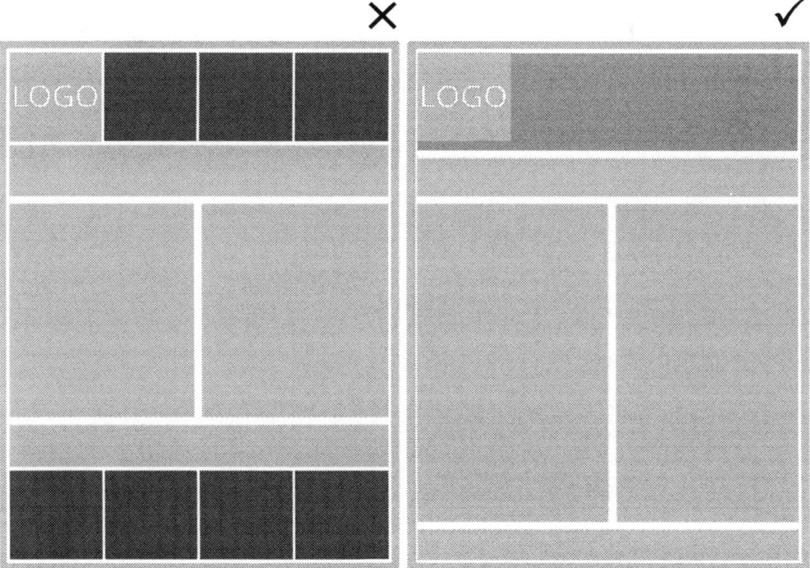

Abb. 155: Falsche und richtige Aufmerksamkeitsgewinnung, Quelle: Campusjäger, 2021

Stellenanzeigen sollen möglichst viele Informationen auf engem Raum zur Verfügung stellen, da der verfügbare Platz entsprechend teuer ist. Soweit – so nachvollziehbar, aber auch schwierig. Um diese Aufgabe zu lösen, kann auf Eye-Tracking-Studien zurückgegriffen werden.

„Eye-Tracking-Studien haben bewiesen, dass das Unternehmenslogo die meiste Aufmerksamkeit erhält, wenn es in der linken oberen Ecke oder mittig platziert wird. Maximal zwei aussagekräftige und thematisch passende Bilder sollten ausgewählt und prominent platziert werden. Das fängt die Aufmerksamkeit des Lesers besser ein und stört den Lesefluss weit weniger, als mehrere kleine Bilder.

Bilder mit Personen, vorzugsweise von Mitarbeitenden, bieten sich hierfür am besten an, denn diese performten bei Eye-Tracking-Studien besonders gut, da sich Kandidaten mit der Stelle schneller identifizieren." (Campusjäger, 2021)

Falscher und richtiger Anzeigentext

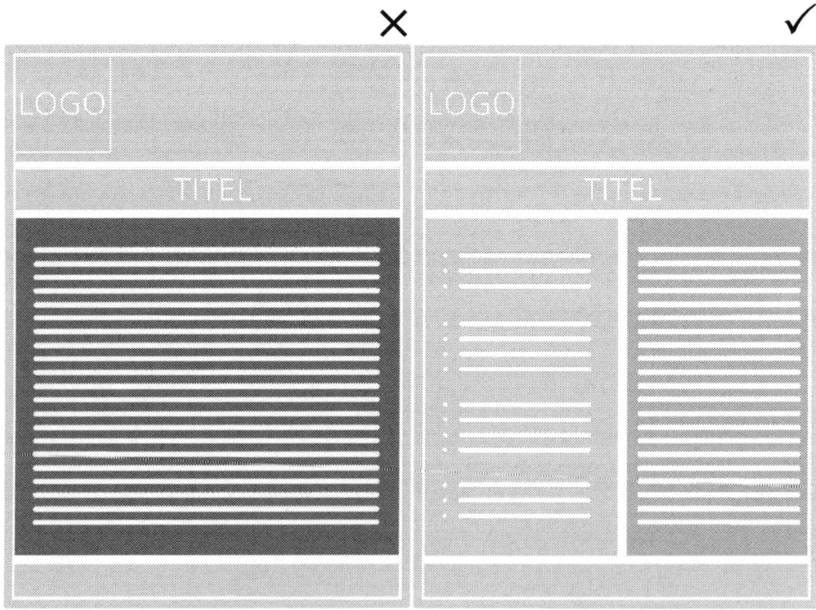

Abb. 156: Falscher und richtiger Anzeigentext, Quelle: Campusjäger, 2021

Im nächsten Abschnitt einer Stellenanzeige geht es darum, das Interesse des potentiellen Mitarbeitenden zu wecken. Dazu werden die Stellenanforderungen und das erwartete Profil des potentiellen Mitarbeitenden beschrieben.

Der Jobtitel zieht mit Abstand das meiste Interesse auf sich, weil dieser das entscheidende Suchkriterium ist. (vgl. Campusjäger, 2021) „Am besten macht er sich mittig über dem Text und deutlich abgehoben vom Rest des Textinhalts, beispielsweise durch eine andere Schriftart, größer und / oder fett gedruckt." (Campusjäger, 2021) Nachdem das Unternehmen mit der Stellenanzeige das Interesse der potentiellen Mitarbeitenden für eine bestimmte Position gewonnen hat, geht es nun darum, beim potentiellen Mitarbeitenden den Wunsch nach einer Mitarbeit im Unternehmen zu wecken. Dabei gilt es sich auf das Wesentliche zu beschränken, präzise Angaben zu der zu besetzenden Position zu machen und das richtige Design der Stellenanzeige zu wählen.

„Der Bewerber soll möglichst keine Fragen mehr haben, wenn er die Anzeige gelesen hat. Um so viele Infos verständlich rüberzubringen, eignen sich Fließtexte kaum. Besser sind Aufzählungen. So werden vor allem die wichtigsten Angaben übersichtlicher präsentiert und bleiben eher im Gedächtnis." (Campusjäger, 2021) Dazu eignet sich am besten ein zweispaltiger Text mit strukturierten Blöcken. (vgl. Campusjäger, 2021) „Kandidaten bevorzugen es, wenn sie strukturierte Blöcke wahrnehmen können. Für die westliche Welt gilt zusätzlich: Da unser Lesefluss von links nach rechts verläuft, bekommt beim zweispaltigen Layout die linke Seite deutlich mehr Aufmerksamkeit als die rechte." (Campusjäger, 2021) Daher sollten die wichtigsten Informationen auf der linken Seite stehen.

Bisher wurden die Voraussetzungen für eine möglichst hohe Aufmerksamkeit bei den Stellenanzeigen beschrieben. Nunmehr wenden wir uns der Sichtweise der potentiellen Bewerbenden zu.

Die potentiellen Mitarbeitenden wurden in einer Studie zu ihren priorisierten Interessen an Stellenanzeigen befragt.

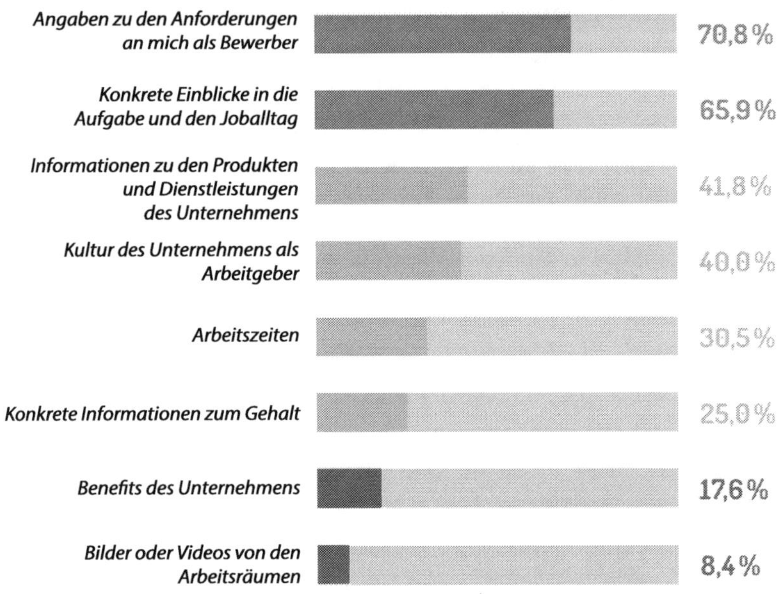

Abb. 157: Priorisierte Interessen an Stellenanzeigen potentieller Mitarbeitenden, Quelle: Schüffler, 2020, S. 5

„Die Anforderungen an die Bewerber priorisieren 70,8 % der Umfrageteilnehmer hoch oder sehr hoch, für fast ein Drittel von ihnen genießt dieser Aspekt sogar Priorität 1. Dicht gefolgt wird dieses Thema mit 65,9 % von konkreten Einblicken in die Aufgabe und den Joballtag. Bei rund einem Viertel der Bewerber hat dieser Aspekt sogar die höchste Priorität. Das bedeutet nicht, dass die nur von einer Minderheit hoch priorisierten Themen keine Rolle spielen. Eine jeweils größere Minderheit priorisiert zum Beispiel die Arbeitgeberkultur, die Arbeitszeiten und konkrete Informationen zum Gehalt ebenfalls hoch oder sehr hoch. Wie wir im folgenden Kapitel sehen werden, kann etwa die Gehaltsangabe in Stellenanzeigen ein Erfolgstreiber sein." (Schüffler, 2020, S. 5)

„Eine Stellenanzeige besteht aus verschiedenen Abschnitten: dem Jobtitel, dem Unternehmensporträt, der Jobbeschreibung, dem

Anforderungsprofil und immer häufiger dem „Wir bieten"-Abschnitt. Es wundert nicht, dass Bewerber besonders auf das Anforderungsprofil achten. Das sollte aber nicht als Einladung an Arbeitgeber missverstanden werden, hier umfangreiche Wunschlisten abzubilden. Die Anforderungen sollten überschaubar sowie in sich konsistent sein und sich zudem konkret auf die Arbeitsinhalte beziehen.

Denn hier schauen Jobinteressierte besonders genau hin. Transparente und überzeugende Jobbeschreibungen sind nach wie vor nicht die Regel, sondern die Ausnahme in Stellenanzeigen. Bewerber erwarten von der Aufgabenbeschreibung keine zusammenhanglose Bullet-Point-Liste, sondern konkreten Einblick in ihre Aufgaben und ihren Joballtag im Sinne eines „realistic job preview".

Wenn die Stellenanzeige alle für sie relevanten Informationen auf einen Blick bereitstellt, würden sich 64,9 % der Bewerber aktuell sogar bewerben, ohne weitere Informationsquellen zu Rate zu ziehen. Nur 35,1 % ziehen dagegen unabhängig von der Qualität der Stellenanzeige grundsätzlich weitere Quellen hinzu. Wie in Kapitel 3 zu sehen ist, hat die Karrierewebsite nur einen leicht höheren Wert. Voraussetzung ist allerdings, dass Stellenanzeigen wie auch Karrierewebsites keine Bewerberfragen offenlassen." (Schüffler, 2020, S. 6)

Die Umfrage ergab zudem, dass potentielle Mitarbeitenden sich umso eher für eine Stellenanzeige interessieren, wenn diese positiven Arbeitgeberbewertungen enthält. So bevorzugen 80,7 % der potentiellen Mitarbeitenden Stellenanzeigen mit integrierten Arbeitgeberbewertungen. (vgl. Schüffler, 2020, S. 9)

Die Untersuchung hat die Präferenz der potentiellen Mitarbeitenden für einen transparenten Umgang mit dem Gehalt in Jobofferten bestätigt. Denn Stellenanzeigen mit Gehaltsangaben wurden von 74,3 % der potentiellen Mitarbeitenden bevorzugt, ohne Gehaltsangabe sind dies 25,7 %. (vgl. Schüffler, 2020, S. 9)

Dieser Wunsch stößt bei Arbeitgebern auf Skepsis, weil dies unüblich ist und in Unternehmen häufig unterschiedlich, auch für die gleiche Position, gezahlt wird. Um den Betriebsfrieden zu wahren, wird daher überwiegend Stillschweigen vereinbart. Um dem Wunsch der potentiellen Mitarbeitenden entgegenzukommen, werden in der Praxis immer wieder etwas nebulöse Formulierungen wie „angemessenes Gehalt" verwendet. Ob damit der Spagat zwischen Bewerberbedürfnis und Unternehmensinteresse gelungen ist, kann nicht genau gesagt werden. In der Praxis bleibt somit nur das Experiment mit verschiedenen Formulierungen zu indirekten Gehalt sangaben, wenn das Unternehmen nicht konkrete Gehälter, oder eine Gehaltsbandbreite angeben will. Anhand der Reaktionen der Bewerbenden kann getestet werden, welche Formulierung der indirekten Gehaltsangaben sowohl das Informationsbedürfnis der Bewerbenden, als auch die Unternehmensinteressen befriedigen.

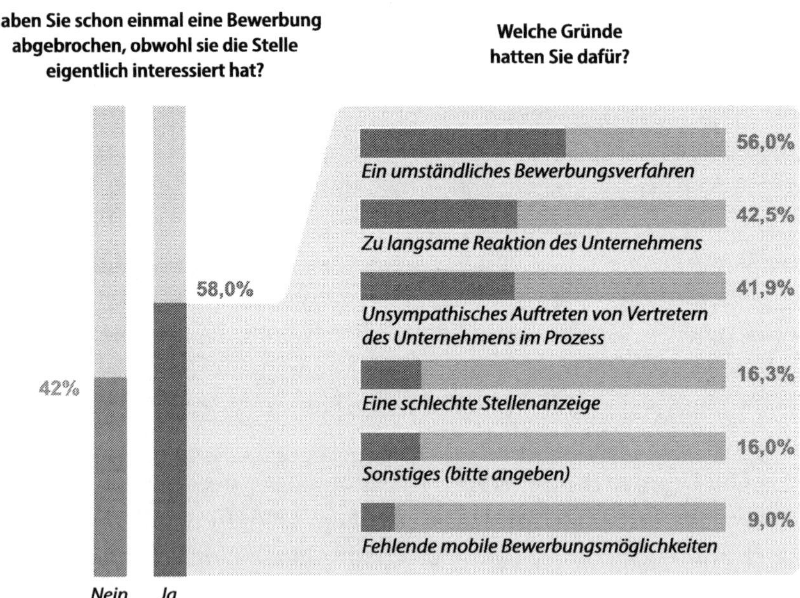

Abb. 158: Bewerbungsabbrecherquote und Gründe, Quelle: Schüffler, 2019, S. 8

Im letzten Schritt des AIDA-Modells, der Phase „Action", wird der potentielle Mitarbeitender ermutigt, die Bewerbung einzureichen. Jedoch vollziehen nicht immer die potentiellen Mitarbeitenden den letzten Schritt, im Gegenteil: Mehrheitlich mit 58 % haben schon einmal potentielle Mitarbeitenden den Bewerbungsprozess abgebrochen haben, obwohl die ausgeschriebene Position eigentlich die Bewerber angesprochen hat. (vgl. Schüffler, 2019, S. 8) Das Beruhigende an der Studie ist, dass das Personalwesen des Unternehmen es selbst in der Hand hat, den Stellenausschreibungsprozess zu optimieren.

So können umständliche Eingaberituale, bei denen jeder einzelne berufliche Schritt nochmals eingegeben werden muss, umfangreiche oder nicht funktionierende Online-Formulare mit zahlreichen Dropdown-Menüs und endlos langen Kompetenzfeldern zum Abbruch einer Bewerbung führen.[37] Mit zunehmender Komplexität der Bewerbungsformulare sinkt die Bereitschaft der potentiellen Mitarbeitenden, sich zu bewerben. So würden 35,7 % der potentiellen Bewerber bei komplexen Bewerbungsformularen, aber nur zu 18,5 % bei Kurzbewerbungen ihre Bewerbung abbrechen. (vgl. Schüffler, 2020a, S. 4)

Bei der einen, oder anderen Stellenanzeige verzichten Unternehmen auf die Kontaktangaben, um dadurch die Kandidaten zu erreichen, die sich wirklich für das Unternehmen interessieren. Dies mag zwar ein interessanter psychologischer Ansatz sein, aber für die Bewerbenden bedeutet dies ein erheblicher Mehraufwand, wenn diese ein ordnungsgemäßes Anschreiben erstellen wollen. Im Zweifel bewerben sich die potentialen Kandidaten nicht beim Unternehmen. Nach einer Studie von Kanning und Bröckelmann-Bruns würden sich 55 % aller Bewerbenden nicht auf Stellenanzeigen ohne einer Adresse bewerben. (vgl. Kanning, Bröckelmann-Bruns, 2018, S. 5ff.) In Zeiten von Personalengpässen sollten daher Unternehmen die vollständige Unternehmensadresse angeben. Dies ist zugleich auch ein Zeichen von Verbindlichkeit. Die Stellenanzeigen sind bei vollständiger Adresse somit erfolgreicher und damit wirtschaftlicher.

Zudem sinkt die Anzahl der Bewerber, die sich mit komplexen Bewerbungsformularen auseinandersetzen müssen. Dies liegt an der zunehmenden Teilnahme der Generationen X - Z am Arbeitsmarkt. Während es Babyboomer (33 % der Arbeitenden) noch gewohnt sind,

[37] Diese Mängelliste lässt sich beliebig erweitern.

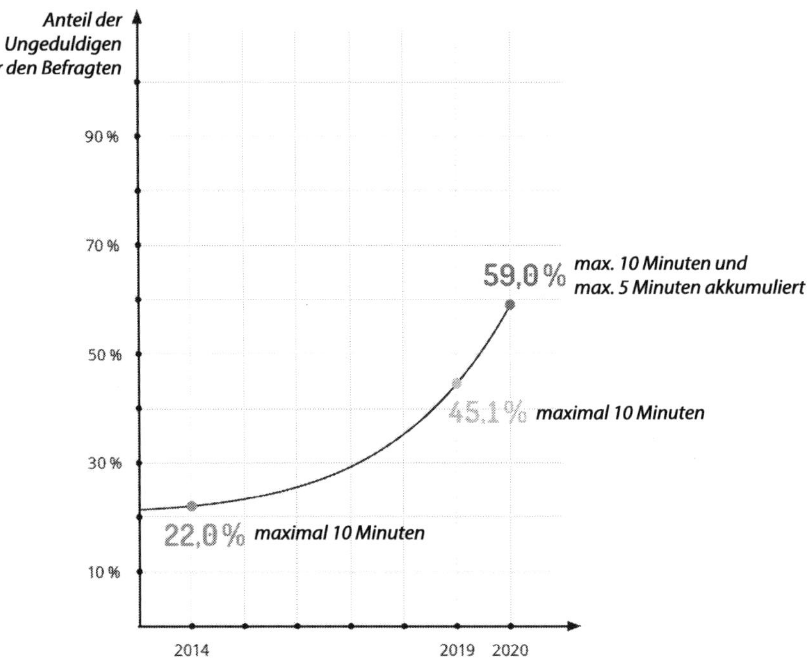

Abb. 159: Akzeptierte Bearbeitungszeit für Bewerbungsformulare, Quelle: Schüffler, 2020a, S. 8

sich in einer Schlange anzustellen und sich in Geduld zu üben, nimmt diese Geduld in den nachfolgenden Generationen (62 % der Arbeitenden) aufgrund der anderen Sozialisation zunehmend ab.[38] Dies macht sich in einer sinkenden Bereitschaft zum zeitaufwendigen und komplexen Ausfüllen von Bewerbungsformularen bemerkbar.

Praxistipp

Um festzustellen, ob ein Bewerbungsformular technisch einwandfrei funktioniert und nicht zu komplex ist, sollten Mitarbeitende der Personalabteilung testweise das Bewerbungsformular ausfüllen. Ergibt sich ein Optimierungsbedarf, dann sollte entweder die IT-Abteilung oder ein Softwareanbieter diese Mängel möglichst zeitnah beseitigen, weil durch

[38] Vgl. hierzu auch die Kapitel 3.2.6.–3.2.6.9.

die Optimierung des Bewerbungsformulars eine erfolgreichere Stellenbesetzung möglich ist. Denn nicht besetzte Stellen kosten dem Unternehmen Leistungserstellung und damit wirtschaftlichen Erfolg und Gewinn.

Auch schriftliche Bewerbungen in Papierform werden zunehmend als zu aufwendig wahrgenommen. Für Bewerber bedeuten Bewerbungen in Papierform zusätzliche Kosten für Papier, Druckertinte, Briefumschlag, Porto sowie einen zusätzlichen Zeitaufwand. Für die Unternehmen bedeuten Bewerbungen in Papierform zudem einen Medienbruch, bei dem zeit- und kostenaufwendig Papierdaten manuell in EDV-Systeme eingegeben werden müssen. Entsprechend werden digitale Bewerbungen bevorzugt.

Abb. 160: Bewerbungsformen 2019, Quelle: Schüffler, 2019, S. 8

Nach dem Bewerbungseingang hat die Personalabteilung eine Auswertung der Bewerbungen vorzunehmen. Auch in dieser Phase ist Schnelligkeit gefragt, will das Unternehmen nicht erfolgsversprechende Kandidaten auf den letzten Metern vor der Einstellung verlieren, weil die potentiellen Mitarbeitenden die Bewerbung abbrechen oder anderweitig eine Anstellung finden. Dies gilt es zu vermeiden.

„Im Hinblick auf die Zeit, die zwischen Bewerbungseingang und Jobinterview vergehen sollte, zeigen sich Bewerber aktuell ebenso ungeduldig. 75 % finden aktuell 14 Tage oder weniger als Zeitraum für eine konkrete Rückmeldung ausreichend. Nur ein Viertel räumt Arbeitgebern zwei Wochen oder mehr ein." (Schüffler, 2020a, S. 8)

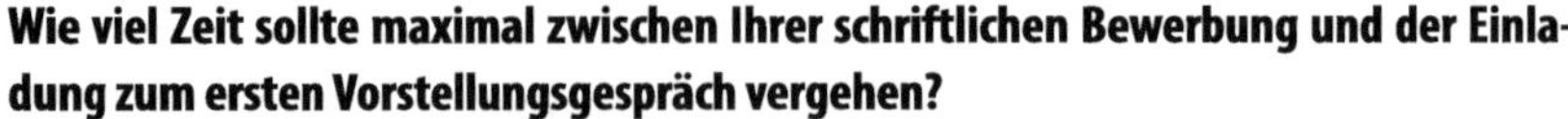

Wie viel Zeit sollte maximal zwischen Ihrer schriftlichen Bewerbung und der Einladung zum ersten Vorstellungsgespräch vergehen?

Abb. 161: Zeitraum zwischen Bewerbung und Einladung zum Vorstellungsgespräch, Quelle: Schüffler, 2020a, S. 9

Auch der Zeitraum zwischen Jobinterview und konkretem Stellenangebot sollte nicht zu lange sein. In dieser Phase wollen die Bewerber ebenfalls nicht allzu lange warten. „29 % der Bewerber erwarten innerhalb von Tagen eine Rückmeldung, weitere 53,8 % nach ein bis zwei Wochen." (Schüffler, 2020a, S. 10)

Wie viel Zeit sollte maximal zwischen dem Vorstellungsgespräch und dem konkreten Angebot vergehen?

Abb. 162: Zeitraum zwischen Vorstellungsgespräch und Vertragsangebot, Quelle: Schüffler, 2020a, S. 10

Praxistipp

Ein schneller Bewerbungsprozess ist nicht nur im Interesse der Bewerbenden, sondern auch für das Unternehmen, weil dadurch eine erfolgreiche Stellenbesetzung verbessert wird und das Unternehmen schneller die volle Leistungsfähigkeit erreicht, als beispielsweise ein Stellenbesetzungsprozess, der länger als 4 Wochen dauert.

Dazu sind die internen Abstimmungsprozesse zwischen Fachabteilung und Personalabteilung zu optimieren. Dies wird dadurch erreicht, dass Entscheidungen in den Fachabteilungen mit verbindlichen Terminen eingefordert werden und dass in der Personalabteilung die erforderlichen Kapazitäten für die Personalauswahl bereitgestellt werden, was beispielsweise durch ausreichende Anzahl an Mitarbeitenden im Personalwesen, oder durch die Automatisierung von Personalverwaltungsprozessen ermöglicht werden kann. Dabei kann ein Personalverwaltungsprogramm über Formulare die Qualifikationen der Bewerbenden erfassen und somit die Selektion der Bewerbenden erleichtern. Dadurch stehen den Personalabteilungen mehr Kapazitäten für Beratung und Personalverwaltungsprozesse zur Verfügung.

Zudem ist eine verbindliche Kommunikation mit den Bewerbenden erforderlich. Eine verbindliche Kommunikation mit den Bewerbenden beinhaltet immer konkrete Angaben zu den einzelnen Schritten im Bewerbungsprozess und konkrete Termine. Diese verbindliche Kommunikation verbessert nicht nur das Verständnis der Bewerbenden für den Bewerbungsprozess, sondern erhöht auch die Toleranz für den Zeitrahmen der Bewerbung.

Auch erhöht die Angabe von konkreten Terminen die Motivation der Personalabteilung, diese Termine einzuhalten und die internen Prozesse weiter zu optimieren. Eine Terminüberschreitung sollte möglichst vermieden werden.

Abschließend sei noch darauf verwiesen, dass gemäß § 7 und § 11 Abs. 1 AGG ein Benachteiligungsverbot besteht. Im gesamten Ausschreibungstext darf weder unmittelbar noch mittelbar, ein nach dem AGG verbotenes Unterscheidungsmerkmal für die Stellenvergabe eine Rolle spielen. Eine Stellenausschreibung darf keine Anforderungen an:

- eine bestimmte ethnische Herkunft,
- ein bestimmtes Geschlecht,
- eine bestimmte Religion oder Weltanschauung,
- das Fehlen einer Behinderung,
- ein bestimmtes Alter oder
- eine bestimmte sexuelle Identität

verlangen.

Bei einem Verstoß gegen das Verbot der merkmalsneutralen Stellenausschreibung gehen Arbeitgeber das Risiko einer gerichtlichen Auseinandersetzung und Strafzahlungen ein. Insbesondere muss die Stellenausschreibung geschlechtsneutral erfolgen. Dabei führt die in § 22 AGG vorgesehene Beweisumkehr dazu, dass der Arbeitgeber den Gegenbeweis führen muss, dass die Nichteinstellung des Bewerbenden keine verbotene Diskriminierung darstellt. Dies wird häufig nicht gelingen.

6.4. Personalauswahl

Da die Mitarbeitenden eines Unternehmens den entscheidenden Unterschied zum Wettbewerb darstellen, kann eine Fehlentscheidung bei der Personalauswahl die Produktivität eines Unternehmens senken, wenn es zur Demotivation bei den Mitarbeitenden kommt.

Darüber hinaus wird die Wirtschaftlichkeit des Unternehmens negativ beeinflusst, weil in der Einarbeitungsphase die Produktivität des neuen Mitarbeitenden noch nicht das Optimum erreicht hat und zugleich die Einarbeitung die Produktivität des Einweisers durch die Bindung der Einweiser sinkt.

Letztendlich ist dann die Einrichtung des Arbeitsplatzes eine Fehlinvestition, insbesondere dann, wenn der eingerichtete Arbeitsplatz nicht mehr besetzt wird. Daher ist die richtige Personalauswahl für das Unternehmen bedeutsam.

Die Personalauswahl beschäftigt sich mit der Zuordnung von externen und internen Bewerbern und Mitarbeitenden im Rahmen einer internen Umbesetzung zu offenen Stellen innerhalb eines Unternehmens. Dabei kommt es auf die richtige Personalauswahl an.

Das Personalauswahlverfahren ist der Prozess, bei dem ein Unternehmen aus allen Bewerbern und potenziellen Mitarbeitenden den passendsten herausfiltert. Um dieses Ziel zu erreichen, werden in der Praxis überwiegend mehrere Schritte durchlaufen.

Praxistipp

Als Handlungsempfehlung kann ausgesprochen werden, dass in einem ersten Schritt geprüft wird, ob die ausgeschriebene Position nicht durch internes Personal besetzt werden kann, oder ob die Position extern zu besetzen ist.

Manchmal finden sich geeignete Kandidaten im eigenen Unternehmen, die eine neue Stelle gerne übernehmen oder deren alte Stelle wegrationalisiert wurde. Außerdem haben Mitarbeitende den Vorteil, dass sie sich mit dem Unternehmen, mit der Kultur, den Abläufen und Gepflogenheiten bereits auskennen.

Eine externe Stellenbesetzung ist meist aufwendiger und riskanter, denn es muss geprüft werden, ob der externe, potentielle Mitarbeitende zur Unternehmenskultur sowie zur besetzenden Funktion und damit zum Unternehmen und zur Stelle passt. Der Vorteil von externen, potentiellen Mitarbeitenden kann in neuem Wissen, speziellen Fähigkeiten und in möglichen positiven Veränderungen in einem Team liegen.

Für die Personalauswahl stehen dem Personalwesen verschiedene Auswahlverfahren zur Verfügung, um den am besten geeigneten Bewerbenden zu finden. Um den am besten geeigneten Bewerbenden zu finden, werden nachfolgend die wesentlichen Personalauswahlverfahren dargestellt und beschrieben (Abb. 163).

Die Wirtschaftspsychologie beschäftigt sich schon seit etwa 100 Jahren mit Personalauswahlverfahren. Die bekannteste und umfangreichste Studie zu Personalauswahlverfahren ist die Studie von Schmidt und Hunter (Schmidt, Hunter, 1998, S. 124, 262–274). Diese Studie wurde nunmehr ergänzt durch die Studie von Schmidt, Oh und Shaffer zur prognostischen Validität eines Personalauswahlverfahrens. (Schmidt et al., 2016, S. 1–19)

Wesentliche Personalauswahlverfahren

Verfahren	Definition
Intelligenztest	Psychologisches Verfahren zur Bestimmung der intellektuellen Leistungsfähigkeit durch eine Reihe von Problemaufgaben unter Standardbedingungen.
Interview	Merkmalsausprägungen werden durch strukturierte Fragen (vorgegebenes Fragegerüst) oder unstrukturierte (freie) Fragen ermittelt.
Integritätstest	Testverfahren zur Messung eines möglichen schädigenden Verhaltens eines Bewerbenden.
Praktika	Auf einen Zeitraum angelegte praktische Tätigkeit zum Festigen oder Erlernen von Fähigkeiten.
Assessment Center	Gruppenauswahlverfahren zur Prüfung überfachlicher Kompetenzen (Soft Skills) der Bewerbenden.
Biographischer Fragebogen	Multiple-Choice-Fragebogen zur Analyse des zukünftigen Verhaltens durch Einstellungen, Präferenzen, Erwartungen, Interessen, Motive, Persönlichkeitsmerkmale, Einstellungen und Ziele.
Person-Job-Fit	Ist der Test auf die Passung zwischen einer Person (Fähigkeiten, Eigenschaften und Vorstellungen) und einem Job (Anforderungen, Aufgaben und Herausforderungen).

Abb. 163: Wesentliche Personalauswahlverfahren, Quelle: Eigene Darstellung

Unter Validität werden der Grad an Genauigkeit und die inhaltliche Übereinstimmung einer empirischen Messung verstanden, die eine Merkmalsausprägung haben soll.

„Die (prognostische) Validität eines Auswahlverfahrens sagt etwas darüber aus, wie gut es die spätere berufliche Leistung eines Bewerbers vorhersagen kann. Validitäten werden in der Regel als Zahl zwischen 0 und 1 angegeben. Ein Wert von 0 bedeutet, dass zwischen dem Auswahlinstrument und der späteren Leistung kein Zusammenhang besteht, man also genauso gut nach Zufallsprinzip auswählen könnte. Bei einem Wert von 1 wäre der Zusammenhang zwischen Auswahlinstrument und Leistung perfekt, was in der

Realität aber nicht vorkommt. Die höchste praktisch erreichbare Validität liegt derzeit bei 0,78 (was in der Fachsprache meist als .78 angegeben wird).

Gehen wir zur Vereinfachung davon aus, dass ein Bewerber entweder geeignet oder ungeeignet ist und er entweder eingestellt oder abgelehnt wird. Wir können bei der Auswahl nun zwei richtige und zwei falsche Entscheidungen treffen: Richtig ist es, einen geeigneten Bewerber einzustellen und einen ungeeigneten abzulehnen. Falsch ist es, einen geeigneten Bewerber abzulehnen und einen ungeeigneten Bewerber einzustellen." (Haarhaus, 2021)

„Valide Auswahlverfahren sind auch finanziell von Vorteil: Der Grund, wieso wir überhaupt Personalauswahl betreiben, ist, dass Menschen mit verschiedenen Eigenschaften und Fähigkeiten unterschiedlich gute Leistungen im Job erbringen (denn würden alle die gleiche Leistung erbringen, könnten wir uns jedes Auswahlverfahren sparen). Schätzungen zufolge liegt der Leistungsunterschied zwischen einem über- und einem unterdurchschnittlichen Stelleninhaber bei ca. 80 % eines Jahresgehalts. Bei einem Jahresgehalt von 40.000 € erwirtschaftet ein überdurchschnittlicher Mitarbeite somit 32.000 € mehr Output als ein unterdurchschnittlicher. Mit anderen Worten: je höher die Validität des Auswahlverfahrens, umso größer der zu erwartende finanzielle Nutzen." (Haarhaus, 2021)

Die Studie von Schmidt et al. (2016) zeigt, dass Intelligenztests die höchste Validität haben. „Das beste Auswahlkriterium sind die kognitiven Fähigkeiten (oder allgemeine Intelligenz) des Bewerbers. Vor allem bei komplexen Jobs hängen kognitive Fähigkeiten und Berufserfolg stark miteinander zusammen, aber auch bei mittleren und weniger komplexen Tätigkeiten ist Intelligenz für die Leistungserbringung von Vorteil. Die Forscher erklären den Effekt damit, dass klügere Personen über mehr jobbezogenes Wissen verfügen und sich neues Wissen schneller aneignen können. Intelligenz hilft außerdem dabei, komplexe Zusammenhänge zu verstehen und wichtige von unwichtigen Informationen zu trennen. Intelligentere Personen können daher bessere Strategien entwickeln und bessere Entscheidungen treffen." (Haarhaus, 2021)

Validität von Intelligenztest und Personalauswahlverfahren

Auswahlkriterium	Validität (einzeln)	Validität (mit Intelligenz)	Zusätzliche Validität
Kognitive Fähigkeiten	.65		
Interviews (strukturiert)	.58	.76	.117
Interviews (unstrukturiert)	.58	.73	.087
Fachwissen	.48	.65	.000
Interviews (telefonisch)	.46	.70	.057
Integritätstests	.46	.78	.130
Praktika	.44	.65	.000
Assessment Center	.36	.66	.013
Biographische Fragebögen	.35	.68	.036
Abschlussnote (Schule und Uni)	.34	.66	.009
Arbeitsproben	.33	.65	.002
Interessen	.31	.71	.062
Referenzen	.26	.70	.050
Gewissenhaftigkeit	.22	.70	.053
Person-Job-Fit	.18	.66	.014
Berufserfahrung (in Jahren)	.16	.68	.032
Person-Organization-Fit	.13	.67	.024
Emotionale Stabilität	.12	.65	.000
Extraversion	.09	.65	.006
Verträglichkeit	.08	.65	.002
Offenheit	.04	.69	.039
Graphologie	.04	.65	.000
Alter	.00	.65	.000

Abb. 164: Validität von Intelligenztest und Personalauswahlverfahren, Quelle: Haarhaus, 2021

In der Praxis nutzen nur 23,6 % der Unternehmen Intelligenztests. (vgl. Armoneit et al., 2020, S. 5) Dies liegt darin begründet, dass die Nutzer von Intelligenztests nicht immer die Verfahrensweise von

Intelligenztests verstehen und dass Intelligenztests erst in der Kombination mit anderen Personalauswahlverfahren die Intelligenz in Kombination mit anderen Softskills bewerten können. Erst die richtige und optimale Kombination von Intelligenz und Softskills ergibt den idealen zukünftigen Mitarbeitenden.

Wie die nachfolgende Abbildung zeigt, erhöht die Kombination von Intelligenztest mit einem anderen Personalauswahlverfahren immer die Validität der Personalauswahl.

Unter den besten fünf Kombinationen von Intelligenztests mit anderen Personalauswahlverfahren finden sich nicht nur Verfahren, sondern auch die Eigenschaft Gewissenhaftigkeit und Interessen der Bewerbenden.

Die Eigenschaft „Gewissenhaftigkeit" lässt sich hautsächlich durch Arbeitszeugnisse ermitteln. Sollten die vorhandenen Arbeitszeugnisse keine Angaben zur Gewissenhaftigkeit der Bewerbenden enthalten, ist diese Eigenschaft durch ein Interview zu ermitteln.

Die Interessen sind zwar keine Eigenschaften der Bewerbenden, haben aber einen Einfluss auf die Motivation und auf die Kreativität zur Problemlösung. Von Relevanz sind daher für die Personalauswahl nur die Interessen, die sich positiv auf die Motivation und auf die Kreativität auswirken. Die Interessen können durch ein Interview ermittelt werden.

Untersuchungen haben zudem ergeben, dass eine positive und motivierende Erfahrungsumgebung und Unternehmenskultur sich positiv auf die Interessen, Motivation, Kreativität und auf die Leistungserbringung auswirken und umgekehrt eine bestrafende Erfahrungsumgebung und Druck negativ mit der Motivation und Leistungserbringung des Mitarbeitenden korreliert. (vgl. Schiefele et al., 1988, S. 240)

Auch hierbei macht sich der Einfluss der Personalführung bemerkbar, denn positive Rückmeldungen zu guten und überdurchschnittlichen Leistungen durch den Vorgesetzten steigern signifikant die Leistungsergebnisse. (vgl. Schiefele et al., 1988, S. 240, Krapp et al., 1993, S. 346) Erst dadurch kann das volle Leistungspotential der Mitarbeitenden ausgeschöpft werden.

Top 5 der Kombination von Intelligenztest und Personalauswahlverfahren

Validität mit Intelligenz	Validität	Rang	Instrument
Integritätstest	.78	1	Integritätstest
Interviews, strukturiert und andere	.76 - .70	2	Interview
Interessen	.71	3	Interview
Referenzen	.70	4	Referenzen
Gewissenhaftigkeit	.70	4	Arbeitszeugnisse
Berufserfahrung in Jahren	.68	5	Arbeitszeugnisse
Biographische Fragebogen	.68	5	Biographische Fragebogen

Abb. 165: Intelligenztest und Personalauswahlverfahren, Quelle: Eigene Darstellung basierend auf Haarhaus, 2021

„Integritätstests nehmen ebenfalls eine besondere Rolle ein, da sie die höchste zusätzliche Validität (.13) über kognitive Leistungsfähigkeit hinaus liefern. Bei derartigen Tests werden Bewerber gefragt, ob sie bei früheren Arbeitgebern durch Fehlverhalten, wie z. B. Alkohol, Diebstahl oder längere Fehlzeiten, aufgefallen sind. Ein offensichtliches Problem derartiger Tests ist die Wirkung auf den Bewerber, der solche Fragen leicht als feindliche Unterstellung wahrnehmen könnte. Es ist daher kein Wunder, dass Integritätstests im deutschsprachigen Raum eher selten zum Einsatz kommen.

Glücklicherweise schneiden Interviews fast genauso gut ab. Die zusätzliche Validität strukturierter Interviews (mit Leitfaden und Auswertungsschema) ist dabei etwas höher als die unstrukturierter Interviews „aus dem Bauch heraus". Telefoninterviews, die sich vor allem zur Vorauswahl und zum ersten Kennenlernen eignen, haben zwar cine etwas geringere Validität (.46), tragen aber dennoch substantiell über die kognitive Leistungsfähigkeit hinaus zur Validität bei.

Das wohl bekannteste und am besten erforschte Modell der Persönlichkeit ist das der „Big Five", demzufolge sich die Persönlichkeit auf den fünf Dimensionen Extraversion, Verträglichkeit, Offenheit,

Gewissenhaftigkeit und emotionaler Stabilität beschreiben lässt. Die Studie zeigt, dass vor allem Gewissenhaftigkeit (u. a. Fleiß, Ordnungsliebe und Strukturiertheit) zur Validität der Auswahl beitragen kann. Die übrigen Dimensionen haben geringere Einzelvaliditäten und/oder tragen wenig zur Validität über kognitive Fähigkeiten hinaus bei. Die Validität von Persönlichkeitsfragebögen kann allerdings durch Kontextualisierung der Fragen gesteigert werden.

Ein interessantes und unerwartetes Ergebnis ist das schlechte Abschneiden von Praktika und Arbeitsproben. Wer die klassische Studie von Schmidt und Hunter kennt, erinnert sich an die hohe Validität, die den Arbeitsproben attestiert wurde. Diese wurde seinerzeit aber auf Basis von gerade einmal sieben Studien ermittelt. Berücksichtigt man die vielen neuen Studien der letzten Jahrzehnte, fällt das Ergebnis mit .33 deutlich moderater aus als bei Schmidt und Hunter (.54). Praktika sind zwar für sich genommen recht valide Auswahlinstrumente, sind aber sehr aufwendig und tragen nichts zur Validität über kognitive Leistungsfähigkeit hinaus bei. Kein Wunder: Wenn Intelligenz die Leistung im Job vorhersagt, dann natürlich auch die Leistungen im Praktikum.

Das Schlusslicht bilden Graphologie (Analyse der Handschrift) und Alter. Die Annahme, die Handschrift lasse Rückschlüsse auf die Persönlichkeit eines Menschen zu, hat sich in der Forschung wiederholt als haltlos erwiesen, sie hängt allenfalls mit der Feinmotorik zusammen. Auch das Alter sagt nichts über die zu erwartende berufliche Leistung aus und sollte daher (und aus Gründen der Gleichbehandlung) keine Rolle bei der Personalauswahl spielen." (Haarhaus, 2021)

Praxistipp

Die höchste Validität die richtigen Bewerbenden zu finden, ist dann gegeben, wenn Intelligenztests in Kombination mit weiteren Personalauswahlfahren angewendet werden. Die effizienteste Vorgehensweise ist dabei ein digitaler Intelligenztest, den vorausgewählte Bewerbenden vor einem Interview zu beantworten haben. Der digitale Intelligenztest hat zudem den Vorteil, dass kein Medienbruch vorliegt und der Test digital ausgewertet werden kann.

6.5. Personalbindung

„Reisende soll man nicht aufhalten", so der Abteilungsleiter – Wirklich?!

Wenn eine Führungskraft sich in der Praxis so oder so ähnlich äußert, hat diese entweder nicht die wirtschaftliche Tragweite eines Personalabgangs bedacht, oder aber die Führungskraft will von den eigenen schlechten Führungsqualitäten ablenken, denn jede Kündigung, egal ob durch das Unternehmen oder den Mitarbeitenden führt immer zu zusätzlichen Kosten und hat damit immer auch einen zumindest vorübergehenden negativen wirtschaftlichen Effekt. Daher sollte jedes Unternehmen einen möglichst hohen Personalbindungsgrad anstreben. Die „Mitarbeiterbindung bezeichnet den Grad des Zusammenhalts zwischen dem Mitarbeitenden auf der einen Seite und der Organisation als Ganzes auf der anderen Seite." (Wolf, 2020, S. 4)

Mitarbeitende mit einem hohen Bindungsgrad sind engagierter, als Mitarbeitende mit einem geringen Bindungsgrad. „Unter Mitarbeiterengagement versteht man das Maß an Energie, dass Mitarbeitende investieren, um gute Ergebnisse zu erzielen und ihr Unternehmen voranzubringen.

Engagierte Mitarbeiter...

- interessieren sich für ihre Arbeit und haben Spaß an ihr,
- sehen einen tieferen Sinn in ihrer Arbeit,
- wissen, wie sie ihre persönlichen Stärken in ihre Arbeit einbringen können,
- möchten sich kontinuierlich weiterbilden und weiterentwickeln,
- denken mit und bringen sich ein.

Kurz gesagt: Engagierte Mitarbeiter sind bestrebt, ihr Bestes zu geben, und tragen damit effektiv zum Erfolg ihres Unternehmens bei." (Kitto, 2020, S. 1)

Vorteile engagierter Mitarbeitenden

Die wirtschaftliche Seite

Unternehmen mit engagierten Mitarbeitern erbringen bessere Leistungen

21 % mehr Rentabilität

41 % weniger Fehlzeiten

51 % weniger Fluktuation

5 x höhere Marktkapitalisierung pro Mitarbeiter

42 % höhere Kurswachstum

35 % bessere Bewertungen bei Glassdoor

12 x geringere Kündigungsneigung

Abb. 166: Vorteile engagierter Mitarbeitenden, Quelle: Kitto, 2020, S. 1

Die Mitarbeitenden mit einer geringen emotionalen Bindung an das Unternehmen fehlen 6,5 Tage pro Jahr mehr, als Mitarbeitende mit einer hohen emotionalen Bindung. (vgl. Gallup, 2017, S. 44) Dies verursacht durchschnittliche Arbeitskosten pro Tag in Höhe von 260,80 € für ein Unternehmen. (Statistisches Bundesamt, 2016) Keine hohe Summe, aber bei einer zunehmenden Anzahl von Mitarbeitenden mit einer geringen emotionalen Bindung und mit steigenden Fehlzeiten, aufgrund einer geringer emotionaler Bindung, steigen die Gesamtkosten durch Fehlzeiten für das Unternehmen.

Gesamtkosten durch Fehlzeiten aufgrund geringer Bindung

Mitarbeiteranzahl	Jährliche Einsparung
500	675 Tsd. €
2 000	2,7 Mio. €
30 000	40,5 Mio. €

Abb. 167: Fehlzeitenkosten wegen geringer Bindung, Quelle: Eigene Darstellung basierend auf: Gallup, 2017, S. 44

Die mit der Fluktuationsneigung eines Mitarbeitenden verbundenen Fluktuationskosten betragen insgesamt durchschnittlich 1.350 €, welche sich aus einer geringeren Leistungserbringung des Mitarbeitenden, den Entlassungskosten und den Neueinstellungskosten zusammensetzen. (vgl. Gallup, 2017, S. 47) 1.350 € ist jetzt nicht unbedingt eine Summe, die eine Führungskraft das Fürchten lehrt und als handhabbar angesehen wird, aber in der Praxis hat häufig nicht nur ein Mitarbeitender eine Fluktuationsneigung[39], sondern mehrere.

Fluktuationsneigung und die damit verbundenen Fluktuationskosten

Mitarbeiteranzahl	Jährliche Einsparung
500	130,4 Tsd. €
2 000	521,6 Tsd. €
30 000	7,824 Mio. €

Abb. 168: Fluktuationsneigung und die damit verbundenen Fluktuationskosten, Quelle: Gallup, 2017, S. 47

Dabei können schon geringe Verbesserungen beim Bindungsgrad der Mitarbeitenden zu deutlichen wirtschaftlichen Verbesserungen führen. Reduziert ein Unternehmen den Anteil seiner Mitarbeitenden ohne emotionale Bindung um fünf Prozentpunkte (von 15 auf 10 %) und erhöht gleichzeitig den Anteil seiner Mitarbeitenden mit hoher emotionaler Bindung um fünf Prozentpunkte (von 15 auf 20 %), reduzieren sich die Fluktuationskosten um durchschnittlichen 166 €: (vgl. Gallup, 2017, S. 48)

Verbesserte emotionale Bindung und jährliche Einsparungen

Mitarbeiteranzahl	Jährliche Einsparung
500	83 Tsd. €
2 000	332 Tsd. €
30 000	4,980 Mio. €

Hohe Bindung | Geringe Bindung | Keine Bindung

15% + 20%
70% 70%
15% - 10%

Abb. 169: Verbesserte emotionale Bindung und jährliche Einsparungen, Quelle: Gallup, 2017, S. 48

[39] (wenn auch mit unterschiedlicher Ausprägung)

Bei der Mitarbeiterbindung ist es von Bedeutung, wie eng und belastbar die Beziehung zwischen dem Unternehmen und dem Mitarbeitenden ist. Dabei verfolgen die Unternehmen primär wirtschaftliche Ziele und die Mitarbeitenden sowohl wirtschaftliche als auch soziale Ziele mit der Bindung, die diese mit dem Unternehmen eingehen. Diese auf dem ersten Blick sich widersprechenden Ziele können für beide Beteiligten jedoch langfristige und erfolgreiche Vorteile bringen.

Mitarbeiterbindung lässt sich in jedem Unternehmen und in jeder Unternehmensgröße realisieren. Ein generell gültiges Rezept, wie Mitarbeitende an eine Unternehmung gebunden werden können, gibt es nicht. Jedoch gibt es Wirkungszusammenhänge, die mit bestimmten Instrumenten erreicht werden können. Der Einsatz der Personalbindungsinstrumente ist, aufgrund von der jeweiligen Unternehmensgröße, wirtschaftlichen Lage des Unternehmens sowie des sozialen Gefüges und dem Verhalten im Unternehmen unterschiedlich und daher immer ein individueller Vorgang.

Versteht man die Ressource Personal als eine Investition, dann rückt die Nachhaltigkeit dieser Investition in den Blick der Entscheidungsträger, weil diese Investition möglichst langfristig und nachhaltig dem Unternehmen erhalten bleiben soll. Wie bei jeder Investition ist, aufgrund der knappen finanziellen Ressourcen, die Wirtschaftlichkeit zu prüfen.[40]

Auch die Mitarbeitenden können von einer langfristigen Bindung an das Unternehmen profitieren, da eine langfristige Bindung kontinuierliche Einnahmen ermöglicht und damit die Finanzierung und die finanzielle Stabilität der Mitarbeitenden über alle sozialen Lebensphasen hinweg ermöglicht. Ein Mitarbeitender wird solange im Unternehmen verbleiben, wie das Unternehmen die Bedürfnisse des Mitarbeitenden befriedigen kann.[41]

„Entscheidend für die Zufriedenheit mit einer Arbeitsstelle sind emotionale und situative Faktoren. Also das gebotene Umfeld und die damit verbundenen Gefühle. Selbst wenn Mitarbeitende zufrieden

---

[40] Siehe hierzu die Ausführungen in Kapitel 8. „HR-Controlling".

[41] Siehe hierzu auch die Ausführungen in den Kapiteln 2.2.–2.2.5.

sind mit ihrem Arbeitgeber, besteht die Möglichkeit eines Arbeitsplatzwechsels. Dafür ist selten ein einziger Faktor verantwortlich." (Negri, 2014, S. 1)

„Wichtig sind auch die Marktposition und die Zukunftschancen einer Unternehmung. Sie bieten Arbeitsstellensicherheit, was von vielen Mitarbeitenden geschätzt wird. Aus diesem Grund sind auch Übernahmegerüchte und Rekrutierungsspekulationen oft damit verbunden, dass sich Mitarbeitende nach neuen Möglichkeiten umsehen.

Oft hängt die Entscheidung, eine Arbeitsstelle zu verlassen, auch von Randfaktoren ab, die gar nicht so sehr von der Unternehmung beeinflusst werden können. So zum Beispiel private Faktoren, wie z. B. der Wohnort der Familie. Es wird also klar: Nicht nur «unattraktive» Unternehmen müssen sich Sorgen machen, talentierte Mitarbeitende halten zu können. Zudem werden sich die Branchen künftig auf der Beliebtheitsskala verschieben. Die Frage ist also nicht, ob es genügend talentierte Arbeitskräfte gibt, sondern wie gut Ihr Unternehmen sie erkennt und entwickelt.

Es müssen zudem „echte Herausforderungen in der Arbeitstätigkeit und Möglichkeiten in der Kompetenz- und Laufbahnentwicklung geboten werden. Durch Jobangebote von anderen Unternehmungen fühlen sich Mitarbeitende oft geschmeichelt. Das könnte sie veranlassen, die Stelle zu wechseln. Deshalb ist es wichtig, dass gerade hochqualifizierte Mitarbeitende die Möglichkeit haben, ihre Aufgaben kontinuierlich auszubauen und so Bestätigung zu erhalten. Beförderungsprozesse sollten transparent sein, denn die Investition in die Ausbildung von hochqualifizierten Mitarbeitenden birgt auch Risiken – sie werden immer attraktiver für andere Arbeitgeber.

Die Motivation ist eng mit der Aufgabengestaltung verbunden. Auch hier gilt es, das richtige Maß zu finden – und zwar in Bezug auf die Herausforderung. Es sollte weder zu Unter- noch zu Überforderung kommen. Wird die Motivationslage der Mitarbeitenden erkannt, können frühzeitig Maßnahmen ergriffen werden, um Fluktuation zu verhindern." (Negri, 2014, S. 1)

Die Mitarbeitenden können hinsichtlich des Bindungsgrades grob in drei Kategorien eingestuft werden, wobei es in der Praxis

Bindungsgrade der Mitarbeitenden

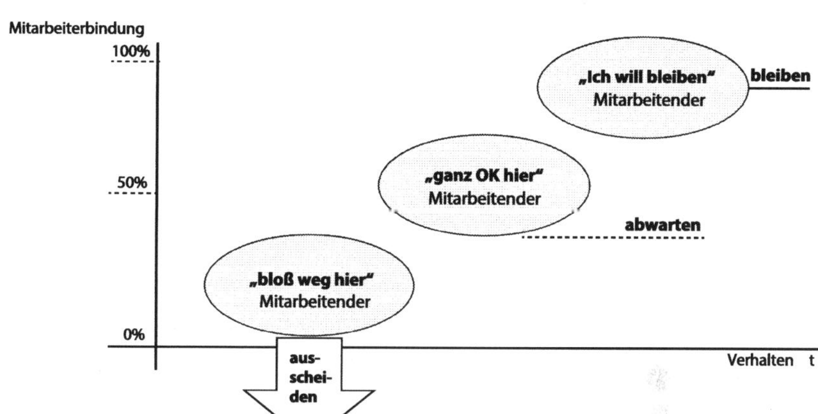

Abb. 170: Bindungsgrade der Mitarbeitenden, Quelle: Eigene Darstellung

auch Zwischenstufen geben wird. Es kann unterschieden werden nach Mitarbeitenden, die gerne das Unternehmen verlassen wollen („Bloß weg hier“), oder nach Mitarbeitenden, die eher abwarten („Ganz OK hier“), oder nach Mitarbeitenden, die im Unternehmen bleiben wollen („Ich will bleiben“).

Die Bindungsgrade der Mitarbeitenden sind jedoch nicht gleich verteilt. Nach einer Studie von Gallup haben 17 % der Mitarbeitenden eine hohe emotionale Bindung (die „Ich will bleiben“-Mitarbeitenden), 68 % der Mitarbeitenden eine geringe emotionale Bindung (die „Ist-schon-OK-hier“-Mitarbeitenden) und 15 % der Mitarbeitenden keine emotionale Bindung an das Unternehmen (die „Bloß weg hier“-Mitarbeitenden) . (vgl. Gallup Inc., 2020, S. 5)

Jedoch sind die Bindungsgrade der Mitarbeitenden seit vielen Jahren relativ stabil. Dies bedeutet aber auch, dass über die Jahre die Bindungsgrade der Mitarbeitenden sich kaum verändert haben. Dadurch bleibt auch die Anzahl der Mitarbeitenden, die eine hohe, geringe oder keine emotionale Bindung an das Unternehmen haben, relativ gleich. Allerdings müssen statistische Durchschnittswerte nicht zwingend auch für das eigene Unternehmen gelten.

Dies bedeutet jedoch nicht, dass die Personalabteilung keine Möglichkeit hat, die Personalbindung zu erhöhen, zumal sich diese durch geringere Kosten für das Unternehmen auszeichnen. Vielmehr ist es die Aufgabe der Personalführung und des Personalmanagements, steuernd einzugreifen, damit die Anzahl der Mitarbeitenden vom Typus „Ich will bleiben" möglichst hoch ist, um für das Unternehmen eine möglichst hohe Wirtschaftlichkeit zu realisieren. Dies ist durchaus möglich, weil es sich bei den nachfolgenden Zahlen um Durchschnittswerte handelt, die im Einzelfall abweichen können.

Sowohl für das Unternehmen, als auch für die Mitarbeitenden ist eine zunehmende emotionale Bindung von Vorteil. So erleiden die Mitarbeitenden mit hoher Bindung zu 26 %, die Mitarbeitenden mit geringer Bindung zu 33 % und die Mitarbeitenden ohne eine Bindung an das Unternehmen zu 50 % einen Burnout. (vgl. Gallup Inc., 2020, S. 7) Wenn Mitarbeitende unter Burnout leiden, dann führt dies, je nach Verlauf der Krankheit, zu Leistungsminderungen oder zu Fehltagen. Dies reduziert die Wirtschaftlichkeit eines Unternehmens.

„Die volkswirtschaftlichen Kosten aufgrund von innerer Kündigung belaufen sich auf eine Summe zwischen 96,1 und 113,9 Milliarden Euro." (Gallup Inc., 2020, S. 6)

Je nach Bindungsgrad sind die Mitarbeitenden auch mehr oder weniger bereit, den Arbeitgeber zu wechseln. Immerhin haben bereits 40,7 % schon bis zu 2x und 38,9 % schon bis zu 6x gekündigt. Nur 15,2 % der Mitarbeitenden haben noch nie gekündigt. (vgl. Jagiello, 2021, S. 1)

Dabei kündigen 72,8 % der Mitarbeitenden erst dann, wenn sie schon ein neues Arbeitsangebot haben. (vgl. Jagiello, 2021, S. 1) Dies bedeutet, dass die Mitarbeitenden schon über einen längeren Zeitraum sich vom Unternehmen verabschieden wollen und auf der Suche nach einem neuen Arbeitgeber sind.

Wenn Mitarbeitende zunächst einen neuen Arbeitgeber suchen, während diese noch beim alten Arbeitgeber arbeiten, kann von einer inneren Kündigung ausgegangen werden.

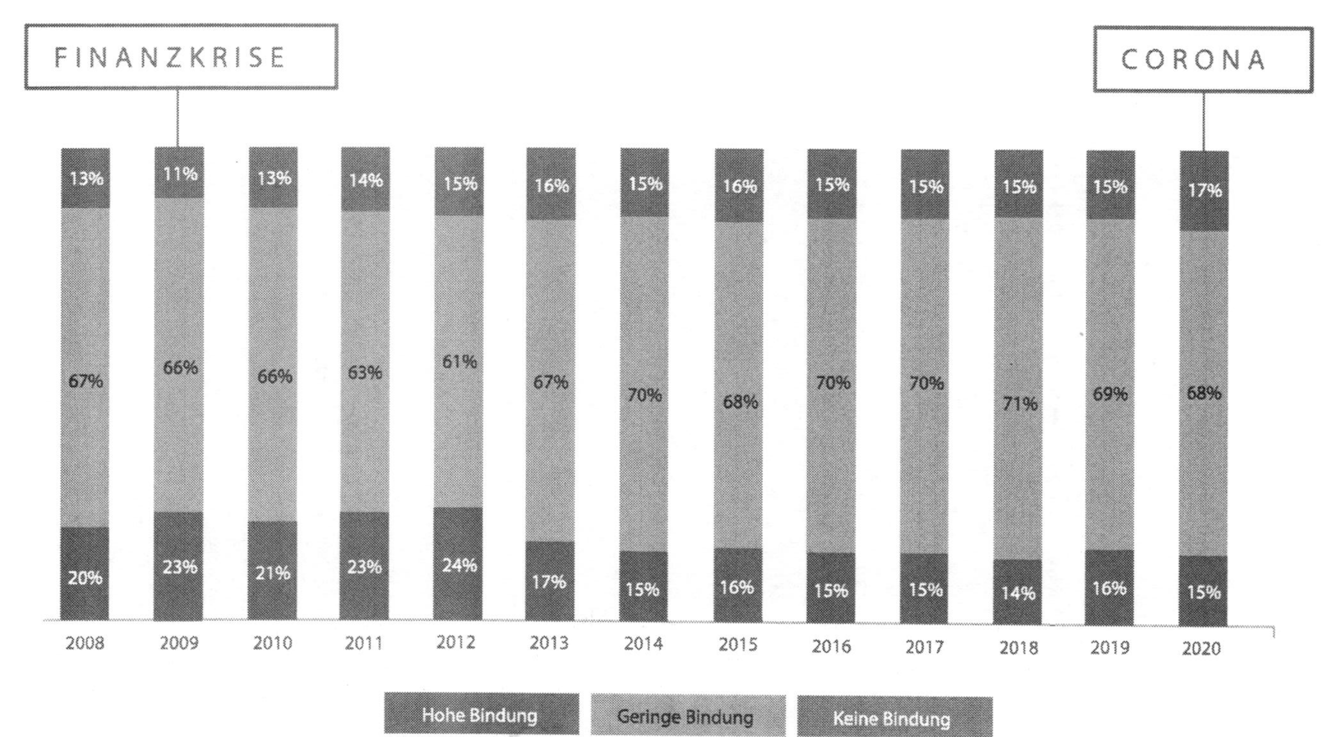

Abb. 171: Bindungsgrade der Mitarbeitenden 2008–2020, Quelle: Gallup Inc., 2020, S. 7

Arbeitnehmer kündigen während der Berufslaufzeit

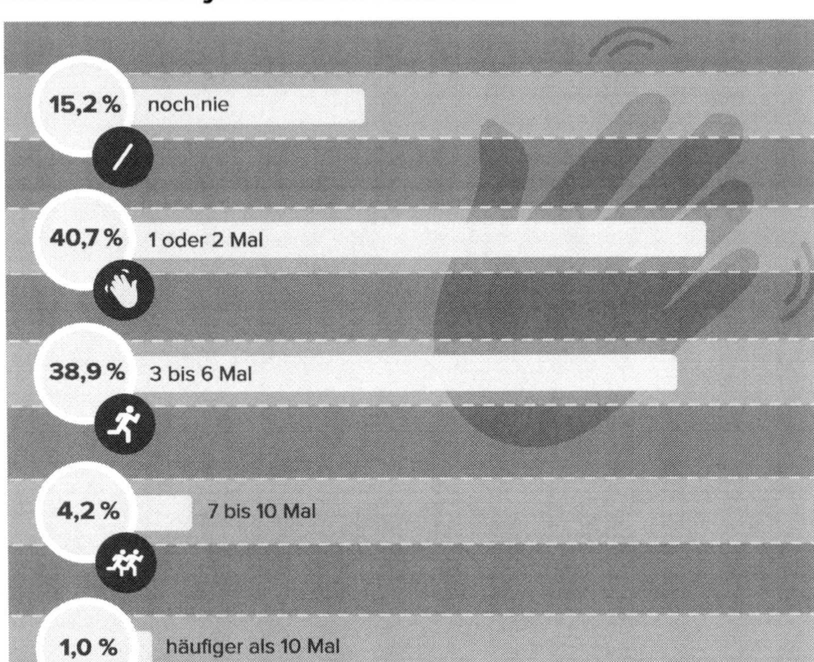

Abb. 172: Arbeitnehmer kündigen während der Berufslaufzeit, Quelle: Jagiello, 2021, S. 1

„Innere Kündigung ist eine Arbeitshaltung, die geprägt ist durch ein innerliches Distanzieren von den Inhalten, Aufgaben und dem Kollegium bei der Arbeit. Kennzeichnend sind eine reduzierte Einsatzbereitschaft der Betroffenen und eine resignierte Grundhaltung gegenüber der Arbeitssituation oder Tätigkeit. Innere Kündigung wird häufig als „Dienst nach Vorschrift" umschrieben. Innerlich Gekündigte messen ihrer Tätigkeit eine geringe Bedeutung bei und identifizieren sich nicht mehr mit dem Unternehmen. Sie sind dauerhaft unmotiviert, desinteressiert oder unzufrieden mit ihrer Tätigkeit. Sie engagieren sich kaum noch. Sie erleben ihre Tätigkeit als nicht (mehr) erfüllend oder sinnlos." (Scheibner et al., 2016, S. 9)

Kündigung nur bei der Existenz einer neuen Arbeit

Abb. 173: Kündigung nur bei der Existenz einer neuen Arbeit, Quelle: Jagiello, 2021, S. 1

Beim innerlichen Rückzug aus dem engagierten Arbeitsalltag kann es daher zu Leistungsrückgängen und vermehrten Krankenständen kommen.

Praxistipp

Die Personalabteilung kann die innere Kündigung eines Mitarbeitenden mit verschiedenen Kennzahlen über einen bestimmten Zeitraum hinweg messen. Durch die Messung über einen Zeitraum hinweg ist es möglich, eine Verhaltensänderung des Mitarbeitenden und Trends zu erkennen. **Verwendbare Kennzahlen** sind:

$$\textbf{Krankenquote} = \frac{\text{Anzahl der Krankentage}}{\text{Arbeitstage}}$$

$$\textbf{Fehlerquote} = \frac{\text{Anzahl fehlerhafter Leistungen}}{\text{Arbeitstage}}$$

Teilnahme an gesellschaftlichen Veranstaltungen des Unternehmens? Ja oder nein?

Darüber hinaus können Mitarbeitenden befragt und die Aussagen ausgewertet werden. Die Fragen sollten über einen bestimmten Zeitraum konstant gehalten werden, weil damit ein Langzeitpanel zu den Ergebnissen gestellt werden kann. Bei einem Panel wird „ein bestimmter gleichbleibender Kreis von Auskunftssubjekten (Personen, Betrieben), bei denen über einen längeren Zeitraum hinweg Messungen (Beobachtung, Befragung) zu gleichen Themen in der gleichen Methode und zu den jeweils gleichen Zeitpunkten vorgenommen werden. Panels sind auf die Messung von Veränderungen hin optimiert." (Wübbenhorst, 2021) Durch ein Panel können daher auch Verhaltensänderungen und Veränderungen im Bindungsgrad jedes Mitarbeitenden erkannt werden.

Gegen eine bereits eingetretene innere Kündigung kann in der Praxis auf effiziente Instrumente und Maßnahmen zurückgegriffen werden.

Praxistipp

Um eine innere Kündigung eines Mitarbeitenden zu vermeiden, sollte die Personalführung bestimmte grundlegende präventive Maßnahmen in der Führung integrieren:

Abb. 174: Integrierte Maßnahmen gegen innere Kündigung, Quelle Shanahan, 2020, S. 17

Mögliche operative Maßnahmen nach eingetretener innerer Kündigung sind im Wesentlichen:

- Analyse der Lage aus der Sicht des Innere-Kündigung-Betroffenen.
- Herausarbeitung von Zielen und Wünschen des Innere-Kündigung-Betroffenen.
- Da häufig der Vorgesetzte einen wesentlichen Einfluss auf die innere Kündigung hat, ist die Prüfung der persönlichen Ressourcen des Vorgesetzten hinsichtlich der mittelfristigen sachgerechten Erfüllbarkeit der Ziele und Wünsche des Mitarbeitenden mit innerer Kündigung erforderlich.
- Prüfung der unternehmerischen Ressourcen, wie diesen Zielen und Wünschen mittelfristig entsprochen werden kann.
- Prüfung der Modifikationsbereitschaft des Innere-Kündigung-Betroffenen, mit Klärung der Möglichkeiten, wie er selbst seine Einstellungen verändern kann.

- Gemeinsame Verabschiedung des Gesprächsergebnisses.
- Um den Abbau des Zustands der inneren Kündigung aktiven zu fördern, kann dieser Prozess durch eine neutrale Supervision oder Mediation gefördert werden.
- Fehlt eine gemeinsame Perspektive, steht eine Kündigung oder eine einvernehmliche Auflösung des Arbeitsvertrags an. In großen Betrieben kann möglicherweise eine Umsetzung innerhalb des Unternehmens eine versuchsweise Lösung darstellen.

Wenden wir uns nun den Kündigungsgründen der Mitarbeitenden zu. Die wichtigsten Kündigungsgründe der Mitarbeitenden liegen mit 45 % in einem schlechten Führungsverhalten, zu 40,5 % in einem zu niedrigen Einkommen und zu 38,4 % in einem besseren Angebot eines anderen Arbeitgebers. Eine Überlastung durch zu viel psychischen Druck ist für 20,6 % der Mitarbeitenden ein Kündigungsgrund. 32,5 % der Mitarbeitenden kündigen, weil diese keine Aufstiegsmöglichkeiten sehen.[42] (vgl. Jagiello, 2021, S. 1)

Bedenkt man, dass eine Überlastung durch zu viel psychischen Druck entweder durch die Führungskraft selbst ausgelöst wird, oder durch andere Mitarbeitenden verursacht wurde, aber von der Führungskraft ignoriert oder geduldet wird, so ist eine Überlastung durch zu viel psychischen Druck ebenfalls eine Folge eines schlechten Führungsverhaltens. Somit summiert sich der Kündigungsgrund wegen eines schlechten Führungsstils auf 65,6 %. Damit ist ein schlechter Führungsstil mit Abstand der wichtigste Kündigungsgrund eines Mitarbeitenden.

Ein empathischer Arbeitgeber wird mehrheitlich von den Arbeitnehmern bevorzugt. Erstmals wurde in einer Studie zwischen Mitarbeitenden der Generation Z und den Mitarbeitenden der anderen Generationen verglichen. Dabei zeigt sich, dass die Generation Z gegenüber den anderen Generationen besonders einen Arbeitgeber bevorzugt, der ihre Bedürfnisse berücksichtigt und empathisch ist.

---

42 Mehrfachnennungen waren möglich.

Für die 83 % der Generation Z hat ein empathischer Arbeitgeber einen höheren Stellenwert als ein etwas höheres Gehalt. Im Vergleich dazu bevorzugen die anderen Generationen durchschnittlich zu 75 % einen empathischen Arbeitgeber gegenüber einem etwas höheren Gehalt.

79 % der Generation Z würden einen einfühlsamen Arbeitgeber wählen, selbst wenn dies eine Änderung ihrer Rolle, ihrer Branche oder ihres Karriereweges bedeuten würde. Bei den anderen Generationen sehen dies durchschnittlich 73 % der Beschäftigten ebenfalls so. (vgl. Shanahan, 2020, S. 2f.)

Was waren für Sie die Hauptsächlichen Gründe für die Kündigung?

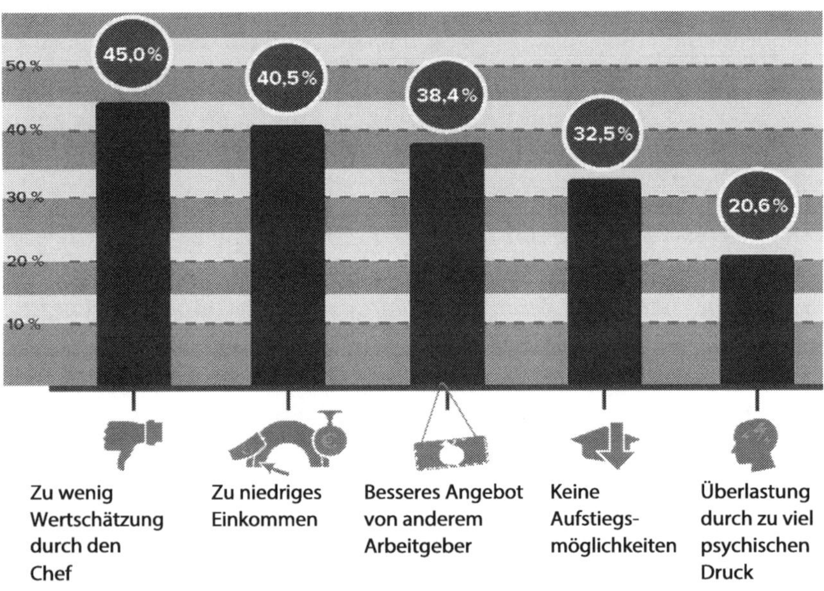

Abb. 175: Kündigungsgründe der Mitarbeitenden, Quelle: Jagiello, 2021, S. 1

In der Praxis wird häufig angeführt, dass wegen der höheren Löhne und Gehälter bei den Wettbewerbern die Mitarbeiterfluktuation so hoch sei und wegen der Wettbewerbssituation sowie wegen der bestehenden Kostenstrukturen keine Lohn- und Gehaltserhöhungen möglich seien. Diese Argumente bewirken eine passive Haltung des Managements und des Personalwesens.

Dabei liegt das Problem auf der Hand: Ein schlechtes Führungsverhalten ist der Grund für eine hohe Mitarbeiterfluktuation – nur das Management will bzw. kann es nicht sehen, weil die Fremd- und Eigenwahrnehmung des Führungsverhaltens deutlich auseinanderfallen. So halten sich 97 % der Führungskräfte selbst für eine gute Führungskraft, aber 69 % der Mitarbeitenden hatten schon einmal in ihrem Berufsleben mindestens einmal einen schlechten Vorgesetzten. (vgl. Gallup (Hrsg.), 2017, S. 14)

Dabei wirkt eine schlechte Führung schleichend über einen längeren Zeitraum auf die Einstellung und auf die Bindung der Mitarbeitenden zum Unternehmen und setzt sich aus vielen Einzelsituationen zusammen. Somit wirkt Führung kumuliert über einen Zeitraum und stellt immer auch einen Prozess dar. (vgl. Nerdinger, 2014, S. 85)

Die Intensität der Führung ist von der Häufigkeit, der Dauer, den Nachwirkungen und den Folgen der Führungsinteraktionen abhängig, die diese Interaktionen für den Mitarbeitenden haben.

Der Führungsprozess

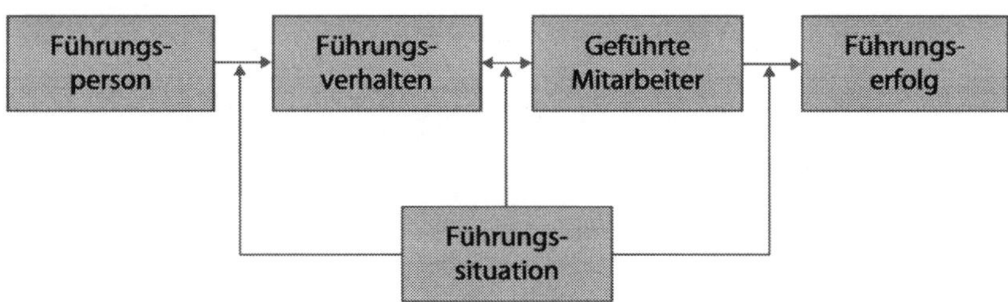

Abb. 176: Der Führungsprozess, Quelle: Nerdinger, 2014, S. 85

Wird die Führung negativ wahrgenommen, bedeutet dies für die Mitarbeitenden, dass die Sicherheits-, Sozial- und Strukturbedürfnisse nicht befriedigt werden können und dass die Selbstverwirklichung nicht vollständig verwirklicht werden kann. Dieser Mangel wird als Verlust des bisherigen Bedürfnisniveaus gewertet. Um einen weiteren Verlust zu vermeiden, wird der betroffene Mitarbeitende das Unternehmen verlassen.

Führung wird situativ und durch das Führungsverhalten in bestimmten Situationen beeinflusst. Auf dieses Führungsverhalten reagieren die Mitarbeitenden. Somit besteht ein Zusammenhang zwischen der Führungsperson, ihrem Verhalten und dem Führungserfolg.

Wie der Abbildung 172 zu entnehmen ist, liegen häufig mehrere Gründe für eine Kündigung und damit Handlungs- und Führungssituationen vor. Kommen neben einer schlechten Führung noch weitere Faktoren, wie beispielsweise ein niedriges Einkommen, ein besseres Angebot von einem anderen Arbeitgeber und/oder keine Aufstiegsmöglichkeiten, dann ist anzunehmen, dass eine schlechte Führung der ausschlagebene Faktor für den Arbeitswechsel ist.

Dies bedeutet: **Mitarbeitende kündigen schlechten Chefs – nicht ihrem Unternehmen.**

Fremd- und Eigenwahrnehmung von Führungskräften

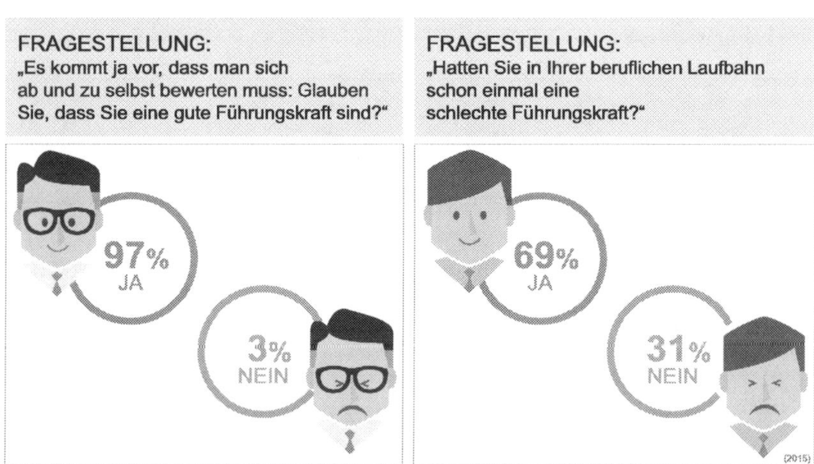

Abb. 177: Fremd- und Eigenwahrnehmung von Führungskräften, Quelle: Gallup (Hrsg.), 2017, S. 14

Basierend auf diesen Erkenntnissen lassen sich drei Instrumente ableiten, um die Mitarbeiterbindung zu erhöhen.

Praxistipp

Instrument 1: Schulung der Führungskräfte

Da 97 % der Führungskräfte von sich behaupten, sie seien gute Führungskräfte, sehen die Führungskräfte mehrheitlich keinen Bedarf bei zur Verbesserung der Führungsqualitäten. Folgerichtig haben 60 % der Führungskräfte keine Weiterbildung zur Verbesserung ihrer Führungsqualitäten genutzt. (vgl. Gallup (Hrsg.), 2017, S. 36) Immerhin haben aber 40 % der Führungskräfte eine Weiterbildung vorgenommen.

Warum aber ist dann immer noch der Anteil der Führungskräfte mit schlechten Führungseigenschaften so groß?

Weil die Veränderung von Führungsstilen ein eher mittel- bis langfristiger Prozess ist.[43]

Instrument 2: Führungskräfte befähigen

Die Führungskräfte sollen in die Lage versetzt werden, gute Führungskräfte zu sein. Kurzfristig stehen dem Unternehmen dazu folgende Instrumente zur Verfügung: „

1. Führungsqualität systematisch erfassen.
2. Instrumente bereitstellen, die Führungskräften helfen, das eigene Verhalten zu reflektieren und zu verbessern (Trainings, Coachings).
3. Führungskräfte für die Qualität ihrer Führung verantwortlich machen." (Gallup (Hrsg.), 2017, S. 36)

Langfristig stehen dem Unternehmen dazu folgende Instrumente zur Verfügung: „

4. Bei der Auswahl von Führungskräften auf entsprechende Talente Wert legen.
5. Alternative Karrierewege für Mitarbeiter ohne Führungstalent schaffen.
6. Kompetenzen im Personalbereich zur gezielten Unterstützung von Führungskräften aufbauen." (Gallup, 2017, S. 36)

[43] Siehe Praxisbeispiel 27, Seite 275

Instrument 3: Entwicklung eines agilen Unternehmens

Die Entwicklung eines agilen Unternehmens[44] kann durch einen Agil-Coach unterstützt werden. Ein Agil-Coach ist ein Experte für verschiedene agile Methoden. Dabei werden unter Berücksichtigung von psychologischen und sozialen Aspekten agile Methoden und Prozesse im Unternehmen eingeführt. Agile Methoden sind beispielsweisese Kanban, Scrum, Design thinking, Rapid Prototyping, Customer Journey, Lean Startup, Business Model Canvas und Persona. (vgl. Gallup, 2017, S. 37)

Wichtig: Agilität kann nicht angeordnet werden, wohl aber können den Mitarbeitenden agile Instrumente zur Verfügung gestellt werden. Durch die zur Verfügungstellung der agilen Instrumente kann sich eine agile Unternehmenskultur entwickeln.

Dem Personalmanagement und der Personalführung stehen heute eine Vielzahl von Instrumenten für die Personalbindung zur Verfügung. Somit müssen sich die Entscheidungsträger nicht nur für ein einzelnes Instrument entscheiden, sondern können die Instrumente sowohl flexibel und damit reaktiv nutzen, als auch agil und damit proaktiv, antizipativ und initiativ an die Gegebenheiten im Unternehmen bedarfsgerecht anpassen.

Haben aber Personalbindungsmaßnahmen auch den gewünschten nachhaltigen Einfluss auf die Mitarbeitermotivation?

Nach Herzberg gewöhnen sich Menschen mit zunehmender Wiederholungen an Ereignisse, wenn diese nicht negativ wirken. (vgl. Herzberg et al., 1959) Dazu hat Herzberg die Zwei-Faktoren-Theorie, eine Inhaltstheorie zur Arbeitsmotivation, entwickelt. (vgl. Herzberg et al., 1959, sowie Myers, 2014, S. 888)

Wenn sich aber die Mitarbeitenden an die Personalbindungsmaßnahmen gewöhnen und diese nach einer gewissen Zeit keine Bindungswirkung mehr haben, sind dann keine nachhaltigen Personalbindungsmaßnahmen möglich?

---

[44] Zu agilen Unternehmen und der Verwendung von Methoden und Verfahren siehe Kapitel 3.2.4. „Führen in einer agilen und disruptiven Umwelt".

Um diese Frage zu klären, wird die Zwei-Faktoren-Theorie näher betrachtet. Die Zwei-Faktoren-Theorie beschreibt zwei verschiedene Faktoren, die Einfluss auf die Zufriedenheit des Mitarbeitenden ausüben. Dies sind zum einen die Motivatoren, die den Arbeitnehmer zufriedener machen und ihm Anerkennung zuteilwerden lassen, zum anderen Hygienefaktoren, welche stets vorhanden sein müssen, um keine Unzufriedenheit aufkommen zu lassen.

Das Zusammenspiel dieser beiden Größen bestimmt laut der Zwei-Faktoren-Theorie maßgeblich die Arbeitsmotivation und die Zufriedenheit der Arbeitnehmer. Die Hygienefaktoren müssen gegeben sein, damit der Mitarbeitende nicht unzufrieden wird. Diese beiden Faktoren müssen also ein Gleichgewicht herstellen, das Fehlen des einen kompensiert aber nicht das Vorhandensein des anderen. (vgl. Herzberg, 1968, S. 53–62) Somit stellen die Hygienefaktoren die Rahmenbedingungen für ein motiviertes Arbeiten dar.

Die Kernaussage der Zwei-Faktoren-Theorie ist also, dass Zufriedenheit und Unzufriedenheit stets unabhängig voneinander vorhanden sein und durch verschiedene Faktoren vergrößert oder verringert werden können. (vgl. Herzberg, 1968, S. 53–62)

Wie Abbildung 178 zeigt, können die Motivatoren auch negativ wirken und zu Unzufriedenheit führen. Unabhängig davon wirken die Hygienefaktoren in einem unterschiedlich positiven Umfang und führen zur Zufriedenheit. Dies zeigt aber auch, dass sowohl die Motivatoren, als auch die Hygienefaktoren different wirken und zugleich jeden Menschen individuell beeinflussen. Dies erschwert die Anwendung der Personalbindungsmaßnahmen.

Gemäß der Zwei-Faktoren-Theorie treten mit der Zeit bei den Mitarbeitenden allerdings Gewöhnungseffekte bei den vorgenommenen Personalbindungsmaßnahmen auf. (vgl. Herzberg, 1968, S. 53–62) Dieser Gewöhnungseffekt wird auch Habituation genannt und ist eine einfache, meist unbewusste Lernform, bei der mit steigender Anzahl an Reizwiederholungen die Reaktionsbereitschaft der Menschen und damit die Mitarbeitermotivation sinkt, bis diese irgendwann ausbleibt. (vgl. Wirtz, 2021) Es tritt also ein Gewöhnungsprozess ein.

Nach welchem Zeitraum und mit welcher Einflussstärke die Habituation eintritt, ist von den beeinflussenden Variablen abhängig. Je mehr Variablen den jeweiligen Motivator und Hygienefaktor beeinflussen, desto langsamer wirkt der Gewöhnungseffekt, weil mit zunehmender Anzahl der wirtschaftlichen und sozialen Variablen die Einzelwirkung der Variablen schwächer wird als bei einer Einzelvariable. Also tritt der Gewöhnungseffekt bei mehreren Variablen langsamer ein.

Motivatoren und Hygienefaktoren nach Herzberg

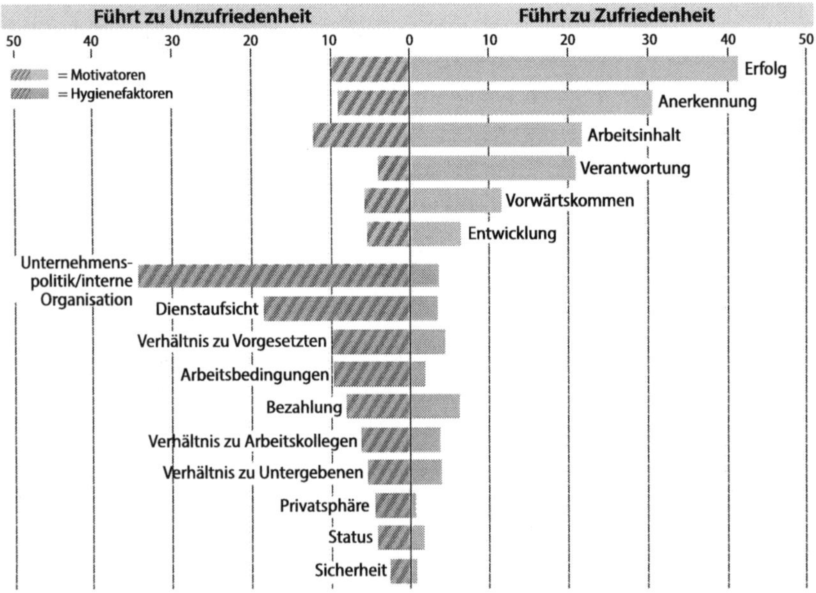

Abb. 178: Motivatoren und Hygienefaktoren nach Herzberg, Quelle: Herzberg, 2003, S. 50–62

So wirkt die Habituation bei materiellen Anreizen wie Geld stärker, als bei immateriellen und sozialen Anreizen und Belohnungen. (vgl. Herzberg, 1968, S. 53–62) Allerdings unterliegen soziale Anreize ebenfalls den gleichen sozialen Gesetzen wie materielle Anreize.

„Auch wiederholtes Lob verliert irgendwann seine Wirkung – es sei denn, es bleibt aus. Nur für die intrinsische Belohnung in Form von Spaß und Zufriedenheit mit der eigenen Arbeit gilt dies nicht." (Astheimer, 2020) Führungskräfte können daher durch die Schaffung eines optimalen Handlungsrahmens und einer modernen Führung die Zufriedenheit und Motivation der Mitarbeitenden fördern und weiterentwickeln.

Praxistipp

Wenn also bei den Personalbindungsmaßnahmen ein Gewöhnungseffekt (Habituation-Effekt) eintritt, sollte dann auf Personalbindungsmaßnahmen verzichtet werden?

Wohl nicht, vielmehr kann das Personalmanagement das Habituations-Dishabituations-Paradigma nutzen. Das Habituations-Dishabituations-Paradigma ist eigentlich aus der Kleinkindforschung bekannt und entsteht durch eine Reihe von gleichartigen Stimuli, bis die Habituation eintritt. Wird dann ein abweichender Stimulus präsentiert, kommt es zu einer Orientierungsreaktion und die Habituation wird zumindest vorübergehend unterbrochen. (vgl. Pahnke, 2007, S. 15)

Die Wirkung des Habituations-Dishabituations-Paradigmas kann auch bei Erwachsenen genutzt werden. Ziel ist es dabei, den Habituationseffekt zu reduzieren – oder noch besser, zu unterbrechen. Dabei stehen dem Personalmanagement verschiedene Instrumente zur Verfügung.

Um die Habituation weitestgehend zu vermeiden, sollte das Personalmanagement nach dem Motto: „Tue Gutes und rede darüber", über die freiwilligen finanziellen und sozialen Leistungen des Unternehmens sprechen. Die größte Wirkung wird dann erreicht, wenn diese Informationen unregelmäßig gestreut werden, weil ansonsten eine neue Habituation bezüglich der regelmäßigen Informationen über die Wohltaten entsteht.

Eine Habituation weitestgehend zu vermeiden, ist vor allem bei den freiwilligen sozialen Leistungen möglich. Dem Unternehmen steht eine Vielzahl an möglichen sozialen Leistungen zur Verfügung. Wird den Mitarbeitenden die Möglichkeit geboten, aus der Vielzahl an möglichen sozialen Leistungen sich bestimmte Leistungen herauszusuchen und diese während der Anwesenheit im Unternehmen auch beliebig wechseln zu können, kann dadurch eine Habituation weitestgehend vermieden werden. Voraussetzung ist jedoch, dass alle Auswahlmöglichkeiten den gleichen finanziellen Wert haben und die freiwilligen sozialen Leistungen einheitlich steuerbefreit sind. Anderenfalls kann es Missgunst erzeugen und es können Beschwerden wegen Ungleichbehandlung unter den Mitarbeitenden aufkommen.

Wie bereits schon ausgeführt, sinkt mit der Vielzahl der Einflussvariablen die Habituation. Daher eigenen sich besonders soziale Personalbindungsmaßnahmen und Maßnahmen, die berufliche Tätigkeit der Mitarbeiten betreffen, um eine Habituation weitestgehend zu vermeiden. So kann die Übertragung von mehr Eigenverantwortung, größere Entscheidungsspielräume, eine offene Kommunikation und Unternehmenskultur zu einer geringeren Habituation führen und die Personalbindung erhöhen. Da diese Effekte ausschließlich auf Verhaltensänderungen der Führungskräfte und der Personalführung beruhen, muss das Unternehmen für diese verbesserte Personalbindung noch nicht einmal finanzielle Mittel aufwenden (abgesehen von einer gegebenenfalls erforderlichen Schulung der Führungskräfte).

Bisher wurde die Wirksamkeit von Personalbindungsmaßnahmen besprochen. Es sollten aber auch die Reaktionen bedacht werden, wenn das Unternehmen in eine wirtschaftliche Schieflage gerät. In der Praxis werden dann häufig als erstes die freiwilligen sozialen Leistungen gekürzt, da hierbei keine vertraglichen Verpflichtungen bestehen. Den Entscheidungsträgern sollte aber bewusst sein, dass die Kürzung der freiwilligen sozialen Leistungen von den Mitarbeitenden als verdiente Leistungen wahrgenommen werden und nicht als freiwillige Leistungen. Entsprechend wird eine Kürzung der freiwilligen sozialen Leistungen von den Mitarbeitenden häufig als Bestrafung wahrgenommen und es besteht die Gefahr, dass insbesondere die Leistungsträger das Unternehmen verlassen, was gerade in einer wirtschaftlichen Schieflage für das Unternehmen fatale Folgen haben kann, weil das Unternehmen gerade in dieser Situation besonders auf Leistungsträger angewiesen ist. Daher sollten die Entscheidungsträger immer abwägen, ob der Wegfall der Kosten für die freiwilligen sozialen Leistungen das Risiko des möglichen Abgangs der Leistungsträger rechtfertigt. Um dieses Risiko möglichst gering zu halten, ist eine offene und klare Kommunikation zu empfehlen, welche im besten Fall die Wiedereinführung der entzogenen freiwilligen sozialen Leistungen nach dem Wegfall der wirtschaftlichen Schieflage zusagt. Auch dies sichert die Personalbindung, insbesondere der Leistungsträger des Unternehmens.

Anzumerken ist, dass die Zwei-Faktoren-Theorie nicht kritikfrei ist, weil:

- Die Ergebnisse einzig von der Methode der kritischen Ereignisse abhängig sind.
- In der Praxis die angenommene unikausale Wirkung von Arbeitszufriedenheit auf Arbeitsleistung sich nicht halten lässt.
- In der Praxis die angenommene strikte Trennung der Hygiene- von den Motivationsfaktoren nicht immer gegeben ist.

Selbst wenn die Zwei-Faktoren-Theorie wissenschaftlich nicht bei allen Modellvariablen exakt nachweisbar ist, so lassen sich in der Praxis dennoch Handlungsfelder und Maßnahmen der Personalbindung umsetzen. Dabei können die generellen Aussagen der Zwei-Faktoren-Theorie mit dem Modell der Bedürfnispyramide nach Maslow kombiniert werden, um die Personalbindungsmaßnahmen effizient und zielgerichtet zu priorisieren.

Praxistipp

Es kann davon ausgegangen werden, dass die finanziellen Ressourcen im Unternehmen begrenzt sind. Dies erfordert den optimalen wirtschaftlichen Einsatz der Personalbindungsmaßnahmen.

Ein optimaler wirtschaftlicher Einsatz der Personalbindungsmaßnahmen wird erreicht, wenn die Maßnahmen die stärkste Bindung realisieren. Die unterschiedlichen Bindungsgrade und deren Wirkung lassen sich durch die Malowsche Bedürfnispyramide erklären.[45]

Nach Maslow befriedigen Menschen in einer strukturellen Reihenfolge zunächst ihre Grundbedürfnisse, dann erst die Bedürfnisse nach

[45] Vgl. hierzu die Kapitel 2.2.–2.2.5.

Sicherheit, nachfolgend die Sozialbedürfnisse sowie die Strukturbedürfnisse. Empfinden Menschen bei diesen Bedürfnissen einen Mangel, dann werden sie zunächst versuchen, diese Defizite zu beseitigen, bevor die Menschen nach Selbstverwirklichung und damit nach Wachstum streben.

Um ein Optimum der Personalbindungsmaßnahmen zu erreichen, sollten daher zunächst die Defizitbedürfnisse in der Reihenfolge gemäß der Malowschen Bedürfnispyramide und erst dann die Wachstumsbedürfnisse befriedigt werden. Um dieses Optimum zu erreichen, sollten zunächst die Hygienefaktoren beseitigt werden, die die Grund-, Sicherheit-, Sozial- und Strukturbedürfnisse betreffen. Erst dann werden die Hygienefaktoren beseitigt, die die Bedürfnisse nach Selbstverwirklichung behindern. Bei den Motivatoren ist entsprechend gleich zu verfahren. Die Bedürfnisreihenfolge nach Maslow ist deshalb einzuhalten, weil die Mitarbeitenden erst dann ein weiteres Bedürfnis befriedigen wollen, wenn die vorherige Bedürfnisstufe befriedigt wurde. Würde das Unternehmen bei den Personalbindungsmaßnahmen diese Reihenfolge nicht einhalten, bleiben diese Maßnahmen wirkungslos. Um den Bedürfnisbefriedigungsgrad der Mitarbeitenden zu erfahren, kann das Personalmanagement die Mitarbeitenden direkt befragen, oder die Mitarbeitenden suchen sich die Maßnahmen aus einem Katalog selber aus.

Eine weitere Personalbindungsmaßnahme ist für ausgeglichene Arbeitsmaßnahmen zu sorgen. Damit soll verhindert werden, dass einzelne Mitarbeitende, oder ganze Gruppen möglichst nicht einer Arbeitsüberlastung, oder einer Arbeitsunterforderung ausgesetzt sind. Sicher können in der Praxis nicht Arbeitsspitzen verhindert werden, aber eine permanente Überlastung, oder Unterauslastung können ebenfalls zur Fluktuation beitragen. Um ausgeglichene Arbeitsbedingungen zu erreichen, können mit Hilfe von Produktionsplänen die Arbeitszeiten optimiert werden. Durch Produktionspläne können einerseits die Auslastung und damit die Effizienz im Unternehmen erhöht und andererseits die Arbeitsbelastungen der Mitarbeitenden harmonisiert werden. Zum Ausgleich von zeitlich unterschiedlichen Auslastungen bieten sich beispielsweise flexible Arbeitszeiten und zum Ausgleich örtlich unterschiedlicher Auslastungen bieten sich flexible Arbeitsmodelle (z. B. Homeoffice) an. Durch den optimierten Personaleinsatz profitieren sowohl das Unternehmen, als auch die Mitarbeitenden. Für das Unternehmen bedeutet ein optimierter Personaleinsatz, dass das Personal kostenoptimal eingesetzt wird und zudem eine optimierte Leistungserstellung möglich ist.

Personalbindungsmaßnahmen – Bedürfnisse – Instrumente

Personalbindungsmaßnahmen		Bedürfnisse nach Maslow	Instrumente
Entwicklung ermöglichen		Selbstverwirklichung	Personalplanung Entwicklungspotentiale aufzeigen
Arbeitsattraktivität steigern		Selbstverwirklichung	New Work (neues Arbeiten), Mitarbeiterbeteiligung
Unternehmenskultur klar kommunizieren		Strukturbedürfnis	Regelmäßige Mitarbeiter Newsletter und Teammeetings
Arbeitsklima verbessern		Strukturbedürfnis	Werte und Normen durch Management vorleben und einhalten
Anerkennungskultur etablieren		Strukturbedürfnis	Leistungsorientierte Anerkennung, Mitarbeiter des Monats
Informationswege verkürzen		Strukturbedürfnis	Teammeetings, elektronische Workflows
Mitarbeitergespräche führen		Strukturbedürfnis	Strukturierte, regelmäßige, kontinuierlichere Mitarbeitergespräche
Soziale Faktoren beachten		Sozialbedüfnis	freiwillige soziale Leistungen
Arbeitsbedingungen anpassen		Sicherheit	Arbeitszeitoptimierung, Work-Life-Balance
Gesundheit fördern		Sicherheit	betriebliches Gesundheitsprogramm, Arbeitssicherheit
Monitäre Faktoren beachten		Sicherheit	Außertarifliche Bezahlung

Abb. 179: Personalbindungsmaßnahmen – Bedürfnisse – Instrumente, Quelle: Eigene Darstellung

Bei den Mitarbeitenden ermöglichen angepasste Arbeitsbedingungen mehr Freizeit, aufgrund von wegfallenden Überstunden und einem strukturierteren Arbeitsleben, was eine ausgeglichenere Work-Life-Balance ermöglicht. Eine Work-Life-Balance ist gegeben, wenn ein Gleichgewicht zwischen dem Privatleben und Beruf besteht und beide Bereiche sich miteinander im Einklang befinden. „Work-Life-Balance wird oft in Zusammenhang mit dem Erreichen dieser Bedürfnisse und Wünsche genannt. Dabei stehen für jeden Einzelnen andere individuelle Ziele im Vordergrund.

Auch Unternehmen setzten „sich mit der Thematik der Work-Life-Balance auseinander und entwickeln Konzepte, die einerseits der Mitarbeitermotivation dienen, gleichzeitig allerdings auch das Unternehmensimage und die Wettbewerbsfähigkeit auf dem Arbeitsmarkt verbessern.

Beispiele für mögliche Benefits im Unternehmen wären:

- Flexible Arbeitszeiten,
- Flexible Arbeitsmodelle (z. B. Homeoffice),
- Gesundheitsmanagement im Betrieb (beispielsweise durch Gesundheitstage),
- Möglichkeiten bieten, sich gesund zu ernähren (z. B. Mitarbeiterküche),
- Interne Kinderbetreuung,
- Freizeitgestaltungsmöglichkeiten im Office (z. B. Aufenthaltsraum, Kicker, Tischtennisplatte),
- Betriebssport oder Vergünstigungen in Fitnessstudios." (Lingscheidt, Amtmann, 2021)

Unter den 35 OECD-Ländern, plus Russland, Brasilien und Südafrika, belegt Deutschland Platz 9 in der Statistik einer ausgeglichenen Work-Life-Balance. Platz 1 belegen die Niederlande. Am untersten Ende der Skala befindet sich die Türkei. (vgl. OECD, 2021) Für 63 % der Mitarbeitenden ist eine ausgeglichene Work-Life-Balance sehr wichtig oder wichtig. (vgl. Statista, 2021b) Durch das betriebliche Gesundheitsmanagement fördert das Unternehmen die Gesundheit der Mitarbeitenden. Das betriebliche Gesundheitsmanagement setzt sich aus den drei Bausteinen: Arbeits- und Gesundheitsschutz, betriebliches Eingliederungsmanagement und betriebliche Gesundheitsförderung zusammen.

Der Arbeitsschutz beinhaltet Maßnahmen zur Verhütung von Arbeitsunfällen und arbeitsbedingten Gesundheitsgefahren, einschließlich Maßnahmen zur gesundheitsorientierten Gestaltung des Arbeitsplatzes. Ergänzend dazu beinhaltet der Gesundheitsschutz Maßnahmen zur Prävention arbeitsbedingter Gesundheitsstörungen und Berufskrankheiten. Ziel des Gesundheitsschutzes ist es, gesundheitsgefährdende langfristige Auswirkungen auf die Gesundheit, physischer, psychischer und sozialer Art, zu verhindern. In insgesamt 16 Gesetzen und Verordnungen hat der Gesetzgeber den Arbeits- und Gesundheitsschutz geregelt.

Betriebliches Gesundheitsmanagement

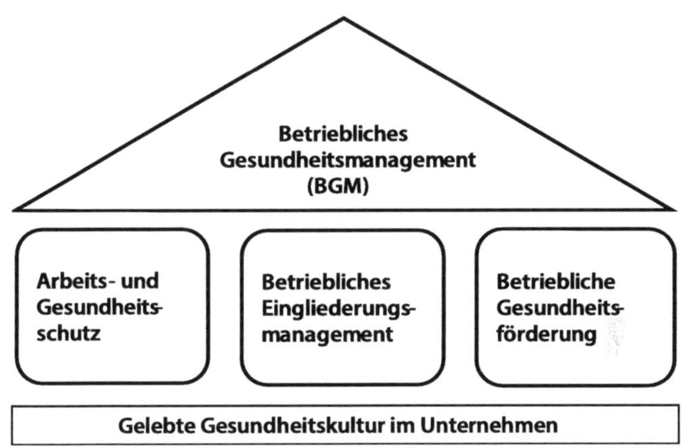

Abb. 180: Betriebliches Gesundheitsmanagement, Quelle: Eigene Darstellung

Das betriebliche Eingliederungsmanagement basiert ebenfalls auf § 167 Abs. 2 SGB IX und verpflichtet die Unternehmen, die Beschäftigungsfähigkeit der gesundheitlich beeinträchtigten Mitarbeitenden zu sichern.

Dagegen ist die betriebliche Gesundheitsförderung freiwillig. „Die betriebliche Gesundheitsförderung (BGF) stellt Maßnahmen zur Förderung der Gesundheit der Mitarbeitenden dar. Studien belegen die Vorteilhaftigkeit der betrieblichen Gesundheitsförderung. Dabei ist zwischen der Verhaltens- und der Verhältnisprävention zu unterscheiden. Die Verhaltensebene betrifft Maßnahmen, die das Gesundheitsverhalten der Mitarbeitenden beeinflussen sollen, wie etwa Vorträge und Workshops zu gesunder Ernährung, Rückenschulkurse oder Maßnahmen zur Teambildung. Die Verhältnisebene hingegen beschreibt das Arbeitsumfeld und die Arbeitsbedingungen.

Unternehmen, die ein nachhaltiges BGM implementieren möchten, sollten demnach Wert auf eine Optimierung der Verhaltensweisen der Mitarbeitenden legen, aber auch die Arbeitsverhältnisse bestmöglich gestalten." (Meyer, 2021)

Vorteilhaftigkeit der betrieblichen Gesundheitsförderung

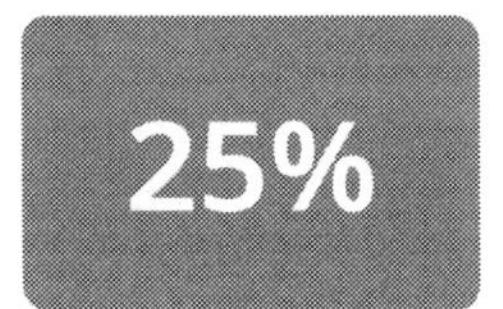

25 %der Probanden konnten sich an aktiven Tagen besser und länger auf ihre Arbeit konzentrieren

41% der Probanden fühlten sich an aktiven Tagen motivierter, als an Tagen, an denen sie nicht aktiv waren

Abb. 181: Vorteilhaftigkeit der betrieblichen Gesundheitsförderung, Quelle: Ilgner, 2021

Dem Personalwesen stehen verschiedene Handlungsebenen beim betrieblichen Gesundheitswesen zur Verfügung.

Handlungsebenen des betrieblichen Gesundheitswesens		
Räumliches Arbeitsumfeld	Abbau von Belastungen ↓	Aufbau von betrieblichen Energien und Ressourcen ↑
Soziales Umfeld		
Aufbau- und Ablauforganisation		
Persönliche Faktoren		

Abb. 182: Handlungsebenen des betrieblichen Gesundheitswesens, Quelle: Eigene Darstellung

Sowohl für das Unternehmen als auch für die Mitarbeitenden ergeben sich Vorteile durch die betriebliche Gesundheitsförderung. Es kann daher von einer Win-win-Situation gesprochen werden. Das Unternehmen kann mit einer Investitionsrechnung die Vorteilhaftigkeit der Investition in freiwillige soziale Leistungen berechnen, indem die Kosten der freiwilligen sozialen Leistungen, den Vorteilen durch die

- Höhere Motivation der Mitarbeitenden,
- Kostenreduzierungen durch geringere Krankheitsfälle und
- Leistungssteigerungen

gegenüber gestellt werden, um die Amortisation zu berechnen.

Vorteile des betrieblichen Gesundheitswesens

Vorteile Arbeitgeber	Vorteile Arbeitnehmer
Steigerung der Motivation durch Identifikation mit dem Arbeitgeber	Verbesserung der eigenen Gesundheit
Stärkung der Arbeitgebermarke und Wettbewerbsfähigkeit	Erleichterter Zugang zu Gesundheitschecks
Kostenreduzierung durch geringere Krankheitsfälle	Verbesserung der gesundheitlichen Bedingungen im Arbeitsalltag
Förderung der Arbeitsqualität	Verringerung gesundheitlicher Risiken
Stärkung des Teamgeists durch Gruppenaktivitäten	Steigerung der Lebensqualität
Stärkung der Unternehmenskultur	Verringerung bzw. besserer Umgang mit Belastungen
Unterstützung der Leistungsfähigkeit der Mitarbeitenden	Steigerung der Arbeitszufriedenheit und Motivation
Gestärkte Mitarbeiterbindung	Gefühl der Wertschätzung seitens des Arbeitgebers

Abb. 183: Vorteile des BGM, Quelle: Eigene Darstellung

Weitere Personalbindungsmaßnahmen sind freiwillige soziale Leistungen. Unter freiwilligen sozialen Leistungen sind Geld- oder Sachleistungen zu verstehen, die ein Arbeitgeber seinen Mitarbeitenden zuwendet, ohne hierzu vertraglich, gesetzlich oder anderweitig verpflichtet zu sein. Freiwillige soziale Leistungen können steuerfrei oder steuerpflichtig sein. Die Steuerfreiheit von freiwilligen sozialen Leistungen sind in §§ 3, 3b, 19 Abs. 1 Nr. 1a EstG geregelt:

- Aufwendungen für betriebliche Altersversorgung (Direktversicherung, Direktzusage, Pensionsfonds, Pensionskasse und Unterstützungskasse).
- Förderung der Vermögensbildung (Vermögenswirksame Leistungen).
- Rehabilitation und Gesundheitspflege durch kostenlose ärztliche Beratungen und Behandlungen.
- Krankengeldzuschüsse.
- Einrichtungen zur Verbilligung der Lebenshaltung. Hierzu können zählen: Essen in der Werkskantine, der Zuschuss zu Mahlzeiten, Arbeitskleidung, Werkswohnung, Zuschüsse für die Unterkunft am Arbeitsort (Sachbezüge) und Fahrtkostenersatz.
- Unterbringung nicht schulpflichtiger Kinder im Betriebskindergarten.
- Bildung und Freizeitgestaltung: Studienbeihilfe, Lehrgänge für Fort- und Weiterbildung, Fachliteratur für den Beruf, Betriebsausflüge, Bildungsurlaub usw.
- Ehrung und Anerkennung für Mitarbeitende in Form von Jubiläums- oder Hochzeitsgeschenken, Betreuung von Mitarbeitenden im Ruhestand (Abende für Rentner), Weihnachtsgratifikationen etc.
- Heirats- und Geburtsbeihilfen.
- Sachzuwendungen bis zu 60 € brutto, die der Arbeitnehmer anlässlich eines persönlichen Ereignisses erhält, gelten als Aufmerksamkeiten und stellen damit keinen Arbeitslohn dar.
- Diensthandy, auch zur privaten Nutzung.
- Jobticket für Fahrten zwischen Wohnung und erster Tätigkeitsstätte als Sachbezug in der Form einer Monatsfahrkarte, wobei die Privatnutzung im Nahverkehr steuerfrei möglich ist.

- Betriebsveranstaltungen, soweit solche Zuwendungen den Betrag von 110 € je Betriebsveranstaltung sowie je teilnehmendem Arbeitnehmer nicht übersteigen und wenn die Teilnahme an der Betriebsveranstaltung allen Angehörigen des Unternehmens oder eines Unternehmensteils offensteht.

Somit kann der Arbeitgeber freiwillige soziale Leistungen erbringen, ohne dass der Arbeitnehmer dafür steuerlich belastet wird. Die Wirkung der freiwilligen sozialen Maßnahmen kann also direkter und intensiver auf die Mitarbeitenden ausgeübt werden, als wenn sich monatlich die steuerliche Belastung auf der Lohn- oder Gehaltsabrechnung wiederfindet.

Die freiwilligen sozialen Leistungen können in Betriebsvereinbarungen geregelt werden. Dabei können auch mehrere freiwillige soziale Leistungen in einer einzelnen Betriebsvereinbarung zusammengefasst oder in mehreren Betriebsvereinbarungen geregelt werden.

Das optimale Mitarbeitergespräch

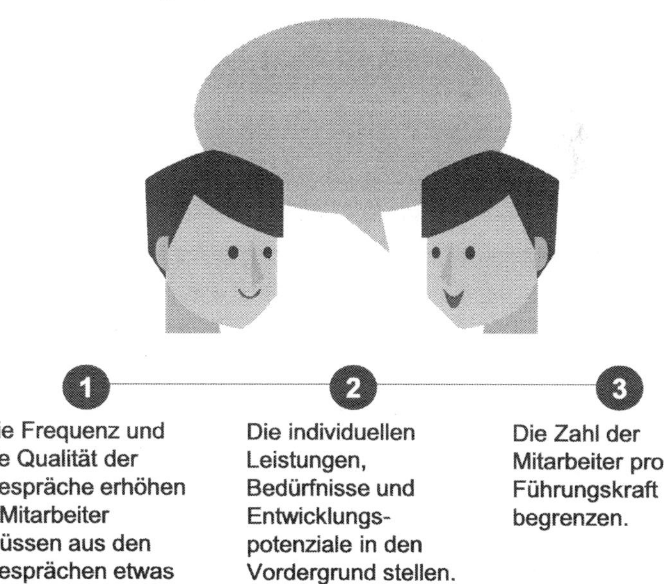

Abb. 184: Das optimale Mitarbeitergespräch, Quelle: Gallup (Hrsg.), 2017, S. 36

Der Vorteil einer einzelnen Betriebsvereinbarung liegt in der einfachen und einheitlichen Regelung. Für voneinander unabhängige Betriebsvereinbarungen spricht die höhere Flexibilität, weil bei einer Änderung oder Kürzung einzelner freiwilliger sozialer Leistungen diese Änderungen einfach vereinbart werden können, ohne gleich die gesamte Betriebsvereinbarung zu hinterfragen.

Strukturierte, regelmäßige, kontinuierlichere Mitarbeitergespräche befriedigen die Strukturbedürfnisse der Mitarbeitenden und ermöglichen eine Orientierung. Daher sind Mitarbeitergespräche ein Instrument der Personalbindung.

Als Handlungsempfehlung kann ein kontinuierlicher Prozess empfohlen werden, bei dem das Mitarbeitergespräch strukturiert durchgeführt wird, um die individuellen Leistungen und das Leistungspotential zu ermitteln und die Bedürfnisse des Mitarbeitenden zu ermitteln.

Damit sich eine Führungskraft auch wirklich auf die Mitarbeitenden konzentrieren kann, ist die ideale Führungsspanne zu finden. Die Führungsspanne gibt an, wie viele Mitarbeitende eine Führungskraft als Instanz direkt und hierarchisch führt. Eine optimale Führungsspanne ist abhängig von der Unternehmensstruktur und den Mitarbeitenden und der jeweiligen Führungskraft. Daher ist eine Führungsspanne eine individuelle Größe, weil die Führungsspanne beeinflusst wird von der:

- Komplexität und Verschiedenartigkeit der Aufgaben,
- Qualifikation der Führungskraft,
- Qualifikation der Mitarbeitenden,
- Belastung durch andere Aufgaben,
- Koordination der unterstellten Beschäftigen,
- Entlastung durch Stabsstellen,
- Entwicklung der Abteilung und des Unternehmens.

Führungsspannen werden nach ihrer Größe unterschieden. Dabei ist die Unterscheidung aufgrund der individuellen Gegebenheiten bei der Führungsspanne sehr simpel: Groß und Klein. Bei einer großen Führungsspanne führt eine Führungskraft eine Vielzahl von Mitarbeitenden. Die Führungsspanne sinkt, wenn eine Führungsebene zwischengeschaltet ist. Damit schrumpft die Führungsspanne der oberen Führungskraft auf die zu führenden Führungskräfte der unteren Führungsebene.

Große und kleine Führungspannen

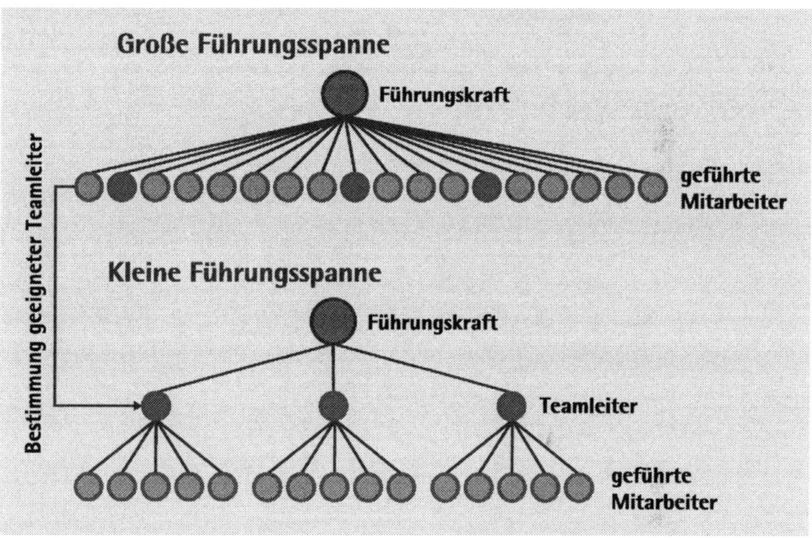

Abb. 185: Große und kleine Führungspannen, Quelle: Weber, 2016, S. 1

Je nach Land schwanken die durchschnittlichen Führungsspannen in den Unternehmen. „Der niedrigste Wert bei den deutschen Firmen beträgt der Studie zufolge 17,6, in den USA liegt der höchste Wert bei 13. Für die Studie untersuchten die Wissenschaftler Unternehmen, die mindestens 50 Beschäftigte haben und mit vergleichbaren Technologien arbeiten.

Die Daten interpretieren sie so: In „liberalen Marktwirtschaften" wie in den USA „fehle es an Mechanismen zur Gewährleistung von adäquater Qualifikation, Mitarbeiterbindung und Vertrauensbildung", heißt es in einer Mitteilung der Hans-Böckler-Stiftung. Daher seien die Firmen gezwungen, in erster Linie auf Hierarchie und Regeln und damit auf eine enge Kontrollspanne zu setzen." (Teuber, Backes-Gellner, Ryan, 2017, S. 1)

Auch an dieser Stelle wird der Vorteil einer strukturierten und systematischen Ausbildung deutlich, da dadurch zumindest die erreichten Mindestqualifikationen bekannt sind und die Führungstätigkeiten in der Praxis erleichtern.

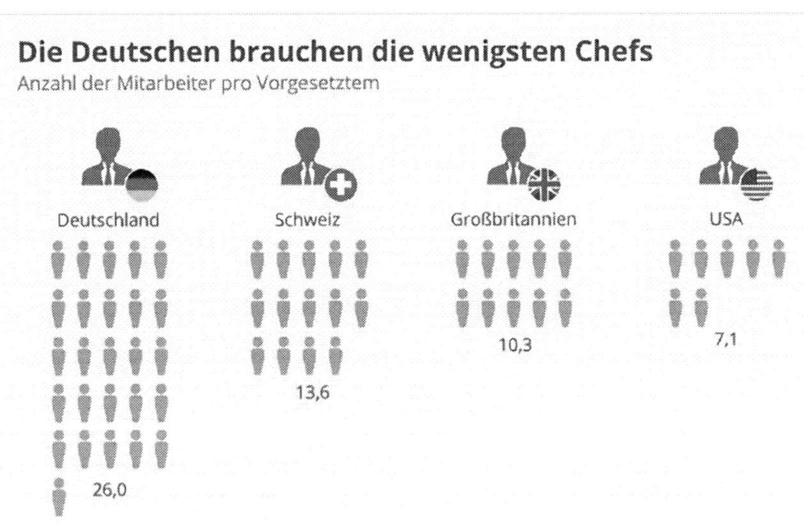

Abb. 186: Führungsspanne Deutschland, Schweiz, Großbritannien, USA, Quelle: Teuber et al., 2017, S. 1

An dieser Stelle stellt sich die Frage nach der optimalen Führungspanne einer Führungskraft. Die Führungsspanne gibt an, wie viele Mitarbeitenden eine Führungskraft direkt und hierarchisch führt. Wie der Begriff Führungsspanne deutlich macht geht es hierbei auch weniger um Kontrolle und Überwachung als vielmehr um das bewusste Führen von Mitarbeitenden. Dies ist gerade in Zeiten von agilem Arbeiten und New Work von zunehmender Bedeutung. Es gibt eine Vielzahl von Variablen, die einen Einfluss auf die Effizienz der Führungsspanne haben. Diese Vielzahl an

Variablen ist beispielsweise abhängig von der Führungskraft selbst, wird beeinflusst von den gewählten und genutzten Führungs- und Kommunikationsmethoden, ist abhängig von dem Anteil der geleisteten Facharbeit der Führungskraft und reicht bis zum Einfluss der Unternehmenskultur.[46]

Da die Führungsspanne keine in Stein gemeißelte Zahl ist und auch nicht schablonenhaft über ein Unternehmen, oder eine Organisation gestülpt werden kann, muss bzw. kann die Führungsspanne von Instanz zu Instanz variieren, da jede Leitungsposition sehr unterschiedlichen Aufgaben ausführt und betreut. Für das Personalwesen ergibt sich daraus die essenzielle Aufgabe, die optimale Führungsspanne zu ermitteln. Dabei ist zu beachten, dass eine zu große, oder eine zu kleine Leitungsspanne negative Auswirkungen auf die Leistungsfähigkeit nicht nur einzelner Abteilungen, sondern auch auf das ganze Unternehmen haben kann.

Bei kleinen Führungsspannen können die Führungskräfte eine intensive und engmaschige Führung gestalten, weil die unterstellen Teams klein sind. Gegenüber einem großen Team benötigen Führungskräfte aber weniger Zeit. Dadurch bleibt den Führungskräften häufig noch Zeit für Fachtätigkeiten.

Nachteilig an einer kleinen Leitungsspanne kann die Tendenz zum Mikromanagement sein. Beim Mikromanagement übt eine Führungskraft übertriebene Detailorientierung und Kontrollen aus, so dass die Mitarbeitenden sich schnell von der Führungskraft kontrolliert und fremdbestimmt fühlen. In der Folge können die Eigenverantwortung und Motivation der Mitarbeitenden sinken. Im Extremfall kündigen Mitarbeitende. Dabei ist die faktische Kündigung noch der bessere Weg. Schlechter ist es, wenn die Mitarbeitenden nur innerlich kündigen, also nur noch Dienst nach Vorschrift erledigen und das vorhandene Potenzial und Talent nicht mehr zeigen. Häufig ist die Tendenz zum Mikromanagement ein schleichender Prozess, der wie folgt verlaufen kann:

---

[46] Dies ist nur eine grobe Auswahl, die sich beliebig ergänzen lässt.

Abb. 187: Abwärtsspirale Mikromanagement, Quelle: Warkentin, 2021

Die Nachteile einer großen Führungsspanne liegen in der Führungszeit, weil die Führungskräfte dann einen Großteil der Arbeitszeit in die Führung der hierarchisch unterstellen Mitarbeitenden investieren. Dadurch verbleibt weniger Zeit für die eigene fachliche Arbeit. Folge: Die Produktivität leidet und der Zeitdruck steigt. Von Vorteil ist, dass die Mitarbeitenden eine relativ hohe Selbstständigkeit erleben, die sich positiv auf die eigene Leistung auswirkt. Aber: Was ist denn nun die optimale Führungsspanne?

Wird die Führungsspanne in ein Verhältnis zur Mitarbeitermotivation gesetzt, ergibt sich folgendes Bild (Abb. 188).

Wie aus der obigen Abbildung deutlich wird, kann keine eindeutige Aussage zum Verhältnis Führungsspanne zu Mitarbeitermotivation getroffen werden. Vielmehr kann davon ausgegangen werden, dass eine optimale Führungsspanne in der Praxis innerhalb einer Spannbreite optimal ist. Nach einer Meta-Studie von Dörich et al. schwanken die jeweils empfohlenen Führungsspannen ebenfalls stark (1:6–1:15), bewegen sich aber mehrheitlich bei Verhältnissen von 1:5 bis 1:12. (Vgl. Dörich, 2016, S. 34–36) In der Praxis sind daher immer wieder abweichende Führungsspannen vorzufinden, die

Verhältnis Führungsspanne zu Mitarbeitermotivation

Land	Anteil hoch engagierter Mitarbeitende	Führungsspanne 2017
Deutschland	15 %	26,0
Großbritannien	11 %	10,3
USA	33 %	7,1
Schweiz	13 %	13,6

Abb. 188: Führungsspanne und Mitarbeitermotivation, Quelle: Teuber et al., 2017, S. 1, Gallup, 2017a, S. 81, 198

seitens der Eigentümer oder Geschäftsführung unter den gegebenen Bedingungen als optimal gewertet werden.

Einen nachhaltigen Einfluss auf die Personalbindung haben auch die Informations- und Kommunikationswege. Die Verkürzung der Informations- und Kommunikationswege dient der Befriedigung der Strukturbedürfnisse der Mitarbeitenden, weil durch Informationen über das Unternehmen und zu den Arbeitsprozessen die Mitarbeitenden intensiver an den Prozessen beteiligt werden. Die Informationswege werden durch Teammeetings und elektronische Workflows verkürzt. Durch elektronische Workflows werden Geschäftsprozesse IT-gestützt digitalisiert und automatisiert, indem die erforderlichen Arbeitsschritte für einen Geschäftsprozess in einem digitalen Ablaufplan definiert und umgesetzt werden.

Die Etablierung einer Anerkennungskultur hat das Potential einer nachhaltigen Personalbindung, weil der Hygienefaktor Anerkennung[47] bedient wird und aufgrund der vielfältigen Einflussfaktoren und Situationen eine Habituation nicht zu erwarten ist. Dabei werden ebenfalls die Strukturbedürfnisse der Mitarbeitenden befriedigt, da durch die Anerkennungen die Mitarbeitenden Rückbestätigungen und damit Anerkennung erhalten. Durch die Bestätigungen werden die Mitarbeiter weiter motiviert die Arbeitsprozesse kontinuierlich

[47] Nach Herzberg ist der Hygienefaktor Anerkennung mit 31 % ein bedeutender Hygienefaktor (siehe Abbildung 175).

zu verbessern. Als Instrumente können eine kontinuierliche leistungsorientierte Anerkennung und die Auszeichnung des Mitarbeitenden des Monats verwendet werden.

Ein weiteres nachhaltiges Personalbindungsinstrument ist die Verbesserung des Arbeitsklimas. Auch die Verbesserung des Arbeitsklimas beruht auf vielfältigen Einflussfaktoren und Situationen. Deswegen ist eine Habituation nicht zu erwarten. Die Verbesserung des Arbeitsklimas kann durch das Vorleben und durch das Einhalten der Werte und Normen seitens des Managements umgesetzt werden. Mit der Verbesserung des Arbeitsklimas werden die Struktur- und Selbstverwirklichungsbedürfnisse der Mitarbeitenden befriedigt.

Wird die Unternehmenskultur klar kommuniziert, so werden die bedeutenden Hygienefaktoren Arbeitsinhalt und Vorwärtskommen bedient. Eine klar kommunizierte Unternehmenskultur befriedigt daher die Strukturbedürfnisse der Mitarbeitenden. Durch regelmäßige Mitarbeiter-Newsletter und Teammeetings kann die Unternehmenskultur klar kommuniziert werden.

Ein weiteres Instrument der Personalbindung ist die Steigerung der Arbeitsattraktivität. Durch die Steigerung der Arbeitsattraktivität wird die Selbstverwirklichung der Mitarbeitenden ermöglicht, weil die Maßnahmen New Work (neues Arbeiten) und Mitarbeiterbeteiligung den Mitarbeitenden die beruflichen Weiterentwicklungen ermöglichen. New Work ist die Bezeichnung für ein neues Verständnis von Arbeit in Zeiten von Globalisierung und Digitalisierung. Die zentralen Werte von New Work sind Freiheit, Selbständigkeit und Teilhabe an der Gemeinschaft.

In der Literatur wird immer wieder eine Job Rotation als wichtiges Instrument gegen Habituation diskutiert. Als Vorteile werden dabei genannt:

- Abbau des Gefühls einer monotonen Arbeit,
- verstärktes Wir-Gefühl zwischen den verschiedenen Abteilungen,
- Förderung der Fähigkeiten und Kompetenzen,
- Vermeidung von Personallücken,

- besserer Umgang miteinander und verbesserte interne Kommunikation,
- Verständnis für andere Abteilungen / Fachbereiche.

Diesen Vorteilen stehen jedoch auch Nachteile gegenüber:

- Keine oder verzögerte Lernkurve, vor allem bei einer hoher Fluktuationsrate
- Sinkende Bereitschaft zur Weiterentwicklung der Tätigkeiten, wenn der Vorteil und die Anerkennung für den Mitarbeitenden durch Rotation verloren geht,
- Hoher Aufwand bei Planung und Durchführung,
- Niedrige Akzeptanz bei erfahrenen Mitarbeitenden,
- Fehlende Rotationsmöglichkeiten, vor allem bei kleinen und mittelständischen Unternehmen.

Aufgrund der schwerwiegenden Nachteile wird Job Rotation in der Praxis kaum angewendet. Dabei kann Job Rotation durchaus mit wirtschaftlichen Vorteilen eingesetzt werden, wenn Job Rotation nicht regelmäßig, sondern zielgerichtet und agil im Sinne von New Work genutzt werden. So kann beispielsweise Job Rotation eingesetzt werden, wenn zwei Mitarbeitende weiterentwickelt und die Kompetenzen und Fähigkeiten der beiden Mitarbeitenden gefördert werden sollen.

Auch in diesem Fall gilt: Job Rotation geht niemals über die Köpfe der Mitarbeitenden hinweg, weil ansonsten eine Job Rotation nicht als Weiterentwicklung empfunden wird, sondern als Bestrafung. Ermöglicht dagegen ein Unternehmen die Entwicklung der Mitarbeitenden, kann dadurch das Bedürfnis nach Selbstverwirklichung der Mitarbeitenden besser befriedigt und damit die besonders positiv wirkenden Hygienefaktoren Erfolg, Arbeitsinhalt, Verantwortung und Vorwärtskommen der Mitarbeitenden bedient werden. Daher ist die Förderung der Mitarbeiterentwicklung die bedeutendste Maßnahme zur Mitarbeiterbindung.

Als Instrumente kann dazu die Personalplanung eingesetzt werden, mit der die kurz-, mittel- und langfristigen Entwicklungspotentiale der Mitarbeitenden geplant und aufgezeigt werden. Aus den vorgenannten Gründen bevorzugen sowohl Fach- also auch Führungskräfte agile Arbeitsplatzformen. In der Praxis unterscheiden sich jedoch die angebotenen agilen Arbeitsplatzformen von den gewünschten.

Gewünschte und vorhandene agile Arbeitsplätze

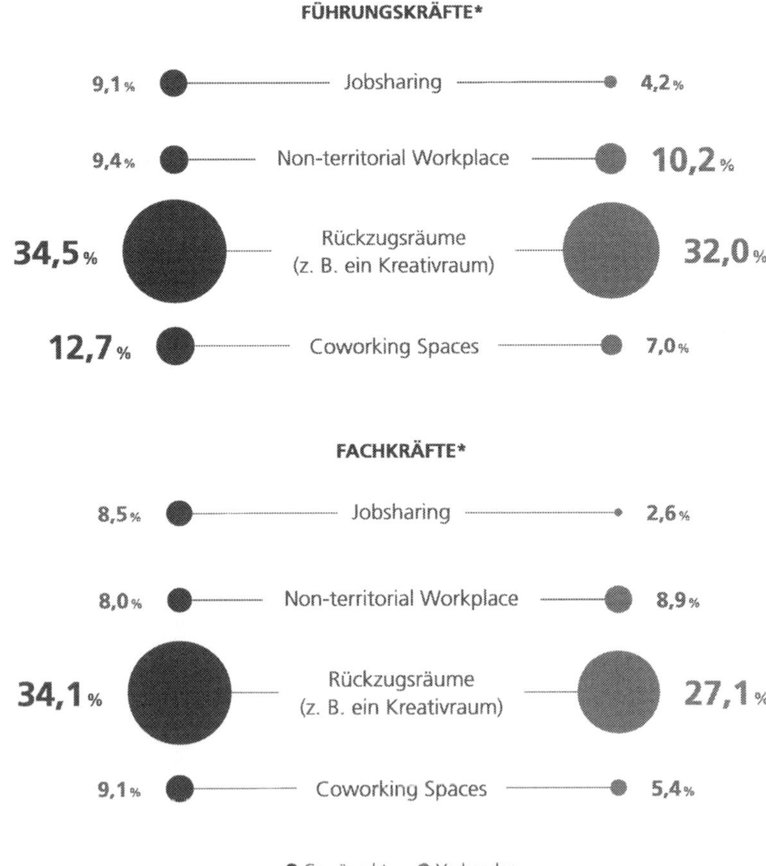

Abb. 189: Agile Arbeitsplätze, Quelle: Dettmers et al., 2020, S. 19f.

Mit der Kenntnis über die gewünschten agilen Arbeitsplatzformen können die Führungskräfte bewerten, welchen wirtschaftlichen Nutzen ein Angebot eines agilen Arbeitsplatzes hat und wie dieses Angebot wahrscheinlich angenommen wird. Je bevorzugter eine agile Form eines Arbeitsplatzes für die Mitarbeitenden ist, desto größer ist die erwartete Motivation für die Mitarbeitenden und umso größer ist der wirtschaftliche Nutzen für das Unternehmen.

6.6. Personalentwicklung

Personalentwicklung umfasst sämtliche Maßnahmen der individuellen Förderung, Qualifizierung und Weiterbildung von Mitarbeitenden auf allen Unternehmensebenen und dient dem Zweck, Kenntnisse, Fähigkeiten und Fertigkeiten, sowie die benötigten fachlichen, aber auch die sozialen, methodischen und personalen Kompetenzen der Mitarbeitenden eines Unternehmens auf- und auszubauen. Die Personalentwicklung ist mittel- bis langfristig ausgerichtet.

Wenn die Personalentwicklung auf der individuellen Ebene der Mitarbeitenden agiert, wird dies als operative Personalentwicklung bezeichnet. Dagegen umfasst die strategische Personalentwicklung „die Bedarfe und Bedürfnisse der Organisation sowie eine adäquate, berufseinführende oder -begleitende Aus- und Weiterbildung der Mitarbeitenden. Weiterhin beinhaltet sie die Ableitung geeigneter Strategien und Maßnahmen aus den Unternehmenszielen, mit der Intention der personellen Qualifizierung in Form von Förderung und Bildung. ‚Strategisch' wird Personalentwicklung, wenn sie ganzheitlich, konsequent, strukturiert, systematisch und sinnvoll im Gesamtunternehmen verankert wird. Personalentwicklung kann so zu einem strategischen Kernelement werden, die Arbeitgebermarke stärken und damit auch zu einem Wettbewerbsvorteil führen." (Kallenbach, 2021, S. 2)

Zwischen Personalplanung und Personalentwicklung besteht eine wechselseitige Beziehung. Basierend auf den erwarteten und prognostizierten externen und internen Veränderungen, kann der zukünftige Personalentwicklungsbedarf ermittelt werden. Zugleich erhält die Personalplanung Informationen, wenn und in welcher Qualität Mitarbeitenden zur Verfügung stehen. Umgekehrt zeigt die Personalplanung, welcher Personalentwicklungsbedarf sich aus der zukünftigen Leistungserstellung und der Unternehmensstrategie ergibt.

Für die Unternehmen sind Personalentwicklungsmaßnahmen Investitionen und daher werden Personalentwicklungsmaßnahmen anlassbezogen vorgenommen, mit dem Ziel, den Unternehmensertrag zu steigern. Unternehmensseitig kann zwischen externen und internen Auslösern unterschieden werden. Externe Auslöser können aus der unmittelbaren Unternehmensumwelt kommen und durch Marktentwicklungen und technische Entwicklungen ausgelöst werden sowie aus der mittelbaren Unternehmensumwelt kommen und auf Megatrends basieren.

Zwei wesentliche aktuelle Megatrends sind die Digitalisierung und Globalisierung. Wenn diese Entwicklungen und Trends mit den aktuellen Qualifikationen der Mitarbeitenden nicht erfolgreich in Chancen umgesetzt werden können, kann dies Personalentwicklungsmaßnahmen erforderlich machen. Dazu müssen jedoch die Entscheidungsträger zunächst die externen Entwicklungen und Trends wahrnehmen und dann die Unternehmensvision, die Unternehmensstrategie und das Geschäftsmodell anpassen. Durch die geänderte Vision, Strategie und aufgrund eines geänderten Geschäftsmodells können sich Personalentwicklungsmaßnahmen ergeben.

Auch seitens der Mitarbeitenden wirken externe und interne Auslöser und Motivatoren auf die Einstellung und Akzeptanz der Mitarbeitenden zu Personalentwicklungsmaßnahmen. Da die Mitarbeitenden in einer sozialen Umwelt leben, wirken die Rollen, Einstellungen, Werte und Normen der Umwelt auf die Einstellungen der Mitarbeitenden zu Personalentwicklungsmaßnahmen.

Wirtschaftliche Entwicklungen können ebenfalls einen Mitarbeitenden motivieren, Personalentwicklungsmaßnahmen durchzuführen. Individuelle wirtschaftliche und soziale Auslöser und Motivatoren bei den Mitarbeitenden können beispielsweise eine veränderte soziale Stellung oder ein Qualifikationsbedarf nach einer längeren Abwesenheit nach Krankheit oder Schwangerschaft sein.

Die Unternehmenskultur beeinflusst die Personalentwicklung insgesamt und jeden Mitarbeitenden individuell, da jeder Mitarbeitende die Unternehmenskultur unterschiedlich wahrnimmt. „Je nach Kultur im Unternehmen hat die Personalentwicklung einen anderen Stellenwert und eine andere Rolle, werden Personalentwicklungsmaßnahmen anders aufgesetzt, ist das Methodenrepertoire verschieden und nehmen die MitarbeiterInnen des Unternehmens Personalentwicklung anders wahr. Alle wahrgenommenen Vorgänge im Unternehmen werden auch im Sinne der Unternehmenskultur interpretiert und erklärt.

Führt man diesen Gedanken weiter, so ist die Unternehmenskultur ein wichtiger Einflussfaktor für die Wirkungsmöglichkeiten von Personalentwicklung, der immer auch mitbedacht werden muss." (Herget, Strobl (Hrsg.), 2018, S. 259)

Ebenso wirkt die externe Umwelt auf die erforderlichen Fachkenntnisse der Mitarbeitenden und kann das Bedürfnis nach neuem und zusätzlichem Fachwissen auslösen, um den Marktentwicklungen und den technischen Entwicklungen gerecht zu werden.

Interne Auslöser und Motivatoren können auch die Selbstverwirklichungsbedürfnisse der Mitarbeitenden sein. Die Weiterentwicklung des vorhandenen Know-hows und der Fähigkeiten kann für die Mitarbeitenden auch ein Grund sein, damit dadurch indirekt das Selbstverwirklichungsbedürfnis verfolgt und befriedigt werden kann. Die Einstellungen und Interessen der Mitarbeitenden können zur Präferenz oder zur Ablehnung bestimmter Personalentwicklungsmaßnahmen führen.

Ebenso beeinflussen die mittel- bis langfristigen Ziele der Mitarbeitenden, ob und welche Personalentwicklungsmaßnahmen gewählt werden. Nicht immer wählen Mitarbeitende Personalentwicklungsmaßnahmen, um im Unternehmen zu verblieben, sondern streben auch nach einer besseren Position außerhalb des Unternehmens, welche mithilfe der Personalentwicklungsmaßnahmen ermöglicht wird. Allerdings sollte diese, nur gelegentlich zutreffende, Möglichkeit das

Unternehmen nicht davon abhalten, Personalentwicklungsmaßnahmen durchzuführen.

Zudem kann sich das Unternehmen die vertragliche Rückzahlung der Weiterbildungskosten im Falle eines Ausscheidens des Mitarbeitenden innerhalb eines bestimmten Zeitraums zusichern lassen. Diese vertragliche Regelung ist nur für umfangreiche Weiterbildungen von Bedeutung.

Auslöser und Motivatoren bei Personalentwicklungsmaßnahmen

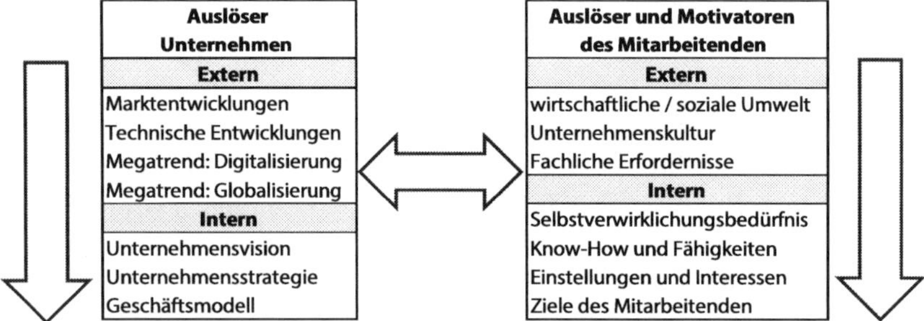

Abb. 190: Auslöser und Motivatoren bei Personalentwicklungsmaßnahmen, Quelle: Eigene Darstellung

Zusammenfassend kann festgehalten werden, dass die Auslöser von Personalentwicklungsmaßnahmen sowohl bei den Unternehmen, als auch bei den Mitarbeitenden in der externen Umwelt liegen und zu internen Veränderungen führen. Zugleich besteht ein wechselseitiger Einfluss des Unternehmens und der Mitarbeitenden durch die Unternehmenskultur und durch die eingesetzten Instrumente einerseits und durch die Fähigkeiten, Einstellungen, Interessen und Ziele der Mitarbeitenden andererseits.

Der Prozess der Personalentwicklung unterteilt sich in fünf Phasen. „Zunächst sollte der Weiterentwicklungsbedarf der Führungskräfte und Mitarbeitende identifiziert und verstanden werden. Darauf aufbauend sollten sinnvolle und stärkenfokussierte Entwicklungsziele formuliert werden, die zur Zielerfüllung des Gesamtunternehmens beitragen. Aus diesen Zielen werden Entwicklungsschritte abgeleitet, Maßnahmen aufeinander abgestimmt, Lernzeiten geplant und Bildungskosten kalkuliert, um die Lernplanung anschließend konsequent in der Praxis zu implementieren.

Ein Verhältnis von 70-20-10 in Bezug auf Erfahrungslernen während der Arbeit (70 %), Lernen nahe des Arbeitsplatzes (20 %) und Lernen außerhalb der Arbeit durch Trainings, Workshops und Seminare (10 %) können dabei einen sinnvollen Bezugsrahmen darstellen. Der Schwerpunkt der Entwicklungsarbeit sollte immer möglichst nahe an den Bedürfnissen der Teilnehmenden liegen. Am Ende des Entwicklungsprozesses steht eine Erfolgskontrolle bzw. ein kontinuierliches Monitoring der Lernfortschritte, der Effektivität und Effizienz der gewählten Maßnahmen sowie eine Kosten-Ertrags-Kontrolle." (Kallenbach, 2021, S. 6)

Praxistipp

Die beste Investition, die ein Unternehmen tätigen kann, um sich gegen unerwartete Veränderungen zu wappnen, ist die in die Mitarbeitenden. Strategische Personalentwicklung stärkt die Resilienz von Unternehmen. Allerdings fristet die Personalentwicklung in der Praxis häufig ein Stiefmütterchen-Dasein. So haben 63 % der Unternehmen kein Budget für die Personalentwicklung und es gibt in 47 % der Unternehmen keine Regelungen zu Weiterbildungen. (vgl. Schäfer, 2020, S. 13) Ein Grund könnte darin liegen, dass zwar das Personalmanagement zu 98 % einen Wettbewerbsvorteil in Personalentwicklungsmaßnahmen sieht, aber nur 60 % der Manager sehen in Entwicklungsmaßnahmen einen Wettbewerbsvorteil. (vgl. Schäfer, 2020, S. 20) Das Management entscheidet jedoch, über die Vergabe von Personalentwicklungsmaßnahmen. Zudem gehen nur 6 % der Unternehmen davon aus, dass Talente im Unternehmen existieren. (vgl. Schäfer, 2020, S. 24) Das Management traut also den Mitarbeitenden wenig zu. Es besteht also durchaus Potential im eigenen Unternehmen, zumal 68 % der neu Eingestellten einen erkennbaren Entwicklungsbedarf haben (davon 27 % einen sehr starken Bedarf). (vgl. Schäfer, 2020, S. 24) Dies deutet darauf hin, dass es auf dem Arbeitsmarkt überwiegend keine 100%tig perfekten und passenden Arbeitskräfte für das Unternehmen gibt und die vorhandenen Mitarbeitenden eine durchaus ernst zu nehmende Alternative sind, zumal diese bereits in das Unternehmen integriert sind.

Die vorgenannten Faktoren und Gründe deuten darauf hin, dass Personalentwicklungsmaßnahmen in der Praxis überwiegend diskontinuierlich umgesetzt werden. Allerdings sind kontinuierliche Entwicklungsmaßnahmen vorzuziehen. Bei kontinuierlichen Maßnahmen kann das Unternehmen kurzfristig und agil auf Veränderungen reagieren und die Mitarbeiten bleiben motiviert, da eine Habituation nicht erfolgt.

Zudem ist der Aufbau einer Talentdatenbank und eines Talent-Pools zu empfehlen, damit das Unternehmen flexibel auf veränderte Anforderungen an die Mitarbeitenden reagieren kann. Durch Marktveränderungen können sich die Anforderungen an die Fähigkeiten und an das Know-how der Mitarbeitenden ändern. Ein Talent-Pool erhöht nicht nur die Anpassungsfähigkeit des Unternehmens, sondern erhöht die Wirtschaftlichkeit aufgrund der schnelleren Wahrnehmung von Chancen.

Ein Personalentwicklungsprozess durchläuft für gewöhnlich fünf Phasen:

Personalentwicklungsprozess

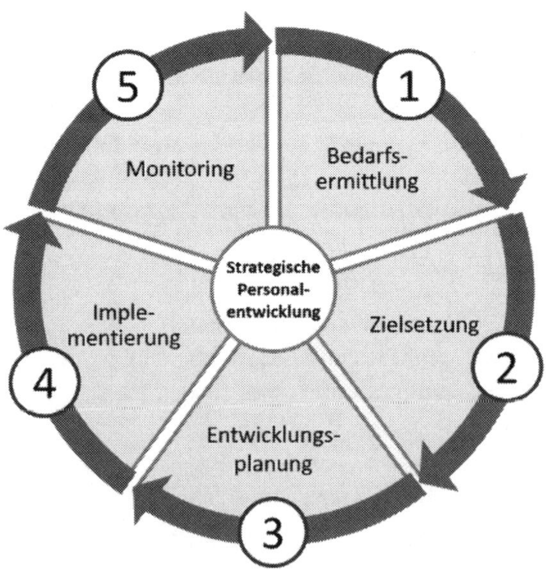

Abb. 191: Personalentwicklungsprozess, Quelle: Kallenbach, 2021, S. 6

Die Phasen des Personalentwicklungsprozesses lassen sich wie folgt beschreiben:

1. Bedarfsermittlung

In der ersten Phase wird der Bedarf ermittelt.

2. Zielsetzung

Nach der Bedarfsermittlung folgt die konkrete Zielsetzung. Die Entwicklungsziele werden formuliert und auf Praktikabilität und Wirtschaftlichkeit überprüft.

3. Planung der Personalentwicklungsmaßnahmen

Die Planung der Personalentwicklung umfasst die Dauer und den Umfang der Entwicklungsmaßnahmen, sowie die erwartete Höhe der Entwicklungskosten.

4. Umsetzung der Maßnahmen und Transfersicherung

Phase vier umfasst nun die Art und Weise, wie die Entwicklungsmaßnahmen umgesetzt werden. Die Maßnahmen, die zuvor detailliert geplant wurden, werden umgesetzt. Einschließlich der Transfersicherungsmaßnahmen. Wichtig ist auch, dass diese Entwicklungsarbeit nah an den Bedürfnissen der Mitarbeitenden stattfindet. Sollten die Maßnahmen nicht den Bedürfnissen der Mitarbeitenden entsprechen, kann dadurch der Praxistransfer infrage gestellt werden, weil die Mitarbeitenden nicht den Sinn der Maßnahme erkennen. Die Transfersicherung erfolgt durch einen möglichst zeitnahen praktischen Einsatz der Entwicklungsmaßnahmen nach der Schulung. Personalentwicklung soll Kompetenzen auf- und ausbauen und es ist zu prüfen, welche Lernfortschritte es gegeben hat und wie effektiv und effizient die gewählten Maßnahmen waren. Um den Erfolg der Entwicklungsmaßnahmen zu bewerten, sollte das Personalmanagement die Mitarbeitenden befragen und diese Auswertung hinsichtlich einer Erfolgsauswertung analysieren. Zudem kann der Return on Investment (ROI) der Personalentwicklungsmaßnahmen berechnet werden, um zu ermitteln, ob sich die Personalentwicklungsmaßnahmen rentiert haben. Auch kann die Analyse auch für eine Bewertung zukünftiger Entwicklungsmaßnahmen verwendet werden. Die Bedarfsabstimmung erfolgt zwischen dem Fachbereich und dem Personalwesen.

5. Monitoring

Einerseits sind die vorhandenen Fähigkeiten und Kenntnisse der Mitarbeitenden regelmäßig mit den Bedürfnissen des Unternehmens abzugleichen, andererseits sind den Mitarbeitenden kontinuierlich zielgerichtete Weiterbildungsangebote anzubieten, soweit dafür ein Budget vorhanden ist. Die Personalentwicklungsinstrumente können aus drei verschiedenen Sichtweisen betrachtet werden und zwar aus der

- unternehmensbezogenen,
- mitarbeiterbezogenen und
- teamfördernden Ebene[48].

Eine Potenzialanalyse ist die Erstellung eines Gesamtprofils von Mitarbeitenden hinsichtlich deren Leistungsfähigkeit. Anhand festgelegter und einheitlicher Skalen wird eine systematische Beurteilung vorgenommen, sodass die Fähigkeiten und Talente entdeckt und Personalentwicklungsmaßnahmen geplant werden können. Die Potentialanalyse umfasst die fachlichen Fähigkeiten (Methoden- und Fachkompetenzen), die sozialen Kompetenzen, sowie die Motivation und Persönlichkeitsmerkmale eines Mitarbeitenden. Um die Mitarbeiterpotenziale zu ermitteln, können Fragebögen, Befragungen und Interviews, wie beispielsweise Assessment Center, verwendet werden.

---

48 Nachfolgend wird nur auf die bereits noch nicht dargestellten Instrumente eingegangen.

Personalentwicklungsinstrumente		
Unternehmensbezogene Instrumente	**Mitarbeiterbezogene Instrumente**	**Teamfördernde Instrumente**
Zielvereinbarungssystem	Zielvereinbarung	Teambildung
Mitarbeitergespräche und -befragungen	Mitarbeiter- und Beurteilungsgespräch	Teamcoaching
Potenzialanalyse	Weiterbildung / Qualifizierung	Projektmanagement
Weiterbildungsplanung	Coaching / Mentoring	Wertanalyse
Funktions- und Stellenbeschreibung	Job Rotation	Gruppenarbeit
Talent Pool	Entlohnung mit Anreizcharakter	
Einheitliche Führungsgrundsätze, authentische Führungsinstrumente		

Abb. 192: Personalentwicklungsinstrumente, Quelle: Eigene Darstellung

6.7. Personalentlassung

Bevor das Thema Personalentlassung besprochen wird, soll an dieser Stelle für etwas Empathie geworben werden. Immer wieder ist der Begriff „Personalfreisetzung" zu lesen. Da es sich bei den Mitarbeitenden um Menschen handelt, ist der Begriff „Personalfreisetzung" zynisch, weil eine Personalentlassung, wenn diese von dem Unternehmen ausgeht und einen Mitarbeitenden häufig, im Gegensatz zur Kündigung durch den Mitarbeitenden, überraschend trifft, immer eine negative Situation darstellt. Für den Mitarbeitenden stellt die Entlassung nicht nur eine Änderung seiner zukünftigen Tätigkeiten dar, sondern hat auch einen negativen Einfluss auf sein Einkommen und damit auf sein familiäres und soziales Umfeld.

Sinngemäß bedeutet Freisetzung zum einen, dass der Mitarbeitende in die Freiheit entlassen wird, auch wenn der Mitarbeitende diese unfreiwillige Freiheit nicht wollen und zum anderen bedeutet Freisetzung sinngemäß „vor die Tür setzen", also rauswerfen. Verbunden wird damit regelmäßig von einem Fehlverhalten des Mitarbeitenden ausgegangen, auch wenn andere Gründe für eine Entlassung vorlagen.

Da eine Entlassung sowohl für das Unternehmen als auch für die Führungskräfte und die Mitarbeitenden eine unangenehme Situation ist, sollte auf die nicht empathische Formulierung „Freisetzung" verzichtet und stattdessen lieber das Wort Personalentlassung verwendet werden, um nicht noch zusätzlich Salz in die Wunde zu streuen.

Marktveränderungen, aber auch gesellschaftliche, politische und technische Veränderungen können zu Unternehmenskrisen führen und ihren Tribut in der Form von Mitarbeiterentlassungen fordern. Bei Unternehmenskrisen, aber auch bei Umstellungsprozessen müssen immer wieder Entlassungen und harte Reorganisationen vorgenommen werden, um das Überleben des Unternehmens zu sichern und um das Unternehmen zukunftsfähig aufzustellen.

Dabei wird den Mitarbeitenden nicht nur ausschließlich betriebsbedingt gekündigt; es besteht auch immer wieder die Notwendigkeit, sich von Mitarbeitenden zu trennen, die mit neuen Arbeitsweisen und Prozessen überfordert sind oder diese schlichtweg ablehnen. Bei diesen Mitarbeitenden handelt es sich häufig um die Mitarbeitenden mit einer langen Betriebszugehörigkeit und starker Vernetzung im Unternehmen.

Werden in dieser Situation Entlassungen mit harter Hand durchgezogen, Betroffene und Beteiligte nicht oder nur unzureichend informiert, hart mit der Situation konfrontiert und dann allein gelassen, kann dies nicht nur eine verheerende Wirkung auf die betroffenen Mitarbeitenden, sondern auch auf die bleibenden Mitarbeitenden und deren Identifikation und Miteinander auf die Unternehmenskultur haben. Darüber hinaus können unsensible Entlassungen auch dazu führen, dass das Unternehmen sich einen schlechten Ruf unter Arbeitssuchenden erwirbt und dann zukünftig Probleme bei der Personalbeschaffung generiert. Es gilt daher für die Entscheidungsträger im Unternehmen, nicht nur den reinen wirtschaftlichen Wert der Personalumstrukturierung zu bewerten, sondern auch die sozialen Folgen zu berücksichtigen, um weitere zukünftige negative Auswirkungen auf das Unternehmen zu vermeiden.

Aus Empathie mit den zu entlassenen Mitarbeitenden, zum Erhalt einer positiven Unternehmenskultur, sowie zur Vermeidung weiterer negativer wirtschaftlicher Folgen durch einen Motivationsverlust bei den verbleibenden Mitarbeitenden und für die zukünftige erfolgreiche Personalbeschaffung sollte eine Kündigung immer von den Führungskräften und von der Personalabteilung begleitet werden. Dabei sind sowohl die Führungskräfte als auch die Personalabteilung in der Pflicht. Die Führungskräfte haben die Aufgabe, empathisch alle Beteiligten zu informieren. Diese Informationen betreffen nicht nur den zu kündigen Mitarbeitenden und die gesetzlich notwendige Informationspflicht der Betriebsräte, sondern auch die Informationen an die weiteren Mitarbeitenden, die arbeitsseitig mit dem zu kündigenden Mitarbeitenden verbunden sind. Die Personalabteilung hat die Kündigung ebenfalls empathisch und nicht nur rein verwaltungstechnisch zu begleiten, denn auch das Verhalten der Personalabteilung beeinflusst, wie eine Kündigung von dem zu kündigenden Mitarbeitenden und den im Unternehmen verbleibenden Mitarbeitenden wahrgenommen wird.

Gemäß § 623 muss eine Kündigung immer schriftlich, auf Papier erfolgen und immer mit vollem Namen unterschrieben werden. Gibt es im Unternehmen einen Betriebsrat, so ist dieser vor einer betriebsbedingten Kündigung anzuhören, ansonsten ist eine Kündigung unwirksam.

In 2020 waren 5 % der Kündigungen aufgrund der Nichtbeachtung von Formvorschriften fehlerhaft. (vgl. Galla, 2021)

Eine ordentliche Kündigung kann nach § 622 BGB mit einer Kündigungsfrist von mindestens vier Wochen zum 15. eines Monats oder zum Monatsende erfolgen. Während der Probezeit gilt eine gesetzliche Kündigungsfrist von zwei Wochen.

Mit zunehmendem Tätigkeitszeitraum im Unternehmen steigt die gesetzliche Kündigungsfrist:

Tätigkeitszeitraum	Kündigungsfristen gemäß § 622 Abs. 2 BGB
0 bis 6 Monate (Probezeit)	2 Wochen zu jedem beliebigen Tag
7 Monate bis 2 Jahre	4 Wochen zum 15. oder zum Ende des Kalendermonats
2 Jahre	1 Monat zum Ende des Kalendermonats
5 Jahre	2 Monate zum Ende des Kalendermonats
8 Jahre	3 Monate zum Ende des Kalendermonats
10 Jahre	4 Monate zum Ende des Kalendermonats
12 Jahre	5 Monate zum Ende des Kalendermonats
15 Jahre	6 Monate zum Ende des Kalendermonats
20 Jahre	7 Monate zum Ende des Kalendermonats

Abb. 193: Kündigungsfristen gemäß § 622 Abs. 2 BGB, Quelle: Eigene Darstellung

Von den gesetzlichen Fristen kann durch Tarif- und Arbeitsvertrag abgewichen werden. In der Regel wird eine längere Kündigungsfrist nur für bestimmte Arbeitnehmer, wie beispielsweise ältere Arbeitnehmer, vereinbart. Aber: Eine derartige Vereinbarung darf aber nicht dazu führen, dass für eine Kündigung durch den Arbeitnehmer eine längere Kündigungsfrist als für eine Kündigung durch den Arbeitgeber gilt.

Für Auszubildene gelten nach § 22 Berufsbildungsgesetz (BBiG) besondere Kündigungsfristen. Innerhalb der Probezeit (1–4 Monate, je nach Ausbildungsverhältnis) können beide Parteien jederzeit fristlos kündigen. Ist die Probezeit abgelaufen, unterscheiden sich die Fristen für den Ausbilder, bzw. Arbeitgeber und den Auszubildenden:

- Der Arbeitgeber kann nur noch außerordentlich wegen eines wichtigen Grundes kündigen.
- Demgegenüber kann der Auszubildende weiterhin ordentlich mit einer Frist von 4 Wochen kündigen. Das gilt allerdings nur für die Fälle, dass er die Berufsausbildung aufgeben oder ändern möchte. Die Möglichkeit, außerordentlich fristlos zu kündigen, besteht für den Auszubildenden natürlich auch.

Darüber hinaus ist ein Arbeitnehmer nicht schutzlos einer Kündigung ausgesetzt und besondere Personengruppen genießen ebenfalls Kündigungsschutz. Geregelt wird dies im Kündigungsschutzgesetz (KSchG).

Das Arbeitsverhältnis muss länger als 6 Monate bestehen (§ 1 Abs. 1 KSchG) und da darf das Unternehmen kein Kleinunternehmen sein, damit der Kündigungsschutz greift. Ein Kleinunternehmen ist ein Unternehmen, in dem nicht mehr als 10 Arbeitnehmer beschäftigt sind, wobei die Auszubildenden nicht mitzählen. Zur Berechnung der Gesamtzahl der Arbeitnehmer in einem Unternehmen werden Leiharbeiter hinzugerechnet (Bundesarbeitsgericht BAG-Urteil vom 24.01.2013, 2 AZR 140/12). Teilzeitbeschäftigte sind für die Berechnung der Mitarbeiterzahl gemäß § 23 Abs. 1 S. 4 KSchG zu berücksichtigen:

- bis einschließlich 20 Stunden/Woche mit dem Faktor 0,50,
- bis einschließlich 30 Stunden/Woche mit dem Faktor 0,75,
- über 30 Stunden / Woche mit dem Faktor 1,0.

§ 1 Abs. 2 KSchG sieht für eine ordentliche Kündigung nur aus personen-, verhaltens-, oder betriebsbedingten Gründen vor. In der Praxis verteilten sich 2020 die Kündigungen wie folgt:

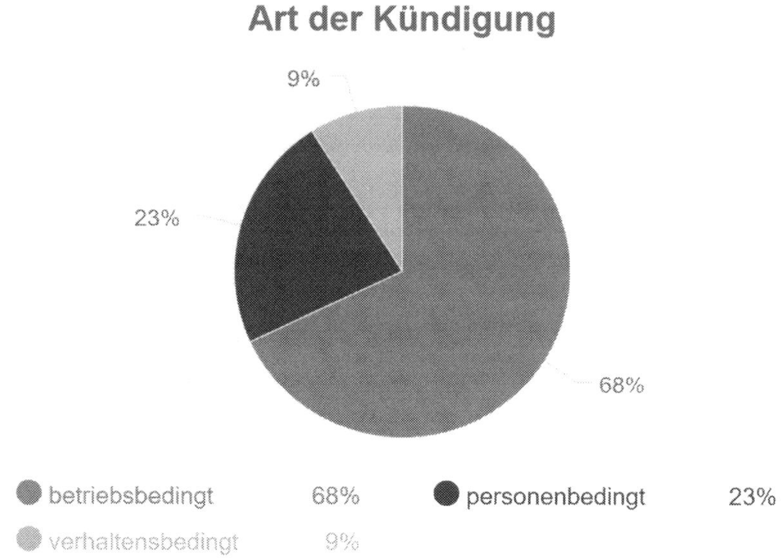

Abb. 194: Kündigungsarten in der Praxis in 2020, Quelle: Galla, 2021

Nach allgemeiner Rechtsprechung müssen die folgenden vier Voraussetzungen allesamt vorliegen, damit eine personenbedingte Kündigung wirksam ist:

- „Es muss feststehen, dass der Arbeitnehmer aufgrund seiner persönlichen Fähigkeiten und Eigenschaften künftig nicht mehr in der Lage ist, seine arbeitsvertraglichen Pflichten zu erfüllen. Diese Voraussetzung nennen die Juristen kurz „negative Prognose".
- Es muss feststehen, dass es dadurch zu einer erheblichen Beeinträchtigung der betrieblichen oder wirtschaftlichen Interessen des Arbeitgebers kommt. Diese Voraussetzung nennt man Interessenbeeinträchtigung.
- Es darf keine Weiterbeschäftigungsmöglichkeit des Arbeitnehmers auf einem anderen freien Arbeitsplatz in dem Betrieb oder dem Unternehmen geben, d. h., es darf keine andere Einsatzmöglichkeit geben, bei der sich die mangelnde Eignung des Arbeitnehmers nicht oder kaum bemerkbar machen würde.

- Schließlich muss eine Interessenabwägung vorgenommen werden. Sie muss zugunsten des Arbeitgebers ausgehen, d. h., sie muss ergeben, dass ihm bei einer umfassenden Abwägung der beiderseitigen Interessen unter Berücksichtigung der Dauer und des bisherigen Verlaufs des Arbeitsverhältnisses die oben festgestellte Beeinträchtigung seiner Interessen nicht mehr weiter zugemutet werden kann." (Hensche, 2021)

Eine personenbedingte Kündigung ist aus fachlichen, persönlichen oder gesundheitlichen Gründen möglich, wenn der Arbeitnehmer seine Arbeit nicht mehr ausführen kann.

Eine Kündigung wegen mangelnder fachlicher Qualifikation ist eine komplexe Angelegenheit. Dabei ist zu unterscheiden zwischen subjektiven und objektiven Eignungsmängeln. Subjektive Eignungsmängel basieren auf der Persönlichkeit des Mitarbeitenden und liegen vor, wenn dem Mitarbeitenden wichtige Eigenschaften fehlen, die zur Ausübung der Tätigkeit notwendig sind. Objektive Eignungsmängel sind unabhängig von der Persönlichkeit des Arbeitnehmers und liegen vor, wenn die zur Ausübung der Arbeit erforderlichen Voraussetzungen fehlen und auf einer mangelnden fachlichen Qualifikation beruhen.

Bei einer personenbedingten Kündigung liegt der Kündigungsgrund in der Person des Arbeitnehmers selbst. Sie ist dann möglich, wenn der Arbeitnehmer seine vertraglich geschuldete Arbeitsleistung nicht nur vorübergehend, sondern für eine gewisse Dauer nicht erbringen kann. Häufigster Fall der personenbedingten Kündigung ist die Kündigung wegen einer lang anhaltenden Krankheit oder häufigen Kurzerkrankungen, die zur Arbeitsunfähigkeit führt und auch in Zukunft führen wird. Im Unterschied zur verhaltensbedingten Kündigung trifft den Arbeitnehmer bei der personenbedingten Kündigung in der Regel kein Verschulden.

Vor einer personenbedingten Kündigung muss der Arbeitgeber prüfen, ob stattdessen eine Versetzung oder eine Änderungskündigung möglich ist.

Bei der verhaltensbedingten Kündigung ist der Grund für die Kündigung ein Fehlverhalten des Mitarbeitenden. Durch dieses Fehlverhalten muss eine erhebliche und schuldhafte Vertragsverletzung vorliegen. Die zumutbare Möglichkeit einer anderen, zukünftigen, zuverlässig ausschließenden Beschäftigung besteht nicht. Dabei die Lösung des Arbeitsverhältnisses in Abwägung der Interessen beider Vertragsteile billigenswert und angemessen.

Das fehlerhafte Verhalten muss dem Mitarbeitenden angezeigt werden. Dies erfolgt mittels einer Abmahnung.

„Nun ist allerdings bei weitem nicht jede Vorhaltung oder „dringende Ermahnung" des Arbeitgebers auch eine Abmahnung. Damit überhaupt eine Abmahnung vorliegt, sind nach der Rechtsprechung folgende drei Voraussetzungen erforderlich:

Erstens muss der Arbeitgeber das abgemahnte Verhalten genau beschreiben, d. h. er muss Datum und Uhrzeit des Vertragsverstoßes nennen. Pauschale Hinweise auf „häufiges Zuspätkommen" oder „mangelhafte Arbeitsleistungen" sind keine Abmahnungen.

Zweitens muss der Arbeitgeber das abgemahnte Verhalten deutlich als Vertragsverstoß rügen und den Arbeitnehmer dazu auffordern, dieses Verhalten in Zukunft zu unterlassen.

Drittens muss der Arbeitgeber klar machen, dass der Arbeitnehmer im Wiederholungsfall mit einer Kündigung rechnen muss.

Obwohl Abmahnungen in aller Regel schriftlich erteilt werden, ist dies rechtlich nicht erforderlich. Auch eine mündliche Abmahnung führt dazu, dass der Arbeitnehmer bei einem erneuten – gleichartigen – Pflichtverstoß nicht mehr einwenden kann, eine Abmahnung sei nicht erfolgt." (Hensche, 2021a)

„Die Abmahnung erfüllt im Arbeitsrecht im Wesentlichen drei Funktionen:

- Dem Arbeitnehmer soll auf diese Weise ein etwaiges Fehlverhalten deutlich gemacht werden. Aufgrund dieser Rügefunktion muss der Mitarbeitende der Abmahnung auch eindeutig den Grund der Abmahnung entnehmen können.

- Ziel der Abmahnung ist zudem, dass der Arbeitnehmer sich künftig an die Regeln hält. Man spricht von der Ermahnungsfunktion.
- Die Abmahnung erfüllt auch eine Warnfunktion: Der Arbeitgeber behält sich dadurch weitergehende Konsequenzen vor und macht dem betreffenden Mitarbeitenden deutlich, welche Folgen ein unverändertes Verhalten für ihn haben könnte.

Eine Abmahnung hat aus Sicht des Arbeitgebers meist folgenden Hintergrund: Aus verhaltensbedingten Gründen kann er – außer in einigen Ausnahmefällen – nur dann kündigen, wenn zuvor mindestens eine, regelmäßig sogar mehrere Abmahnungen wegen gleichgelagerter Pflichtverstöße ergangen sind." (Hensche, 2021a) In der Praxis haben sich daher drei Abmahnungen durchgesetzt, bevor ein Mitarbeitender gekündigt wird. Dadurch wird sichergestellt, dass hinreichend auf das erwartete, korrekte Verhalten hingewiesen (Hinweisfunktion) und vor den Konsequenzen bei weiterem Fehlverhalten gewarnt (Warnfunktion) wurde.

Hat ein Fehlverhalten eines Mitarbeitenden Verstöße und Pflichtverletzungen verursacht, ist Vorsicht geboten. „Werden in ein und derselben Abmahnung mehrere Vorwürfe gerügt und nur einer dieser Vorwürfe ist nicht zutreffend oder nicht ausreichend begründet, ist die gesamte Abmahnung unwirksam. Deshalb sollte jede Pflichtverletzung gesondert abgemahnt werden." (Kunst, 2021)

Bei einer betriebsbedingten Kündigung kann auch ein, durch das KSchG geschützter, Mitarbeitender gekündigt werden, weil eine Weiterbeschäftigung wegen dringender betrieblicher Erfordernisse unmöglich geworden ist. Eine betriebsbedingte Kündigung ist immer zu begründen.

„In der Praxis werden betriebsbedingte Kündigungen zum Beispiel bei der Schließung oder Auslagerung von Abteilungen, bei Maßnahmen der Umstrukturierung oder bei Betriebsstillegungen (etwa infolge einer Insolvenz) ausgesprochen." (Hensche, 2021b)

Voraussetzung für eine betriebsbedingte Kündigung ist, dass es keine freien Arbeitsplätze gibt. „Frei" sind Arbeitsplätze, die zum Zeitpunkt der Kündigung unbesetzt sind oder bis zum Ablauf der

Kündigungsfrist voraussichtlich zur Verfügung stehen werden. Der freie Arbeitsplatz muss weiterhin vergleichbar sein. Das ist dann der Fall, wenn der Arbeitgeber den Arbeitnehmer aufgrund seines Weisungsrechts, d. h. einseitig bzw. ohne Einverständnis des Arbeitnehmers, auf einen solchen Arbeitsplatz umsetzen kann. Wäre für eine solche Weiterbeschäftigung zuvor eine Änderung des Arbeitsvertrages erforderlich, liegt kein „freier Arbeitsplatz" vor.

Auch dann, wenn an sich kein freier Arbeitsplatz existiert, kann die Kündigung wegen einer Weiterbeschäftigungsmöglichkeit unwirksam, falls nämlich „die Weiterbeschäftigung des Arbeitnehmers nach zumutbaren Umschulungs- oder Fortbildungsmaßnahmen oder eine Weiterbeschäftigung des Arbeitnehmers unter geänderten Arbeitsbedingungen möglich ist und der Arbeitnehmer sein Einverständnis hiermit erklärt hat." (Hensche, 2021b)

Gegen eine ordentliche Kündigung kann ein Arbeitnehmer innerhalb von drei Wochen eine Kündigungsschutzklage einreichen. (§ 4 KSchG) Für den Fall, dass diese Frist versäumt wurde, besteht noch die Möglichkeit einer nachträglichen Zulassung der Klage. Dies ist aber nur der Fall, wenn der Kläger trotz Anwendung aller ihm zumutbarer Sorgfalt an der rechtzeitigen Klageerhebung gehindert war. Der Antrag auf nachträgliche Zulassung der Klage ist innerhalb von zwei Wochen nach Behebung des Hindernisses zu stellen. Dabei sind auch die Gründe für die Versäumnis der Frist vom Arbeitnehmer glaubhaft zu machen. Die Anforderungen an einen solchen Grund sind allerdings hoch. Am Arbeitsgericht besteht kein Anwaltszwang. 2019 waren Arbeitsgerichtsverfahren 426.108 anhängig. (Statistisches Bundesamt, 2019a, S. 130)

Nachdem die Klage beim Arbeitsgericht eingereicht wurde, folgt zunächst eine Güteverhandlung. Wie dem Begriff zu entnehmen ist, soll durch eine solche Verhandlung eine gütliche Einigung zwischen den beiden Parteien herbeigeführt werden.

Arbeitgeber und Arbeitnehmer können im Rahmen eines solchen Gütetermins zum Beispiel einen Vergleich schließen. Das ist laut gesetzlicher Definition ein Vertrag, durch den der Streit, oder die Ungewissheit der Parteien über ein Rechtsverhältnis im Wege des gegenseitigen Nachgebens beseitigt wird. Darin kann beispielsweise vereinbart werden, dass die Kündigung das Arbeitsverhältnis rechtswirksam beendet, der Arbeitnehmer im Gegenzug aber eine Abfindung für seinen Arbeitsplatzverlust erhält.

Kommt es in dem Gütetermin zu keiner Einigung zwischen den Parteien, wird ein Termin zur mündlichen Verhandlung im Kammertermin anberaumt. Die Kammer besteht aus dem vorsitzenden Berufsrichter und zwei ehrenamtlichen Richtern. Letztere sollen ihre Praxiserfahrungen aus Arbeitnehmer- und Arbeitgebersicht in die Entscheidungsfindung mit einfließen lassen. Auch hier wird noch einmal darauf hingewirkt, den Streit durch einen Vergleich, oder durch andere Maßnahmen gütlich zu beenden. (vgl. Kramer, Peter, 2014, S. 125–128) Gelingt dies nicht, werden im Rahmen einer Beweisaufnahme eventuell noch Zeugen vernommen, Sachverständige gehört oder Urkunden und andere Unterlagen in Augenschein genommen. Der Prozess wird durch ein Urteil beendet. (vgl. Kramer, Peter, 2014, S. 125–128)

Einen besonderen Kündigungsschutz haben insbesondere folgende Personenkreise:

- Mitglieder eines Betriebsrats und ähnlicher Arbeitnehmervertretungen (§ 15 KSchG),
- Schwangere während der Schwangerschaft (§ 17 Abs.1 und 2 Mutterschutzgesetz (MuSchG)),
- Schwerbehinderte Menschen (§ 2 Abs.2, 3 SGB IX (Sozialgesetzbuch IX)).

Mitglieder des Vertretungsorgans einer juristischen Person, also zum Beispiel der Vorstand einer Aktiengesellschaft oder der Geschäftsführer einer GmbH, sind vom allgemeinen Kündigungsschutz gemäß § 14 Abs.1 Nr.1 KSchG ausgenommen. Dies gilt auch für vertretungsberechtigte Gesellschafter einer Personengesellschaft, beispielsweise einer OHG, gemäß § 14 Abs.1 Nr.2 KSchG.

„Eine fristlose Kündigung ist eine Kündigung, die das Arbeitsverhältnis sofort beendet. Die für den Normalfall vorgeschriebene Kündigungsfrist wird bei einer fristlosen Kündigung nicht eingehalten. Das ist für die gekündigte Vertragspartei eine besondere Belastung.

Kündigungsfristen sind schließlich dazu da, dass man Zeit hat, sich auf die Beendigung des Arbeitsverhältnisses einzustellen: Der gekündigte Arbeitnehmer kann sich eine neue Stelle suchen, der gekündigte Arbeitgeber einen neuen Mitarbeitenden. Eine fristlose Kündigung ist daher keine normale bzw. ordentliche, sondern eine außerordentliche Kündigung. Sie ist nur wirksam, wenn die Voraussetzungen einer außerordentlichen Kündigung vorliegen." (Hensche, 2021c)

Die Voraussetzung für eine fristlose Kündigung sind unter folgenden Umstände gegeben:

- **Erheblicher Pflichtverstoß / dringender Verdacht:** z. B. Arbeitszeitbetrug, Verstoß gegen das Wettbewerbsverbot, anhaltende Arbeitsunfähigkeit, beharrliche Arbeitsverweigerung oder grobe Verletzung der Treuepflicht. Ein dringender Verdacht ist schon ausreichend für eine fristlose Kündigung. (Bundesarbeitsgericht, BAG-Urteil vom 25.04.2018, 2 AZR 611/17, LAG Düsseldorf, Urteil vom 28.06.2019, 6 Sa 994/18)
- **Rechtswidrigkeit und Verschulden:** z. B. Tätlichkeiten, Beleidigung gegenüber dem Arbeitgeber, Unternehmensspionage oder Straftaten. Der Pflichtverstoß muss schuldhaft, also vorsätzlich oder zu mindestens fahrlässig, begangen worden sein. (BAG, Urteil vom 28.10.2010, 2 AZR 293/09, LAG Schleswig-Holstein, Urteil v. 9.6.2011, 5 Sa 509/10)
- **Kein milderes Mittel / negative Prognose:** Es gibt kein milderes Mittel, wie z. B. eine Änderungskündigung, bei der der bisherige Arbeitsvertrag gekündigt wird und beim gleichen Arbeitgeber eine neuer Arbeitsvertrag geschlossen wird. Die fristlose Kündigung muss verhältnismäßig sein und es besteht eine negative Prognose.
- **Interessenabwägung:** Interessenbeschwerende Folgen sind: negative betriebliche, bzw. wirtschaftliche Auswirkungen, eingetretene bzw. zu erwartende Schäden, Imageverlust in der Öffentlichkeit oder Wiederholungsgefahr. Es muss jedoch eine beiderseitige Interessenabwägung erfolgen und die Frage beantwortet werden: Trägt das Unternehmen ein unverhältnismäßiges

Risiko, bzw. entsteht ein Schaden, wenn der Mitarbeitende während einer ordentlichen Kündigungsfrist im Unternehmen weiter arbeitet? (LAG Köln, Urteil v. 4.7.2019, 7 Sa 38/19, BAG, Urteil v. 27.9.2012, 2 AZR 646/11, LAG Rheinland-Pfalz, Urteil v. 24.7.2014, 5 Sa 55/14, VGH München, Urteil v. 29.2.2012, 12 C 12.264)

- **Einhaltung der Zweiwochenfrist:** Die Kündigung muss innerhalb von zwei Wochen nach dem Bekanntwerden des Kündigungsgrund es erfolgen (§ 626 Abs. 2 BGB).

Zwar stehen in der allgemeinen Diskussion über fristlose Kündigungen die Kündigungen durch den Arbeitgeber im Vordergrund, aber auch Arbeitnehmer können einen Arbeitsvertrag fristlos kündigen (§ 626 Abs. 1 BGB). Gründe für fristlose Kündigungen durch Arbeitnehmer sind beispielsweise:

- ausbleibende oder unpünktliche Bezahlung des Gehaltes (Wiederholungsfall),
- unwiederbringlicher Verlust des Vertrauens zum Arbeitgeber,
- Gesundheitsgefährdung,
- anhaltende Arbeitsunfähigkeit,
- grobe Verletzung der Pflichten des Arbeitgebers,
- verlangen einer Straftat,
- sexuelle Belästigung,
- Mobbing,
- Diskriminierung,
- aggressives Verhalten und
- Einbehaltung der Sozialabgaben.

Plant ein Unternehmen wesentliche Einschnitte, z. B. durch Entlassungen oder Umstrukturierungen, muss der Arbeitgeber einen Interessenausgleich über die geplante Betriebsänderung mit dem Betriebsrat zu vereinbaren. Im Interessenausgleich wird festgehalten, welchen Umfang genau diese geplanten Änderungen haben sollen.

Sind mehrere Arbeitnehmer von Kündigungen betroffen, so ist zunächst ein Interessenausgleich zu suchen. Ein solcher Interessenausgleich ist aber nicht zwingend erforderlich. (§ 111 BetrVG)

Anders als ein Sozialplan kann der Interessenausgleich dazu jedoch nicht erzwungen werden, denn dies würde die unternehmerische Entscheidungsfreiheit erheblich einschränken.

Dennoch kann ein unterlassener Interessenausgleich für den Arbeitgeber problematisch sein. Betroffene einer, ohne Interessenausgleich durchgeführten, Betriebsänderung können einen Nachteilsausgleich gerichtlich geltend machen. Dabei kann dieser Nachteilsausgleich auch höher ausfallen als eine normale gerichtliche Abfindung. Unterlässt der Arbeitgeber einen Interessenausgleich, trägt der Arbeitgeber also ein großes finanzielles Risiko.

An den Interessenausgleich schließt sich der Sozialplan an. Dieser kann – anders als der Interessenausgleich – durch eine Einigungsstelle vom Betriebsrat erzwungen werden. Hier wird festgelegt, wie die geplanten negativen Einschnitte für die Belegschaft sozialverträglich abgemildert werden können. Sind mehrere Arbeitnehmer von Kündigungen betroffen, ist ein Sozialplan zu erstellen. Nach § 112 Abs. 1 S. 2 BetrVG ist ein Sozialplan eine Vereinbarung zwischen Betriebsrat und Arbeitgeber über den Ausgleich oder die Milderung der wirtschaftlichen Nachteile, die den Arbeitnehmern infolge von geplanten Betriebsänderungen entstehen.

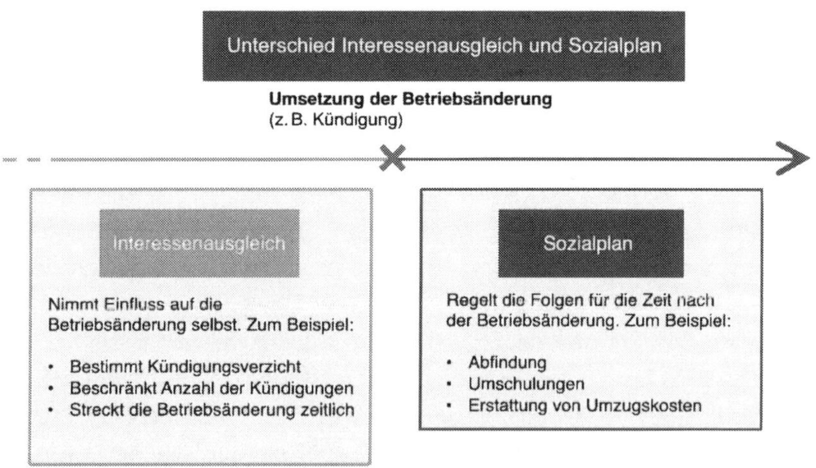

Abb. 195: Unterschied Interessenausgleich und Sozialplan, Quelle: Eigene Darstellung

Die in einem Sozialplan vorgesehenen Leistungen stellen daher eine zukunftsgerichtete Ausgleichs- und Überbrückungsfunktion dar. Bei der Entscheidung, welche Nachteile in welchem Umfang ausgeglichen oder gemindert werden sollen, sind die Betriebsparteien im Wesentlichen frei. In der Praxis werden zur Berechnungen überwiegend zwei Formeln verwendet. Die Faktorformellautet:

Abfindung Sozialplan	=	Bruttomonatsgehalt × Betriebszugehörigkeit × Alter

Abfindung Sozialplan = Bruttomonatsgehalt x Betriebszugehörigkeit x Sozialfaktor

Wobei der Sozialfaktor beispielsweise nach Familienstand, Anzahl der Kinder, Behindertengrad unterscheidet.

Bei der Divisorformel wird zusätzlich noch das Alter der Arbeitnehmer berücksichtigt:

$$\textbf{Abfindung nach Sozialplan} = \frac{\text{Bruttomonatsgehalt} \times \text{Betriebszugehörigkeit} \times \text{Alter}}{\text{Divisor}}$$

Auch bei der Divisorformel beinhaltet der Divisor soziale Faktoren.

Wenngleich diese Formeln für alle Beteiligten leicht kalkulierbar sind und nicht zuletzt deshalb die Verhandlungen mit dem Betriebsrat erleichtern, wird dabei die fehlende Überbrückungsfunktion des Sozialplans übersehen. Eine Überbrückungsfunktion wird beispielsweise dadurch erreicht, dass eine Auffanggesellschaft gebildet wird, oder die ausscheidenden Mitarbeitenden eine Weiterbildung erhalten.

Alternativ zum Sozialplan können einzelne Mitarbeitende auch einen Aufhebungsvertrag mit dem Unternehmen schließen. Ein Aufhebungsvertrag hat verschiedene Vor- und Nachteile:

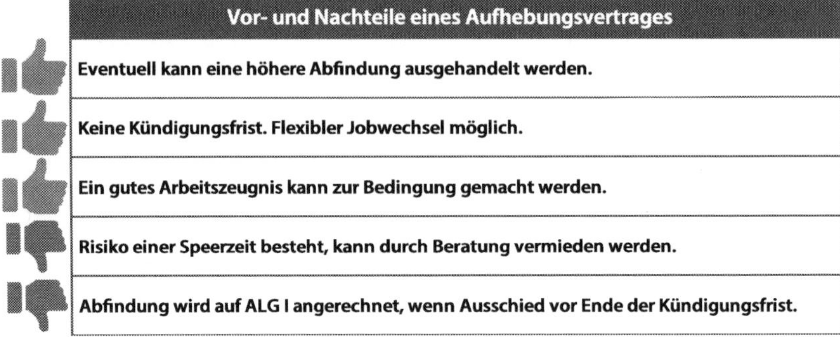

Vor- und Nachteile eines Aufhebungsvertrages
Eventuell kann eine höhere Abfindung ausgehandelt werden.
Keine Kündigungsfrist. Flexibler Jobwechsel möglich.
Ein gutes Arbeitszeugnis kann zur Bedingung gemacht werden.
Risiko einer Speerzeit besteht, kann durch Beratung vermieden werden.
Abfindung wird auf ALG I angerechnet, wenn Ausschied vor Ende der Kündigungsfrist.

Abb. 196: Vor- und Nachteile eines Aufhebungsvertrages, Quelle: Eigene Darstellung

Besteht ein Sozialplan, kann der Mitarbeitende trotzdem einen Aufhebungsvertrag abschließen. In diesem Fall wird der Mitarbeitende den Aufhebungsvertrag mit dem Sozialplan vergleichen und die bessere Alternative wählen. Ein Aufhebungsvertrag und ein Sozialplan haben jeweils die folgenden Vor- und Nachteile:

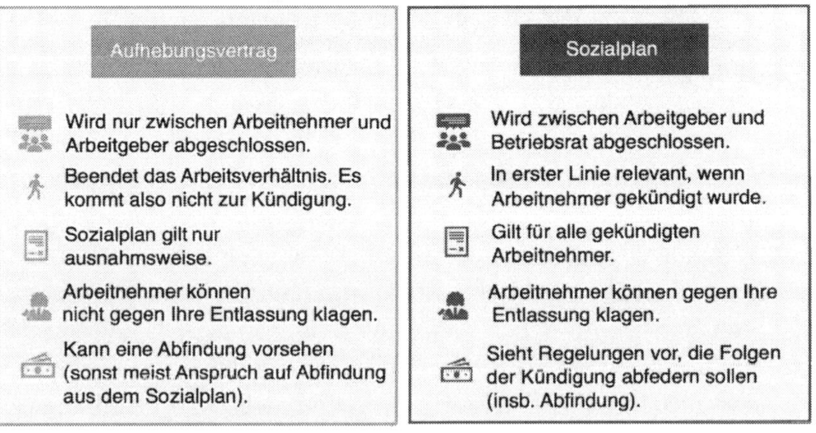

Aufhebungsvertrag	Sozialplan
Wird nur zwischen Arbeitnehmer und Arbeitgeber abgeschlossen.	Wird zwischen Arbeitgeber und Betriebsrat abgeschlossen.
Beendet das Arbeitsverhältnis. Es kommt also nicht zur Kündigung.	In erster Linie relevant, wenn Arbeitnehmer gekündigt wurde.
Sozialplan gilt nur ausnahmsweise.	Gilt für alle gekündigten Arbeitnehmer.
Arbeitnehmer können nicht gegen Ihre Entlassung klagen.	Arbeitnehmer können gegen Ihre Entlassung klagen.
Kann eine Abfindung vorsehen (sonst meist Anspruch auf Abfindung aus dem Sozialplan).	Sieht Regelungen vor, die Folgen der Kündigung abfedern sollen (insb. Abfindung).

Abb. 197: Aufhebungsvertrag vs. Sozialplan, Quelle: Eigene Darstellung

Bisher wurden die Voraussetzungen für Kündigungen besprochen. Was ist jedoch bei einer unberechtigten Kündigung zu beachten?

Wurde das Kündigungsschutzgesetz nicht beachtet, oder ist der Kündigungsgrund nicht ausreichend, bzw. nicht richtig begründet, ist die Kündigung unberechtigt. In 2020 waren 7 % der Kündigungen nicht berechtigt. (vgl. Galla, 2021) Bei einer unberechtigten ordentlichen Kündigung hat der Mitarbeitende das Recht auf eine Abfindung. Zusätzlich haben Mitarbeitende bei einer unberechtigten fristlosen Kündigung das Recht auf Schadenersatz.

Grundsätzlich haben Arbeitnehmer bei einer unberechtigten Kündigung auch das Recht auf die Wiedereinsetzung des Arbeitsverhältnisses. Deshalb werden diese Klagen Kündigungsschutzklagen genannt. Eine Kündigungsschutzklage ist innerhalb bestimmter Fristen einzureichen.

„Auf der einen Seite gilt hier § 4 Kündigungsschutzgesetz (KSchG), wonach eine Arbeitgeberkündigung binnen drei Wochen mit einer Kündigungsschutzklage angegriffen werden muss, da ansonsten ihre Wirksamkeit endgültig feststeht (§ 7 KSchG). Auf der anderen Seite ist in der Rechtsprechung anerkannt, dass die kurze Dreiwochenfrist für die Erhebung einer Kündigungsschutzklage nicht gilt, wenn der Arbeitnehmer „nur" auf die ihm zustehende, längere Kündigungsfrist bzw. auf Bezahlung bis dahin besteht. Dann kann er auch noch nach Ablauf der Dreiwochenfrist klagen – in der Praxis meist auf Lohnzahlung."[49] (Hensche, 2021d) Zwar haben die gekündigten Arbeitnehmer regelmäßig auch das Recht auf die Wiedereinsetzung des Arbeitsverhältnisses, jedoch sehen die Arbeitsgerichte in der Praxis das Arbeitsverhältnis als so zerrüttet an, dass es beendet wird und der gekündigte Arbeitnehmer nur eine Abfindung erhält.

Nach § 10 KSchG ist die Höhe einer Abfindungszahlung geregelt. Diese Höchstgrenzen sind folgendermaßen gestaffelt:

- Ein Mitarbeitender unter 50 Jahren erhält bei einer Betriebszugehörigkeit von weniger als 15 Jahren bis zu 12 Monatseinkünfte.
- Nach dem 50. Lebensjahr und ab einer Betriebszugehörigkeit von 15 Jahren erhält der Mitarbeitende bis zu 15 Monatsgehälter in Form einer Abfindung.

[49] Vgl. Bundesarbeitsgericht, Urteil vom 22.07.2010, 6 AZR 480/09

- Arbeitnehmer ab dem 55. Lebensjahr mit einer Betriebszugehörigkeit von mindestens 20 Jahren erhalten höchstens 18 Monatsgehälter in Form einer Abfindung.

Abfindungshöhen in 2020

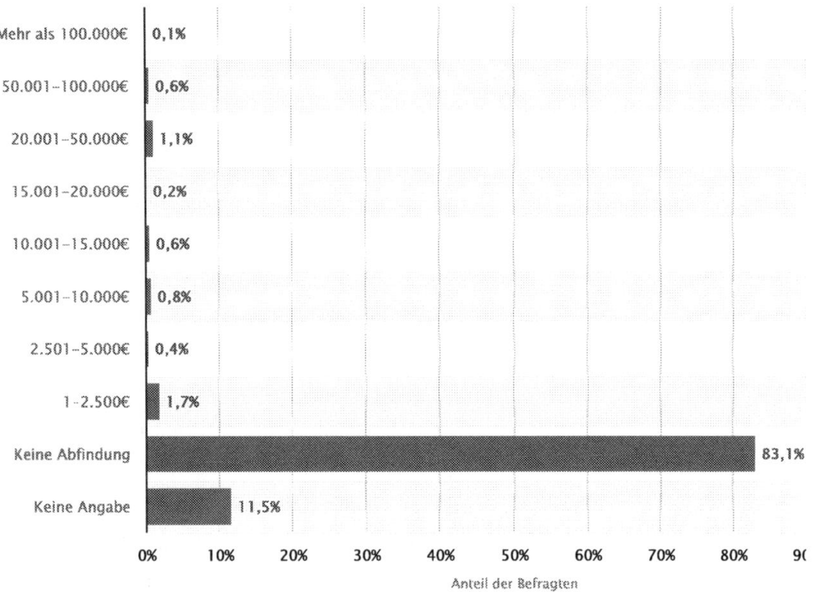

Abb. 198: Abfindungshöhen in 2020, Quelle: Statista, 2021c

Auch wenn hier ausführlich über Abfindungen gesprochen wird, sollte beachtet werden, dass in der Praxis bei 83,1 % der Entlassenen keine Abfindung erhalten, aber auch Abfindungen in Höhe von über 100.000,00 € vorkommen können (wenn auch nur zu 0,1 %). (vgl. Statista, 2021c) Wenngleich die hohe Anzahl der Entlassungen ohne Abfindung überrascht, so liegt dies jedoch im Wesentlichen daran, dass 67 % der Entlassenen zwischen 0 und 4 Jahren im Unternehmen tätig waren und entweder keine oder geringe Abfindungen anfallen.

Ein weiterer Grund liegt darin, dass manche Entlassene sich kaum Verhandlungen zutrauen, oder keine Verhandlungen über Abfindungen führen.

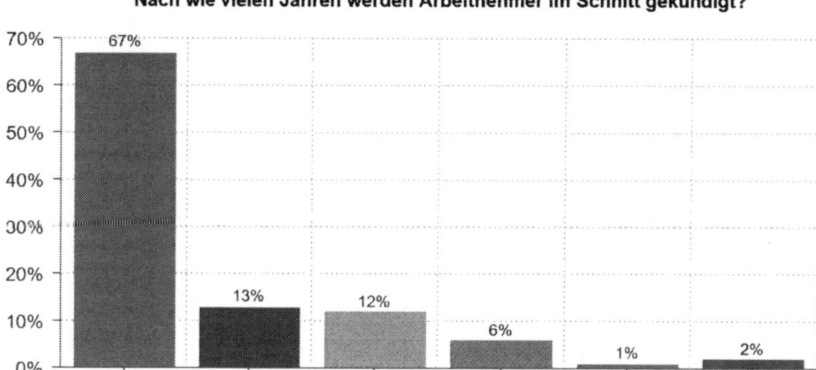

Abb. 199: Kündigung nach Betriebszugehörigkeit, Quelle: Galla, 2021

Dabei ergeben sich durch Verhandlungen durchaus Chancen auf eine Abfindung. „Zwar gibt es keinen gesetzlichen Anspruch auf eine Abfindung; dennoch erhalten die meisten Arbeitnehmer eine Entschädigungszahlung für den Verlust des Arbeitsplatzes.

Das liegt daran, dass sich Arbeitgeber häufig das Ende erkaufen, um Kündigungsschutzklagen mit ungewissem Ausgang zu vermeiden. Zur Berechnung der Abfindungshöhe verwenden Gerichte meist die sogenannte Faustformel: Dazu wird ein halbes Bruttomonatsgehalt mit der Anzahl der Beschäftigungsjahre multipliziert. Häufig erhalten betroffene Arbeitnehmer auch eine höhere Abfindung." (Galla, 2021)

Aus den vorherigen Ausführungen wird deutlich, dass emotionale Faktoren durchaus Kündigungen auslösen können, aber spätestens bei der Abwicklung überwiegen wirtschaftliche Faktoren. Hierauf sollten sich die Entlassenen einstellen und bei ihren Entscheidungen bei der Abwicklung der Kündigung berücksichtigen.

7 Personalverwaltung

Eine Personalverwaltung umfasst alle administrativen, transaktionalen und personalbezogenen Maßnahmen und Prozesse in einem Unternehmen.

Die Personalverwaltung bearbeitet und wickelt also sämtliche routinemäßigen Administrationsaufgaben im Personalwesen ab. Dabei hat die Personalverwaltung die gesetzlichen Regelungen aus dem Arbeits- und Sozialrecht, DSGVO (Datenschutz) sowie die vertraglichen Regelungen, sowie aus Tarifverträgen, Betriebsvereinbarungen und individualrechtlichen Arbeitsverträgen zu berücksichtigen.

<table>
<tr><th colspan="2">Aufgaben und Ziele der Personalverwaltung</th></tr>
<tr><th>Aufgaben</th><th>Ziele</th></tr>
<tr><td>Personaldaten bereitstellen</td><td>Effektive interne Kommunikation und Personalführung</td></tr>
<tr><td>Führen von Personalakten</td><td rowspan="2">Planung, Steuerung, Kontrolle, Informationsbereitstellung</td></tr>
<tr><td>Führen von Personalstatistiken</td></tr>
<tr><td>Meldebescheinigungen von und für Behörden oder Sozialversicherungsträger</td><td>Effektive externe Kommunikation, Gesetzestreue</td></tr>
<tr><td>Lohn- und Gehaltszahlungen</td><td rowspan="8">Vertragserfüllung, Herstellung, Beibehaltung sowie Ausbau der Mitarbeiterzufriedenheit</td></tr>
<tr><td>Zeiterfassung</td></tr>
<tr><td>Personalzugänge, -abgänge und -veränderungen erfassen</td></tr>
<tr><td>Arbeitsverträge und weitere Vereinbarungen erstellen</td></tr>
<tr><td>Mitarbeiterfehlzeiten bearbeiten</td></tr>
<tr><td>Bearbeitung laufender Mitarbeiteranträge</td></tr>
<tr><td>Sonstige Prozesse rund um die Mitarbeitenden</td></tr>
</table>

Abb. 200: Aufgaben und Ziele der Personalverwaltung, Quelle: Eigene Darstellung

Das zentrale Ziel der Personalverwaltung ist es, aktuelle Personaldaten bereitzustellen, um eine optimale innerbetriebliche Kommunikation zu gewährleisten. Zudem ist eine effiziente administrative

Arbeitsleistung die Voraussetzung für eine reibungslose interne Zusammenarbeit. Im Allgemeinen ist es die Aufgabe der Personalverwaltung, sämtliche Prozesse rund um die Mitarbeitenden des Unternehmens zu organisieren und zu vereinfachen. Mit der Realisierung des Personalverwaltungszieles kann die Personalverwaltung einen Beitrag zur Herstellung und Beibehaltung sowie zum Ausbau der Mitarbeiterzufriedenheit leisten. Zusammenfassend ergeben sich daher folgende wesentliche Aufgaben und Ziele der Personalverwaltung:

7.1. Automatisierte und digitale Personalverwaltung

Personalverwaltung? Klingt trocken – ist es in der Regel auch. Aber die digitale Welt bricht mit diesen eingefahrenen Regeln – und revolutioniert die Personalverwaltung. Wesentliche Merkmale der Personalverwaltung sind strukturierte, geregelte und einheitliche Aufgaben und Prozesse. Dadurch ist die Personalverwaltung prädestiniert für die digitale Automatisierung der Aufgaben und Prozesse. Da die Personalverwaltung mehrheitlich Dokumentations- und Berichtspflichten nach außen und innen erfordert und zudem umfangreiche planende, steuernde und kontrollierende Personalmaßnahmen und Tätigkeiten beinhaltet, sind die Tätigkeiten überwiegend operativ geprägt. Entsprechend belegen die Studien den überwiegenden Anteil der operativen Tätigkeiten. Dabei sind die größten Zeitfresser:

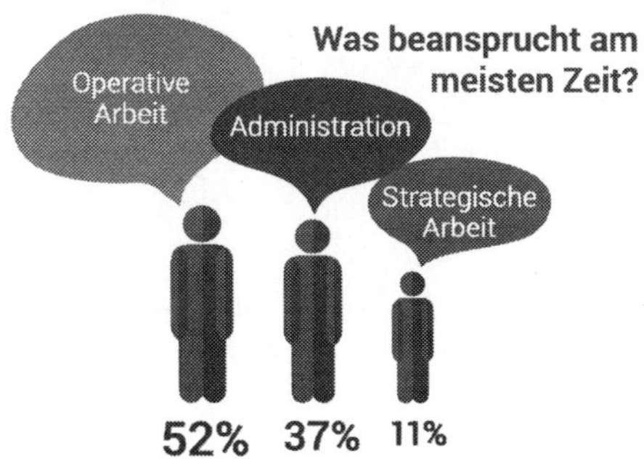

Abb. 201: Zeitliche Anteile der Personalverwaltung, Quelle: Neyer et al., 2021, S. 5

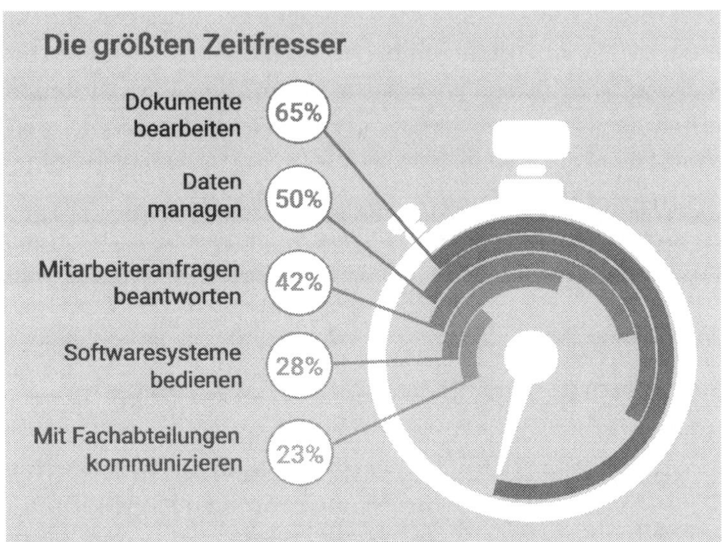

Abb. 202: Die größten Zeitfresser der Personalverwaltung, Quelle: Neyer et al., 2021, S. 5

Aufgrund der Zeitfresser bleiben jedoch wichtige Tätigkeiten der Personalverwaltung auf der Strecke.

Vernachlässigte Tätigkeiten der Personalverwaltung ohne Digitalisierung

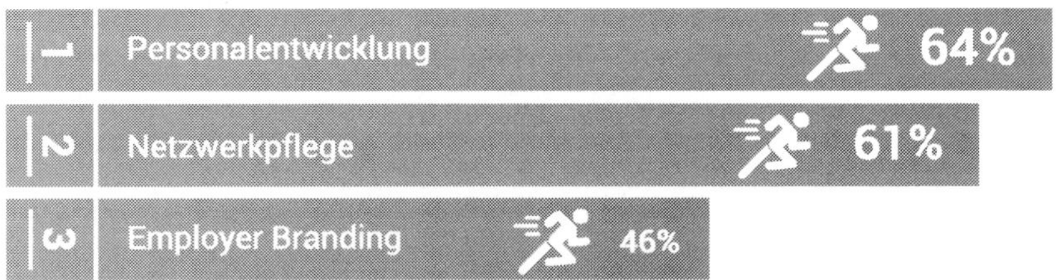

Abb. 203: Leistungsbeschränkung der Personalverwaltung ohne Digitalisierung, Quelle: Neyer et al., 2021, S. 5

Durch Automatisierung und Digitalisierung ist eine Verschiebungen von überwiegend transaktionsbezogen und operativen Tätigkeiten in der Personalverwaltung hin zu mehr sozialen und beratenden Tätigkeiten möglich. Anstatt sich beispielsweise mit der manuellen Eingabe von Spesenabrechnungen zu beschäftigen, haben die

Mitarbeitenden der Personalabteilung nunmehr mehr Kapazitäten, sich intensiver um die sozialen Bedürfnisse und Belange der Mitarbeitenden zu kümmern, wodurch die Mitarbeiterbindung und -zufriedenheit steigen werden. Dies hat einen unmittelbar positiven Einfluss auf die Motivation der Mitarbeitenden und damit auf den wirtschaftlichen Erfolg des Unternehmens. Zudem steigen die Effizienz, die Schnelligkeit und die Fehlerfreiheit der Tätigkeiten in der Personalverwaltung.

Auch hat das Personalwesen dann mehr Kapazitäten für die Entwicklung und den Ausbau von Personalstrategien bzw. kann eine bestehende Personalstrategie schneller an einen veränderten Markt und eine veränderte Umwelt anpassen.

Ob durch Automatisierung und Digitalisierung die Anzahl der Beschäftigten im Personalwesen sinken wird, bleibt abzuwarten. Es kann durchaus möglich sein, dass die Anzahl der Beschäftigten im Personalwesen stabil bleibt und sich nur die Tätigkeitsinhalte verändern werden. Durch die zunehmend beratenden Tätigkeiten in der Personalverwaltung kann jedoch angenommen werden, dass die Vergütungen mittelfristig steigen werden.

Gemäß der Studie von Neyer et al. sind die drei Top-Gründe für die Automatisierung und Digitalisierung in der Personalverwaltung, die Senkung der Prozesskosten der Personalverwaltung, die Verbesserung der Prozessqualität der Personalverwaltung und der Zeitgewinn für strategische Aufgaben. Den Zielen stehen auch Umsetzungsprobleme gegenüber. Der Haupthinderungsgrund ist die Skepsis des Managements und in der Folge die fehlende Auseinandersetzung mit dem Thema Automatisierung und Digitalisierung der Personalverwaltung. Ein unangemessenes Kosten-Nutzenverhältnis ist ein weiterer Hindernisgrund für eine nicht umgesetzte Automatisierung und Digitalisierung der Personalverwaltung.

Jedoch sind die drei Haupthinderungsgründe nur vorgeschoben, solange nicht die Vor- und Nachteile der Automatisierung und Digitalisierung der Personalverwaltung analysiert werden. In der Regel sind die Automatisierung und Digitalisierung der Personalverwaltung mit Investitionen verbunden. Um die Vorteilhaftigkeit einer

Investition zu ermitteln, sollte daher zunächst eine Investitionsrechnung vorgenommen werden, bevor die Automatisierung und Digitalisierung der Personalverwaltung abgelehnt werden.

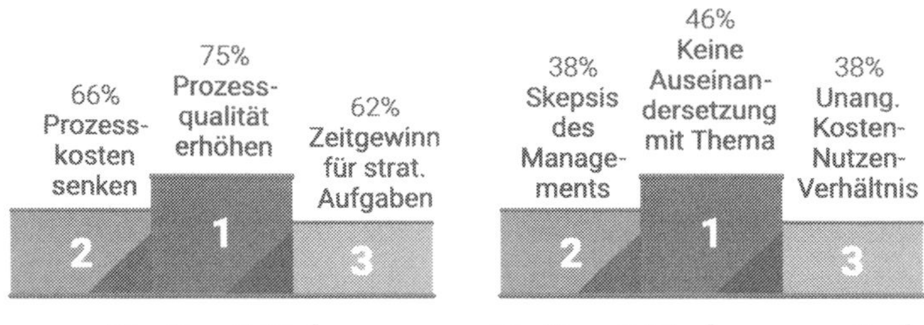

Abb. 204: Top-Ziele und Hindernisse für eine digitale Personalverwaltung, Quelle: Neyer et al., 2021, S. 5

Die einzelnen Bereiche der Personalverwaltung werden von den Unternehmen zunehmend automatisiert und digitalisiert. Dabei sind die Automatisierung und Digitalisierung in den einzelnen Bereiche unterschiedlich stark vorangeschritten.

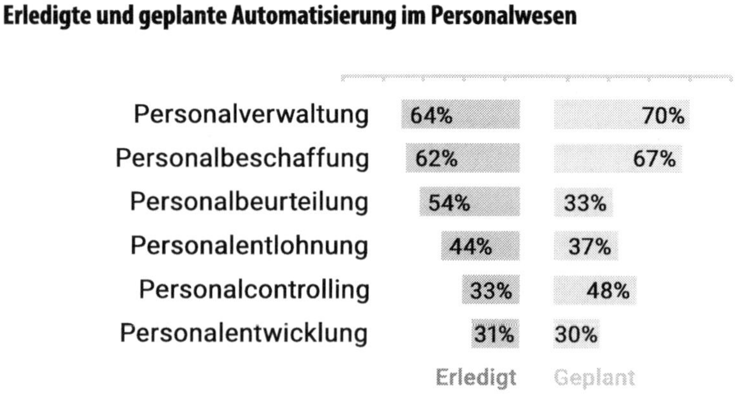

Erledigte und geplante Automatisierung im Personalwesen

	Erledigt	Geplant
Personalverwaltung	64%	70%
Personalbeschaffung	62%	67%
Personalbeurteilung	54%	33%
Personalentlohnung	44%	37%
Personalcontrolling	33%	48%
Personalentwicklung	31%	30%

Abb. 205: Erledigte und geplante Automatisierung im Personalwesen, Quelle: Neyer et al., 2021, S. 5

Sieht man sich jedoch den tatsächlichen Umsetzungswillen an, so wird deutlich, dass in der Praxis nur eine Minderheit der Unternehmen keinen Umsetzungswillen hat, denn 75 % der Unternehmen haben entweder bereits ihre Personalakten automatisiert und digitalisiert oder wollen die Digitalisierung umsetzen. Bereits 58 % der Unternehmen haben zudem Personalprozesse oder -aufgaben digitalisiert. (vgl. Neyer et al., 2021, S. 5)

„Trotz ihrer vielfältigen Vorteile hat Digitalisierung nicht nur positive Seiten. Durch die Automatisierung von Prozessen reduziert sie beispielsweise die zwischenmenschliche Kommunikation, den Kleber für den Zusammenhalt im Unternehmen. Die ständige Optimierungswelle kann sich auch auf die Außenkommunikation des Unternehmens auswirken." (Pesch, 2016, S. 68)

So ist es beispielsweise für Bewerber in vielen Unternehmen nicht mehr so leicht, den zuständigen Sachbearbeitenden persönlich zu kontaktieren. Vielmehr verstecken sich die Sacharbeitenden häufiger hinter anonymisierten E-Mail-Adressen, Durchwahltelefonnummern gibt es nur noch selten und geantwortet wird mit standardisierten E-Mails. All dies reduziert die Anzahl potentieller Bewerber. (vgl. Pesch, 2016, S. 68)

„Es würde Unternehmen guttun, möglichst schnell in den persönlichen Kontakt mit Bewerbern zu treten und umgekehrt individuell erreichbar zu sein. Wer sich heute als Rekrutier zunehmend

Automatisierung und Digitalisierung in der Personalverwaltung

Prozesse	Aufgaben	Strukturen
Elektronischer Workflow	Erfüllung staatlicher Berichtspflichten	Personaldatenbank
Arbeitszeiterfassung	Lohn- und Gehaltsauszahlung	Plattform
Personalbewertung	Personalcontrolling	Netzwerk
Personalentwicklung	Digital Recruiting	Mobile Anwendungen

Abb. 206: Automatisierung und Digitalisierung in der Personalverwaltung, Quelle: Eigene Darstellung

in seine digitale Festung zurückzieht und rein elektronisch arbeitet, verpasst die große Chance, Bewerber über die oft nur eingeschränkt aussagekräftigen digitalen Lebensläufe hinaus kennenzulernen!" (Pesch, 2016, S. 68)

Die Automatisierung und Digitalisierung der Personalverwaltung können hinsichtlich der Prozesse, Aufgaben und Strukturen unterschieden werden.

Da die Personalverwaltung im Wesentlichen aus Routinearbeiten besteht, ist die Personalverwaltung prädestiniert für die Automatisierung und Digitalisierung.

Die Vorteile der Digitalisierung sind:

- die vollständige und einheitliche Erfassung und Verwaltung der Stamm- und Bewegungsdaten,
- der schnelle Zugriff auf alle Mitarbeiterinformationen,
- die digitale Verwendung aller Kontaktdaten,
- eine transparente Vertrags- und Gehaltshistorie,
- die vollständige und klar strukturierte Zuordnung der Teams und Abteilungen zu Standorten und Prozessen,
- eine effiziente Prozessnachverfolgung und -gestaltung,
- die klare Zuordnung und Definition der Führung nach Verantwortung und Beziehung,
- die Kommentierung der Personaldaten,
- eine effiziente Massenerfassung,
- Termine für Prozesse der Personalverwaltung, sowie die Terminverfolgung.

Die Digitalisierung bietet den Unternehmen neue Möglichkeiten, Arbeitsmittel und Arbeitsprozesse effizienter einzusetzen, um ihre Konkurrenzfähigkeit zu steigern. Gleichzeitig führt dieser digitale Wandel zu einer Abänderung von Rahmenbedingungen und Strukturen zum Erreichen vorgegebener Leistungsziele.

Wie sich die Digitalisierung auf die Entwicklung der Produktivitätssteigerung und deren Einflüsse durch Ursachen auswirkt, wurde in einer Studie des Bundesverbandes der Deutschen Industrie (BDI) untersucht. Die Studie befasst sich mit der, seit der Finanzkrise gesunkenen, Arbeitsproduktivitätssteigerung in Deutschland. Dabei wurde der Einfluss der Digitalisierung auf die Arbeitsproduktivität untersucht. Das Ergebnis der Studie: Die verlangsamte Arbeitsproduktivitätssteigerung ist auf ein nachlassendes Exportwachstum zurückzuführen. (vgl. BDI (Hrsg.), 2019, S. 9ff.) Zudem verzeichnen Unternehmen in Deutschland ein langsameres Exportwachstum und in einem gegenläufigen Trend zugleich einen Personalaufbau. (vgl. BDI (Hrsg.), 2019, S. 30)

Während die Reduzierung des Exportwachstums auf exogene Einflüsse, wie z. B. Handelsstreit, Ländersanktionen, zurückzuführen ist, basiert der Personalaufbau auf unternehmerischen Entscheidungen. Eigentlich müssten die sinkenden Unternehmensumsätze aufgrund vom sinkenden Exportwachstum die Unternehmen dazu verleiten, weiterhin Personal abzubauen. Jedoch bauen die Unternehmen Personal auf und nicht ab. An diesem Paradoxon hat die Digitalisierung einen wesentlichen Anteil. Einerseits tätigen Unternehmen strategische Personalinvestition in Digitalisierung, wobei das Produktionswachstum durch die Digitalisierung noch nicht realisiert wurde, andererseits die Digitalisierung einen Personalaufbau von indirekten Stellen, vor allem in Forschung und Entwicklung, erforderlich macht, um die Potentiale der Digitalisierung zu nutzen. (vgl. Jeske T., Lennings F., 2020, S. 12–16)

Durch die Automatisierung und Digitalisierung der Personalverwaltung entfallen zukünftig viele Routinearbeiten, wodurch für die Mitarbeitenden in der Personalabteilung mehr Zeit für die Beratung der Mitarbeitenden und der Führungskräfte sowie für weitere Personalmanagementaufgaben zur Verfügung steht.

„Durch Automation ergeben sich drastische Verschiebungen bei der Budgetvergabe und die Arbeit, die ausgeführt werden kann und muss, wird ganz neu definiert. Sie ist weniger transaktionsbezogen und viel strategischer. Mitarbeitende verbringen ihre Zeit beispielsweise nicht mehr mit der manuellen Eingabe von Spesenabrechnungen, sondern konzentrieren sich auf die Analyse von Ausgabentrends,

Digitaler Ablaufprozess bei der Verarbeitung von Eingangsrechnungen

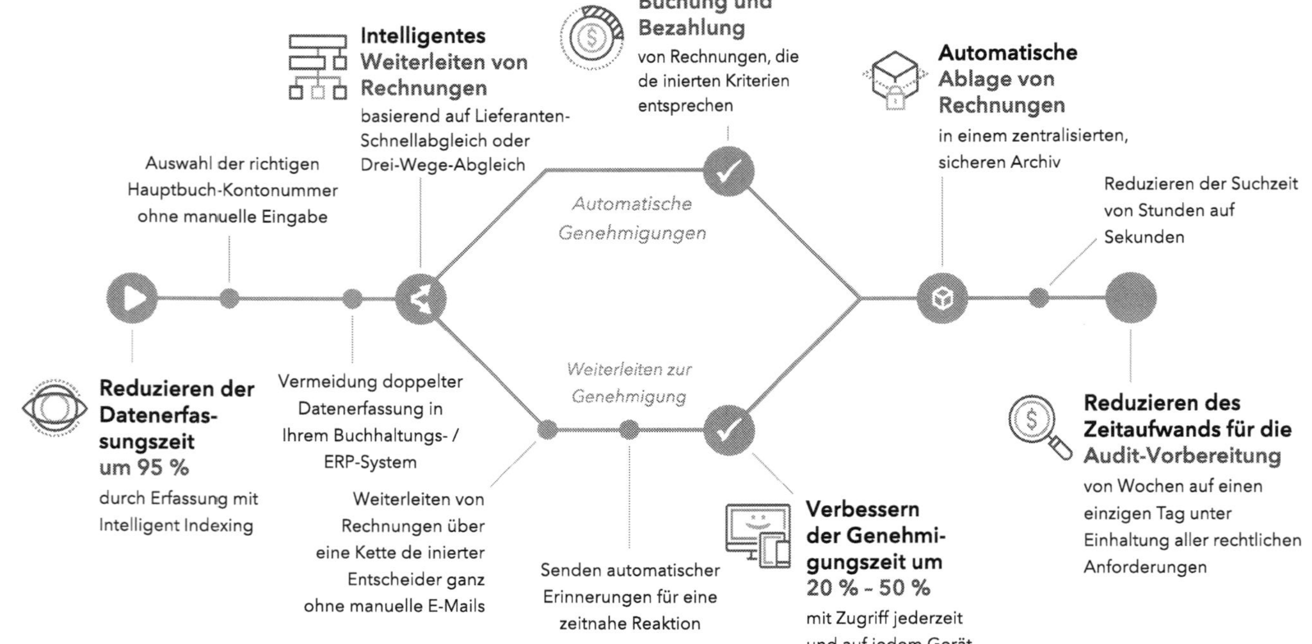

Abb. 207: Digitaler Ablaufprozess Eingangsrechnungen, Quelle: DocuWare Europe, 2021, S. 5

die zu einem Kurswechsel führen könnten. Anstatt Rechnungen manuell zu verarbeiten, suchen sie nach Wegen, das Lieferanten-Engagement zu verbessern. Anstatt Gewinn- und Verlustrechnungen manuell zu erstellen, liefern sie qualifizierte Erkenntnisse für die Investition in neue strategische Projekte. Wenn den Mitarbeitenden des Finanzwesens zukünftig eine eher strategische Rolle im Unternehmen zukommt, sind steigende Gehälter zu erwarten." (DocuWare Europe, 2021, S. 4) Wie die Automatisierung und Digitalisierung die Arbeitsqualität der Mitarbeitenden erhöhen kann, zeigt der folgende digitale Ablaufprozess bei der Verarbeitung von Eingangsrechnungen:

Die Unternehmen haben jedoch die Möglichkeit, durch strategische Maßnahmen den steigenden Gehältern entgegenzuwirken. Durch unternehmenseigenen Aus- und Weiterbildungen, die intern oder extern durchgeführt werden können, kann steigenden Gehältern entgegengewirkt und zugleich die Mitarbeitenden an das Unternehmen gebunden werden.

Darüber hinaus sinkt die Abhängigkeit von am Arbeitsmarkt bereits fertig ausgebildeten Arbeitskräften. Auch steigen die Fähigkeiten der Mitarbeitenden, zukünftige Entwicklungen zu erkennen und, falls erforderlich, korrigierende Maßnahmen zu ergreifen. Somit steigen die Chancenerkennung und die Risikoreduzierung für das Unternehmen.

Praxistipp

Digitalisierung ist immer dann am effizientesten, wenn die Prozessschritte ohne Medienbruch verlaufen. „Erfolgt bei der Übertragung von Informationen innerhalb der Übertragungskette ein Wechsel des Mediums, so wird von einem Medienbruch gesprochen. Medienbrüche bergen die Gefahr der Informationsverfälschung und ziehen eine Verlangsamung der Informationsbearbeitung nach sich."

(Lakes, 2021) Jeder Medienbruch birgt dabei das Risiko von Fehlern und Unwirtschaftlichkeiten aufgrund von manuellen Tätigkeiten in sich. Die Vermeidung von Medienbrüchen sollte daher ein zentrales Ziel der Digitalisierung der Personalverwaltung sein.

Den Vorteilen durch die Automatisierung und Digitalisierung der Personalverwaltung stehen die Anschaffungskosten der Software gegenüber. Häufig wird in der Praxis argumentiert, dass eine solche Software zu teuer sei. Dabei hat die Software sowohl positive Auswirkungen auf die Prozesse der Personalverwaltung als auch eine gesteigerte Motivation der Mitarbeitenden durch die intensivere Betreuung und Beratung durch die Personalabteilung. Letztendlich ist die Software eine Investition, deren Wirtschaftlichkeit mit einer Investitionsrechnung zu ermitteln ist.

Praxistipp

Um die Vorteilhaftigkeit der Investition in die Software der Personalverwaltung zu bewerten, können daher einerseits die Vorteile durch die Prozessoptimierung und andererseits die wirtschaftlichen Vorteile durch die gesteigerte Motivation aufgrund der intensiveren Betreuung und Beratung durch die Personalabteilung berechnet werden.

Die Vorteile der Prozessoptimierung lassen sich mit Hilfe der Prozesskostenrechnung berechnen. Ein Prozess ist eine abgrenzbare und zusammengehörige Kette von Aktivitäten mit definiertem Auslöser und Output, definierter Durchlaufzeit sowie definierten Qualitätsmerkmalen und definierten Kosten. Die Prozesskostenrechnung analysiert die Unternehmensprozesse und ermöglicht eine bessere Zurechnung der Einzel- und Gemeinkosten eines definierten Prozesses. Um die Vorteilhaftigkeit der Prozessoptimierung zu messen, werden die Prozesse vor und nach der Einführung der Software bewertet. Der Vorteil ist die Differenz durch die neue Bewertung. Ein weiterer Vorteil der Software ist eine gesteigerte Motivation der Mitarbeitenden durch die intensivere Betreuung und Beratung durch die Personalabteilung. Wie im Kapitel Kapitalbindung beschrieben wurde, entstehen durch geringere Motivation Kosten in Höhe von 166 € und durch erhöhte Fluktuation Kosten in Höhe 1.350 €. (vgl. Gallup, 2017, S. 47–48) Somit entstehen ohne eine Software für die Personalverwaltung Kosten aufgrund von nicht optimalen Prozessen und geringerer Motivation von insgesamt 1.516 € je Mitarbeitenden. Die ersparten Kosten aufgrund der nicht vorhandenen Software werden den Anschaffungskosten und den laufenden Kosten der Software gegenüber gestellt und es wird errechnet, wann sich die Anschaffung der Software amortisiert. Entscheidungsgrundlage ist dann eine, vom Entscheidungsträger akzeptierte, Amortisationszeit.

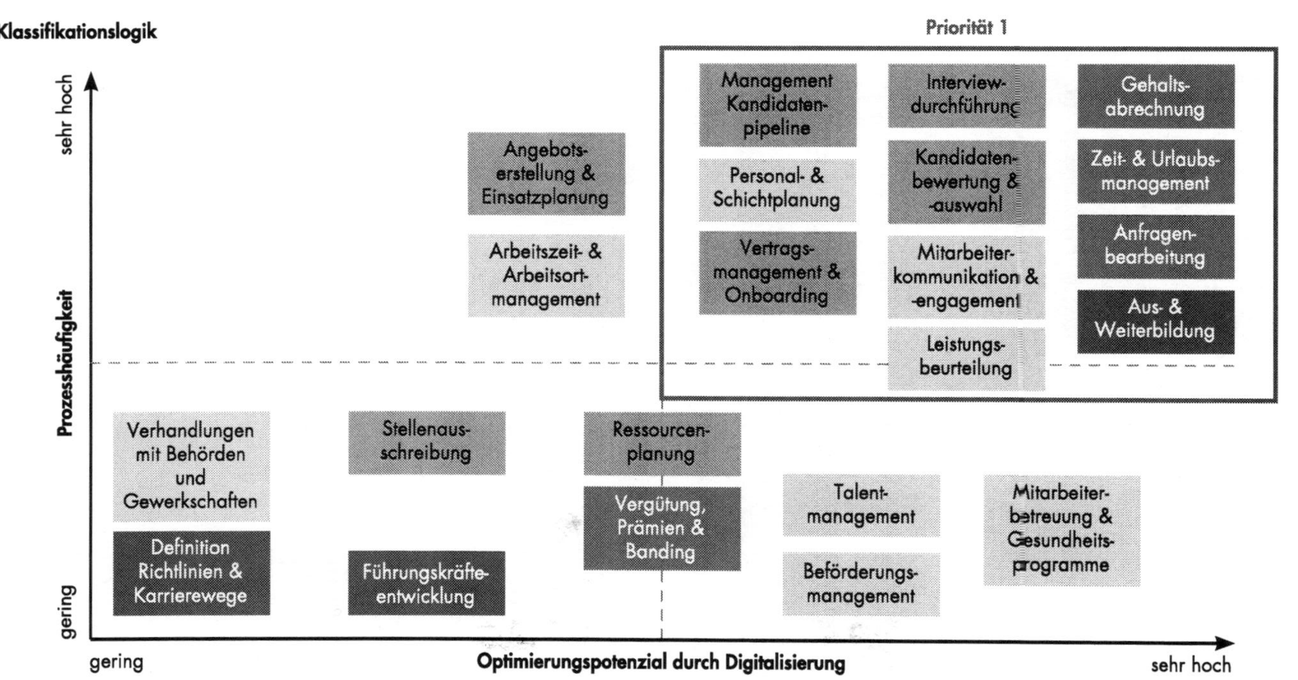

Abb. 208: Die größten Digitalisierungspotenziale bei HR, Quelle: Gnamm et al., 2018, S. 7

„Für nahezu alle HR-Themen gibt es mittlerweile innovative Lösungen. Im Recruiting, Training, beim Personaleinsatz und bei der Vergütung sind Quantensprünge möglich. Höchste Zeit also für Unternehmen, mit der digitalen Transformation des Personalwesens zu beginnen. Wo es die größten Potenziale gibt, hängt von der Ausgangslage und den spezifischen Bedingungen ab. Wer die enormen Potenziale hebt, kann die Effizienz deutlich erhöhen. Auch die Attraktivität als Arbeitgeber steigt." (Gnamm et al., 2018, S. 6)

7.2. Digitale Personalverwaltungsprozesse

Wesentliche Personalverwaltungsprozesse sind elektronische Workflows, die Arbeitszeiterfassung, die Personalbewertung und Prozesse der Personalentwicklung. In diesem Kapitel werden die Potentiale der Digitalisierung der wesentlichen Personalverwaltungsprozesse durchleuchtet.

Die Digitalisierung von Geschäftsprozessen gehört zu den Maßnahmen, um die Bürokratie abzubauen, Ressourcen freizusetzen und generell für mehr Effizienz im Unternehmen zu sorgen. Zugleich ist die Digitalisierung von Geschäftsprozessen alles andere als eine leichte Aufgabe, denn sie erfordert nicht nur die richtigen technischen Mittel, sondern auch Know-how, sowohl auf Seiten der IT-Abteilung, als auch bei den Prozessverantwortlichen in den Fachbereichen, wie beispielsweise dem Personalwesen. Zu den häufigsten Anwendungsszenarien gehören Genehmigungsprozesse im Unternehmen, wie beispielsweise die Genehmigung eines Urlaubsantrags. Durch die Digitalisierung können Papierbelege und E-Mails vermieden, Genehmigungsprozesse direkt archiviert und effektiv abgewickelt werden.

Um die Personalverwaltungsprozesse optimal zu gestalten, sollte die unterstützende Software über Daten-Import-Funktionen verfügen, die Verwaltung von Zugriffsrechten ermöglichen und über Schnittstellen zur ERP-Software und zu sonstiger Software verfügen. „HR-Abteilungen setzen heute mehr denn je auf Software, weil sie damit die ständig gestiegenen Anforderungen an das Personalmanagement effizienter, ressourcenschonender erledigen wollen und können. Neben Gehaltszahlungen und Personalverwaltung bildet HR-Software heute vor allem die folgenden Themenbereiche ab: Talent Management, Recruiting / Bewerbermanagement, Wissensmanagement, Personalcontrolling, Personaleinsatzplanung und Zeitwirtschaft. ESS- und MSS-Systeme und Personalentwicklungslösungen wie E-Learning in seinen unterschiedlichen Ausprägungen und eine Vielzahl von spezifischer Software zählen dazu. Hinzu kommen neuerdings Lösungen zur Zusammenarbeit, Social Collaboration Software und eine Fülle von Lösungen für mobiles Arbeiten.

Aufgrund der Diversität einzelner Funktionsbereiche teilen sich eine Vielzahl von Spezial- und Nischenanbietern den Markt. Anbieter kompletter HR-Systeme gibt es hingegen nur sehr wenige. Damit die Lösungen unterschiedlicher Softwareanbieter miteinander kommunizieren können, müssen sie über Schnittstellen miteinander verbunden werden. Nahezu alle namhaften Anbieter versorgen ihre Lösungen mit den entsprechenden Schnittstellen zum Andocken an und von Fremdlösungen – selbst wenn ihre Kunden nur bestimmte Funktionen oder Module nutzen wollen." (Pesch, 2016, S. 11) Nichtsdestotrotz ist vor der Anschaffung einer Personalverwaltungssoftware zu prüfen, ob die erforderlichen Schnittstellen auch technisch einwandfrei funktionieren. Auch ist bei der Planung und Anschaffung der Personalverwaltungssoftware eine bereichsübergreifende Integration zu berücksichtigen, denn: „HR-Softwarelösungen werden heute nicht mehr nur in Personalabteilungen, sondern auch in der Linie im gesamten Unternehmen verteilt eingesetzt, beispielsweise im Rahmen regelmäßig stattfindender Leistungsbewertungen einzelner Mitarbeitenden oder für Auswertungen und Analysen. Die Leitungsverantwortlichen der jeweiligen Bereiche und die jeweiligen Anwender (in Form von Employee Self Services) haben entsprechende Ansprüche an die Lösungen. Daher sollten bei der Beschaffung alle Beteiligten an einem Tisch sitzen und gemeinsam entscheiden. Denn Personalsoftware wird heute nicht mehr nur von der Personalabteilung eingesetzt, sondern findet unternehmensweit ihren

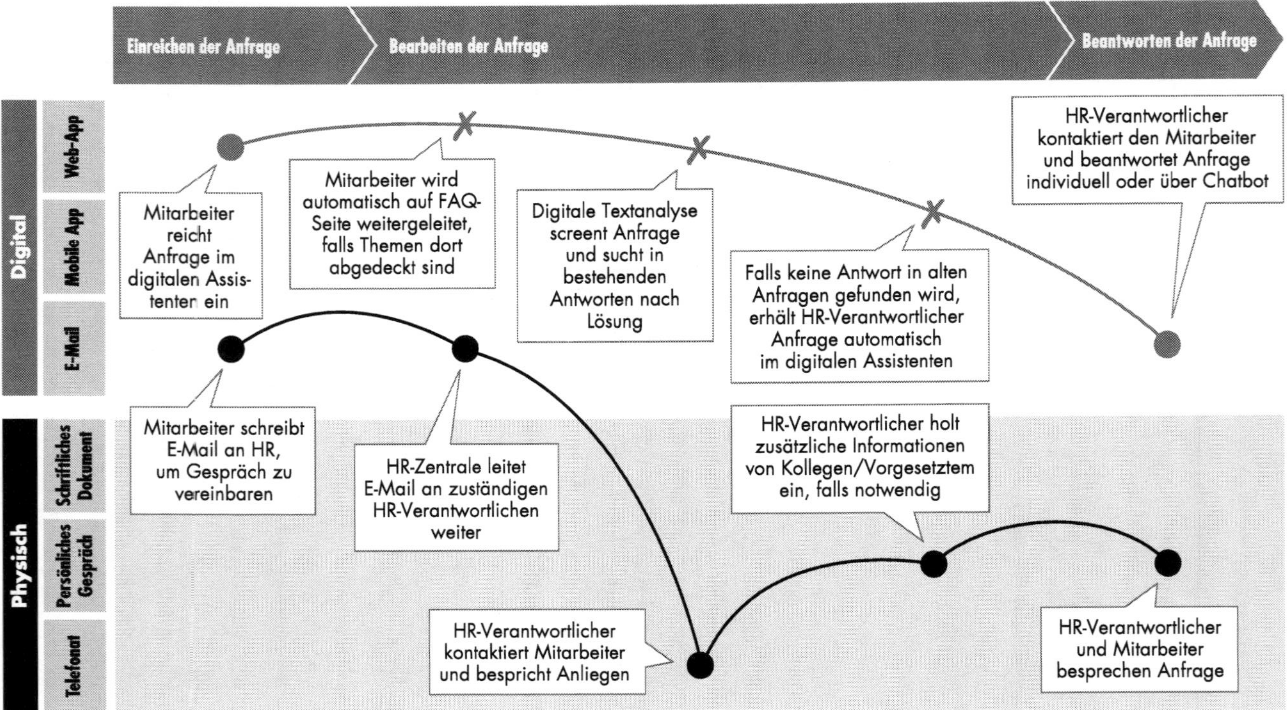

Abb. 209: Beispiel 1: Vergleich eines analogen und digitalen Prozesses bei HR, Quelle: Gnamm et al., 2018, S. 8

Standardprozess und digitaler Prozess: Schulungsdurchführung und -verwaltung

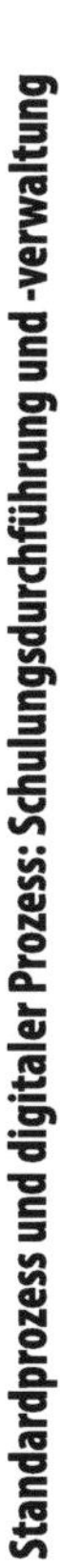

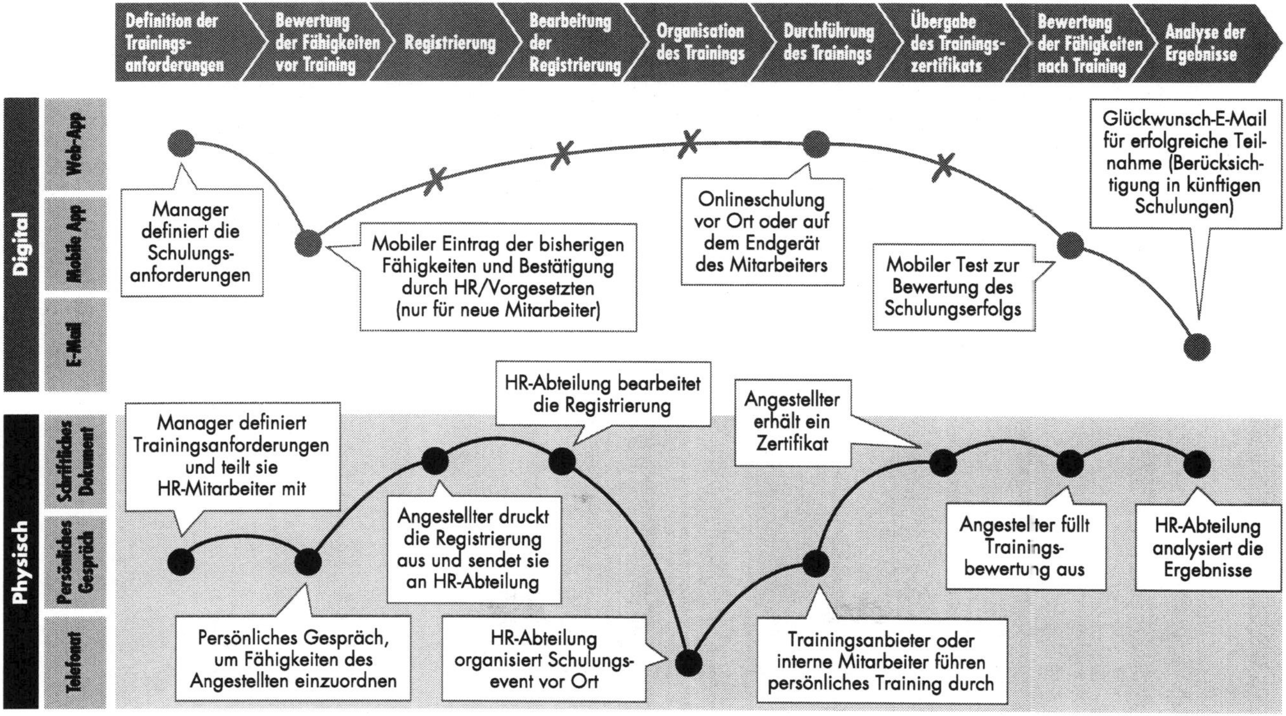

Abb. 210: Beispiel 2: Vergleich eines analogen und digitalen Prozesses bei HR, Quelle: Gnamm et al., 2018, S. 8

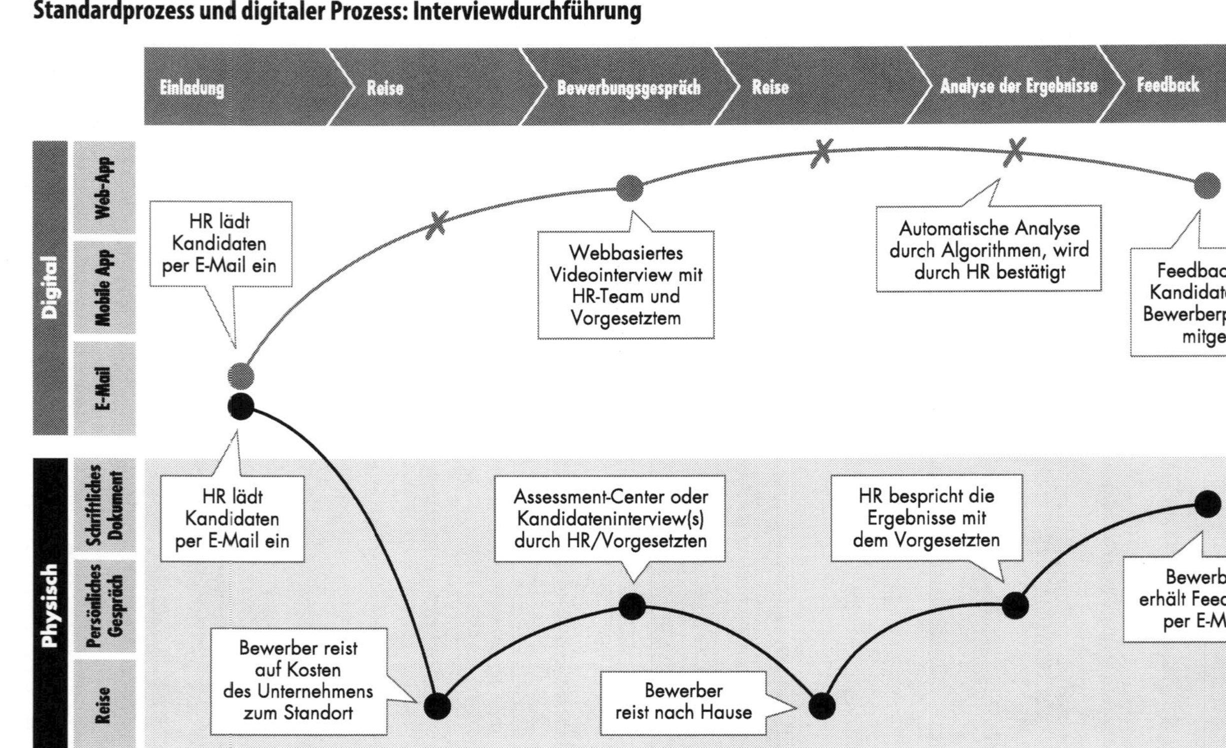

Abb. 211: Beispiel 3: Vergleich eines analogen und digitalen Prozesses bei HR, Quelle: Gnamm et al., 2018, S. 10

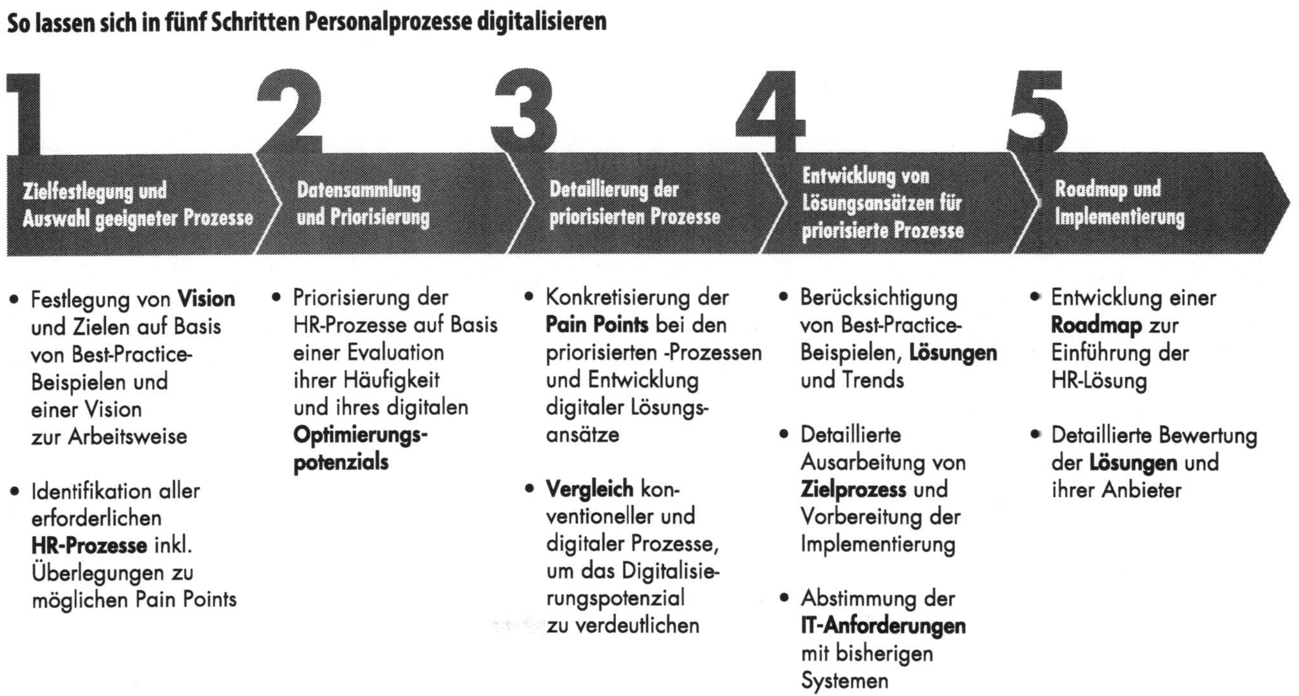

So lassen sich in fünf Schritten Personalprozesse digitalisieren

1 Zielfestlegung und Auswahl geeigneter Prozesse

- Festlegung von **Vision** und Zielen auf Basis von Best-Practice-Beispielen und einer Vision zur Arbeitsweise
- Identifikation aller erforderlichen **HR-Prozesse** inkl. Überlegungen zu möglichen Pain Points

2 Datensammlung und Priorisierung

- Priorisierung der HR-Prozesse auf Basis einer Evaluation ihrer Häufigkeit und ihres digitalen **Optimierungs-potenzials**

3 Detaillierung der priorisierten Prozesse

- Konkretisierung der **Pain Points** bei den priorisierten -Prozessen und Entwicklung digitaler Lösungs-ansätze
- **Vergleich** konventioneller und digitaler Prozesse, um das Digitalisierungspotenzial zu verdeutlichen

4 Entwicklung von Lösungsansätzen für priorisierte Prozesse

- Berücksichtigung von Best-Practice-Beispielen, **Lösungen** und Trends
- Detaillierte Ausarbeitung von **Zielprozess** und Vorbereitung der Implementierung
- Abstimmung der **IT-Anforderungen** mit bisherigen Systemen

5 Roadmap und Implementierung

- Entwicklung einer **Roadmap** zur Einführung der HR-Lösung
- Detaillierte Bewertung der **Lösungen** und ihrer Anbieter

Abb. 212: 5 Schritte der HR-Digitalisierung, Quelle: Gnamm et al., 2018, S. 12

Einsatz." (Pesch, 2016, S. 12) Durch die Digitalisierung können einzelne Arbeitsschritte reduziert werden, weil sie automatisiert werden. Jedoch können Prozesse durch die Digitalisierung nicht unbedingt beschleunigt werden, aber durch die Vereinfachung der Prozesse steht den Mitarbeitenden der Personalverwaltung mehr Zeit für andere Personaltätigkeiten zur Verfügung.

Die Umsetzung automatisierter und digitaler Prozesse verläuft in 5 Schritten und unterscheidet sich grundsätzlich nicht von anderen Change-Prozessen (Abb. 212).

Auch wenn die Software die Automatisierung der Prozesse ermöglicht, so sollte nicht vergessen werden, dass die Mitarbeitenden den Change-Prozess begleiten und daher auch mittragen müssen, damit die Software als Instrument optimal eingesetzt wird. Dabei müssen die Mitarbeiten von alten Mustern im Arbeitsprozess loslassen.

7.2.1. Elektronischer Workflow

Als Workflow wird der Arbeitsprozess einer räumlichen und zeitlichen Reihenfolge von funktional, physikalisch oder technisch zusammengehörenden Arbeitsvorgängen an einem Arbeitsplatz bezeichnet.

Bei der Automatisierung der Personalverwaltungsaufgaben spielen elektronische Workflows eine zentrale Rolle. Diese definieren, in welchen Schritten – zeitlich und inhaltlich – Prozesse ablaufen. Im Idealfall deckt eine Personalverwaltungsplattform sämtliche Bereiche der Prozesse in der Personalverwaltung ab: Recruiting, Personalverwaltung und Abrechnung.

Die Vorteile elektronischer Workflows sind:

- Durchgängigkeit der Prozesse, keine „Medienbrüche",
- höhere Schnelligkeit gegenüber analogen Workflows,
- Kostengünstiger Transport,
- effiziente Weiterverarbeitung beim Empfänger (kein manuelles Eingeben von Inhalten),

- Termin- und Bearbeitungsnachverfolgung,
- Abschaffung von Papierarchiven,
- Dokumentenechte elektronische Aufbewahrung.

Diesen Vorteilen stehen neue Herausforderungen durch einen elektronischen Workflow gegenüber:

- Häufig ist ein **hoher Erstaufwand** durch Findung eines optimalen Workflows erforderlich.
- Durch den hohen Erstaufwand neigen die Unternehmen dazu, die Prozesse nicht zu ändern, und daher **neigen Workflows zur Kontinuität.**
- Die **Authentizität, Integrität und Verbindlichkeit der Daten in einem anonymen Netzwerk** sind zu gewährleisten. Dies ist durch eine qualifizierte elektronische Signatur möglich. Eine qualifizierte elektronische Signatur ist eine durch die Verordnung Nr. 910/2014 geregelte Form eines Zertifikats, die im Rechtsverkehr die handschriftliche Unterschrift ersetzt. (vgl. Bundesdruckerei, 2021)
- Integration des Workflows in die vorhandene IT-Infrastruktur
- Die **gewohnte Arbeitsweise mit Papier** ist nicht mehr möglich, aber es wird die papierbasierte Archivierung weiterhin bevorzugt. Um den Mitarbeitenden entgegenzukommen, kann auch ein sanfter Übergang gewählt werden, indem die bisherigen papierbasierten Archive nur schrittweise in digitale Dokumente umgewandelt werden. Alle neuen Dokumente sind dann digitale Dokumente.

7.2.2. Digitale Arbeitszeiterfassung

Der Europäische Gerichtshof (EuGH) hat am 14.05.2019 mit dem Urteil Rs. C-55/18 entschieden, dass zukünftig alle Unternehmen in der EU die gesamte Arbeitszeit ihrer Beschäftigten dokumentieren müssen. Dies beinhaltet nicht nur die Arbeitszeiterfassung der

Mitarbeitenden in der Produktion, sondern auch der Mitarbeitenden im Außendienst und in der Verwaltung.

Gemäß § 3 ArbZG darf die werktägliche Arbeitszeit der Arbeitnehmer 8 Stunden nicht überschreiten und kann auf bis zu 10 Stunden nur verlängert werden, wenn innerhalb von sechs Kalendermonaten oder innerhalb von 24 Wochen im Durchschnitt 8 Stunden werktäglich nicht überschritten werden.

Die Arbeitszeit darf 48 Stunden wöchentlich nicht überschreiten. Sie kann auf bis zu 60 Stunden verlängert werden, wenn innerhalb von vier Kalendermonaten oder 16 Wochen im Durchschnitt 48 Stunden wöchentlich nicht überschritten werden. (§ 7 Abs. 8 ArbZG)

Da die Mitarbeitenden als Menschen analog sind, erfolgt die Erfassung der Arbeitszeit immer manuell. Die Erfassung kann durch:

- Eingabe,
- Chipkarte oder Token,
- Biometrische Merkmale,
- stationäre, oder
- mobile Erfassung

erfolgen.

Grundsätzlich kann die Zeiterfassung starr oder flexibel durchgeführt werden.

Eine starre Form der Zeiterfassung ist die Erfassung nach dem Dienstplan. Für jede Standardarbeitszeit bzw. für jede Schicht, in der ein Mitarbeitender eingeteilt ist, erstellt das System automatisch eine Plan-Zeiterfassung und verrechnet diese mit dem Stundenkonto des Mitarbeitenden. Sobald diese Plan-Zeit in der Vergangenheit liegt, wird dann die Plan-Zeit als „Ist-Zeit" verrechnet, inklusiv automatischer Pausen. Die vom System erstellten Zeiterfassungen können nachträglich im begrenzten Umfang angepasst werden. Es ist aber davon auszugehen, dass Behörden der Nutzung von starren Systemen zukünftig nur unter Auflagen zustimmen werden, weil eine wirkliche Messung bei einem starren System nicht möglich ist.

Durch digitale Arbeitszeiterfassung wird den Mitarbeitenden die Möglichkeit geboten, die Arbeitszeiten digital sowohl zu erfassen als auch einzusehen. So können sich die Mitarbeitenden ein Bild über die geleisteten Arbeits- und Pausenzeiten machen. Soll- und Ist-Stunden werden, unter Einbeziehung von Urlaubs- und Feiertagen, automatisch ermittelt und können verglichen werden. Auf die sich daraus ergebenden Unter- oder Überstunden können die Personalabteilung und die Mitarbeitenden reagieren und die Arbeitszeit anpassen.

Es kann zudem davon ausgegangen werden, dass es in der Praxis weiterhin zur Überschreitung der Arbeitszeit kommt, weil die Unternehmen häufig davon ausgehen, dass die behördlichen Überwachungskapazitäten nicht ausreichen, um das Unternehmen zu überprüfen. Trotzdem wird der Druck auf die Unternehmen zunehmen, weil die digitale Erfassung, Verarbeitung und Speicherung über einen längeren Zeitraum nachverfolgbar sind.

Eine flexible Form der Zeiterfassung ist die Erfassung durch eine Browser-Stempeluhr. Mit dieser flexiblen Form der Zeiterfassung kann einfach per Klick ein-, aus- und in die Pause einstempeln. Natürlich können Arbeitszeiten auch im Nachhinein eingetragen oder Zeiterfassungen geändert werden, falls mal was daneben geht. Diese flexible Form der Zeiterfassung hat Vorteile gegenüber einer starren Form der Zeiterfassung, ist aber weiterhin auf eine manuelle Erfassung der Arbeitszeit angewiesen.

Zudem eröffnet die digitale Urlaubsverwaltung neue Möglichkeiten: Aufgrund von einer Übersicht des genommenen und geplanten Urlaubs können beispielsweise Resturlaubstage automatisch ermittelt und dem Mitarbeitenden angezeigt sowie zur Personaleinsatzplanung genutzt werden. Durch die Kombination mehrerer Kalender können Urlaubsüberschneidungen mit den Urlauben der Mitarbeitenden eines Bereiches oder Teams automatisiert abgeglichen und vermieden werden. So erhalten die Mitarbeitenden die Möglichkeit, eigenverantwortlich den eigenen Urlaub zu planen.

Auch in anderen Bereichen der Zeiterfassung wächst die Transparenz für die Mitarbeitenden: Durch die Anzeige eines Arbeitsortes können Mitarbeitende und Vorgesetzte einsehen, ob die Arbeit vor Ort, im Homeoffice oder bei einem Kunden stattfindet.

Aus den bisherigen Ausführungen wird deutlich, dass eine Vielzahl von Anforderungen an die digitale Arbeitszeiterfassung gestellt wird, welche die Software zu erfüllen hat. So können in einem Unternehmen verschiedene Arbeitszeitmodelle von Früh-, Spät- über Nachtschicht bis hin zu verschiedenen Teilzeitmodellen vorkommen. Auch sind verschiedene Vertrags- und Tarifvereinbarungen, Sonderregelungen im Urlaubsbereich, Brückentagsregelungen sowie Gleitzeit-, Freizeitausgleichs- und Vorarbeitskonten möglich.

7.2.3. Digitale Personalbewertung

Eine Personalbewertung kann in den verschiedenen Stationen eines Mitarbeitenden im Unternehmen erfolgen: Beginnend mit der Einstellung, über die fortlaufenden Tätigkeiten, bis zur Entlassung des Mitarbeitenden.

Die Personalbeurteilung ist ein Instrument der Personalführung und Personalentwicklung. Führungskräfte nutzen die Personalbeurteilung, um die Qualität zu sichern und Leistungsstandards zu schaffen. Bei der Personalbeurteilung werden die Leistung, das Verhalten und die Persönlichkeit eines Mitarbeitenden durch die Führungskraft betrachtet.

54 % der befragten Unternehmen setzen bereits Software zur Personalbewertung ein und weitere 33 % planen es. (Vgl. Neyer et al., 2021, S. 5)

Das wesentliche Argument für die digitale Personalbewertung lässt sich in der Frage zusammenfassen:

„Haben Sie schon den richtigen Mitarbeitenden in der richtigen Position oder hören Sie immer noch auf Ihr Bauchgefühl?"

Ziel einer digitalen Personalbewertung ist es daher, möglichst umfangreich objektive Daten zu erhalten, um weitestgehend objektive Entscheidungen treffen zu können. Der Anteil subjektiver Bewertungen sollte nach Möglichkeit so gering wie möglich sein. Ganz vermeiden lassen sich jedoch subjektive Bewertungen und Gefühle bei der Personalbewertung nicht.

Dass eine gewisse Subjektivität erhalten bleibt, liegt unter anderem daran, dass viele Daten und Informationen zur Personalbewertung nur analog, in Papierform oder verbal vorliegen und subjektiv via Gefühle, Werte, Normen und Einstellungen gewichtet werden. Die Entscheidungsträger verarbeiten daher analog Big Data. Durch eine Software können die bis dahin analogen Daten in digitalisierte Big Data umgewandelt werden.

Des Weiteren liegen die Daten zur Personalbewertung häufig unstrukturiert vor. So gehen beispielweise individuell gestaltete Lebensläufe und Anschreiben in das Unternehmen ein oder die Vorgesetzten liefern individuell ausgefüllte Bewertungsbögen. Eine Software zur Personalbewertung ermöglicht durch standardisierte Eingabefelder die Verarbeitung und Zurverfügungstellung von strukturierten Daten.

Mit einer Software zur Personalbewertung wird es für die Personalmitarbeitenden möglich, was für ihre Kollegen im Verkauf und Rechnungswesen schon längst Standard ist. Genau wie Kundenhistorien und Finanzströme lassen sich anhand von Personalanalysen wettbewerbskritische Zusammenhänge erkennen, Optimierungspotenziale identifizieren und faktenbasierte Entscheidungen ableiten.

Wer sich am besten für eine Stelle oder eine Führungsposition eignet, ist dann nicht mehr eine Frage der persönlichen Präferenzen. Vielmehr lässt sich mit Personalanalysen schwarz auf weiß belegen, wer am besten für eine Stelle geeignet ist und die Leistung erbringt oder welche Führungskraft ein Team zu Hochleistungen motiviert, über die geeigneten Qualifikationen verfügt und ein wertvolles Netzwerk aufgebaut hat.

Wird die Software zur Personalbewertung integrativ, also abteilungsübergreifend und nach Möglichkeit als integraler Bestandteil des verwendeten ERP-Systems verwendet, können nicht nur Daten unternehmensweit einheitlich strukturiert werden, sondern auch Wirtschaftlichkeitsanalysen und Optimierungen hinsichtlich des leistungsgerechten Einsatzes des Personals vorgenommen werden.

Zudem kann eine Software zur digitalen Personalbewertung vielfältig eingesetzt werden. Eine Software zur Personalbewertung wird zur Analyse, Interpretation und Verbesserung der Mitarbeiterperformance eingesetzt. Durch eine digitale Personalbewertung können Arbeitsschritte automatisiert, oder teilautomatisiert werden, was den Bearbeitungsaufwand für die Personalbewertung senkt. Zwar kann der gesamte Prozess der Personalbewertung digitalisiert werden, jedoch treffen am Ende immer noch menschliche Entscheidungsträger eine Entscheidung. Für die digitale Personalbewertung werden Kennzahlen benötigt, weil nur quantitative Werte digital verarbeitet werden können.

In der Analysephase wird das Engagement der Mitarbeitenden analysiert. Dabei werden potentielle neue, aber auch vorhandene Mitarbeitende in einem Onboarding-, bzw. Offboarding-Monitor erfasst und dargestellt. Die Ergebnisse des Onboarding- bzw. Offboarding-Monitors werden von Entscheidungsträgern in der nächsten Phase interpretiert und ggf. Maßnahmen ergriffen. Bei Offboarding wird entschieden, ob ein bisheriger Mitarbeitender durch Personalentwicklungsmaßnahmen im Unternehmen gehalten werden soll, oder ob es wirtschaftlicher ist, den Mitarbeitenden zu entlassen. Das Personalcontrolling würde hier von Make-or-buy sprechen. Dies bedeutet, dass entweder das Unternehmen selbst die Mitarbeitenden durch Weiterbildung für die Arbeitsaufgaben qualifiziert, oder ob neue Mitarbeitende auf dem Arbeitsmarkt extern „eingekauft“, also eingestellt werden.

Die Interpretationsphase ist eine subjektive Phase, weil die Entscheidungsträger der Personalverwaltung die Analysedaten mithilfe von einem Soll-Ist-Vergleich subjektiv bewerten. Denn: Schon die, die von den Entscheidungsträgern definierten Sollwerte für die Personalbewertung sind subjektiv, weil das Wertesystem eines Entscheidungsträgers definiert, welche Sollwerte akzeptabel sind. Ebenso ist die Interpretation von Soll-Ist-Abweichungen vom Wertesystem eines Entscheidungsträgers abhängig und damit subjektiv. Hier wird auch deutlich, dass eine digitale Personalbewertung auf objektive Zahlen und Kennzahlen beruht, jedoch die Interpretation immer subjektiv ist und auf subjektive Vorentscheidungen basiert und dies auch wenn die digitale Personalbewertung automatisierte Vorschläge zu Umsetzungsmaßnahmen trifft.

Die Umsetzungsphase zielt auf die Verbesserung der Mitarbeiterqualifikationen ab. Verbesserungen lassen sich mit Hilfe von Prozessen, Strukturen, Mitarbeiterentwicklungskonzepten und Nachfolgeregelungen umsetzen. Auch der Prozess der Maßnahmenumsetzung und die Umsetzungsbewertung sind subjektiv, wegen der gewählten Maßnahmen und der Interpretation der Maßnahmenwirksamkeit.

Elemente der digitalen Personalbewertung von Mitarbeitenden

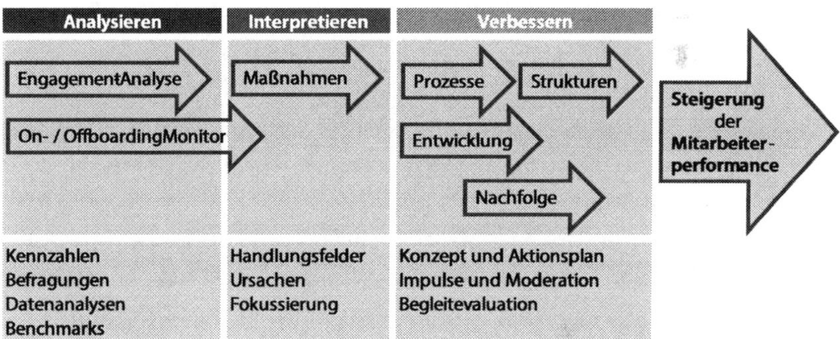

Abb. 213: Elemente der digitalen Personalbewertung von Mitarbeitenden, Quelle: Eigene Darstellung

In 2020 haben 54 % der Unternehmen bereits die Personalbewertung digitalisiert und weitere 33 % beabsichtigen dies. (vgl. Neyer et al., 2021, S. 5) Damit ist die Digitalisierung im Bereich Personalbewertung weit vorangeschritten. Dies hat sicher auch die Ursache in der vielfältigen Nutzbarkeit einer Software zur Personalbewertung.

7.2.4. Instrumente der digitalen Personalentwicklung

In 2020 haben 31 % der Unternehmen bereits die Personalentwicklung digitalisiert und weitere 30 % beabsichtigen dies. (vgl. Neyer et al., 2021, S. 5) Damit gehören die Automatisierung und Digitalisierung zu den Top 6 wichtigsten Digitalisierungsprojekten.

Die digitalisierte Personalentwicklung soll die Erfassung und Bewertung der wichtigsten Kennzahlen der Personalentwicklung ermöglichen und besteht hauptsächlich aus Grundkennzahlen und Verhältniskennzahlen.[50]

Darüber hinaus ist die Personalentwicklung nicht starr, sondern erfordert in der Praxis einen kontinuierlichen Einsatz von Personalentwicklungsmaßnahmen und -instrumenten. Dies erfordert eine laufende Analyse der Mitarbeiterpotentiale und eine Übersicht von Stellen- und Mitarbeiterrisiken. Gerade kontinuierliche Maßnahmen sind für die Automatisierung und Digitalisierung geeignet.

Zudem ermöglicht die Digitalisierung eine verbesserte Personalentwicklungsplanung und erhöht die Transparenz bezüglich der kurz- und mittelfristigen Vakanzen, sowie der Personalpotentiale, da eine digitale Planung gegenüber einer manuellen Planung einfacher und schneller ist. Auch das smarte Visualisieren der Mitarbeiterportfolios, beispielsweise durch eine Leistungs- und Potenzial-Matrix, ermöglicht die Analyse der Ist-Situation und die Planung der Personalentwicklung. Dazu können Kompetenzmodelle und Anforderungsprofile zur Verankerung der Personalentwicklungsziele entwickelt werden.

Ziel der digitalisierten Personalentwicklung ist es, neben der erfolgreichen und wirtschaftlichen Umsetzung der Personalentwicklung, den Mitarbeitenden einen Überblick über das Unternehmen zu verschaffen, um dadurch die Motivation der Mitarbeitenden herzustellen und zu steigern. Dadurch wird den Mitarbeitenden eine persönliche Leistungsbeurteilung und -förderung durch Selbstmanagement ermöglicht. Es besteht daher eine Wechselwirkung zwischen Digitalisierung und dem Verständnis und der Motivation eines Mitarbeitenden. Einerseits ermöglicht die Digitalisierung der Personalentwicklung eine effiziente Personalarbeit und andererseits fördert die Digitalisierung der Personalentwicklung die Mitarbeitenden, was wiederum der Personalentwicklung zuträglich ist. Zudem

---

[50] Auf die Kennzahlen zur Personalentwicklung wird im Kapitel 8. HR-Controlling näher eingegangen.

können Konfrontationen und Ablehnungen gegen eine Digitalisierung reduziert werden.

Die Visualisierung von Informationen zu den Arbeitsabläufen und -ergebnissen ermöglicht die einfache Ermittlung des Veränderungsbedarfs in der Personalentwicklung. Zugleich kann auch der Personaleinsatz optimiert werden, weil durch die digitalisierte Personalentwicklung der Personalbedarf dynamisch und schnell angepasst werden kann.

Ein weiterer wesentlicher Aspekt der digitalen Personalentwicklung ist die Art und Weise, wie das Personal geschult und weiterentwickelt wird. Es kommt daher auf die richtige Personalentwicklungsstrategie an. „Ein E-Learning hier, ein Präsenztraining da, mit dieser Strategie kommt man nicht weiter. Gefragt sind vielmehr moderne Lernstrategien mit kombinierten Lernformaten, vom Präsenzlernen bis zum digitalen Lernen, die alle Altersgruppen, Hierarchieebenen und Fachkräfte ansprechen. Denn weder Präsenztrainings noch das digitale Lernen erfüllen jedes für sich die Ansprüche und Erwartungen, die sowohl Lerner wie Personalentwickler und Unternehmen an effektive und moderne betriebliche Weiterbildung stellen.

Für den Einzelnen sind laut einer aktuellen Marktforschung im Auftrag der Haufe Akademie Präsenzphasen, tutorielle Begleitung, soziale Kontakte und Interaktionen wichtig. Demgegenüber steht der Bedarf der Unternehmen, möglichst viele Mitarbeiter schnell, effektiv, integriert in den Arbeitsprozess und von Zeit und Ort unabhängig zu schulen." (Porath, 2021, S. 14) Es kommt also darauf an, wie geschult wird. Somit hat die Wahl der Schulungsmethode einen Einfluss auf den Erfolg, die Schnelligkeit und die Wirtschaftlichkeit der Personalentwicklungsmaßnahmen.

„Jedes Lernformat hat Vor- und Nachteile. Die Palette von (digitalen) Tools, die den Lerner in seinem persönlichen Lernprozess und im Sinne des Unternehmens unterstützen, ist so groß wie nie zuvor. Das bedeutet nicht, alles, was sich an Methoden und Inhalten bereits bewährt hat, aussortieren zu müssen.

Der Einstieg in eine digitale Lernstrategie gelingt auch mit einer Mischung aus Bekanntem und Bewährtem plus neue digitale

Formate. Nehmen wir als Beispiel ein klassisches Blended Learning[51], kombiniert mit Präsenztraining und E-Learning. Das kommt Lernenden entgegen, weil sie über das Präsenztraining auf jeden Fall einen Ansprechpartner haben und gleichzeitig mit E-Learning flexibel und in eigener Geschwindigkeit lernen können. Es kommt Trainern und Tutoren entgegen, die eine neue Lernstrategie nicht blockieren, wenn sie ein Teil davon sind. Es kommt Unternehmen entgegen, die schnell, flexibel und dauerhaft viele Mitarbeiter schulen müssen und dafür gleichzeitig von Erfahrungen aus der Vergangenheit profitieren möchten. Nicht zuletzt stärkt es die Rolle der Personalentwicklung, in deren Händen die digitale Lernstrategie letzten Endes liegt und zum Erfolg wird." (Porath, 2021, S. 14) Zudem hat die richtige Umsetzung der digitalen Lernstrategie auch einen Einfluss darauf, in welchem Umfang und in welcher Schnelligkeit das Unternehmen sich an geänderte Umwelt- und Marktbedingungen anpassen kann. „Wenn wir ehrlich sind, ist Lernbereitschaft am Arbeitsplatz heute ein Muss. Das kann zur Last (für die Mitarbeiter) werden, sollte es aber nicht. Auch dafür kann Blended Learning eine gute Lösung sein, denn wer auf eine Mischung aus dem Besten wie dem Passenden aus der Welt des Präsenzlernens wie des digitalen Lernens setzt und für relevante Lerninhalte sorgt, fördert die Akzeptanz und motiviert die Lerner. So entwickelt sich das Lernen am Arbeitsplatz vom Muss und Zwang zum Will und Kann." (Porath, 2021, S. 14)

Praxistipp

Da jeder Mitarbeitende einen individuellen Lernstil hat, ist es nicht sinnvoll, einheitliche Weiterbildungsmaßnahmen für alle Mitarbeitenden zu ergreifen. Je nach Lerntyp ist eine Präsenzschulung, eine Online-Schulung oder Blended Learning sinnvoll und für die Lernenden erfolgreich. Um sowohl den individuellen Lerninhalt, als auch den richtigen Lernstil für jeden Mitarbeitenden zu ermitteln, sind die Mitarbeitenden zu befragen. Die aktive Einbindung der Mitarbeitenden fördert die Motivation

---

[51] Blended Learning steht für ein didaktisches Konzept, das Online- und Präsenzanteile von Unterricht kombiniert.

und die Lernbereitschaft der Mitarbeitenden nachhaltig, was wiederum zu einem markt- und zeitgerechten Qualifikationsniveau der Mitarbeitenden eines Unternehmens beiträgt.

7.3. Aufgabenerfüllung der Personalverwaltung durch Digitalisierung

Die wesentlichen Aufgaben der Personalverwaltung sind:

- Erfüllung von staatlichen Berichtspflichten,
- Lohn- und Gehaltsauszahlungen,
- Steuerung der Personalverwaltungsaufgaben durch das Personalcontrolling und
- Personalbeschaffung.

In diesem Kapitel werden die Potentiale der Digitalisierung bei den wesentlichen Personalverwaltungsaufgaben durchleuchtet.

Da die Personalverwaltung aus einer Vielzahl von Routinearbeiten und Routineprozessen besteht und eine Vielzahl externen und internen Berichtspflichten zu erfüllen hat, ist die Personalverwaltung für die Digitalisierung prädestiniert.

Digitalisierung und Automatisierung sind immer dann interessant, wenn Routineprozesse anfallen, weil dadurch der manuelle Bearbeitungsaufwand sinkt. Für staatliche Berichtspflichten sind die Anforderungen und Formulare häufig einheitlich. Dies wiederum ermöglicht die Digitalisierung der staatlichen Berichtspflichten.

Bei Zahlung des Arbeitsentgelts ist der Arbeitgeber nach § 108 der Gewerbeordnung GewO dazu verpflichtet, dem Arbeitnehmer eine Entgeltabrechnung in Textform zu erteilen. Daher ist das Ergebnis der Erstellung einer Entgeltabrechnung zunächst lediglich nur ein Dokument.

Jedoch gibt es keine rechtliche Vorschrift, die ein Unternehmen dazu zwingt, eine Lohn- oder Gehaltsabrechnung in Papierform

Externe und interne Berichtspflichten im Personalwesen

Externe Berichte	Unternehmen	Inhalt
Lohnsteuer-Anmeldung	alle Unternehmen mit Arbeitnehmer	Digitale monatliche Anmeldung erforderlich auch für pauschale Lohnsteuer, Meldungen zur betriebliche Altersversorgung
Lohnsteuerbescheinigung	alle Unternehmen mit Arbeitnehmer	Digitale Meldung an das Finanzamt und Information für Arbeitnehmer
Meldungen zur Sozialversicherung und Beitragsnachweis	alle Unternehmen mit Arbeitnehmer	Meldungen an die Sozialversicherungen
CSR-Berichtspflicht	> 500 Mitarbeiter	Angaben zu Umwelt-, Sozial- und Arbeitnehmerbelangen, Achtung der Menschenrechte, Bekämpfung von Korruption und Bestechung.
Entgelttransparenzgesetz (EntgTranspG)	Tarifgebundene Arbeitgeber alle 5 Jahre für die letzten 5 Jahre Sonstige Arbeitgeber alle 3 Jahre für die letzten 3 Jahre	Förderung der Transparenz von Entgeltstrukturen, gleiches Entgelt für Frauen und Männer bei gleicher oder gleichwertiger Arbeit. Veröffentlicht im Lagebericht nach § 289 HGB und im Bundesanzeiger
Interne Berichte und Unterlagen		
Arbeitsverträge	Bescheinigungen	Bewerbungsunterlagen
Arbeitszeugnisse	Performance	Schulungsunterlagen
Gehaltsabrechnung	Planungen	Sonstige Dokumente

Abb. 214: Externe und interne Berichtspflichten im Personalwesen, Quelle: Eigene Darstellung

auszustellen. Ein Recht auf eine Entgeltabrechnung in Papierform existiert also per se nicht, denn die GewO schreibt lediglich einen Rechtsanspruch der Mitarbeitenden auf inhaltlich korrekte Angaben der Gehalts- und Lohnabrechnung vor. Daher kann eine Entgeltabrechnung sowohl in Papierform, als auch elektronisch erfolgen. Inhaltlich gibt es jedoch keinen Unterschied zwischen der klassischen und der elektronischen Entgeltabrechnung. Durch die digitale Erstellung und elektronische Zustellung der Entgeltabrechnungen können die Prozesse optimiert und die Versandkosten von bis zu 3,10 € pro Entgeltabrechnung und Monat reduziert werden. (vgl. Kosova, 2021)

Weitere Mehrwerte durch die elektronische Entgeltabrechnung ergeben sich einerseits durch den Zeitgewinn, andererseits dann, wenn die Entgeltabrechnung integrativ mit der Arbeitszeiterfassung genutzt wird. Die größte Wirkung ergibt sich bei Lohnabrechnungen, da Gehaltsabrechnungen im Wesentlichen gleichmäßige Zahlungen sind. Bei manuellen Lohnabrechnungen vergehen teilweise Tage, bis die letzte Arbeitszeiterfassung des Monats eingegeben wird. Dagegen kann die letzte digitale Arbeitszeiterfassung des Monats unmittelbar auf die Lohnabrechnungen übertragen und die Lohnabrechnungen automatisiert verarbeitet und die Entgelte bezahlt werden.

Ein weiteres Instrument zur Aufgabenerfüllung ist das HR-Controlling. Auf das HR-Controlling wird im Kapitel 8 genauer eingegangen.

Personalbeschaffung ist eine Aufgabe des Personalwesens.[52] Das digital Recruiting ist die digitale Personalbeschaffung. „Damit ist jedoch nicht nur die reine Online-Bewerbung per E-Mail gemeint. Vielmehr geht es darum, den gesamten Bewerbungs- und Personalbeschaffungsprozess zu digitalisieren. Beim E-Recruiting werden unterschiedliche Online-Rekrutierungskanäle verwendet, um geeignetes Personal zu finden.

Dieser Prozess startet mit einer Online-Stellenausschreibung und endet mit der Verwaltung der Bewerberdaten in einem zentralen System. Das Bewerbungsmanagement soll dadurch deutlich vereinfacht werden, wodurch die Prozesse kostengünstiger und in einem kürzeren Zeitraum durchgeführt werden kann. Zudem können die geeignetsten Bewerber schnell gefunden und eingestellt werden.

[52] Siehe hierzu Kapitel 6.3.

Heutzutage ist der rein digitale Prozess der Personalbeschaffung nicht mehr wegzudenken. Nicht nur wegen der Vorteile für die HR-Abteilungen der Unternehmen, sondern auch weil den Bewerbern der Prozess deutlich vereinfacht wird. Unternehmen, die heute nicht auf E-Recruiting setzen, gelten in den Augen vieler als nicht zeitgemäß. Gründe genug für Arbeitgeber und Arbeitnehmer, sich mit dem E-Recruiting intensiv auseinanderzusetzen.

Der Prozess des E-Recruitings besteht aus mehreren Teilbereichen. Je nach Unternehmen werden oft unterschiedliche Prozesse angewendet. Grundsätzlich beginnt der Ablauf aber mit einer Online-Stellenausschreibung. Viele Unternehmen setzen dabei immer häufiger auf eine eigene Karrierewebsite, über die man sich in einem Online-Formular auf den Job bewerben kann. Damit präsentieren sich die Unternehmen ihren Bewerbern, es ist quasi das Aushängeschild. Umso wichtiger ist es, die eigene Karriereseite ansprechend zu gestalten. Für Bewerber ist es ein Hinweis auf gutes HR-Management, wenn die Karriereseite des Unternehmens benutzerfreundlich, informativ und modern ist.

Alternativ oder zusätzlich dazu veröffentlichen die Unternehmen ihre Stellenanzeigen auch auf Karriere-Websites. Für die Bewerber hat das den Vorteil, dass auf diesen Seiten meistens mehrere Unternehmen ihre Jobs veröffentlichen und man so die Gelegenheit hat, sich die passende Stelle aus mehreren Arbeitgebern herauszusuchen.

Oft streuen die Unternehmen die Stellenanzeigen aber nicht nur auf Karriere- und Jobseiten, sondern auch in den sozialen Medien. Heutzutage ist es gang und gäbe, dass Unternehmen auf diversen Social-Media-Kanälen präsent sind, zum Beispiel auf Instagram, Facebook oder Twitter. Einige Unternehmen haben zusätzlich dazu auch noch spezielle Profile auf den jeweiligen Kanälen, die sich nur mit Recruiting beschäftigen.

Auch die mobile Personalsuche über Apps, wird immer mehr zum Thema. Gerade, weil dadurch Bewerber direkt über ihr Smartphone Informationen einholen und Bewerbungen abschicken können. Wenn ein Unternehmen so ein Bewerbungsprozess anbietet, erhöht das für die Mehrzahl der Bewerber die Attraktivität des Unternehmens." (Dreher, 2021)

Digitales Recruiting hat verschiedene Vor- und Nachteile für Bewerber und Arbeitnehmer:

- **„Einfacherer Auswahlprozess:** Anstatt stundenlang Bewerbungen zu vergleichen, erledigt eine HR-Software einen großen Teil der Arbeit. So kann aus einem unübersichtlichen Pool an Bewerbungen einfacher der passende Kandidat für den Job gefunden werden. Außerdem entsteht so eine Art Datenbank, aus der man auch für zukünftige offene Stellen noch passende Bewerber heraussuchen kann.
- **Kosten- und Zeitersparnis:** Der Zeitfaktor ist beim Recruiting ein sehr entscheidender. Denn Zeit ist Geld. Aufwendiges Sichten und Vergleichen von Bewerberunterlagen, vielleicht sogar noch abteilungsübergreifend, ist sehr zeitintensiv. Durch E-Recruiting kann der Prozess deutlich beschleunigt werden. Natürlich entstehen durch E-Recruiting auch Kosten. Ob die Investition in eine professionelle HR-Software rentabel ist, lässt sich mit Hilfe einer Investitionsrechnung bewerten.
- **Ein besseres Image und eine größere Reichweite:** Es gibt Trends, die sollte man sich erst einmal aus der Ferne anschauen, und es gibt Trends, die durchaus ihre Daseinsberechtigung haben. So wie das E-Recruiting. In vielen Branchen setzt man heutzutage auf junge, gut ausgebildete und motivierte Mitarbeiter. Wenn man nicht gerade zu den beliebtesten Arbeitgebern in Deutschland gehört, wird es aber schon schwieriger, die guten Arbeitnehmer anzulocken. Ein Image als modernes Unternehmen ist dabei sehr hilfreich. Beim E-Recruiting kann die Reichweite erhöht werden, indem die Anzeigen auf mehreren Websites sowie auf Social-Media-Kanäle verteilt werden, um dadurch mehr potenzielle Bewerber zu erreichen. Ob eine gewählte Kombination von E-Anzeigen wirtschaftlich ist, lässt sich ebenfalls durch eine Investitionsrechnung bewerten.

- **Aktualität:** An klassischen Printanzeigen lässt sich nicht mehr rütteln. Bei Online-Anzeigen hingegen spielt die Aktualität eine große Rolle. Auch kann man schnell und einfach auf eventuelle Learnings reagieren. Stellt die Personalabteilung zum Beispiel fest, dass eine bestimmte Stellenanzeige nicht genug Bewerber erreicht, kann direkt darauf reagiert und die Anzeige angepasst werden.
- Einfacheres Bewerben: Je umständlicher es ist, eine Bewerbung bei einem Unternehmen einzureichen, desto größer ist die Hürde als Bewerber, sich diesen Umständen zu stellen. Nicht umsonst erfreuen sich einfache und schnelle Bewerbungen großer Beliebtheit. Einfach über die Website den Lebenslauf hochladen, ein paar Zeilen zu seiner Person schreiben – und fertig. Durch das Mobile Recruiting wird dieser Prozess sogar noch mehr beschleunigt. Nutzerfreundlichkeit steht an oberster Stelle. Letztendlich sollen schließlich beide Seiten davon profitieren: der Arbeitgeber und der Arbeitnehmer." (Dreher, 2021)

In der Literatur wird immer wieder als weiterer Vorteil eine objektive Auswahl und Bewertung der Kandidaten durch das digitale Recruiting genannt. Da die Bewertung der potentialen Mitarbeitenden und deren finale Einstellung im Unternehmen durch Menschen erfolgt, ist und bleibt der Einstellungsprozess subjektiv, auch wenn das digitale Recruiting auf objektiven Zahlen beruht.

„Natürlich gibt es auch Nachteile, oder zumindest Schwierigkeiten, beim E-Recruiting. Zum einen sind die Möglichkeiten und das Angebot von E-Recruiting zahlreich. Da kann man schonmal schnell den Überblick und vor allem den Fokus verlieren. Einfach ist es jedenfalls nicht, sich auf alle Plattformen, Kanäle und Websites gleichermaßen zu konzentrieren. Hier ist eine geschulte HR-Abteilung nötig.

Zudem ist die Anschaffung der entsprechenden Software immer mit einer Investition verbunden. Ob sich diese am Ende rentiert, liegt auch daran, wie effektiv und gut man mit dieser Software arbeitet. Hierfür sind oft Schulungen für die HR-Mitarbeiter erforderlich.

Leider gibt es neben menschlichem Versagen auch immer wieder technisches Versagen. So kann es trotz teurer und moderner

Software durchaus vorkommen, dass Bewerbungen nicht richtig eingelesen oder ausgewertet werden und so vielversprechende Bewerber direkt aus dem Raster fallen." (Dreher, 2021)

Jedoch überwiegen die Vorteile des digital Recruiting und daher kann erwartet werden, dass sich digital Recruiting zunehmend durchsetzen wird.

7.4. Digitale Strukturen in der Personalverwaltung

Die digitalen Strukturen in der Personalverwaltung sind abhängig von der Art und dem Umfang der Personalverwaltungsaufgaben. In Abhängigkeit von der Art der Personalverwaltungsaufgaben werden bestimmte Programme, aber auch Erfassungs- und Verarbeitungsgeräte benötigt. Der Umfang der Personalverwaltungsaufgaben definiert die Anzahl der Computerarbeitsplätze und die benötigen Softwarelizenzen.

Wesentliche, für die Digitalisierung prädestinierte Strukturen, sind beispielsweise

- eine Personaldatenbank,
- eine Plattform zur gemeinsamen Nutzung von Daten,
- Netzwerkstrukturen und
- mobile Anwendungen

Nachfolgend werden die Potentiale digitaler Strukturen durchleuchtet. Die voranschreitende digitale Transformation elementarer Unternehmensprozesse schließt auch die betrieblichen Querschnittsfunktionen mit ein. Dies gilt in besonderem Maße für das Personalmanagement von Unternehmen, das sowohl als Objekt als auch als ein Treiber dieser digitalen Veränderungen in Erscheinung treten kann. (vgl. Schellinger, 2020, S. 183)

Das Personalmanagement schafft mit seinen Entscheidungen und umgesetzten Investitionen die Strukturen in der digitalen Personalverwaltung. Die so geschaffenen digitalen Strukturen bilden die strategische Basis für die digitale Personalverwaltung.

Strategisch relevante Veränderungen, wie beispielsweise Cloud Computing, Big Data und Social-Media-Management, sowie Mobility-Trends wirken sich mittelbar und unmittelbar auf die Gestaltungsbereiche betrieblicher Personalarbeit aus. In diesen Veränderungen steckt das Potential für Effizienzsteigerungen der Personalverwaltung, weil durch die Digitalisierung die Personalverwaltungsaufgaben ganz, oder teilweise automatisiert werden können.

7.4.1. Digitale Personaldatenbank

Die Personaldaten können in einer digitalen Datenbank integriert werden. Eine elektronische Personalakte kann mit den Eigenschaften und Fähigkeiten der Mitarbeitenden gespeichert werden. Bei einer smarten Datenbank können die Eigenschaften und Fähigkeiten mit aktuellen und zukünftigen Aufgaben verknüpft werden, so dass

Beispiel einer smarten Personaldatenbank

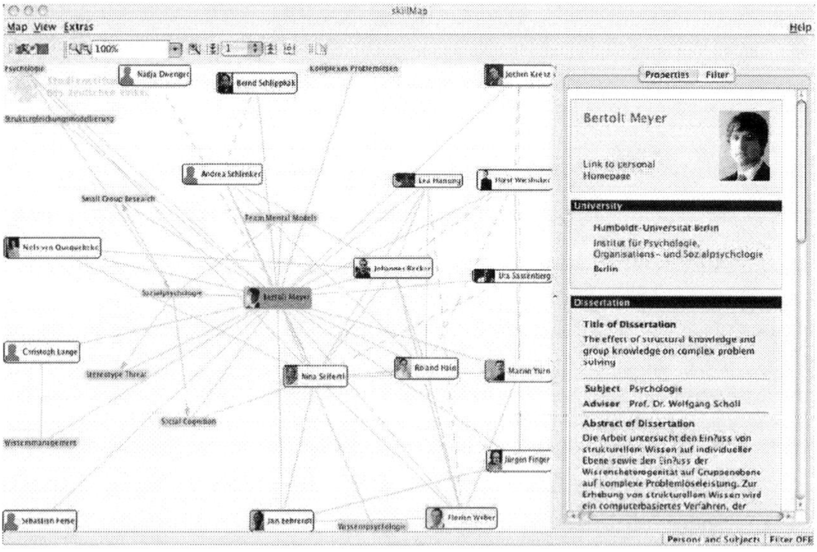

Abb. 215: Beispiel einer smarten Personaldatenbank, Quelle: Spiekermann et al., 2009, S. 299

dadurch der Mitarbeitende mit den, entsprechend seiner Leistungsfähigkeit, angepassten und optimalen Tätigkeiten versorgt werden kann. Zudem erleichtert eine smarte Personaldatenbank die optimierte Identifizierung von Mitarbeiterqualifikationen für die optimale Stellenbesetzung und für zukünftige Aufgaben.

7.4.2. Die digitale Plattform

Ein weiterer struktureller Baustein der Personalverwaltung, sind digitale Plattformen. „Plattformen sind nicht neu und waren bereits vor der Digitalisierung vor allem im Handel relevant. Wochenmärkte oder Einkaufszentren basieren größtenteils auf demselben Prinzip: Der Kern von Plattformen, egal ob analog oder digital, ist die Vermittlung zwischen Anbietern und Nachfragern, indem sie einen zentralen Austauschpunkt schaffen, an dem beide zusammenfinden. Das Angebot von und der Zugang zu Informationen, Produkten und Leistungen wird über digitale Technologien vereinfacht, wodurch eine Vielzahl an Akteuren auf beiden Seiten zusammengebracht werden kann." (Hudetz, Hedde, 2020, S. 3) Plattformen können daher sowohl analog, als auch digital betrieben werden. Die Vorteile digitaler Plattformen für die Personalverwaltung sind:

- nach einmaligen Entwicklungskosten fallen keine nennenswerten Kosten an.
- die Digitalisierung ermöglicht wirtschaftliche Prozesse der Personalverwaltung.
- durch die Digitalisierung sind smarte Services der Personalverwaltung möglich.
- die Digitalisierung kann für das Personalwesen Freiräume generieren, um wichtige, bisher vernachlässigte Funktionen und Aufgaben erfolgreich umzusetzen.
- zusätzliche neue Funktionen, wie Wissensblogs oder Wikis
- zusätzliche Reporting- und Controlling-Tools

Digitale Plattformen haben auch Nachteile:

- die Software verursacht Investitionskosten
- es kann zu Inkompatibilitäten mit der anderen Software kommen
- möglicherweise Schnittstellenprobleme

Es werden zwei Arten von digitalen Plattformen unterschieden, welche beide in der Personalverwaltung genutzt werden können:

Datenzentrierte Plattformen

Diese Art von Plattformen generiert, sammelt und / oder speichert Informationen und bietet eine Infrastruktur für den Austausch, die Analyse und die Auswertung von Informationen an. Damit ermöglichen datenzentrierte Plattformen die Entwicklung datenbasierter Dienstleistungen der Personalverwaltung. Ziel einer datenzentrierten Plattform für die Personalverwaltung ist die passgenaue Zurverfügungstellung von strukturierten Informationen für die automatisierten und manuellen Dienstleistungen der Personalverwaltung.

Transaktionszentrierte Plattformen

Transaktionszentrierte Plattformen ermöglichen hingegen den Austausch und Interaktionen zwischen Akteuren in einer einheitlichen digitalen Umgebung. Hierzu zählen auch digitale Vernetzungsplattformen. Da das Personalwesen eine Querschnittsabteilung ist, können alle Unternehmensbereiche über ein Netzwerk integriert werden. Ziel einer transaktionszentrierten Plattform für die Personalverwaltung sind Strukturen, die optimale Prozesse in der Personalabteilung und zwischen der Personalabteilung und allen anderen Unternehmensbereichen ermöglichen.

7.4.3. Digitale technische und soziale Netzwerke für das Personalwesen

Ein bedeutsamer Bestandteil der digitalen Infrastruktur ist das vorhandene Netzwerk. Ein Netzwerk ist ein formeller oder informeller Beziehungskomplex zwischen verschiedenen Personen, Organisationen oder Organisationsbereichen, die über gleiche Eigenschaften oder Interessen verfügen oder zusammenarbeiten. Damit ist das wesentliche Merkmal eines Netzwerkes die Verflechtungen von Individuen und Organisationen durch Beziehungen. Merkmal eines Netzwerkes ist der lockere Zusammenschluss von Akteuren aus unterschiedlichen Bereichen, ohne zentrale Steuerung und Hierarchie. Akteure in einem Netzwerk können Einzelpersonen, Unternehmen, oder Unternehmensteile sein:

Netzwerke können technischer oder sozialer Art sein. Ein technisches Netzwerk ist ein Zusammenschluss von zwei oder mehr Computern oder anderen elektronischen Geräten, was den Austausch von

Modell eines cloudbasierten Netzwerkes

Abb. 216: Modell cloudbasiertes Netzwerk, Quelle: Eigene Darstellung

Daten und die Nutzung gemeinsamer Ressourcen ermöglicht. Technische Netzwerke können per Kabel, kabellos oder durch eine Mischung aus beiden verbunden sein. Ein Netzwerk kann auch über eine Cloud organisiert werden. Der Begriff Cloud (Deutsch: Datenwolke) meint das Zusammenspiel von mehreren Servern. Die Server übernehmen Aufgaben, wie etwa die Datenspeicherung oder komplizierte Programmabläufe. Dabei weiß der Cloud-Nutzer nicht, wie viele Server hinter der Cloud stecken. Selbst wenn ein Server ausfällt, hat dies keine Auswirkungen auf das gesamte System. Diese Unabhängigkeit von den einzelnen Servern wird daher mit Cloud bezeichnet, da der Nutzer selbst keinen Überblick über die einzelnen Einheiten haben muss (wolkig und unklar für den Nutzer). Die Cloud ist das große Ganze dieser Recheneinheiten.

Eine Cloud hat verschiedene Vorteile:

- **Zeitnahe Skalierbarkeit der IT-Leistungen**
  IT-Leistungen aus der Cloud sind dynamisch und können innerhalb kurzer Zeiträume nach oben und unten skaliert werden, so dass sich Cloud-Dienste zeitnah an den Bedarf des Anwenders anpassen.
- **Reduzierter IT-Administrationsaufwand**
  Betrieb und Wartung für Server entfallen, Upgrades werden vom Anbieter durchgeführt und das Freischalten zusätzlicher User ist im Minutenbereich möglich.
- **Gesteigerte organisatorische Flexibilität**
  Unternehmen erhöhen ihre Flexibilität, da Cloud-Services nach Bedarf auch bei schwer kalkulierbarem Nutzungsverhalten flexibel in Anspruch genommen werden können.
- **Keine Investitionskosten für Server-Hardware**
  Aus fixen Investitionskosten und -risiken werden variable Kosten, wobei Kosten und Nutzen dem tatsächlichen Bedarf entsprechen (verbrauchsabhängige Fakturierung). Investitionen in Überkapazitäten für Lastspitzen müssen nicht vorgenommen werden. Das nicht gebundene Kapital kann z. B. in die Entwicklung und

Einführung neuer Produkte oder Dienstleistungen bzw. in den Ausbau des Vertriebs investiert werden. Auch kleine und mittlere Unternehmen können sich jetzt eine Unternehmenssoftware leisten.

- **Geräte-, zeit- und ortsunabhängiger Zugriff auf geografisch verteilte IT-Ressourcen**
  Technikbedingte, dynamische Verteilung der IT-Leistungen über mehrere Standorte ermöglicht neue Arbeitsweisen wie E-Kollaboration von Mitarbeitern und Partnern.
- **Bessere Performance – erhöhte Datenverfügbarkeit**
  Verlässliche Verfügbarkeit der IT-Services durch professionellen Betrieb und Wartung von IT-Ressourcen wird rund um die Uhr an 365 Tagen im Jahr sichergestellt.
- **Eine Cloud vereinfacht die Kooperation mit externen Kooperationspartnern**
  Eine Cloud kann über die gemeinsame Plattform für eine Kooperation genutzt werden.

Allerdings hat die Cloud auch Nachteile:

- **Cloud-Daten sind an die Internetverbindung gebunden**
  Nicht immer ist eine ausreichend gute Internetverbindung vorhanden und vor allem 5G ist noch nicht flächendeckend ausgebaut. Dadurch können manche Unternehmen Industrie 4.0-Anwendungen nicht nutzen.
- **Bei größeren und steigenden Datenmengen können ungeplante Kosten anfallen**
- **Die Daten werden einem externen Anbieter anvertraut**
  Weil die Daten in fremden Händen sind, entstehen Abhängigkeiten. Daher muss der Anbieter vertrauensvoll sowie wirtschaftlich und politisch stabil sein. Beispielsweise steht ein Anbieter aus China unter dem Einfluss der diktatorischen chinesischen Volkspartei und daher sind die Daten nicht sicher. Falls ein

Cloud-Anbieter seinen Dienst einstellt, müssen die Daten wieder an einem anderen Ort gespeichert werden. Auch Anbieter aus den USA können politisch instabil sein und zum Problem werden, wenn die Politik z. B. wegen einem wirtschaftlichen Konflikt, Kontakte zu einem Cloudanbieter in China verbietet. Aus diesen Gründen bevorzugen 88 % der deutschen Unternehmen einen deutschen Anbieter. (Vgl. Schweizer, 2018, S. 17)

- **Ein Passwort dient als Schlüssel zu den Daten**
  Aufgrund vonder Bedeutung für die Daten bestehen hohe Sicherheitskriterien für die Passwortwahl und für die Zugangsberechtigung.
- **Der Speicherort der Daten ist (weitestgehend) unbekannt**
  Bei der Cloud ist es für den Nutzer eines Cloud-Dienstes gar nicht ersichtlich, wo genau im Internet die Daten gespeichert sind. Der Cloud-Anbieter nutzt Rechenzentren, die theoretisch auf der ganzen Welt sein können. Aus diesem Grund ist zu prüfen, wo der sogenannte „Server-Standort“ des Anbieters ist. Mittlerweile werben viele Cloud-Anbieter damit, ihre Rechenzentren in Deutschland stehen zu haben, denn dann gilt auch das (strengere) deutsche Datenschutzrecht.

Auch in der Personalverwaltung können Clouds genutzt werden. Aktuell haben aber nur 36 % der Unternehmen Cloud-Software im Einsatz. (vgl. Neyer et al., 2021, S. 5) Dass der Nutzungsanteil so niedrig ist, liegt an der überwiegenden Ablehnung der Entscheidungsträger. Von den Cloud-Nutzern sind jedoch 82 % mit der Cloud zufrieden. (vgl. Neyer et al., 2021, S. 5)

Daraus kann geschlossen werden, dass die Unternehmen überwiegen den Einsatz der Cloud nicht bereut haben und die Vorteile der Cloud zu nutzen wissen. Dic bcliebtesten Cloud-Tools sind mit 80 % die Nutzung der Bewerbermanagement-Tools und mit 32 % die digitale Personalakte. (vgl. Neyer et al., 2021, S. 5)

Das technische Netzwerk in einem Unternehmen ist für die Personalabteilung zunächst vorgegeben. Ob die Personalabteilung auch neue Techniken nutzt, ist einerseits von der Skepsis der

Dashboard zur Cloud-Nutzung im Personalwesen

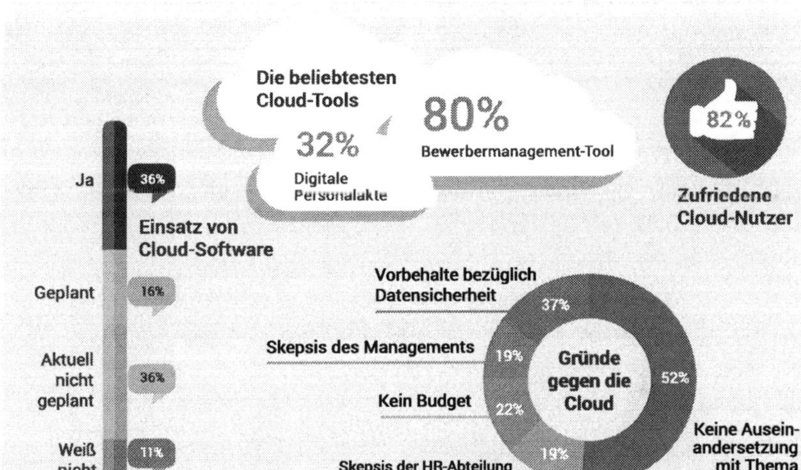

Abb. 217: Dashboard zur Cloud-Nutzung im Personalwesen, Quelle: Neyer et al., 2021, S. 5

Personalabteilung (19 %), andererseits von der Skepsis des Managements (19 %) abhängig. (vgl. Neyer et al., 2021, S. 5)

Neben dem technischen Netzwerk kann die Personalabteilung auch soziale Netzwerke nutzen. Bei einem sozialen Netzwerk interagieren und kommunizieren Menschen auf der sozialen Ebene. Auf der technischen Grundlage eines sozialen Mediums (Social Media) ergibt sich das soziale Netzwerk. Basis für soziale Netzwerke sind Plattformen. Die dadurch entstehende Online-Community kommuniziert und interagiert entsprechend den Möglichkeiten der jeweiligen Plattform im virtuellen Raum. Die Plattform ist die Grundlage zum wechselseitigen Austausch von Meinungen, Erfahrungen und Informationen durch die Nutzer. „Soziale Netzwerke können themenorientiert sein, wie sogenannte Business Netzwerke, oder rein sozialer Kommunikation dienen." (Siepermann, 2021) In gewisser Weise sind soziale Netzwerke die evolutionäre Weiterentwicklung der Gruppe, da sie das Face-to-face-Prinzip der Gruppe überwinden und die Möglichkeit eines Weltdorfs entstehen lassen.

Die Merkmale eines Netzwerkes ist der lockere Zusammenschluss der Akteuren aus den unterschiedlichen Bereichen, ohne zentrale Steuerung und Hierarchie. Diese Merkmale finden sich auch in unternehmerischen Netzwerken. Damit sind Netzwerke besonders flexibel, aber auch unter Umständen ein wenig unberechenbar, da die Akteure eigene Ziele verfolgen und damit das Netzwerk eine eigenständige Entwicklung nimmt. Der Vorteil von Netzwerken liegt jedoch in der Vielfalt der Meinungen, Erfahrungen und Fähigkeiten der Netzwerkteilnehmer. Dadurch können Netzwerke:

- die Beziehungen der Netzwerkteilnehmer festigen.
- neue Ideen generieren.
- die Weisheit der Vielen nutzen und
- soziales Lernen[53] ermöglichen.

Die differenten Eigenschaften der Netzwerkteilnehmer fördern einerseits die Kreativität der Teilnehmer und regen zur Generierung neuer Ideen an, andererseits kommt durch die Meinungsbildung das Phänomen der Weisheit der Vielen zum Tragen.

Nach Surowiecki ermöglicht kollektive Intelligenz bessere Entscheidungen. (vgl. Surowiecki, J., 2007) Kollektive Intelligenz kann auch als angesammelte Intelligenz bezeichnet werden. Eine angesammelte Intelligenz trifft genau den Vorgang, der entsteht, wenn intelligente Entscheidungen von einer Masse von Personen getroffen werden. Wenn also zu jeder Frage immer Antworten aus den verschiedensten Blickwinkeln heraus getroffen und diese dann summiert und aggregiert werden. Surowiecki klassifiziert Entscheidungen in drei Hauptgruppen:

- **Kognition**

Nach Surowiecki können Gruppen durch den Einsatz der kognitiven Fähigkeiten bessere Entscheidungen treffen, bei denen es eine konkrete Lösung gibt. Diese Entscheidungen sind viel genauer, schneller

---

[53] Zu den Details des sozialen Lernens siehe Kapitel 4.1. und 4.2.

und unabhängiger von politischen Kräften, als dies Experten oder Expertengruppen können. (vgl. Surowiecki, J., 2007)

- **Koordination**

Die Koordination der Entscheidungen ermöglicht durch die geteilten Überzeugungen und Normen innerhalb einer Gruppe erstaunlich genaue Voraussagen über die Reaktionen anderer Gruppenmitglieder.

- **Kooperation**

Durch Netzwerkregeln bauen Gruppen vertrauen auf, ohne dafür eine zentrale Kontrolle über ihr Verhalten oder eine direkte Durchsetzung der Regeln zu benötigen.

Allerdings sind bestimmte Voraussetzungen erforderlich, damit Netzwerke auch tatsächlich besser und erfolgreicher sind als Einzelentscheidungen. Einzelentscheidungen basieren auf den selektierten Informationen eines einzelnen Entscheidungsträgers, welcher alleine die Entscheidungsmatrix definiert. Dadurch werden mögliche Entscheidungsoptionen durch den Entscheider eingeengt. Die Einzelentscheidung ist somit nur so gut wie die, allein vom Entscheider definierte Entscheidungsmatrix.

Stimmen die Rahmenbedingungen, dann steigen nicht nur die Erfolgsaussichten, sondern auch die Chance auf den Serendipität-Effekt. Der Serendipität-Effekt bezeichnet eine zufällige Beobachtung von etwas ursprünglich nicht Gesuchtem, das sich als neue und überraschende Entdeckung erweist. Dies gilt auch für Informationen und Ideen.

Das Stolpern über Kollateralfunde wird durch die „Weisheit der Vielen“ begünstigt. Aber: Nicht alle Gruppen sind weise. Es gibt jedoch die Möglichkeit, Schlüsselkriterien zu definieren, die eine weise Gruppe von einer irrationalen Gruppe unterscheiden.

- **Meinungsvielfalt**

Jeder Mensch besitzt unterschiedliche Informationen über einen Sachverhalt, so dass es immer zu individuellen Interpretationen eines Sachverhaltes kommen kann.

- **Unabhängigkeit**

Die Meinung des Einzelnen ist nicht festgelegt durch die Ansicht der Gruppe.

- **Dezentralisierung**

Hier steht die Spezialisierung im Mittelpunkt des Fokus, um das Wissen des Einzelnen anzuwenden.

- **Aggregation**

Es sind Mechanismen vorhanden, um aus Einzelmeinungen eine Gruppenmeinung zu bilden.

- **Meinungsfreiheit**

Jedes Netzwerkmitglied kann und darf seine Meinung äußern und wird angehört.

- **Autoritätsfreiheit**

Erst wenn das Netzwerk autoritätsfrei ist und kein Gruppenzwang herrscht, können optimierte Entscheidungen getroffen werden.

- **Informationszugang**

Jedes Netzwerkmitglied hat einen Zugang zu allen entscheidungsrelevanten Informationen.

Darüber hinaus gibt es einen Unterschied zwischen Schwarmverhalten und Schwarmintelligenz. Schwarmverhalten ist das gleichgerichtete Verhalten von Individuen zur Erreichung eines bestimmten Zieles. Wenn die Netzwerkmitglieder voneinander lernen und daraufhin bei Bedarf ihr Verhalten individuell oder als Gruppe ändern, um ein Ziel zu erreichen, dann spricht man von Schwarmintelligenz. Damit sind wir wieder beim sozialen Lernen.

Durch die Verfolgung der gemeinsamen Interessen können die Beziehungen der Netzwerkteilnehmer in einem Unternehmensnetzwerk untereinander gestärkt und die Identität der Mitarbeitenden mit dem Unternehmen gefördert werden. Soziale Netzwerke fördern somit die Vielfalt an Gedanken und Ideen, wo die Hierarchie sich auf die einzige Wahrheit und Widerspruchsfreiheit stützt. Somit ermöglicht ein soziales Unternehmensnetzwerk den Nutzern, also den Mitarbeitenden, eine bessere Zusammenarbeit, indem bewährte Verfahrensweise ausgetauscht, bei der Entwicklung von Strategien zusammengearbeitet und damit die strategische Intelligenz im Unternehmen institutionalisiert sowie Initiativen und Innovationen durch die Kreativität des sozialen Unternehmensnetzwerkes gefördert werden. Auch kann Wissen einfacher über Unternehmenshierarchien hinweg weitergegeben werden.

Praxistipp

Letztendlich unterstützt ein digitales soziales Unternehmensnetzwerk die, in Kapitel 4.1. vorgeschlagene, duale Unternehmensstruktur. Durch die Nutzung einer Enterprise-Social-Network-Software kann die Kreativität und Teilhabe der Mitarbeitenden über die neugeschaffene duale Unternehmensstruktur hinaus genutzt und allen Mitarbeitenden zur Verfügung gestellt werden. Dadurch wird die duale Struktur tiefer und breiter in die Unternehmensstrukturen integriert. Zwar verliert dann die Koalition der Freiwilligen an Exklusivität, da sich jedoch immer mehr Freiwillige als verfügbare Plätze melden, können mit Hilfe der Enterprise-Social-Network-Software die Teilhabebedürfnisse der noch nicht berücksichtigten Mitarbeitenden befriedigt werden und somit wird die duale Unternehmensstruktur Bestandteil der gesamten Unternehmenskultur-DNA.

Eine Enterprise-Social-Network-Software sollte bestimme Bestandteile haben. Diskussionsräume sind ein wichtiger Bestandteil und können aus Ideenboxen, gemeinsamen FAQ und freien Konversationsräumen bestehen. Eine integrierte Personaldatenbank, welche ein Expertenverzeichnis mit dem Namen der Mitarbeitenden enthält, ist für die Personalabteilung, für das Management und für das Kompetenzmanagement hilfreich. Dadurch hinaus können auch Mitarbeitenden gezielt auf Expertenwissen zurückgreifen, um Ideen weiterzuentwickeln, wodurch die Koalition der Freiwilligen an zusätzlicher Dynamik gewinnen können.

Mithilfe einer Mikroblogging-Funktion können die Benutzer schnell Mitteilungen veröffentlichen, die dann allen Nutzern zugänglich sind. Andere Mitglieder, die dem Verfasser einer Mitteilung folgen, können mit einem Kommentar oder einem Like-Button reagieren. Wie die anderen

Konversationsformen (Forum, Vorschläge, Fragen, Kritiken usw.) lassen sich die Mikroblogging-Mitteilungen aufrufen, durchsuchen und kommentieren.

Da bereits die Einführung einer Koalition der Freiwilligen ein großer Schritt für das Management und für das Unternehmen ist, kann empfohlen werden, zunächst die duale Unternehmensstruktur ohne eine Enterprise-Social-Network-Software einzuführen, um die positiven Veränderungen der neuen dualen Unternehmensstruktur im Unternehmen erlebbar zu machen.

Erst nachdem die Mitarbeitenden die positiven Erfahrungen mit der dualen Unternehmensstruktur gemacht haben, sollte die Enterprise-Social-Network-Software eingeführt werden, um die positiven Wirkungen in die Unternehmenskultur einfließen zu lassen. Wird die Enterprise-Social-Network-Software zeitgleich mit der dualen Unternehmensstruktur eingeführt, besteht die Gefahr, dass die positiven Auswirkungen der dualen Unternehmensstruktur von Mitarbeitenden nicht gesehen und erlebt werden, weil diese Auswirkungen anonym in der Software schlummern und nicht immer umgesetzt werden. Auch das Management kann sich getäuscht fühlen, weil zunächst davon ausgegangen wurde, dass die duale Unternehmensstruktur keine weiteren Kosten verursacht, die Enterprise-Social-Network-Software aber entgeltlich erworben werden muss.

7.4.4. Digitale mobile Anwendungen im Personalwesen

Eigentlich ist das Personalwesen starr im Unternehmen verankert, oder? Dabei gilt die Vorstellung schon lange nicht mehr und die Pandemie hat die Mobilität der Mitarbeitenden und der Unternehmen verstärkt. So arbeiten beispielsweise die Mitarbeitenden ausschließlich, oder überwiegend im Home Office und Unternehmen kommunizieren mit den Kunden via Online-Videokonferenzen. Deshalb sollte auch das Personalwesen an Flexibilität gewinnen, Die Pandemie hat daher den Bedarf nach mobiler digitaler Software für das Personalwesen noch verstärkt. Vor der Pandemie wollten 45 % der Unternehmen in mobile digitale Software investieren.

Im Laufe der Pandemie ist dieser Wert auf 58 % gestiegen. (vgl. Tonner, 2020, S. 3)

Weil viele Tätigkeiten außerhalb des Unternehmens erfolgen und damit mobil sind, werden auch mobile Dienstleistungen des Personalwesens benötigt, damit diese Dienstleistungen zeitnah und wirtschaftlich erfolgen können. Zugleich erfordern mobile Tätigkeiten Instrumente die eine mobile Personalführung ermöglichen. Um die Anwendungen im Personalwesen mobil einzusetzen, können die Anwendungen meist über eine App oder per Webbrowser via Smartphone oder Tablet aufgerufen werden. Eingesetzt werden können mobile Personalverwaltungsanwendungen in praktisch allen Bereichen der Personalverwaltung. Nachfolgend wird, aufgrund der Vielfalt der vorhandenen Aufgaben und Apps, nur auf ausgesuchte mobile Personalverwaltungsapplikationen eingegangen:

- Zeit- und Zutrittserfassung,
- Bewerbermanagement,
- Mitarbeiterportale,
- Self-Services.

Für die Mitarbeitenden, aber auch für die Personalabteilung ist es eine Erleichterung, wenn die Mitarbeitenden mobil die Arbeitszeiten vor Ort erfassen können. Eine digitale und mobile Zeit- und Zutrittserfassung

Im Fokus des Bewerbermanagements stehen die Verwaltung von Bewerberdokumenten, die Kommunikation mit Bewerbern und interne Abstimmungsprozesse. Ein professionelles Bewerbermanagement deckt somit alle Prozesse rund um den Bewerber und rund um die Hauptaufgabe des Bewerbermanagements die richtigen Kandidaten für das Unternehmen zu finden, ab. Beim Bewerbermanagement bedeutet Mobilität: Agilität, weil der mobile Zugriff der Entscheidungsträgern die Entscheidungsprozesse verkürzt. Dies kann dem Unternehmen die Einstellung der richtigen Bewerbend sichern, weil bei zu langen Bewerbungsprozessen 95 % Bewerber während des Einstellungsprozesses absagen. (vgl. Renner, 2021, S. 9)

Um die Abbrecherquoten gering zu halten, sollten die Online-Eingaben der Bewerbenden möglichst einfach und unkompliziert sein. Zugleich ist es für die Entscheidungsträger erforderlich, möglichst zeitnah die vollständigen Bewerberdaten zu erhalten, damit eine Selektion der Bewerber und eine Einstellungsentscheidung getroffen werden kann. Auch eine schnelle Absage beeinflusst das Unternehmensimage positiv, weil die schnelle Absage für den Bewerbenden Klarheit schafft.

Aus Unternehmenssicht erfüllen jedoch 97 % der Bewerbenden nicht alle Kriterien der Stellenanzeige, was der Hauptgrund einer Nichteinstellung ist. (vgl. Renner, 2021, S. 8) Bei unzureichend verfügbaren Kriterien der Bewerbenden hat das Unternehmen daher Kompromisse zu machen, kann aber auch den Bewerbungsprozess optimieren, indem Zeit eingespart wird, weil die Bewerberdaten bereits digital integriert vorliegen und nicht erst mühselig von E-Mail-Bewerbungen manuell n die Bewerberdatenbank übertragen werden müssen. Darüber hinaus kann eine KI-basierte Bewerbersoftware eine zielgruppengerechte Direktansprache über verschiedene Kanäle hinweg erfolgen, sowie ein Talent Pool mit geeigneten potentiellen Bewerbenden angelegt werden. Auch Lebensläufe können nach Stichworten und Textpassagen untersucht werden.

Eine KI-basierte Bewerbersoftware hat nicht nur Vorteile zu bieten, es gibt auch einige Nachteile. So ist die Technologie zunehmend eine Black Box für Außenstehende, Daten zum Trainieren der Roboter sind kaum vorhanden und Programmierer können unbewusst Vorurteile in das System integriert haben. Außerdem gehen durch maschinell erzeugte Entscheidungen bei der Personalauswahl weiche Faktoren verloren, wie zum Beispiel das Bauchgefühl des Personalers. Ob eine KI-basierte Bewerbersoftware für ein Unternehmen sinnvoll und wirtschaftlich ist, lässt sich durch eine Investitionsrechnung klären.

Ein weiterer struktureller Beitrag für mobile Anwendungen sind Mitarbeiterportale, wenn diese einen mobilen Zugang ermöglichen. Dazu müssen die Mitarbeitenden entweder auf mobile Endgeräte zugreifen können oder einen Zugang zu einem stationären PC haben.

Die mobilen Endgeräte benötigen eine IT-Sicherheitssoftware, die Cyberangriffe abwehren kann.

Auch sollten weitere Sicherheitsmaßnahmen, wie beispielsweise ein VPN-Zugang zum Unternehmensnetzwerk, gegeben sein. Ein Virtual Private Network (VPN) ist ein Netzwerk, das eine öffentliche Telekommunikationsinfrastruktur wie das Internet verwendet, indem unter Beibehaltung der Privatsphäre Datenpakete auf der Senderseite verschlüsselt und auf der Empfängerseite entschlüsselt und durch ein VPN-Protokoll übertragen werden.

Ob stationäre PCs die gleichen Sicherheitsstandards haben wie die unternehmenseigenen mobilen Endgeräte ist fraglich, da das Unternehmen nicht die Sicherheitsstandards des PC kennt. Zudem ist die IT-Sicherheit auch von dem Verhalten der Mitarbeitenden abhängig, was ungewollt durch die Nutzung eines unternehmensfremden PCs zu einem Sicherheitsrisiko für das Unternehmensnetzwerk werden kann. In der Praxis wird daher häufig die Nutzung unternehmensfremder PCs untersagt. Entsprechend hat das Unternehmen mobile Endgeräte zur Verfügung zu stellen.

Durch eine Kombination einer Plattform mit einem Mitarbeiterportal und einem integrierten elektronischen Workflow, entsteht ein moderner digitaler Self-Service. Dieser neue Service kann sowohl vom Personalwesen, als auch von den Mitarbeitenden genutzt werden, um zeitsparend und effizient Anträge, Genehmigungen, Reisekostenabrechnungen, Bestellungen, Bescheinigungen und Urlaubsplanungen abzuwickeln. Um eine möglichst große Zeitersparnis und eine möglichst hohe Effizienz zu erreichen, sollten bei einem Self-Service die manuellen Prozesse und Eingaben begrenzt sein, was durch einen elektronischen Workflow ermöglicht wird. Durch elektrische Workflows werden Entscheidungsprozesse strukturiert und vereinheitlich, was die Subjektivität der Entscheidungen reduziert. Bei Verzögerungen bei Entscheidungen und Umsetzungen von Maßnahmen können Erinnerungen generiert und ggf. Entscheidungsreihenfolgen eskaliert werden.

Die Zeitersparnis und die gesteigerte Effizienz gegenüber manuellen Prozessen ergeben sich nicht nur für die Mitarbeitenden, sondern auch dann, wenn die Entscheidungen und Maßnahmen durch den elektronischen Workflow die Tätigkeiten des Personalwesens mit berücksichtigen und die Entscheidungen und Maßnahmen digital und automatisch in die Personalakte integriert werden. Können Self-Services auch über mobile Endgeräte genutzt werden, werden auch Self-Services mobil.

7.4.5. Digitale Personalbeschaffung

Bei der digitalen Personalbeschaffung treten die Unternehmen zum ersten Mal digital in Kontakt mit den potentiellen Mitarbeitenden. Für gewöhnlich beginnt der Kontakt mit der Veröffentlichung einer Stellenanzeige. Die potentiellen Mitarbeitenden können sich auch initiativ via E-Mails und Homepage digital bewerben.

Digitale Personalbeschaffungsprozesse

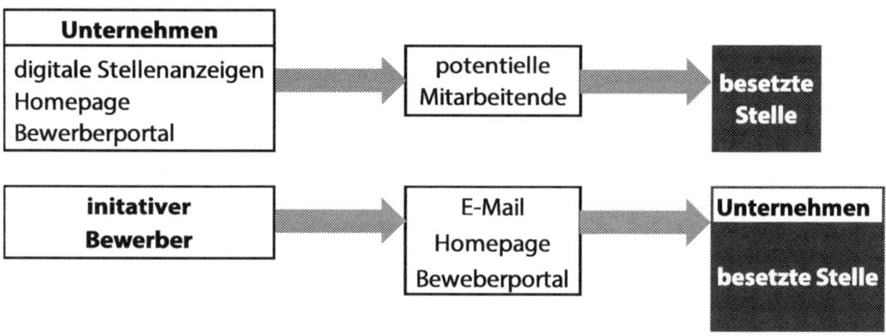

Abb. 218: Digitale Personalbeschaffungsprozesse, Quelle: Eigene Darstellung

Das Ziel der beiden Prozesse ist die zu besetzende Stelle, wobei die Initiative entweder vom Unternehmen, oder von einem potentiellen Mitarbeitenden ausgeht. Dabei unterscheiden sich die Bedürfnisse des Unternehmens und des Bewerbers.

Das Unternehmen möchte die zu besetzende Stelle wirtschaftlich, d. h. mit möglichst geringem Aufwand und in möglichst kürzester Zeit besetzen. Dazu stehen dem Unternehmen verschiedene digitale Instrumente zur Verfügung:

- digitale Stellenanzeigen,
- Homepage,
- Bewerberportal.

Eine digitale Stellenanzeige kann auf der eigenen Homepage oder auf einem staatlichen oder privaten Stellenportal veröffentlicht werden.

Auf die Stellenanzeige kann der Bewerbende via Post, E-Mail oder via einem Bewerberportal antworten. Dabei ist eine postalische Bewerbung sowohl für das Unternehmen als auch für den Bewerbenden, durch den Medienbruch, die teuerste (wegen Druckkosten etc.) sowie langsamste (1–3 Tage Postweg) und damit die unwirtschaftlichste Bewerbungsform. Die Unternehmen müssen bei den postalischen Bewerbungen die Daten manuell in ein digitales System einpflegen, was mit möglichen Fehlern und Personalkosten verbunden ist. Besser sind da schon E-Mails mit PDF-Anhängen. Aber auch hierbei ist zu beachten, dass ein PDF zwar elektronisch, nicht aber digital ist. Dies bedeutet, dass ein PDF entweder manuell übertagen werden muss,[54] oder aber automatisiert mittels einer OCR-Software in ein digitales System eingetragen wird.

Eine OCR-Software (Optical Character Recognition) ist eine optische Zeichenerkennung zur automatischen Texterkennung auf Basis bildhafter Informationen bzw. einer Ansammlung von Bildpunkten, wie beispielsweise aus einem PDF-Dokument. „Das PDF-Dokument besteht aus einer Vielzahl an Objekten unterschiedlicher Typen. Diese Objekte bilden eine komplizierte hierarchische Struktur – das eigentliche Dokument. Um die Größe der PDF-Datei zu optimieren, erlaubt die PDF-Spezifikation sowohl die Komprimierung von Daten als auch die Schaffung komplexer Verbindungen zwischen den Daten." (Shtern, 2013, S. 6)

„Moderne OCR-Programme können bei lateinischer Schrift eine Erkennungsrate von bis zu 98 % vorweisen." (Heise, 2021) Dann darf es doch eigentlich keine Probleme geben, oder? Leider ist die

[54] Beispielsweise durch kopieren – einfügen.

OCR-Verarbeitung in der Praxis nicht so problemlos, wie Softwareanbieter es gerne propagieren, denn zum einen sind 98 % nicht 100 % und damit fällt immer manuelle Nacharbeit an und zum anderen werden 98 % nur im Idealfall realisiert. Die Praxis sieht also anders aus. Dies liegt daran, dass es keine Normen für Lebensläufe, Zeugnisse und Anschreiben gibt. Also muss die OCR-Software eigenständig die relevanten Texte aus den verschiedensten Bereichen des PDF entnehmen und in die richtigen Stellen in der Datenbank einfügen. Auch mit künstlicher Intelligenz und einem entsprechenden digitalen Lernprogramm kommen die besten OCR-Programme häufig nur auf eine Erkennungsrate von 70 %[55]. Letztendlich ist auch mit modernster OCR-Software in einem gewissen Umfang manuelle Nacharbeit erforderlich und dies unabhängig davon, ob die Bewerbungen von den Bewerbenden per E-Mail versandt werden oder in unternehmenseigenes Bewerberportal eingegeben werden.

Ein digitales Bewerberportal sollte mindestens folgende Eigenschaften haben:

- Suchfunktion für alle Texte und Anlagen (z. B. Zeugnisse, Lebensläufe im Doc- oder PDF-Format),
- Filtern der Bewerbungen anhand vorher definierter Auswahlkriterien,
- Datenaustausch zwischen Bewerbersoftware und externen Jobbörsen,
- Terminplanung und -nachverfolgung,
- Kompatibilität mit Office-Produkten,
- Integration von externen Jobportalen und Karriereportalen,
- Vereinheitlichung von Lebensläufen,
- Optionale Fremdsprachenerkennung.

Auch die Bewerbenden haben Ansprüche an den digitalen Bewerbungsprozess. Bei Bewerbungen per E-Mail nutzen Bewerbende häufig Textbausteine, um den Bewerbungsprozess zu vereinfachen

[55] Nach interner Aussage eines namhaften Anbieters einer OCR-Software.

und eine Zeitersparnis zu erzielen. Die Verwendung von Textbausteinen hat den Vorteil, dass die Bewerbenden eine Bewerbung effizient abwickeln können und trotzdem auf die Besonderheiten des Stellenangebotes eingehen können, insbesondere deshalb, weil die Qualifikationen des Bewerbenden zum Zeitpunkt der Bewerbung fix sind, aber die Anforderungen der Unternehmen differieren.

Es ist daher für die Bewerbenden wenig attraktiv, wenn die bereits fertige Bewerbung nochmals manuell in ein digitales Bewerberportal eingegeben werden muss, weil der zuvor organisierte Zeitvorteil durch die Textbausteine verloren geht und der Bewerbungsprozess doppelt oder dreifach solange benötigt. Wenn dann noch zusätzlich alle Bewerbungsunterlagen hochgeladen werden müssen, fehlt dem einen oder anderen Bewerber die Sinnhaftigkeit des Bewerbungsprozesses. Bei diesen Bedingungen muss die Personalabteilung sich nicht wundern, dass viele Bewerbungsprozesse abgebrochen werden oder nur wenige Bewerbungen eingehen.

Aus den vorgenannten Gründen kann die Handlungsempfehlung abgegeben werden, dass die Unternehmen bei einem digitalen Bewerberportal nicht nur auf die Kosten und auf eine möglichst optimale Funktionalität für die Personalabteilung, sondern auch auf eine möglichst einfache und komfortable Handhabung für die Bewerbenden achten sollten. Damit wird einerseits der wirtschaftliche, andererseits der effektive Einsatz des Bewerberportals sichergestellt.

7.5. Homeoffice

Unter Homeoffice wird das gelegentliche oder ständige Arbeiten in den privaten Räumlichkeiten des Arbeitnehmers verstanden. Damit gehört Homeoffice zum mobilen Arbeiten. Beim mobilen Arbeiten wird die Arbeitsleistungen an typischerweise wechselnden Orten außerhalb des Unternehmens erbracht. Das mobile Arbeiten kann beispielsweise auf Reisen im Zug, im Hotel oder auf dem heimischen Sofa erfolgen. Der Mitarbeitende muss nicht notwendig zuhause arbeiten. Die einzige Anforderung besteht in der Sicherstellung der

Erreichbarkeit. Sowohl für die Unternehmen als auch für die Mitarbeitenden stellt sich die Frage, ob Homeoffice effizient und erwünscht ist.

Für die Unternehmen reduziert sich der Raumbedarf durch Homeoffice, da nunmehr nicht mehr alle Mitarbeitenden zum Unternehmen kommen müssen. Allerdings muss der geringere Raumbedarf in der Praxis nicht zwingend auch zu einer geringeren Flächennutzung führen – und zwar immer dann, wenn die vorhandene Fläche nicht an andere Unternehmen weitervermietet oder in Wohnraum umgewandelt werden kann. In diesem Fall entstehen für das Unternehmen weiterhin Gebäudekosten und damit weiterhin Fixkosten.

Zudem muss das Unternehmen sicherstellen, dass sowohl die Tätigkeiten und Aufgaben der Mitarbeitenden als auch die Führung weiterhin effizient umgesetzt werden. In einer IAB-Erhebung wurde, über den Zeitraum April 2020 - Oktober 2020, zu drei Stichpunkten,

Relative Effizienz der Arbeit im Verlauf der Pandemie gegenüber der Zeit davor
Durchschnitte der relativen Effizienz (auf einer Skala von –2 bis +2)

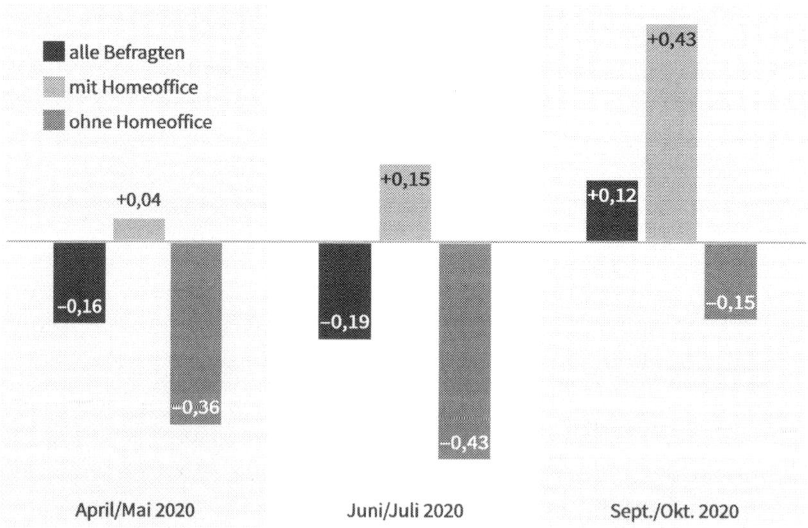

Abb. 219: Effizienz der Arbeit im Homeoffice, Quelle: Frodermann et al., IAB (Hrsg.), 2021, S. 8

nach der Effizienz von Homeoffice-Tätigkeiten gefragt. Damit ist es nicht nur möglich, die Effizienz während der Covid-19-Pandemie, sondern auch mögliche Effizienzveränderungen von Homeoffice-Tätigkeiten zu messen. (vgl. Frodermann et al., IAB (Hrsg.), 2021, S. 8)

„Zu Beginn der Pandemie, im April/Mai 2020, empfanden die Beschäftigten ihre Arbeit tendenziell als weniger effizient im Vergleich zu vorher. Eine Ausnahme stellen hier die Personen im Homeoffice dar, die bereits am Anfang der Umstellung in ihrer eigenen Wahrnehmung in etwa so effizient waren wie vor der Pandemie. Demgegenüber erfuhren jene, die nach wie vor ausschließlich im Betrieb arbeiteten, nach eigener Einschätzung deutliche Effizienzeinbußen. Im weiteren Verlauf der Pandemie wurden diese wahrgenommenen Einbußen zunächst noch größer, während die Personen im Homeoffice ihre Arbeit zunehmend als effizienter empfanden. Bis zur dritten Welle der Befragung im September/Oktober 2020 konnten jedoch alle Gruppen ihre relative Effizienz deutlich steigern, sodass selbst die Gruppe ohne Homeoffice-Nutzung nur noch vergleichsweise geringe Effizienzeinbußen angab. Die Homeoffice-Nutzenden berichteten unabhängig von ihrer früheren Homeoffice-Erfahrung von starken Effizienzgewinnen gegenüber der Zeit vor der Pandemie. Diese Entwicklung über die Zeit deutet auf Gewöhnungs- und Lerneffekte hin: Nach anfänglich notwendigen Anpassungsprozessen funktionierte der Umgang mit der neuen Arbeitsorganisation zunehmend besser." (Frodermann et al., 2021, S. 8)

Daraus wird ersichtlich, dass einerseits neue Organisationsformen und Prozesse zeitliche Anpassungen benötigen, um eine Effizienzsteigerung zu erzielen, andererseits eine Abhängigkeit zwischen den beiden Organisationsformen besteht, weil Tätigkeiten ohne Homeoffice sich zunächst verschlechterten, um dann eine Effizienzsteigerung zu erreichen. Für die Praxis bedeutet dies, dass bei Anpassungsprozessen sowohl Geduld gefragt ist als auch dass zukünftig hybride Organisationsformen (also mit und ohne Homeoffice) wirtschaftliche Vorteile und Effizienzsteigerungen für das Unternehmen bedeuten können.

Welcher Anteil an Homeoffice-Tätigkeiten zu optimalen Effizienzsteigerungen führt, wird annahmegemäß von Unternehmen zu Unternehmen unterschiedlich sein und ist daher individuell zu ermitteln. Aus wirtschaftlichen Überlegungen sind daher politische Vorgaben zu festen Homeoffice-Quoten eher hinderlich für effiziente Unternehmen.

Die Mitarbeitereffizienz wird durch die Rahmenbedingungen im Homeoffice beeinflusst. So werden die Mitarbeitenden im Büro zu 55,6 %, mit 35,6 % zu beiden Teilen gleich und zu 8,8 % im Homeoffice abgelenkt. (vgl. Dederichs et al., 2021, S. 90) Die geringe Ablenkungsrate ist erstaunlich, werden doch eine Vielzahl von Ablenkungen im Homeoffice erwartet, welche offensichtlich in der Praxis nicht zutreffen. Die Ablenkungsformen sind dabei typisch für die jeweilige Organisationsform: (vgl. Dederichs et al., 2021, S. 91)

Ablenkungsformen im Büro und im Homeoffice

Ablenkungsformen	privates Surfen	andere Personen	Lärm	Social Media
im Büro	4,4 %	98,6 %	57,8 %	2,2 %
im Homeoffice	17,8 %	24,4 %	20,0 %	24,4 %

Abb. 220: Ablenkungsformen im Büro und im Homeoffice, Quelle: Dederichs et al., 2021, S. 91

Auch die Mitarbeitenden werden durch die Homeoffice-Tätigkeiten beeinflusst, werden doch individuelle Anpassungen und Verhaltensweisen aufgrund der geänderten Organisationsform, den Prozessen und der Kommunikation erforderlich sein. Zudem kommt es zu einer Vermischung von Arbeit und Privaten. Auch hierzu hat die IAB eine Umfrage vorgenommen und die Werte aufgrund der Covid-19-Pandemie mit einer Panelumfrage aus dem Jahr 2017 verglichen.

„Im Jahr 2017, also etwa drei Jahre vor der Covid-19-Pandemie, berichteten noch 46 % der Personen ohne Homeoffice von fehlenden technischen Voraussetzungen.[56] Zudem gaben 62 % an, dass die Anwesenheit am Arbeitsplatz von Vorgesetzten erwünscht sei. Bei gut der Hälfte (51 %) verhindert der Wunsch nach Trennung von Beruf und Privatleben das Arbeiten von zu Hause.

Am häufigsten (70 %) wurde jedoch die erschwerte Zusammenarbeit mit Kolleginnen und Kollegen als Grund genannt, warum zu diesem Zeitpunkt nicht im Homeoffice gearbeitet wurde." (Frodermann et al., IAB (Hrsg.), 2021, S. 5) Im Vergleich dazu sind jedoch alle Hinderniswerte in der Covid-19-Pandemie gesunken. Der Hauptgrund dafür wird sicher der externe Druck durch die Covid-19-Pandemie gewesen sein. Am deutlichsten haben sich jedoch alle weichen Faktoren verändert.

Die weichen Hindernisfaktoren: „Anwesenheit erwünscht", „Trennung von Beruf und Privatleben" und die „Zusammenarbeit mit Kollegen" sanken dabei am stärksten.[57] „So gaben im April / Mai 2020 nur noch rund 17 % der Beschäftigten ohne Homeoffice-Nutzung an, aufgrund einer Anwesenheitskultur im Betrieb nicht von zu Hause zu arbeiten, 2017 waren es noch über 60 %.

Auch die Trennung von Beruf und Privatleben stand nur noch in 18 % der Fälle im Weg. Am stärksten fiel der Rückgang jedoch bei der durch das Arbeiten von zu Hause erschwerten Zusammenarbeit mit Kolleginnen und Kollegen ins Gewicht, dies nannten noch 19 Prozent der Beschäftigten als Hindernis – gegenüber 70 % im Jahr 2017." (Frodermann et al., IAB (Hrsg.), 2021, S. 6)

Für ein effizientes Arbeiten im Homeoffice sind eine Arbeitsumgebung und eine Arbeitsplatzausstattung erforderlich, die effizientes Arbeiten ermöglichen. Nach der IAB-Erhebung in 2021 haben 67 % der Homeoffice-Nutzenden einen festen Arbeitsplatz, 42 % sogar in ein separates Arbeitszimmer. Allerdings arbeiten aber auch 31 % der Mitarbeitenden überwiegend am Ess- oder Küchentisch. Andere

---

[56] Zu den technischen Hindernissen aus Unternehmenssicht siehe das Kapitel 7.5.1. „Die wichtigsten Instrumente für virtuelle Teams im Homeoffice".

[57] Zu den weichen Faktoren siehe die Ausführungen in den Kapiteln 3.2.–3.2.6.4.4. und zu der Führung im Homeoffice im Kapitel 7.5.2.

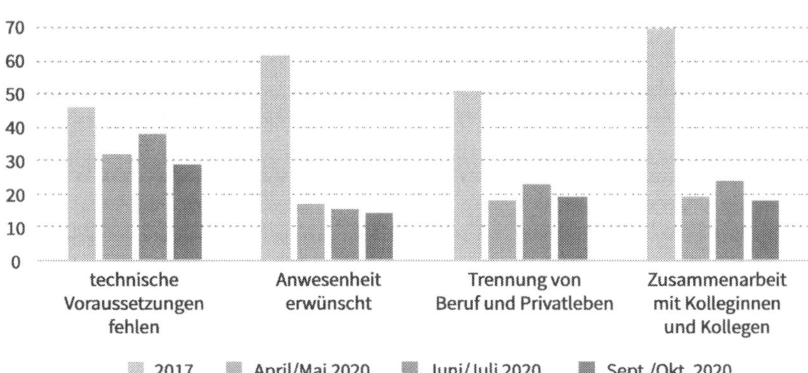

Abb. 221: Hindernisse bei der Homeoffice-Nutzung 2017/2020, Quelle: Frodermann et al, 2021, S. 5

Arbeitsorte, wie beispielsweise Sitzgelegenheiten ohne Tisch, spielen jedoch mit rund 2 % kaum eine Rolle. (vgl. Frodermann et al, 2021, S. 8)

Zu einem ähnlichen Ergebnis kommt eine Studie von Dederichs et al. (2021). (vgl. Dederichs et al., 2021, S. 41ff.) Auch in dieser Studie wird deutlich, dass nicht alle Homeoffice-Nutzer ideale Arbeitsbedingungen vorfinden und die notwendigen technischen Voraussetzungen haben, um effizient im Homeoffice zu arbeiten. Daher ist eine Befragung der Mitarbeitenden erforderlich. Zudem hat der Arbeitgeber aufgrund öffentlich-rechtlicher und privatrechtlicher Gesetze eine Führsorgepflicht gegenüber seinen Arbeitnehmern:

- Arbeitsschutzgesetz (§§ 5 Abs. 1, 11, 12 Abs. 1 Satz 1 ArbSchG),
- Arbeitssicherheitsgesetz (§§ 1–23 ASiG),
- Arbeitsstättenverordnung (§ 2 Abs. 7 ArbStättV),
- Verordnung zur arbeitsmedizinischen Vorsorge (§ 3 ArbMedVV),
- Sozialgesetzbuch (§ 21 SGB VII),
- Weitere Verordnungen zum Schutz der Arbeitnehmer (z. B. GefStoffV, BioStoffV),
- Regelwerk der Berufsgenossenschaften,
- Bürgerliches Gesetzbuch (§ 618 Abs. 1 BGB).

Aufgrund der gesetzlichen Fürsorgepflicht des Arbeitgebers ist es nicht ausreichend, davon auszugehen, dass die Arbeitsbedingungen im Homeoffice schon ausreichend sein werden. Vielmehr muss der Arbeitgeber aktiv werden und dies nicht nur aufgrund von möglichen drohenden rechtlichen Konsequenzen, sondern auch wegen einer Motivationsförderung der Mitarbeitenden, der Werte und Normen des Unternehmens und der Förderung der Unternehmenskultur. All die Faktoren haben auch positive wirtschaftliche Auswirkungen auf das Unternehmen und den Unternehmenserfolg.

„Arbeitgeber sind verpflichtet, auf das Persönlichkeitsrecht, die Gesundheit und andere berechtigte Interessen ihrer Arbeitnehmer angemessen Rücksicht zu nehmen. In der Praxis ist oft streitig, wie weit die Verpflichtung zur Rücksichtnahme geht. Der gesetzlichen Regelung der Fürsorgepflicht des Arbeitgebers (§ 241 BGB) lässt sich nur entnehmen: Arbeitgeber und Arbeitnehmer sind verpflichtet, Rücksicht aufeinander zu nehmen – und zwar auf die ‚Rechte, Rechtsgüter und Interessen' der jeweils anderen Seite. Wie weit diese Rücksicht im Einzelfall gehen muss, steht nicht konkret im Gesetz. Dies macht nichts: Das Bundesarbeitsgericht hat die Fürsorgepflicht des Arbeitgebers für eine Vielzahl von Situationen geklärt.

Klarer wird die Fürsorgepflicht des Arbeitgebers, wenn man sie gedanklich in drei Schritte zerlegt:

- Schritt 1: Es muss bedacht werden, welche Interessen beider Seiten im Raum stehen.
- Schritt 2: Im zweiten Schritt ist zu bedenken, mit welchen Verhaltensweisen Arbeitgeber auf die Interessen des Arbeitnehmers Rücksicht nehmen.
- Schritt 3: Im dritten Schritt ist zu überprüfen, ob dem Arbeitgeber Rücksichtnahme oder Schutzmaßnahmen im Ergebnis zumutbar sind.

Rücksichtnahme und Schutzmaßnahmen müssen dem Arbeitgeber im Ergebnis zumutbar sein.

Grundsätzlich gilt: Der Arbeitgeber muss angemessenen Schutz und angemessene Rücksichtnahme zeigen. Es ist eine Abwägung der beiderseitigen Interessen vorzunehmen. Der Eingriff in das Persönlichkeitsrecht oder andere Interessen des Arbeitnehmers kann durch überwiegende Interessen des Arbeitgebers gerechtfertigt sein. Entscheidend sind aber nicht ‚subjektive' Meinungen. Bei der Frage, was dem Arbeitgeber zumutbar ist, sind die im Grundgesetz verankerten Grundrechte beider Seiten angemessen zu berücksichtigen und in die Waagschale zu werfen." (Buschmann, 2021)

Der Arbeitgeber hat somit für die ordnungsgemäßen Rahmenbedingungen zu sorgen und dabei die individuellen privaten Gegebenheiten des Mitarbeitenden zu berücksichtigen, denn auch am Homeoffice-Arbeitsplatz hat der Arbeitgeber notwendige Infrastruktur zu sorgen. Entsprechend hat der Arbeitgeber die notwendige Infrastruktur durch zur Verfügungstellung der technischen Infrastruktur zu gewährleisten. Dies kann einerseits durch die Zurverfügungstellung von materiellen und immateriellen Wirtschaftsgütern und andererseits durch die Zurverfügungstellung und Bezahlung einer schnellen Internetverbindung erfolgen. Allerdings bewerten die Mitarbeitenden ihre Arbeit im Homeoffice überwiegend als positiv:

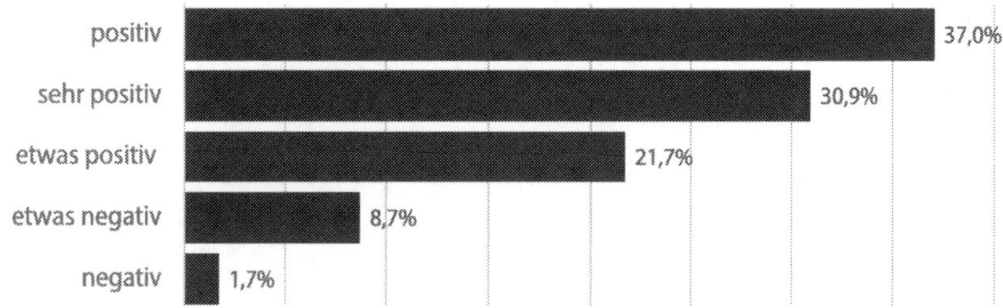

Abb. 222: Bewertung der Arbeitseffizienz beim Homeoffice, Quelle: Dederichs et al., 2021, S. 17

Insgesamt bewerten 89,6 % der Mitarbeitenden die Arbeitseffizient als positiv. Dies liegt einerseits daran, dass die Vermischung von Privatem und Arbeit von den Mitarbeitenden als nicht stark belastend wahrgenommen wird (vgl. Bahr, 2021), andererseits Fahrtzeiten zur und von der Arbeit entfallen (vgl. Dederichs et al., 2021, S. 17), weil die Arbeitnehmer Fahrzeiten zum Arbeitsplatz im Sinne der Work-Life-Balance als Gesamtarbeitszeit wahrnehmen. Gleichzeitig können während der Arbeitszeiten private Angelegenheiten einfacher organisiert werden. (vgl. Dederichs et al., 2021, S. 17)

Praxistipp

Ob Homeoffice genutzt werden sollte oder nicht, ist nicht nur davon abhängig, wie effizient Homeoffice-Tätigkeiten durchgeführt werden können, sondern ist auch von der privaten Situation des Mitarbeitenden abhängig. Daher sollte die Nutzung der Homeoffice-Tätigkeiten nicht nur von den Mitarbeiterfähigkeiten, dem Know-how, den technischen Gegebenheiten und den Arbeitsprozessen, sondern auch von den privaten örtlichen Gegebenheiten der Homeoffice-Tätigkeiten abhängen. Der Arbeitgeber sollte daher nach den örtlichen Gegebenheiten fragen. Dies hat nichts mit Neugierde zu tun, sondern ist vielmehr Bestandteil der gesetzlich verankerten Fürsorgepflicht des Arbeitgebers.

Zum besseren Verständnis zwischen Arbeitgeber und Arbeitnehmer ist dieser Umstand auch genauso durch die Führungskräfte zu kommunizieren. Heikel ist dabei, dass die Fürsorgepflicht des Arbeitgebers mit der Privatsphäre der Mitarbeitenden kollidiert. Daher reden 54 % der Mitarbeitenden nicht mit dem Management über das persönliche Wohlbefinden.[58] (vgl. Bahr, 2021) Somit besteht in der Praxis in diesem Punkt ein Nachholbedarf. Die Kommunikation mit den Mitarbeitenden kann jedoch durch das Management nicht erzwungen werden, sondern kann nur freiwillig erfolgen und bedarf sowohl Fingerspitzengefühl, als auch Einfühlungsvermögen seitens der Führungskraft.

Dazu sollten die genehmigenden Führungskräfte sich nicht scheuen, nach dem privaten Umfeld zu fragen und bei unzureichenden privaten Gegebenheiten eine Homeoffice-Tätigkeit verweigern.[59] Bei einer

---

[58] Am wenigsten spricht man in Italien über sein psychisches Wohlbefinden (61 %). Dagegen spricht man in Brasilien zu 68 % am häufigsten über das psychische Wohlbefinden. (vgl. Bahr, 2021)

[59] Dies gilt selbstverständlich nicht, wenn der Gesetzgeber eine Homeoffice-Pflicht bei einer pandemischen Notlage von nationaler Reichweite anordnet.

Verweigerung der Homeoffice-Tätigkeit sollten die Ablehnungsgründe klar benannt werden, damit der Arbeitnehmer die Gelegenheit zum Gegensteuern hat.

Und wie zufrieden sind die Mitarbeitenden mit den Homeoffice-Tätigkeiten?

Hierzu wurden die Beschäftigten befragt, ob Homeoffice hilfreich oder belastend wahrgenommen wird. Nach der IAB-Erhebung empfinden 61,4 % der Mitarbeitenden Homeoffice-Tätigkeiten als hilfreich und wenig belastend. Nur 8,1 % der Mitarbeitenden empfinden Office-Tätigkeiten als belastend. (vgl. Frodermann et al., 2021, S. 7)

Auch die Studie von Bahr kommt zu dem Ergebnis, dass rund 75 % der Befragten vom Stresslevel auf einem gleichen oder niedrigeren Niveau sind, seit im Homeoffice gearbeitet wird. Nur 25 % der Befragten gaben an, dass sich das Stresslevel für ihr persönliches Empfinden gesteigert hat. (vgl. Bahr, 2021)

Aufgrund der positiven Erfahrungen würden die Mitarbeitenden zu 71,1 % auch zukünftig Homeoffice einer Büroarbeit den Vorzug geben. (vgl. Dederichs et al., 2021, S. 46)

Allerdings ist die Befürwortung des Homeoffice auch von der Berufsphase der Befragten abhängig. So bevorzugen 100 % der Auszubildenden und Studenten mit keiner oder nur geringer Berufserfahrung kein vollständiges Homeoffice, sondern praktische Tätigkeiten im Unternehmen (vgl. Dederichs et al., 2021, S. 46), weil dadurch der Lernerfolg nachhaltiger gesichert werden kann. Nach dem Modell der tätigkeitsorientierten Didaktik wird der Erwerb des neuen Wissens durch praktische reale Handlungen erzielt. Theorie und Praxis werden nicht getrennt, sondern ergänzen einander, wobei theoretisches Wissen auf eine tatsächliche Handlung angewendet und andersrum durch die praktische Handlung ebenso weiteres theoretisches Wissen erschaffen wird. (Giest, 2016, S. 48ff.)

Für alle weiteren Perioden ist die Homeoffice ein planbarer Vorgang und kann entsprechend hinterfragt werden.

Wahrnehmung von Homeoffice zwischen hilfreich und belastend

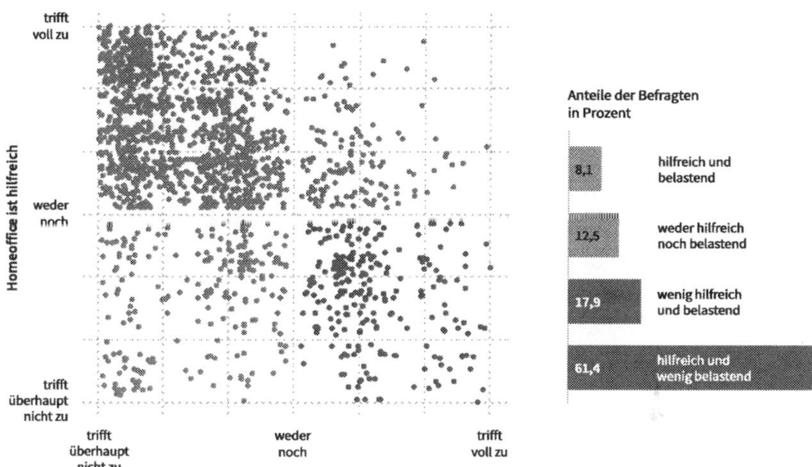

Abb. 223: Wahrnehmung von Homeoffice, Quelle: Frodermann et al., IAB (Hrsg.), 2021, S. 7

Interessant an der Studie von Dederichs et al ist, dass die Mitarbeitenden der Generation Z nur zu 18,2 %, aber die Mitarbeitenden der anderen Generationen zu 81,8 % sich ein vollständiges Homeoffice wünschen. Eigentlich ist aufgrund der prägenden Werte, Normen und Einstellungen der Generation Z ein anderes Ergebnis mit einer höheren Akzeptanzrate zum Homeoffice zu erwarten. Die Generation Z besteht überwiegend aus „Technoholics", ist abhängig von der IT und verfügt nur über begrenzte Alternativen, weil die Generation Z weitestgehend immun gegen traditionelle Medien ist.[60] Also müsste doch ein digitales Homeoffice doch perfekt für die Generation Z sein. Da dies nicht so ist, zeigt das Sozialverhalten: Ständig mit seinen Peers[61] verbunden zu sein und die Unsicherheiten im persönlichen Kontakt sind für diese Generation dominant und machen den persönlichen Kontakt mit den Kollegen und den Vorgesetzten erforderlich.

---

[60] Zu den Merkmalen der Generation Z siehe Kapitel 2.5.3.

[61] Eine Peergroup ist eine soziale Gruppe mit großem Einfluss, der sich ein Individuum zugehörig fühlt.

Offensichtlich kann für die Generation Z das Homeoffice die erforderlichen sozialen Kontakte nicht ersetzen, während dies für die anderen Generationen ein geringeres Problem darstellt. Daraus lässt sich schließen, dass für die Generation Z die Hauptziele Sicherheit und Stabilität am besten über soziale Kontakte zu realisieren sind, welche nicht durch ein vollständiges Homeoffice möglich sind.

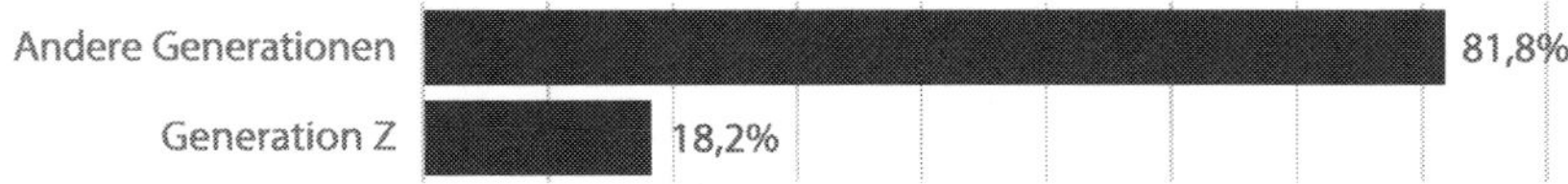

Abb. 224: Akzeptanzrate der Generation Z für vollständiges Homeoffice, Quelle: Dederichs et al., 2021, S. 17

Ob jedoch auch die Arbeitgeber und damit die Unternehmen ebenfalls Homeoffice bevorzugen, ist von der Art der Tätigkeiten und von den Gegebenheiten im Unternehmen abhängig, weil nicht in allen Unternehmen und für alle Tätigkeiten Homeoffice möglich oder wirtschaftlich ist. Zudem wird es von den Einstellungen des Managements abhängig sein, wie sich die Unternehmen zukünftig zum Homeoffice positionieren. Daher kann es davon ausgegangen werden, dass es zukünftig weiterhin unterschiedliche und vielfältige Modelle zum Homeoffice geben wird.

„Studien deuten darauf hin, dass das Homeoffice zu einer höheren Arbeitszufriedenheit führt. Laut Brenke (2016, S. 103) zeigen Studien, dass Mitarbeitende im Homeoffice zufriedener sind als Mitarbeitende, die ausschließlich einen Arbeitsplatz in der Organisation haben. Außerdem macht der unerfüllte Wunsch nach einem Heimarbeitsplatz unzufrieden. Die empfundene Zufriedenheit kann steigen, je länger bereits von zu Hause aus gearbeitet wird. Personen, die seit sechs bis zehn Jahren Homeoffice nutzen dürfen, sind durchschnittlich um 11 % glücklicher und fühlen sich um 14 % mehr wertgeschätzt als solche, die erst seit kurzem diese Möglichkeit haben. (Tinypulse 2016, S. 11)" (Landes et al, 2021, S. 11)

Dies bedeutet aber auch, dass Homeoffice nicht immer einen unmittelbaren Einfluss auf das Empfinden der Mitarbeitenden hat. Der lange Zeitraum, bis Homeoffice einen Einfluss auf die Mitarbeitenden ausübt, erlaubt nur eine eingeschränkte Aussage, weil in der Praxis nicht immer Homeoffice über einen so langen Zeitraum möglich ist. (Langzeitstudien werden erst mit fortschreitender Pandemie möglich sein.)

Homeoffice kann die Work-Life-Balance der Mitarbeitenden sowohl positiv als auch negativ beeinflussen. „Ein interessantes Spannungsfeld ergibt sich beim Thema Work-Life-Balance. Laut Weitzel et al, (2019) bieten derzeit 53,5 % der Top-1.000-Unternehmen ihren Mitarbeitenden die Möglichkeit des Homeoffice. Acht von zehn Kandidaten wünschen sich diese Möglichkeit. Gleichzeitig glauben allerdings auch sechs von zehn, dass dadurch die Grenze zwischen Berufs- und Privatleben verschwimmt." (Landes et al, 2021, S. 11)

Dieses Phänomen wird Work-Life-Blending genannt. Unter Work-Life-Blending versteht man das Verschmelzen von Arbeits- und Privatleben und die Aufhebung klar definierter Grenzen der beiden Bereiche. Merkmale von Work-Life-Blending sind beispielsweise die ständige Erreichbarkeit für die Arbeit, auch während der eigentlich freien Zeit. Teile der Arbeit werden im Homeoffice erledigt, während im Gegenzug in der Arbeitszeit auch private Angelegenheiten geklärt werden. Die Studie von Bahr zum Work-Life-Blending stellt fest: (vgl. Bahr, 2021)

- 53 % der Mitarbeiter im Homeoffice beantworten berufliche Anrufe vor oder nach den Arbeitszeiten, 48 % arbeiten am Wochenende.
- Die Work-Life-Balance wird von zu Hause besser bewertet, die Sichtbarkeit der Arbeit und Karriereentwicklungen jedoch schlechter.
- 54 % der Arbeitgeber haben nicht mit ihren Mitarbeitern über ihr psychisches Wohlbefinden gesprochen.
- 44 % der Angestellten erleben zu einem gewissen Grad einen Burnout, seit sie im Homeoffice arbeiten.

Nach der Studie von Dederichs et al (2021) empfinden allerdings nur 5,6 % der Mitarbeitenden das Work-Life-Blending als schwierig, während 50 % Work-Life-Blending als ein geringes bis mäßiges Problem wahrnehmen. 44,4 % der Mitarbeitenden empfinden Work-Life-Blending als eher mäßiges Problem. (vgl. Dederichs et al, 2021, S. 92) Auch die Arbeitsgewohnheiten ändern sich gegenüber der Büroarbeit:

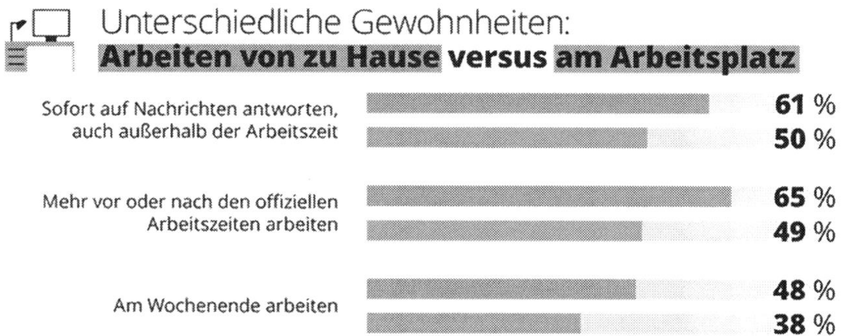

Abb. 225: Änderung der Arbeitsgewohnheiten im Homeoffice, Quelle: Bahr, 2021

Danach gefragt, an wieviel Tagen die Mitarbeitenden bevorzugt Homeoffice nutzen möchten, gaben die Befragten mindestens 2 Arbeitstage an. Die Umfrage zeigte auch, dass mehrheitlich 44 % der Befragten 3 Arbeitstage bevorzugen: (vgl. Dederichs et al, 2021, S. 48)

Optimale Anzahl der Tage im Homeoffice

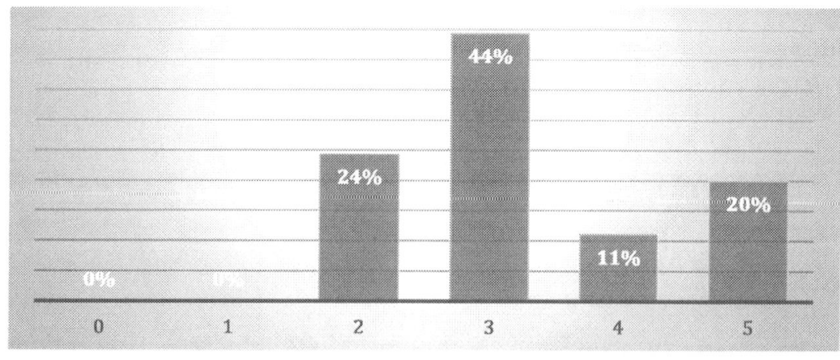

Abb. 226: Optimale Anzahl der Tage im Homeoffice, Quelle: Dederichs et al, 2021, S. 48

Bei der Umfrage von Dederichs et al wurde nach den präferierten Wochentagen gefragt, an denen im Homeoffice gearbeitet werden möchte. Hierbei konnten die Befragten angeben, welche Tage in der Woche sie als Homeoffice-Tag präferieren würden, dabei ist die Angabe der Anzahl der Tage frei wählbar gewesen. Für 71 % der Befragten käme der Montag als Homeoffice-Tag infrage, für 44 % der Dienstag, für ca. 53 % der Mittwoch, für ca. 53 % der Donnerstag und für ca. 69 % der Freitag. (vgl. Dederichs et al., 2021, S. 50)

Präferenz der Wochentage im Homeoffice

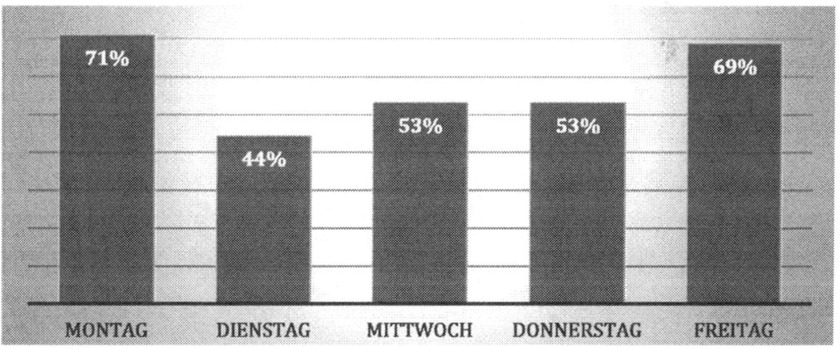

Abb. 227: Optimale Wochentage im Homeoffice, Quelle: Dederichs et al, 2021, S. 49

Aus dem Ergebnis kann abgeleitet werden, dass besonders die Tage, die am Wochenende angrenzen (Montag und Freitag) als Homeoffice-Tage präferiert werden. Ein möglicher Erklärungsansatz für diese Präferenzen ist, dass die Mitarbeitenden sich die Wochenanfangs- und Wochenendstaus ersparen wollen. Der Freitag würde zudem den Vorteil mitbringen, früher im Wochenende zu sein. Dadurch würde ein sanfterer Ein- und Ausstieg der Arbeitswoche möglich sein. Am ehesten würden die Mitarbeitenden an einem Dienstag zur Arbeit kommen, weil an Dienstagen mehrheitlich Besprechungen stattfinden, die die Mitarbeitenden eher bevorzugt persönlich als digital abhalten. (vgl. Dederichs et al, 2021, S. 50)

Ob jedoch die Arbeitgeber und damit die Unternehmen die Anzahl und den Umfang der gewünschten Homeoffice-Tage stattgeben werden, ist von der Art der Tätigkeiten, den organisatorischen Gegebenheiten und Prozessen sowie von den Einstellungen des Managements abhängig.

Zusammenfassend kann keine eindeutige Handlungsempfehlung zum Homeoffice gegeben werden, weil der effiziente Einsatz von Homeoffice-Tätigkeiten sowohl von den individuellen wirtschaftlichen Gegebenheiten und Erfordernissen im Unternehmen als auch von den individuellen fachlichen und privaten Gegebenheiten und Erfordernissen beim Mitarbeitenden abhängt.

Studien ergaben, dass Homeoffice nicht ineffizienter ist als Tätigkeiten im Unternehmen. Auch die Mitarbeitenden bewerten die Arbeitseffizienz beim Homeoffice zu 89,6b% als positiv. Dies liegt vor allem daran, dass die Arbeitnehmer die Vorteile von Homeoffice positiv und die Nachteile schwächer wahrnehmen und bewerten. Ob jedoch die Arbeitgeber und damit die Unternehmen ebenfalls Homeoffice bevorzugen, ist von der Art der Tätigkeiten und von den Gegebenheiten im Unternehmen abhängig, weil nicht in allen Unternehmen und für alle Tätigkeiten Homeoffice möglich oder wirtschaftlich ist.

7.5.1. Die wichtigsten Instrumente für virtuelle Teams im Homeoffice

Nicht zuletzt durch die Pandemie, wird ein dauerhafter Anstieg von Tätigkeiten im Homeoffice erwartet. So glauben 63 % der IT-Führungskräfte, dass mindestens 25 % der Mitarbeitenden künftig dauerhaft im Homeoffice arbeiten werden. (vgl. Parthier, 2021, S. 9) Darauf haben sich die Unternehmen vorzubereiten. Dazu stehen den Unternehmen verschiedene Instrumente zur Verfügung.

Die IT-Führungskräfte bewerten die Bedeutung der wichtigsten Instrumente für virtuelle Teams wie folgt: (vgl. Parthier, 2021, S. 9)

78 % der IT-Führungskräfte sehen in cloudbasierten Produktivitätstools die wichtigsten Instrumente für erfolgreiches Homeoffice. (vgl. Parthier, 2021, S. 9) Beim Cloud-Computing werden die IT-Infrastrukturen und IT-Verarbeitungen in einem externen

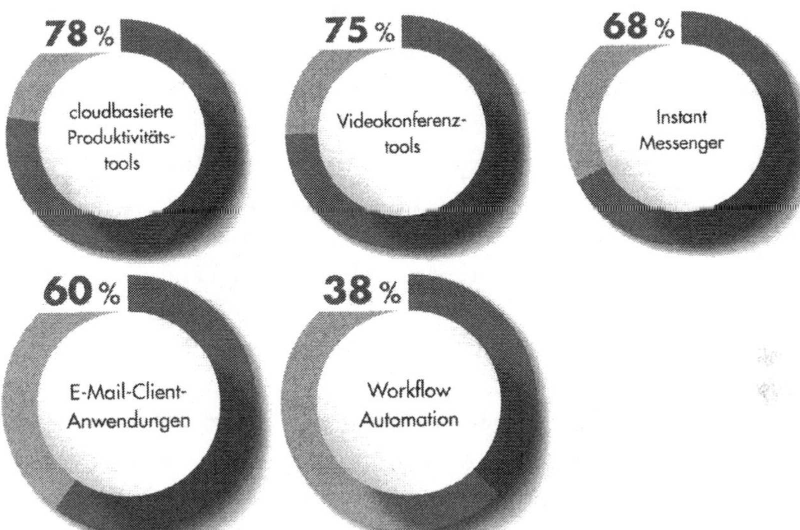

Abb. 228: Die wichtigsten Instrumente für virtuelle Teams, Quelle: Parthier, 2021, S. 9

Rechenzentrum, das von einem Provider betrieben wird, zur Verfügung gestellt, ohne dass auf dem lokalen Rechner die Anwendungen und die Infrastruktur installiert sein müssen. Mithilfe von einer kontinuierlichen Verbindung zum Internet und über einen Webbrowser wird auf die Cloud zugegriffen.

Videokonferenztools ermöglichen die weltweite Kommunikation zwischen den Mitgliedern eines virtuellen Teams. Neben den Videokonferenztools wurden mit 68 % auch Instant Messenger genannt, mit denen ebenfalls Dateien aller Art, beispielsweise Fotos, Video- u. Audiofiles, Word-Dokumente etc. versendet werden und Voice- und Videochats vorgenommen können. (vgl. Parthier, 2021, S. 9) Die geringere Bedeutung der Instant Messenger gegenüber den Videokonferenztools liegt darin begründet, dass moderne Instant Messenger, wie z. B. Facebook und WhatsApp, umfangreich die gesendeten Daten für eigene Werbezwecke nutzen. Dass E-Mail-Clients, also Desktop-Programme, mit denen Benutzer auf E-Mails zugreifen können ohne sich über das Internet anmelden zu müssen, nur zu 60 % als wichtigstes Instrument genannt werden, liegt wohl daran, dass heute nahezu alle Unternehmen E-Mail-Client-Anwendungen installiert haben. (vgl. Parthier, 2021, S. 9)

Mit 38 % werden elektronische Workflows genannt. (vgl. Parthier, 2021, S. 9) Ein elektronischer Workflow wird zur Automatisierung eines Geschäftsprozesses genutzt und ist ein Ablaufplan, welcher die zeitliche Reihenfolge der erforderlichen Arbeitsschritte, die Beteiligten und die Abstimmungsprozesse (inklusiv möglicher Iterationen) mit einem festen Startpunkt, Ablauf und Endpunkt definiert. Die geringere Bedeutung von elektronischen Workflows liegt nicht in der technischen Komplexität, sondern darin, dass zunächst die bestehenden Prozesse zeitaufwändig analysiert, bewertet und optimiert werden müssen und aufgrund diesem Aufwand die Tendenz besteht, dass Prozesse erstarren und die Flexibilität verloren geht.

Sind die Mitarbeitenden im Homeoffice, müssen diese mit ihrem Unternehmen kommunizieren und Daten austauschen. Dies erfolgt üblicherweise über das Internet und idealerweise über einen VPN-Client. Mit VPN oder Virtual Private Network können Sie über das Internet eine sichere Verbindung zu einem anderen Netzwerk herstellen. Die Vorteile von VPN liegen darin, dass Sie Ihren gesamten persönlichen Datenverkehr über dessen Netzwerk weiterleiten. Um die Vertraulichkeit, Integrität und Authentizität der über das Virtual Private Network übertragenen Daten sicherzustellen, kommen Verschlüsselungs- und Tunneltechniken zum Einsatz. Wird ein VPN verwendet, kann ein angeschlossener Computer so verwendet werden wie in dem geschützten Netzwerk eines Unternehmens. Durch eine VPN-Verbindung wird der Datenverkehr im Internet verschleiert, indem die IP-Adresse verborgen und das Netz über einen speziell konfigurierten Remote-Server umgeleitet wird. Dadurch ist der Datenverkehr durch Zugriff von außen geschützt. Mit einem VPN können Hacker und Cyberkriminelle diese Daten nicht mehr entziffern. Dagegen können unverschlüsselte Daten von jedem Dritten eingesehen werden, der über Netzwerkzugriff verfügt. (vgl. Kaspersky Labs GmbH, 2021)

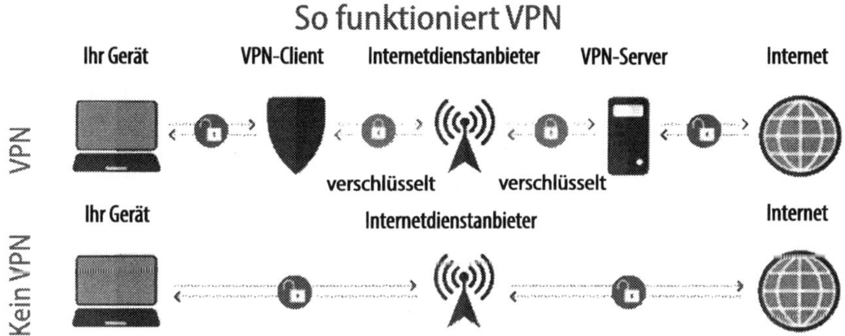

Abb. 229: Funktionsweise von VPN, Quelle: Parthier, 2021, S. 9

Allerdings hat die IT-Abteilung die Mitarbeitenden mit der Betriebssoftware und mit Hardware auszustatten, um die Mitarbeitenden in die Lage zu versetzen, mobil tätig zu werden. Dies ist zeit- und kostenaufwendig und mit Investitionen verbunden. Nach einer repräsentativen Studie des TÜV Süd haben aber nicht alle Mitarbeitenden in 2021, die im Homeoffice arbeiten, nach über einem Jahr der Pandemie, vom ihrem Unternehmen die erforderliche IT-Ausrüstung und die Möglichkeit eines sicheren Zugangs in das Unternehmensnetzwerk erhalten. (vgl. Parthier, 2021, S. 28, TÜV Süd, 2021)

7.5.2. Personalführung im Homeoffice

Bisher wurde bei den Führungstheorien und -modellen davon ausgegangen, dass die Führung und die damit verbundenen Interaktionen nahezu vollständig auf persönliche Beziehungen und Interaktionen zwischen den Mitarbeitenden und der Führungskraft beruhen. Beim Homeoffice ändert sich dies, weil nunmehr überwiegend die Führung und die damit verbundenen Interaktionen virtuell erfolgen. Zugleich bedarf es aber auch im Homeoffice Führung, um die Prozesse, Aufgaben, Pläne und Ziele in der Organisation Unternehmen zu koordinieren. Daher sind neue Führungstheorien und -modelle erforderlich.

Viele Führungstheorien zielen, wie die bereits vorgestellten Führungstheorien, auf die Verhaltensweisen der Führungskräfte. Diese

Führungstheorien gehen jedoch immer von einer gegebenen Situation und Umgebung aus. Es sind also auch Situationen bei der Führung mit zu berücksichtigen. Führung wird nicht nur durch das Führungsverhalten definiert, sondern ist zum einen situationsabhängig, zum anderen ist Homeoffice eine neuartige Umgebung, die keine zusammenhängende Situationen ermöglicht, wodurch reine verhaltensorientierte Führungstheorien nur eingeschränkt funktionieren, weil durch die digitale Kommunikation das Verhalten der Führungskräfte eingeschränkt wird.

Ein situatives Führungsmodell ist die Kontingenztheorie nach Fiedler, welche besagt, dass es für jede Situation lediglich einen Führungsstil gibt, der am effektivsten ist. Der Führungsstil kann dabei entweder aufgaben- oder beziehungsorientiert sein. (vgl. Fiedler, 1967, S. 115–122)

„Zur Messung des Führungsstils unterscheidet Fiedler zwischen einem aufgabenbezogenen und einem personenbezogenen Führungsstil. Er nutzt dabei den von ihm entwickelten LPC-Wert (LPC = Least Preffered Coworker), der mithilfe von einem Fragebogen ermittelt wird. Ein hoher LPC-Wert besagt, dass die betreffende Führungskraft den am wenigsten geschätzten Mitarbeiter noch relativ wohlwollend beurteilt. Eine solche positive Beurteilung gilt als Indikator für einen personenbezogenen Führungsstil. Ein niedriger LPC-Wert, also eine durchgehend negative Bewertung des am wenigsten geschätzten Mitarbeiters, wird als aufgabenorientierter Führungsstil gewertet. Untersucht man die beiden mittels LPC-Wert gemessenen Führungsstile auf ihre Erfolgsrelevanz, so ergibt sich nach Fiedler als zweite Kernvariable der Führungserfolg. Als Führungserfolg wird die Effektivität der Führung in Bezug auf die Leistungen bzw. Produktivität der geführten Mitarbeiter und deren Zufriedenheit angesehen.

Zur Operationalisierung der Führungssituation führt Fiedler das Konstrukt „situationale Günstigkeit“ mit folgenden drei Variablen an:

- **Positionsmacht** (mit den beiden Ausprägungen „stark“ und „schwach“), d. h., inwieweit die Führungskraft aufgrund von ihrer hierarchischen Position im Unternehmen in der Lage ist, die von ihm geführten Mitarbeiter zu beeinflussen;

Kontingenztheorie

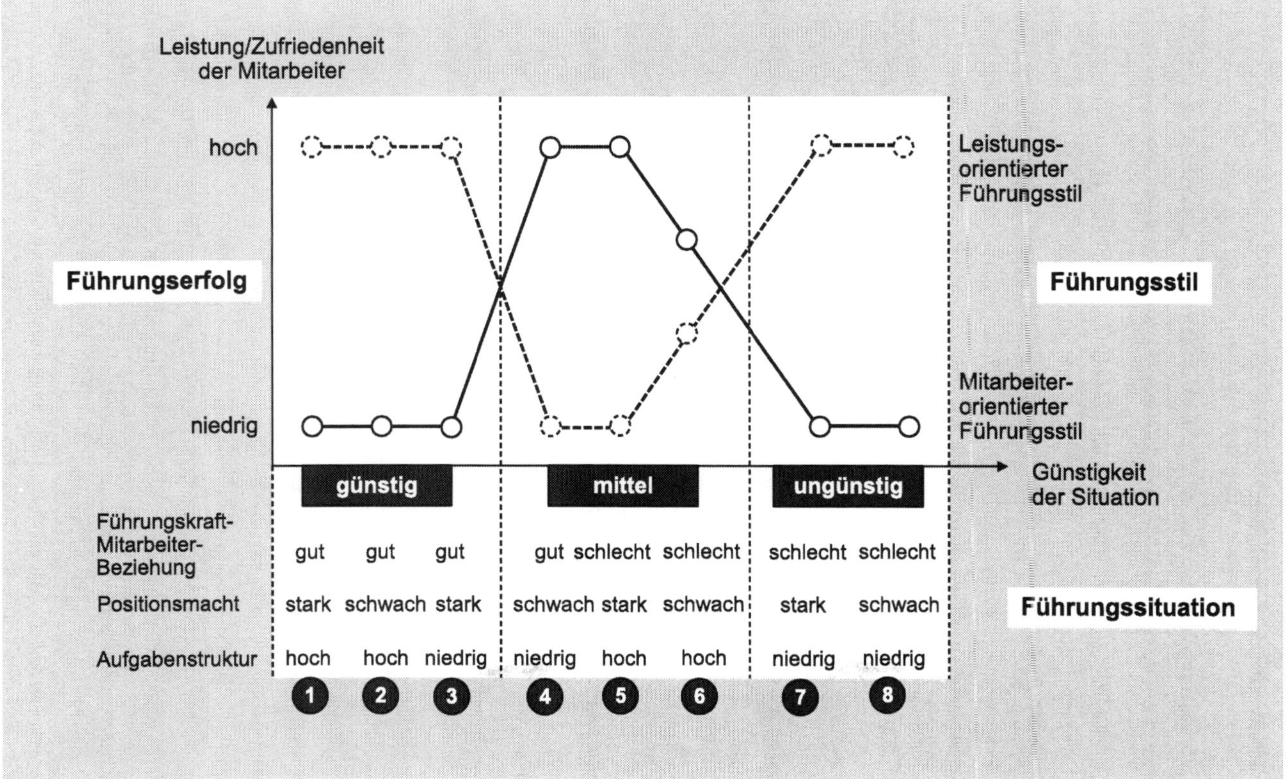

Abb. 230: Kontingenztheorie, Quelle: Lippold, 2019, S. 43

- **Aufgabenstruktur** (mit den beiden Ausprägungen „hoch“ und „niedrig“), d. h., je höher der Strukturierungsgrad der Aufgabe ist, umso leichter und einfacher lassen sich die Aktivitäten der geführten Mitarbeiter koordinieren und kontrollieren;
- **Beziehung zwischen Führungskraft und geführten Mitarbeitern** (mit den beiden Ausprägungen „gut“ und „schlecht“), d. h., je besser das Verhältnis zwischen der Führungsperson und seinen Mitarbeitern auf zwischenmenschlicher Ebene ist, desto leichter ist tendenziell die Führungssituation.

Da alle drei Variablen jeweils zwei Ausprägungen besitzen, ergeben sich aus deren Kombination insgesamt acht mögliche Führungssituationen. Die so ermittelten Führungssituationen lassen sich nun danach systematisieren, inwieweit sie die Aktivitäten einer Führungskraft begünstigen.“ (Lippold, 2019, S. 43)

Bei vergleichenden Versuchen an Führungskräften mit unterschiedlichen Führungsstilen ergab sich, „dass aufgabenorientierte Führungskräfte in sehr positiven wie sehr negativen Situationen bessere Leistungen erbrachten.“ (Robbins et al, 2014, S. 516) Beziehungsorientierte Führungskräfte waren mit ihrem Führungsstil dagegen in mäßig positiven Situationen stärker. (vgl. Robbins et al, 2014, S. 516)

Nach der Kontingenztheorie verspricht ein leistungsorientierter und aufgabenbezogener Führungsstil den größten Führungserfolg beim Homeoffice, weil beim Homeoffice die digitale Kommunikation die non-verbalen Kommunikation nicht vollständig transportiert wird. Darunter leidet die Beziehungsebene der Führungskraft zu den Mitarbeitenden

Ein wichtiger Aspekt nach Fiedler ist, dass Führungskräfte ihren Führungsstil nicht verändern können. Als Folge aus diesem Ansatz konnte abgeleitet werden, dass man die Führung, je nach Situation, nur verbessern kann, indem die Führungskraft ausgetauscht wird oder Aufgaben und der Einfluss der Führungskraft verändert werden.

Allerdings ist die Annahme, dass Führungskräfte, die weder emotional noch sachlich auf Situationen reagieren, praxisfern sind. Daher hat Robert J. House die Kontingenztheorie zur Weg-Ziel-Theorie erweitert. (vgl. House, 1977, S. 189–207)

Wirkungskette der Weg-Ziel-Theorie

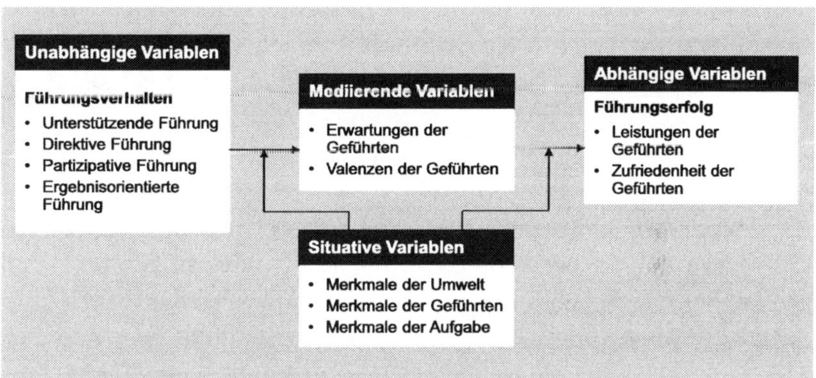

Abb. 231: Wirkungskette der Weg-Ziel-Theorie, Quelle: Lippold, 2019, S. 45

„Die Bezeichnung ‚Weg-Ziel' ist darauf zurückzuführen, dass effektive Führungskräfte durch ihr Führungsverhalten in der Lage sind, den Mitarbeitern bei der Erfüllung ihrer Ziele als Wegbereiter zu dienen und Hindernisse aus dem Weg zu räumen. Dabei geht House im Gegensatz zu Fiedler davon aus, dass Führungskräfte je nach Situation ihr Führungsverhalten entsprechend anpassen. Der Einfluss des Führungsverhaltens auf den Führungserfolg wird als mehrstufige Wirkungskette betrachtet." (Lippold, 2019, S. 44)

Nach der Weg-Ziel-Theorie werden vier Ausprägungen des Führungsverhaltens unterschieden (vgl. Hungenberg, Wulff, 2011, S. 381f.):

- Unterstützende Führung,
- Direktive Führung,
- Partizipative Führung,
- Ergebnisorientierte Führung.

Beim Homeoffice zielt die unterstützende Führung darauf ab, die Eigeninitiative der Mitarbeitenden zu fördern sowie die Haltung und Einstellung bezüglich der Besonderheiten des Homeoffice positiv durch Loben, Zuhören, Ermutigen und das Einbeziehen der Mitarbeitenden in das Lösen der Problem zu unterstützen.

Die dirigierende Führung konzentriert sich darauf, wie eine Aufgabe zu erfüllen ist. Dabei beschränkt sich die Führungskraft darauf, den Mitarbeitenden mitzuteilen und zu zeigen, wann und wie etwas getan werden muss. Über das Ergebnis erfolgt ein Feedback. Beim Homeoffice ist die dirigierende Führung klar aufgabenorientiert und -zentriert. Das Ziel der dirigierenden Führung ist es, die Kompetenz der Mitarbeitenden zu entwickeln.

Partizipative Führung ist ein Führungsverhalten, das wesentlich darauf beruht, dass die Führungskraft die Mitarbeitenden in die Führungsentscheidungen einbezieht. Aufgrund der diskontinuierlichen Kommunikation beim Homeoffice wird eine partizipative Führung erschwert, weil es nicht möglich ist, mal eben auf dem kurzen Weg mit den Mitarbeitenden zu kommunizieren. Dies bedeutet aber nicht, dass eine partizipative Führung im Homeoffice nicht möglich ist, nur eben etwas komplizierter, was die spontane Kommunikation betrifft, denn die Studie von Dederichs et al. zeigt, dass sich die beruflichen Kontakte zu dem direkten Vorgesetzten von zuvor durchschnittlich 7,93 pro Tag auf durchschnittlich 8,14 pro Tag im Homeoffice erhöhen. (vgl. Dederichs et al., 2021, S. 78f.) Die Mitarbeitenden empfinden die Kontakthäufigkeiten mit den Vorgesetzten im Homeoffice zu 90,9 % gerade richtig. Nur 9,1 % wünschen sich einen häufigeren Kontakt mit dem Vorgesetzten. (vgl. Dederichs et al, 2021, S. 81) Für die Kommunikation nutzen die Mitarbeitenden die gesamte Spannweite der digitalen Kommunikationsmittel; wobei die Nutzung von Social Media mit 4,4 % sehr gering ist, und offensichtlich wird die Nutzung von Social Media mehrheitlich der privaten Kommunikation vorbehalten. (vgl. Dederichs et al., 2021, S. 82)

Bei der ergebnisorientierten Führung steht die Erreichung der. durch die Führungskraft vorgegebenen. Ziele im Vordergrund. Die Überprüfung der Mitarbeitenden erfolgt in der Form von Leistungskontrollen durch die Vorgesetzten durch Soll-Ist-Vergleiche. Somit liegt der Schwerpunkt bei der ergebnisorientierten Führung in der

Nutzung von Kommunikationsinstrumenten beim Homeoffice

Videokonferenz	93,33%
Chat	97,78%
Social Media	8,89%
E-Mail	55,56%
Telefon	75,56%
Social Media	4,44%

Abb. 232: Nutzung von Kommunikationsinstrumenten beim Homeoffice, Quelle: Dederichs et al, 2021, S. 82

freien und agilen Umsetzung der Aufgaben und ist daher gut für die agile Arbeitsform des Homeoffice geeignet. Diese Agilität wird auch durch den Kontakt mit den Kollegen gefördert. Beim Homeoffice haben sich die Kontakte mit den Kollegen jedoch tendenziell eher verringert, weil zwar zu 48,9 % die Kontakte umfangmäßig gleich geblieben sind, aber zu 40 % abgenommen haben. Nur in 11,1 % der Fälle haben die Kontakte mit den Kollegen zugenommen. (vgl. Dederichs et al., 2021, S. 80) Mit 51,1 % sind jedoch die Mitarbeitenden mehrheitlich mit der Anzahl der Kontakte zufrieden. Allerdings wünschen sich 44,5 % der Mitarbeitenden mehr Kontakte. Nur 4,4 % der Mitarbeitenden wünschen sich weniger Kontakte mit den Kollegen (vgl. Dederichs et al., 2021, S. 81) Grundsätzlich ist jedoch der Kontakt im eigenen Team gut, wohingegen der Kontakt mit anderen Abteilungen eine Note schlechter ist: (vgl. Dederichs et al., 2021, S. 84)

Kommunikation im eigenen Team und mit anderen Abteilungen nach Noten

Noten / Verteilung	1	2	3	4	5	Ø-Note
im eigenen Team	48,9 %	26,7 %	13,3 %	6,7 %	4,4 %	1,9
mit anderen Abteilungen	20,0 %	20,0 %	31,1 %	17,8 %	11,1 %	2,8

Abb. 233: Kommunikation im eigenen Team und mit anderen Abteilungen, Quelle: Dederichs et al, 2021, S. 84

Allerdings können aufkommende Fragen im Homeoffice langsamer beantwortet werden als im Büro: (vgl. Dederichs et al, 2021, S. 85)

Reaktionszeiten bei aufkommenden Fragen

Reaktionszeit Fragen	sehr schnell	schnell	langsam	sehr langsam
im Büro	31,1 %	64,4 %	4,5 %	
im Homeoffice	28,9 %	44,4 %	24,4 %	2,3 %

Abb. 234: Reaktionszeiten bei aufkommenden Fragen, Quelle: Dederichs et al, 2021, S. 85

Homeoffice ist anders als die gewohnte Büroarbeit. Dies liegt im Wesentlichen an dem fehlenden persönlichen Kontakt, aber auch an der anderen Arbeitsumgebung, die nicht immer ideal ist, weil beispielsweise die Tätigkeiten am Küchentisch absolviert werden, während im Hintergrund die Kinder spielen. Trotz der teilweise widrigen Umstände ist Führung auch bei dezentralen Teams erfolgreich möglich. Dabei unterscheiden sich zwar die Führungsbedingungen im Homeoffice von der Führung im Büro, jedoch sind die grundlegenden Führungselemente gleich und modifiziert an die neuen Organisationsstrukturen und Organisationsprozesse anzupassen. Dies bedeutet: War der Führungsstil schon vor Pandemie nicht in Ordnung, dann wird der Führungsstil auch bei der Führung von dezentralen Teams im Homeoffice nicht erfolgreich sein; es sei denn, die Führungskraft ändert ihr Führungsverhalten.

Es stellt sich jedoch die Frage: Was ist bei der Personalführung bei Homeoffice zu beachten?

Für eine adäquate Personalführung im Homeoffice sind die folgenden 10 Führungselemente zu beachten:

1. Vertrauen haben

Führungskräfte glauben oft, dass die Mitarbeitenden ihren Freiraum im Homeoffice gnadenlos ausnutzen. Dem ist mehrheitlich nicht so, weil die Mitarbeitenden überwiegend ihre Arbeit erfolgreich absolvieren und respektiert werden wollen.

„Eines vorweg: Vertrauen in die eigenen Mitarbeiter ist das A und O einer produktiven Zusammenarbeit im Team. Vor allem dann, wenn der persönliche Kontakt face-to-face nicht möglich ist. Das heißt nicht, dass Führungskräfte kein kritisches Auge auf ihre Mitarbeiter werfen sollen. Zu viel Kontrolle wird jedoch oft als Misstrauen erlebt, zu wenig als Nachlässigkeit. Deshalb ist es wichtig, eine gute Balance zu finden. Vertrauensfördernde Maßnahmen sollten daher gezielt eingesetzt werden. Sie bilden die Basis für eine gute Mitarbeiterführung und ein gut funktionierendes Team.[62]

Dem Team vertrauen, Beziehung vor Aufgabe – auf den ersten Blick klingt das durchaus ein wenig blauäugig. Und vielleicht auch ein wenig banal. Ist es aber nicht. Unsere deutsche Kultur ist, auch angetrieben von einem gewissen Hang zum Perfektionismus, noch immer eher hierarchisch aufgebaut. Viele Führungskräfte haben nach wie vor Angst, die Kontrolle abzugeben. Und scheuen davor zurück, Menschen um sich zu dulden, die in einzelnen Bereichen viel besser sind als sie selbst." (Rotzinger, 2021)

Ein weiteres Vertrauenszeichen des Unternehmens ist der Verzicht auf Kontrollsoftware, wie beispielsweise mit Keyloggern. Auch juristisch sind Überwachungen der Mitarbeitenden nur in einem sehr geringen Umfang erlaubt. So ist eine verdeckte Kameraüberwachung grundsätzlich nicht erlaubt. Sie wird als erheblichen Eingriff in die Persönlichkeitsrechte bewertet. Die Kontrolle der Arbeitszeit durch Stundenzettel oder Stechuhr ist nichts Ungewöhnliches. Sie kann durch Magnetkarten erfolgen, bedarf allerdings auch der Zustimmung durch den Betriebsrat. Eine Überwachung des Internets und des Telefons ist im Homeoffice nicht möglich, da hiervon grundsätzlich auch die Privatsphäre des Mitarbeitenden betroffen ist. Bei mobilen Tätigkeiten ist eine GPS-Überwachung nur während der Arbeitszeit möglich, bedarf jedoch der ausdrücklichen Zustimmung des Mitarbeitenden.

Grundsätzlich sollte die Möglichkeit einer GPS-Überwachung eins nicht bedeuten: Nur weil eine GPS-Überwachung möglich ist,

---

[62] Zum Vertrauen und zu den Führungsstilen siehe Kapitel 3.–3.2.6.9

muss diese nicht unbedingt angewendet werden. Das Management sollte beachten, dass dieses Misstrauen die Unternehmenskultur nachhaltig belasten wird.

2. Homeoffice-Teamkultur

Arbeit im Homeoffice bedeutet nicht, die Mitarbeitenden mit dem Laptop nach Hause zu schicken, und man sieht sich irgendwann mal später. Bevor die Mitarbeitenden ins Homeoffice gehen, sollten im Team ein Teamkodex und gemeinsame Homeoffice-Leitlinien erarbeitet werden. Wichtig ist dabei, dass es sich hierbei nicht um eine relativ allgemeine Unternehmensrichtlinie handelt, sondern um vom Team verbindlich festgelegte verbindliche Regelungen. Diese Regelungen fördern den Zusammenhalt des Teams und geben dem Team vor allem Orientierung und Sicherheit.

Inhaltlich sollten die unterschiedlichen Erwartungen an die Erreichbarkeit und an die Reaktionszeiten der Kollegen auf Nachrichten, E-Mails, Fragen und sonstige Kommunikation geklärt werden. Auch sollte das Verhalten bei Videokonferenzen geklärt werden. Gute Kommunikation untereinander wird viel wichtiger, weil dies nicht mehr automatisch wie im Büro passiert. Ebenso sollte das Verhalten der Teammitglieder geklärt werden. Es soll beispielsweise geklärt werden, ob Arbeits- und Pausenzeiten an- und abgemeldet werden müssen. Dies mag nebensächlich klingen, aber wenn solche Fragen nicht geklärt sind, kann dies schnell zu Verstimmungen führen.

3. Der Fokus liegt auf der Führung

Da der persönliche Kontakt fehlt, sollte die Mitarbeiterführung als wichtigste Aufgabe durch regelmäßigen Kontakt zum Team im Fokus stehen. Eine Führung aus der Ferne bedeutet auch, Kontrollen einzuschränken und den Mitarbeitenden mehr Freiraum zu geben. Dies ist umso wichtiger, je mehr Angst eine Führungskraft hat, die Kontrolle zu verlieren. Daher kann es notwendig sein, eine neue Kultur der Zusammenarbeit zu etablieren. Hilfreich ist es zudem, die Mitarbeitenden gut zu kennen und bei Bedarf Aufgaben neu zu verteilen.

4. Klare, wertschätzende und eindeutige Kommunikation

Wie bei der analogen Führung ist die Kommunikation für die Wahrnehmung der Führungsaufgaben, die Unternehmenskultur, die Mitarbeitermotivation und für die Beziehungspflege sehr wichtig.[63] Soweit die Kommunikation der Führungskraft bisher adäquat war, bedarf es keine Veränderungen der Kommunikation. Sollte es bisher Schwächen in der Kommunikation gegeben haben, ist dann der ideale Zeitpunkt gegeben, die Kommunikation zu ändern. Da sich aber 97 % der Führungskräfte als gute Chefs ansehen (vgl. Gallup (Hrsg.), 2017, S. 14), kann erwartet werden, dass in der Praxis die Chance auf einen Kommunikationswechsel vertan wird.

5. Weiterhin regelmäßige Teammeetings

Auch im Homeoffice sollten weiterhin regelmäßige Teammeetings stattfinden, um die Mitarbeiterbindung zu fördern, den Kontakt zu halten und um Aufgaben und Probleme zu lösen.

6. Klare Strukturen

Auch ein Team im Homeoffice benötigt klare Strukturen oder, besser gesagt, gerade im Homeoffice, denn mal eine schnelle Abstimmung zwischen Tür und Angel ist nicht möglich. Ein Team lebt aber von der Nähe und die wird durch Strukturen ermöglicht, weil Strukturen einen festen Rahmen und damit einen vertrauten Handlungsrahmen ermöglichen. Dies schafft Nähe.

Inhaltlich sollten die Strukturen die zeitliche Erreichbarkeit definieren und eine Übersicht über die erledigten und noch offenen Tätigkeiten mithilfe von einem sogenannten Trello Board ermöglichen. Insbesondere Teammitglieder, die viel Wert auf Struktur und Ordnung legen, werden dankbar sein für klare Strukturen.

7. Gefühlte Nähe durch eine virtuelle Kaffeeküche

Durch die Notwendigkeit, Gespräche nur noch per Telefon und Video führen zu können, droht das Gefühl von echter Nähe und

[63] Vgl. hierzu die Kapitel 3.2.6.4.1.–3.2.6.4.4.

Teamzugehörigkeit verloren zu gehen. Daher sollten dem eigenen Team, aber auch den anderen Teams aus dem Unternehmen die Möglichkeiten gegeben werden, sich in einer virtuellen Kaffeeküche, auch außerhalb der formellen Teammeetings, einmal informell zu unterhalten, oder zu Pausen zusammenzukommen. Mit der virtuellen Kaffeeküche kann die, durch das Home Office eingeschränkte, Beziehungsebene zwischen den Mitarbeitenden und der Führungskraft nachhaltig verbessert werden.

8. Ziele sind weiterhin wichtig

Weiterhin gilt: Die vereinbarten smarten Ziele gelten weiterhin, denn Ziele sind ein zentrales Element der Personalführung. Feste, regelmäßige Termine, in denen die Ziele im Vordergrund stehen, sorgen dafür, dass alle Mitarbeitenden stets gut informiert sind. So weiß jeder, an welchen Zielen gerade gearbeitet wird und welche Aufgaben dafür nötig sind.

9. Gutes Organisations- und Selbstmanagement

Der Arbeitgeber hat auch beim Homeoffice eine Fürsorgepflicht für die Mitarbeitenden.[64] Die Fürsorgepflicht umfasst auch die Vorgesetzten und daher trifft die nachfolgende Aussage für alle Personengruppen zu.

Im Homeoffice bedarf es auch für die Mitarbeitenden bei aller Freiheit auch ein gutes Organisationsmanagement und eine hohe Selbstdisziplin. Stark intrinsisch motivierte Menschen verlieren zu Hause Raum und Zeit und arbeiten von morgens früh bis abends spät, weil sie ihren Arbeitsplatz nicht wirklich verlassen müssen. Daher ist ein eindeutiges Zeitmanagement erforderlich, das durch die Person selbst gesteuert wird. Durch ein positives Vorbild der Führungskraft können die Mitarbeitenden motiviert werden, akzeptable Arbeitszeiten einzuhalten.

---

[64] Siehe zur Fürsorgepflicht die Ausführungen in Kapitel 7.5.

10. Pausenzeiten beachten

Nicht alle Mitarbeitenden sind gut darin, von zuhause zu arbeiten. Es gibt die Burn-out-Kandidaten, die Vollgas geben, mittags die Pause streichen, von morgens bis abends die To-do-Liste abarbeiten und darüber sich selbst vergessen. Auch hier greift die Fürsorgepflicht des Arbeitgebers und bedarf einer Beachtung durch die Führungskraft.

Auf der anderen Seite gibt es Mitarbeitende, denen es schwerfällt, sich zu fokussieren. Schließlich lauern im Homeoffice unglaublich viele Ablenkungen: die Kinder, der Kühlschrank, die Schmutzwäsche, der Paketbote und vieles mehr. Dazwischen gibt es eine Vielzahl an verschiedenen weiteren Ausprägungen. Mögliche Probleme sollten vom Vorgesetzten in einem persönlichen Gespräch angesprochen werden. Bei auftretenden Problemen ist es die Aufgabe des Vorgesetzten, Unterstützung anzubieten und Möglichkeiten aufzuzeigen, wie im Arbeitsalltag in der neuen Umgebung Pausenzeiten eingehalten werden können.

Personalcontrolling

Personalcontrolling ist eine noch recht junge Disziplin innerhalb des Personalmanagements. Controlling ist die Planung, Steuerung und Kontrolle von Unternehmensprozessen. „Im Personalcontrolling fokussiert sich dies sowohl operativ als auch strategisch zum einen auf die Belegschaft des Unternehmens (Statistiken über Anzahl, Altersdurchschnitt, Krankheitstage o. ä.), zum anderen aber auch auf die Personalarbeit selbst. Hier werden insbesondere interne Prozesse, wie z. B. das Recruiting, betrachtet. Relevant sind neben quantitativen Erhebungen auch qualitative Analysen, z. B. zur Zufriedenheit oder zu der Führungsqualität." (Haufe Akademie, 2021, S. 3) Somit ist das Personalcontrolling sowohl für die Planung, Bewertung und Steuerung der Leistungsfähigkeit der Mitarbeitenden, als auch für die Personalarbeit an sich, wichtig. Die Tätigkeit eines Controllers ist die Beschaffung, Aufbereitung und Analyse von Daten und Informationen zur Vorbereitung zielsetzungsgerechter Entscheidungen. In Abgrenzung zur Managementtätigkeit ist Controlling als entscheidungsunterstützende Tätigkeit zu begreifen. Das Management trifft in letzter Instanz Entscheidungen auf Basis der vom Controlling aufbereiteten Informationen. Die Ziele des Personalcontrollings leiten sich aus den Unternehmenszielen ab und leisten damit einen messbaren und unterstützenden Beitrag zum Unternehmenserfolg. Aus den abgeleiteten Ziele für das Personalwesen werden Soll-Werte definiert. Mithilfe von Soll-Ist-Vergleichen werden mögliche Handlungsbedarfe aufgezeigt und, falls erforderlich, werden Handlungsempfehlungen ausgesprochen und steuernde Korrekturmaßnahmen eingeleitet.

„Die Aufgaben des Personalcontrollings sind je nach Unternehmen unterschiedlich gestaltet und vor allem davon abhängig, welche Ziele damit verbunden werden. Grundsätzlich sind hier sowohl operative als auch strategische Dimensionen zu finden: Auf operativer Seite kann Personalcontrolling als Messinstrument für das klassische Berichtswesen betrachtet werden, innerhalb dessen Kosten und Nutzen von Maßnahmen eruiert und kontrolliert werden. Strategisch können z. B. anhand von Kennzahlen gezielt die Unternehmensziele unterstützt werden. Als „Königsdisziplin" schließlich kann die Ermittlung des Wertbeitrags von personalwirtschaftlichen

Controlling-Instrumente für ein modernes Personalmanagement

Abb. 235: Controlling-Instrumente für ein modernes Personalmanagement, Quelle: Haufe Akademie, 2021, S. 5

Maßnahmen zum wirtschaftlichen Erfolg insgesamt angesehen werden." (Haufe Akademie, 2021, S. 3)

„Eine weitere Unterscheidung kann zwischen faktororientiertem und prozessorientiertem Personalcontrolling getroffen werden. Das faktororientierte Personalcontrolling betrachtet und analysiert z. B. Faktoren wie Mitarbeiterzahlen, Fluktuation, Personalkosten, Arbeitszeiten etc., um den Einsatz der Belegschaft ideal zu steuern und zu optimieren. Im prozessorientierten Personalcontrolling werden die Kosten-, Leistungs- und Ergebnistransparenz von personalwirtschaftlichen Prozessen, die innerhalb der Personalabteilung ablaufen, untersucht." (Haufe Akademie, 2021, S. 5)

In der Praxis kann das Controlling organisatorisch als Stabsstelle, in einer Linien- oder in einer Dotted-Line-Organisation im Unternehmen eingebunden werden. Wie das Controlling in ein Unternehmen eingebunden wird, ist abhängig von den Gegebenheiten und von der Unternehmensgröße. Darüber hinaus können die Aufgaben entweder von der Controllingabteilung oder von Sachbearbeitern der Personalabteilung durchgeführt werden.

Zu den wichtigsten Controllinginstrumenten zählen Kennzahlen. Betriebswirtschaftliche Kennzahlen beschreiben, erklären und gestalten mithilfe von quantitativen Daten verdichtete, komplexe Schachverhalte. Somit transportieren Kennzahlen als reproduzierbare Größen komprimiert, kompakt und schnell betriebswirtschaftliche Inhalte und Informationen für Entscheidungen.

Das Controlling verwendet Kennzahlen zur Beschaffung, Aufbereitung und Analyse der unternehmensinternen und -externen Daten. Dabei wird unterschieden zwischen Grund- und Verhältniskennzahlen. Grundkennzahlen, wie beispielsweise das Gehalt, die Urlaubstage, oder die Krankentage, können quantitative Sachverhalte zu einem Mitarbeitenden relativ einfach erfassen. Grundkennzahlen allein besitzen jedoch keine wesentliche Aussagekraft, sondern sind nur im Vergleich zueinander bedeutend. Dazu bieten sich so genannte Soll-Ist- oder Zeitvergleiche an. Verhältniskennzahlen dagegen sind in sich aussagekräftig, da sie relative Größen sind, bei denen Sachverhalte zueinander in Beziehung gesetzt werden.

Das Messen von quantitativen Sachverhalten ist relativ einfach durchzuführen und bringt entsprechend schnelle Ergebnisse. Jedoch sind Menschen komplexe Wesen und daher hat das Controlling auch qualitative Sachverhalte zu analysieren und zu interpretieren. Qualitative Sachverhalte basieren auf komplexe Strukturen, deren Ausprägung auf verschiedene Variablen beruhen. Diese Variablen können sich jedoch different zueinander verhalten. So können sich verschiedene Variablen gegenseitig verstärken, oder gegenseitig aufheben. Auch die Wirkungsstärke der Variablen kann unterschiedlich ausfallen und sich sogar im Zeitablauf verändern. Können dann überhaupt qualitative Sachverhalte, wie beispielsweise die Motivation eines Mitarbeitenden, oder die Führungsqualität einer Führungskraft gemessen werden? Ja, nur ist dann eine einzelne Kennzahl nicht mehr ausreichend um einen qualitativen Sachverhalt zu analysieren. Vielmehr werden mehrere Kennzahlen verwendet und als Indikatoren zu Bewertung eines qualitativen Sachverhaltes herangezogen. Dabei entscheidet das Gesamtbild der kennzahlenbasierten Indikatoren über die Bewertung eines qualitativen Sachverhaltes. Hierzu ein Beispiel: Die Führungsqualität einer Führungskraft hat einen Einfluss auf die Arbeitsqualität der Mitarbeitenden in einem organisatorischen Bereich und auf die Verweildauer der Mitarbeitenden in diesem organisatorischen Bereich. Daher können beispielsweise hinsichtlich der Arbeitsqualität der Mitarbeitenden die Kennzahlen: Fehlerquoten, Quote der termingerechten Erledigung von Aufgaben, aber auch die Anzahl von Verbesserungsvorschlägen und durchgeführte erfolgreiche Optimierungsprozesse, verwendet werden. Um die Verweildauer der Mitarbeitenden in einem organisatorischen Bereich zu messen, können die Krankheits- und Fehltage und die Fluktuationsrate herangezogen werden. Damit kann gemessen werden, ob eine Führungskraft Mitarbeitende richtig motivieren kann, oder ob die Mitarbeitenden bereits schon innerlich gekündigt haben. Die Kennzahlen es einen organisatorischen Bereichs werden dann mit den anderen organisatorischen Bereichen verglichen, um so die unterschiedlichen Führungsfähigkeiten zu ermitteln.

Welche Kennzahlen in einem Unternehmen verwendet werden, ist primär von den Unternehmenszielen abhängig, aus denen die Personalziele abgeleitet werden. Die Kennzahlenverwendung ist aber auch abhängig von den zeitlichen Kapazitäten der Controlling- oder Personalabteilung und davon, wie die Ermittlung der Kennzahlen in einem Unternehmen organisiert ist. Von Bedeutung ist dabei die Art und Weise wie die Kennzahlen erfasst werden (manuell, oder digital und automatisiert) und in welcher Häufigkeit die Kennzahlen ermittelt werden. Die unterschiedliche Nutzung der Kennzahlen und Kennzahlensysteme führt zu einer Vielzahl von potentiell nutzbaren Kennzahlen und Kennzahlensystemen, welche im Anhang 2 dargestellt werden.

Da es eine Vielzahl von Personalkennzahlen gibt, sind die Kriterien für die Auswahl der Personalkennzahlen festzulegen. Entscheidend für die richtige Auswahl der Personalkennzahlen sind zum einen die Unternehmensziele, weil diese die Personalziele zum Erreichen der Unternehmensziele definieren und zum anderen die Wirtschaftlichkeit der Kennzahlennutzung. Wirtschaftlich ist die Kennzahlennutzung nur dann, wenn die Kosten der Kennzahlenerhebung und -analyse und die darauf folgenden Optimierungsmaßnahmen nicht höhere Kosten verursachen, als der Nutzen daraus. Daher sollte überprüft werden, welche Personalkennzahlen für das Unterneumen von Bedeutung und wirtschaftlich sind,

Zusammenhang von Unternehmenszielen und Personalkennzahlen

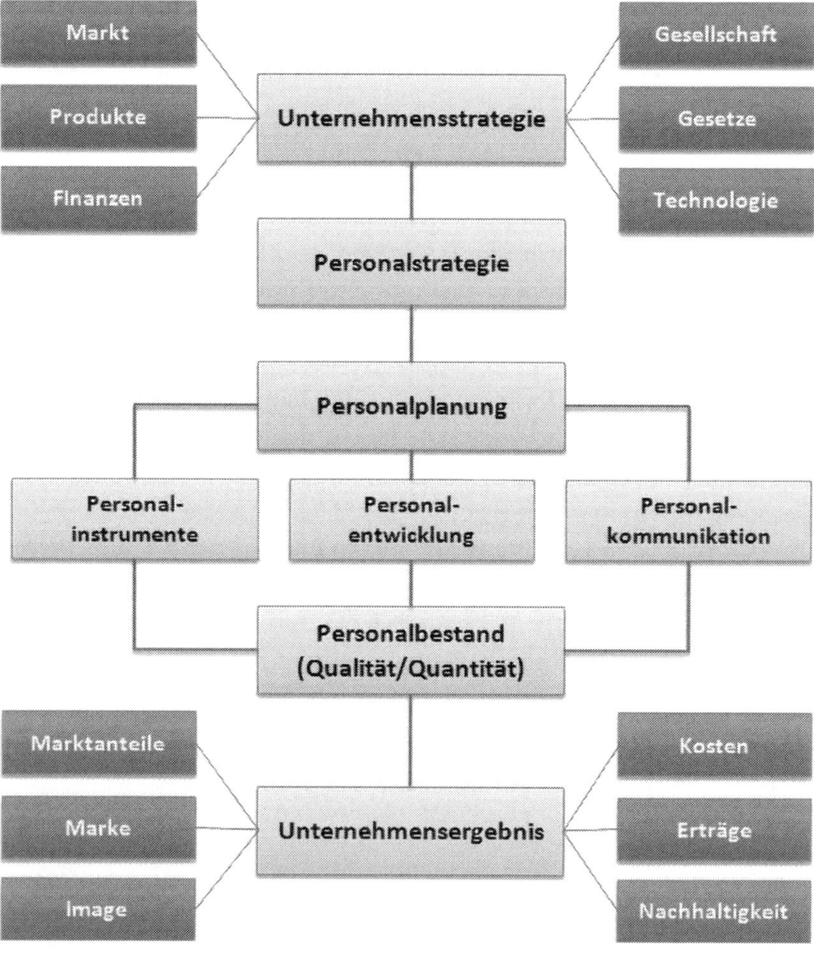

Abb. 236: Zusammenhang von Unternehmenszielen und Personalkennzahlen, Quelle: Eitel, 2021

Basierend auf den unternehmerischen Gegebenheiten können dann die zu messenden Kennzahlen bzw. das zu messende Kennzahlensystem entwickelt werden, die beispielsweise die folgenden Bereiche analysieren:

Beispiel Analysebereiche von Personalkennzahlen

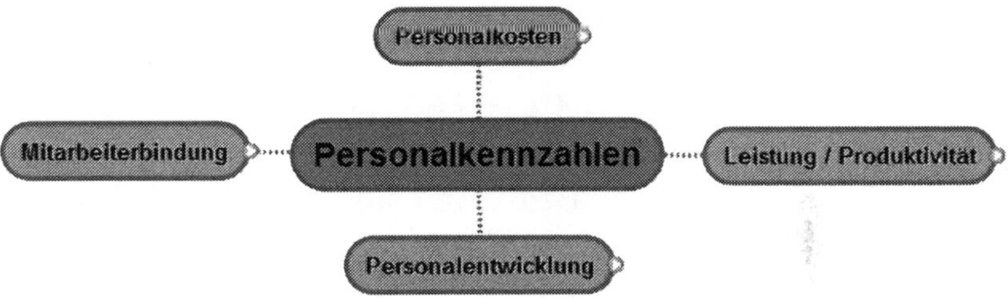

Abb. 237: Beispiel Analysebereiche von Personalkennzahlen, Quelle: Eitel, 2021

Die verwendeten Personalkennzahlen können in qualitative und quantitative Kennzahlen unterschieden werden. Die quantitativen Kennzahlen nutzen als Basis messbare Werte, wie z. B. Umsatz, Mitarbeiteranzahl oder Kündigungen. Quantitative Kennzahlen setzen den Leistungsoutput in einem Verhältnis zu den eingesetzten Ressourcen. Die qualitativen Kennzahlen dagegen verwenden schwer messbare Größen, wie zum Beispiel die Zufriedenheit oder die Motivation von Mitarbeitern, und sind daher aufwendiger zu messen. In der betrieblichen Praxis findet man überwiegend quantitative Kennzahlen. Diese sollen im Idealfall einen Rückschluss auf die qualitativen Faktoren zulassen.

Beim Personalcontrolling dreht sich alles um die Ressource Personal, also um Menschen. Menschen haben jedoch subjektive Werte, Normen, Einstellungen, Ängste und Gefühle, die sich nicht so ohne Weiteres in eine quantitative Kennzahl pressen lassen. Dies ist jedoch ein Problem, denn nur das, was quantitativ gemessen werden kann, kann auch gesteuert bzw. gemanagt werden. Dann kann also das Personalcontrolling nicht oder nur eingeschränkt genutzt werden? Doch, nur ist es eben nicht so einfach, wie beispielsweise im Bereich Finanzen.

Da die personalbasierten Prozesse, Verhaltensweisen, Einstellungen und Leistungen unterschiedliche Ausprägungen und Merkmale haben können, führen diese zu differenten Ergebnissen und können aufgrund von der Vielzahl von Ausprägungen und Merkmalen nicht mit nur einer Kennzahl bewertet und analysiert werden. Es sind also, anstatt nur einer Kennzahl, viele Kennzahlen erforderlich, um einen qualitativen Sachverhalt zu bewerten und zu analysieren.

Zudem bewegen sich die Ergebnisse einer Personalanalyse häufig innerhalb einer Spannbreite von Ergebnisausprägungen. Nicht nur die Analyseergebnisse und die Merkmalsausprägungen bewegen sich häufig in einer bestimmtem Spannbreite, sondern auch deren Vergleichswerte. Dies macht also das Personalcontrolling nicht einfacher. Die Vielzahl von Ausprägungen und Merkmalen, welche mit einer entsprechend vielen Kennzahlen gemessen, bzw. zu Indikatoren zusammengeführt werden, führen auch nicht immer zu klaren und eindeutigen Untersuchungsergebnissen und sind daher stellenweise zu interpretieren. Erst eine bestimme Menge an Kennzahlen ermöglicht dem Entscheidungsträger bei qualitativen Bewertungen ein möglichst genaues Bild von der Ressource Personal. Allerdings sollte schon aus wirtschaftlichen Gründen nur so viele Kennzahlen wie nötig, nicht wie möglich verwendet werden.

In der Praxis erheben 56 % der Unternehmen überwiegend systematisch Personalkennzahlen, jedoch nutzen die Unternehmen die automatisierte Erhebung der Personalkennzahlen nur zu 39 % überwiegend und zu 24 % teils-teils. Somit besteht noch Automatisierungspotential. (vgl. DGFP, 2012, S. 17)

Aufgrund von der Vielzahl an Ausprägungen und Interpretationsmöglichkeiten werden im Personalcontrolling Kennzahlen häufig gebündelt und zu Indikatoren zusammengefasst. Indikatoren werden definiert als Größen, deren Veränderungen den zeitlichen Zielerreichungsgrad aufzeigen oder die zur Beschreibung und Entwicklung wirtschaftlicher Sachverhalte Auskunft geben sowie eine Analyse und Diagnose ermöglichen. Dabei können Indikatoren Aussagen über die Intensität und Richtung einer bestimmten ökonomischen Variablen liefern. (vgl. Feller-Länzlinger et al, 2010, S. 9ff.) In diesem

Die Erhebung der Personalkennzahlen ist...

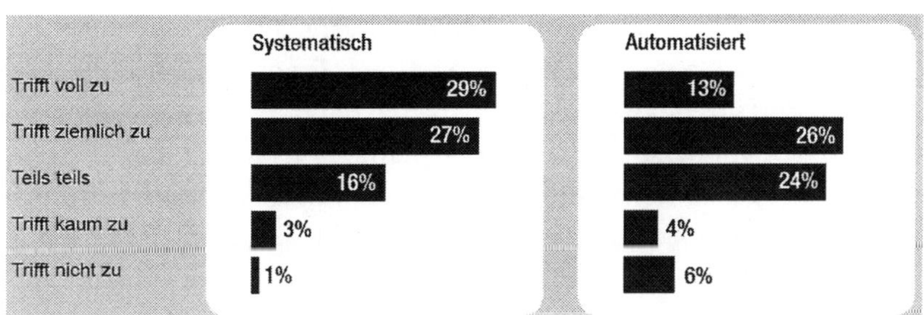

Abb. 238: Erhebung der Personalkennzahlen, Quelle: DGFP, 2012, S. 17

Sinne sind Indikatoren Kennzahlen, die als „Ersatzgrößen" interpretiert werden können. Auf Indikatoren wird zurückgegriffen, wenn die abzubildenden Sachverhalte keinen direkten objektiv-quantitativen Charakter haben, sich nicht immer direkt beobachten oder eindeutig messen lassen. Die Auswahl der Indikatoren richtet sich dabei nach dem jeweiligen Untersuchungsgegenstand. Beim Personalcontrolling sind die Untersuchungsgegenstände die Mitarbeitenden und die Führungskräfte, die Personalführung sowie die Planung, Steuerung und Kontrolle des Personalbereiches.

Somit ist das Personalcontrolling häufig aufwendiger als in vielen anderen Unternehmensbereichen und es kann zu Fehlbeurteilungen der subjektiven und qualitativen Ausprägungen und Merkmale im Bereich Personal kommen. Nichtsdestotrotz sollte in keinem Unternehmen auf ein Personalcontrolling verzichtet werden, weil mit dem Personalcontrolling dem Personalwesen ein gutes Instrumentarium zur Planung, Steuerung und Kontrolle der Ressource Personal zur Verfügung steht.

Zu beachten ist, dass betriebswirtschaftliche Kennzahlen sachlich die Sachverhalte und Prozesse zu einem Zeitpunkt und Entwicklungen über einen Zeitraum in einem Unternehmen messen. Jedoch werden diese sachlichen Zahlen von den Entscheidungsträgern, basierend auf den individuellen Normen, Werten, fachlichen Kenntnissen und der Risikoaversion der Entscheidungsträger, subjektiv für die Entscheidung interpretiert und bewertet. Kennzahlen dienen der

Planung, Steuerung und Kontrolle von Unternehmensprozessen. Daher gilt: Kennzahlen sind zwar sachlich, aber: Zahlen schaffen Fakten.

Erst mit Hilfe von Kennzahlen ist eine Planung überhaupt erst möglich und überlässt den unternehmerischen Erfolg nicht dem Zufall, weil vorrausschauend die Unternehmensentwicklung antizipiert wird. Plankennzahlen kommunizieren nicht nur die Unternehmensziele, sondern haben auch eine Motivationsfunktion, weil Pläne den Ausführenden und den Entscheidungsträgern Struktur und Sicherheit für eine ungewisse Zukunft geben und erfolgreiche Ergebnisse ermöglichen. Gerade die durch Pläne aufgezeigte Struktur und Sicherheit haben eine motivierende und steuernde Wirkung für jeden einzelnen Mitarbeitenden und für das gesamte Unternehmen. Somit lassen sich Personalplankennzahlen nicht nur zur Planung und Bewertung der Tätigkeiten in der Personalverwaltung nutzen, sondern können im Wesentlichen für die Personalführung verwendet werden.

Kennzahlen dienen der Steuerung von Unternehmensprozessen. Dies gilt auch für Personalkennzahlen, die sowohl zur Personalführung als auch für die Personalverwaltung verwendet werden. Steuern bedeutet, ein System auf ein Ziel hin auszurichten, danach die Zielerfüllung zu verfolgen und bei Abweichungen vom ursprünglichen Ziel Maßnahmen entsprechend der Richtung der Zielabweichung zu ergreifen.

Steuerungs- und Zielwirkung von Kennzahlen

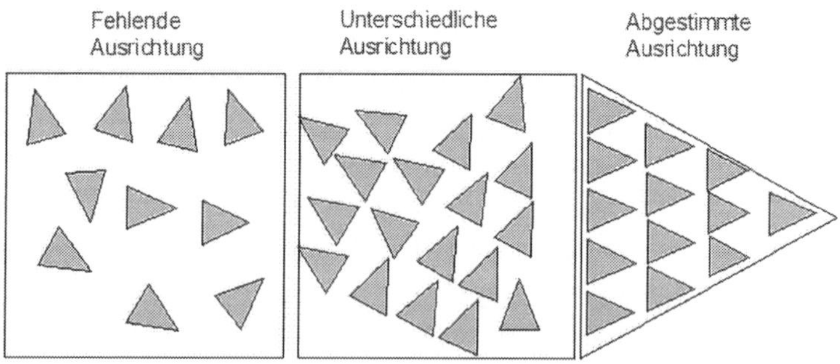

Abb. 239: Zielwirkung von Kennzahlen, Quelle: Eigene Darstellung basierend auf: Franz, Winkler, 2006, S. 3

Allerdings ist es nicht wirtschaftlich auf jede kleine Abweichung zu reagieren. Vielmehr muss der wirtschaftliche Nutzen größer als die Kosten der korrigierenden Maßnahme sein. Um die Abweichungsanalysen und die korrigierenden Maßnahmen wirtschaftlich zu steuern, kann das Management Sollgrenzwerte festlegen, ab denen Steuerungsmaßnahmen ergriffen werden. Um die Unternehmensprozesse steuern zu können, sind regelmäßige Kontrollen erforderlich. Soll-Ist-Vergleiche ermöglichen es dem Controlling, rechtzeitig auf negative Entwicklungen, aber auch auf sich bietende Chancen zu reagieren. Daher sind Kontrollen notwendig und richtig, weil ansonsten der Unternehmenserfolg rein zufällig, aber nicht gewollt ist. Kontrollen sind daher für die Wirtschaftlichkeit und für die Effizienz eines Unternehmens erforderlich.

Auch beim Personalcontrolling werden regelmäßige Soll-Ist-Abweichungen vorgenommen, um einerseits die optimale Wirtschaftlichkeit des eingesetzten Personals zu gewährleisten, andererseits um frühzeitig ineffiziente Prozesse und negative Verhaltensweisen zu identifizieren, die ungeplante Kosten verursachen. Insbesondere bei negativen Verhaltensweisen der Mitarbeitenden und der Vorgesetzten ist eine frühzeitige Kontrolle erforderlich, um eine Verfestigung der Verhaltensweisen zu vermeiden.

Kennzahlen zum Personal sollen auch die Stärken und Schwächen des Mitarbeitenden aufzeigen und die Mitarbeiterleistungen erfassen. Dadurch ist mithilfe von Kennzahlen eine Personalentwicklung möglich. Durch einen Soll-Ist-Vergleich können die Entwicklungspotentiale und Personalentwicklungsmaßnamen je Mitarbeitenden ermittelt werden.

Soll-Ist-Vergleiche können innerhalb des Unternehmens, als Branchenvergleich oder als Wettbewerbervergleich erfolgen. Ein interner Vergleich ist dabei die schwächste Vergleichsform, weil nur nach unternehmensinternen Maßstäben bewertet wird. Besser sind da schon Wettbewerber- und Branchenvergleiche, weil diese Vergleiche auf externen Vergleichen beruhen. Nachteilig ist jedoch, dass die Fremdvergleiche durch differente Strukturen zu Verzerrungen führen können, weil die ungleichen Strukturen zu unterschiedlichen

Ausprägungen und zu nicht vergleichbaren Mittelwerten führen, sodass letztendlich Birnen mit Äpfeln verglichen werden. In der Praxis werden diese möglichen Ungenauigkeiten überwiegend vernachlässigt, weil die Vorteile eines Fremdvergleiches überwiegen.

Soll-Ist-Vergleiche ermöglichen eine Analyse des Personals. Das Analyseergebnis kann kategorisiert werden, um das Analyseergebnis zu bewerten und zu strukturieren. Der Vorteil einer Kategorisierung zur Bewertung der Mitarbeiterleistungen liegt darin, dass alle Mitarbeitenden nach einheitlichen Kriterien bewertet werden, wodurch die Objektivität der Leistungsbewertung erhöht wird. Zwar wird es nie eine vollständig objektive Leistungsbewertung geben, jedoch ermöglicht eine einheitlich definierte und angewendete Leistungsbewertung eine objektivere Kommunikation, eine Anregungsfunktion zu Leistungssteigerungen, eindeutigere und begründete Vorgaben, Kontrollen, Planungen und letztendlich eine optimierte Steuerung. Somit ist einer Kategorisierung der Mitarbeiterleistungen als Managementinstrument geeignet.

Um einen hohen Wirkungsgrad der Kontrollen zu erreichen, sollten Kontrollen möglichst frühzeitig erfolgen, um den wirtschaftlichen Steuerungsaufwand so gering wie möglich zu halten. Denn je weiter eine Entwicklung aus dem Ruder gelaufen ist, desto schwerer wird das Gegensteuern. Am besten lässt sich dies mit einem Kugelstoßpendel erklären: Wird die erste Kugel angehoben, erhebt sich aufgrund des physikalischen Prinzips der Impulserhaltung, die äußere Kugel, während die anderen Kugeln scheinbar unberührt bleiben. Nur die letzte, äußere Kugel fliegt weg. Je höher die erste Kugel angehoben wird, umso höher fliegt die äußere Kugel weg (und umgekehrt) und umso mehr Kraftaufwand wird benötigt, um die wegfliegende Kugel aufzufangen. Nicht anders ist es in einem Unternehmen: Auch hier greift das Management möglichst frühzeitig ein, um möglichst und wirtschaftlich frühzeitig die Unternehmensentwicklung zu steuern. Mit Hilfe von Kennzahlen kann eine strategische Frühaufklärung vorgenommen werden. Die strategische Frühaufklärung zielt darauf ab, durch die Identifikation und Analyse von schwachen Signalen im Umfeld eines Unternehmens

Diskontinuitäten, technologische Trends und Veränderungen im Marktumfeld zu erkennen.

Auch beim Personalcontrolling werden die Trends und Veränderungen beobachtet, damit frühzeitig auf Veränderungen am Arbeitsmarkt reagiert werden kann und zugleich rechtzeitig ausreichend Personal mit der geforderten Qualifikation bedarfsgerecht dem Unternehmen zur Verfügung stehen kann.

Die Datenerhebung und -auswertung bei den eigenen Mitarbeitenden wird People Analytics genannt und basiert auf digitale Datenströme. Jeder, der mit dem PC oder dem Smartphone online unterwegs ist, hinterlässt Datenspuren über persönliche Vorlieben, Interessen und anderes. Diese Datenspuren fallen massenhaft an und können mit Hilfe einer Big-Data-Analyse verarbeitet werden. Allerdings ist die Auswertung der internen digitalen Daten der eignen Mitarbeitenden sehr kritisch zu sehen, weil Persönlichkeitsrechten auf Grund mangelhafter Anonymisierung und ständiger Überwachung verletzt werden. Neben Gesetzesverstößen kann auch das Vertrauen und die Unternehmenskultur eines Unternehmens durch People Analytics leiden. Sollte dann also auf People Analytics verzichtet werden? Nicht unbedingt. People Analytics kann neben den intern erfassten Informationen auch auf externe Daten zurückgreifen.

So können Führungskräfte auf noch größere und dadurch potenziell aussagekräftigere Datenmengen zurückgreifen. Damit sind die Führungskräfte beispielsweise in der Lage, die eigenen Mitarbeiter mit Professionals aus der eigenen Branche zu vergleichen. Die ist etwa über soziale Netzwerke wie LinkedIn möglich. Allerdings sind die Daten nicht so einfach verfügbar, sondern sind zunächst aus einer großen Datenmenge zu extrahieren und zu strukturieren. Darüber hinaus kann Personal Analytics das Recruiting optimieren, indem zunächst die Qualifikationen der Mitarbeitenden in einer internen Datenbank erfasst werden und bei einer anstehenden Stellenbesetzung die Qualifikationen der Mitarbeitenden darauf überprüft werden, ob die Stelle intern besetzt werden kann. Personal Analytics kann auch für die Mitarbeiterbindung eingesetzt werden. Mit Hilfe der Personal Analytics kann der Zeitpunkt bestimmt werden, wann durchschnittlich die

Mitarbeitenden kündigen. Dies ist dann genau der richtige Zeitpunkt also, um der Kündigung vorzubeugen und in einem Entwicklungsgespräch den nächsten Karriereschritt aufzuzeigen.

„Seit die Verfügbarkeit großer Datenmengen („Big Data") im Rahmen der Digitalisierung steigt, erweitert sich der Blick des Personalcontrollings zunehmend auch in Richtung tiefergehender Analysen („People Analytics") sowie Zukunftsprognosen." (Haufe Akademie, 2021, S. 3)

Zum Personalcontrolling kann folgendes Fazit gezogen werden: „Personalcontrolling ist eine strategische Funktion in der Personalabteilung, die weit über das Pflegen von Excel-Tabellen hinausgeht. Durch kluge Analysen mit Hilfe zielführender und übersichtlicher Kennzahlensysteme wird HR zu einem strategischen Partner der Unternehmensleitung und macht den eigenen Wertbeitrag professionell sichtbar. Die flächendeckende Integration von „Big Data" und „People Analytics"-Lösungen ins Personalcontrolling wird diese Entwicklung in Zukunft noch deutlich beschleunigen." (Haufe Akademie, 2021, S. 9)

8.1. Von der Nutzung und Relevanz der Personalkennzahlen in der Praxis

„Das Personalcontrolling macht das Wirken und die Ergebnisse des Personalmanagements transparent und treibt die Professionalisierung des Personalmanagements voran." (Sasse et al., 2011, S. 4)

Die Studie von Sasse et al. hat untersucht, welche Personalkennzahlen als steuerungsrelevant erachtet werden und welche Kennzahlen bisher noch nicht erhoben werden.

Warum manche Kennzahlen als steuerungsrelevant erachtet werden, aber bisher noch nicht erhoben werden, kann mehrere Gründe haben. So kann es beispielsweise aus der Sicht der Entscheidungsträger keine Notwendigkeit zur Erhebung geben. Auch kann es in der Praxis schlicht an fehlenden zeitlichen Kapazitäten liegen, warum als steuerungsrelevant erachtete Kennzahlen nicht erhoben werden. Sollte diese Situation in einem Unternehmen vorliegen, sollte überprüft werden, ob und welchen wirtschaftlichen Vorteil die Automatisierung von Personalverwaltungsaufgaben durch Digitalisierung hat und welche Beratungskapazitäten im Gegenzug die Personalabteilung gewinnt.[65]

„Auf der anderen Seite gibt es auch Kennzahlen, die zwar weit verbreitet sind, aber für vergleichsweise wenig steuerungsrelevant gehalten werden. Dazu gehören insbesondere der Anteil der Arbeitnehmer mit Schwerbehinderung an allen Arbeitnehmern, der Anteil der Betriebsräte an allen Arbcitnchmern, der Anteil der freigestellten Betriebsräte an allen Arbeitnehmern sowie der Anteil der weiblichen / männlichen Arbeitnehmer nach bestimmten Mitarbeitergruppen an allen Arbeitnehmern." (Sasse et al, 2011, S. 6) Der Grund, warum bestimmte, nicht als steuerungsrelevant erachtete Kennzahlen erhoben werden, liegt überwiegend in den gesetzlichen Berichtsvorschriften, weil Kennzahlen häufig unterbewertet werden und daher nur erhoben wird, was zwingend zu erheben ist.

„Zu den Kennzahlen, die im Gestaltungsfeld Unternehmens- und Personalstrategie in vielen Unternehmen bereits ermittelt werden und von vielen Personalmanagern als steuerungsrelevant erachtet werden, gehören die Altersstruktur, der Anteil bestimmter Mitarbeitergruppen an allen Arbeitnehmern, der Anteil der Arbeitnehmer nach bestimmten Organisationsbereichen, der Anteil der Teilzeitkräfte, der Anteil der befristet Beschäftigten, der Anteil der weiblichen / männlichen Arbeitnehmer nach bestimmten Mitarbeitergruppen sowie der Anteil der Leiharbeitnehmer." (Sasse et al., 2011, S. 7) Insbesondere der Leiharbeiteranteil ist von wirtschaftlicher Relevanz, weil die Mitarbeitenden und die Leiharbeiter gemeinsam die Leistungserstellung erwirtschaften. Dass die Nutzung dieser Kennzahl geringer ist als die wahrgenommene Relevanz liegt daran, dass in der Praxis nicht alle Unternehmen Leiharbeiter einsetzen. Auch hier wird deutlich, dass der Einsatz von Kennzahlen und Kennzahlensystemen von den jeweiligen Gegebenheiten in einem Unternehmen abhängig ist.

---

[65] Siehe hierzu die Ausführungen in den Kapiteln 7.1.–7.4.5.

Ausgesuchte strategische Kennzahlen – Nutzung und Relevanz

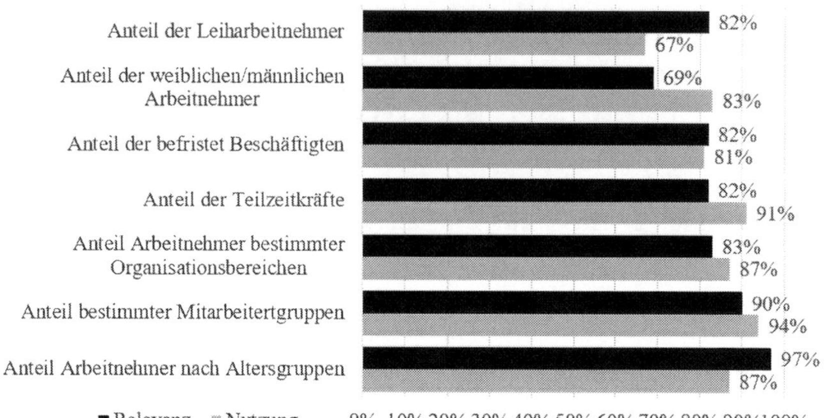

Abb. 240: Ausgesuchte strategische Kennzahlen – Nutzung und Relevanz, Quelle: Sasse et al., 2011, S. 7f.

„Zu den wichtigsten Kennzahlen, die sowohl bereits in vielen Unternehmen erhoben als auch von einer deutlichen Mehrheit der befragten Personalmanager als steuerungsrelevant erachtet werden, zählen in erster Linie die klassischen harten Kennzahlen zur Belegschaftsstruktur und zu den Personalkosten. Dass die Altersstruktur der Belegschaft nach Einschätzung der Befragungsteilnehmer die Liste der steuerungsrelevanten Kennzahlen anführt zeigt, dass der demografische Wandel die Unternehmen beschäftigt." (Sasse et al, 2011, S. 6)

Auch bei den strategischen Kennzahlen kann es eine Abweichung zwischen der Nutzung und der Relevanz geben. Besonders deutlich wird dies bei der Bleibequote Leistungs- und Potenzialträger. 78 % der Entscheidungsträger sehen diese Kennzahl als relevant an, aber nur 13 % nutzen sie. Dies kann daran liegen, dass die Bleibequote als wichtig erachtet wird, aber die Entscheidungsträger in der Praxis nur geringe Möglichkeiten sehen, die Bleibequote bei den Leistungs- und Potentialträgern positiv zu beeinflussen.

Bleibequote Leistungs- und Potentialträger

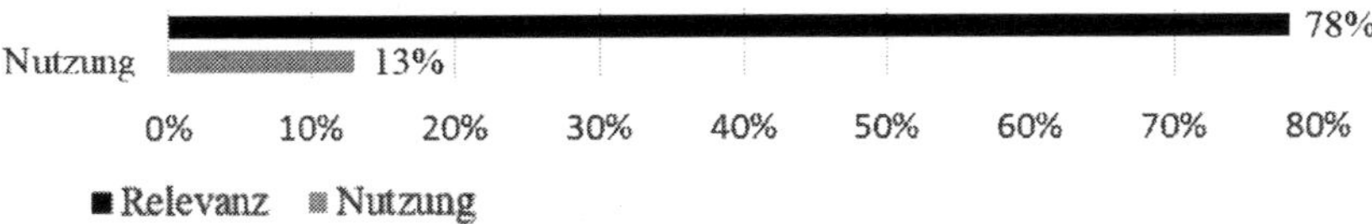

Abb. 241: Bleibequote Leistungs- und Potentialträger, Quelle: Sasse et al., 2011, S. 25

8.2. Effektivität und Effizienz des Personals und des Personalmanagements

Im Rahmen der Bewertungsanalyse des Personals und des Personalmanagements ist zu unterscheiden zwischen der Effektivität und der Effizienz.

Während Effektivität bedeutet, die richtigen Dinge zu tun, bedeutet Effizienz, die Dinge richtig zu tun.

Effektives Arbeiten ist zielführend, also der Einsatz von Maßnahmen, die auf ein gesetztes Ziel hinarbeiten. Daher beschreibt die Effektivität die Wirksamkeit der Arbeit. Dagegen ist effizientes Arbeiten ressourcenschonend, also der Einsatz von Maßnahmen, die mit möglichst geringem Aufwand das gesetzte Ziel erreichen. Somit beschreibt die Effektivität die Wirtschaftlichkeit der Ressourcen.

„Warum die Differenzierung der Begriffe so wichtig ist, zeigt sich häufig in der Praxis. Hier kann es zur Verwechslung oder synonymen Verwendung der Begriffe kommen. Problematisch zeigt sich das beispielsweise in veralteten Konzepten, die die Leistungen der Mitarbeiter ausschließlich anhand der erbrachten Arbeitszeit messen. Altmodische Managementkonzepte basieren häufig noch auf der falschen Annahme, dass die Produktivität jenes Mitarbeiters am höchsten ist, welcher am längsten im Büro bleibt. Studien der Stanford Universität (Pencavel, 2014) bestätigen inzwischen aber das Gegenteil: Die Produktivität der Mitarbeiter nimmt ab, sobald eine wöchentliche Arbeitszeit von 50 Stunden überschritten wird. Daher gilt: Entscheidend ist die Effizienz der geleisteten Arbeit, nicht unbedingt der Aufwand." (Simonis, 2021)

Um die Unterschiede von Effektivität und Effizienz zu verdeutlichen und zu visualisieren, können die Formeln zur Berechnung der beiden Größen helfen. Dabei wird das zu erreichende Ergebnis mit der jeweiligen Größe in Bezug gesetzt. Während bei der Effektivität die bestmögliche Zielerreichung im Fokus steht, wird bei der Effizienz vor allem der erbrachte Aufwand betrachtet.

$$\textbf{Effektivität} = \frac{\text{Ergebnis}}{\text{Ziel}} \qquad \textbf{Effizienz} = \frac{\text{Ergebnis}}{\text{Aufwand}}$$

8.3.1. Effizienzkennzahlen der Mitarbeitenden

Weil Effizienz bedeutet die Dinge richtig zu tun, ist Effizienz bzw. effizientes Handeln gegeben, wenn ein Mitarbeitender ein Ziel mit möglichst wenig Aufwand oder Zeit erreicht. Die Effizienz eines Mitarbeitenden zeigt daher die individuelle Qualität eines jeden Mitarbeitenden an. Mitarbeitende verursachen regelmäßig Fixkosten und daher steigt mit zunehmender Effizienz eines Mitarbeitenden auch der Deckungsbeitrag des Mitarbeitenden. Aus wirtschaftlicher Sicht ist also die Mitarbeitereffizienz ein Bestandteil der gesamten Unternehmenseffizienz.

Entsprechend werden zur Bewertung der Mitarbeitenden Effizienzkennzahlen verwendet.

Die Bewertungen der Mitarbeitenden können verglichen werden mit den Bewertungen vergleichbarer Mitarbeitender des Unternehmens, oder mit Planwerten, oder mit den erwarteten Entwicklungen und den Zielwerten des Mitarbeitenden. Daher können zur Personalentwicklung Istwerte ermittelt sowie Plan- und Forecast-Werte definiert und über eine Soll-Ist-Analyse bewertet werden.

Darüber hinaus können die Mitarbeitenden entsprechend ihrer Leistungen kategorisiert werden. Mit der Kategorisierung kann nicht nur der Anteil der Leistungsträger bestimmt, sondern auch der Aus- und Weiterbildungsbedarf ermittelt und die Attraktivität des Unternehmens für die Leistungsträger, aber auch für alle anderen aktuellen und zukünftigen Mitarbeitenden gesteigert werden.

Ausgesuchte praxisrelevante Effizienzkennzahlen sind im Anhang 2 „Formelsammlung Personalkennzahlen" zu finden.

Für die Bewertungen der Mitarbeitenden können neben dem Erheben von Kennzahlen auch die Bewertungsinstrumente „360-Grad-Feedback-Verfahren", „270-Grad-Feedback-Verfahren" „180-Grad-Feedback-Verfahren" sowie „Forced Ranking" genutzt werden.[66]

8.3.2. Effektivitätskennzahlen des Personalmanagements

Weil Effektivität bedeutet die richtigen Dinge zu tun, wird damit auch die Effektivität des Personalmanagements aufgezeigt, weil das Personalmanagement sich mit der effizienten Verteilung des verfügbaren Personals beschäftigt und die Unternehmensziele in ein Verhältnis zum erwirtschafteten Ergebnis setzt. Entsprechend werden zur Bewertung des Personalmanagements Effektivitätskennzahlen verwendet.

Die Ermittlung des Wertbeitrags von personalwirtschaftlichen Maßnahmen wird gerne auch als Königsdisziplin bezeichnet. (vgl. Haufe Akademie, 2021, S. 3) Dies liegt vor allem daran, dass in der Praxis die betriebswirtschaftliche Bedeutung einer Personalabteilung häufig unterschätzt wird, weil häufig nur die Personalverwaltungsfunktionen im Vordergrund gesehen werden, oder die sozialen Aspekte des Personalwesens mit einem Sozialverein verwechselt werden, der nur Kosten verursacht, aber keinen Ertrag bringt; kurz: Eine Personalabteilung ist ein notwendiges Übel.

Sicher, diese Darstellung ist etwas überspitzt, aber die Lösung ist recht einfach. Wie bereits schon mehrfach ausgeführt: Werden Personalmaßnahmen als Investition in die Ressource Personal verstanden, dann können alle Personalmaßnahmen mithilfe von Personalcontrolling, Kennzahlen und Investitionsrechnung quantitativ bewertet, geplant, gesteuert und kontrolliert werden. Ausgesuchte praxisrelevante Effizienzkennzahlen sind im Anhang 2 „Formelsammlung Personalkennzahlen" zu finden.

---

[66] Siehe hierzu Kapitel 8.4.

Zur Berechnung der Effektivität der Personalmanagementmaßnahmen können verschiedene Investitionsrechenverfahren verwendet werden:

- Kostenvergleichsrechnung,
- Amortisationsrechnung,
- Kosten-Nutzen-Rechnung.

Bei der Kostenvergleichsrechnung stehen mindestens zwei Investitionen zur Auswahl, wobei die Gesamtkosten der verschiedenen Investitionsalternativen ermittelt und gegenübergestellt werden. Die Entscheidungsregel lautet: „Wähle die Investition mit den niedrigsten Gesamtkosten."

Es existieren zwei Varianten der Amortisationsrechnung: Die Kumulationsmethode und die Durchschnittsmethode. Für Personalmanagementmaßnahmen ist die Kumulationsmethode zu bevorzugen, weil auch unterschiedlich hohe Investitionsrückflüsse während der Laufzeit der Investition berücksichtigt werden können. Deshalb sind alle Investitionsrückflüsse über den gesamten Investitionszeitraum zu addieren. In diesem Fall stellt die Amortisationsdauer den Zeitraum dar, in dem alle Einzahlungen und Auszahlungen ein positives Ergebnis ergeben. Ein möglicher Restwert wird von der Investitionssumme abgezogen. Die Rückflüsse werden so lange kumuliert, bis die Amortisation erreicht ist, so dass sich die Amortisationsdauer nach der Kumulationsmethode wie folgt errechnet:

$$\boxed{\textbf{Amortisationsdauer}} = \text{Perioden bis zur Amortisation} + \frac{-\text{Rückfluss im Jahr}_{t0}}{-\text{Rückfluss im Jahr}_{t0} - \text{Rückfluss im Jahr}_{t0+1}}$$

oder:

$$\sum_{t=1n}^{n} E\,ZÜ_t > A_0$$

Als Entscheidungsregel gilt: „Wähle die Investition mit der kürzesten Amortisationsdauer."

Bei der Kosten-Nutzen-Rechnung werden die Kosten einer Personalmanagementmaßnahme dem Gewinn aus dem Nutzen durch die Investition gegenübergestellt. Der Nutzen kann auch aus ersparten Kosten bestehen. Um die Kosten-Nutzen-Rechnung zu nutzen, sind alle Arten und Formen von Nutzen zu quantifizieren. Die Entscheidungsregel lautet: „Wähle die Investition mit dem besten Kosten-Nutzen-Verhältnis."

Da auch Führungskräfte zum Personal gehören, ist es die Aufgabe des Personalmanagements, die möglichst optimalen Organisationsstrukturen zu definieren. Eine wesentliche strukturelle Kennzahl der Personalführung ist die Führungs- bzw. die Leitungsspanne.[67] Mit der Kennzahl lässt sich die individuelle Führungsspanne für jede Führungskraft ermitteln und zugleich die optimale Führungspanne für jede Führungskraft definieren. Durch verschiedene Gegebenheiten, Aufgaben sowie unterschiedliche Fähigkeiten eines Teams, Mitarbeitenden und der Führungskräfte variiert jedoch die optimale Führungsspanne von Instanz zu Instanz.[68]

Aus diesem Grund stehen dem Personalmanagement verschiedene Entscheidungsoptionen zur Verfügung, wobei das Personalmanagement die Unternehmenskultur, die Organisationsstrukturen und die Fähigkeiten der Teams, Mitarbeitenden und der Führungskräfte zu berücksichtigen hat. Die Organisationsstruktur hat immer dann einen Einfluss auf die Führungsspanne, wenn zur Optimierung der Führungsspanne die Abteilungen geändert werden.

$$\textbf{Führungsspanne} = \frac{\text{Mitarbeitende}}{\text{Führungskraft}}$$

Verbunden mit der Fachexpertise des Personalmanagements und unter Berücksichtigung der Personal- und Unternehmensentwicklung kann die optimale Führungsspanne pro Führungskraft festgelegt

[67] Vgl. Kapitel 6.5.

[68] Vgl. Kapitel 6.5.

werden. Aufgrund der kontinuierlichen Veränderungen im des Unternehmens ist eine regelmäßige Bewertung der Führungsspanne erforderlich. Gegebenenfalls sind strukturelle Maßnahmen zu ergreifen.

Strukturelle Maßnahmen zur Optimierung der Führungsspanne sind:

- Entlassung, Einstellung und Versetzung von Mitarbeitenden und Führungskräften,
- Aufbau und Zusammenführung von Abteilungen,
- Schulungsmaßnahmen zur Teambildung und zu Führungsmethoden,
- Maßnahmen zu Veränderungen der Unternehmenskultur.

8.3.3. Effizienzkennzahlen der Personalführung

Die Dinge richtig zu tun bedeutet, in der Personalführung die richtige Führung zu praktizieren und zwar so, dass das Unternehmen nachhaltig erfolgreich ist. Bei der Messung der Personalführung wird also der praktische Teil der Führung und damit die Effizienz bewertet, auch wenn Führung eine strategische Bedeutung hat.

Die Personalführung differiert je nach Verantwortungsbereich und besteht aus unterschiedlichen Führungstätigkeiten und -aufgaben. Trotzdem kann die Effizienz der Personalführung bewertet werden. In der Praxis kann eine Effizienzmessung jedoch auf Schwierigkeiten stoßen, die im Management selbst liegen. Wenn 97 % der Manager der Meinung sind, sie seien eine gute Führungskraft (vgl. Gallup, 2017, S. 14), dann ist aus Sicht des Managements keine Erfordernis gegeben, die Effizienz der Personalführung zu überprüfen. Wenn jedoch die Effizienz der Personalführung nicht überprüft wird, dann kann eine ineffektive Personalführung auch nicht identifiziert werden. Ohne eine Überprüfung der Effizienz der Personalführung können dem Unternehmen Erfolgspotentiale entgehen, wenn aufgrund einer schlechten Personalführung die Motivation der Mitarbeitenden sinkt, die Innovationskraft zurückgeht und die

Mitarbeitenden Chancen schlicht nicht wahrnehmen. Somit gilt auch für das Management: Kontrolle muss sein.

Die Effizienz der Personalführung kann:

- am Zielerreichungsgrad,
- den Auswirkungen der Führung auf die Mitarbeitenden,
- der Innovationskraft im Verantwortungsbereich der Führungskraft, sowie
- durch Effizienzsteigerungen der internen Arbeitsabläufe im Verantwortungsbereich der Führungskraft

gemessen werden.

Ein Unternehmen kann ein oder mehrere Ziele verfolgen. Entsprechend können ein, oder mehrere Ziele in den Verantwortungsbereich einer Führungskraft fallen. Dabei gilt: Je niedriger die Führungsebene, desto operativer werden die Ziele sein. Da Führung das soziale Einflusshandeln der Führungskraft zur Erreichung der Unternehmensziele ist[69], kann die Effizienz der Personalführung anhand der Zielerreichungsgrade im Verantwortungsbereich einer Führungskraft gemessen werden. Voraussetzung ist auch hier, dass die Ziele quantifiziert werden können. Nur bei quantitativen Zielen kann ein Soll-Zielerreichungsgrad definiert werden und mit dem Ist-Zielerreichungsgrad verglichen werden. Der Zielerreichungsgrad ist die Ausprägung einer Zielgröße und informiert über den Realisierungsgrad der Zielgröße. Somit gibt der Zielerreichungsgrad an, in welchem Ausmaß ein Ziel verwirklicht worden ist. Der maximale Zielerreichungsgrad ist 100 %. Um die maximale Zielerreichung für seinen Verantwortungsbereich zu realisieren, wählt die Führungskraft die Personalführungsinstrumente, die in Bezug auf das formulierte Zielsystem den größten Zielerreichungsgrad versprechen. Daher beschreibt der realisierte Zielerreichungsgrad auch, wie effizient eine Führungskraft eine Führungsaufgabe umgesetzt hat. Zielerreichungsgrade errechnen sich wie folgt:

---

[69] Vgl. hierzu Kapitel 3.

$$\textbf{Zielerreichungsgrad} = \frac{\text{Ist-Ergebnis}}{\text{Soll-Ergebnis}} \times 100$$

Allerdings lassen sich nicht alle Ziele gleich gut quantifizieren. So sind die Ziele von unterstützenden Abteilungen, wie beispielsweise der Abteilung Controlling, überwiegend funktional und operational. Aber auch zu den Zielen von unterstützenden Abteilungen können Zielerreichungsgrade ermittelt werden, wenn der Faktor Zeit bis zum Erreichen der Ziele mit berücksichtigt wird. Die einfachste Version ist dann: Wurde das Ziel zu einem bestimmten Zeitpunkt erreicht oder nicht? Daher gilt:

$$\text{Ist-Zielerreichungsgrad}_{t} = \text{Soll-Zielerreichungsgrad}_{t} = 100\,\%\text{; Ziel erreicht}$$

$$\text{Ist-Zielerreichungsgrad}_{t} < \text{Soll-Zielerreichungsgrad}_{t} < 100\,\%\text{; Ziel nicht erreicht}$$

$$\text{Ist-Zielerreichungsgrad}_{t} > \text{Soll-Zielerreichungsgrad}_{t} > 100\,\%\text{; Ziel überfüllt}$$

Gute Führung hat einen positiven Einfluss auf die Motivation der Mitarbeitenden.[70] Die Mitarbeitermotivation kann durch den Engagement Index gemessen werden, der von Unternehmen wie Gallup Inc. erstellt, oder mit Hilfe von selbsterstellten Kennzahlen ermittelt werden kann. Nachteilig an einem fremderstellten Engagement Index ist, dass keine begründete Aussagen zu den Ursachen der Zufriedenheit oder Unzufriedenheit der Mitarbeiter getroffen werden und der Engagement Index nicht gemessen wird.

Dagegen ist ein selbsterstellter Engagement Index mit Hilfe eines Kennzahlensystems aufwendiger, aber auch genauer, weil dieses Kennzahlensystem die Besonderheiten eines Unternehmens berücksichtigt und zugleich unternehmensinterne Abteilungsvergleiche, Branchenvergleiche oder Vergleiche mit Wettbewerbern ermöglicht. Bei einem selbsterstellten Engagement Index werden vor allem die positiven Auswirkungen der Motivation auf das Unternehmensergebnis abgefragt.

---

[70] Vgl. hierzu Kapitel 3.

1. Geringere Ausfallzeiten

Gute Führung fördert eine hohe emotionaler Bindung der Mitarbeitenden und zu 41 % geringere Ausfallzeiten als bei einer schlechten Führung. (vgl. Gallup, 2018, S. 30) Daher können Kennzahlen zu Ausfallzeiten auch für die Bewertung von Führungskräften und für die Bewertung der Effizienz der Personalführung verwendet werden.

$$\textbf{Fehlzeitenquote} = \frac{\text{Fehlzeiten}}{\text{Gesamtarbeitszeit}} \times 100 \qquad \textbf{Krankenquote} = \frac{\text{Krankentage}}{\text{Arbeitstage}} \times 100$$

2. Geringere Fluktuationsrate

Dank guter Führung sinkt die Fluktuationsrate um 59 % gegenüber Unternehmen mit schlechter Führung. (vgl. Gallup. 2018, S. 30) Wegen der Bedeutung für die Mitarbeiterbindung ist die Kennzahl Fluktuation ein guter Maßstab für die Effizienz der Personalführung.

$$\textbf{Fluktuationsquote} = \frac{\text{Anzahl der Mitarbeiterabgänge}}{\text{Personalbestand}} \times 100$$

3. Höhere Produktivität

Durch gute Führung sind Unternehmen um bis zu 20 % produktiver. Auch Qualitätsmängel sinken um bis zu 40 % aufgrund von guter Führung. (vgl. Gallup, 2018, S. 30) Deshalb sind Produktivitätskennzahlen ein guter Maßstab für die Effizienz der Personalführung.

$$\textbf{Umsatz pro Mitarbeiter} = \frac{\text{Gesamtumsatz}}{\text{Mitarbeitende}} \qquad \textbf{Gewinn pro Mitarbeiter} = \frac{\text{Gewinn}}{\text{Mitarbeitende}}$$

$$\textbf{Mitarbeiterproduktivität} = \frac{\text{Leistung / Monat}}{\text{Mitarbeitende}} \qquad \textbf{Ø Bearbeitungszeit pro Auftrag} = \frac{\text{Erstellungszeit}}{\Sigma\ \text{Aufträge}}$$

$$\textbf{Arbeitsproduktivität} = \frac{\text{Ergebnis}}{\text{Arbeitsaufwand}}$$

Fehler führen zu unwirtschaftlichen Verschwendungen von Ressourcen und Zeit und damit zu nicht geplanten Personal- und Materialkosten, aber auch zu möglichen Umsatzeinbußen. Das Fehlen von Fehlern ist somit auch eine Form der Produktivität, weil dadurch der Arbeitsaufwand verringert und das Ergebnis verbessert wird. Eine effiziente Personalführung fördert und organisiert die Mitarbeitenden so, dass diese aufgrund von den Unternehmensstrukturen, den Prozessen, aber auch aufgrund von den richtig eingesetzten Kenntnissen und Fähigkeiten der Mitarbeitenden möglichst keine Fehler machen.

$$\textbf{Fehlerquote pro Mio. (PPM)} = \frac{\text{bewertete, fehlerhafte Einheiten}}{\text{gelieferte Einheiten}} \times 1.000.000$$

4. Höhere Rentabilität

Auch die Rentabilität steigt durch gute Führung. Durch gute Führung steigt die Rentabilität um bis zu 21 %. (vgl. Gallup, 2018, S. 30) Daher sind Rentabilitätskennzahlen Fluktuation ein guter Maßstab für die Effizienz der Personalführung.

Die klassischen Renditekennzahlen sind, aufgrund von den globalen Größen, eher für das Gesamtunternehmen von Bedeutung und können vorwiegend für die Effizienz der Personalführung durch die Geschäftsführung bzw. durch die Eigentümer verwendet werden.

$$\textbf{Eigenkapitalrendite} = \frac{\text{Gewinn}}{\text{Eigenkapital}} \qquad \textbf{Gesamtkapitalrendite} = \frac{\text{Gewinn}}{\text{Gesamtkapital}}$$

$$\textbf{Umsatzrentabilität} = \frac{\text{Gewinn}}{\text{Umsatz}}$$

Auch der ROI (Return on Investment) ist eine eher globale Kennzahl, kann aber auch für die Effizienz der Personalführung bei einzelnen Projekten in den verschiedenen Verantwortungsbereichen der Führungskräfte verwendet werden.

ein periodischer ROI = $r_{GK} = \frac{RF_1 - A_0}{A_0} = \frac{RF_1}{A_0 - 1}$

r_{GK} Rendite des Gesamtkapitals
RF_1 Rückfluss zum Zeitpunkt t=1
A_0 Anschaffungsauszahlung zum Zeitpunkt t=0

mehrperiodischer ROI = $r_{GKm} = \frac{EB_{tn}}{A_0^{(1/tn)-1}}$

EB_{tn} Gesamterträge mehrerer Perioden
tn Anzahl von Perioden
RF_{tn} Rückfluss zum Endzeitpunkt t=tn

ROCE = $\frac{\text{EBIT}}{\text{eingesetztes Kapital}}$ oder **ROCE** = $\frac{\text{NOPAT}}{\text{eingesetztes Kapital}}$

EBIT (Earnings before Interests and Taxes) = Betriebsergebnis vor Zinsen und Steuern
NOPAT (Net Operating Profit After Taxes) = Betriebsergebnis nach Steuer

5. Höhere Innovationskraft

„Auch auf die Innovationskraft wirkt sich das Engagement der Mitarbeiter aus. Hierbei geht es laut Gallup nicht darum, dass Mitarbeiter jeden Tag bahnbrechende Innovationen einbringen. Wichtig für die Unternehmen sind vor allem die vermeintlich kleinen Ideen der Beschäftigten, wie etwa zur Optimierung von Arbeitsabläufen und Prozessen. Die Studie zeigt: Emotional gebundene Mitarbeiter erbringen das Dreifache an Anregungen für Verbesserungen als ihre ungebundenen Kollegen.“ (Gallup, 2017, S. 9) Einen direkten Einfluss hat die Personalführung nicht, vielmehr wirkt die Personalführung über eine Kausalkette von der Personalführung zur Innovationskraft.

Kausalkette von der Personalführung zur Innovationskraft

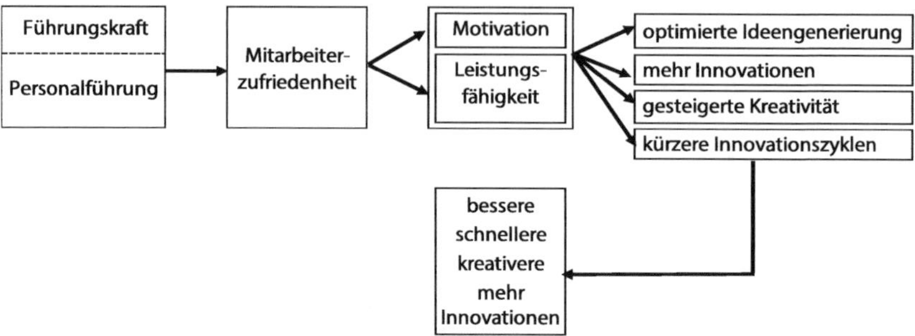

Abb. 242: Kausalkette von der Personalführung zur Innovationskraft, Quelle: Eigene Darstellung

Die Kausalkette von der Personalführung zur Innovationskraft lässt sich anhand folgender Kennzahlen ermitteln:

$$\textbf{Innovationsrate} = \frac{\text{Umsatzanteil der Innovationen}}{\text{Gesamtumsatz}} \text{ x } 100$$

$$\textbf{Innovationsquote} = \frac{\text{Anzahl der Innovationen}}{\text{Anzahl aller Produkte}} \text{ x } 100$$

$$\boxed{\textbf{Innovationsideen pro Mitarbeiter}} = \frac{\text{Anzahl eingereichter Ideen}}{\text{Anzahl der Mitarbeiter}}$$

$$\textbf{Ø Ideengenerierungszeit} = \frac{\Sigma\, t_E - t_I)}{\Sigma \text{ Ideen}}$$

t_E = Entscheidungszeit, t_I = Zeit bis zur Ideeneinreichung)

Auch der Innovationsgrad, bestehend aus dem Neuigkeitsgrad der Zweck-Mittel-Kombination, definiert die Innovationskraft eines Unternehmens. Der Neuigkeitsgrad einer Innovation muss zunächst wahrnehmbar sein. Dabei wird der Innovationszweck (z. B. Fahrzeugantrieb) mit einem Mittel (z. B. der verwendete Triebstoff) in einer bisher nicht gekannten Form miteinander kombiniert.

Wenn sich sowohl der Zweck als auch die Mittel merklich von Bekanntem unterscheiden, dann handelt es sich um eine Durchbruchsinnovation. Ist der Unterschied eher nur für den Innovator selbst erkennbar, ist dies eine inkrementelle Innovation. Im besten Fall ist dies aber eher nur eine Produktverbesserung. (vgl. Eschberger, S. 4) Die Zweck-Mittel-Kombination wird für die Analyse weiter in Kategorien eingeteilt und die Innovationen werden in jeder Kategorie gezählt.

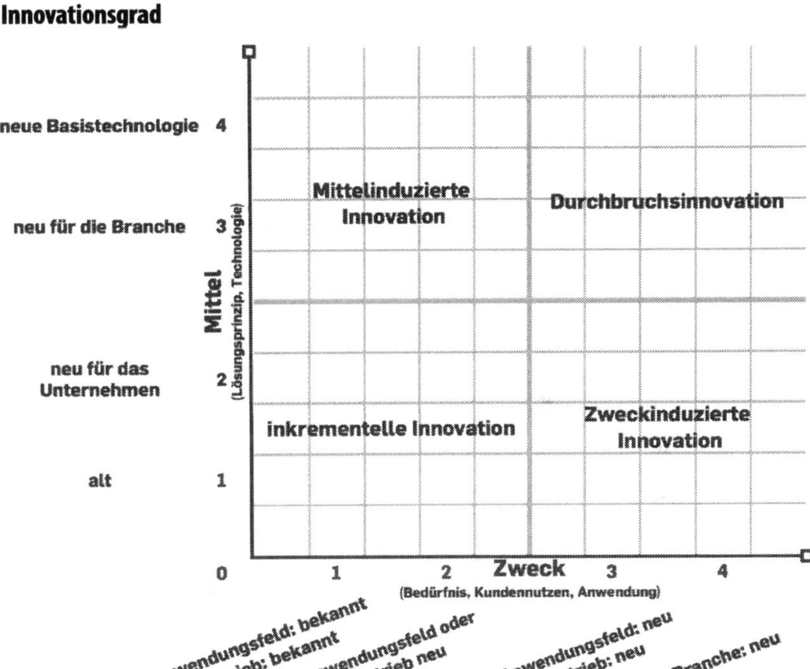

Abb. 243: Innovationsgrad, Quelle: Eigene Darstellung basierend auf: Eschberger, S. 4, 2021

6. Höhere Kundenzufriedenheit / Zufriedenheit interner Zusammenarbeit

„Zufriedenheit ist das Ergebnis eines psychischen Soll-Ist-Vergleichs zwischen den Erwartungen des Kunden / Mitarbeiters und den von ihm wahrgenommenen Leistungen. Zufriedenheit entsteht dann,

Kausalkette von der Mitarbeiterzufriedenheit zum Unternehmensnutzen

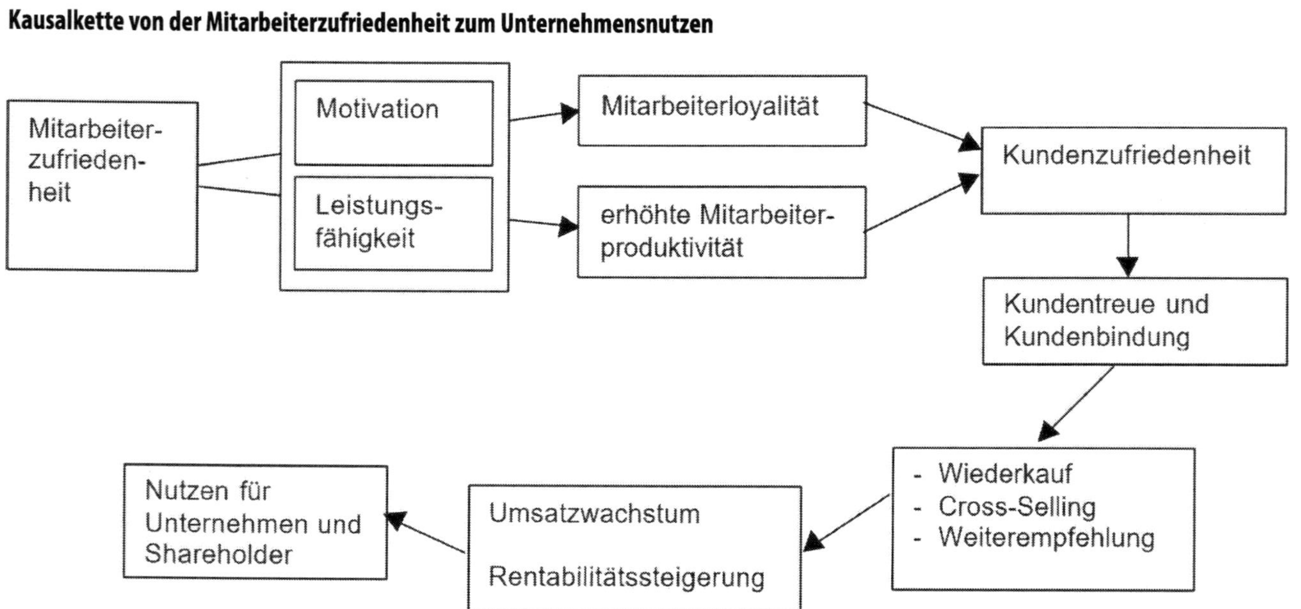

Abb. 244: Kausalkette Mitarbeiterzufriedenheit, Quelle: Eigene Darstellung basierend auf: Beyer, S. 2, 2002

wenn – nach eigener subjektiver Beurteilung – die Erwartungen erfüllt oder übertroffen werden.“ (Beyer, 2002, S. 1)

Eine gute Personalführung bewirkt eine Motivationssteigerung.[71] Nach der Zwei-Faktoren-Theorie von Herzberg schafft der Hygienefaktor Motivation bei Kunden und Mitarbeitenden Zufriedenheit[72] und bewirkt eine Kausalkette von der Mitarbeiterzufriedenheit bis zum Unternehmensnutzen.

Im Gegensatz zu den bisher vorgestellten Kennzahlen werden bei der Kundenzufriedenheit Empfindungen wie die Mitarbeiterzufriedenheit und Motivation unterschiedlich bewertet. Dadurch können die Veränderungen nicht durch quantitative Kennzahlen gemessen werden, sondern es sind statistische Analysen notwendig.

„Während subjektive Methoden die individuelle Wahrnehmung der Kunden in den Fokus rücken, erfassen objektive Messmethoden die Kundenzufriedenheit durch Größen, die nicht von der subjektiven Wahrnehmung der Kunden abhängen. Objektive Methoden setzen auf quantifizierbare Metriken. Unternehmen fällt es häufig schwer, Kundenzufriedenheit objektiv messbar zu machen. Dies liegt vor allen Dingen daran, dass sich die Kundenzufriedenheit nicht so klar und leicht messen lässt, wie beispielsweise Einnahmequellen, Website-Besucher oder Klicks auf einer Website. Hierzu fehlen scheinbar die simplen, harten Kennzahlen. Diese Kennzahlen existieren aber und können, wenn sie richtig verstanden und eingesetzt werden, Kundenzufriedenheit auf verschiedene Weise messbar machen. Wir haben die wichtigsten zusammengestellt:

Der **Customer Satisfaction Score**, oder kurz CSAT, ist wohl die Standardmetrik für Kundenzufriedenheitsbefragungen. Hierbei werden Ihre Kunden gebeten, ihre Zufriedenheit mit Ihrem Produkt, Unternehmen oder Ihrer Dienstleistung zu bewerten. Der erhaltene Durchschnittswert aller Kunden ist dann Ihr CSAT-Score. Typische Skalen für den CSAT sind beispielsweise 1-3, 1-5, oder 1-10. Größere Skalen sind meistens weniger sinnvoll, da Personen ihre

---

[71] Vgl. hierzu die Kapitel 3.–3.2.4.

[72] Vgl. hierzu die Kapitel 6.5.

Zufriedenheit aufgrund kultureller Unterschiede häufig anders bewerten." (Geer, 2021)

CSAT kann nicht nur gegenüber externen Kunden genutzt werden, sondern auch gegenüber internen Kunden. Insbesondere unterstützende Abteilungen, wie beispielsweise das Rechnungswesen, oder die Personalabteilung haben interne Kunden. Welche internen Kunden eine Abteilung hat, ist von den Funktionen der Abteilung abhängig. Gute interne Kundenbeziehungen ermöglichen effiziente interne Arbeitsabläufe. Damit können nicht nur die Prozesse an den Schnittstellen zwischen den Abteilungen verbessert, sondern auch die Leistungen der beteiligten Abteilungen optimiert werden. Die Personalführung ist dann besonders effizient, wenn die Führungskraft die Tätigkeiten und Prozesse soweit koordinieren und fördern, dass die internen Kunden der Abteilung zufrieden sind und durch die höhere Motivation die Ergebnisse optimiert werden. Entsprechend kann CSAT nicht nur bei externen Kunden, sondern auch bei internen Kunden angewendet werden und durch die Analyse des CSAT nicht nur die Effizienz der Personalführung bewertet, sondern auch mögliche Potentiale für die Personalführung und für die internen Prozesse des Unternehmens aufgezeigt werden.

Net Promoter Score

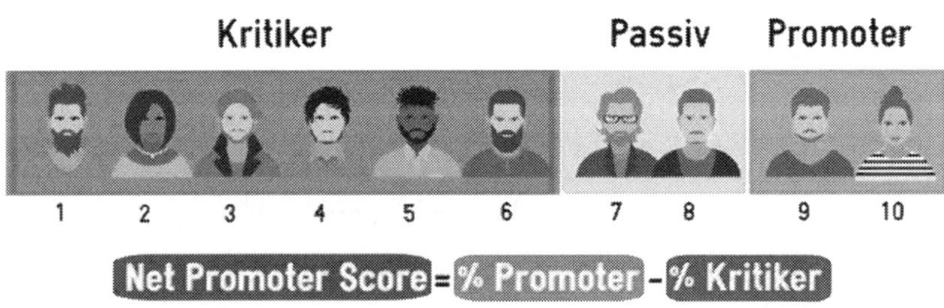

Abb. 245: Net Promoter Score, Quelle: Geer, 2021

„Mit dem **Net Promoter Score** (NPS) wird die Wahrscheinlichkeit gemessen, ob ein Kunde Sie und Ihr Unternehmen, respektive Ihr Produkt oder Ihre Dienstleistung, weiterempfehlen würde. Sie ist vermutlich die beliebteste Kennzahl, um Kundenloyalität zu messen. Kunden werden gefragt, wie wahrscheinlich eine Weiterempfehlung ist. Diese Wahrscheinlichkeit sollen sie auf einer Skala von 1-10 einordnen. Die Stärke bei dieser Kennzahl ist, dass sie sich nicht auf eine Emotion bezieht (‚Wie zufrieden bin ich?'), sondern eine Absicht (‚Wie wahrscheinlich ist eine Weiterempfehlung?'), was für den Kunden deutlich leichter zu beantworten ist." (Geer, 2021)

„Der **Customer Effort Score** oder CES kann auch als Kundenaufwand oder Kundenanstrengung bezeichnet werden. Es handelt sich um eine Kennzahl, die angibt, wie viel Aufwand ein Kunde betreiben musste, um ein bestimmtes Problem zu lösen oder eine Antwort auf eine Frage zu bekommen. Er bezieht sich auf jegliche Serviceprozesse, die ein Unternehmen seinen Kunden anbietet. Das beinhaltet sowohl unterschiedliche Schnittstellen oder Touchpoints als auch verschiedene Problem- und Fragestellungen auf Kundenseite." (Geer, 2021)

Für die Bewertungen der Führungskräfte können neben dem Erheben von Kennzahlen, auch durch die Bewertungsinstrumente „360-Grad-Feedback-Verfahren", „270-Grad-Feedback-Verfahren", „180-Grad-Feedback-Verfahren" sowie „Forced Ranking" genutzt werden.[73]

8.4. Feedback-Verfahren zur qualitativen Bewertung der Personalführungseffizienz

Für die qualitative Bewertung der Effizienz der Personalführung können, neben Kennzahlen oder Kennzahlensystemen, auch noch Feedback-Verfahren genutzt werden. Die wichtigste Aufgabe der Feedback-Verfahren ist es, die Mitarbeiter- und Kundenzufriedenheit möglichst objektiv einzuschätzen.

Die Feedback-Verfahren haben die Vorteile, dass der Feedback detaillierter erfasst wird, die Emotionen der Beteiligten (zumindest indirekt) deutlicher zu Tage treten und komplexe soziale

[73] Siehe hierzu Kapitel 8.4.

Beziehungen sowie die Auswirkungen der Personalführung erkennbarer sind, als bei vielen anderen Kennzahlen. Nachteilig am Feedback-Verfahren ist der höhere Bearbeitungs- und Analyseaufwand als bei der Ermittlung von Kennzahlen.

Beim 360-Grad-Feedback-Verfahren werden die Kompetenzen der Führungskräfte oder der Mitarbeitenden aus den unterschiedlichsten Perspektiven bewertet, indem die Führungskräfte oder die Mitarbeitenden aus vier verschiedenen Perspektiven eine Bewertung erhalten. Befragt werden die übergeordnete Führungskraft, die Kollegen derselben Ebene, die unterstellten Mitarbeiter sowie die Führungskraft selbst mittels einer Selbsteinschätzung. Durch die Berücksichtigung der vier Perspektiven liefert das 360-Grad-Feedback-Verfahren eine differenzierte Einschätzung der zu beurteilenden Fähigkeiten der Führungskräfte oder Mitarbeitenden. Die Ergebnisrückmeldung aus dem 360-Grad-Feedback-Verfahren ermöglicht der Führungskraft oder dem Mitarbeitenden, die eigene Wahrnehmung mit dem Fremdbild der Feedbackgeber zu vergleichen. Durch diesen Fremd- und Eigenbild-Vergleich kann die Führungskraft oder der Mitarbeitende die individuellen Stärken erfahren und die Potenziale sehen. Voraussetzung für ein erfolgreiches 360-Grad-Feedback-Verfahren ist ein offenes und ehrliches Feedback. Ein offenes und ehrliches Feedback wird durch einen anonymen Feedbackprozess unterstützt, was durch ein digitales 360-Grad-Feedback-Verfahren ermöglicht wird. Das 360-Grad-Feedback-Verfahren ist individuell anpassbar und je nach Zielsetzung können einzelne Perspektivbereiche ergänzt oder weggelassen werden. In Abhängigkeit der beteiligten Feedbackgeber ergeben sich andere Feedback-Verfahren. Beim 180-Grad-Feedback erfolgt die Bewertung von oben und von unten. Die Führungskraft bewertet sich selbst und wird von den ihr unterstellten Mitarbeitenden sowie von ihrem Vorgesetzten beurteilt. Durch die verschiedenen Perspektiven und den Vergleich von Selbst- und Fremdbild sind die Ergebnisse wesentlich objektiver als bei traditionellen Befragungen. Wird eine weitere Perspektive hinzugenommen, beispielsweise die der Kunden oder Kollegen, wird von einem 270-Grad-Feedback-Verfahren gesprochen. (vgl. Wenzel, 2021)

Feedback-Verfahren

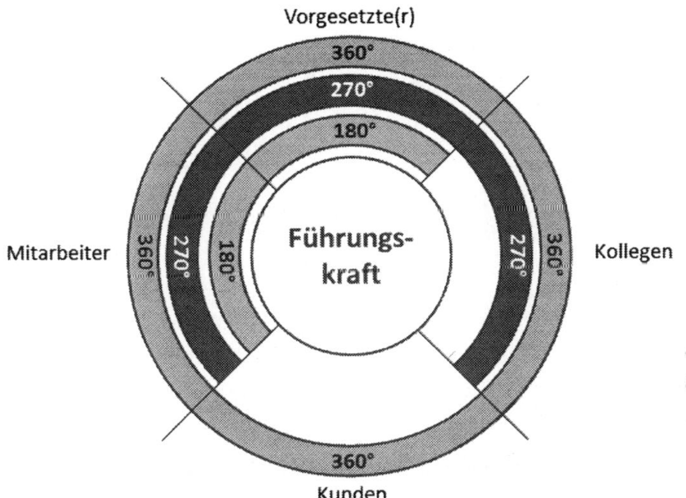

Abb. 246: 180°-270°-360°-Feedback-Verfahren, Quelle: Wenzel, 2021

Das Forced Ranking ist eine Methode der Mitarbeiterbeurteilung, bei der die Mitarbeiter nach der 20-70-10-Regel in Leistungsgruppen eingeteilt werden. Die 20-70-10-Regel besagt, dass 20 % der Mitarbeitenden zu den Stars gehören, 70 % der Mitarbeitenden durchschnittlich sind und daher gefordert und gefördert werden sollten und 10 % der Mitarbeitenden schlechte Leistungen bringen und entlassen werden sollten. (vgl. Bornemann, 2021) Das Forced Ranking-Verfahren kann von den Vorgesetzten also zur Bewertung, Selektion und Entlassung von Mitarbeitenden verwendet werden. Zugleich können aber auch die Führungskräfte selbst mit dem Forced Ranking-Verfahren bewertet werden.

Allerdings ist das Forced Ranking-Verfahren nicht unumstritten, weil durch dieses Verfahren die Unternehmenskultur aufgrund des Konkurrenzdenkens und des Konkurrenzdrucks negativ beeinflusst wird. So hat Microsoft das Forced Ranking-Verfahren wieder abgeschafft, nachdem die Mitarbeitenden durch das Forced Ranking-Verfahren angefangen haben, gegeneinander zu arbeiten. (vgl. Bornemann, 2021) „Das Forced Ranking erschwert jede Teamarbeit,

Mitarbeiterbewertung nach dem Forced Ranking-Verfahren

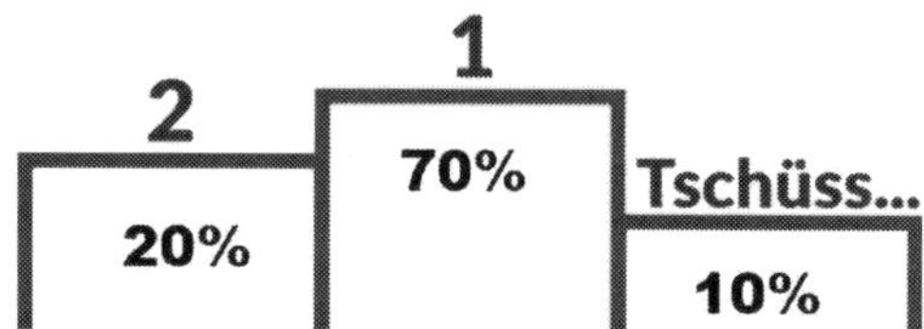

Abb. 247: Mitarbeiterbewertung mit Forced Ranking, Quelle: Eigene Darstellung basierend auf Bornemann, 2021

wenn sie sie sogar nicht zunichtemacht. Wenn nicht die eigene Leistung, sondern die Leistung im Vergleich mit den anderen Mitarbeitern zählt, lohnt es sich auch, andere Mitarbeiter absichtlich dumm dastehen zu lassen. Außerdem möchte niemand mit einem Mitarbeiter zusammenarbeiten, der die eigene Leistung nach unten ziehen könnte.

Das radikale Forced Ranking, dass auch die Entlassungen aufgrund der schlechten Leistung mit einschließt, ist in Deutschland so nicht möglich. Wenn ein Unternehmen einen Mitarbeiter aufgrund ungenügender Leistung entlassen möchte, hat der Vergleich mit einem anderen Mitarbeiter vor Gericht keinen Halt. Die zu erfüllende Leistung richtet sich schließlich nach dem Arbeitsvertrag und nicht danach, was andere Mitarbeiter leisten und das sollte auch so sein." (Bornemann, 2021)

8.5. Praxisbeispiel: Wirtschaftlicher Nutzen eines Gesundheitstages

„Im Mittelpunkt jeder Sicherheitsbetrachtung steht menschliches Handeln und Unterlassen." (Klipper, 2015, S. 230) Daher hat sich die Harry Hirsch GmbH[74] für das Handeln entschieden, um einerseits die Sicherheit am Arbeitsplatz, andererseits die Gesundheit der Mitarbeitenden zu fördern, indem ein Gesundheitstag initiiert wird.

---

[74] Aus rechtlichen Gründen wurden die Namen geändert.

Auf die Mitarbeitenden kann ein Gesundheitstag einerseits eine Verhaltensänderung bewirken, andererseits nehmen die Mitarbeitenden die Fürsorgepflicht des Arbeitgebers aktiv wahr.

Die Harry Hirsch GmbH ist bei der Berufsgenossenschaft für Rohstoffe und chemische Industrie versichert, welche Aktionsmedien für verschiedenste Themenbereiche, wie beispielsweise Arbeitssicherheit oder Ergonomie und Demographie, zur Miete anbietet. Dieses Material kann über das Internetportal der Berufsgenossenschaft ausgesucht und gebucht werden. Die Tagessätze variieren unterdies zwischen den unterschiedlichen Medien von 0 bis 750 €/Tag und sind zudem davon abhängig, ob die Materialien per Lieferdienst zugeschickt werden oder ob Mitarbeitende der Berufsgenossenschaft mit anreisen, alles aufbauen und am Sicherheits- und Gesundheitstag als Experten beraten.

Als zusätzlicher Anreiz zum Thema Wohlbefinden wird in der unternehmenseigenen Kantine auf besonders gesunde Kost geachtet und ein zusätzlicher Obsttag veranstaltet. Saisonales Obst wird über den örtlich ansässigen Obsthändler bezogen.

Zwar können die Aktionsmedien auch käuflich erworben werden, jedoch ist dadurch die Themenvielfalt häufig eingeschränkt. Werden die Aktionsmedien käuflich erworben fehlen zudem die Experten der Berufsgenossenschaft und können somit nicht ihr Fachwissen vermitteln. Das Obst hat nicht nur den Vorteil, dass die Mitarbeitenden sich gesund ernähren und Vitamine zu sich nehmen können, sondern auch, dass sie kurz innehalten und bei ein paar Früchten Konversationen und Reflektionen führen können. Hierdurch werden die Eindrücke vom Sicherheits- und Gesundheitstag noch gefestigt und ein Austausch über die Fakten kann stattfinden.

Neben den Sachmitteln entstehen noch Personalkosten für den Gesundheitstag. Hierfür werden kaufmännische Sachbearbeiter eingesetzt. Das durchschnittliche Gehalt eines kaufmännischen Sachbearbeiters in Deutschland beträgt 34.814,00 € pro Jahr. (vgl. Langbauer, 2021) Hieraus ergibt der sich zu berücksichtigende Stundenlohn für kaufmännische Sachbearbeiter:

$$\text{Ø Stundenlohn kaufmännischer Sachbearbeiter} = \frac{34.814,00}{160 \div 12} = \mathbf{18,13\ €/Std.}$$

Die Teilnahme an dem Gesundheitstag ist für die Mitarbeitenden nicht verpflichtend und somit freiwillig. Daher besuchen die Mitarbeitenden den Gesundheitstag außerhalb der Arbeitszeit, beispielsweise in den Pausen oder vor oder nach der Arbeitszeit. Zusätzliche Personalkosten entstehen daher nicht.

Zusammenfassend ergeben sich folgende Gesamtkosten für den Gesundheitstag:

Sachmittel	Menge	Einheit	€
Miete „Förderband-Modell"	1	Stück	0,00
Miete „Handlauf Simulationsmodell"	1	Stück	100,00
Miete „mobiles Ausstellungsmodel – Haut"	1	Stück	100,00
Miete „PKW-Überschlagsimulator"	1	Stück	500,00
Miete „Fliehkraftmodell"	1	Stück	150,00
Zeltmiete 6 x 15m	1	Stück	630,00
Bananen	36	Kg	111,71
Äpfel	1	Kiste	37,45
Sachmittel	**Menge**	**Einheit**	**€**
Pfirsiche	1	Karton	19,80
Nektarinen	2	Karton	41,73
Erdbeeren	2	Karton	62,06
		Σ Sachkosten:	**1.752,75**

	Menge	Einheit	€
Planung und Vorbereitung Gesundheitstag	17	Std.	308,25
Buchung der Medien	1	Std.	18,13
Aufbau der Aktionsmedien	5	Std.	90,66
Abbau der Aktionsmedien	5	Std.	90,66
Auswertung des Gesundheitstages	3	Std.	54,40
Nachbesprechung des Gesundheitstages	1	Std.	18,13
		Σ Personalkosten:	**580,23**
		Σ Gesamtkosten des Gesundheitstages:	**2.332,98**

Den Kosten des Gesundheitstages stehen die Kosten durch Krankheit der Mitarbeitenden gegenüber. Der Gesundheitstag ist also dann wirtschaftlich, wenn die Kosten des Gesundheitstages niedriger sind als die Krankheitskosten nach dem Gesundheitstag. Dazu ist ein Vergleich der Krankheitskosten vor- und nach dem Gesundheitstag erforderlich. Dies hat aber auch zur Konsequenz, dass die Entscheidungsträger der Harry Hirsch GmbH erst nach dem Gesundheitstag wissen, ob der Gesundheitstag erfolgreich war. Bei der erstmaligen Bewertung der Wirtschaftlichkeit des Gesundheitstages können die Entscheidungsträger nicht auf Erfahrungen zurückgreifen, sondern müssen sich auf Annahmen stützen.

Im Jahr 2019 fehlten deutsche Arbeitnehmer krankheitsbedingt durchschnittlich an 10,9 Tagen. (vgl. Statistisches Bundesamt, 2020b, S. 1) „Im Jahr 2019 haben sich durchschnittlich 4,4 % der Arbeitnehmerinnen und Arbeitnehmer krank gemeldet." (vgl. Statistisches Bundesamt, 2020b, S. 1) Nach Angaben der Personalabteilung sind bei der Harry Hirsch GmbH 150 Mitarbeiter beschäftigt.

Die Dauer einer Erkrankung ist von der Art und Schwere der Krankheit bzw. von der Schwere des Unfalls, aber auch vom Alter des Mitarbeitenden abhängig. „Es liegt nahe, langwierige Ausfälle mit dem Alter der Beschäftigten in Verbindung zu bringen. Denn offenkundig beansprucht die Genesung älterer Mitarbeiter mehr Zeit. Jenseits der 55 ist die durchschnittliche Ausfallzeit mehr als doppelt so hoch wie in der Altersgruppe der 35- bis 39-Jährigen. Körperliche Verschleißerscheinungen oder schwerwiegende Erkrankungen treten bei jüngeren Kollegen seltener auf." (IDW, 2021, S. 1) Der demografische Wandel wird daher die krankheitsbedingten Kosten zukünftig weiter erhöhen. Es gibt jedoch noch weitere Gründe für den zunehmenden Anstieg an Krankheitskosten. So wurden durch den Gesetzgeber psychische Erkrankungen anerkannt. Burn-out wird seit 2019 von der Weltgesundheitsorganisation als Krankheit anerkannt und Behandlungen dieser Erkrankung dauern meist Monate bis Jahre. (vgl. Zeit Online, 2021)

Nach einer Schätzung der Bundesanstalt für Arbeitsschutz und Arbeitsmedizin ergaben sich im Jahr 2019 insgesamt 712,2 Millionen

Arbeitsunfähigkeitstage und für die Unternehmen Produktionsausfälle von insgesamt 88 Milliarden € bzw. Bruttowertschöpfungsausfälle von 149 Milliarden €. (vgl. BAuA, 2021, S. 1) Mit diesen Angaben lassen sich die durchschnittlichen Krankheitskosten für die Harry Hirsch GmbH errechnen.

$$\boxed{\begin{array}{c}\text{Ø Krankheitskosten}\\ \text{MA/Tag}\end{array}} = \frac{\text{Ø Bruttowertschöpfungsausfälle}}{\text{Ø Arbeitsunfähigkeitstage}} =$$

$$= \frac{149.000.000.000}{720.200.000} = \mathbf{206{,}89\ €}$$

Daraus ergeben sich für die Harry Hirsch GmbH folgende durchschnittliche jährliche Kosten:

$$\boxed{\begin{array}{c}\textbf{Ø Krankheitskosten}\\ \textbf{Harry Hirsch GmbH}\end{array}} = \begin{array}{l}\quad\ \text{Krankheitskosten/Tag}\\ \times\ \text{Ø Krankentage}\\ \times\ \text{Ø kranke Mitarbeiter}\end{array}$$

Durchschnittlich sind bei der Harry Hirsch GmbH 4,4 % von 150, also 7 Mitarbeitende[75], krank.

$$\text{Ø Krankheitskosten Harry Hirsch GmbH} = 206{,}89 \times 10{,}9 \times 7 = \underline{\underline{\mathbf{15.785{,}71\ €}}}$$

Auf den ersten Blick wird ersichtlich, dass die Kosten für den Gesundheitstag mit insgesamt 2.332,98 € deutlich niedriger sind, als die durchschnittlichen Krankheitskosten der Harry Hirsch GmbH in Höhe von 15.785,71 €. Allerdings ist nicht davon auszugehen, dass die Krankenquote auf null sinkt. Damit der Gesundheitstag keine Fehlinvestition wird, müssen die Krankheitskosten mindestens um die Kosten des Gesundheitstages sinken. Wenn jedoch aufgrund des Gesundheitstages auch nur ein Mitarbeitender über einen Zeitraum von 11,5 Tagen nicht wegen Krankheit ausfällt, dann war der Gesundheitstag keine Fehlinvestition:

---

[75] Eigentlich 6,6 Mitarbeitende = gerundet 7 Mitarbeitende, denn es gibt nur ganzzahlige Mitarbeitende.

Krankheitskosten/Tag x Ø Krankentage/MA (neu) = 206,89 € × 1 × 11,5 =
= **2.379,24 €**

Die Wahrscheinlichkeit, dass dies eintritt, war nach Meinung der Entscheidungsträger der Harry Hirsch GmbH hoch und so wurde der Gesundheitstag durchgeführt. Tatsächlich sank bei der Harry Hirsch GmbH die Krankenquote nachhaltig um 1 %, wodurch der Gesundheitstag eine erfolgreiche Investition war. Sinkt die Krankenquote um 1 % auf 3,4 %, so werden nur noch 5 Mitarbeitende[76] krank. (150 Mitarbeitenden x 3,4 % = 5 Mitarbeitende) Daraus folgt:

Ø Krankheitskosten Harry Hirsch GmbH (neu)	=	Krankheitskosten/Tag × Ø Krankentage × Ø kranke Mitarbeiter	=	206,89 € 10,9 Tage 5 MA	=	**11.275,34 €**

Der Gesundheitstag war erfolgreich, wenn die Kosten des Gesundheitstages kleiner als die Differenz aus den alten und neuen Krankheitskosten ist.

Krankheitskosten alt – Krankheitskosten neu > Kosten des Gesundheitstages
= erfolgreiche Investition

Die Differenz zu den bisherigen durchschnittlichen Krankheitskosten beträgt:

15.785,71 – 11.275,34 = 4.510,37 € > 2.332,98 €

Somit ist der Gesundheitstag eine erfolgreiche Investition, weil sich die Harry Hirsch GmbH 4,510,37 € Krankenkosten erspart, aber der Gesundheitstag nur 2.332,98 € kostet.

Es kann allerdings angenommen werden, dass bei der Durchführung mehrerer Gesundheitstage bei den Mitarbeitenden ein gewisser Gewöhnungseffekt eintritt und dadurch die Teilnahme der

[76] Eigentlich 5,1 Mitarbeitende = gerundet 5 Mitarbeitende, denn es gibt nur ganzzahlige Mitarbeitende.

Mitarbeitenden sinkt. Mit sinkender Teilnahme der Mitarbeitenden wird auch der Lerneffekt und damit die Verhaltensänderung der Mitarbeitenden sinken. Um den Gewöhnungseffekt zu mindern oder zu verhindern, haben sich mehrere kleine und mittelständische Unternehmen am Firmensitz zusammengeschlossen und veranstalten einmal jährlich einen Gesundheitstag, der reihum von jedem Unternehmen des Zusammenschlusses veranstaltet wird.

Als Fazit kann festgehalten werden, dass auch ein Gesundheitstag als Investition betrachtet werden sollte und entsprechend mit dem Instrument der Investitionsrechnung zu bewerten ist. Dadurch lässt sich die Wirtschaftlichkeit eines Gesundheitstages bewerten. Ob und in welchem Umfang ein Gesundheitstag von den Mitarbeitenden angenommen wird, ist abhängig vom Inhalt und der Häufigkeit der angebotenen Gesundheitstage. Entsprechend werden im Zeitablauf die Gesundheitstage unterschiedlich frequentiert und somit ist eine Investitionsrechnung unter Berücksichtigung der bereits gemachten Erfahrungen mit den vorherigen Gesundheitstagen für jeden neuen Gesundheitstag vorzunehmen.

9
New Work

In Deutschland ist New Work auch unter dem Begriff „Arbeit 4.0" bekannt. New Work ist vor allem durch die Digitalisierung geprägt. Durch die Digitalisierung werden Prozesse digital unterstützt oder komplett automatisiert. Darüber hinaus ist es möglich das die Mitarbeitenden durch die Digitalisierung zeit- und ortsunabhängig arbeiten. Und aufgrund der Digitalisierung wird die Weltwirtschaft schrittweise miteinander vernetzt. Auch dieser globale Prozess wirkt sich auf die Arbeit und auf viele Berufe und Berufsbilder aus.

Die Digitalisierung ist ein Prozess, der sich in drei Wellen vollzieht. Zunächst wurde mit der Digitalisierung eine Verbesserung der Reichweite erzielt, was zu einem gesteigerten Nutzen für die Konsumenten führt. Somit ist die Digitalisierung schon längst im Alltag der Menschen angekommen und wird positiv wahrgenommen.

Mit der zweiten Welle ist die Digitalisierung in einer zunehmend vernetzten Industrie angekommen und bewirkt verbesserte Prozesseffizienzen. Spätestens ab der zweiten Welle beeinflusst die Digitalisierung auch die Arbeitsprozesse der Mitarbeitenden in einem Unternehmen. Zugleich haben die Unternehmen die Möglichkeit, durch Digitalisierung und Big Data einen deutlich stärkeren Einfluss auf das Konsumverhalten der Konsumenten auszuüben, als in einer analogen Welt.

Die dritte Welle entwickelt sich in Richtung einer vollständigen und globalen Vernetzung der Gesellschaft und der Wirtshaft und führt auch in der dritten Welle zu einer verbesserten menschlichen Leistungsfähigkeit.

Aktuell befinden wir uns in der vierten Welle und deren „Merkmal ist die Verschmelzung von Technologien, das heißt, die Grenzen zwischen der physikalischen, der digitalen und der biologischen Sphäre verschwimmen. Es gibt drei Gründe, warum es sich bei der heutigen Transformation nicht nur um eine Verlängerung der Dritten Industriellen Revolution handelt, sondern sich eher eine vierte, anders Geartete abzeichnet: Schnelligkeit, Reichweite und systemische Wirkung. Die Schnelligkeit, mit der derzeit Durchbrüche erzielt werden, wurde noch nie erreicht. Im Vergleich zu vorherigen industriellen Revolutionen, entwickelt sich die Vierte exponentiell und nicht in linearem Tempo. Sie wirbelt fast jeden Industriezweig in allen Ländern durcheinander. Und die Breite sowie die Tiefe dieser Veränderungen kündigen die Erschaffung ganz neuer Systeme an, was Produktion, Management und Governance einbezieht." (Schwab, 2016, S. 2)

Die Digitalisierung beeinflusst daher nicht nur die Wirtschaft und die Arbeit, sondern löst auch einen tiefgreifenden wirtschaftlichen, gesellschaftlichen und kulturellen Wandel aus. Daher umfasst das Konzept New Work neben der reinen Arbeit auch soziologische und gesellschaftliche Aspekte. Die Vermischung von Arbeit und privaten Bereichen wird zunehmend mehr zur Realität, wie die

Entwicklung der Digitalisierung

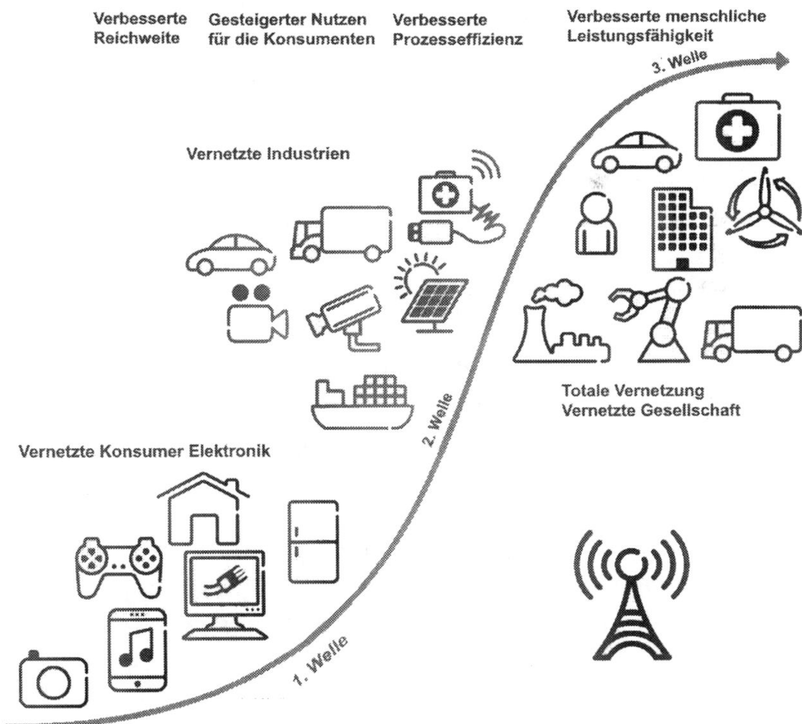

Abb. 248: Entwicklung der Digitalisierung, Quelle: Unbekannter Autor

Entwicklung im Homeoffice zeigt.[77] Aber die Digitalisierung bietet den Unternehmen auch eine Vielzahl an Möglichkeiten, neue Geschäftsmodelle zu entwickeln und das Unternehmen zu steuern. Digitale Geschäftsmodelle ermöglichen Produkte mit neuen Eigenschaften. (vgl. Gleich, 2017, S. 1) Durch die digitale Wertschöpfung können Produktionsprozesse günstiger und flexibler umgesetzt werden. All diese Entwicklungen haben auch einen Einfluss auf Arbeitsplätze und Arbeitsprozesse.

Durch die zunehmende Digitalisierung und Vernetzung werden die angebotenen Produkte und Dienstleistungen, das Kundenverhalten und die Wettbewerber beeinflusst.

Einfluss der Digitalisierung

Produkte & Dienstleistung	Internet der Dinge Physische Welt – Internet	Neue Prozesse	Neue Produktfunktionen
Kundenverhalten	Steigendes Produktwissen	steigende Heterogenität	Internationalität der Kunden
Wettbewerber	branchenfremde Wettbewerber	neue Kostenführer	flexiblere Wettbewerber

Abb. 249: Einfluss der Digitalisierung, Quelle: Eigene Darstellung

Die Digitalisierung beeinflusst die Produkte, Dienstleistungen, das Kundenverhalten und die Wettbewerber der Unternehmen. Durch die Digitalisierung sind signifikante Produktivitätssteigerungen von 40 - 60 %, sowie kürzere Durchlaufzeiten und höhere Produktqualitäten möglich. (vgl. Gerberich, 2018, S. 7)

Durch die Digitalisierung verändert sich das Konsumverhalten. (vgl. Backhaus, Paulsen, 2017, S. 102–122) Aufgrund des permanenten Zugangs zum Internet haben die Konsumenten ein steigendes Produktwissen und bessere Vergleichsmöglichkeiten. Die Kaufentscheidung ist oft nur ein Klick entfernt und somit sind die Suchkosten

[77] Siehe Kapitel 7.5.

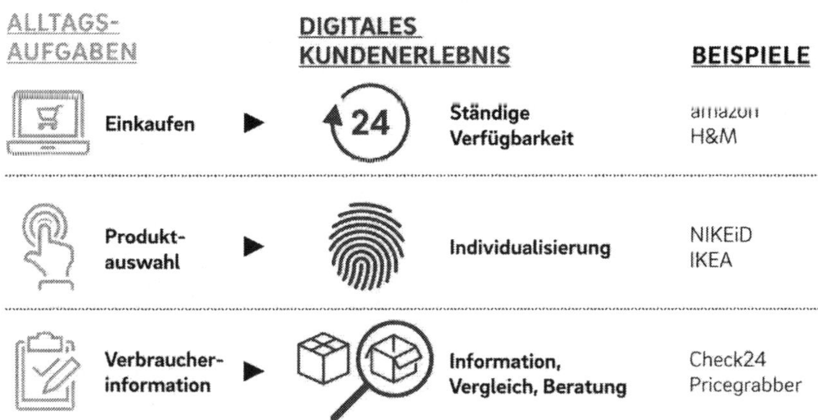

Abb. 250: Digitales Konsumentenverhalten, Quelle: Hach, 2021

gering. Der bessere Informationszugang und die geringen Suchkosten führen zu einer Individualisierung der Kundenbedürfnisse.

Dies bedeutet, dass die Konsumenten einerseits Nutzer der Digitalisierung sind, andererseits die Digitalisierung der Produkte und Dienstleistungen forcieren. Um wettbewerbsfähig zu bleiben, sind die Unternehmen gezwungen, zunehmend zu digitalisieren, um auch Kleinstserien zu fertigen. Die Digitalisierung ermöglicht gleichzeitig aber auch die Ausweitung des Produktangebotes mit einer steigenden Heterogenität der Bedürfnisse und der individualisierten Nachfrage. Dadurch entsteht ein kontinuierlicher und sich selbstverstärkender Prozess. Für die Mitarbeitenden bedeutet dieser kontinuierliche und sich selbstverstärkende Prozess einen ebenso kontinuierlichen Anpassungsdruck und einen kontinuierlichen Bedarf an Weiterbildung. Um wettbewerbsfähig zu bleiben, sollte das Unternehmen die Mitarbeitenden bei diesen Anpassungsprozessen unterstützen.

Die fortschreitende Digitalisierung beeinflusst ebenso die Wettbewerber der Unternehmen. Die Art und Struktur der Wettbewerber

Kontinuierlicher Prozess der Digitalisierung

Abb. 251: Kontinuierlicher Prozess der Digitalisierung, Quelle: Bachmann, 2017, S. 1

werden sich durch die Digitalisierung verändern. Neue, branchenfremde Wettbewerber erscheinen und verändern ganze Märkte und Branchen, beispielsweise:

- Amazon baut einen eigenen Lieferdienst auf,
- Google entwickelt Drohnen und selbstfahrende Fahrzeuge,
- Uber verändert den Taximarkt,
- Airbnb tritt als Wettbewerber von Hotels auf.

Die Digitalisierung ermöglicht es, die Kundendaten effizient mit Hilfe einer Big Data-Analyse zu analysieren und auf Kundenbedürfnisse und deren Veränderungen schneller zu reagieren als analoge Unternehmen. Durch die Digitalisierung sind auch völlig neue Geschäftsmodelle möglich.

Für Apps und digitale Dienstleistungen fallen nach den einmaligen Entwicklungskosten kaum noch variable Kosten und nahezu keine Fixkosten an. Zugleich lassen sich Apps und digitale Dienstleistungen mit geringem Aufwand x-fach kopieren und damit unbegrenzt verkaufen. Daher sind digitale Entwicklungen häufig wirtschaftlicher als herkömmliche Innovationen. Zunehmend wird die Produktion digitalisiert und die Produkte erhalten durch Apps zusätzliche Eigenschaften und Servicefunktionen. Ein durch die Digitalisierung entstandener Einfluss ist das Internet der Dinge. Beim Internet der Dinge denken die meisten eher: „Das Internet der Dinge ist die Vernetzung von internetfähigen, intelligenten Geräten mit dem Internet." Dabei kommunizieren diese Geräte untereinander, automatisieren Prozesse, messen, sammeln und analysieren Daten. Die Vernetzung mit dem Internet hat vielfältige Veränderungen für Konsumenten, Unternehmen, Politik und für Mitarbeitende zur Folge. Für New Work bedeutet dies, dass wegen der Digitalisierung eine:

- zunehmende räumliche Unabhängigkeit der Arbeit[78],
- schnellere Verarbeitung und Leistungserbringung[79] möglich ist,
- geänderte Personalführung erforderlich ist[80] und es
- erwartungsgemäß zu einer Änderung von Berufsbildern und ganzen Berufen kommt.

So kann erwartet werden, dass, wie in den vorherigen industriellen Revolutionen, ganze Berufe wegfallen und neue Berufe entstehen. Zugleich werden sich auch bestehenbleibende Berufsbilder verändern. Dies wird beispielsweise am Berufsbild des Controllers deutlich. Durch die Digitalisierung können viel zeitaufwendige Arbeitsschritte wie der Monatsabschluss automatisiert werden,

---

[78] Vgl. hierzu auch die Kapitel 7.2.–7.5.

[79] Vgl. hierzu auch die Kapitel 7.2.1., 7.4.1.–7.5.1.

[80] Vgl. hierzu auch die Kapitel 7.5.–7.5.2.

wodurch diese Tätigkeiten wegfallen. Damit werden freie Kapazitäten für das Controlling geschaffen und durch die Digitalisierung des Controllings werden die beratenden Tätigkeiten zunehmen.

Entwicklung des digitalen Controllings

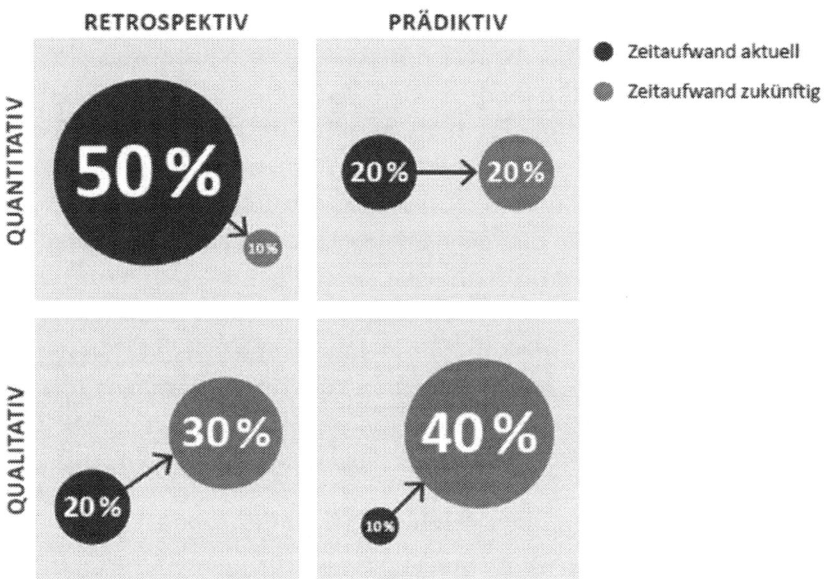

Abb. 252: Entwicklung des digitalen Controllings, Quelle: Spieler, Waßmer, 2017, S. 8

Bisher wurden die sich abzeichnenden Entwicklungen von New Work beschrieben. Doch wie sieht die Zukunft aus?

Die zunehmende technische Vernetzung führt auch zu einer zunehmenden Vernetzung der Menschen. „Das Denken in Netzwerken dominiert seit dem rasanten Einzug der Computertechnologien in immer mehr Bereichen. Shareness, Collaboration, Crowdsourcing, die Weisheit der Vielen, Re-Mixing und Co-Creation sind die Zauberwörter, die den Paradigmenwechsel im Umgang mit Wissen und Kreativität einläuten. Branchen beginnen sich immer mehr miteinander zu vernetzen und lassen so neue Märkte entstehen. Das beeinflusst im Umkehrschluss alle Bereiche in Unternehmen. Ideen werden künftig nicht mehr von einzelnen Spezialisten generiert, sondern kommen aus und von einem lebendigen Wissenskollektiv. Dieses Wissen aktualisiert sich selbst, und das ständig. Die Open-Source-Bewegung führt exemplarisch und sehr deutlich vor, dass komplexe Wissensarbeit nicht hierarchisch strukturiert sein muss, sondern vor allem Offenheit und Freiräume braucht, um Innovationen hervorbringen zu können. Denn Ideen multiplizieren sich nach einer Formel, die bereits Plato treffend beschrieben hat: „Wenn zwei Knaben jeder einen Apfel haben und diese tauschen, hat am Ende auch nur jeder einen. Wenn aber zwei Menschen je einen Gedanken haben und diese tauschen, hat am Ende jeder zwei neue.

Unternehmen werden künftig mit ihrer wertvollsten Ressource – dem Wissen und der Innovationskraft ihrer Mitarbeiter – sorgsamer umgehen. Sie werden das Ideengut jedes Einzelnen in Prozesse, Produktentwicklungen und Projekte mit einbeziehen und dadurch sowohl räumliche als auch zeitliche Aspekte der Arbeitsstrukturen grundlegend verändern. Vor allem ändern sich dadurch jedoch auch die Arbeitsbiografien jedes einzelnen Mitarbeiters.

Ausdruck findet der Shareness- und Kollaborationsgedanke auch in den Co-Working Spaces dieser Welt. Grundidee der Gemeinschaftsbüros ist produktives Arbeiten in einer kreativen Atmosphäre. Denn mit Co-Working ist nicht nur räumliche Zusammenarbeit gemeint, sondern auch geistige. Ein Ort, der sowohl konzentriertes Schaffen als auch anregenden Austausch ermöglicht. An diesem physischen Ort können beispielsweise Startups unmittelbar Wissen miteinander teilen und sich branchenübergreifend neu vernetzen." (Gatterer, 2021)

Verschiedene Studien sehen zudem folgende Trends auf dem Arbeitsmarkt durch New Work: (vgl. Grabka, 2016, S. 20)

- Zunehmende Nachfrage nach hochqualifizierten Beschäftigten durch die Digitalisierung,
- Flexibilisierung (Arbeitszeit, Heimarbeit, Normalarbeitsverhältnis),
- Steigender Bedarf für Weiterbildung.

Verschiedene Studien sehen vielfach einen Arbeitsplatzabbau durch die Digitalisierung. Andere Studien sehen stattdessen einen Beschäftigungszuwachs, der aber mit einem Strukturwandel verbunden ist. (vgl. Grabka, 2016, S. 20)

Wie auch immer die Zukunft von New Work aussieht, eins ist sicher: Die Zukunft der Arbeit ist spannend und wird es auch bleiben.

10 Literaturverzeichnis

Abelshauser, W., Werte und Wertewandel, 2018, München

Andler, K., Rationalisierung der Fabrikation und optimale Losgröße. München, 1929

Antos, G., Fix, U., Radeiski, B., Rhetorik der Selbsttäuschung, 2014, Berlin

Armoneit, C., Schuler, H., Hell, B., Nutzung, Validität, Praktikabilität, und Akzeptanz psychologischer Personalauswahlverfahren in Deutschland 1985, 1993, 2007, 2019, in: Zeitschrift für Arbeits- und Organisationspsychologie (2020), 64 (2), 2020, Göttingen

Armutat, S., Bartholomäus, N., Franken, S., Herzig, V., Helbich, B. (Hrsg.), Personalmanagement in Zeiten von Demografie und Digitalisierung, 2018, Wiesbaden

Armutat, S., Deutsche Gesellschaft für Personalführung e.V. (DGFP e.V., Hrsg.), Zwischen Anspruch und Wirklichkeit: Generation Y finden, fördern und binden, in: Praxispapier, Nr. 9, 2011, Düsseldorf

Arnold, R., Schüßler, I., Entwicklung des Kompetenzbegriffs und seine Bedeutung für die Berufsbildung und für die Berufsbildungsforschung, in: Franke, G. (Hrsg): Komplexität und Kompetenz, Ausgewählte Fragen der Kompetenzforschung, 2001, Bielefeld

Astheimer, S., Eine ungerechte Belohnung verdirbt die Sitten, in: Frankfurter Allgemeine Zeitung, 30.01.2020, Frankfurt

Bachmann, A., Nur der Wandel hat Bestand: Frisst die digitale Revolution ihre Kinder?, in: Computerwoche, 28.04.2017, München

Backhaus, T., Paulsen, T., Marketing weiterdenken, 2017, Wiesbaden

Baethge, M., Das deutsche Bildungs-Schisma: Welche Probleme ein vorindustrielles Bildungssystem in einer nachindustriellen Gesellschaft hat, in: SOFI-Mitteilungen, Nr. 34, 2006, Göttingen

Bahr, I., Capterra Inc. (Hrsg.), Work-Life-Blending: Wie die Grenzen zwischen Arbeitsplatz und Privatleben verschwimmen, https://www.capterra.com.de/blog/1934/work-life-blending, Abrufdatum 21.07.2021, München

Barghorn, K., Einstellungen und Verhalten von Mitarbeitern in betrieblichen Veränderungsprozessen, 2010, Osnabrück

Bartscher, T., Huber. A., Praktische Personalwirtschaft, 2007, Wiesbaden

Bass, B., Bass & Stogdill's Handbook of Leadership – Theory, Research, and Managerial Applications, 3rd Ed., 1990, New York-London-Toronto-Sydney

Bechtel, P., Detlef, F., Kerres, A., (Hrsg.), Mitarbeitermotivation ist lernbar, 2018, Berlin

Becker, W., Krämer, J., Staffel, M., Ulrich, P., Die Rolle des CFO im Mittelstand, 2009, Bamberg

Behrens, D. A., Kreimer, M., Mucke, M., Franz, N. E., (Hrsg.), Familie – Beruf – Karriere, 2018, Wiesbaden

Bellet, C. S., De Neve, J.-E., Ward, G., Does Employee Happiness Have an Impact on Productivity?, in: SSRN, February 8, 2020, New York

Berner, W., Culture Change: Unternehmenskultur als Wettbewerbsvorteil, 2019, Stuttgart

Beutler, A., Strategieentwicklung und Change Management in der Praxis, 2011, München

Beyer, H.-T., Vernetzung von Mitarbeiter- und Kundenzufriedenheit, 2002, Erlangen

BfA – Bundesagentur für Arbeit (Hrsg.), Beschäftigte nach Wirtschaftszweigen (WZ 2008) (Quartalszahlen), Deutschland, 2017, Nürnberg

BfA – Bundesagentur für Arbeit (Hrsg.), Klassifikation der Berufe 2010, (KldB 2010), 2010, Nürnberg

BfA – Bundesagentur für Arbeit (Hrsg.), Perspektive 2025: Fachkräfte für Deutschland, 2011, Nürnberg

BMAS – Bundesministerium für Arbeit und Soziales (Hrsg.), Arbeitskräftereport 2011a, Berlin

BMAS – Bundesministerium für Arbeit und Soziales, Fortschrittsbericht 2012 zum Fachkräftekonzept der Bundesregierung. Referat Öffentlichkeitsarbeit, 2012, Berlin

BMBF – Bundesministerium für Bildung und Forschung, Der Haushalt des Bundesministeriums für Bildung und Forschung, 2020, Berlin

Bicher, T., Interne Kommunikation als Instrument der Mitarbeitermotivation, 2011, Mittweida

Bonin, H., Fachkräftemangel in der Gesamtperspektive, in: Pflege-Report 2019, 2020, Cham

Bornemann, S., Forced Rankings sind der Tod jeder guten Unternehmenskultur, Abrufdatum: 01.08.21, https://lead-conduct.de/2013/11/25/forced-rankings/, 2021, Hövelhof

Bott, P., Helmrich, R., Zika, G. Arbeitskräftemangel bei Fachkräften?, in: BWP 3/2011, Bundesinstitut für Berufsbildung (BIBB) (Hrsg.), 2011, Bonn

Braun, N., Saam, N. J., Handbuch Modellbildung und Simulation in den Sozialwissenschaften, Wiesbaden, 2015

Breitinger, C. J., Dierks, B., Rausch, T., Bertelsmann Stiftung (Hrsg.), Weltklassepatente in Zukunftstechnologien, 2020, Gütersloh

Breitschopf, K., Rump, J., Hays AG (Hrsg.), HR-Report 2018 Schwerpunkt agile Organisation auf dem Prüfstand, 2018, Mannheim

Brell, C., Theorie der erlernten Motivation von McClelland, 2021, Krefeld

Brenke, K., Fachkräftemangel kurzfristig noch nicht in Sicht, DIW-Wochenbericht, Nr. 46, Deutsches Institut für Wirtschaftsforschung (DIW), 2010, Berlin

Brenke, K., Home Office: Möglichkeiten werden bei weitem nicht ausgeschöpft, DIW Wochenbericht, Nr. 5/2016, Berlin

Bruch, H., Kunze, F., Böhm, S., Generationen erfolgreich führen, 2010, Wiesbaden

Brücker, H., Brunow, S., Fuchs, J., Kubis, A., Mendolicchio, C., Weber, E., IAB Institut für Arbeitsmarkt- und Berufsforschung, Fachkräftebedarf in Deutschland, in: IAB-Stellungnahme 1/2013, Nürnberg, 2013

Bruner, J. S., Sinn, Kultur und Ich-Identität: Zur Kulturpsychologie des Sinns, Heidelberg, 1997, Übersetzung des Originalbuchs ins Deutsche: Acts of Meaning, Cambridge 1990

Bühler, U., Führung und Karriere im Generationenmix X, Y und Z, 2019, Basel

Bund, K., Glück schlägt Geld, Generation Y: Was wir wirklich wollen, 2014, Hamburg

Bundesanstalt für Arbeitsschutz und Arbeitsmedizin (BAuA), Volkswirtschaftliche Kosten durch Arbeitsunfähigkeit, 2021, Dortmund

Bundesdruckerei Gruppe GmbH, Signaturkarten, Abrufdatum: 02.05.2021, https://www.bundesdruckerei.de/de/loesungen/Signaturkarten, 2021, Berlin

Burghardt, J., Autoritärer Führungsstil, https://360kompakt.de/management/autoritaerer-fuehrungsstil, Abrufdatum: 10.08.2020, Mittenwald

Burghardt, J., Übersicht der Führungsstile, https://360kompakt.de/management/uebersicht-fuehrungsstile, Abrufdatum: 10.08.2020a, Mittenwald

Buschmann, A., Fürsorgepflicht des Arbeitgebers bei Mobbing, Abrufdatum: 21.07.2021, www.anderfuhr-buschmann.de/arbeitsrecht/fuersorgepflicht-arbeitgeber-mobbing/, 2021, Berlin

Cachelin, J. L., Management in der Multioptionsgesellschaft, 2009, Wiesbaden

Campusjäger GmbH (Hrsg.), Keller, J., Trenkle, M., Abrufdatum:12.04.2021, Die perfekte Stellenanzeige schreiben – Muster und Beispiele [2021], https://arbeitgeber.campusjaeger.de/hr-blog/stellenanzeige-schreiben, 2021, Karlsruhe

Capgemini Deutschland GmbH (Hrsg.), Change Management Studie 2012, 2012, München

Ceyp, M., Scupin, J.-P., Wege der Unternehmenskommunikation im Social Media Marketing, Wiesbaden, 2013

Gergs, H.-J., Die Kunst der kontinuierlichen Selbsterneuerung, 2016, Weinheim, Basel

Cesarz, M., Schaaf, A., Mundt-Neugebauer, A., Personalführung, 2006, Bremen

Christ-Brendemühl, S., Manpower GmbH & Co. KG (Hrsg.), Jobzufriedenheit 2017, 2017, Eschborn

Controller Verein (Hrsg.), Operative Planung Budget, 2001, Gauting

Coulson, J, C., McKenna, J., Field, M., Exercising at work and self-reported work performance in: International Journal of Workplace Health Management, Vol. 1, No. 3, 2008, Washington

Cullen, Z. B., Bobak P.-H., Harvard Business School (Hrsg.), Equilibrium Effects of Pay Transparency in a Simple Labor Market, 2019, Boston

Dahrendorf, R., Homo sociologicus: Ein Versuch zur Geschichte, Bedeutung und Kritik der Kategorie der sozialen Rolle, 2006, Wiesbaden

Daum, A., Petzold, J., Pletke, M., BWL für Juristen, 3. Aufl., 2016, Wiesbaden

Deci, E. L., Ryan, R. M. (2000): The „What" and „Why" of Goal Pursuits: Human needs and the self-determination of behavior, in: Psychological Inquiry, 11(4), 2000, London

Dederichs, I., Lenzen, R., Lepelmann, P., Mertens, L., Thunissen, C., Homeoffice – Fluch oder Segen?, 2021, Aachen

Deloitte (Hrsg.), The 2020 Deloitte Millennial Survey, 2020, London

Deloitte (Hrsg.), The 2016 Deloitte Millennial Survey, 2016, London

Dettmers, S., Jochmann, W., Hermann, A., Zimmermann, T., Knappstein, M., Fastenroth, L. M., Pela, P., Agile Unternehmen – Zukunftstrend oder Mythos der digitalen Arbeitswelt?, in: Kienbaum & StepStone Studie 2020, 2020, Dortmund

Deutsche Gesellschaft für Personalführung e.V., DGFP-Langzeitstudie Professionelles Personalmanagement 2012: Ergebnisse der PIX-Befragung, in: Praxispapier, 4/2012, Düsseldorf

Die Bundesregierung, Presse- und Informationsamt der Bundesregierung, Verlautbarung: Fachkräfteeinwanderungsgesetz: Mehr Fachkräfte für Deutschland, 26.08.2019, Berlin

Diehl, A., Agile Führung – Acht Maßnahmen um agiler zu führen, in: Digitale Neuordnung DNO, 2020, Köln

DIHK – Deutscher Industrie- und Handelskammertag e. V., (Hrsg.), Fachkräftesuche bleibt Herausforderung, in: DIHK-Report Fachkräfte 2020, 2020, Berlin

DIHK – Deutscher Industrie- und Handelskammertag e. V., (Hrsg.), Fachkräfteengpässe groß – trotz schwächerer Konjunktur DIHK-Arbeitsmarktreport 2019, 2019, Berlin

DIHK – Deutscher Industrie- und Handelskammertag e. V., (Hrsg.), Fachkräfte gesucht wie nie! DIHK-Arbeitsmarktreport 2018, 2018a, Berlin

DIHK – Deutscher Industrie- und Handelskammertag e. V., (Hrsg.), Wirtschaft unter Volldampf, Engpässe nehmen zu. DIHK Konjunkturumfrage bei den Industrie und Handelskammern, 2018b, Berlin

DIHK – Deutscher Industrie- und Handelskammertag e. V., (Hrsg.), Zeitreihen der DIHK-Konjunkturumfragen, veröffentlicht am: 02.07.2018, Abrufdatum 23.02.2020, https://www.dihk.de/presse/meldungen/2018-02-07-konjunktur, 2018c, Berlin

DIHK – Deutscher Industrie- und Handelskammertag e.V., (Hrsg.), Kluge Köpfe – vergeblich gesucht! Fachkräftemangel in der deutschen Wirtschaft. Ergebnisse einer DIHK-Unternehmensbefragung, 2007, Berlin

Dillerup, R., Stoi, R., Unternehmensführung, 2011, München

Dörich, J., Krautter, J., Weber, M.-A., Lennings, F., Die »richtige« Führungsspanne, in: Betriebspraxis & Arbeitsforschung, Zeitschrift für angewandte Arbeitswissenschaft, Ausgabe 227 | Juni 2016, 2016, Düsseldorf

DocuWare Europe GmbH (Hrsg.), Der Mehrwert der Automation für den Menschen, 2021, Germering

Dreher, F., Staufenbiel Institut GmbH (Hrsg.), E-Recruiting: Der digitale Bewerbungsprozess. Abrufdatum: 24.06.2021, https://www.staufenbiel.de/magazin/bewerbung/e-recruiting-definition-vorteile-und-nachteile.html, 2021, Köln

Drumm, H-J., Personalwirtschaft, 4. Aufl., 2000, Berlin-Heidelberg

Drumm, H. J., Personalwirtschaftslehre, 1995, Berlin-Heidelberg

Eberhardt, D., Generationen zusammen führen mit Millennials, Generation X und Babyboomern die Arbeitswelt gestalten, Freiburg, 2016

Eberhardt, D., Majkovic, A.-L., Die Zukunft der Führung. Eine explorative Studie zu den Führungsherausforderungen von morgen, 2015, Zürich

Eilers, S., Möckel, K., Rump, J., Schabel, F., HR-Report 2017, Schwerpunkt Kompetenzen für eine digitale Welt. Eine empirische Studie des Instituts für Beschäftigung und Employability IBE im Auftrag von Hays für Deutschland, Österreich und die Schweiz, Mannheim, 2017

Einbock, S., Kienbaum (Hrsg.), Kienbaum-Change-Studie: Viele Unternehmen sind nicht fit für anstehende Veränderungen, Pressemitteilung vom 17.06.2015, openPR-Presseportal, http://www.openpr.de/index.php?go=article&prid=858201, Abrufdatum: 23.08.2020, Gummersbach

Eitel, W., Personalkennzahlen – passend zu Ihren Unternehmenszielen, Abrufdatum 28.07.2021, https://amortisat.de/personalkennzahlen/, 2021, Willich

Elbe, M., Betriebliche Sozialisation: Grundlagen der Gestaltung personaler und organisatorischer Anpassungsprozesse, 1997, Sinzheim

Ellsberg, D., Risk, Ambiguity and the Savage Axioms, Quarterly Journal of Economics, Nr. 75, 1961, Wien

Eschberger, T., Innovationskennzahlen, 2021, Wien

Eurostat, Statistisches Amt der Europäischen Union, Bildungsausgaben, 2017, Brüssel

Evans, J., IHK – Industrie- und Handelskammer Berlin, Genug Jobs für Alle (... auch in Zukunft), https://www.ihk-berlin.de/politische-positionen-und-statistiken-channel/arbeitsmarkt-beschaeftigung/fachkraeftesicherung/digitalisierung-der-arbeitswelt/tdm-7-8-2017-digitalisierung-arbeitswelt-3768630#titleInText0, Abrufdatum: 24.02.2020, Berlin

Felfe, J., Mitarbeiterführung, in: Praxis der Personalpsychologie Human Resource Management kompakt, Band 20, 2009, Göttingen

Felgner, Ch., Demografischer Wandel: Arbeitnehmer reden kaum mit, https://www.hrm.de/fachartikel/demografischer-wandel:-arbeitnehmer-reden-kaum-mit--12602, Abrufdatum: 22.02.2020, Mannheim

Feller-Länzlinger, R., Haefeli, U., Rieder, S., Biebricher, M., Weber, K., Messen, werten, steuern, 2010, Bern

Fichtel, J., Arbeitsmarktprognose: So wird die Arbeitswelt 2030 aussehen, https://arbeits-abc.de/arbeitsmarktprognose-2030/ Weißwasser, Abruf der Seite: 08.02.2020

Fiedler, F., Engineer the Job to Fit the Manager. Harvard Business Review, No. 43, 1967, Harvard

Fiedler, F., A Theory of Leadership Effectiveness, 1967a, New York

Fischer, L., Wiswede, G., Grundlagen der Sozialpsychologie, 2., überarbeitete und erweiterte Aufl., 2002, München

Fischer, S., Definition: Agilität als höchste Form der Anpassungsfähigkeit, in: haufe.de (Hrsg.), https://www.haufe.de/personal/hr-management/agilitaet/definition-agilitaet-als-hoechste-form-der-anpassungsfaehigkeit_80_378520.html, Abrufdatum: 23.08.2020, Freiburg

Fleck, L., Entstehung und Entwicklung einer wissenschaftlichen Tatsache. Einführung in die Lehre vom Denkstil und Denkkollektiv, 1935, Basel, Nachdruck: 1980, Frankfurt

Franz, K. P., Winkler, C., Unternehmenssteuerung und IFRS, 2006, München

Freiermuth, K., Verräterische Körpersprache, in: Kommunalmagazin, Nr. 3, Juni/Juli 2017, Adliswil

Frick, T. W., Von Industrie 1.0 bis 4.0, 15.08.2017, Otzberg

Frodermann, C., Grunau, Ph., Haas, G.-C., Müller, D., IAB – Institut für Arbeitsmarkt- und Berufsforschung (Hrsg.), Homeoffice in Zeiten von Corona Nutzung, Hindernisse und Zukunftswünsche, 05/2021, Nürnberg

Galla, S., Kündigungsstudie 2018, https://ratis.de/presse/kuendigungsstudie-2018/ Abrufdatum: 26.04.2021, Passau

Gallup GmbH (Hrsg.), Engagement Index 2020, 2020, Berlin

Gallup GmbH (Hrsg.), Nink, M., Engagement Index Deutschland 2018, 2018, Berlin

Gallup GmbH (Hrsg.), Engagement Index Deutschland 2016, 2017, Berlin

Gallup Inc. (Hrsg.), Clifton, J., State of the Global Workplace, 2017a, New York

Gallup GmbH (Hrsg.), Gallup-Studie 2015, 2015, Berlin

Gallup (Hrsg.), Harter, J. K., Schmidt, F. L., Agrawal, S., Plowman, S. K., Blue, A. The relationship between engagement at work and organizational outcomes, 2016, Washington

Card, D., Heining, J., Kline, P., Workplace heterogeneity and the rise of West German wage inequality, in: The quarterly Journal of Economics, 128(3), 2013, Oxford

Gatterer, H., Zukunftsinstitut GmbH (Hrsg.), Die Neuerfindung der Arbeitswelt, Abruf: 01.08.21, https://www.zukunftsinstitut.de/artikel/die-neuerfindung-der-arbeitswelt/, 2021, Frankfurt

Geer, C., Kundenzufriedenheit messen: 5 sinnvolle Kennzahlen. Abrufdatum 31.07.2021, https://www.honestly.de/blog/kundenzufriedenheit-kennzahlen/, 2021, Köln

Gerberich, Cl. W., Digitale Transformation – digitales Controlling, 2018, Ennetbürgen

Gensicke, M., Kuwan, H., Soft Skills: Hart zu erarbeiten und schwer zu fassen, in: Bullinger, H-J., Mytzek, R. Zeller, B. (Hrsg.), 2004, Nürnberg

Giest, H., Psychologische Didaktik und kultur-historische Theorie der Lerntätigkeit, in: Tätigkeitstheorie, Heft 14, 2016, Potsdam

Gleich, R., Controlling in der digitalen Transformation, 2017, Stuttgart

Gmür, M., Schwerdt, B., Der Beitrag des Personalmanagements zum Unternehmenserfolg: Eine Metaanalyse nach 20 Jahren Erfolgsfaktorenforschung, in: Zeitschrift für Personalforschung, Vol. 19, Issue 3, 2005, München, Mering

Gnamm, J., Schwarz, G., Oschlies, M., Personal 4.0: Digital gestalten statt analog verwalten, 2018, München

Google Trends: https://trends.google.de/trends/?geo=DE, 2021, Dublin

Grabka, M. M., Genderspezifische Verteilungseffekte der Digitalisierung, 2016, Berlin

Grolman, F., Change Management effektiv gestalten, 2014, Berlin

Gross, P., Die Multioptionsgesellschaft, in: Pongs, A. (Hrsg.), Gesellschaft X. In welcher Gesellschaft leben wir eigentlich? Individuum und Gesellschaft in Zeiten der Globalisierung, 3. Aufl., 2007, München

Grote, S. (Hrsg.), Die Zukunft der Führung, 2012, Berlin

Günther, T., Flexibilität, Unternehmenskultur und Controlling, in: Controlling & Management Review, 01/2019, 2019, Heidelberg

Günthner, W. A. (Hrsg.), Abschlussbericht MATVAR, Materialflusssysteme für variable Fertigungssegmente im dynamischen Produktionsumfeld, 2000, München

Haarhaus, B., 100 Jahre Forschung: Das sind die besten Personalauswahl-Methoden, https://perseo.hr/de/die-besten-und-schlechtesten-methoden-zur-personalauswahl/, Abrufdatum: 13.04.2021, Düsseldorf

Haas, O., Corporate Happiness als Führungssystem, 2015, Berlin

Hach, W., FinTechs und neues Kundenverhalten fordern grundlegendes Umdenken der Banken und Versicherer, in: IT Finanzmagazin, Abrufdatum: 02.06.2021, www.it-finanzmagazin.de/fintechs-und-neues-kundenverhalten-fordern-grundlegendes-umdenken-der-banken-und-versicherer-27508/, 2021, Immenstadt

Hagelüken, A., Deutschland ist selbst schuld am Fachkräftemangel, in: Süddeutsche Zeitung GmbH (Hrsg.), 02.01.2018, München

Halm, H., Status Quo – Fachkräftemangel, in: https://www.personalberatung-halm.de/shortage-of-professionals, Abrufdatum: 24.02.2020, Köln

Hautala, T., Personality and Transformational Leadership – Perspectives of Subordinates and Leaders, 2005, Vaasa

Haubrock, A., Öhlschlegel-Haubrock, S., Personalmanagement, 2009, Stuttgart

Haufe Akademie (Hrsg.), Personalcontrolling: Grundlagen & Nutzen, 2021, Ratingen

Hays AG (Hrsg.), Fachkräftemangel ist keine Naturgewalt, Mannheim, 2019

Hays AG (Hrsg.), Hays Global Skills Index 2019, 2019a, Mannheim

Heckhausen, J., Heckhausen, H. (Hrsg.), Motivation und Handeln, 2018, Wiesbaden

Heidemann, W., Zukünftiger Qualifikations- und Fachkräftebedarf – Handlungsfelder und Handlungsmöglichkeiten, 2012, Düsseldorf

Heise, A., Heise.de (Hrsg.), Toolbox: Texterkennung mit Tesseract OCR, Abruf: 25.07.2021, https://www.heise.de/ct/artikel/Toolbox-Texterkennung-mit-Tesseract-OCR-1674881.html, 2021; Hannover

Hensche, M., Kündigung – Personenbedingte Kündigung, Abrufdatum: 22.04.2021, www.hensche.de/Rechtsanwalt_Arbeitsrecht_Handbuch_Kuendigung_Personenbedingt.html, 2021, Berlin

Hensche, M., Kündigung – Verhaltensbedingte Kündigung, Abrufdatum 22.04.2021, www.hensche.de/Rechtsanwalt_Arbeitsrecht_Handbuch_Kuendigung_Verhaltensbedingt.html, 2021a, Berlin

Hensche, M., Kündigung – Betriebsbedingte Kündigung, Abrufdatum 25.04.2021, www.hensche.de/Rechtsanwalt_Arbeitsrecht_Handbuch_Kuendigung_Betriebsbedingt.html, 2021b, Berlin

Hensche, M., Kündigung – Fristlose Kündigung, Abrufdatum 25.04.2021, www.hensche.de/Fristlose_Kuendigung_Arbeitsrecht_Kuendigung_fristlos.html, 2021c, Berlin

Hensche, M., Klagefrist bei Kündigung im Zweifel einhalten!, Abrufdatum 25.04.2021, www.hensche.de/Arbeitsrecht_aktuell_Befristung_Kuendigung_Kuendigungsfrist_Drei-Wochen-Frist_BAG_7ABR89-08.html, 2021d, Berlin

Henze, P., Mitarbeiterführung im Wandel – Steigende Anforderungen an die Arbeitgeberattraktivität aufgrund neuer Herausforderungen durch den Markteintritt der Generation Y, 2014, Mittweida

Herget, J., Strobl, H. (Hrsg.), Unternehmenskultur in der Praxis Grundlagen – Methoden – Best Practices, 2018, Wien, Wiesbaden

Hersey, P., Blanchard, K., Management of Organizational Behaviour, Utilizing Human Resources, 4th Ed., 1982, Englewood Cliffs

Hesse, J., Schrader, H. G., Führungsstile die wichtigsten Vertreter, in: https://www.berufsstrategie.de/bewerbung-karriere-soft-skills/fuehrungsstile.php, Abrufdatum: 17.08.2020, Berlin

Herzberg, F. Was Mitarbeiter in Schwung bringt, in: Harvard Business Manager, 04/2003, Hamburg

Herzberg, F., One more time: how do you motivate employees?, in: Harvard Business Review, 46, 1, 1968, Harvard

Herzberg, F., Mausner, B., Bloch Snyderman, B., The Motivation to Work. 2. Auflage, 1959, New York

Hofmann, S., Stohr, D., Hans, J. P., WifOR GmbH (Hrsg.), Sonderauswertung IHK-Fachkräftemonitor Berlin: Auswirkungen der „Digitalisierung" auf den Berliner Arbeitsmarkt, 2017, Darmstadt

Holst, E., Friedrich, M., Führungskräfte-Monitor 2017, DIW Berlin (Hrsg.), Deutsches Institut für Wirtschaftsforschung, 2017, Berlin

House, R. J., A theory of charismatic leadership, in: Hunt JG, Larson LL (Hrsg.), Leadership, The cutting edge, 1977, Carbondale

House, R. J., Hanges, P. J., Javidan M., Culture, Leadership a nd Organizations – the Globe Study of 62 Societies, 1. Aufl., in: Globe, 2004, Thousand Oaks, London, Delhi

Huber, A., Personalmanagement, 2017, München

Hudetz, K., Hedde, B., Trendthema „Digitale Plattformen"?, 2020, Köln

Hulme, M., Creating the hybrid Organization: making public and private sector Organizations relevant in the new economy, 2020, Cambridge

Hungenberg, H., Wulf, T., Grundlagen der Unternehmensführung – Einführung für Bachelorstudierende, 4. Aufl., 2011, Heidelberg

Huselid, M. A., The Impact of Human Resource Management Practice on Turnover, Productivity and Corporate Financial Performance, in: Academy of Management Journal, Vol. 38, Issue 3, 1995, Briarcliff Manor, NY

IBM Global Business Services (Hrsg.), Making Change Work, 2007, Stuttgart

IDG Communications Inc., 2018 Digital Business Survey, 2018, Framingham

IDW – Institut der deutschen Wirtschaft (Hrsg.), Krankenstand in Deutschland, 2021, Köln

Ilgner, M., Betriebliche Gesundheitsförderung in 2021 – BGM Maßnahmen richtig umsetzen, in: https://www.senseble.de/bgm/bgf/, Abrufdatum: 15.04.2021, München

Jackman, R., Roper, S., Structural Unemployment, in: Oxford Bulletin of Economics and Statistics 49, 1987, Oxford

Jagiello, A., Umfrage: Gründe für die Kündigung, 2021, Hamburg

Jeske, T., Lennings, F., Produktivitätsmanagement 4.0, Praxiserprobte Vorgehensweisen zur Nutzung der Digitalisierung in der Industrie, 2020, Berlin

John, O. P., Naumann, L. P., Soto, C. J., Paradigm Shift to the Integrative Big Five Trait Taxonomy, in: Handbook of Personality Theory and Research, 2008, New York

Kaehler, B., Komplementäre Führung, 2017, Wiesbaden

Kallenbach, I., Strategische Personalentwicklung, 2021, Rohrbach

Kanning, U. P., Bröckelmann-Bruns, S., Was bringen verdeckte Stellenanzeigen? in: Personalmagazin, 04/2018, Freiburg

Karlstetter, F., Kavanaugh, J., Fachkräftemangel auf dem Weg zur digitalen Transformation, Abrufdatum: 23.02.2020, https://www.cloudcomputing-insider.de/fachkraeftemangel-auf-dem-weg-zur-digitalen-transformation-a-822520/, Augsburg

Kasch, W., Agil ist anders, in: Personalmagazin, 11/2013, S. 48-50, 2013, Freiburg

Kaschny, M., Nolden, M., Schreuder, S., Innovationsmanagement im Mittelstand, 2015, Wiesbaden

Kaspersky Labs GmbH (Hrsg.), What is a VPN?, Abrufdatum: 09.04.2021, https://www.kaspersky.de/resource-center/definitions/what-is-a-vpn, 2021, Ingolstadt

Kauffeld, S., Arbeits-, Organisations- und Personalpsychologie für Bachelor: mit 36 Tabellen, Berlin

Kayatz, E., Externes Personalmarketing in mittelständischen Unternehmen. Optimierung der Akquise (hoch) qualifizierter Arbeitskräfte unter besonderer Berücksichtigung des Interneteinsatzes, 2006, Wuppertal

Kayser, G., Wimmers, S., Hauser, H.-E., Der Faktor: Qualifikation im neuen unternehmensnahen Dienstleistungssektor, in: Schriften zur Mittelstandsforschung, Nr. 88, 2000, Wiesbaden

Kerneder, A., Feedbackgespräch: 7 Tipps für angstfreies Feedback, Abrufdatum: 17.10.2020; https://zweikern.com/de/news/feedbackgespraech, Freilassing

Kettner, A., Zur Abgrenzung der Begriffe Arbeitskräftemangel, Fachkräftemangel und Fachkräfteengpässe und zu möglichen betrieblichen Gegenstrategien, 2011, Nürnberg

Kettner, A., Fachkräftemangel und Fachkräfteengpässe in Deutschland: Befunde, Ursachen und Handlungsbedarf, 2012, Berlin

Keynes, J. M., Allgemeine Theorie der Beschäftigung, des Zinses und des Geldes, deutsche Übersetzung, 6. Auflage, 1983, Berlin

Kieser, A., Handwörterbuch der Führung, 1987, Stuttgart

Kirchgeorg, M., Motivation, in: Gabler Wirtschaftslexikon, Abrufdatum: 03.04.2021, https://wirtschaftslexikon.gabler.de/definition/motivation-38456, 2021, Wiesbaden

Kitto, K., Was versteht man eigentlich unter Mitarbeiterengagement?, 2020, Sunnyvale

Klaffke, M. (Hrsg.), Generationen-Management, 2014, Wiesbaden

Klipper, S., Konfliktmanagement für Sicherheitsprofis: Auswege aus der „Buhman-Falle“ für IT-Sicherheitsbeauftragte, Datenschützer und Co., 2. Auflage, 2015, Wiesbaden

Königs, T., BP-AWP e. V. (Hrsg.), TEAM – Toll … Ein Anderer Macht’s, 2018, Berlin

Kolodziej, D., Fachkräftemangel in Deutschland – Statistiken, Studien und Strategien, in: Infobrief Deutscher Bundestag: Marketing – Strategien, Instrumente und Organisation, 2012, Berlin

Kosova, J., Klassische vs. digitale Lohnabrechnung – gibt es einen Unterschied?, Abrufdatum: 24.06.2021, https://www.d-velop.de/blog/prozesse-gestalten/klassische-vs-digitale-lohnabrechnung-gibt-es-einen-unterschied/, 2021, Gescher

Kotter, John, P., Die Kraft der zwei Systeme, in: Harvard Business Manager, Hamburg, 12/2012

Krämer, M., Grundlagen und Praxis in der Personalentwicklung, 2. Aufl., 2012, Göttingen

Kramer, R., Peter, F. K., Arbeitsrecht, 2014, Wiesbaden

Krapp, A., Schiefele, U., Wild, K. P., Winteler, A., Der Fragebogen zum Studieninteresse (FSI), in: Diagnostika, 39 (1993), 4, 1993, Potsdam

Kühn, R., Grünig, R., Entscheidungsverfahren für komplexe Probleme: Ein heuristischer Ansatz. 2013b, Berlin

Künkel, P., Pooya, N., Gross, M., Visionen entwickeln. Was wir von der «Generation Y» lernen können, in: Organisationsentwicklung: Zeitschrift für Unternehmensentwicklung und Change Management 31, 4/2012, Düsseldorf

Kunst, K., Verhaltensbedingte Kündigung: Rechtsgrundsätze, Voraussetzungen, Beispiele, Abrufdatum: 26.04.2021, www.haufe.de/recht/arbeits-sozialrecht/arbeitsrechtliche-kuendigung/voraussetzungen-einer-verhaltensbedingten-kuendigung_218_527202.html, 2021, Freiburg

Landes, M., Steiner, E., Wittmann, R., Utz, T., Führung von Mitarbeitenden im Home Office, Umgang mit dem Heimarbeitsplatz aus psychologischer und ökonomischer Perspektive, 2021, Wiesbaden

Lang, T., Grömling, M., Kolev, G., Bundesverband der Deutschen Industrie e. V. (BDI) (Hrsg.), IW Consult GmbH (Hrsg.), Institut der deutschen Wirtschaft (Hrsg.), Produktivitätswachstum in Deutschland, 2019, Berlin und Köln

Langa, A., Einführung in das Personalmanagement: Aufgaben und Ziele. http://my-business-blog.de/2015/02/02/einfuehrung-das-personalmanagement-aufgaben-und-ziele/, Abrufdatum: 10.02.2020, Ahaus

Langbauer, P., stellenanzeigen.de GmbH & Co. KG (Hrsg.), Kaufmännische/r Sachbearbeiter/in Gehalt in Deutschland, Abrufdatum: 24.07.2021, https://www.stellenanzeigen.de/gehalt-vergleich/kaufmaennische-r_sachbearbeiter-in/, 2021, München

Lakes, R., Medienbruch, in: Gabler Wirtschaftslexikons, Abrufdatum: 14.05.2021, https://wirtschaftslexikon.gabler.de/definition/medienbruch-51830, 2021, Wiesbaden

Lauer, T., Change Management, 2019, Wiesbaden

Laux, H., Gillenkirch, R. M., Schenk-Mathes, H. Y., Entscheidungstheorie, 2014, Berlin

Leifels, A., KfW Research (Hrsg.), Volkswirtschaft Kompakt, Nr. 181, 20. Juli 2019, Weniger Fachkräfteprobleme in Großstädten – mehr Pendler und Zugezogene, 2019, Frankfurt

Levy, F., Murnane, R. J.: With what skills are computers a complement?, in: American Economic Review, Vol. 86, Nr. 2, 1996, Nashville

Lewin, K., Principles of Topological Psychology, 1936, Vancouver

Lewin K., Defining the Field at a given time, in: Psychological Review, 50, 1943, Nachdruck in: resolving social conflicts & Field Theory, in: Social Science, 1997, Washington, deutsche Übersetzung: Definition des ‚Feldes zu einer gegebenen Zeit', in: Lewin, K., Feldtheorie in den Sozialwissenschaften, 1963, Bern und Stuttgart

Lieske, C., Mitarbeiterführung der Zukunft unter dem Einfluss von Digitalisierung und Generationenwechsel, in: Heft Nr. 50 aus der Reihe Arbeitsberichte – Working Papers, 2020, Ingolstadt

Lingenhöhl, D., Hawthorne-Effekt, Abrufdatum: 16.05.21, in: https://www.spektrum.de/lexikon/psychologie/hawthorne-effekt/6381, 2021, Heidelberg

Lingscheidt, C., Amtmann, M., Work-Life-Balance, Abrufdatum: 22.04.2021, https://unternehmer.de/lexikon/existenzgruender-lexikon/work-life-balance, Leipzig

Linton, R., The study of man: an introduction, 1936, Oxford

Lippold, D., Theoretische Ansätze der Personalwirtschaft, 2019, Berlin

Lotter, F., Führungsverhalten von Expatriates: Kulturelles Profil – Führungsstil – Lernen, 2009, Greifswald

Mahringer, M., Leadership – Gemeinsamkeiten und Unterschiede der Generationen X und Y, 2014, Linz

Margeit, M., Personalmanagement für Einsteiger, 2018, Ilmenau

Maslow, A., A Theory of Human Motivation, in: Psychological Review, Vol. 50, Nr. 4, 1943, Washington

McClelland, D, C., Human motivation, 1988, Cambridge

McClelland, D. C., The achievement motive, 1978, New York

McGrath, J., Europäische Kommission (Hrsg.), Analysis of shortage and surplus occupations based on national and Eurostat Labour Force Survey data, 2019, Brüssel

Merton, R. K., The role-set: Problems in sociological theory. The British Journal of Sociology, 8(2), 1957, London

Mesaros, L., Vanselow, A., Weinkopf, C., Friedrich-Ebert-Stiftung (Hrsg.), Fachkräftemangel in KMU – Ausmaß, Ursachen und Gegenstrategien, in: WISO Diskurs, Bonn, 2007

Merk, F., Strategisches Personalmanagement in Krisenzeiten, 2018, Augsburg, München

Metz-Göckel, H., Bedürfnis, in: Dorsch Lexikon der Psychologie, Abrufdatum: 30.11.2020, https://dorsch.hogrefe.com/stichwort/beduerfnis/, 2020, Bern

Meyer, A., Betriebliches Gesundheitsmanagement, Abrufdatum: 15.04.2021, https://hawis.com/dienstleistungen/betriebliches-gesundheitsmanagement/, 2021, Vechta

Müller, K., Management für Ingenieure – Grundlagen, Techniken, Instrumente, 1990, Berlin, Heidelberg

Mutaree GmbH (Hrsg.), Fraunhofer IPT (Hrsg.), Studie Change-Effekte, 2011, Eltville-Erbach, Aachen

Mutaree GmbH (Hrsg.), Mutaree-Change-Barometer, 3, 2020, Eltville-Erbach

Mytzek, R., Überfachliche Qualifikationen: Konzepte und internationale Trends, in: Bullinger, H.-J., Mytzek, R., Zeller, B., (Hrsg.), 2004, Nürnberg

Myers, D. G., Psychologie, 2014, Wiesbaden

Negri, C., Wie sich Mitarbeitende heute binden lassen, in: HR Today vom 24.09.2014, 2014, Zürich

Nerdinger, F. W., Führung von Mitarbeitern, 2014, Berlin

Neubauer, R., Tarling, A., Wade, M., Redefining Leadership for a Digital Age, Global Center for Digital Business Transformation (Hrsg.), MetaBeratung (Hrsg.), IMD (Hrsg.), Cisco (Hrsg.), 2018, Lausanne

Neuberger, O., Führen und führen lassen, 2002, Stuttgart

Neyer, A.-K., Wirges, F., Kunisch., M., HR-Studie 2020: So steht es um die Digitalisierung der Personalarbeit, 2021, Halle-Wittenberg

Nissen, R., Stellenbeschreibung, in: Wirtschaftslexikon Gabler, Anruf: 07.04.2021, https://wirtschaftslexikon.gabler.de/definition/stellenbeschreibung-44447, 2021, Wiesbaden

OECD, Work-Life-Balance, Abrufdatum: 22.04.2021, http://www.oecdbetterlifeindex.org/de/topics/work-life-balance-de/2021, 2021, Paris

Oechsler, W.A., Paul, C., Personal und Arbeit, 10. Aufl., 2015, Berlin

Oechsler, W., Ergebnisse führungstheoretischer Ansätze und Anwendungsmöglichkeiten, von Führungsmodellen, in: E. Gabele / H. Liebel (Hrsg.): Führungsgrundsätze und Führungsmodelle, 1982, Bamberg

Osman, J., Das Märchen vom Fachkräftemangel, in: manager magazin (Hrsg.), https://www.manager-magazin.de/unternehmen/artikel/das-maerchen-vom-fachkraeftemangel-a-1136647.html, Abrufdatum: 11.03.2020, Hamburg

Pahnke, J., Visuelle Habituation und Dishabituation als Maße kognitiver Fähigkeiten im Säuglingsalter, 2007, Heidelberg

Parment, A., Die Generation Y, Mitarbeiter der Zukunft, Herausforderungen und Erfolgsfaktor für das Personalmanagement, 2009, Wiesbaden

Parthier, S. (Hrsg.), Ein Jahr Homeoffice, in: IT-Management, April 2021, Otterfing

Pelz, W., Transformationale Führung – Forschungsstand und Umsetzung in der Praxis, in: von Au, C. (Hrsg.), Leadership und angewandte Psychologie. Band 1: Wirksame und nachhaltige Führungsansätze, 2016, Berlin

Pelz, W., Umsetzungskompetenz als Schlüsselkompetenz für Führungspersönlichkeiten, in: von Au, C. (Hrsg.), Band 5: Führung im Zeitalter von Veränderung und Diversity, 2017, Berlin

Pencavel, J., The Productivity of Working Hours, in: Zukunft der Arbeit Institute for the Study of Labor ZA DP, No. 8129, 2014, Bonn, Stanford

Pentland, A., Altshuler, Y., Pan, W., Social Computing, Behavioral – Cultural Modeling and Prediction, 2012, Berlin, Heidelberg

Pentland, A., Entscheiden heißt lernen, in: Harvard Business Manager, Nr. 01/2014, 2014, Hamburg

Pesch, U., Nicht ohne meine Software, in: Personalwirtschaft, 2016, Frankfurt

Pesch, U., Eine Frage der Reife, in: Personalwirtschaft, 2016, Frankfurt

Peters, B., Fachkräftemangel Deutschland – Analyse, Definition, Zahlen, 2020, Dresden

Petersohn, M., Generation Z: Die Zielgruppe der Zukunft für Versicherungen und Krankenkassen, 2019, Köln

Pietrasch, E., Unternehmenskultur, https://www.clevis.de/ratgeber/unternehmenskultur/, Abrufdatum: 31.03.2021, München

Platon, Politeia, ca. 409 v. Chr.

Porath, G., Haufe-Akademie (Hrsg.), Personalentwicklung im digitalen Wandel, 2021, Freiburg

Preyer G., Die soziale Rolle, in: Rolle, Status, Erwartungen und soziale Gruppe, 2012, Wiesbaden.

PriceWaterhouseCoopers (Hrsg.), Detemle, P., Düsing, S., Schramm, Th., Fachkräftemangel im öffentlichen Dienst – Prognose und Handlungsstrategien bis 2030, 2017, Frankfurt

PriceWaterhouseCoopers (Hrsg.), Eickermann-Riepe, S., von Oettingen, M., Epstein, M., Arndt, L., Diversity is good for growth, 2019, Frankfurt

Priesing, J., ManpowerGroup Solutions (Hrsg.), Lösungen für den Fachkräftemangel – Aufbauen, kaufen, leihen und Brücken bauen, Eschborn, 2018

Range, S., Was kostet ein Azubi?, in: DHZ, Deutsche Handwerkszeitung, Ausgabe: 16.01.2019, Bad Wörishofen

Reinhardt, R., Die europäische Personalentwicklung im Wandel: Selbstverständnis und Praktiken in lernorientierten Unternehmen, in: ZfP, Zeitschrift für Personalforschung, 14. Jahrgang, Heft 3, 2000, Paderborn

Renn, O., Das Risikoparadox, 2014, Frankfurt

Renner, H., Personio (Hrsg.), Woran scheitern Einstellungen?, 2021, München

Rentrop, R., VNR – Verlag für die deutsche Wirtschaft AG (Hrsg.), Geringer Lohn – So gehen Sie vor, 2010, Bonn

Rieder, A., Führungsstile – Reflexion und Erörterung wesentlicher Führungstheorien, 2014, Heidelberg

Robbins, P. S., Coulter, M., Fischer, I., 2014 Management – Grundlagen der Unternehmensführung, 12. Aufl., Harlow

Roethlisberger, F. J., Dickson, W. J., Wright, H. A., Management and the Worker. An Account of a Research Program Conducted by the Western Electric Company. Hawthorne Works, Chicago (1939), 14. Auflage, 1939, Cambridge

Rost, D., Wandel (v)erkennen, 2014, Wiesbaden

Rotzinger, J., Mitarbeiterführung aus dem Homeoffice: So geht's!, Abrufdatum: 28.06.2021, https://karriereboost.de/selbstmanagement/mitarbeiterfuehrung-aus-dem-homeoffice-so-gehts/, 2021, Freiburg

Sachverständigenrat zur Begutachtung der gesamtwirtschaftlichen Entwicklung (SVR), Für eine zukunftsorientierte Wirtschaftspolitik. Jahresgutachten 2017/18, 2018, Wiesbaden

Sackmann, S., Unternehmenskultur: Erkennen – Entwickeln – Verändern, 2017, Wiesbaden

Schäfer, V., L&D-Report 2019, 2020, Mannheim, S. 13

Salvisberg, A., Soft Skills auf dem Arbeitsmarkt: Bedeutung und Wandel, 2010, Zürich

Sasse, E., Driessen, P., IHK für München und Oberbayern (Hrsg.), Auswirkungen der Digitalisierung auf den Arbeitsmarkt, 2018, München

Sasse, J., Sedlacek, B., Geighardt-Knollmann, C., DGFP Studie: HR Kennzahlen auf dem Prüfstand, 2011, Düsseldorf

Scheibner, N., Hapkemeyer, J., Bank, L., Engagement erhalten – innere Kündigung vermeiden. Wie steht es um das Thema innere Kündigung in der betrieblichen Praxis?, in: iga.Report33, 2016, Berlin

Schellinger, J., Goedermans, M., Kolb, L. P., Sebai, Y., Digitale Transformation und Human Resource Management, 2020, Wiesbaden

Schiefele, U., Sierwald, W., Winteler, A., Interesse, Leistung und Wissen: die Erfassung von Studieninteresse und seine Bedeutung für Studienleistung und fachbezogenes Wissen, in: Zeitschrift zu Theorie und Praxis erziehungswissenschaftlicher Forschung, 2(1988), 1988, Potsdam

Schmidt, D., Operative Personalarbeit, 2020, Heidelberg

Schmidt, F. L., Hunter, J. E., The validity and utility of selection, methods in personnel psychology: Practical and theoretical implications of 85 years of research findings. Psychological Bulletin, 1998, Washington

Schmidt, F. L., Oh, I.-S., Shaffer, J. A., The validity and utility of selection methods in personnel psychology: Practical and theoretical implications of 100 years of research findings, 2016, Iowa

Schmitz, L., Billen, B., Lösungsorientierte Mitarbeitergespräche, 4. Aufl. 2012, München

Scholl, D., Personalwirtschaft, 1994, Wiesbaden

Scholl, W., Restrictive control and information pathologies in organizations, in: Journal of Social Issues, Nr. 55, 1999, New York

Scholl, W., Führung und Macht: Warum Einflussnahme erfolgreicher ist, 2014, Berlin

Scholl, W., Machtausübung oder Einflussnahme: Die zwei Gesichter der Machtnutzung, in: Knoblach, B., Oltmanns, T., Hajnal, I. & Fink, D. (Hrsg.), Macht in Unternehmen – Der vergessene Faktor, 2012, Wiesbaden

Scholz, C., Stein, V., Unternehmensberater: Ein Berufsbild unter Darwin-opportunistischer Lupe, in: Scheer, A.-W., Köppen, A. (Hrsg.), Consulting: Wissen für die Strategie, Prozess- und IT-Beratung, 2000, Berlin

Scholz, C., Stein, V., Darwin-Opportunismus im Arbeitsleben: Aufmerksamer kooperieren, in: Roßmanith, B., Meister, H. (Hrsg.), Kooperativ forschen: Projekte zwischen Hochschule und Arbeitswelt, Festschrift für Hans Leo Krämer, 2001, St. Ingbert

Scholz, Ch., Die Z-ler: Herausforderung für Unternehmen, in: Die Presse (Hrsg.), „Die Presse“ Verlags-Gesellschaft mbH Co KG, 05.09.2016, Wien

Schroer, K., BWL-Lexikon.de (Hrsg.), Charismatischer Führungsstil, in: https://www.bwl-lexikon.de/wiki/charismatischer-fuehrungsstil/, Abrufdatum: 16.08.2020, Berlin

Schroer, K., BWL-Lexikon.de (Hrsg.), Führungsinstrumente, in: https://www.bwl-lexikon.de/wiki/fuehrungsinstrumente/, Abrufdatum: 06.09.2020, 2020a, Berlin

Schroer, K., BWL-Lexikon.de (Hrsg.), Matrixorganisation, www.bwl-lexikon.de/wiki/matrixorganisation/, Abrufdatum: 04.12.2020b, Berlin

Schröder-Kunz, S., Generationen (gut) führen, Altersgerechte Arbeitsgestaltung für alle Mitarbeitergenerationen, 2019, Wiesbaden

Schüffler, S., Heese, M., softgarden e-recruiting GmbH (Hrsg.), Wie nehmen Kandidaten aktuell Recruitingprozesse wahr?, 2019, Berlin

Schüffler, S., Heese, M., softgarden e-recruiting GmbH (Hrsg.), Umfrage: Candidate Experience 2020, Teil 1: Einstiegspunkte, Eigenmedien, Arbeitgeberbewertungen, 2020, Berlin

Schüffler, S., Heese, M., softgarden e-recruiting GmbH (Hrsg.), Umfrage: Candidate Experience 2020, Teil 2: Bewerbungsprozesse und Kandidatenwahrnehmung, 2020a, Berlin

Schulenberg, N., Führung einer neuen Generation: Wie die Generation Y führen und geführt werden sollte, 2016, Bremen

Schulz von Thun, F., Die Anatomie einer Nachricht, in: Miteinander Reden. 1: Störungen und Klärungen, 1981, Reinbek

Schuster, F. E., The Schuster Report: The Proven Connection between People and Profits, 1986, New York, 1986

Schwab, K., Die vierte industrielle Revolution, in: Handelsblatt, 20.01.2016, Düsseldorf

Schweizer, M., Studie Cloud Migration, 2018, München

Seibert, H., Berufswechsel in Deutschland: Wenn der Schuster nicht bei seinen Leisten bleibt, IAB-Kurzbericht, Nr. 1, 2007, Nürnberg

Seils, E., Mangel an Fachkräften oder Zahlungsbereitschaft?, in: WSI Report, Nr. 41, August 2018, Düsseldorf

Shanahan, J., The State of Workplace Empathy, 2020, Des Moines

Shtern, Y., Soft Xpansion GmbH & Co. KG (Hrsg.), PDF: Grundlagen eines Dateiformats, Whitepaper, 2013, Bochum

Siems, D., Deutschland verspielt das Potenzial seiner Kinder, in: Welt, 29.08.2017, Berlin

Siepermann, M., Soziales Netzwerk, Abrufdatum: 26.06.2021, https://wirtschaftslexikon.gabler.de/definition/soziales-netzwerk-53177/version-276272, 2021, Wiesbaden

Siller, H. (Hrsg.), Stierle, J., Wehe, D., Handbuch Polizeimanagement, 2017, Wiesbaden

Siller, H., Unternehmerisches Wissen für Selbständige, 2015, Wien

Simonis, A., Effizienz und Effektivität – Wo liegen die Unterschiede?, https://www.inloox.de/unternehmen/blog/artikel/effizienz-und-effektivitaet-wo-liegen-die-unterschiede/, Abrufdatum: 27.07.21, München

Spiekermann, S., Meyer, B., Hertlein, M., Lattke, T., Skillmap – a social software for knowledge management – from concept to proof, 9. Internationale Tagung Wirtschaftsinformatik, Band 2, vom 25.–27.02.2009, Wien

Spieler, S., Waßmer, K., Digitalisierung als Treiber der Controlling Transformation, Köln, 2017

Spitz-Oener, A., Technical change, job tasks, and rising educational demands – looking outside the wage structure, in: Journal of Labor Economics, Vol. 24, Nr. 2, 2006 Chicago

Springer, R., Meyer, F., Institut für Innovation und Management (IIM) GmbH (Hrsg.), Flexible Standardisierung von Arbeitsprozessen, Ostfildern, 2010

Stangl, W., Assoziatives Lernen, in: Online Lexikon für Psychologie und Pädagogik, https://lexikon.stangl.eu/3100/assoziatives-lernen, Abrufdatum: 05.04.2021, Wien, Linz, Freiburg

Stangl, W., Hawthorne-Effekt, in: Online Lexikon für Psychologie und Pädagogik, www.https://lexikon.stangl.eu/1965/hawthorne-effekt/, Abrufdatum: 02.12.2020, 2020a, Wien, Linz, Freiburg

Stangl, W., Bedürfnisse, in: Online Lexikon für Psychologie und Pädagogik, Abrufdatum: 14.03.2020, https://lexikon.stangl.eu/13476/beduerfnis, 2020b, Wien, Linz, Freiburg

Statista.com, Anteil Recruiting-Kanäle, Abrufdatum: 08.04.2021, https://de.statista.com/statistik/daten/studie/173249/umfrage/kanaele-fuer-stellenanzeigen-von-unternehmen/, 2021, Hamburg

Statista.com, Anteil Recruiting-Kanäle, Abrufdatum: 08.04.2021, https://de.statista.com/statistik/daten/studie/150258/umfrage/anteil-der-recruiting-kanaele-an-den-neueinstellungen-von-unternehmen/, 2021a, Hamburg

Statista.com, Relevanz von Work-Life-Balance, Abrufdatum: 22.04.2021, https://de.statista.com/prognosen/980887/umfrage-zur-relevanz-von-work-life-balance-bei-der-arbeitgeberwahl, 2021b, Hamburg

Statista.com, Wie hoch war die Abfindung, die Sie nach dem Ausscheiden aus Ihrer beruflichen Tätigkeit erhalten haben?, Abrufdatum: 26.04.2021, https://de.statista.com/statistik/daten/studie/179936/umfrage/abfindung-nach-jobverlust-betrag/#professional, 2021c, Hamburg

Statistisches Bundesamt (Hrsg.), Bevölkerungsvorausberechnung – Ergebnisse der 14. koordinierten Bevölkerungsvorausberechnung, Stand 04.07.2019, Wiesbaden

Statistisches Bundesamt (Hrsg.), Tätigkeit der Arbeitsgerichte 2019 (Übersicht nach AG 1), in: Fachserie 10, Reihe 2.8, 2019a, Wiesbaden

Statistisches Bundesamt (Hrsg.), Wöchentliche Arbeitszeit 2019, 2020, Wiesbaden

Statistisches Bundesamt (Hrsg.), Arbeitskosten im Jahr 2015 um 2,6 % gestiegen, 2016, Wiesbaden

Statistisches Bundesamt (Hrsg.), Gender Pay Gap 2019: Frauen verdienten 20 % weniger als Männer, Pressemitteilung Nr. 097 vom 16.03.2020a, Wiesbaden

Statistisches Bundesamt (Hrsg.), Qualität der Arbeit: Krankenstand, 2020, Wiesbaden

Statistisches Bundesamt (Hrsg.), Mikrozensus, 2011, Wiesbaden

Statistisches Bundesamt (Hrsg.), Demographischer Wandel in Deutschland, in: Bevölkerungs- und Haushaltsentwicklung in Bund und in den Ländern, Heft 1, 2011a, Wiesbaden

Steyrer, J., Theorie der Führung, in: Personalmanagement, Führung, Organisation, 2019, Wien

Stippler, S., Burstedde, A., Hering, A. T., Jansen, A., Pierenkemper, S., Research Report – Wie Unternehmen trotz Fachkräftemangel Mitarbeiter finden, in: KOFA-Studie, No. 1/2019, Institut der deutschen Wirtschaft (IW), Kompetenzzentrum Fachkräftesicherung (KOFA) (Hrsg.), 2019, Köln

Stierle, J., Siller, H., Cibak, L, Glasmachers, K., in: Kriminalistik: Die Modernisierung des Dienstleistungsunternehmens Polizei, Teil 3: Wachstum durch Schließung der normativen, strategischen und operativen Lücke, 2014, Heidelberg

Stock-Homburg, R., Personalmanagement: Theorien – Konzepte – Instrumente, 2013, Wiesbaden

Stock-Homburg, R., Groß, M., Personalmanagement, Wiesbaden, 2019, Chicago

Strack, B., Die Bedeutung der ökonomischen Prinzipien für die Personalarbeit, https://www.experto.de/businesstipps/die-bedeutung-der-oekonomischen-prinzipien-fuer-die-personalarbeit.html, Abrufdatum: 12.02.2020, Bonn

Streich, R., Veränderungsmanagement, in: Reiß, M., von Rosenstiel, L., Lanz, A. (Hrsg.), Change Management, 1997, Stuttgart

Surowiecki, J., Die Weisheit der Vielen, warum Gruppen klüger sind als Einzelne und wie wir das kollektive Wissen für unser wirtschaftliches, soziales und politisches Handeln nützen können (Originaltitel: The wisdom of crowds, übersetzt von Beckmann, G.), 2007, München

Sutter, A., Wissen, der vierte Produktionsfaktor, in: Wissensmanagement, 1/2018, Neusäß

Teuber, S., Backes-Gellner, U., Ryan, P., Hans-Böcker-Stiftung (Hrsg.), Deutsche Industrieunternehmen brauchen viel weniger Vorgesetzte als amerikanische – Mitbestimmung wichtig für flache Hierarchie, 2017, Düsseldorf

Tinypulse (Hrsg.), What leaders need to know about remote workers. Surprising differences in workplace happiness & relationships, 2016, Seattle

Tonner, A., The State of Commerce Experience, 2020, Cambridge

Treier, M., Wirtschaftspsychologische Grundlagen für Personalmanagement, 2019, Wiesbaden

Tuckman, B. W., Developmental sequences in small groups. Psychological Bulletin, 63, 1965, Washington

TÜV Süd, Abrufdatum: 10.04.2021, https://www.tuvsud.com/de-de/presse-und-medien/2021/maerz/ein-jahr-homeoffice-unternehmen-geben-sich-gute-noten-fuer--it-sicherheit-und-schulungen, 2021, München

Tulsky, M., Harbinger AG (Hrsg.), Heads up, 2021, 40211 Düsseldorf

Turner, R. H., Role change, in: Annual review of Sociology,16(1), 1990, Palo Alto

Ulrich, D., Human Resource Champions: The Next Agenda for Adding Value and Delivering Results, in: Harvard Business School Press, 1997, Boston

Vahs, D., Schäfer-Kunz, J., Einführung in die Betriebswirtschaftslehre, 7. Aufl., 2015, Stuttgart

Volgmann, K., Eigenschaftstheorie der Führung, in: https://www.leadership-insiders.de/lexikon/eigenschaftstheorie-der-fuehrung/, Abrufdatum: 15.08.2020; Hemer

von Hülsen, H.-C., Kopiske, M., Kienbaum Consultants International (Hrsg.), Geld verteilen oder Performance entwickeln?, 2017, Düsseldorf

von Känel, S., Personalbedarf, Personalbedarfsplanung, in: DAA Wirtschafts-Lexikon, 2020, Hamburg

Wagner, K. W., Käfer, R., PQM – Prozessorientiertes Qualitätsmanagement, 7. Auflage, 03/2017, München

Wanner, R., Kennen Sie die Risikomatrix wirklich?, Abrufdatum: 24.06.2021, https://www.rolandwanner.ch/kennen-sie-die-risikomatrix/, 2021, Niederhelfenschwil

Warkentin, N., Mikromanagement: Wenn sich der Chef zu viel einmischt, Abrufdatum: 13.05.21, in: https://karrierebibel.de/mikromanagement/, 2021, Kerpen

Weber, A., Kleine Führungsspannen, 2016, Düsseldorf

Weber, M., Wirtschaft und Gesellschaft – Grundriss der verstehenden Soziologie, 5. Aufl., 2002, Tübingen

Weber, M., Wirtschaft und Gesellschaft – Grundriss der verstehenden Soziologie, Band 2, 1972, Tübingen

Weilbacher, J. C., Die agile Organisation ist kalter Kaffee, in: Human Resources Manager vom 16.01.2017, Onlineausgabe, Interview mit Prof. Dr. Stefan Kühl, 2017, Berlin

Weibler, J., Personalführung, 2012, München

Welt (Hrsg.), Soziale Ziele stehen hoch im Kurs, www.welt.de/print-welt/article673123/Soziale-Ziele-stehen-hoch-im-Kurs.html, Abrufdatum: 20.02.2020, Berlin

Wenzel, O., Führungskräftefeedback: 360°-Feedback und andere Multi-Rater-Feedbacks, Abrufdatum: 01.08.2021, http://www.ipf-wenzel.de/mitarbeiterbefragungen/360-grad-feedback-270-grad-feedback/, 2021, Remscheid

Whitehurst, J., The Open Organization – Igniting Passion and Performance, 2015, Harvard

Winterer, J., Die Generation Z drängt auf den Arbeitsmarkt, 2019, Karlsruhe

Wirtz, M. A. (Hrsg.), Habituation, in: Dorsch Lexikon der Psychologie, https://dorsch.hogrefe.com/stichwort/habituation; Abrufdatum: 18.04.21, Bern

Wolf, G., Mitarbeiterbindung, 2020, Freiburg

Wolpers, S., Agile Führung, Berlin Product People GmbH, 2019, Berlin

Wolter, U., Stellenanzeigen: Textbausteine statt Zielgruppenorientierung, in: Personalwirtschaft, 04.01.2019, Frankfurt

Wübbenhorst, K., Abrufdatum: 02.05.2021, https://wirtschaftslexikon.gabler.de/definition/panel-43194/version-266526, 2021, Wiesbaden

Wüstermann, R. P., Können Manager lernen, erfolgreiche Geschäftsentscheidungen zu treffen?, in: ZIF Zeitschrift für Interdisziplinäre ökonomische Forschung, Nr. 2015/1, 2015, Konstanz

Wüstermann, R. P., Çağlar, D., Die risikoadäquate Umsetzung von Marketingstrategien für Milcherzeuger, in: Berichte über Landwirtschaft, Bundesministerium für Ernährung und Landwirtschaft (Hrsg.), 12/2016, Berlin

Wüstermann, R. P., Die Risikoaversion mittelständischer deutscher Entscheidungsträger bei einer Direktinvestition in Brasilien, 2017, Berlin

Wunderer, R., Führung und Zusammenarbeit – Eine unternehmerische Führungslehre, 9., neu bearb. Aufl., 2011, Köln

Yukl, G., Leadership in Organizations, 7. Ed., 2010, Boston

Zeller, B., Richter, R., Dauser, D., Kompetent für einfache Tätigkeiten? Der Wandel der Kompetenzanforderungen an „einfache Arbeit", in: Bullinger, H.-J., Mytzek, R., Zeller, B. (Hrsg.), 2004, Nürnberg

Zeit Online, Gesundheit: Burn-out erstmals als Krankheit anerkannt, Abrufdatum: 19.07.2021, https://www.zeit.de/gesellschaft/2019-05/gesundheit-burnout-whokrankheiten-transgender, Hamburg

Anhang 1: Arbeitsschutz- und Gesundheitsschutzgesetze

Arbeitssicherheitsgesetz (AsiG)

Gesetz über Betriebsärzte, Sicherheitsingenieure und andere Fachkräfte für Arbeitssicherheit

- Der Arbeitgeber hat nach Maßgabe dieses Gesetzes Betriebsärzte und Fachkräfte für Arbeitssicherheit zu bestellen. Diese sollen ihn beim Arbeitsschutz und bei der Unfallverhütung unterstützen.

Arbeitsstättenverordnung (ArbStättV)

Verordnung über Arbeitsstätten

- Diese Verordnung dient der Sicherheit und dem Gesundheitsschutz der Beschäftigten beim Einrichten und Betreiben von Arbeitsstätten.

Arbeitszeitgesetz (ArbZG)

- Zweck des Gesetzes ist es, die Sicherheit und den Gesundheitsschutz der Arbeitnehmer bei der Arbeitszeitgestaltung zu gewährleisten, die Rahmenbedingungen für flexible Arbeitszeiten zu verbessern sowie den Sonntag und die staatlich anerkannten Feiertage als Tage der Arbeitsruhe und der seelischen Erholung der Arbeitnehmer zu schützen.

Betriebssicherheitsverordnung (BetrSichV)

Verordnung über Sicherheit und Gesundheitsschutz bei der Verwendung von Arbeitsmitteln

- Diese Verordnung gilt für die Verwendung von Arbeitsmitteln. Ziel dieser Verordnung ist es, die Sicherheit und den Schutz der Gesundheit von Beschäftigten bei der Verwendung von Arbeitsmitteln zu gewährleisten.

Bildschirmarbeitsplatzverordnung (BildscharbV)

Verordnung über Sicherheit und Gesundheitsschutz bei der Arbeit an Bildschirmgeräten

- Diese Verordnung gilt für Arbeiten an Bildschirmgeräten.

Biostoffverordnung (BioStoffV)

Verordnung über die Sicherheit und die Gesundheit bei Tätigkeiten mit Biologischen Arbeitsstoffen

- Diese Verordnung gilt für Tätigkeiten mit Biologischen Arbeitsstoffen (Biostoffen) und regelt die Maßnahmen zum Schutz von Sicherheit und Gesundheit der Beschäftigten vor Gefährdungen durch diese Tätigkeit.

Gefahrstoffverordnung (GefStoffV)

Verordnung zum Schutz vor Gefahrstoffen

- Ziel dieser Verordnung ist es, den Menschen und die Umwelt vor stoffbedingten Schädigungen zu schützen.

Infektionsschutzgesetz (IfSG)

Gesetz zur Verhütung und Bekämpfung von Infektionskrankheiten beim Menschen

- Zweck des Gesetzes ist es, übertragbare Krankheiten beim Menschen vorzubeugen, Infektionen zu erkennen und ihre Weiterverbreitung zu verhindern.

Jugendarbeitsschutzgesetz (JarbSchG)

Gesetzt zum Schutz arbeitender Jugend

- Dieses Gesetz gilt für die Beschäftigung von Personen, welche noch nicht 18 Jahre alt sind.

Lastenhandhabungsverordnung (LastenhandhabV)

Verordnung über Sicherheit und Gesundheitsschutz bei der manuellen Handhabung von Lasten bei der Arbeit

- Diese Verordnung gilt für die manuelle Handhabung von Lasten, die aufgrund ihrer Merkmale oder ungünstiger ergonomischer Bedingungen für die Beschäftigten eine Gefährdung für Sicherheit und Gesundheit, insbesondere der Lendenwirbelsäule, mit sich bringt.

Medizinproduktebetreiberverordnung (MPBetreibV)

Verordnung über das Errichten, Betreiben und Anwenden von Medizinprodukten

- Diese Verordnung gilt für das Errichten, Betreiben, Anwenden und Instandhalten von Medizinprodukten.

Medizinproduktegesetz (MPG)

Gesetz über Medizinprodukte

- Zweck dieses Gesetzes ist es, den Verkehr mit Medizinprodukten zu regeln und dadurch für die Sicherheit, Eignung und Leistung der Medizinprodukte sowie die Gesundheit und den erforderlichen Schutz der Patienten, Anwender und Dritter zu sorgen.

Mutterschutzgesetz (MuSchG)

Gesetz zum Schutz der erwerbstätigen Mutter

- Dieses Gesetz gilt für Frauen, die in einem Arbeitsverhältnis stehen. In Ergänzung mit der Verordnung zum Schutz der Mütter am Arbeitsplatz (MuSchArbV) und gilt für werdende und stillende Mütter.

PSA-Benutzungsverordnung (PSA-BV)

Verordnung über Sicherheit und Gesundheitsschutz bei der Benutzung persönlicher Schutzausrüstungen bei der Arbeit

- Diese Verordnung gilt für die Bereitstellung persönlicher Schutzausrüstungen durch Arbeitgeber sowie für die Benutzung persönlicher Schutzausrüstungen durch Beschäftigte bei der Arbeit.

Verordnung zur arbeitsmedizinischen Vorsorge (ArbMedV)

- Ziel der Verordnung ist es, durch Maßnahmen der arbeitsmedizinischen Vorsorge arbeitsbedingte Erkrankungen einschließlich Berufskrankheiten frühzeitig zu erkennen und zu verhüten. Arbeitsmedizinische Vorsorge soll einen Beitrag zum Erhalt der Beschäftigungsfähigkeit leisten und zugleich der Fortentwicklung des betrieblichen Gesundheitsschutzes dienen.

Anhang 2: Formelsammlung Personalkennzahlen

Die nachfolgende Formelsammlung erhebt nicht den Anspruch auf Vollständigkeit und stellt nur einen Überblick dar.

1. Personalkosten

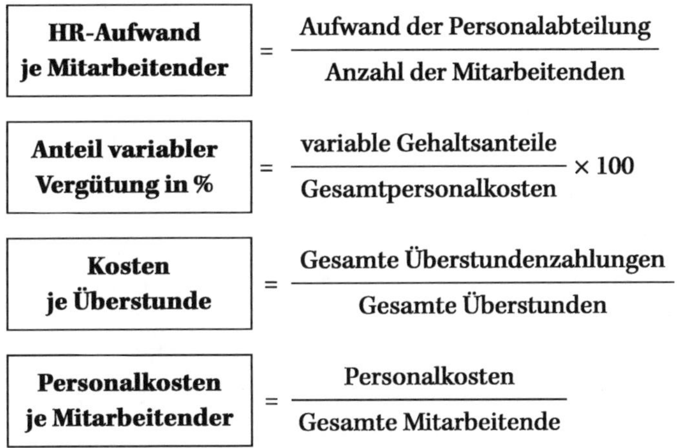

$$\textbf{HR-Aufwand je Mitarbeitender} = \frac{\text{Aufwand der Personalabteilung}}{\text{Anzahl der Mitarbeitenden}}$$

$$\textbf{Anteil variabler Vergütung in \%} = \frac{\text{variable Gehaltsanteile}}{\text{Gesamtpersonalkosten}} \times 100$$

$$\textbf{Kosten je Überstunde} = \frac{\text{Gesamte Überstundenzahlungen}}{\text{Gesamte Überstunden}}$$

$$\textbf{Personalkosten je Mitarbeitender} = \frac{\text{Personalkosten}}{\text{Gesamte Mitarbeitende}}$$

Wenn ein Unternehmen Leiharbeiter beschäftigt, berechnen sich die gesamten Personalkosten aus der Summe der Personalkosten der Mitarbeitenden und der Kosten für die Leiharbeiter:

	Personalkosten
+	Leiharbeiterkosten
Σ	**Gesamte Personalkosten**

2. Produktivitätskennzahlen

Die Produktivität der Mitarbeitenden kann nach unterschiedlichen Gesichtspunkten analysiert werden, beispielsweise nach Abteilungen oder Mitarbeitersegmenten.

$$\textbf{Mitarbeiterproduktivität} = \frac{\text{erbrachte Leistung / Monat}}{\text{Mitarbeitende}}$$

$$\textbf{Ø Bearbeitungszeit pro Auftrag} = \frac{\text{Zeit je Leistung}}{\Sigma \text{ Aufträge}}$$

3. Effizienzkennzahlen

$$\textbf{Fehlerquote} = \frac{\text{Fehler}}{\text{Anzahl der Tätigkeiten}} \times 100$$

Der quantitative Zielerreichungsgrad berechnet die mengenmäßige Zielerreichung:

$$\textbf{quantitativer Zielerreichungsgrad je Mitarbeitender} = \frac{\text{Anzahl fehlerfreier Tätigkeiten}}{\text{Gesamttätigkeiten}} \times 100$$

Der qualitative Zielerreichungsgrad ergibt sich aus dem Mittelwert aller Zielerreichungsgrade (ZG) eines Mitarbeitenden in einer Periode:

$$\textbf{qualitativer Zielerreichungsgrad} = \text{Ø} = \frac{ZG_1 + ZG_2 + \ldots + ZG_n}{\text{Anzahl der Tätigkeiten}} \times 100$$

$$\textbf{Überstundenquote} = \frac{\Sigma \text{ Überstunden}}{\text{Gesamtstunden}} \times 100$$

$$\textbf{Umsatz pro Mitarbeiter} = \frac{\text{Gesamtumsatz}}{\text{Mitarbeitende}} \qquad \textbf{Gewinn pro Mitarbeiter} = \frac{\text{Gewinn}}{\text{Mitarbeitende}}$$

$$\textbf{Personalkostenanteil} = \frac{\text{Gesamtkosten}}{\text{Personalkosten}} \times 100$$

Soll-Personalbestand
+ Personalzugänge
– Personalabgänge

Netto-Personalbedarf

3. Kennzahlen der Personalentwicklung

$$\textbf{Weiterbildungskosten je Mitarbeiter} = \frac{\Sigma \text{ Weiterbildungskosten}}{\text{Personalbestand}}$$

$$\textbf{Anzahl PE-Maßnahmen je Mitarbeiter} = \frac{\text{Anzahl PE-Maßnahmen}}{\text{Personalbestand}}$$

$$\textbf{Ausbildungsquote} = \frac{\Sigma \text{ Auszubildende}}{\text{Personalbestand}}$$

$$\textbf{Kosten pro Trainingstag} = \frac{\Sigma \text{ Kosten Trainingstage}}{\text{Trainingstage}}$$

$$\textbf{Durchschnittsalter der Mitarbeitenden} = \frac{\Sigma \text{ Alter aller Mitarbeitenden}}{\text{Gesamtzahl Mitarbeitende}}$$

Trainingstag	
Intern	**Extern**
fehlende Produktivität MA	fehlende Produktivität MA
Trainerkosten vor Ort	Schulungskosten extern
ggf. Materialkosten	ggf. Materialkosten
ggf. Softwarekosten	ggf. Verpflegungskosten
ggf. Hardwarekosten	ggf. Übernachtungskosten
ggf. Verpflegungskosten	Reisekosten
= Σ interner Trainingstag	**= Σ externer Trainingstag**

4. Kennzahlen zur Mitarbeiterbindung

$$\textbf{Ø Betriebszugehörigkeit} = \frac{\Sigma \text{ Betriebszugehörigkeitszeitraum aller Mitarbeitenden}}{\text{Gesamtzahl Mitarbeitende}}$$

$$\textbf{Fehlzeitenquote} = \frac{\text{Fehlzeiten}}{\text{Gesamtarbeitszeit}} \times 100$$

Um die Fehlzeiten genauer zu analysieren, sind für die Fehlzeitenstrukturanalyse die unterschiedlichen Fehlzeiten genauer zu analysieren, um vermeidbare und damit unwirtschaftliche Fehlzeiten zu verhindern oder gar ganz zu vermeiden. Die Strukturmerkmale können aus den folgenden Merkmalen bestehen:

- Altersgruppe,
- Dauer der Betriebszugehörigkeit,
- Geschlecht,
- Tätigkeit,
- Organisationseinheit (Abteilung / Team),
- Qualifikation,
- Angestellte / Arbeiter,
- Führungskraft / Sachbearbeiter,
- Gehaltsniveau.

$$\textbf{Krankenquote} = \frac{\text{Krankentage}}{\text{Arbeitstage}} \times 100$$

$$\textbf{Fluktuationsquote} = \frac{\text{Anzahl der Mitarbeiterabgänge}}{\text{Personalbestand}} \times 100$$

Die mit Fehlzeiten verbundenen Kosten können ebenfalls berechnet werden.

anteilige Personalkosten des Mitarbeitenden
entgangener Gewinn des Unternehmens

Ausfallzeit-Kosten

$$\textbf{Ausfallzeit-Kosten pro Tag} = \frac{\text{Ausfallzeit-Kosten}}{\Sigma\ \text{Ausfalltage}}$$

5. Kennzahlen zur Personaleinstellung

$$\textbf{Vorstellungseffizienz} = \frac{\text{Anzahl der Vorstellungen}}{\text{Gesamtbewerbungen}} \times 100$$

$$\textbf{Ø Einstellungs-kosten} = \frac{\Sigma\ \text{Einstellungskosten}}{\text{Einstellung}}$$

$$\textbf{Anteil Initiativbewerbungen} = \frac{\text{Anzahl Initiativbewerbungen}}{\Sigma\ \text{Bewerbungen}} \times 100$$

$$\textbf{Anteil abgelehnter Verträge} = \frac{\text{abgelehnte Verträge}}{\Sigma\ \text{Verträge}} \times 100$$

$$\textbf{Kosten pro Kanal} = \frac{\text{Kosten der Stellenanzeigen}}{\Sigma\ \text{Stellenanzeigen / Kanal}}$$

Die Kosten der Stellenanzeigen können entweder über eine manuelle Liste pro Kanal oder über die Buchung auf entsprechende Kostenstellen ermittelt werden.

Personalkosten Interviewer
Fehlzeiten in der Fachabteilung
Vorbereitungskosten
Bewirtungskosten

= **Interviewkosten**

$$\textbf{Kosten pro Interview} = \frac{\text{Interviewkosten}}{\text{Anzahl Interview}}$$

$$\textbf{Bewerber pro Stellenausschreibung} = \frac{\text{Anzahl der Bewerber}}{\text{Stellenanzeigen}}$$

$$\textbf{Bleibequote Leistungs- und Potentialträger} = \frac{\text{Ø Anwesenheitsdauer Leistungs- und Potentialträger}}{\text{Ø Anwesenheitsdauer aller Mitarbeitenden}} \times 100$$

$\text{Ist-Zielerreichungsgrad}_t = \text{Soll-Zielerreichungsgrad}_t = 100\,\%$; Ziel erreicht

$\text{Ist-Zielerreichungsgrad}_t < \text{Soll-Zielerreichungsgrad}_t < 100\,\%$; Ziel nicht erreicht

$\text{Ist-Zielerreichungsgrad}_t > \text{Soll-Zielerreichungsgrad}_t > 100\,\%$; Ziel überfüllt

5. Kennzahlen zur Personalführung

$$\textbf{Führungsspanne} = \frac{\text{Mitarbeitende}}{\text{Führungskraft}}$$

$$\textbf{Zielerreichungsgrad} = \frac{\text{Ist-Ergebnis}}{\text{Soll-Ergebnis}} \times 100$$

$$\textbf{Fehlzeitenquote} = \frac{\text{Fehlzeiten}}{\text{Gesamtarbeitszeit}} \times 100 \qquad \textbf{Krankenquote} = \frac{\text{Krankentage}}{\text{Arbeitstage}} \times 100$$

$$\textbf{Fluktuationsquote} = \frac{\text{Anzahl der Mitarbeiterabgänge}}{\text{Personalbestand}} \times 100$$

5.1. Geringere Ausfallzeiten

$$\textbf{Fehlzeitenquote} = \frac{\text{Fehlzeiten}}{\text{Gesamtarbeitszeit}} \times 100$$

$$\textbf{Krankenquote} = \frac{\text{Krankentage}}{\text{Arbeitstage}} \times 100$$

5.2. Geringere Fluktuationsrate

$$\textbf{Fluktuationsquote} = \frac{\text{Anzahl der Mitarbeiterabgänge}}{\text{Personalbestand}} \times 100$$

3. Höhere Produktivität

$$\textbf{Umsatz pro Mitarbeiter} = \frac{\text{Gesamtumsatz}}{\text{Mitarbeitende}}$$

$$\textbf{Gewinn pro Mitarbeiter} = \frac{\text{Gewinn}}{\text{Mitarbeitende}}$$

$$\textbf{Mitarbeiterproduktivität} = \frac{\text{Leistung / Monat}}{\text{Mitarbeitende}}$$

$$\textbf{Ø Bearbeitungszeit pro Auftrag} = \frac{\text{Erstellungszeit}}{\Sigma \text{ Aufträge}}$$

$$\textbf{Arbeitsproduktivität} = \frac{\text{Ergebnis}}{\text{Arbeitsaufwand}}$$

$$\textbf{Fehlerquote pro Mio. (PPM)} = \frac{\text{bewertete, fehlerhafte Einheiten}}{\text{gelieferte Einheiten}} \times 1.000.000$$

5.4. Höhere Rentabilität

$$\textbf{Eigenkapitalrendite} = \frac{\text{Gewinn}}{\text{Eigenkapital}} \qquad \textbf{Gesamtkapitalrendite} = \frac{\text{Gewinn}}{\text{Gesamtkapital}}$$

$$\textbf{Umsatzrentabilität} = \frac{\text{Gewinn}}{\text{Umsatz}}$$

$$\textbf{ein periodischer ROI} = r_{GK} = \frac{RF_1 - A_0}{A_0} = \frac{RF_1}{A_0 - 1}$$

r_{GK} Rendite des Gesamtkapitals

RF_1 Rückfluss zum Zeitpunkt t=1

A_0 Anschaffungsauszahlung zum Zeitpunkt t=0

$$\textbf{mehrperiodischer ROI} = r_{GKm} = \frac{EB_{tn}}{A_0^{(1/tn)-1}}$$

EB_{tn} Gesamterträge mehrere Perioden

tn Anzahl von Perioden

RF_{tn} Rückfluss zum Endzeitpunkt t = tn

$$\textbf{ROCE} = \frac{\text{EBIT}}{\text{eingesetztes Kapital}} \text{ oder } \textbf{ROCE} = \frac{\text{NOPAT}}{\text{eingesetztes Kapital}}$$

5.5. Höhere Innovationskraft

$$\textbf{Innovationsrate} = \frac{\text{Umsatzanteil der Innovationen}}{\text{Gesamtumsatz}} \times 100$$

$$\textbf{Innovationsquote} = \frac{\text{Anzahl Innovationen}}{\text{Anzahl aller Produkte}} \times 100$$

$$\textbf{Innovationsideen pro Mitarbeiter} = \frac{\text{Anzahl eingereichter Ideen}}{\text{Anzahl Mitarbeiter}}$$

$$\textbf{Ø Ideengenerierungszeit} = \frac{\Sigma\, t_E - t_I)}{\Sigma\ \text{Ideen}}$$

t_E = Entscheidungszeit, t_I = Zeit bis zur Ideeneinreichung)

ZUGANGSCODE – KOSTENFREIES EBOOK

Gehen Sie auf epub.lemonmedia-verlag.de oder scannen Sie den QR-Code und geben Sie Ihren Zugangscode ein um, Ihr kostenfreies eBook herunterzuladen.

NHFD-W57T-FKD4

Wir wünschen Ihnen viel Freude beim Lesen!

FSC
www.fsc.org
MIX
Papier | Fördert
gute Waldnutzung
FSC® C083411